M. Böhm, A. Scharmann

Höhere Experimentalphysik

Eine Einführung in Theorie und Praxis

Φ Veröffentlicht in Zusammenarbeit mit der Deutschen Physikalischen Gesellschaft

Vertrieb:
VCH, Postfach 10 11 61, D-6940 Weinheim (Bundesrepublik Deutschland)
Schweiz: VCH Verlags-AG, Postfach, CH-4020 Basel (Schweiz)
Großbritannien und Irland: VCH Publishers (UK) Ltd., 8 Wellington Court, Cambridge CB1 1HZ (England)
USA und Canada: VCH Publishers, Suite 909, 220 East 23rd Street, New York, NY 10010–4606 (USA)

ISBN 3-527-28401-X

Manfred Böhm,
Arthur Scharmann

Höhere Experimentalphysik

Eine Einführung in Theorie und Praxis

Weinheim · New York · Basel · Cambridge

Dr. rer. nat. Manfred Böhm,
Prof. Dr. rer. nat. Arthur Scharmann
I. Physikalisches Institut der Universität
Heinrich-Buff-Ring 16
D-6300 Gießen

Lektorat: Walter Greulich
Herstellerische Betreuung: Dipl.-Wirt.-Ing. (FH) Hans-Jochen Schmitt

Umschlagbild: Gedämpfter Oszillator im Magnetfeld

Die Deutsche Bibliothek – CIP-Einheitsaufnahme:
Böhm, Manfred:
Höhere Experimentalphysik : eine Einführung in Theorie und Praxis / Manfred Böhm ; Arthur Scharmann. – Weinheim ; New York ; Basel ; Cambridge : VCH, 1992
ISBN 3-527-28401-X
NE: Scharmann, Arthur:

Gedruckt auf säurefreiem und chlorarm gebleichtem Papier.

Druck und Bindung: Progress-Druck, D-6720 Speyer.
Printed in the Federal Republic of Germany.

„Ich bewundere die Wissenschaft, gewiß.
Aber ich bewundere auch die Weisheit."

Antoine de Saint-Exupery

Vorwort

Das vorliegende Buch geht aus den Unterlagen zum Physikalischen Praktikum für Fortgeschrittene hervor, wie es an der Universität Gießen seit vielen Jahren durchgeführt wird. Die zahlreichen, immer sehr fruchtbaren Diskussionen zwischen Betreuern und Teilnehmern des Praktikums haben zu einer immensen Fülle an inhaltlichen und didaktischen Anregungen geführt, die wo irgendmöglich ihren Niederschlag im Aufbau und in der Durchführung der Experimente gefunden haben. Auch die Versuchsanleitungen wurden immer umfangreicher und ausgefeilter, vor allem, was das theoretische Umfeld betrifft. Vor diesem Hintergrund, und um dem Wunsch vieler Studenten zu entsprechen, entstand die Idee, den gesamten Stoff, der im Fortgeschrittenen-Praktikum benötigt wird, in einheitlicher und geschlossener Form aufzubereiten. Das vorliegende Buch ist das Ergebnis dieses Bemühens.

Die Beschränkung auf das Praktikumsangebot unseres Instituts bedeutet, daß nur ausgewählte Beispiele beschrieben werden. Einige anderenorts zum festen Repertoire des Praktikums gehörende Experimente mag der Leser in diesem Buch vermissen. Andrerseits hat das Fortgeschrittenen-Praktikum insgesamt, unabhängig von den Besonderheiten der einzelnen Versuche, den Charakter einer beispielgebenden Veranstaltung. Der Student begegnet hier zum ersten Mal wichtigen Aspekten des Herangehens an wissenschaftliche Fragestellungen, die sich später, etwa während der Diplom- und Doktorarbeit, in ähnlicher Form, wiederholen: Koordinierung der in verschiedenen Veranstaltungen gesammelten Kenntnisse, gründliche Vorbereitung auf die Durchführung eines Experiments, Auswertung der Messungen und Bewertung der Ergebnisse. Ein wesentliches Anliegen des Buches ist daher, Betreuer und Studenten bei der Erreichung dieser pädagogischen Ziele des Praktikums zu unterstützen. In diesem Sinne eignet sich das Buch an allen Universitäten als Begleittext neben dem Fortgeschrittenen-Praktikum. Eine seit Jahren existierende Lücke im Lehrbuchangebot soll damit geschlossen werden.

Der Stoff des Fortgeschrittenen-Praktikums ist mehr oder weniger durch die Studienpläne vorgegeben, man könnte ihn knapp mit dem Begriff „Höhere Experimentalphysik“ umschreiben. Das Buch versteht sich daher durchaus als Einführung in dieses Gebiet, allerdings nicht im Sinne einer herkömmlichen Behandlung klassisch zusammenhängender Themen. Vielmehr sollen anhand von Beispielen experimentelle Probleme hervorgehoben sowie experimentelle Verfahren vermittelt werden. Die den einzelnen Kapiteln vorangestellten Betrachtungen theoretischer Grundlagen beabsichtigen, den Zugang zu Lösungswegen zu eröffnen, und darüber hinaus den Umgang mit Lösungsmethoden erleichtern. Gleichwohl bewegt sich die theoretische Auseinandersetzung an der Oberfläche; sie kann und will nicht die Aufgabe der Theorie-Lehrbücher übernehmen. Zur weiteren Vertiefung ist das Studium spezieller Literatur unerläßlich.

Die gleichzeitige Behandlung von Theorie und Experiment in diesem Buch ist ein wesentliches Ergebnis der jahrelangen kritischen Auseinandersetzung mit den Möglichkeiten und Problemen des Fortgeschrittenen-Praktikums. Wir hoffen damit dem Studenten eine Hilfe an die Hand zu geben, eine für das weitere Studium wichtige Fähigkeit zu erlernen: die experimentelle Beobachtung mit dem zur Interpretation notwendigen theoretischen Hintergrund zu verknüpfen. Das Niveau des Buches entspricht dem des Hauptstudiums, d. h. der Stoff der Grundvorlesungen in Physik und Mathematik wird als bekannt vorausgesetzt.

Das Buch ist von seinem Ursprung her als Praktikumsbuch konzipiert. Dementsprechend folgen auf die theoretischen Betrachtungen bei jedem Experiment ausführliche Beschreibungen des Versuchsaufbaus und der -durchführung. Alle Experimente sind aus didaktischen Gründen so einfach wie möglich aufgebaut. Dies birgt den Vorteil der Reduktion auf das Wesentliche, wodurch einmal das Zusammenspiel von Ursache und Wirkung überschaubar wird und zum anderen wichtige physikalische Zusammenhänge und Vorgänge während der Messung klar hervortreten. Die Physik soll ganz im Zentrum des Buches stehen, und wir haben aus diesem Grund bewußt darauf verzichtet, Themen wie Signalverarbeitung und den Einsatz von Computern zur Steuerung und Auswertung zu behandeln.

Nach einem einführenden Abschnitt, der die Grundlagen der Messung und Auswertung von Observablen skizziert, werden in den nächsten beiden Abschnitten klassische Themen beleuchtet, die sich mit der Analyse von meist periodischen Vorgängen befassen. Danach folgt ein Abschnitt über Photographie. Wenngleich mit dem Energiebändermodell des Festkörpers als Grundlage zum Verständnis des photographischen Prozesses ein Konzept aus der Quantenmechanik entliehen wird, läßt sich auch dieser Abschnitt in die klassischen Themen einreihen. Ein weiteres klassisches und in der Anwendung technisches Thema, die Hochfrequenzwellen, wird im nächsten Abschnitt behandelt. Dem Begriff der Kohärenz ist der nachfolgende Abschnitt gewidmet. Die Tatsache, daß wir uns mit diesem Thema relativ ausführlich auseinandersetzen, hat ihren Grund in der großen Bedeutung kohärenter Phänomene insbesondere bei Interferenzexperimenten allgemeiner Art. Die spezifischen Bedingungen der vorgestellten Versuche entscheiden darüber, ob ein klassisches oder quantenmechanisches Modell zur Erklärung der Erscheinungen bemüht wird. Magnetische Eigenschaften, die Gegenstand eines weiteren Abschnitts sind, haben ihre Ursache in atomaren magnetischen Momenten, so daß hier zum Verständnis ein Ausflug in die Quantenmechanik nötig ist. Auch im nächsten Abschnitt über Naturkonstanten ist es die Quantenmechanik, unter Einbeziehung von Symmetriebetrachtungen, die zur Klärung der Grundlagen verhilft.

Das Thema Naturkonstanten ist sehr vielseitig, weswegen in diesem Abschnitt auf weitere physikalische Grundgebiete, insbesondere die statistische Thermodynamik und die spezielle Relativitätstheorie, eingegangen wird. Die Wechselwirkung von elektromagnetischer Strahlung mit Isolatoren wird unter dem Begriff Dispersion in einem eigenen Abschnitt vorgestellt. Zu ihrer Erklärung reicht ein klassisches Modell, das den Einfluß des Elektronenspins nicht berücksichtigt, völlig aus. Der Zugang zum Verständnis der Wärmestrahlung, die Gegenstand des daran anschließenden Abschnitts ist, wird durch die geschichtliche Entwicklung der Quantenmechanik eröffnet, so daß hier halbklassische Ideen beschrieben werden. Die letzten vier Abschnitte sind der Spektroskopie von Atomen, Molekülen, Festkörpern und Kernen gewidmet. Um den vorgesteckten Rahmen des Buches nicht unnötig auszuweiten, haben wir auf die Darstellung der gemeinsamen Grundlagen dieses Themenspektrums verzichtet und jedem Experiment eine geeignete theoretische Begründung vorangestellt. Dabei kommt man nicht daran vorbei, sich neben der Quantenmechanik mit Konzepten aus der Quantenstatistik auseinanderzusetzen. Wo möglich, werden allerdings auch halbklassische Modelle zur Erläuterung herangezogen, um einen höheren Grad an Anschaulichkeit zu erreichen. Den Schluß des Buches bildet ein Anhang, der eine illustrative, tabellarische Sammlung experimenteller Daten und Konstanten enthält. Dadurch soll dem Studenten zumindest teilweise die mühsame Suche nach diesem, für das Praktikum benötigten Zahlenmaterial abgenommen werden.

Die Textverarbeitung nach dem TEX-System hat mit großem Interesse und kritischen Korrekturvorschlägen Herr Dipl.-Phys. J. Schneider durchgeführt. Für seine spontane Mitarbeit möchten wir ihm herzlich danken. Dank gebührt auch Frau S. Löcherl für ihren unermüdlichen Einsatz bei der Bewältigung der Schreibarbeiten und ganz besonders Herrn Dipl.-Phys. W. Greulich von der VCH Verlagsgesellschaft für seine hilfreiche Betreuung.

Bleibt zu hoffen, daß das Buch einerseits Zustimmung und Freude, andrerseits aber auch eine kritische Einstellung zur konstruktiven Mitarbeit erweckt. Für Anregungen und Verbesserungsvorschläge sind wir allen Lesern schon jetzt sehr dankbar.

Gießen, im Oktober 1991 Manfred Böhm Arthur Scharmann

Inhalt

I. Einführung

Experimentelle Untersuchungen geschehen in der Absicht, einen "Dialog" mit der Natur aufzunehmen und zu vertiefen. Über die dabei angewandten, mannigfaltigen Techniken hinaus bedarf es spezieller "Kommunikationsmittel", zu denen neben den experimentellen Anordnungen und der Mathematik auch die physikalischen Größen sowie deren Einheiten gehören. Ihre Anwendung befähigt zum Erlernen der Sprache der Natur, deren "Vokabeln" mit den meßbaren Daten und deren "Grammatik" mit deren Naturgesetzen korrespondieren. Dennoch bedeutet das Experiment den Versuch, unter Ausnutzung der zur Verfügung stehenden Kommunikationsmittel die Sprache der Natur zu verstehen. Die unterschiedlichen Formen der Dialogführung gewähren eine immense Breite in der Gestaltung der Experimentierkunst, wodurch der Begriff "Messung" einen besonderen Rahmen beansprucht. Schließlich stößt man durch die Unerreichbarkeit des Absoluten auf grundsätzliche Grenzen der Dialogfähigkeit und Dialogtiefe, die in der Unsicherheit der experimentellen Beobachtung offenkundig werden.

I.1 Physikalische Größen

In vielen Fällen gelingt es, physikalische Größen durch mathematische Hilfsmittel in andere umzuwandeln. Falls diese Transformation in einer Reduktion auf voneinander unabhängigen Größen mündet, so hat man Basisgrößen gewonnen, aus denen umgekehrt abgeleitete Größen gebildet werden können. Daneben müssen die Basisgrößen auch der Forderung nach Eindeutigkeit genügen. Beide Forderungen verbieten eine freie Wählbarkeit. Die Einführung einer neuen Basisgröße geschieht vermittels eines Meßverfahrens mit dem Ziel, die damit verbundene neue Qualität zu erfassen. Die heute benutzten Basisgrößen sind

> Länge, Masse, Zeit, elektrische Stromstärke, thermodynamische Temperatur, Stoffmenge, Lichtstärke.

Alle durch Messungen und mathematische Reduktion gefundenen Basisgrößen B_i faßt man zu einem Basisgrößensystem $B = \{B_i\}$ zusammen. Die Absicht, ausschließlich die Qualität einer Größe zu erfassen, zwingt zur Frage nach der Dimension. Diese ist demnach unabhängig, sowohl von quantitativen Angaben wie vom strukturellen Charakter, der Skalare, Vektoren und Tensoren voneinander trennt. Entsprechend dem System aus Basisgrößen kann man ein Dimensionssystem finden, das alle Basisdimensionen umfaßt. Die Dimension (dim) einer beliebigen Größe (G) resp. das Dimensionsprodukt setzt sich so aus dem Potenzprodukt von Basisdimensionen (dim $B_i^{\alpha_i}$) zusammen

$$\dim(G) = \prod_i B_i^{\alpha_i} . \tag{I.1}$$

Falls alle Dimensionsexponenten α_i verschwinden, dann hat die betreffende Größe das Dimensionsprodukt 1 und wird als dimensionslos bezeichnet.

Eine Größe G, die sich aus anderen Größen X_i mit gewichteten Anteilen zusammensetzt, kann durch ihre Dichte oder spektrale Form

$$G(X_i) = \frac{dG}{dX_i} \tag{I.2a}$$

als eine Bezugsgröße gekennzeichnet werden, so daß sie selbst aus der Beziehung

$$G = \int G(X_i)\, dX_i \tag{I.2b}$$

resultiert.

I.2 Einheiten

Die Einheit ist ein beliebiger Größenwert, der als Bezugsgröße beim quantitativen Vergleich von Größen gleicher Art, also bei deren Messung, gewählt wird. Demnach hat die Einheit skalaren Charakter. Durch Zuordnung einer Einheit zu einer Basisdimension eines Dimensionssystems kann man eine Basiseinheit definieren, deren Gesamtheit die Grundlage des gewählten Einheitensystems bildet. Die abgeleiteten Einheiten erhält man in Zuordnung zu den abgeleiteten Dimensionen durch das Dimensionsprodukt (Gl. (I.1)), in dem die Basisdimensionen durch die entsprechenden Basiseinheiten ersetzt werden. Ein kohärentes Einheitensystem zeichnet sich dadurch aus, daß sich die abgeleiteten Einheiten ausschließlich als Potenzprodukt aus den Basiseinheiten entwickeln lassen und dabei kein von 1 verschiedener Faktor auftritt.

Das kohärente internationale Einheitensystem SI (*"Système International d'Unitès"*)verwendet sieben Basisgrößen zur Festlegung der zugeordneten Basiseinheiten (Tab. I.1). Ihre Quantität wird durch die folgenden Festlegungen eindeutig entschieden:

1. Das Meter ist die Länge der Strecke, die Licht im Vakuum während der Dauer von 1/299792458 Sekunden durchläuft.

2. Das Kilogramm ist die Masse des internationalen Kilogrammprototyps.

3. Die Sekunde ist das 9192 631 770fache der Periodendauer der dem Übergang zwischen den Hyperfeinstrukturniveaus des Grundzustand des Atoms des Nuklids ^{133}Cs entsprechenden Strahlung.

4. Das Ampere ist die Stärke eines konstanten elektrischen Stromes, der, durch zwei parallele, gradlinige, unendlich lange und im Vakuum im Abstand von 1 Meter voneinander angeordnete Leiter von vernachlässigbar kleinem, kreisförmigen Querschnitt fließend, zwischen diesen Leitern je 1 Meter Leiterlänge die Kraft $2 \cdot 10^{-7}$ Newton hervorrufen würde.

Tab. I.1: Korrelation von Basisgrößen zu Basiseinheiten im SI-Einheitensystem.

Basisgröße (Dimension)	Basiseinheit (Name)	Zeichen
Länge	Meter	m
Masse	Kilogramm	kg
Zeit	Sekunde	s
elektr. Stromstärke	Ampere	A
thermodynamische Temperatur	Kelvin	K
Stoffmenge	Mol	mol
Lichtstärke	Candela	cd

5. Das Kelvin, die Einheit der thermodynamischen Temperatur, ist der 273.16te Teil der thermodynamischen Temperatur des Tripelpunktes des Wassers.

6. Das Mol ist die Stoffmenge eines Systems, das aus ebensoviel Einzelteilchen besteht, wie Atome in 0.012 Kilogramm des Kohlenstoffnuklids ^{12}C enthalten sind. Bei Benutzung des Mols müssen die Einzelteilchen spezifiziert sein und können Atome, Moleküle, Ionen, Elektronen sowie andere Teilchen oder Gruppen solcher Teilchen genau angebbarer Zusammensetzung sein.

7. Die Candela ist die Lichtstärke in einer bestimmten Richtung einer Strahlungsquelle, welche monochromatische Strahlung der Frequenz $540 \cdot 10^{12}$ Hertz aussendet, und deren Strahlstärke in dieser Richtung 1/683 Watt pro Steradiant beträgt.

Aus der Meterdefinition wird der Wert der Vakuumlichtgeschwindigkeit festgelegt. Auch die magnetische Feldkonstante μ_0 erhält ihren Wert gemäß der Amperedefinition zu $4\pi \cdot 10^{-7}$ H/m. Die Anzahl der Einzelteilchen bei der Moldefinition wird durch den Wert der AVOGADRO-Konstante N_A ($= 6.02252 \cdot 10^{23}\text{mol}^{-1}$) gegeben.

Die abgeleiteten SI-Einheiten, die sich wegen der Kohärenz des Systems nur mit dem Zahlenfaktor 1 aus den Basiseinheiten (Tab. I.1) entwickeln lassen, können der besseren Übersicht wegen in zwei Gruppen eingeteilt werden: in solche mit besonderem Namen (Tab. I.2) und in die übrigen (Tab. I.3).

Daneben gibt es die ergänzenden SI-Einheiten, die abgeleitete Einheiten für Größen mit dem Dimensionsprodukt 1 sind (Tab. I.4).

Weitere Einheiten, die dem internationalen System fremd sind, werden häufig meist dann verwendet, wenn die Kohärenz des Systems erhalten bleibt (Tab. I.5).

Dazu gehören auch solche Einheiten, deren Korrelation zu den SI-Einheiten experimentell bestimmt werden muß und die in speziellen Bereichen bevorzugt benutzt werden (Tab. I.6).

Schließlich sind auch Einheiten für solche Größen im Gebrauch, deren Dimensionsprodukt keine resultierende Dimension besitzt. Nach Bildung des Quotienten zweier Größen A_1, A_2 mit derselben Dimension erhält man das Größenverhältnis A_1/A_2, für dessen Bezeichnung Faktor, Grad, Maß usw. gewählt wird. Wendet man den Logarithmus auf das Verhältnis an, wie es oft bei Feldgrößen üblich ist, so wird die Einheit als

Tab. I.2 : Abgeleitete SI-Einheiten mit besonderem Namen.

Dimension	Name	Zeichen	SI-Basiseinheiten
Frequenz	Hertz	Hz	s^{-1}
Kraft	Newton	N	m kg s^{-2}
Druck, Spannung	Pascal	Pa	m^{-1} kg s^{-2}
Energie, Arbeit, Wärmemenge	Joule	J	m^2 kg s^{-2}
Leistung, Energiestrom	Watt	W	m^2 kg s^{-3}
Elektrizitätsmenge, elektr. Ladung	Coulomb	C	A s
elektr. Spannung, elektromagnetische Kraft	Volt	V	m^2 kg s^{-3} A^{-1}
elektrische Kapazität	Farad	F	m^{-2} kg^{-1} s^4 A^2
elektrischer Widerstand	Ohm	Ω	m^2 kg s^{-3} A^{-2}
elektrischer Leitwert	Siemens	S	m^{-2} kg^{-1} s^3 A^2
magnetischer Fluß	Weber	Wb	m^2 kg s^{-2} A^{-1}
magnetische Flußdichte, Induktion	Tesla	T	kg s^{-2} A^{-1}
Celsius-Temperatur	Grad Celsius	°C	K
Lichtstrom	Lumen	lm	cd sr
Beleuchtungsstärke	Lux	lx	m^{-2} cd sr
Aktivität	Becquerel	Bq	s^{-1}
Energiedosis	Gray	Gy	m^2 s^{-2}
Äquivalentdosis	Sievert	Sv	m^2 s^{-2}

1 Neper (Np) im Falle des natürlichen Logarithmus bzw. als 1 Bel (B) im Falle des Logarithmus zur Basis 10 bezeichnet.

Ein anderes kohärentes Einheitensystem, das von drei Basisdimensionen, nämlich der Länge, der Masse und der Zeit abgeleitet wird, mit den Einheiten cm, g und s, ist als CGS-System bekannt (Tab. I.7).

Im Bereich der Elektrizität und des Magnetismus findet man entsprechend dreier verschiedener Gleichungssysteme auch drei Einheitensysteme. Einmal das elektrostatische Einheitensystem (E.S.E.), bei dem die elektrische Ladung nach dem COULOMB-Gesetz abgeleitet und die Permittivität ohne Dimension gewählt wird. Zum anderen das elektromagnetische Einheitensystem (E.M.E.), bei dem die elektrische Stromstärke nach dem Kraftgesetz zwischen zwei Stromelementen abgeleitet und die Permeabilität ohne Dimension gewählt wird. Das GAUSSsche Einheitensystem schließlich stellt als symmetrisches System eine Mischung aus beiden dar. Dort werden elektrische Größen dem elektrostatischen und magnetische Größen dem elektromagnetischen System entnommen (Tab. I.8). Als Schreibweise wird meist die nichtrationale Form gewählt, die durch irrationale Faktoren (2π oder 4π) trotz mangelnder Zylinder- resp. Kugelsymmetrie gekennzeichnet ist. Eine Verknüpfung zwischen dem SI- und dem CGS-System erfolgt über die Energieeinheit entsprechend der Identität

$$1\text{VAs} = 1\text{J} = 1\text{Nm} \equiv 10^7\text{dyn cm} = 10^7\text{erg} \tag{I.3a}$$

Tab. I.3: Abgeleitete SI-Einheiten ohne besonderen Namen.

Dimension	Name	Zeichen	SI-Basiseinheiten
dyn. Viskosität	Pascalsekunde	Pa·s	m^{-1} kg s^{-1}
spez. Energie	Joule durch Kilogramm	J/kg	m^2 s^{-2}
elektrische Ladungsdichte	Coulomb durch Kubikmeter	C/m^3	m^{-3} s A
Permeabilität	Henry durch Meter	H/m	m kg s^{-2} A^{-2}
Energiedosis-leistung	Gray durch Sekunde	Gy/s	m^2 s^{-3}
Geschwindigkeit	Meter durch Sekunde	m/s	m s^{-1}
Wellenzahl	reziprokes Meter	1/m	m^{-1}
Dichte	Kilogramm durch Kubikmeter	kg/m^3	kg m^{-3}

Tab. I.4: Ergänzende SI-Einheiten.

Dimension	Name	Zeichen
ebener Winkel	Radiant	rad
räumlicher W.	Steradiant	sr

sowie vermittels der Feldkonstanten nach der Identität

$$\mu_0 = 4\pi 10^{-7}\text{H m}^{-1} \equiv 4\pi 10^{-2}\text{s}^2\ \text{cm}^{-2} \tag{I.3b}$$

und der Beziehung

$$\varepsilon_0 = 1/(\mu_0 c_0^2) \tag{I.3c}$$

(c_0: definierte Vakuumlichtgeschwindigkeit).

Ein Untersystem des SI-Systems, das MKSA-System, benutzt die vier Basisgrößen Länge, Masse, Zeit und elektrische Stromstärke zur Wahl der Basiseinheiten Meter (m),

Tab. I.5: Einheiten außerhalb des SI.

Name	Zeichen	Korrelation zu SI-Einheiten
Minute	min	1 min = 60 s
Stunde	h	1 h = 60 min = 3600 s
Tag	d	1 d = 24 h = 86400 s
Grad	°	1° = (π/180) rad
Minute	'	1' = (1/60)° = (π/10800) rad
Sekunde	"	1 "= (1/60)' = (π/648000) rad
Liter	l	1 l = 1 dm^3 = 10^{-3} m^3
Tonne	t	1 t = 10^3 kg

Tab. I.6: Einheiten mit experimentell ermittelter Korrelation zu SI-Einheiten.

Name	Zeichen	Korrelation zu SI -Einheiten
Elektronenvolt	eV	1 eV = 1.602 $\cdot 10^{-19}$ J
atomare Masseneinheit	u	1 u = 1.661 $\cdot 10^{-27}$ kg
astronomische Einheit	AE	1 AE = 1.496 $\cdot 10^{11}$ m
Parsec	pc	1 pc = 3.086 $\cdot 10^{16}$ m

Tab. I.7: Abgeleitete CGS-Einheiten für den Bereich der Mechanik.

Dimension	Name	Zeichen	CGS-Basiseinheiten
Kraft	Dyn	dyn	cm g s^{-2}
Energie	Erg	erg	cm^2 g s^{-2}
Fallbeschleunigung	Gal	Gal	cm s^{-2}
dyn. Viskosität	Poise	P	$cm^{-1}gs^{-1}$
kinematische Viskosität	Stokes	St	cm^2 s^{-1}

Kilogramm (kg), Sekunde (s) und Ampere (A), womit eine der Größen die Elektrizität vertritt. Sowohl die Permittivität wie die Permeabilität ist hierbei dimensionsbehaftet. Die magnetische Feldkonstante μ_0 errechnet sich nach Gl. (I.3 b), während sich für die elektrische Feldkonstante mit Gl. (I.3 c) der Wert $\epsilon_0 = 1/(4\pi c_0^2)$ Fm^{-1} ergibt.

Ein in den Ingenieurwissenschaften weit verbreitetes System ist das dreidimensionale technische System. Es besitzt die Basisgrößen Länge, Zeit und Kraft mit den dazu korrelierten Basiseinheiten Meter (m), Sekunde (s) und Kilopond (kp). Gemäß der Definition von einem Kilopond als diejenige Gewichtskraft, die das Urkilogramm am Ort der Normalbeschleunigung erfährt, bekommt man die Umrechnung

$$1\mathrm{kp} = 9.80665\mathrm{N}. \qquad (I.4)$$

Bleibt abschließend auf eine besondere Handhabung von Einheiten hinzuweisen, die vorwiegend in der theoretischen Elementarteilchenphysik weit verbreitet ist. Mit der dort üblichen Normierung der drei Naturkonstanten (s.a. Abschn. VIII)

$$\hbar = c = k = 1 \qquad (I.5)$$

erwirbt man den Vorteil einer einfacheren Schreibweise, insbesondere in der relativistischen Quantenmechanik bei der Formulierung der Vierervektoren und in der Quantenstatistik. Demgegenüber muß jedoch der Nachteil hingenommen werden, daß drei der vier durch Gl. (I.5) miteinander korrelierten Größen, wie Energie, Länge, Zeit und Temperatur, eliminiert werden und mithin als physikalisch eigenständige Quantitäten verlorengehen. Als unabhängige Basisgröße wird im allgemeinen die Energie oder Länge mit deren Einheit MeV oder fm (= 10^{-15}m) gewählt. Beide Einheiten können durch die angenäherte Beziehung

$$1 \approx 200\ \mathrm{MeV} \cdot 1\ \mathrm{fm}\ (\approx \hbar c) \qquad (I.6)$$

Tab. I.8: Vergleich zwischen SI- und CGS-System

Größe	SI-Einheit Symbol	SI-Einheit Name	CGS-Einheit Symbol	CGS-Einheit Name	Umrechnung
Länge	m	Meter	cm	Zentimeter	
Masse	kg	Kilogramm	g	Gramm	
Zeit	s	Sekunde	s	Sekunde	
Kraft	$\frac{\text{kgm}}{\text{s}^2}$=N	Newton	$\frac{\text{gcm}}{\text{s}^2}$=dyn	dyn	1N=10^5dyn
Energie	Nm=J	Joule	$\frac{\text{gcm}^2}{\text{s}^2}$=erg	erg	1J=10^7erg
Leistung	$\frac{\text{J}}{\text{s}}$=W	Watt	$\frac{\text{erg}}{\text{s}}$	–	
Frequenz	s^{-1}=Hz	Hertz	s^{-1}	–	
Winkel	1=rad	Radiant	–	–	
el. Stromstärke	A	Ampere	$\frac{\text{cm}^{3/2}\text{g}^{1/2}}{\text{s}^2}$	–	$1\text{A} \approx 3\cdot 10^9\ \frac{\text{cm}^{3/2}\text{g}^{1/2}}{\text{s}^2}$
el. Ladung	As=C	Coulomb	$\frac{\text{cm}^{3/2}\text{g}^{1/2}}{\text{s}}$	–	$1\text{V} \approx 3\cdot 10^9\ \frac{\text{cm}^{3/2}\text{g}^{1/2}}{\text{s}}$
el. Spannung	V	Volt	$\frac{\text{cm}^{1/2}\text{g}^{1/2}}{\text{s}}$	–	$1\text{V} \approx (1/300)\ \frac{\text{cm}^{1/2}\text{g}^{1/2}}{\text{s}}$
el. Widerstand	Ω	Ohm	$\frac{\text{s}}{\text{cm}}$	–	$1\Omega \approx (1/9\cdot 10^{11})\ \frac{\text{s}}{\text{cm}}$
Leitwert	S	Siemens	$\frac{\text{cm}}{\text{s}}$	–	$1\text{S} \approx 9\cdot 10^{-11}\ \frac{\text{cm}}{\text{s}}$
Kapazität	F	Farad	cm	–	$1\text{F} \approx 9\cdot 10^{11}$ cm
Induktivität	H	Henry	$\frac{\text{s}^2}{\text{cm}}$	–	$1\text{H} \approx (1/9\cdot 10^{11})\ \frac{\text{s}^2}{\text{cm}}$
el. Feldstärke	$\frac{\text{V}}{\text{m}}$	–	$\frac{\text{g}^{1/2}}{\text{cm}^{1/2}\text{s}}$	–	$1\frac{\text{V}}{\text{m}} \approx (1/3\cdot 10^{-4})\ \frac{\text{g}^{1/2}}{\text{cm}^{1/2}\text{s}}$
magn. Feldstärke	$\frac{\text{A}}{\text{m}}$	–	$\frac{\text{g}^{1/2}}{\text{cm}^{1/2}\text{s}}$ = Oe	Oersted	$1\frac{\text{A}}{\text{m}} = 4\pi\cdot 10^{-3}$ Oe
magn. Fluß	Vs=Wb	Weber	$\frac{\text{cm}^{3/2}\text{g}^{1/2}}{\text{s}}$ = Mx	Maxwell	1 Wb = 10^8 Mx
magn. Flußdichte	$\frac{\text{Vs}}{\text{m}^2}$=T	Tesla	$\frac{\text{g}^{1/2}}{\text{cm}^{1/2}\text{s}}$ = G	Gauss	1 T = 10^4 G
Temperatur	°C,K	Grad Celsius, Kelvin	°C,K	Grad Celsius, Kelvin	
Wärmemenge	kcal	Kilokalorie	cal	Kalorie	1 cal=4.1868 J
Stoffmenge	mol	Mol	–	–	

ineinander umgerechnet werden. Eine Erweiterung dieses sogenannten natürlichen Einheitensystems unter Einbeziehung elektrischer Größen erhält man nach Wahl eines elektrischen Einheitensystems mit Hilfe der Feinstrukturkonstante α. Legt man etwa das symmetrische CGS-System (s.o.) zugrunde, so findet man dort

$$\alpha = \frac{e^2}{\hbar c}\,, \tag{I.7}$$

wonach mit Gl. (I.5) die Feinstrukturkonstante mit dem Quadrat der Elementarladung identisch ist

$$e^2 = \alpha\,. \tag{I.8}$$

Ein zusätzlicher Faktor 4π begründet das HEAVISIDE-LORENTZ-System

$$e_{\mathrm{HL}}^2 = 4\pi e_{\mathrm{Gauss}}^2 , \qquad (I.9)$$

das in der relativistischen Quantenfeldtheorie und in der Quantenchromodynamik (s. Abschn. VIII.1.2.4) häufig verwendet wird. Zur Kennzeichnung der unterschiedlichen Größenordnungen von Größenwerten sind Vorsätze in Gebrauch, die die entsprechenden Faktoren ersetzen (Tab. I.9).

Tab. I.9: Kennzeichnung der Größenordnungen von Größenwerten.

Potenz	Zeichen	Name	Potenz	Zeichen	Name	Potenz	Zeichen	Name
10^{18}	E	Exa	10^{2}	h	Hekto	10^{-6}	μ	Mikro
10^{15}	P	Peta	10^{1}	da	Deka	10^{-9}	n	Nano
10^{12}	T	Tera	10^{-1}	d	Dezi	10^{-12}	p	Piko
10^{9}	G	Giga	10^{-2}	c	Zenti	10^{-15}	f	Femto
10^{6}	M	Mega	10^{-3}	m	Milli	10^{-18}	a	Atto
10^{3}	k	Kilo						

I.3 Messungen und Meßabweichungen

Bei einer Messung wird mit Hilfe einer experimentellen Technik die Quantität einer physikalischen Größe ermittelt. Dabei kommt es zu einem Vergleich mit dem frei wählbaren Normal als der Einheit der zu messenden Größe. Das Ergebnis kann durch zwei unterschiedliche Arbeitsweisen gewonnen werden. Einmal in einem direkten Verfahren, in dem man mehrere getrennt beobachtete Meßwerte einer einzigen Meßgröße sammelt. Zum anderen in einem indirekten Verfahren unter Beobachtung reduzierter oder andersartiger Größen, um mittels eindeutiger Relationen, die theoretischer oder empirischer Herkunft sein mögen, das angestrebte Ergebnis zu erhalten. Während bei der absoluten Messung die zur Definition der Einheit vorgeschriebenen Methoden benutzt werden, findet man bei der relativen Messung neue Techniken, die durch Gesetzmäßigkeiten vorgegeben sind.

Das Verhalten eines Meßgerätes wird im wesentlichen durch zwei unterschiedliche Parameter beeinflußt. Zum einen durch die Fehlergrenze, die als Höchstbetrag für systematische Abweichungen innerhalb des Meßbereichs bekannt ist und die zufälligen Abweichungen überschreitet. Sie wird durch die technische Bauart sowie durch Einwirkungen aus der Umgebung festgelegt. Zum anderen ist es die Empfindlichkeit E, die die Wirkungsweise charakteristisch prägt. Man versteht darunter die differentielle Änderung dY des Größenwertes am Ausgang des Gerätes bezüglich der Änderung dX der am Eingang als Ursache erscheinenden Größe ($E = dY/dX$).

Die Ausgleichs- oder Kompensationsmessung geschieht mit dem Ziel, einen Vergleich mit bekannten Größen derselben Art herzustellen. Dabei ist in der Durchführung sowohl eine absolute (Nullmethode) wie eine differentielle Methode mit einem beliebigen Vergleichswert denkbar.

Das Ergebnis einer Messung liefert mit dem durch das Meßgerät gewonnenen Meßwert nicht den wahren Wert x_W der interessierenden Größe, der Meßwert repräsentiert vielmehr einen Schätzwert x, der durch die wahre Meßabweichung

$$\Delta_\mathrm{W} = x - x_\mathrm{W} \tag{I.10}$$

charakterisiert wird. In der Absicht, diese Abweichungen gering zu halten, muß man sich mit deren Ursachen beschäftigen. Jede Nachforschung dieser Art legt eine Aufteilung in zwei unterschiedliche Gruppen nahe.

Die systematischen Abweichungen haften den einzelnen Meßwerten in gleicher Weise an. Die Gründe für ihr Auftreten findet man in Unvollkommenheiten der Meßapparatur, des Meß- und Auswerteverfahrens, des Meßobjekts sowie in Übergriffen der Umgebung auf das zu beobachtende, teilweise offene System und in persönlichen Einflußnahmen. Zum anderen gibt es die statistischen Abweichungen, die auf den Zufall zurückzuführen sind. Die Unsicherheit des Meßergebnisses kann dann häufig gemäß den Methoden der mathematischen Statistik allgemein angegeben werden. Dabei wird die Meßgröße selbst bei der Auswertung der Messung als Zufallsvariable im Sinne der Wahrscheinlichkeitstheorie betrachtet. Die statistische Streuung der Meßwerte, etwa bei der direkten Messung einer Größe, gibt Anlaß zu einer Verteilung, nämlich deren Grundgesamtheit, die ihrerseits die Wahrscheinlichkeit für das Auftreten von Meßwerten einer Stichprobe, also von einer endlichen Anzahl (n) von Meßwerten beherrscht.

Trägt man die relative Häufigkeit

$$h_i = \frac{n_i}{n} \tag{I.11a}$$

mit

$$n = \sum_i n_i \tag{I.11b}$$

gegen den Meßwert x_i als Zufallsvariable auf, so erhält man eine Häufigkeitsverteilung (Fig. I.1).
Dabei bedeutet n_i die Anzahl der beobachteten Meßwerte x, die in einem Intervall x_i zusammengefaßt werden. Weit mehr Information liefert hingegen jene Häufigkeitsverteilung, die bei einer unbegrenzten Anzahl von Meßwerten ($n \to \infty$) erwartet wird

$$f(x_i) = \lim_{n\to\infty} h_i \tag{I.12a}$$

mit

$$\sum_i f(x_i) = 1 \,. \tag{I.12b}$$

Diese Grenzhäufigkeitsverteilung bestimmt die Wahrscheinlichkeit für das Auffinden eines Meßwertes im i-ten Intervall. Nach infinitesimaler Verkleinerung des Intervalls erhält man in der Grenze ($\Delta x \to 0$) aus Gl. (I.12) die Wahrscheinlichkeitsdichte $f(x)$ mit der Normierung

$$\int_{-\infty}^{+\infty} f(x)\,dx = 1 \,, \tag{I.13}$$

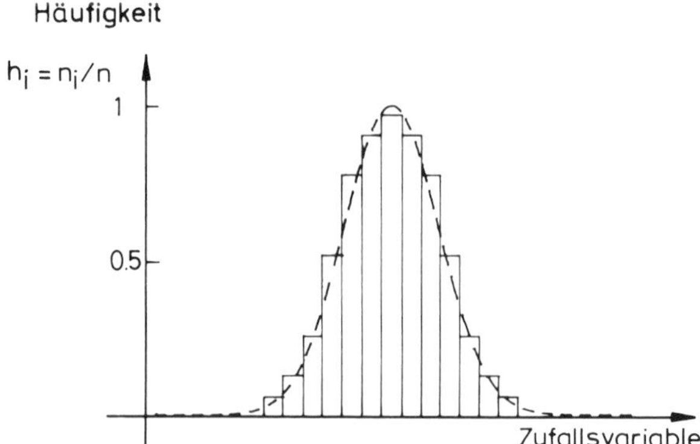

Fig. I.1: Schematische Darstellung der Häufigkeitsverteilung einer Stichprobe endlichen Umfangs n.

die eine Aussage über das mögliche Auftreten der Zufallsvariablen x erlaubt. Das Produkt $f(x)\,dx$ bedeutet demnach die Wahrscheinlichkeit, den Meßwert im Intervall zwischen x und $x + dx$ zu finden. Als Konsequenz daraus bekommt man die Wahrscheinlichkeit für das Auftreten in einem beliebigen Intervall $x_1 \leq x \leq x_2$

$$P(x_1 \leq x \leq x_2) = \int_{x_1}^{x_2} f(x)\,dx \tag{I.14}$$

oder für das Auftreten im Bereich $-\infty < x \leq \bar{x}$

$$F(\bar{x}) = \int_{-\infty}^{\bar{x}} f(x)\,dx\,, \tag{I.15}$$

die als Verteilungsfunktion bekannt ist.

Die Grenzhäufigkeitsverteilung ermöglicht die Ermittlung des wahren Wertes x_{W} als das Scharmittel resp. den Erwartungswert $< x >$

$$< x >= \int_{-\infty}^{+\infty} x f(x)\,dx\,. \tag{I.16}$$

Nachdem die Breite der Verteilung die Abweichung einer Einzelmessung vom Scharmittel bestimmt, wird man nach einer geeigneten Größe zu deren Charakterisierung suchen. Man findet sie in der Varianz σ^2 als das Scharmittel des Quadrates der wahren Meßabweichung (s. Gl. (I.10))

$$\sigma^2 =< (x - x_{\mathrm{W}})^2 > \tag{I.17}$$

oder in deren Wurzel σ, die als Standardabweichung der Verteilung bekannt ist. Mit Gl. (I.16) und der Normierung (I.13) erhält man

$$\sigma^2 =< x^2 > - < x >^2\,, \tag{I.18}$$

womit die Streuung der Meßwerte erfaßt wird.

Abweichend vom idealen Fall der Grenzhäufigkeitsverteilung wird man bei einer Stichprobe von endlichem Umfang n nur eine zufällige Auswahl aus der Grundgesamtheit aller möglichen Messungen unter gleichen Bedingungen treffen können. Die dabei herausragenden Größen, die die Eigenschaften des idealen Falles abzuschätzen erlauben, können in Anlehnung an die Überlegungen über die Grenzhäufigkeitsverteilung eingeführt werden. So ist der beste Schätzwert des wahren Meßwertes das arithmetische Mittel

$$< x_n >= \frac{1}{n} \sum_{i=1}^{n} x_i \,. \tag{I.19}$$

Die empirische Varianz s_n der Stichprobe ist über die Quadrate der Abweichungen vom Mittelwert definiert,

$$s_n^2 = \frac{1}{n-1} \sum_{i=1}^{n} (x_i - < x_n >)^2 \,, \tag{I.20}$$

und ergibt mit Gl. (I.19)

$$s_n^2 = \frac{1}{n-1} \left[\sum_{i=1}^{n} \left(x_i^2 - \frac{1}{n} \left(\sum_{i=1}^{n} x_i \right)^2 \right) \right] \,. \tag{I.21}$$

Daraus leitet sich die Streung der einzelnen Meßwerte um den Mittelwert ab, die als Standardabweichung s_n oder mittlere quadratische Abweichung den besten Schätzwert einer Stichprobe für die Standardabweichung σ im idealen Fall darstellt. Die Genauigkeit des Mittelwertes kann durch eine mehrfache Wiederholung der n-fachen Stichprobe geprüft werden. Ein Maß für die Streuung eines Einzelergebnisses ist die Standardabweichung des Mittelwertes

$$s_{<x>} = \frac{s_n}{\sqrt{n}} \,, \tag{I.22}$$

wonach die Genauigkeit einer Messung durch mehrfache Wiederholung nur sehr langsam im Maße der reziproken Wurzel des Stichprobenumfangs gesteigert werden kann.

Als Beispiel für eine Wahrscheinlichkeitsdichte, die in vielen praktischen Fällen die Häufigkeitsverteilung der Beobachtungsgröße x annähernd prägt, sei die der Normalverteilung (GAUSS-Verteilung)

$$f(x) = \frac{1}{\sqrt{2\pi}\sigma} \exp \left[- \frac{(x- < x >)^2}{2\sigma^2} \right] \tag{I.23}$$

angeführt (Fig. I.2). Sie ist symmetrisch um das Scharmittel $< x >$ und besitzt die Varianz σ^2 nach Gl. (I.17).

Eine ganz andere Wahrscheinlichkeitsdichte findet man etwa bei der Beobachtung von Teilchen mittels der Messung von Zählraten $\dot{N}$, wo die statistischen Ergebnisse diskrete,

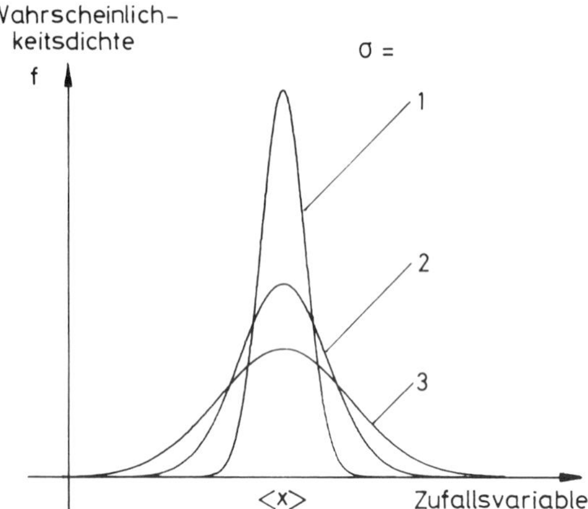

Fig. I.2: Wahrscheinlichkeitsdichte $f(x)$ der Normalverteilung um das Scharmittel $< x >$ mit verschiedenen Standardabweichungen σ als Parameter.

ganzzahlige und voneinander unabhängige Meßwerte liefern (s.a. Abschn. VI.1.4). Dort gilt die POISSON-Verteilung (Fig. I.3)

$$f(x) = \frac{< x >^{-x}}{x!} e^{-<x>} \qquad (x = 0, 1, \ldots) \tag{I.24}$$

mit dem Scharmittel $< x >$ und der Varianz nach Gl. (I.17)

$$\sigma^2 = < x > \tag{I.25a}$$

resp. der Standardabweichung

$$\sigma = \sqrt{< x >}, \tag{I.25b}$$

so daß nur ein Parameter vorherrscht. Im Beispiel der Zählratenmessung mit dem Mittelwert $< \dot{N} >$ und der Beobachtungsdauer Δt erhält man demnach die Standardabweichung

$$\sigma = \sqrt{< \dot{N} > \Delta t}. \tag{I.26}$$

Eine n-fache Wiederholung der Messung liefert nach Gl. (I.22) die Standardabweichung des Mittelwertes zu

$$s_{<x>} = \sqrt{\frac{< \dot{N} > \Delta t}{n}}. \tag{I.27}$$

Die Bildung des relativen mittleren Fehlers des Mittelwertes

$$\frac{s_{<x>}}{< x >} = \frac{1}{\sqrt{N}} \tag{I.28a}$$

demonstriert deutlich dessen Abhängigkeit von der gesamten beobachteten Teilchenzahl

$$N_{ges} = n < \dot{N} > \Delta t \,. \tag{I.28b}$$

Bei Vorgabe einer Wahrscheinlichkeit $P(x_1 \leq x \leq x_2)$, die das Auffinden der Zufallsvariablen innerhalb eines Intervalls gemäß ihrer Angabe fordert und unter dem Namen "Vertrauensniveau" bzw. "statistische Sicherheit" bekannt ist, werden die Vertrauensgrenzen x_1, x_2 des Intervalls festgelegt.

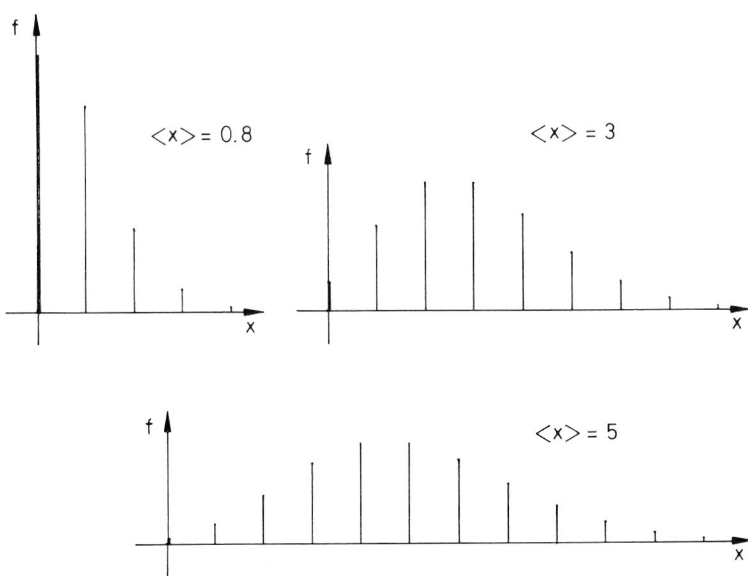

Fig. I.3: Wahrscheinlichkeitsdichte $f(x)$ der POISSON-Verteilung mit verschiedenen Varianzen resp. Scharmittelwerten $< x > (= \sigma^2)$ als Parameter.

Voraussetzung ist dabei die Kenntnis der Verteilung der Grundgesamtheit. Mit der Annahme einer normalverteilten Zufallsvariablen erhält man etwa auf Grund der Forderung nach einem Vertrauensniveau von P = 68.3 % bzw. 95.5 % einen Vertrauensbereich von $[< x > -\sigma, < x > +\sigma]$ bzw. $[< x > -2\sigma, < x > +2\sigma]$, was als 1σ - bzw. 2σ -Regel bezeichnet wird.

Ein weiterer bedeutender Fall ergibt sich aus der Tatsache, daß die Grundgesamtheit der Mittelwerte einer Normalverteilung gehorcht, deren empirische Varianz σ^2 jedoch nur für eine Stichprobe endlichen Umfangs n bekannt ist. Nach Einführung einer Transformation der Zufallsvariablen $< x_n >$ in eine neue Variable t, bekommt man die sogenannte STUDENT-Verteilung, deren Form der Stichprobenumfang n als Parameter beherrscht. Während für $n = 2$ eine LORENTZ-Verteilung für die Variable t zu erwarten ist, findet man bei großen Stichproben ($n \to \infty$) den Übergang zur Normalverteilung. Bei Vorgabe eines Vertrauensniveaus P kann jetzt bzgl. dieser neuen Verteilung ein Vertrauensbereich des Mittelwertes angegeben werden, wobei die Abhängigkeit vom Stichprobenumfang berücksichtigt wird. Ein ähnliches Vorgehen erlaubt bei Vorgabe eines Vertrauensniveaus, den Vertrauensbereich für die Standardabweichung σ einer Stichprobe an Stelle des Mittelwertes zu ermitteln. Die dabei verwendete Verteilung ist die Chi-Quadrat-Verteilung.

Eine Prüfung dahingehend, inwieweit die empirische Häufigkeitsverteilung von Meßwerten einer n-fachen Stichprobe mit einer hypothetisch angenommenen Wahrscheinlichkeitsdichte der Grundgesamtheit übereinstimmt, gelingt mit Hilfe des Chi-Quadrat-Tests. Dort wird der Bereich der Meßwerte x_i in k (≤ 5) Klassen mit jeweils mindestens 5 Meßwerten eingeteilt. Als Prüfgrößen dienen die quadratischen Abweichungen der empirischen Häufigkeiten n_i von den theoretisch erwarteten Häufigkeiten nP_i (P_i : berechnete Wahrscheinlichkeit für die i-te Klasse nach Gl. (I.14))

$$\chi^2 = \sum_i^k \frac{(n_i - nP_i)^2}{nP_i} , \tag{I.29}$$

wobei in bezug auf diese Größe über alle Klassen summiert wird. Mit wachsendem χ^2 wird demnach die Abweichung von der vermuteten Grenzhäufigkeitsverteilung zunehmen. Weil auch dieses Verfahren statistischen Gesetzen unterworfen ist, bekommt man für die Abweichung χ^2 selbst eine Verteilung, deren Wahrscheinlichkeitsdichte $f(\chi^2)$ von der Zahl k der Klassen oder des Freiheitsgrades $f = k - 1$ bestimmt wird. Dieser Grad verringert sich noch um jene Zahl von Parametern, die, wie etwa das Scharmittel $< x >$ oder die Varianz σ^2, auf Grund der Meßdaten geschätzt werden.

Bei indirekten Messungen der gesuchten Größe x während der Beobachtung voneinander unabhängiger Größen $u, v, \ldots$ zwingt eine mathematische Relation der Form

$$x = f(u, v, \ldots) \tag{I.30}$$

zu einer additiven Betrachtung der Varianzen einzelner Meßgrößen. Das Ergebnis, das aus einer Reihenentwicklung bis zur 2. Ordnung erwächst, liefert für die Varianz

$$s^2 = \left(\frac{\partial f}{\partial u}\right)_{u=<u_k>} \cdot s_k^2 + \left(\frac{\partial f}{\partial v}\right)_{v=<v_l>} \cdot s_l^2 + \ldots \tag{I.31}$$

(GAUSSsches Fehlerfortpflanzungsgesetz), wo $< u_k >$, $< v_l >$ die Mittelwerte und s_k, s_l die Varianzen der Stichproben von k- bzw. l-fachem Umfang bedeuten. Als Konsequenz daraus erhält man die relative Größtabweichung R als die algebraische Summe der Beträge der einzelnen Standardabweichungen

$$R = \left|\frac{\partial f}{\partial u}\right|_{u=<u_k>} \cdot |s_k| + \left|\frac{\partial f}{\partial v}\right|_{v=<v_l>} \cdot |s_l| + \ldots \tag{I.32}$$

Im Falle, daß mehrere Meßreihen als das Ergebnis etwa verschiedener Verfahren oder Beobachter vorliegen, findet man auch mehrere (k) Scharmittel $< x >_\mu$. Die Berechnung eines gemeinsamen Scharmittels $< x >$ gelingt dabei mit Rücksicht auf eine Gewichtung g_μ der einzelnen Beiträge

$$< x > = \frac{\sum\limits_{\mu}^{k} g_\mu < x >_\mu}{\sum\limits_{\mu}^{k} g_\mu} . \tag{I.33}$$

In diesem abgewogenen Sinne kann auch eine mittlere Standardabweichung des gewogenen Scharmittels

$$s_{<x>} = \sqrt{\frac{\sum\limits_{\mu}^{k} g_\mu \cdot (< x >_\mu - < x >)^2}{(k-1)\sum\limits_{\mu}^{k} g_\mu}} \tag{I.34}$$

ermittelt werden.

Bei der Suche nach einem funktionalen Zusammenhang etwa zwischen zwei Meßgrößen x_k, y_k wird man zunächst die Hilfe einer graphischen Darstellung in einem rechtwinkeligen Koordinatensystem in Anspruch nehmen. Für den speziellen Fall einer linearen Anpassung der Werte wird das Problem auf die Frage nach der am besten angepaßten Geraden, der sogenannten Ausgleichsgeraden zurückgeführt. Ausgehend von der Annahme, daß die als unabhängig gewählte Variable x_k eine vernachlässigbar kleine Abweichung zeigt, berechnet sich die Abweichung der dazu korrelierten Meßgröße y_k zu

$$\Delta_k = y_k - y(x_k) , \tag{I.35}$$

wobei der tatsächliche Wert $y(x_k)$ auf der am besten angepaßten Geraden

$$y = ax + b \tag{I.36}$$

liegt. Aus der notwendigen Bedingung, daß die Summe der quadratischen Abweichungen $(\Delta_k)^2$, nach Gl. (I.35)

$$\sum_{k}^{n} (y_k - ax_k - b)^2 = F(a, b, n) , \tag{I.37}$$

minimal bzgl. der Variation der Geradenparameter wird

$$\frac{\partial F}{\partial a} = 0 \quad \text{und} \quad \frac{\partial F}{\partial b} = 0 , \tag{I.38}$$

bekommt man die Möglichkeit, die gesuchten Größen a und b der Ausgleichsgeraden zu ermitteln

$$a = \frac{\sum x_k \sum y_k - n \sum x_k y_k}{\left(\sum x_k\right)^2 - n \sum x_k^2} \qquad b = \frac{\sum x_k \sum x_k y_k - n \sum y_k \sum x_k^2}{\left(\sum x_k\right)^2 - n \sum x_k^2} . \tag{I.39a}$$

Die dazugehörigen Standardabweichungen sind

$$s_a = s_n \sqrt{\frac{n}{n \sum x_k^2 - \left(\sum x_k\right)^2}} \tag{I.40a}$$

und

$$s_b = s_n \sqrt{\frac{\sum x_k^2}{n \sum x_k^2 - \left(\sum x_k\right)^2}} \tag{I.40b}$$

mit der Varianz

$$s_n^2 = \frac{\sum \left[y_k - y(x_k)\right]^2}{n-2} \tag{I.41}$$

als Maß für die Streuung der Meßwerte y_k um die Gerade. Im Falle nichtlinearer Regression zwingt ein analoges Vorgehen zur Wahl eines Polynoms als Ausgleichskurve.

I.4 Literatur

1. **D. KAMKE, K. KRÄMER** *Physikalische Grundlagen der Maßeinheiten*
B.G. Teubner, Stuttgart **1977**

2. **S. GERMAN, P. DRAHT** *Handbuch der SI-Einheiten*
F. Vieweg u.S., Braunschweig, Wiesbaden **1979**

3. *Symbole, Einheiten und Nomenklatur in der Physik*
Physik-Verlag, Weinheim **1980**

4. **L. MERZ** *Grundkurs der Meßtechnik, Teil I u. II*
R. Oldenbourg, München **1975**

5. **J. NIEBUHR** *Physikalische Meßtechnik, Bd. I*
R. Oldenbourg, München **1977**

6. **U. FRÜHAUF** *Grundlagen der elektronischen Meßtechnik*
Akadem. Verlagsgesellschaft Geest u. Portig, Leipzig **1977**

7. **H. HART** *Einführung in die Meßtechnik*
F. Vieweg u.S., Braunschweig **1978**

8. **E. SCHRÜFER** *Elektrische Meßtechnik*
C. Hanser, München **1983**

9. **F. KOHLRAUSCH** *Praktische Physik, Bd. 1 u. 2*
B.G. Teubner, Stuttgart **1986**

10. **U. STILLE** *Messen und Rechnen in der Physik*
F. Vieweg u.S., Braunschweig **1961**

11. **B. W. GNEDENKO** *Lehrbuch der Wahrscheinlichkeitsrechnung* Akademie-Verlag, Berlin **1962**

12. **R. von MISES** *Mathematical Theory of Probability and Statistics* Academic Press, New York, London, **1964**

13. **Yh.V. PROKHOROV, VH.A. ROZANOV** *Probability Theory* in "*Grundlehren der mathematischen Wissenschaften in Einzeldarstellungen*" *Bd. 157* Springer, Berlin, Heidelberg, New York **1968**

14. **R. LUDWIG** *Methoden der Fehler- und Ausgleichsrechnung* F. Vieweg u.S., Braunschweig **1969**

15. **N.W. SMIRNOW, I.W. DUNIN-BARKOWSKI** *Mathematische Statistik in der Technik* Deutscher Verlag der Wissenschaften, Berlin **1969**

16. **N.C. BARFORD** *Kleine Einführung in die statistische Analyse von Meßergebnissen* Akadem. Verlagsgesellschaft, Frankfurt/M. **1970**

17. **W. FELLER** *An Introduction to Probability Theory and Its Applications, Vol. 1 u. 2* J. Wiley, New York **1968/1971**

18. **B.L. van der WAERDEN** *Mathematische Statistik* Springer, Berlin **1971**

19. **G.L. SQUIRES** *Meßergebnisse und ihre Auswertung* Walter de Gruyter, Berlin **1971**

20. **KAI LAI CHUNG** *Elementary Probability Theory with Stochastic Processes* Springer, Berlin, Heidelberg, New York **1974**

21. **L. SACHS** *Angewandte Statistik* Springer, Berlin **1974**

22. **M. FISZ** *Wahrscheinlichkeitsrechnung und mathematische Statistik* Dt. Verlag d. Wiss., Berlin **1976**

23. **G.R. KLOTZ** *Statistik* F. Vieweg u.S., Braunschweig **1976**

24. **W. SCHMIDT** *Lehrprogramm Statistik mit zusätzlichen Beispielen aus den Naturwissenschaften* Verlag Chemie, Weinheim **1976**

25. **M.R. SPIEGEL** *Statistik* Mc. Graw-Hill, New York **1976**

26. **R. STORM** *Wahrscheinlichkeitsrechnung, mathematische Statistik und statistische Qualitätskontrolle* Fachbuchverlag, Leipzig **1976**

27. **S. NOACK** *Auswertung von Meß- und Versuchsdaten mit Taschenrechner und Tischcomputer* Walter de Gruyter, Berlin **1980**

28. **W. HÖPCKE** *Fehlerlehre und Ausgleichsrechnung* Walter de Gruyter, Berlin **1980**

29. **J.R. TAYLOR** *Fehleranalyse* VCH Verlagsgesellschaft, Weinheim **1989**

II. Schwingungen

Das Studium der allgemein ·bei Schwingungen auftretenden Erscheinungen läßt viele Probleme in der Physik besser verstehen und erklären. Um dies zu verdeutlichen, sei auf einige derartige Fälle hingewiesen.

In der klassischen Betrachtung der gebundenen Atomelektronen wird eine elastische Bindung an eine Gleichgewichtslage durch COULOMB-Kräfte vorausgesetzt (THOMSON-Modell). Die Schwingungen dieser Elektronen führen zu einem periodisch sich ändernden Dipolmoment, das die Abstrahlung elektromagnetischer Felder zur Folge hat. Damit wird die Emission von z.B. sichtbarem Licht verständlich.

Ursache solcher Schwingungen kann die Einwirkung periodischer elektromagnetischer Felder sein, basierend auf der COULOMB-Kraft. Unter Berücksichtigung aller beteiligten Elektronen und deren sich ändernder Dipolmomente erhält man eine makroskopische Polarisation, die im Zusammenhang mit der dielektrischen Verschiebung die Berechnung der Dielektrizitätskonstanten bzw. des Brechungsindex als Funktion der Erregerfrequenz erlaubt. Damit kann die Erscheinung der Dispersion erklärt werden. Eine vollständige Beschreibung dieser erzwungenen Schwingungen setzt zusätzlich die Annahme einer Dämpfung voraus, d.h. dem elektromagnetischen Feld wird Energie entzogen und bei Abstrahlung ganz oder teilweise wieder übertragen. Mit dieser Ergänzung kann die anomale Dispersion im Bereich der Eigenfrequenz der Dispersionselektronen studiert werden (s. Abschn. IX.1).

Im Modell des schwingenden Elektrons läßt sich auch der ZEEMAN-Effekt verstehen. Das einwirkende externe Magnetfeld beeinflußt infolge der LORENTZ-Kraft die Schwingungsfrequenz von jenem Teil der beteiligten Elektronen, die nicht in Richtung der Feldlinien schwingen, ohne die Bahn zu verändern. Dies führt zu einer Wellenlängenänderung der emittierten elektromagnetischen Strahlung (s. Abschn. XI.4.1).

Neben der Bewegung von Elektronen hat die der Kerne einen bedeutenden Einfluß auf die Vorgänge in der Mikrophysik. Im Molekülverband kann die Schwingung von Kernen ein zeitlich sich änderndes Dipolmoment induzieren, was auch hier zur Emission bzw. Absorption elektromagnetischer Strahlung führt. Entsprechend der niedrigen Frequenzen sind die Intensitäten im langwelligen Bereich zu erwarten. Die Verschiebung von Ionen im Festkörper aus einer Gleichgewichtslage verursacht ein Dipolmoment, das bei der Wechselwirkung mit einem äußeren elektromagnetischen Wechselfeld zu erzwungenen Schwingungen angeregt wird und mithin Resonanzerscheinungen bezüglich der Polarisierbarkeit bewirkt (LORENTZ-Modell).

Gekoppelte Schwingungen sind bei der Erklärung von atomistischen Vorgängen von weitreichender Bedeutung. So kann ein Molekül, bestehend aus zwei gleichen Atomen, als zwei schwingungsfähige, untereinander gekoppelte Systeme angesehen werden. Man erhält dadurch zwei mögliche Resonanzfrequenzen, die mit den beim Molekül auftretenden möglichen Energieniveaus für Elektronen verglichen werden können. Werden weitere Atome angekoppelt, so erhält man in Analogie zum Schwingungssystem entsprechende Energiezustände, deren hohe Konzentration (ca. 10^{29} cm^{-3}) und geringer energetischer Abstand beim Festkörper die Ausbildung von quasikontinuierlichen Energiebändern ermöglicht. Diese Art der Beschreibung des Bändermodells, basierend auf der Wechselwirkung der Atome untereinander, wird als die gebundene Näherung bezeichnet (s. Abschn. XIII.4.1).

Die Schwingungen der Atome, Ionen bzw. Moleküle im Festkörper haben einen vielfältigen Einfluß auf die physikalischen Eigenschaften und werden deshalb intensiv spektroskopisch untersucht. Dort gibt es neben longitudinalen oder transversalen Schwingungen auch solche, bei denen eine Änderung des elektrischen Dipolmoments möglich (optische Gitterschwingungen) oder nicht möglich (akustische Gitterschwingungen) ist. Über die Schwingungsvorgänge hinaus zielen die Untersuchungen auf die möglichen Wellenbewegungen bzw. auf die Dispersion als den funktionalen Zusammenhang zwischen Energie und Impuls bzw. zwischen Frequenz und Wellenzahlvektor.

Eine große Bedeutung in der Interpretation mancher physikalischer Effekte haben die modulierten Schwingungen. Dabei kann sowohl die Amplitude wie die Frequenz bzw. die Phase harmonisch geändert werden. Als Ergebnis findet man Seitenbänder als jene Intensitätslinien im FOURIER-Spektrum (s. Abschn. III.1), die symmetrisch um die Hauptlinie bei der Trägerfrequenz angeordnet sind. Damit läßt sich z.B. der RAMAN-Effekt klassisch erklären, bei dem die gestreute Lichtwelle infolge der periodisch mit der Rotations- bzw. Schwingungsfrequenz sich ändernden Polarisierbarkeit amplitudenmoduliert wird und mithin die RAMAN-Linien neben der gestreuten Linie sichtbar werden läßt (s. Abschn. XII.2.1). Ein weiteres Beispiel ist die klassische Herleitung des DEBYE-WALLER-Faktors, der ein Maß dafür ist, wie intensiv die elastische Neutronen- oder Röntgenstreuung am Festkörper oder wie intensiv die rückstoßfreie Emission bzw. Resonanzabsorption beim MÖSSBAUER-Effekt erfolgt. Im letzteren Fall geht man von der Annahme aus, daß der emittierende bzw. absorbierende Kern harmonische Schwingungen ausführt, die hier zur Ausstrahlung einer phasenmodulierten elektromagnetischen Welle führen. Das Ziel der Herleitung ist nun, die Intensität der Hauptlinie im FOURIER-Spektrum zu berechnen (s. Abschn. XIV.3.1).

Schließlich sei auf die mögliche Abweichung von der Linearität und deren Folgen hingewiesen. Nichtlinare Schwingungen ergeben sich aus der Existenz nichtlinearer Kräfte bzw. anharmonischer Potentiale. Ihre Beschreibung gelingt nicht mehr durch allgemeine Betrachtungen mit Hilfe linearer Differentialgleichungen und konstanter Koeffizienten, sondern muß in jedem einzelnen Fall teils durch Parameterdarstellung, teils durch Näherungslösungen gesondert ausgeführt werden. Ein einfaches Beispiel ist die freie Schwingung eines anharmonischen Oszillators, wie sie beim Schwerependel mit großen Amplituden auftritt. Die mathematische Behandlung ergibt eine Abnahme der Schwingungsfrequenz mit wachsender Amplitude. Ein weiteres Beispiel ist die Abweichung von der Linearität der Kräfte im Festkörper. Aus ihr resultiert die nicht unwesentliche Konsequenz, daß die Bewegung der Teilchen unsymmetrisch um Gleichgewichtslagen verläuft. Bei Wärmezufuhr wird dadurch die thermische Ausdehnung verursacht.

II.1 Grundlagen

II.1.1 Freie Schwingungen

Es sei hier von Systemen die Rede, die im einfachsten Fall nur einen Freiheitsgrad besitzen. Der Zustand des betrachteten Systems ist durch eine einzige Größe, nämlich die Abweichung aus der Gleichgewichtslage bestimmt (z.B. Auslenkung eines in einer Ebene schwingenden Pendels oder die Ladung auf dem Kondensator im elektrischen Schwingkreis). Die Zeitabhängigkeit dieser Abweichung wird bei allen Systemen im Falle der freien Schwingung durch harmonische Funktionen beschrieben. Sei die Abweichung vom Gleichgewicht x, so erhält man

$$x(t) = x_0 \cos(\omega t - \delta) . \tag{II.1}$$

Dabei bedeuten x_0 die maximale Abweichung, ω die Kreisfrequenz und δ eine Phasenlage, die die Abweichung zu Beginn der Schwingung (t =0) festlegt.

Gl. (II.1) ist die Lösung einer Differentialgleichung, die sich z.B. im mechanischen Fall beim Federpendel mit dem Massenpunkt m nach dem 2. Newtonschen Gesetz ergibt zu

$$m\ddot{x} = \sum_{i=1}^{n} F_i \tag{II.2}$$

mit den am System wirkenden Kräften F_i. Bei der freien Schwingung wirkt nur eine der Auslenkung proportionale Kraft F_1, die die Störung aus der Gleichgewichtssituation zu verhindern sucht ($F_1 < 0$):

$$F_1 = -\text{const} \cdot x \ ; \tag{II.3}$$

man spricht hierbei auch von harmonischen Kräften bzw. den dazugehörigen harmonischen Potentialen.

Die Antriebskräfte der harmonischen Schwingung sind die rücktreibende Kraft und die Trägheit. Wenn die erste ihren maximalen Wert bei der größten Entfernung aus dem Gleichgewicht erreicht und versucht, diese zu verkleinern, ist die zweite völlig ohne Einfluß. Die Trägheit wird vielmehr erst in der Gleichgewichtslage maximal werden und der Änderung der Geschwindigkeit entgegenwirken. Diese Kräfte lassen sich verallgemeinert z.B. auf den elektrischen Schwingkreis übertragen; hier sorgt die reziproke Kapazität für den rücktreibenden, entladenden Effekt und die Induktivität der Spule für den Trägheitseffekt, den induzierten Strom.

Die Energie des Systems kann in potentielle und kinetische Energie aufgeteilt werden. Beide Formen werden ineinander umgewandelt und bewegen sich zwischen ihrem Verschwinden und ihrem gemeinsamen maximalen Wert in einem zeitlichen Ablauf, der durch Quadrate von harmonischen Funktionen beschrieben werden kann. Die Gesamtenergie bleibt jedoch in jedem Augenblick konstant.

II.1.2 Freie gedämpfte Schwingungen

Wenn Energie vom harmonisch schwingenden System abgegeben wird, spricht man vom Auftreten einer Dämpfung. Die den Bewegungsablauf hemmenden Widerstände sind z.B. bei der mechanischen Schwingung die Reibung oder beim elektrischen Schwingkreis der elektrische Widerstand. Als wesentliche Konsequenz erhält man meist eine exponentielle Abnahme der Amplitude nach dem Gesetz

$$x(t) = x_0 e^{-\beta t} \cos(\omega t - \delta) \tag{II.4}$$

mit β als ein Maß für die Dämpfung. Die Konstanten x_0 und δ werden durch die Anfangsbedingungen bestimmt.

Die dieser Bewegung zugrundeliegende Differentialgleichung lautet beim mechanischen Oszillator mit dem Massenpunkt m:

$$m\ddot{x} = -\text{const} \cdot x - 2\beta m\dot{x}\ . \tag{II.5}$$

Die dämpfende Kraft ist hierbei linear proportional der zeitlichen Änderung der Auslenkung angenommen, was in vielen Fällen insbesondere bei kleinen Amplituden erfüllt ist. Bei der Lösung der homogenen Differentialgleichung (II.5) müssen drei Fälle unterschieden werden:

1. schwache Dämpfung $\omega_0 > \beta$
2. mittlere Dämpfung $\omega_0 = \beta$
3. starke Dämpfung $\omega_0 < \beta$,

wobei ω_0 die Eigenfrequenz des ungedämpften Systems ist.

Im ersten Fall erhält man als Lösung zwei linear unabhängige harmonische Funktionen von der Form (II.4). Die Schwingung geschieht nun mit einer zeitabhängigen Amplitude und einer Kreisfrequenz $\omega = \sqrt{\omega_0^2 - \beta^2}$ (Schwingfall, Fig. II.1).

Im zweiten Fall sind zwei Wurzeln der Differentialgleichung identisch, so daß sich eine zweite notwendig existierende Lösung durch den Ansatz $x_2 = \text{const} \cdot t \cdot \exp(-\omega_0 t)$ finden lässt. Die physikalische Bedeutung liegt darin, daß die Gleichgewichtssituation nach einer ursprünglichen Erregung in kürzester Zeit wieder angenommen wird. Dieses Ergebnis findet deshalb häufig in der Meßtechnik Beachtung (aperiodischer Grenzfall).

Schließlich erhält man im dritten Fall zwei reelle Wurzeln, die somit keine Schwingung erlauben. Die Gleichgewichtssituation wird nach einer anfänglichen Störung nur sehr langsam angenommen (Kriechfall).

Auf der Suche nach der Energiebilanz findet man, daß die gesamte Energie des Oszillators abnimmt und durch die der Bewegung entgegentretenden Widerstände in andere Energieformen umgesetzt wird. Im Schwingfall nimmt die Energie nicht konstant ab, sondern proportional zur kinetischen Energie E_{kin}

$$\frac{dE}{dt} = -4\beta E_{kin}\ . \tag{II.6}$$

Der Energieverlust geschieht demnach zeitlich oszillierend und ist dort, wo die kinetische Energie bzw. die Geschwindigkeit maximal wird, am größten. Dies geschieht bei jedem Durchgang durch die Gleichgewichtslage und wird von der ungleichmäßigen Wirkung der Dämpfung hervorgerufen.

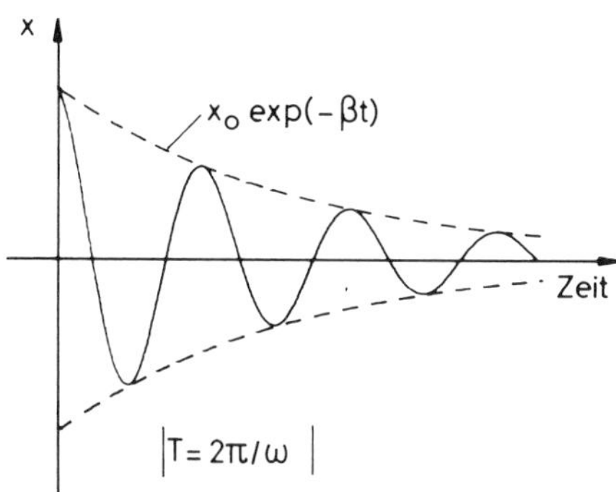

Fig. II.1: Zeitlicher Verlauf der Abweichung vom Gleichgewicht bei der freien gedämpften Schwingung (β: Dämpfung).

II.1.3 Freie Schwingungen von Systemen mit zwei Freiheitsgraden

Zur vollständigen Beschreibung von Systemen mit zwei Freiheitsgraden sind zwei Variable notwendig. Diese sind z.B. beim Pendel die Auslenkungen in zueinander senkrechten Richtungen oder bei zwei gekoppelten LC-Kreisen die Ladungen auf den beiden Kondensatoren. Der allgemeine Bewegungsablauf wird durch die Lösungen gekoppelter Differentialgleichungen beschrieben. Dies bedeutet, daß die Teilsysteme keine harmonische Schwingung mehr ausführen. Der Versuch, die Differentialgleichungen zu entkoppeln, um einen einfacheren Bewegungsablauf verfolgen zu können, zwingt zur Einführung geeigneter Freiheitsgrade, der sogenannten Normalkoordinaten, die eine Linearkombination der ursprünglichen Koordinaten darstellen. Die so entkoppelten Differentialgleichungen beschreiben nun harmonische Schwingungen, die als Normalschwingungen oder Eigenschwingungen bekannt sind.

Im Falle von zwei gekoppelten Massen m_1 und m_2 ist die Suche nach Eigenschwingungen des Systems besonders einfach (Fig. II.2). Setzt man gleiche Massen und gleiche rücktreibende Kräfte voraus, so erhält man die beiden harmonischen Schwingungen einmal durch Verschiebung beider Massen in eine Richtung um denselben Betrag (Fig. II.2c), zum anderen durch Verschiebung beider Massen gegeneinander um denselben Betrag (Fig. II.2d). Die diesen Bewegungen zu Grunde liegenden Differentialgleichungen enthalten als Normalkoordinaten im ersten Fall die Summe $(x_1 + x_2)$, im anderen Fall die Differenz $(x_1 - x_2)$ der Auslenkungen aus der Gleichgewichtslage.

Die gesamte Energie eines ungedämpften Systems kann durch die Quadrate der Normalkomponenten bzw. die Quadrate der Zeitableitungen der Normalkomponenten dargestellt werden. Die Energie, die mit einer Normalschwingung verknüpft ist, wird nicht mit einer anderen Schwingung ausgetauscht, was als Vorteil der Darstellung in Normalkoordinaten häufig ausgenutzt wird. Anders ausgedrückt heißt dies, daß eine Normalschwingung nicht eine andere anzuregen vermag. Um die gesamte Energie zu erhalten,

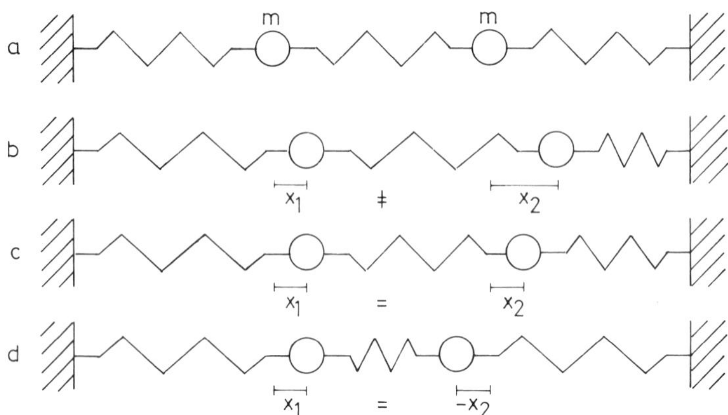

Fig. II.2: Longitudinale Schwingung zweier gekoppelter Massen; a) Gleichgewichtssituation b) beliebige Schwingung c) erste Eigenschwingung mit niedriger Frequenz d) zweite Eigenschwingung mit höherer Frequenz.

kann man deshalb die Energien der getrennten Moden addieren.

II.1.4 Erzwungene Schwingungen

Im folgenden werden Systeme betrachtet, auf die von außen eine zeitabhängige Erregung wirkt. Die dem Problem zu Grunde liegende inhomogene Differentialgleichung hat unter der vereinfachten Annahme einer harmonisch sich ändernden äußeren Kraft die Form

$$\ddot{x} + 2\beta\dot{x} + \omega_0^2 x = F_0 \cos\omega t \ , \tag{II.7}$$

mit der Abweichung von der Gleichgewichtslage x, der Dämpfungskonstanten β, der Eigenfrequenz der freien, ungedämpften Schwingung ω_0 und der äußeren Erregerkonstanten F_0. Die Lösung besteht aus den beiden Lösungen der homogenen Gleichung sowie einer speziellen Lösung der inhomogenen Gleichung.

Im Falle geringer Dämpfung erhält man als Lösung der homogenen Gleichung harmonische Funktionen (s.o.), die zu Beginn der erregenden Einwirkung die Schwingung beeinflussen. Die Überlagerung der freien gedämpften Schwingung mit der erzwungenen Schwingung gibt zu komplizierten Schwebungen Anlaß, die den sogenannten Einschwingvorgang bestimmen. Nach Ablauf einer gewissen Zeit, die durch die Dämpfung festgelegt wird, sind die freien Schwingungen verschwunden, und der Einschwingvorgang ist beendet. Das System folgt dann exakt einer harmonischen Funktion, die durch die stationäre Lösung der inhomogenen Differentialgleichung gegeben ist.

Man erhält diese stationäre Lösung relativ einfach, wenn man Gl. (II.7) in komplexer Form aufstellt

$$\ddot{z} + 2\beta\dot{z} + \omega_0^2 z = F_0\, e^{i\omega t} \tag{II.8}$$

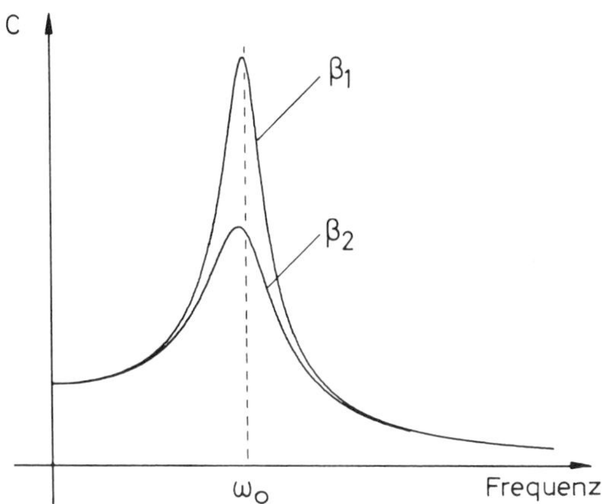

Fig. II.3: Amplitude der erzwungenen Schwingung gegen Erregerfrequenz bei zwei verschiedenen Dämpfungswerten (Resonanzkurven; $\beta_1 < \beta_2$).

und mit dem Ansatz

$$z = C\, e^{i(\omega t - \delta)} \tag{II.9}$$

zu lösen versucht. Nach Einsetzen in Gl. (II.8) erhält man

$$\omega_0^2 - \omega^2 + 2i\beta\omega = \frac{F_0}{C}\, e^{i\delta} \,. \tag{II.10}$$

Eine Darstellung der beiden Seiten als Zahl in der komplexen Ebene und ein Vergleich beider Zahlen liefert bzgl. des Betrags

$$C = \frac{F_0}{\sqrt{(\omega_0^2 - \omega^2)^2 + 4\beta^2\omega^2}} \tag{II.11}$$

und bzgl. des Phasenwinkels

$$\tan\delta = \frac{2\beta\omega}{\omega_0^2 - \omega^2} \,. \tag{II.12}$$

Da nur der Realteil von Ansatz (II.9) physikalisch vernünftig ist, erhält man schließlich als stationäre Lösung

$$x = \frac{F_0}{\sqrt{(\omega_0^2 - \omega^2)^2 + 4\beta^2\omega^2}} \cos(\omega t - \delta) \,. \tag{II.13}$$

Die erzwungene Schwingung hat nach Gl. (II.6) die gleiche Frequenz wie die erregende Schwingung und verläuft mit konstanter Amplitude. Sie ist jedoch um den Winkel δ in ihrer Phase verschoben. Die Amplitude der erzwungenen Schwingung ist nach Gl. (II.11) proportional zu der der anregenden. Darüber hinaus ist sie von der Erregerfrequenz

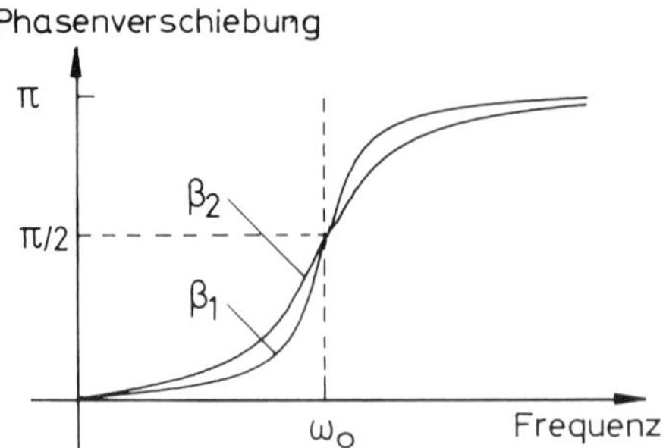

Fig. II.4: Phasenverschiebung zwischen erzwungener und erregender Schwingung als Funktion der Erregerfrequenz bei zwei verschiedenen Dämpfungswerten ($\beta_1 < \beta_2$).

abhängig. Dieser Sachverhalt kann durch die sogenannte Resonanzkurve der Amplitude dargestellt werden (Fig. II.3).

Die Dämpfung verhindert ein unendliches Anwachsen der Amplitude in der Nähe der Eigenfrequenz ω_0. Der maximale Amplitudenwert errechnet sich aus der Minimalisierung des Nenners in Gl. (II.11) und wird mit einer Erregerfrequenz ω_{max} erreicht, die etwas kleiner ist als die Eigenfrequenz des ungedämpften Systems

$$\omega_{max} = \sqrt{\omega_0^2 - 2\beta^2}\,. \tag{II.14}$$

Setzt man geringe Dämpfung voraus, so findet man nach Gl. (II.11) und (II.14) die maximale Amplitude x_{max} im Resonanzfall umgekehrt proportional zur Dämpfung

$$x_{max} \sim \frac{1}{\beta}\,, \tag{II.15}$$

wohingegen die maximale Energie E_{max}, die das System besitzt, sich bei der Eigenfrequenz ($\omega = \omega_0$) zu

$$E_{max} \sim \frac{1}{\beta^2} \tag{II.16}$$

ergibt. Die Diskussion der Phasenlage von erzwungener zu erregender Schwingung gestattet ausreichend Gl. (II.12) (Fig. II.4). Dabei findet man, daß, unabhängig von der Dämpfung, die beiden Schwingungen um $\pi/2$ verschoben sind, falls die Erregerfrequenz mit der Eigenfrequenz übereinstimmt ($\omega = \omega_0$). Obwohl dort nicht die maximale Amplitude auftritt – es liegt kein Resonanzfall vor –, wird man z.B. beim mechanischen Federpendel maximale kinetische Energie bzw. maximales Geschwindigkeitsquadrat erwarten (Geschwindigkeitsresonanz). Die Phasenverschiebung $\pi/2$ bedeutet, daß der erzwungene Oszillator z.B. gerade dann maximale potentielle Energie besitzt, wenn der Erreger maximale kinetische Energie zeigt und umgekehrt. In diesem Fall stehen die verallgemeinerten Koordinaten "senkrecht aufeinander". Bei niedrigen Erregerfrequenzen schwingen die beiden Oszillatoren beinahe gleichphasig ($\delta \to 0$), während die Schwingungen bei hohen Erregerfrequenzen beinahe gegenphasig sind ($\delta \to \pi$).

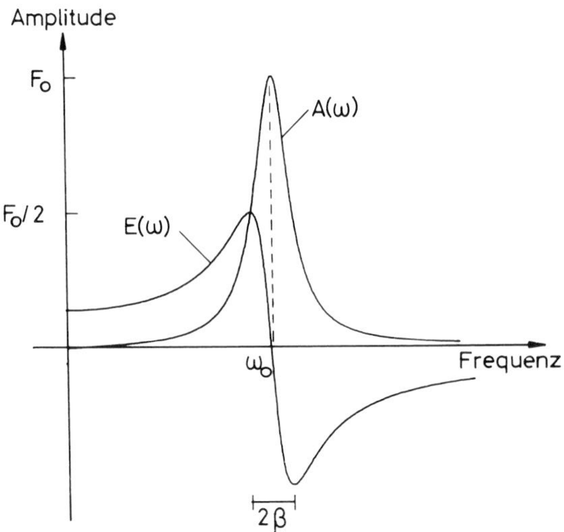

Fig. II.5: Absorbierende Amplitude A und elastische Amplitude E als Funktion der Erregerfrequenz ω.

Die stationäre erzwungene Schwingung nach Gl. (II.13) kann auch durch zwei linear unabhängige harmonische Funktionen beschrieben werden, wobei anstelle von Amplitude und Phasenverschiebung dann zwei Amplituden auftreten

$$x = A \sin \omega t + E \cos \omega t \; . \tag{II.17}$$

Die absorbierende Amplitude A gehört zu jener Bewegung, die gegen die Erregung um $\pi/2$ phasenverschoben ist. Die elastische Amplitude E dagegen ist ein Maß für die phasengleiche Bewegung (Fig. II.5). Aus der Differentialgleichung (II.7) ergibt sich

$$A = F_0 \cdot \frac{2\beta\omega}{(\omega_0^2 - \omega^2)^2 + 4\beta^2\omega^2} \tag{II.18}$$

und

$$E = F_0 \frac{(\omega_0^2 - \omega^2)^2}{(\omega_0^2 - \omega^2)^2 + 4\beta^2\omega^2} \; . \tag{II.19}$$

Die absorbierende Amplitude bestimmt das Maß an zugeführter Leistung im Zeitmittel einer Schwingungsdauer, während die elastische Amplitude keinen Beitrag im Zeitmittel zum Leistungsverbrauch liefert. Die zugeführte Leistung berechnet sich zu

$$\begin{aligned} P(t)_{zu} &= F(t) \cdot \dot{x}(t) = \\ &= F_0 \cos \omega t \, (\omega A \cos \omega t - \omega E \sin \omega t) \end{aligned} \tag{II.20}$$

oder im Zeitmittel über eine Periode

$$\begin{aligned} < P(t) >_{zu} &= F_0\omega A < \cos^2 \omega t > - F_0\omega E < \cos\omega t \cdot \sin\omega t > \\ &= \frac{1}{2} F_0 \omega A \, . \end{aligned} \tag{II.21}$$

Die infolge der Dämpfung abgeführte Leistung errechnet sich nach (z.B. beim Federpendel: < *Reibungskraft* · *Geschwindigkeit* >)

$$< P(t) >_{ab} = 2\beta < \dot{x}\ddot{x} > \tag{II.22}$$

ein Wert, der im stationären Fall exakt der zugeführten Leistung gleichkommt.

Die elastische Amplitude, die an der Stelle $\omega = \omega_0$ verschwindet, hat ihre Bedeutung bei niedrigen bzw. hohen Erregerfrequenzen ($\omega \gtrless \omega_0$). Dort zeigt das Verhältnis der beiden Amplituden

$$\frac{E}{A} = \frac{\omega_0^2 - \omega^2}{2\beta\omega} \, , \tag{II.23}$$

daß der Zähler quadratisch mit der Frequenz abnimmt bzw. anwächst, so daß der Nenner an Einfluß verliert. Der Leistungsverbrauch ist demnach fern von der Resonanzstelle sehr gering, und die Amplitude kann beinahe allein durch die elastische Amplitude dargestellt werden (Fig. II.5). Der zeitliche Mittelwert der gespeicherten Energie ist z.B. beim Federpendel gegeben durch

$$\begin{aligned} < w(t) > &= < E_{kin} > + < E_{pot} > \\ &= \frac{1}{2} m < \dot{x}^2 > + \frac{1}{2} m\omega_0^2 < x^2 > \end{aligned}$$

oder

$$< w(t) > = \frac{1}{2} m(\omega^2 + \omega_0^2)(\frac{1}{2} A^2 + \frac{1}{2} E^2) \, . \tag{II.24}$$

Die Dämpfung läßt den Oszillator zu einem nicht konservativen System werden, in dem Energie verzehrt wird, so daß die pot. Energie in den Umkehrsituationen nicht mit der kin. Energie in der Gleichgewichtssituation übereinstimmt. Eine Ausnahme geschieht für den Fall $\omega = \omega_0$, bei dem auch eine Phasenverschiebung von $\pi/2$ auftritt. Dort gilt für die gespeicherte Energie W

$$W = < P(t) >_{ab} \cdot \frac{\tau}{2} \tag{II.25}$$

mit der Abklingzeit τ der freien, gedämpften Schwingung ($\tau = \frac{1}{\beta}$). Danach wird die im Oszillator gerade vorhandene Energie bei Resonanz jeweils etwa innerhalb der Abklingzeit in Reibungsenergie umgesetzt. Nach Gl. (II.24) wird der mittlere Energieinhalt maximal bei einer Erregerfrequenz, die etwa gleich der Eigenfrequenz der gedämpften Schwingung ist (s.o.).

Die mittlere Leistung, die nach Gl. (II.22) proportional zum Quadrat der Amplitude ist, hat bezüglich der Abhängigkeit von der Erregerfrequenz eine Halbwertsbreite $\Delta\omega$, die der Bedingung

$$\Delta\omega \cdot \frac{\tau}{2} = 1 \tag{II.26}$$

genügt, mit der Abklingzeit der freien, gedämpften Schwingung τ. Außerdem gilt der lineare Zusammenhang zwischen Halbwertsbreite und logarithmischem Dekrement

$$\Delta\omega = \frac{\omega_0}{\pi} \cdot \Lambda \qquad \left(\Lambda = \ln \frac{x_t}{x_{t+T}}\right) . \tag{II.27}$$

Vergleicht man das Quadrat der Amplitude C^2 (Gl. (II.11)), die absorbierende Amplitude A (Gl. (II.18)), die mittlere Leistung (Gl. (II.22)) und die mittlere Energie (Gl. (II.24)) untereinander, so erkennt man den allen Größen gemeinsamen Resonanznenner

$$N = (\omega_0^2 - \omega^2)^2 + 4\beta^2\omega^2.,$$

der sich zerlegen läßt in

$$N = (\omega_0 - \omega)^2(\omega_0 + \omega)^2 + 4\beta^2\omega^2 .$$

In einem engen Bereich ω_0 kann man mit der Näherung $\omega = \omega_0$ so für alle charakteristischen Größen eine Abhängigkeit von ω angeben, die von der Form

$$L(\omega) = \text{const}\frac{\beta^2}{(\omega_0 - \omega)^2 + \beta^2} \tag{II.28}$$

ist. Diese Kurvenform (LORENTZ-Kurve) ist symmetrisch um ω_0 und besitzt die Halbwertsbreite 2β.

II.1.5 Anharmonische Schwingungen

Anharmonische Schwingungen entstehen immer dort, wo die der Entfernung von der Gleichgewichtslage entgegenwirkenden, verallgemeinerten Kräfte nicht mehr der Entfernung selbst proportional sind. Bezeichnet man wieder die Abweichung mit x, so sind nun Kräfte der Form

$$f(x) = -c_1x - c_2x^2 - c_3x^3 - \cdots \tag{II.29}$$

zu berücksichtigen. Dabei sind die Konstanten $c_2, c_3, ... < 0$, um der Erfahrung Rechnung zu tragen, daß mit wachsender Entfernung aus dem Gleichgewicht die Bindung gelockert wird. Außerdem wird in vielen Fällen eine symmetrische Kraft gefordert, so daß alle c_{2n-1} $(n = 1, 2, 3 ...)$ verschwinden.

Die Differentialgleichung im ungedämpften Fall

$$\ddot{x} + \omega_0^2 x = f(x) \tag{II.30}$$

läßt sich, außer durch den Versuch, ein elliptisches Integral zu berechnen, durch eine Näherungsmethode lösen, die die Anharmonizität als kleine Störung berücksichtigt. Mit dem Ansatz

$$x = x_1 + x_2 \tag{II.31}$$

und der Annahme $x_2 \ll x_1$ wird zunächst in bekannter Weise versucht, die ungestörte Differentialgleichung

$$\ddot{x}_1 + \omega_0^2 x_1 = 0 \tag{II.32}$$

zu lösen. Man erhält dann die 1. Näherung

$$x_1 = x_{1,0} \cos \omega t \ . \tag{II.33}$$

Das Auffinden von x_2 gelingt über die Gleichung

$$\ddot{x}_2 + \omega_0^2 x_2 = f(x_1) \ . \tag{II.34}$$

Dabei gibt die Funktion $f(x_1)$ Anlaß zum Auftreten von z.B. quadratischen Ausdrücken in x_1

$$f(x_1) \sim x_{1,0}^2 \cos^2 \omega t$$

oder umgeformt

$$f(x_1) \sim x_{1,0}^2 \frac{1}{2}(1 + \cos 2\omega t) \ . \tag{II.35}$$

Gl. (II.34) beschreibt demnach eine ungedämpfte erzwungene Schwingung mit der Erregerfrequenz 2ω. Die Lösung x_2 als 2. Näherung enthält dann (s.o.) ebenfalls derartige harmonische Funktionen mit der doppelten Eigenfrequenz, so daß sich insgesamt nach Gl. (II.31) ergibt

$$x = x(\cos \omega t, \cos 2\omega t) \ .$$

Diese FOURIER-Entwicklung kann noch weiter sukzessiv approximiert werden. Im Falle eines akustischen Spektrums würde man neben dem Grundton auch Obertöne erwarten. Eine exakte Rechnung zeigt, daß mit wachsender Abweichung vom Gleichgewicht die Eigenfrequenz selbst abnimmt, um der Forderung nach Bindungslockerung nachzukommen.

Schließlich sei die erzwungene anharmonische Schwingung ohne Dämpfung erwähnt. Die ihr zu Grunde liegende Differentialgleichung lautet

$$\ddot{x} + \omega_0^2 x = f(x) + F(t) \ . \tag{II.36}$$

Mit der Annahme einer periodischen Anregung, bestehend aus zwei harmonischen Funktionen mit den Frequenzen ω_1, ω_2,

$$F(t) = F_1 \cos \omega_1 t + F_2 \cos \omega_2 t, \tag{II.37}$$

erhält man für die 2. Näherung x_2 eine Differentialgleichung, die eine erzwungene Schwingung beschreibt, bei der als Erregerfrequenzen neben $\omega_1, 2\omega_1, \omega_2, 2\omega_2$ auch die Differenz $\omega_1 - \omega_2$ bzw. Summe $\omega_1 + \omega_2$ auftreten. Dementsprechend erwartet man für die gesamte Lösung in 2. Näherung harmonische Funktionen mit diesen Frequenzen. Im akustischen Spektrum würde man dann neben den Oktaven $(2\omega_1, 2\omega_2)$ auch Differenztöne bzw. Summentöne erkennen.

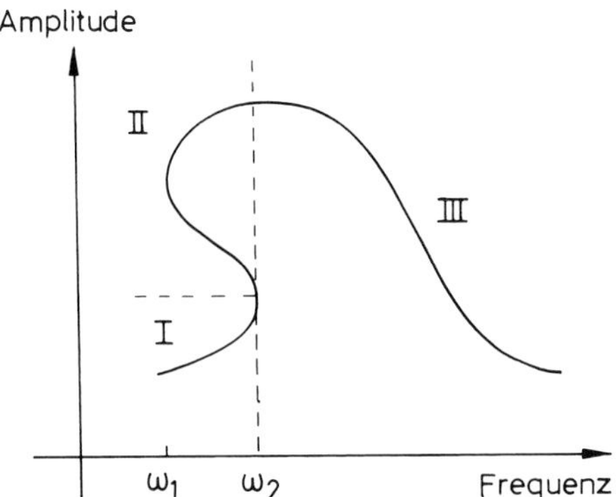

Fig. II.6: Beispiel der Amplitudenabhängigkeit von der Erregerfrequenz bei einem anharmonischen Oszillator.

Berücksichtigt man zusätzlich noch eine Dämpfung, so erhält man qualitativ eine Amplitudenabhängigkeit, wie sie in Fig. II.6 dargestellt ist. Beginnt man mit niedrigen Erregerfrequenzen, so wird die Amplitude die dem Ast I entsprechenden Werte annehmen. Auch für Werte mit $\omega_1 < \omega < \omega_2$ bleibt die Amplitude auf dem Ast I, da dieser stabil ist. Bei $\omega = \omega_2$ jedoch tritt eine sprunghafte Vergrößerung der Amplitude nach dem Anfangspunkt von Ast III auf, wodurch oft unerwünschte Kipperscheinungen besonders bei elektrischen Schwingungen als Folge zu beobachten sind.

II.2 POHLsches Rad

Das POHLsche Rad erlaubt das Studium von Drehschwingungen in besonders einfacher Weise. Sieht man von der Beobachtung deer elastischen und absorbierenden Amplitude ab, so können die bei der freien, gedämpften und erzwungenen, gedämpften Schwingung zu erwartenden mathematischen Ergebnisse gemessen und überprüft werden.

II.2.1 Experimentelles

Das Schwingungssystem besteht aus einer drehbar gelagerten Metallscheibe (Al), die mit einer Spiralfeder in der Scheibenebene verbunden ist. Die Auslenkungen werden in willkürlichen Einheiten durch Markierungen am Rande der Scheibe abgelesen. Die Schwingungsdauern werden mit Stoppuhren oder elektronisch über eine Photozelle gemessen. Eine Wirbelstrombremse, dargestellt durch eine Induktionsspule, sorgt für die verschiedenen Dämpfungen. Das periodisch wirkende äußere Drehmoment wird von einem Elektromotor aufgebracht und über einen Pendelantrieb auf die schwingende Scheibe übertragen. Zum Studium der Frequenzabhängigkeit kann die Drehzahl des Motors kontinuierlich eingestellt werden (Fig. II.7).

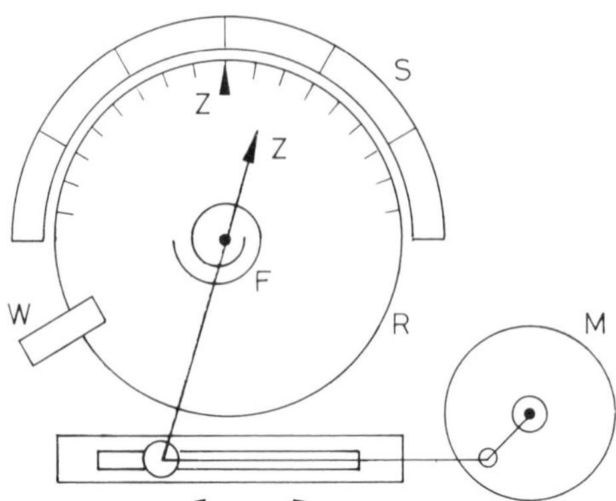

Fig. II.7: POHLsches Rad zur Messung von Drehschwingungen; R: Rotationspendel, Z: Zeiger, F: Feder, S: Skala, M: Motor mit Drehzahlregelung, W: Wirbelstrombremse.

II.2.2 Aufgabenstellung

a) Man nehme den Verlauf von Drehschwingungen ohne harmonische Erregung für verschiedene Dämpfungswerte auf.

b) Für dieselben Schwingungen stelle man die Frequenz in Abhängigkeit von den Dämpfungswerten dar.

c) Man messe und zeichne die Amplituden ϕ einer Drehschwingung mit harmonischer Erregung als Funktion der Erregungsfrequenz bei verschiedenen Dämpfungswerten.

d) Man zeichne zu diesen Schwingungen ϕ^2/ϕ^2_{max} in Abhängigkeit von der Verstimmung $(\omega - \omega_0)$ mit der Dämpfung als Parameter.

e) Man messe die Phasenverschiebung zwischen Erregungsschwingung und erzwungener Schwingung als Funktion der Erregungsfrequenz bei verschiedenen Dämpfungswerten und zeichne dieselbe als Funktion der Verstimmung.

f) Man zeichne die Halbwertsbreiten der ϕ^2/ϕ^2_{max}-Resonanzkurven (nach d)) in Abhängigkeit des logarithmischen Dekrements.

II.2.3 Anleitung

Die Phasenverschiebung kann in zweifacher Weise ermittelt werden. Einmal durch die Messung der Zeitdauer nach dem Auftreten einer Schwingungssituation (z.B. Umkehrsituation) des Erregers bis zum Erscheinen der gleichen Situation des Schwingers. Zum anderen durch Messung der Amplitude zu jenem Zeitpunkt, in dem der Erreger gerade seine maximale Amplitude besitzt. Falls ferner die maximale Amplitude des Schwingers ϕ_{max} bekannt ist, errechnet sich die Phasenverschiebung δ nach

$$\phi = \phi_{max} \cos(\omega t - \delta)$$

$$= \phi_{max}(\cos \omega t \cos \delta + \sin \omega t \sin \delta)$$

und mit

$$\cos \omega t = 1 \quad \text{(im Maximum)}, \quad \sin \omega t = 0$$

zu

$$\phi = \phi_{max} \cos \delta \quad \text{bzw.} \quad \delta = \arccos \phi / \phi_{max} \, .$$

II.3 Trägheitstensor

In fast allen Fällen wird der tensorielle Charakter einer physikalischen Größe auf mathematischer Grundlage in abstrakter Weise beschrieben. Eine mehr anschauliche Demonstration durch eine physikalische Messung gelingt recht einfach im Fall der Richtungsabhängigkeit des Trägheitsmomentes eines beliebigen Körpers oder der Bestimmung des Brechungsindex eines beliebig orientierten Kristalls mit dem Kristallrefraktometer. Wegen größerer experimenteller Schwierigkeiten in letzterem Fall wird hier nur das Beispiel aus der Mechanik diskutiert.

II.3.1 Experimentelles

Der beliebige Körper wird durch eine Hohlkugel (Messing, Durchmesser ca. 120 mm, Stärke 2 mm) dargestellt, mit je 24 Gewindebohrungen auf den drei zueinander senkrecht liegenden, gleichmäßig geteilten Großkreisen 1, 2 und 3. An die Kugel können zwei Massenpaare M_1, M_2 bzw. m_1, m_2 auf zwei zueinander senkrechten Durchmessern in jeweils gleichem Abstand vom Kugelmittelpunkt aus schraubbar montiert werden (Fig. II.8). Je nach Anbringung dieser beiden Massenpaare erreicht man, daß die Hauptträgheitsachsen des beliebigen Körpers direkt aus dem Ellipsoid abgelesen werden können oder erst berechnet werden müssen.

Der auszumessende Körper sitzt auf einer Drillachse, die mit einer Sektorscheibe mit Winkeleinteilung verbunden ist. Die Scheibe schwingt innerhalb einer Lichtschranke. Nach Verdrillung der Feder wird jeweils für jede Schwingung über die Lichtschranke ein Impuls zum Schwingungszähler gegeben. Beim ersten Impuls beginnt die Stoppuhr zu laufen und endet, wenn die Anzahl der ankommenden Impulse die vorwählbare Zahl von Schwingungen erreicht hat. Die Schwingungsdauer T der freien Schwingung ist dann ein Maß für das Trägheitsmoment Θ bzgl. der Drehachse:

$$\Theta = \frac{T^2 \cdot D}{4\pi^2} \tag{II.38}$$

(D: bekanntes Richtmoment).

II.3.2 Aufgabenstellung

Man ermittle die Schwingungsdauer für die Fälle
a) bekannte Hauptachsen,

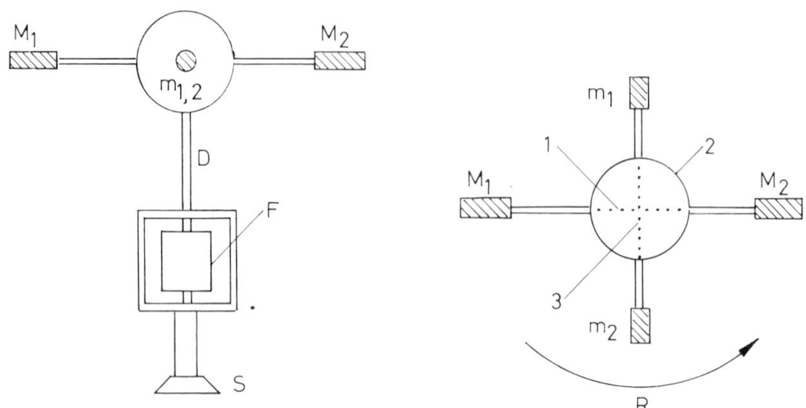

Fig. II.8: Experimentelle Anordnung zur Messung des Trägheitstensors eines beliebigen Körpers; a) Seitenansicht; F: Feder, D: Drehachse, S. Ständer b) Draufsicht; R: Drehrichtung; 1, 2, 3: Großkreise.

b) unbekannte Hauptachsen
und trage ihren reziproken Wert ($T^{-1} \sim (\sqrt{\Theta})^{-1}$) um die Schwerpunktsachsen auf. Anschließend berechne man den Trägheitstensor in beiden Fällen.

II.3.3 Anleitung

Im allgemeinen Fall eines starren Körpers mit freier Drehachse liefert die Verknüpfung zwischen der dynamischen Größe Drehimpuls $\vec{L}$ und der kinematischen Größe Winkelgeschwindigkeit $\vec{\omega}$ eine lineare Vektorfunktion

$$\vec{L} = \hat{\Theta}\vec{\omega} \,, \tag{II.39}$$

wobei die körperabhängige Größe $\hat{\Theta}$ den Trägheitstensor darstellt. Die Hauptdiagonale dieses Tensors enthält die Trägheitsmomente von der Form $\Theta_{xx} = \sum_i m_i(y_i^2 + z_i^2)$. Die übrigen Komponenten bilden die Trägheitsprodukte oder Deviationsmomente von der Form $\Theta_{xy} = -\sum_i m_i x_i y_i$, deren Nichtverschwinden im allgemeinen daraus resultiert, daß $\vec{L}$ und $\vec{\omega}$ in verschiedene Richtungen zeigen, d.h. eine Deviation besitzen. Geschieht die Rotation um eine der Hauptträgheitsachsen, dann ist der Trägheitstensor diagonalisiert, wobei die Deviationsmomente verschwinden.

Eine Diagonalisierung oder Hauptachsentransformation wird durch Lösen der Eigenwertgleichung

$$(\hat{\Theta} - \lambda\hat{E})\vec{\omega} = 0 \tag{II.40}$$

($\hat{E}$: Einheitsmatrix, λ: Eigenwert) erreicht. Nach der notwendigen und hinreichenden Lösbarkeitsbedingung, die das Verschwinden der Determinante aus der Koeffizientenmatrix fordert, kann der Eigenwert λ_i (i=1,2,3) ermittelt werden. Der auf Hauptachsen transformierte Trägheitstensor hat dann die Eigenwerte als Hauptwerte

$$\hat{\Theta} = \begin{pmatrix} \lambda_1 & 0 & 0 \\ 0 & \lambda_2 & 0 \\ 0 & 0 & \lambda_3 \end{pmatrix} . \tag{II.41}$$

Die geometrische Darstellung des Trägheitstensors als Fläche 2. Ordnung geschieht dadurch, daß man von Gl. (II.39) nach Multiplikation mit $\vec{\omega}$

$$\vec{\omega}\vec{L} = \vec{\omega}\hat{\Theta}\vec{\omega} \tag{II.42}$$

oder von der Rotationsenergie ausgeht. Normierung und Umbenennung von $\vec{\omega}$ in $\vec{r} = (x, y, z)$ ergibt die Gleichung eines Ellipsoids (falls $\Theta_{ik} > 0$)

$$\Theta_{xx}x^2 + \Theta_{yy}y^2 + \Theta_{zz}z^2 + \Theta_{xy}xy + \Theta_{xz}xz + \Theta_{yz}yz = 1 . \tag{II.43}$$

Falls die Rotation etwa um die Achse $\vec{n}$ (Fig. II.9) erfolgt, dann erhält man mit den Richtungskosinussen $\vec{n} = (\cos\alpha, \cos\beta, \cos\gamma)$ und der Beziehung über die Rotationsenergie ($\vec{\omega}\vec{L}/2 = \omega^2\Theta/2$) nach Gl. (II.42)

$$\omega^2\Theta = \omega^2\vec{n}\hat{\Theta}\vec{n} , \tag{II.44}$$

wonach eine für die experimentelle Bestimmung wesentliche Verknüpfung zwischen dem

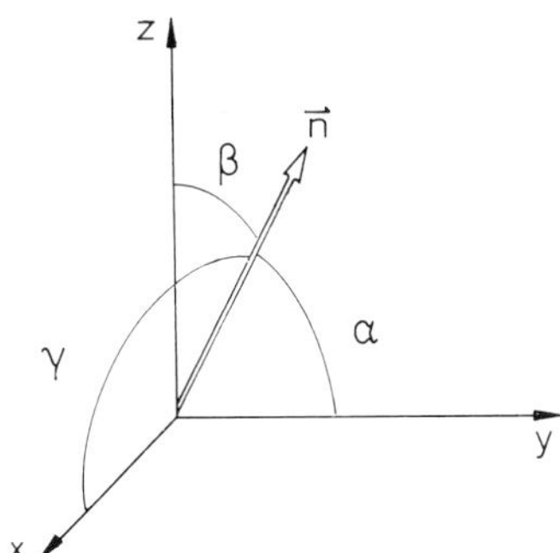

Fig. II.9: Veranschaulichung der Richtungskosinusse bei Rotation um die Achse $\vec{n}$.

Trägheitsmoment Θ um die momentane Drehachse und dem Trägheitstensor $\hat{\Theta}$ resultiert:

$$\Theta = \vec{n}\,\hat{\Theta}\,\vec{n} . \tag{II.45}$$

Daraus ist zu erkennen, daß bei bekanntem Trägheitstensor die Trägheitsmomente um alle beliebigen Drehachsen angegeben werden können. Umgekehrt läßt sich der Tensor ermitteln, wenn die Trägheitsmomente um verschiedene Achsen gemessen werden.

Eine Hauptachsentransformation entspricht geometrisch einer Drehung des Koordinatensystems (und Normierung). Sei

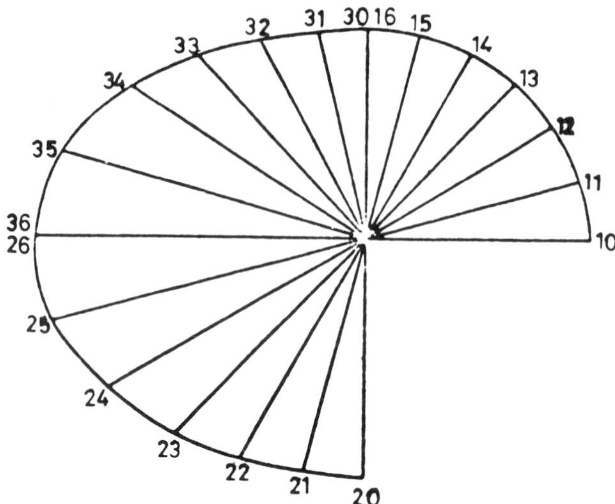

Fig. II.10: Viertelbögen der drei Hauptschnitte des Trägheitsellipsoids längs der drei Großkreisebenen 1, 2 und 3 (Die Numerierungen bezeichnen die Bohrungen längs der Großkreise).

$$\frac{1}{\sqrt{\Theta}} \cdot \vec{n} = (x, y, z) \,, \tag{II.46}$$

dann erhält man durch Einsetzen in Gl. (II.45)

$$\Theta_x x^2 + \Theta_y y^2 + \Theta_z z^2 = 1 \tag{II.47}$$

ein Trägheitsellipsoid mit den Hauptachsen

$$a = \frac{1}{\sqrt{\Theta_x}} \,, \quad b = \frac{1}{\sqrt{\Theta_y}} \,, \quad c = \frac{1}{\sqrt{\Theta_z}} \,.$$

Bei der einfachsten Anordnung der Massenpaare sind die Hauptträgheitsmomente vorher schon bekannt. Die beiden Massenpaare sind so angebracht, daß der Durchmesser M_1M_2 in Richtung des kleinsten Trägheitsmomentes bzw. der Durchmesser m_1m_2 in Richtung mittleren Trägheitsmomentes zeigt, während das größte Hauptträgheitsmoment senkrecht zu den beiden steht. Mit dieser Anordnung wird der Körper auf die Drillachse geschraubt, so daß durch Drehschwingungen um die verschiedenen Richtungen die zugehörigen Schwingungsdauern T gemessen werden können. Dabei genügt es, einen Quadranten der Hohlkugel auszumessen, da alle anderen symmetrisch zu den Hauptachsen liegen. Trägt man $1/T$ bzw. $1/\sqrt{\Theta}$ um die Schwerpunktsachsen auf, so liegen die Endpunkte auf Viertelbögen von Ellipsen, die die Hauptschnitte des Trägheitsellipsoids bilden (Fig. II.10).

Der allgemeinste Fall liegt vor, wenn die Richtung der Massenpaare nicht durch eine der drei Großkreise geht. Hier gilt es, die Schnittfiguren des Trägheitsellipsoids mit den

Ebenen der Großkreise zu bestimmen. Man mißt demnach die Schwingungsdauern für alle Drehachsen entlang der drei Großkreise. Trägt man erneut die reziproke Schwingungsdauer um die Schwerpunktsachsen auf, so erhält man Ellipsen, die die Hauptschnitte des Trägheitsellipsoids bilden. Zur Bestimmung der sechs Unbekannten in Gl. (II.43) wähle man sechs beliebige Punkte A,B,C,D,E,F auf dem Ellipsoid. Nach Aufstellen des Trägheitstensors kann eine Hauptachsentransformation durchgeführt werden.

II.4 Elektrischer Schwingkreis

In Ergänzung oder als Ersatz zur Messung mechanischer Schwingungen bieten sich elektrische Schwingungen als Praktikumsversuch an. Die zur Beschreibung notwendigen Differentialgleichungen erhält man aus denen der mechanischen Translationsschwingungen durch Transformation der Größen

Kraft	in	Spannung
Direktionsmoment	in	reziproke Kapazität
Reibung	in	elektrischen Widerstand
Masse	in	Induktivität
Auslenkung	in	Ladung
Geschwindigkeit	in	Stromstärke.

Das Studium der elektrischen Schwingungen vermag die Handhabung elektrischer Kenngrößen, wie ohmscher Widerstand, Kapazität und Induktivität zu vermitteln. Der Einfluß der Bauelemente sowohl auf die Dämpfung bzw. die Energiebilanz wie auf die Frequenz ist einfach zu beobachten. Dadurch wird das Verständnis ähnlicher Vorgänge in komplizierten Schaltkreisen erleichtert.

II.4.1 Experimentelles

Zur Beobachtung der freien, gedämpften Schwingung wird der Kondensator eines Schwingkreises periodisch über ein Relais mit der Gleichspannungsquelle verbunden und dabei aufgeladen (Fig. II.11). Ist der Relaiskontakt geöffnet, so beginnt die Ladung zwischen den Kondensatorplatten zu oszillieren. Die Widerstände zur Dämpfung können über einen Schalter zugeschaltet werden.

Die erzwungenen, gedämpften Schwingungen werden auf zweifache Weise beobachtet. Einmal wird mit einer Wechselspannung ein in Serie geschalteter Schwingkreis angeregt (Fig. II.12). Zum anderen kann ein Resonanzkreis in Parallelschaltung erzwungene Schwingungen aufführen (Fig. II.13).

Experimente zu erzwungenen, gekoppelten Schwingungen werden nach dem Aufbau von Fig. II.14 durchgeführt. Die Kopplung der beiden Schwingkreise erfolgt kapazitiv. Die Erregerspannung wird jedoch induktiv eingekoppelt, da ein in den Kreis I geschalteter Frequenzgenerator zusätzliche kapazitive und ohmsche Belastung verursachen würde.

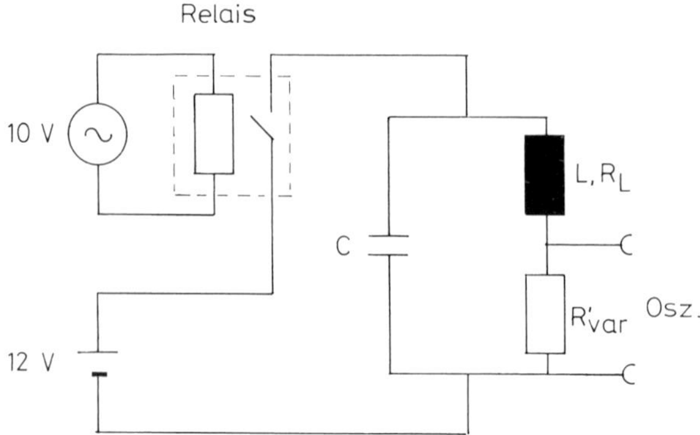

Fig. II.11: Schaltprinzip zu freien, gedämpften Schwingungen.

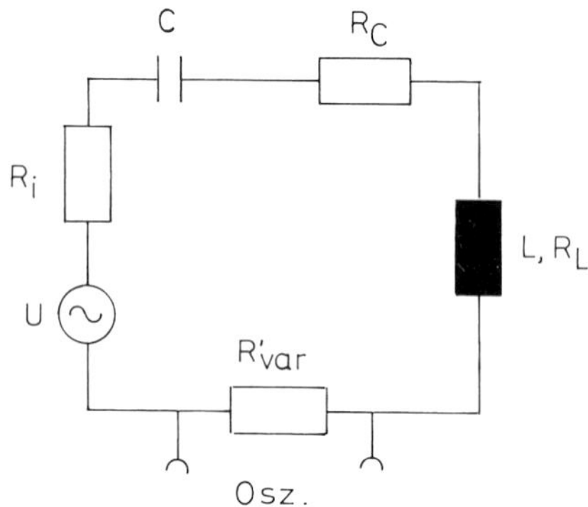

Fig. II.12: Serienresonanzkreis zur erzwungenen Schwingung.

Typische Werte für die Größen von Widerständen, Induktivitäten und Kapazitäten sind 0 - 1.5 kΩ, 1 - 3 mH und 1 nF - 1 μF. Die zu erwartenden Schwingungsfrequenzen liegen dann im Bereich zwischen 1 kHz und 100 kHz.

II.4.2 Aufgabenstellung

Freie, gedämpfte Schwingung:

a) Man bestimme für verschiedene Dämpfungen die Eigenfrequenz des Schwingkreises und trage sie gegen die Dämpfung auf.

b) Man bestimme für verschiedene Dämpfungen das logarithmische Dekrement sowie die Abklingzeit.

Erzwungene Schwingung:

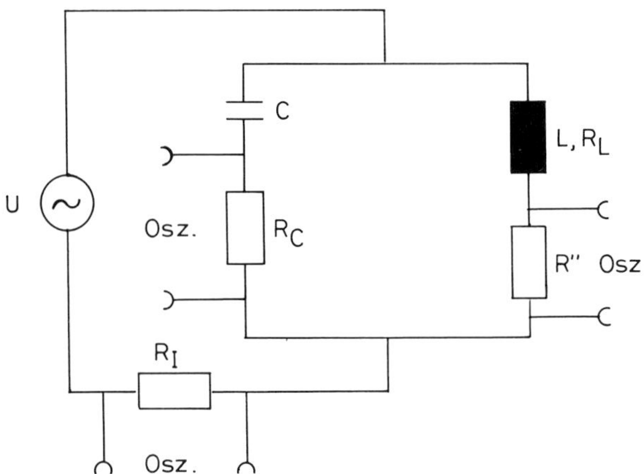

Fig. II.13: Parallelresonanzkreis zur erzwungenen Schwingung.

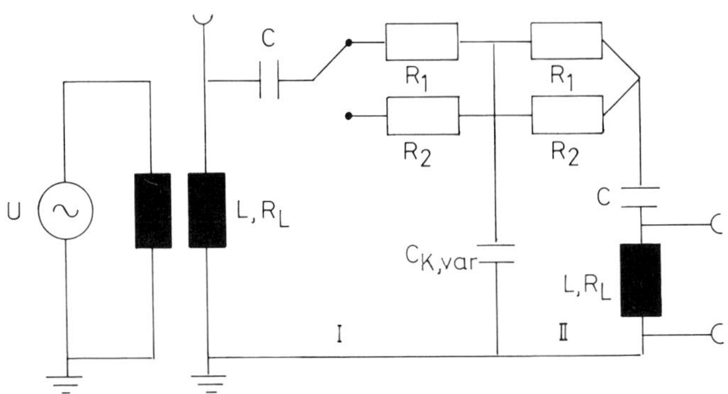

Fig. II.14: Kapazitive Kopplung zweier Schwingkreise.

a) Man bestimme die Resonanzfrequenz für Serien- und Parallelresonanzkreis bei fest vorgegebener Dämpfung.
b) Man nehme die Stromresonanzkurve für Serien- und Parallelresonanzkreis auf.
c) Es ist die Phase zwischen Strom und Spannung in Abhängigkeit von der Erregerfrequenz beim Serienkreis für vier verschiedene Dämpfungen auszumessen.
d) Man bestimme die Halbwertsbreite der Resonanzkurve beim Serienkreis (nach b),

Gekoppelte, erzwungene Schwingung:
Man nehme die Resonanzkurve des Sekundärkreises (Kreis II) für 6 verschiedene Kopplungen auf und zeichne die Amplitude in Abhängigkeit von der Verstimmung (ω/ω_0) mit dem Kopplungsgrad als Parameter.

II.4.3 Anleitung

Die Abhängigkeit der Eigenfrequenz von der Dämpfung verläuft bei der freien, gedämpften Schwingung nach einer Wurzelfunktion. Der Zusammenhang zwischen dem logarithmischen Dekrement und der Dämpfung ist linear; die Abklingzeit nimmt exponentiell ab mit linear wachsender Dämpfung.

Zur Lösung der Differentialgleichung, die der erzwungenen Schwingung zu Grunde liegt, ist es von Vorteil, eine komplexe Schreibweise für Spannung und Strom zu benutzen. Man erhält dann aus der Differentialgleichung den Zusammenhang

$$\hat{u}_0 = \hat{R}\,\hat{I}_0 \,, \tag{II.48}$$

wobei der Widerstandsoperator

$$\hat{R} = R + i(\omega L - \frac{1}{\omega C}) \tag{II.49}$$

(R: ohmscher Widerstand, L: Induktivität, C: Kapazität) einer gegebenen komplexen Stromamplitude $\hat{I}_0$ eine komplexe Spannungsamplitude $\hat{U}_0$ zuordnet. Der Betrag von $\hat{R}$, der sogenannte Scheinwiderstand

$$R_s = \sqrt{R^2 + (\omega L - \frac{1}{\omega C})^2} \,, \tag{II.50}$$

bestimmt das Verhältnis U_{max}/I_{max} und erreicht ein Maximum für

$$\omega L - \frac{1}{\omega C} = 0 \,, \tag{II.51}$$

woraus die Resonanzfrequenz ω_0 ermittelt werden kann. Das Argument von $\hat{R}$ bestimmt die Phasenlage ϕ zwischen Spannung und Strom mit

$$\tan\phi = \frac{\omega L - \frac{1}{\omega C}}{R} \,. \tag{II.52}$$

Bei Spannungsresonanz ($\omega = \omega_0$) wird die Wirkung der Selbstinduktion durch diejenige der Kapazität gerade aufgehoben, so daß die Spannung phasengleich mit dem Strom verläuft ($\phi = 0$).

Die Bestimmung des Phasenwinkels geschieht mit Hilfe einer LISSAJOUS-Figur, die dadurch entsteht, daß die Spannung am Widerstand über die Ordinate und die Erregerspannung über die Abszisse aufgetragen wird (Fig. II.15). Der Sinus des Phasenwinkels ergibt sich dann aus dem Verhältnis des von der Ellipse geschnittenen Stückes einer Achse (Ordinate oder Abszisse) zur Länge der Projektion auf die entsprechende Achse

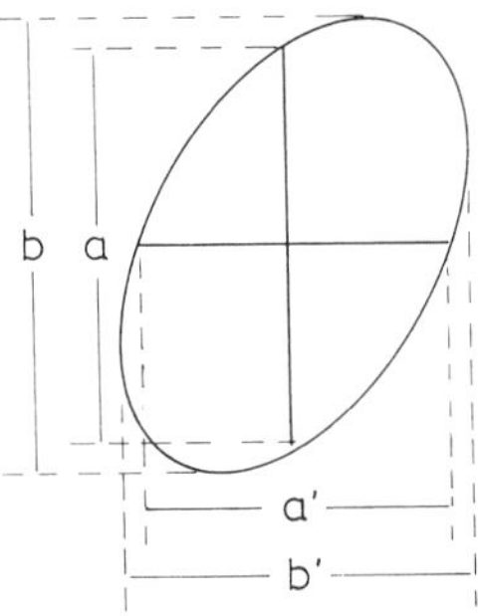

Fig. II.15: Bestimmung des Phasenwinkels.

$$\sin\phi = \frac{a}{b} = \frac{a'}{b'} \,. \tag{II.53}$$

Beim Parallelresonanzkreis errechnet sich die Resonanzfrequenz zu

$$\omega_r = \sqrt{\frac{1}{LC}}\sqrt{\frac{R_L^2 - L/C}{R_C^2 - L/C}} \,, \tag{II.54}$$

wodurch zusätzlich eine Abhängigkeit von den ohmschen Widerständen R_L und R_C auftritt.

Die gekoppelten Schwingungen werden durch die kapazitive Kopplung, den sogenannten Kopplungsgrad k beeinflußt,

$$k = \frac{C}{C + C_k} \,. \tag{II.55}$$

Dabei kann man die Stärke der Kopplung in drei Bereiche unterteilen:

a) "Unterkritische Kopplung ": der Sekundärkreis wird vom Primärkreis nur wenig beeinflußt; die Spannung im Kreis bleibt klein.

b) "Kritische Kopplung ": die Spannungsresonanzkurve erreicht für Kreis II ihr Maximum.

c) "Überkritische Kopplung ": die Kopplung wird fester; dabei sattelt sich die Resonanzkurve des Kreises II ein und erhält zwei Maxima.

Eine Anordnung von zwei oder mehreren kapazitiv, induktiv oder gemischt gekoppelten Schwingkreisen bezeichnet man als Bandfilter. Weitere Arten von Filter lassen sich durch Kombination von Serien- und Parallelresonanzkreisen aufbauen. Solche "elektrischen Vierpole "werden z.B. dazu verwendet, um ein Frequenzintervall zwischen zwei Grenzfrequenzen f_1 und f_2 (Bandpaß) oder nur solche Frequenzen, die unter einer Grenzfrequenz f_1 und über einer Grenzfrequenz f_2 liegen (Bandsperre), zu übertragen (s. Abschn. V.1).

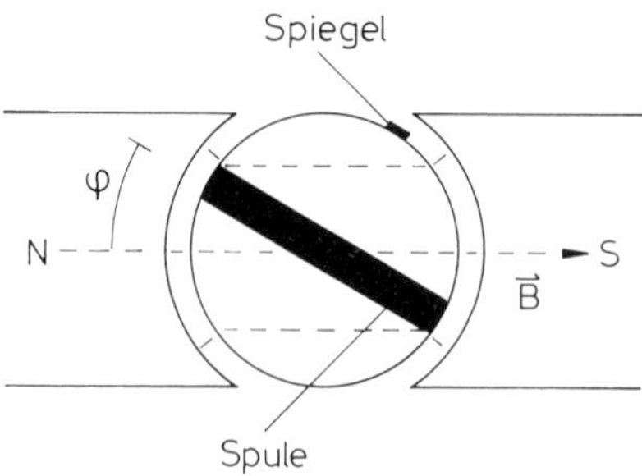

Fig. II.16: Drehspulgalvanometer mit Außenmagnet.

II.5 Galvanometer

Das Galvanometer ist durch den vermehrten Einsatz elektronischer Mittel zusehends in den Hintergrund gedrängt worden.

Dennoch ist seine Bedeutung bei der Messung kleinster Spannungen und Ladungen im Rahmen einfacher Experimente sowie bei didaktischer Betrachtung nicht unerheblich. Die dort auftretenden Drehschwingungen verlangen die Diskussion der Differentialgleichung für die Bewegung rotierender Körper. Das bedeutet, daß an Stelle der Kraft und der Masse bei der Translationsbewegung nun das Drehmoment und das Trägheitsmoment tritt. Die die Bewegung hemmende Wirkung ist hier weniger auf den Widerstand der Luftreibung zurückzuführen als vielmehr auf ein Drehmoment, das über die bei der Bewegung induzierten Spannung erzeugt wird.

II.5.1 Experimentelles

Die Messungen geschehen mit einem Drehspulgalvanometer, dessen Spule um den Zylinderkern von einem Dauermagnet umfaßt wird (Fig. II.16). Die Abweichung aus der Ruhelage wird mittels eines Spiegels am Torsionsfaden auf einer kreisförmig gebogenen Skala abgelesen. Die Dämpfung kann durch einen magnetischen Nebenschluß aus Weicheisen beeinflußt werden. Zur Bestimmung der Empfindlichkeiten wird ein Widerstand von ca. 10 kΩ und weitere Präzessionswiderstände im Bereich von 0.1 Ω bis 50 Ω benutzt.

Ein ballistisches Galvanometer dient zur Messung hoher Magnetfelder (0.1 - 1 T). Dabei wird die Kalibrierung mittels eines bekannten Magnetfeldes einer langen Spule (Länge ca. 1 m, Windungszahl ca. 1000, Durchmesser ca. 5 cm) durchgeführt. Zwei weitere Spulen ($\ell_2 = 1.3$ cm, $n_2 = 600$; $n_3 = 25$, $d_3 = 10$ mm) erzeugen die induzierten Spannungen.

II.5.2 Aufgabenstellung

a) Man bestimme die Stromempfindlichkeit, Spannungsempfindlichkeit und ballistische Empfindlichkeit.

b) Man bestimme die magnetische Flußdichte einer Spule mit Eisenkern.

II.5.3 Anleitung

Die beim Galvanometer auftretenden Drehmomente sind das rücktreibende

$$N_d = -D\phi$$

(D: Richtmoment), das infolge der Luftreibung dämpfende

$$N_r = -r\dot{\phi}$$

(r: Dämpfungskonstante) und das elektrodynamische

$$\vec{N}_e = \vec{\mu}_S \times \vec{B}$$

($\vec{\mu}_S$: magn. Moment der stromdurchflossenen Spule, $\vec{B}$: Flußdichte des Außenmagneten) bzw.

$$N_e = I \cdot n \cdot F \cdot B$$

(I: Strom, n bzw. F: Windungszahl bzw. Fläche der Galvanometerspule). Die Bewegung induziert eine Spannung

$$U_{ind} = -n\frac{d}{dt}(BF\sin\phi) \approx -nBF\dot{\phi}\,,$$

die zu einem zusätzlichen Drehmoment Anlaß gibt

$$N_{ind} = I_{ind}nFB = -\frac{n^2F^2B^2}{R_G+R}\cdot\dot{\phi}$$

(R_G: Galvanometerwiderstand, R: Gesamtwiderstand) und zusätzlich zur Dämpfung beiträgt. Die Bewegungsgleichung lautet dann

$$\Theta\ddot{\phi} + (r + \frac{n^2F^2B^2}{R_G+R})\dot{\phi} + D\phi = InFB\,. \qquad \text{(II.56)}$$

Bei konstantem Stromfluß I wird eine Lösung dadurch erreicht, daß man eine neue Gleichtgewichtslage $InFB/D$ einführt und die Auslenkung ϕ transformiert in

$$\phi = \alpha + \frac{nIFB}{D}\,. \qquad \text{(II.57)}$$

Der Ausschlag ist demnach außer vom Strom I auch vom Richtmoment D und der magnetischen Flußdichte B abhängig. Letztere kann durch Herabsetzen des magnetischen Nebenschlusses vergrößert werden. Dabei ist darauf zu achten, daß nach Gl. (II.56) auch die Dämpfung mit wachsendem B zunimmt, was sogar überlinear erfolgt. Die Variation des Gesamtwiderstandes beeinflußt ebenfalls die Dämpfung. So wird der Schwingfall bei großen Widerständen erreicht.

Die Stromempfindlichkeit C_I^{ϕ}, bezogen auf den Drehwinkel ϕ, ist gegeben durch

$$\phi = C_I^\phi \cdot I \,. \tag{II.58}$$

Ersetzt man den Drehwinkel mit Hilfe von Gl. (II.57) unter Berücksichtigung des stationären Falls ($\alpha = 0$), so erhält man

$$C_I^\phi = \frac{nFB}{D} \,. \tag{II.59}$$

Die praktische Stromempfindlichkeit C_I bei einem Skalenabstand a vom Spiegel und einem Ausschlag von α Skalenteilen ($\alpha = 2a\phi$) ergibt sich zu

$$C_I = 2aC_I^\phi \,. \tag{II.60}$$

Liegt eine Spannung U an den Klemmen des Galvanometers, so fließt durch die Spule der Strom

$$I = \frac{U}{R_G + R} \,,$$

der einen Ausschlag

$$\alpha = C_I I = C_U U$$

hervorruft. Die Spannungsempfindlichkeit C_U ist so gegeben durch

$$C_U = \frac{C_I}{R_G + R} \,. \tag{II.61}$$

Beim ballistischen Galvanometer gilt die entscheidende Voraussetzung, daß ein Stromstoß $\int I \cdot dt$ auftritt, dessen Dauer kurz gegen die Schwingungsdauer ist. Man konstruiert sich während dieser Zeit eine Anfangsbedingung für die nach Beendigung des Stromstoßes einsetzende Bewegung des Galvanometers. Während des Stromstoßes wird demnach keine Auslenkung sowie keine Winkelgeschwindigkeit angenommen, so daß nach Gl. (II.56) übrig bleibt

$$\Theta\ddot{\phi} = nFBI \,.$$

Die Integration bis zum Ende des Stromstoßes liefert

$$\dot{\phi} = \frac{nFB}{\Theta} \int I \cdot dt \,. \tag{II.62}$$

Nach Beendigung des Stromstoßes verläuft die Drehschwingung ungezwungen ab, und man erhält (s. Gl. (II.4))

$$\phi = e^{-\beta t}(a \sin \omega t + b \cos \omega t) \,. \tag{II.63}$$

Die Konstanten a, b lassen sich aus den Anfangsbedingungen Gl. (II.62) und $\phi = 0$ für $t = 0$ ermitteln zu

$$a = \frac{nFB}{\Theta\omega} \cdot I\,dt \quad \text{und} \quad b = 0 \,.$$

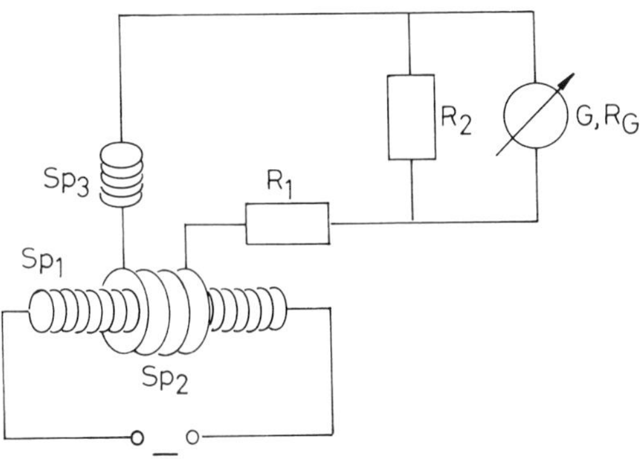

Fig. II.17: Kalibrierung des ballistischen Galvanometers.

Das bedeutet, daß der Stromausschlag ϕ_{max} dem Stromstoß proportional ist und nach Gl. (II.63) sich zu

$$\phi_{max} = e^{-\frac{4\beta}{T}} \cdot \frac{nFB}{\Theta\omega} \int I \, dt \tag{II.64}$$

ergibt. Bei vorgegebenem Stromstoß nimmt demnach mit wachsender Dämpfung der Ausschlag ab. Die ballistische Empfindlichkeit C_b^ϕ für den Schwingfall bei fehlender Dämpfung wird nach Gl. (II.64) definiert als

$$C_b^\phi = \frac{nFB}{\Theta\omega} \; . \tag{II.65}$$

Die Messung starker Magnetfelder geschieht mit Hilfe einer Induktionsspule (Sp_3, Fig. II.17). Die magnetische Flußdichte B_1 einer langen Spule Sp_1 dient zur Kalibrierung des Galvanometers. Beim Ausschalten der Flußdichte wird eine Spannung U_{ind} induziert, die einen Stromstoß erzeugt (R: Gesamtwiderstand)

$$\int I \, dt = \frac{1}{R} \int n_2 F_1 \frac{d}{dt} B_1 dt = \frac{n_2 F_1 B_1}{R} \; .$$

Durch das Galvanometer fließt dann nur der Bruchteil dieser Ladungsmenge Q_{ind}

$$Q_G = \frac{Q_{ind}}{1 + \frac{R_G}{R_i}} = \frac{R_i}{R_i + R_G} \cdot \left(\frac{1}{R}\right) \cdot n_2 F_1 B_1 \; .$$

Nach Gl. (II.64) gilt für den ersten Ausschlag

$$\phi'_{max} = A \cdot n_2 F_1 B_1 \; . \tag{II.66}$$

Die Kalibrierung bedeutet nun die Bestimmung der Konstanten A bei Erzeugung unterschiedlicher Flußdichten B_1. Ohne Änderung der Widerstände wird dann der Ladungsausschlag beim Eintauchen der Induktionsspule Sp_3 in das Magnetfeld unbekannter Flußdichte B registriert. Dabei gilt jetzt nach Gl. (II.66)

$$\phi'_{max} = A \cdot n_3 F_3 B ,$$

woraus B ermittelt werden kann.

II.6 Literatur

1. **M. SCHULER** *Mechanische Schwingungslehre I u. II*
   Akadem. Verlagsges., Leipzig **1959**

2. **W. MACKE** *Wellen*
   Akadem. Verlagsges., Leipzig **1962**

3. **A.P. FRENCH** *Vibration and Waves*
   Nelson, London **1971**

4. **E. MEYER, D. GUCKING** *Schwingungslehre*
   F.Vieweg u.S., Braunschweig **1974**

5. **F.S. CRAWFORD jr.** *Schwingungen und Wellen*
   Berkeley Physik Kurs 3, F.Vieweg u.S., Braunschweig **1974**

6. **H.J. PAIN** *The Physics of Vibrations and Waves*
   John Wiley, Chichester **1978**

III. FOURIER-Spektroskopie

Die meisten und bedeutendsten schwingungsfähigen Systeme lassen sich durch lineare Differentialgleichungen beschreiben. Als Folge daraus ergeben sich harmonische Abläufe, die als Überlagerung durch trigonometrische Reihen, die sog. FOURIER-Reihen, erfaßt werden können.

III.1 Grundlagen

III.1.1 FOURIER-Zerlegung periodischer Funktionen

Eine periodische Funktion $f(t)$, die sich durch die Beziehung

$$f(t+T) = f(t) \tag{III.1}$$

(T: Periode) charakterisieren läßt, kann durch harmonische Funktionen additiv zusammengesetzt werden. Die Darstellung durch die trigonometrische Reihe

$$f(t) = \sum_{n=0}^{\infty} A_n \cos(n\omega_0 t - \varphi_n) \tag{III.2}$$

bezeichnet man als FOURIER-Reihe oder FOURIER-Entwicklung. Die Folge der A_n bzw. φ_n heißt das FOURIER-Amplitudenspektrum bzw. das FOURIER-Phasenspektrum. Eine andere Form der Darstellung (III.2) erhält man unter Beachtung einer trigonometrischen Umformung

$$f(t) = \frac{a_0}{2} + \sum_{n=1}^{\infty} (a_n \cos n\omega_0 t + b_n \sin n\omega_0 t) , \tag{III.3}$$

wobei nun die Folge der a_n, b_n die FOURIER-Koeffizienten genannt werden. Die Glieder der FOURIER-Reihe (III.2) sind Teilschwingungen oder harmonische Komponenten.

Die Frage danach, ob die Reihe gleichmäßig konvergent ist, entscheidet das Kriterium von DIRICHLET. Danach muß sich das Intervall $0 < t < T$ in endlich viele Teilintervalle zerlegen und $f(t)$ in jedem dieser Teilintervalle als monoton und stetig voraussetzen lassen. Weichen für einen Punkt t_0 des Definitionsintervalls rechtsseitiger und linksseitiger Grenzwert voneinander ab, so definiert man

$$f(t_0) = \frac{1}{2} \lim_{\varepsilon \to 0} [f(t_0 + \varepsilon) + f(t_0 - \varepsilon)] \ . \tag{III.4}$$

Bei dieser Festsetzung stimmt der Wert, den die FOURIER-Reihe liefert, mit dem Funktionswert in allen Punkten des Definitionsintervalls überein.

Zur Bestimmung der FOURIER-Koeffizienten nützt man die Orthogonalität des trigonometrischen Systems aus

$$\frac{2}{T}\int_0^T \cos n\omega_0 t \cos m\omega_0 t \, dt = \begin{cases} 0 & n \neq m \\ 1 \quad \text{für} & n = m > 0 \\ 2 & n = m = 0 \end{cases} \tag{III.5}$$

$$\frac{2}{T}\int_0^T \sin n\omega_0 t \sin m\omega_0 t \, dt = \begin{cases} 0 & n \neq m \\ 1 \quad \text{für} & n = m > 0 \\ 2 & n = m = 0 \end{cases} \tag{III.6}$$

$$\frac{2}{T}\int_0^T \sin n\omega_0 t \cos m\omega_0 t dt = 0 \, . \tag{III.7}$$

Setzt man die Funktion $f(t)$ im Intervall $0 < t < T$ als integrierbar voraus, so kann man beide Seiten von Gl. (III.3) mit $\sin n\omega_0 t$ bzw. $\cos n\omega_0 t$ multiplizieren und gliedweise integrieren. Mit (III.5), (III.6) und (III.7) erhält man dann für die FOURIER-Koeffizienten

$$a_0 = \frac{2}{T}\int_0^T f(t) \, dt \, , \tag{III.8}$$

$$a_n = \frac{2}{T}\int_0^T \cos n\omega_0 t f(t) \, dt \, , \tag{III.9}$$

$$b_n = \frac{2}{T}\int_0^T \sin n\omega_0 t f(t) \, dt \, . \tag{III.10}$$

Da die Funktionen $f(t), \sin n\omega_0 t$ und $\cos n\omega_0 t$ mit der Zeitdauer T periodisch sind, können sich die Integrale auch über ein beliebiges Intervall der Länge T erstrecken.

III.1.2 FOURIER-Zerlegung aperiodischer Funktionen

Sei eine aperiodische Funktion $f(t)$ im Intervall $t_1 < t < t_2$ von Null verschieden und außerhalb des Intervalls identisch Null (Fig. III.1), wie es etwa bei einem Impuls erwartet wird, dann ist diese Funktion durchaus mit einer FOURIER-Reihe mit der Periode T von der Länge des Intervalls darstellbar. Jedoch ist diese Möglichkeit auf das Intervall $t_1 < t < t_2$ beschränkt, da über die Grenzen hinaus keine periodische Wiederholung der Funktion auftritt. Eine verbesserte Anpassung der Funktion gelingt dadurch, daß man die Periode T über das Intervall hinaus ausdehnt, etwa bis t_3 bzw. t_4 und der Funktion $f(t)$ den Wert Null zuschreibt für $t_3 \leq t \leq t_1$ bzw. $t_2 < t < t_4$. Jenseits des neuen, verbreiterten Intervalls tritt wieder eine periodische Wiederholung der so angepaßten Funktion auf, was mit den vorgegebenen Verhältnissen nicht übereinstimmt. Die Anpassung wird demnach umso besser je größer man die Grundperiode T wählt, wodurch gleichzeitig der Linienabstand ω_0 sich verkleinert. In der Grenze $T \to \infty$ rücken die Spektrallinien infinitesimal zusammen, um einem kontinuierlichen Spektrum Platz zu machen.

Für den Koeffizienten a_0 (Gl. (III.8)) gilt dann

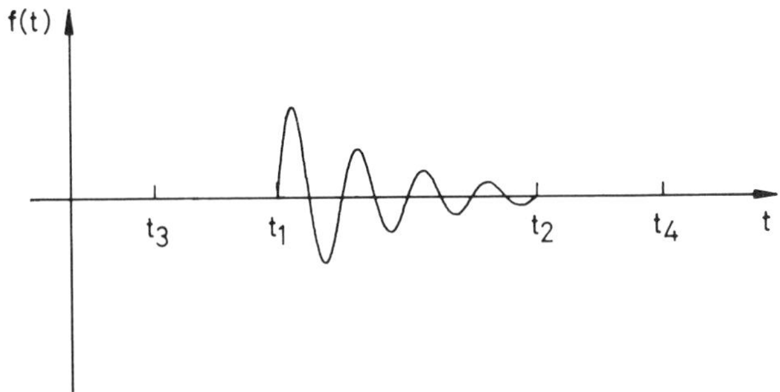

Fig. III.1: Aperiodische Funktion mit endlichem Definitionsbereich.

$$\lim_{T\to\infty} a_0 = \lim_{T\to\infty} \frac{2}{T} \int_0^T f(t)\, dt \; . \qquad \text{(III.11)}$$

Nach Einführung der neuen Variablen

$$\omega = n\omega_0 = \frac{2\pi n}{T} \; ,$$

und nach Substitution für den Linienabstand

$$\Delta\omega = \omega_0$$

lautet die FOURIER-Darstellung der Funktion $f(t)$

$$\begin{aligned} f(t) \;\; &= \;\; \sum_\omega \left\{ \left[\frac{\Delta\omega}{\pi} \int_{-T/2}^{+T/2} f(t) \sin\omega t \; dt \right] \sin\omega t + \right. \\ &\left. + \left[\frac{\Delta\omega}{\pi} \int_{-T/2}^{+T/2} f(t) \cos\omega t \; dt \right] \cos\omega t \right\} \; . \end{aligned} \qquad \text{(III.12)}$$

In der Grenze $T \to \infty$ erhält man

$$f(t) = \int_0^\infty [a(\omega) \sin\omega t + b(\omega) \cos\omega t] \; d\omega \qquad \text{(III.13)}$$

mit den die FOURIER-Koeffizienten ersetzenden Spektralfunktionen

$$a(\omega) = \frac{1}{\pi} \int_{-\infty}^{+\infty} f(t) \sin\omega t \; dt \qquad \text{(III.14)}$$

und

$$b(\omega) = \frac{1}{\pi} \int_{-\infty}^{+\infty} f(t) \cos\omega t \; dt \; . \qquad \text{(III.15)}$$

III.1.3 FOURIER-Koeffizienten in komplexer Darstellung

Unter Beachtung der trigonometrischen Beziehung

$$e^{\pm i\omega t} = \cos\omega t \pm i\sin\omega t$$

kann die Reihe (III.2) umgeschrieben werden zu

$$f(t) = A_0 + \sum_{n=1}^{\infty} \frac{1}{2} A_n e^{-i\varphi_n} e^{+in\omega_0 t} + \sum_{n=1}^{\infty} \frac{1}{2} A_n e^{+i\varphi_n} e^{-in\omega_0 t} . \tag{III.16}$$

Um die Summe zusammenfassen zu können, werden komplexe FOURIER-Koeffizienten definiert

$$\begin{aligned} f_0 &= A_0 , \\ f_n &= \frac{1}{2} A_n e^{-i\varphi_n} , \\ f_{-n} &= \frac{1}{2} A_n e^{+i\varphi_n} . \end{aligned} \tag{III.17}$$

Damit läßt sich die FOURIER-Reihe in der Form

$$f(t) = \sum_{n=-\infty}^{+\infty} f_n e^{in\omega_0 t} \tag{III.18}$$

schreiben. Der Wert der Summe bleibt stets reell, da die Imaginärteile paarweise verschwinden. Mit Gl. (III.3) und (III.8) bis (III.10) errechnet sich der Wert der Koeffizienten zu

$$f_n = \frac{1}{T} \int_0^T f(t) e^{-in\omega_0 t}\, dt . \tag{III.19}$$

In der Grenze $T \to \infty$ erhält man für aperiodische Funktionen anstelle der Reihe wieder das FOURIER-Integral

$$f(t) = \int_{-\infty}^{+\infty} a(\omega) e^{i\omega t} d\omega \tag{III.20}$$

mit der Spektralfunktion

$$a(\omega) = \frac{1}{2\pi} \int_{-\infty}^{+\infty} f(t) e^{-i\omega t}\, dt , \tag{III.21}$$

die als FOURIER-Transformierte der Originalfunktion $f(t)$ bekannt ist.

III.1.4 Korrelationsanalyse

Bei der Überlagerung zweier zeitlich veränderlicher Funktionen $f(t)$ und $g(t)$ gilt für die Intensität I der Interferenz (s. Abschn. VI.1)

$$I \sim |f+g|^2 = |f|^2 + |g|^2 + 2Re(f^* g) . \tag{III.22}$$

Der für die Information wesentliche Interferenzterm f^*g bedeutet ein Maß für die Korrelation der beiden Funktionen. Als Korrelationsfaktor ϕ bezeichnet man den zeitlichen Mittelwert des Interferenzterms

$$\phi = < f^*(t) \cdot g(t) > = \lim_{T \to \infty} \frac{1}{2T} \int_{-T}^{+T} f^*(t)\, g(t)\, dt \tag{III.23}$$

bzw.

$$\phi = \frac{1}{T_2 - T_1} \int_{T_1}^{T_2} f^*(t) g(t)\, dt \,, \tag{III.24}$$

falls $f(t)$ und $g(t)$ nur im Zeitintervall $T_1 < t < T_2$ von Null verschieden sind.

Die Korrelation einer Funktion mit sich selbst, jedoch um τ phasenverschoben, führt zur Autokorrelationsfunktion

$$\phi(\tau) = < f^*(t) f(t + \tau) > \ . \tag{III.25}$$

Sie ist ein Maß für die Korrelation von "früheren" und "späteren" Teilen der gleichen Funktion und beinhaltet eine Aussage über ihre zeitliche Kohärenz (s. Abschn. VI.1).

Betrachtet man ein Signal f, das aus harmonischen Funktionen zusammengesetzt ist und deshalb durch eine FOURIER-Reihe

$$f(t) = \sum_n f_n(t) = \sum_n A_n \sin(n\omega t + \phi_n) \tag{III.26}$$

dargestellt werden kann, so ergibt sich die Autokorrelationsfunktion zu

$$\begin{aligned} \phi(\tau) &= \left\langle \sum_n f_n(t) \cdot \sum_m f_m(t + \tau) \right\rangle = \\ &= \left\langle \sum_n f_n(t) f_n(t + \tau) \right\rangle + \left\langle \sum \sum_{n \neq m} f_n(t) f_m(t + \tau) \right\rangle \ . \end{aligned} \tag{III.27}$$

Der zweite Term in Gl. (III.28) verschwindet wegen der Orthogonalität der Funktionen (s. Gl. (III.6)), so daß noch übrig bleibt

$$\begin{aligned} \phi(\tau) &= \left\langle \sum_n A_n^2 \sin(n\omega t + \varphi_n) \cdot \sin[(n\omega(t + \tau + \varphi_n] \right\rangle \\ &= \left\langle \sum_n \frac{1}{2} A_n^2 \left\{ \cos n\omega\tau - \cos\left[2n\omega(t + \tau/2) + 2\varphi_n\right] \right\} \right\rangle \ . \end{aligned} \tag{III.28}$$

Nach Mittelung über die Zeit erhält man schließlich

$$\phi(\tau) = \sum_n \frac{1}{2} A_n^2 \cos n\omega\tau \ . \tag{III.29}$$

Es ist wichtig anzumerken, daß die Autokorrelationsfunktion nur eine Abhängigkeit von den Amplituden und Frequenzen, nicht jedoch von den Phasenwinkeln zeigt. Jeder FOURIER-Komponente der Signalfunktion f entspricht eine ebenfalls harmonische Komponente der Autokorrelationsfunktion, die das Amplitudenquadrat enthält. Dieses Amplitudenquadrat bestimmt somit die Intensität der Komponente. Autokorrelationsfunktion und Intensität des Spektrums sind zueinander fouriertransformiert, so daß nach Maßgabe einer der Größen daraus die andere berechnet werden kann. Der spektralen Amplitude der Signalfunktion entspricht die spektrale Intensität der Autokorrelationsfunktion.

III.2 Schwingende Saite

Ein demonstratives Beispiel für ein kontinuierliches, schwingungsfähiges System mit unendlich vielen Freiheitsgraden ist die gezupfte, beidseitig eingespannte Saite. Die experimentell einfache Anordnung erlaubt in einer FOURIER-Analyse die Ermittlung der transversalen Eigenschwingungen, deren Überlagerung den gesamten Schwingungsvorgang bei beliebiger Anzupfstelle darstellt. Dabei wird die Auslenkung der Saite an einem festen Ort beobachtet, um so allein die Abhängigkeit von der Zeit zu analysieren.

III.2.1 Experimentelles

Die eingespannte Saite wird von einer Bogenlampe beleuchtet. Ein rotierender Film erlaubt eine photographische Aufnahme der Saite von deren Mittelpunkt. Zur Ermittlung der Nullinie wird der Saitenmittelpunkt in Ruhelage bei feststehender Kamera mehrmals photographiert (Fig. III.2). Bei einer Umdrehungsfrequenz von 50 Hz beträgt die Belichtungszeit 1/50 s. Der Schatten des Saitenmittelpunktes als Funktion der Zeit wird dann

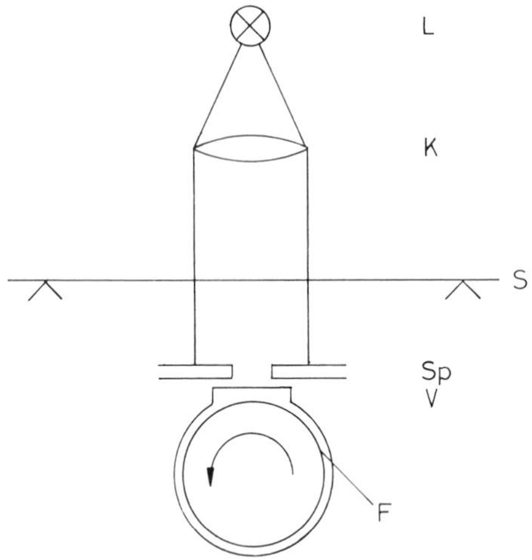

Fig. III.2: Experimentelle Anordnung zur FOURIER-Analyse einer schwingenden Saite; L: Lampe, K: Kondensator, S: Saite, Sp: Spalt, V: Verschluß, F: Film.

vom Negativfilm auf Millimeterpapier projiziert, um an der vergrößerten Schwingung die FOURIER-Analyse durchzuführen.

III.2.2 Aufgabenstellung

Man untersuche das FOURIER-Spektrum einer schwingenden Saite. Zur Anregung der Schwingung wird die Saite bei 1/2, 1/6 und 1/9 ihrer Länge angezupft. Die experimentell ermittelten FOURIER-Koeffizienten sind mit den aus der Theorie der Saitenschwingungen zu berechnenden zu vergleichen.

III.2.3 Anleitung

Der dünne Draht wird als lineares Gebilde aufgefaßt und stellt so einen vollkommen biegsamen Faden dar. Eine Spannung τ bewirkt eine Dehnung $\beta_0 = \tau \cdot 1/E$ (E: Elastizitätsmodul) des Fadens auf die Länge L. Die Bewegung der Saite wird in einem Koordinatensystem beschrieben, dessen z-Achse in Richtung des Drahtes und dessen x- bzw. y-Achse in Richtung der Auslenkung u bzw. v eines Elements dz zeigt. Für transversale Bewegungen ($u \neq 0, v \neq 0$) wird eine gleichmäßige Dehnung vorausgesetzt. Die relative Verlängerung beträgt

$$\Delta\beta = \frac{\Delta L}{L} = \frac{1}{L}\left\{\int_0^L \sqrt{1 + (\frac{\partial u}{\partial z})^2 + (\frac{\partial v}{\partial z})^2}\, dz - L\right\} , \tag{III.30}$$

die für kleine Auslenkungen $((\frac{\partial u}{\partial z})^2, (\frac{\partial v}{\partial z})^2 \ll 1)$ angenähert durch

$$\Delta\beta = \frac{1}{2L}\int_0^L \left[(\frac{\partial u}{\partial z})^2 + (\frac{\partial v}{\partial z})^2\right] dz \tag{III.31}$$

ausgedrückt werden kann. Die potentielle Energiedichte

$$d = \frac{E}{2}\beta^2 = \frac{E}{2}(\beta_0 + \Delta\beta)^2 \tag{III.32}$$

berechnet sich dann unter der Voraussetzung $\Delta\beta \ll \beta_0$ zu

$$d = \frac{E\beta_0^2}{2} + \tau\Delta\beta\ . \tag{III.33}$$

Daraus kann die potentielle Energie $E_{pot} = d \cdot L \cdot q$ (q: Querschnitt der Saite) bestimmt werden

$$E_{pot} = \frac{E\beta_0 Lq}{2} + \frac{\tau q}{2}\int_0^L \left[(\frac{\partial u}{\partial z})^2 + (\frac{\partial v}{\partial z})^2\right] dz\ . \tag{III.34}$$

Zur Beschreibung der Bewegung wird neben der potentiellen Energie noch die kinetische Energie benötigt. Sie ergibt sich zu

$$E_{kin} = \frac{\rho q}{2}\int_0^L \left[(\frac{\partial u}{\partial z})^2 + (\frac{\partial v}{\partial z})^2\right] dz \tag{III.35}$$

(ρ: Dichte). Mit dem Ansatz für die Querauslenkung

$$u(z,t,\epsilon) = u(z,t,0) + \epsilon U(z,t) \tag{III.36}$$

(entsprechend für v), erhält man für die Variationen

$$\delta u = \left(\frac{\partial u}{\partial \epsilon}\right)_{\epsilon=0} \delta\epsilon = U\delta\epsilon \tag{III.37}$$

$$\delta\frac{\partial u}{\partial t} = \frac{\partial U}{\partial t}\delta\epsilon \tag{III.38}$$

$$\delta\frac{\partial u}{\partial z} = \frac{\partial U}{\partial z}\delta\epsilon \tag{III.39}$$

(entsprechend für v bzw. V). Das HAMILTONsche Prinzip

$$\delta\int_{t_1}^{t_2}(E_{kin} - E_{pot})\,dt = 0$$

führt zu der Bedingung

$$\int_{t_1}^{t_2}\int_0^L \left[\rho(\frac{\partial u}{\partial t}\frac{\partial U}{\partial t} + \frac{\partial v}{\partial t}\frac{\partial V}{\partial t}) - \tau_0(\frac{\partial u}{\partial z}\frac{\partial U}{\partial z} + \frac{\partial v}{\partial z}\frac{\partial V}{\partial z})\right] dz\,dt = 0\ . \tag{III.40}$$

Die partielle Integration ergibt schließlich unter Berücksichtigung von $U = V = 0$ für $t = t_1 = t_2$ und für $z = 0 = L$

$$\int_{t_1}^{t_2}\int_0^L \left[U(\frac{\partial^2 u}{\partial t^2}) - \tau(\frac{\partial^2 u}{\partial z^2}) + V(\frac{\partial^2 v}{\partial t^2}) - \tau(\frac{\partial^2 v}{\partial z^2})\right] dz\,dt = 0\ . \tag{III.41}$$

Da die Funktionen U bzw. V beliebig in z und τ sind, ist diese Bedingung (III.41) nur erfüllt, falls gilt

$$\rho(\frac{\partial^2 u}{\partial t^2}) = \tau(\frac{\partial^2 u}{\partial z^2})\ , \tag{III.42a}$$

$$\rho(\frac{\partial^2 v}{\partial t^2}) = \tau(\frac{\partial^2 v}{\partial z^2})\ , \tag{III.42b}$$

womit zwei Wellengleichungen gegeben sind.

Die Wellengleichung für die transversale Schwingung in einer Koordinatenrichtung

$$\frac{\partial^2 y}{\partial t^2} = a^2\frac{\partial^2 y}{\partial z^2} \quad \text{mit} \quad a = \sqrt{\frac{\tau}{\rho}} \tag{III.43}$$

wird durch den Separationsansatz

$$y = Z(z)\cdot T(t) \tag{III.44}$$

in zwei Differentialgleichungen getrennt

$$\frac{d^2T}{dt^2} = -k^2T\ , \tag{III.45a}$$

$$\frac{d^2Z}{dt^2} = -\frac{k^2}{a^2}Z\ . \tag{III.45b}$$

Die partikulären Lösungen für Z

$$Z = \cos\frac{kz}{a} \quad \text{bzw.} \quad \sin\frac{kz}{a}$$

müssen die Randbedingung $Z(0) = Z(L) = 0$ erfüllen, woraus die Beziehung

$$\frac{k}{a}L = n\pi \tag{III.46}$$

resultiert. Die damit gewonnenen Anregungszustände werden durch die natürliche Zahl n als Parameter charakterisiert. Nach Gl. (III.44) ergibt sich als Lösung

$$y = \sum_{n=1}^{\infty}(A_n \cos\frac{n\pi a}{L}t + B_n \sin\frac{n\pi a}{L}t) \cdot \sin\frac{n\pi}{L}z\,. \tag{III.47}$$

Die Koeffizienten A_n, B_n werden durch die Anfangsbedingungen festgelegt. Sei allgemein die Anfangslage

$$y(z,0) = f(z) = \sum_{n=1}^{\infty} A_n \sin\frac{n\pi}{L}z \tag{III.48}$$

und die Anfangsgeschwindigkeit

$$(\frac{\partial y}{\partial t})_{t=0} = g(z) = \sum_{n=1}^{\infty} B_n \frac{n\pi a}{L} \cdot \sin\frac{n\pi}{L}z\,, \tag{III.49}$$

dann folgt nach Gl. (III.9) und Gl. (III.10)

$$A_n = \frac{2}{L}\int_0^L f(z)\sin\frac{n\pi}{L}z\,dz\,, \tag{III.50}$$

$$B_n = \frac{2}{n\pi a}\int_0^L g(z)\sin\frac{n\pi}{L}z\,dz\,. \tag{III.51}$$

In dem speziellen Problem der beidseitig eingespannten Saite ist die Anfangslage durch

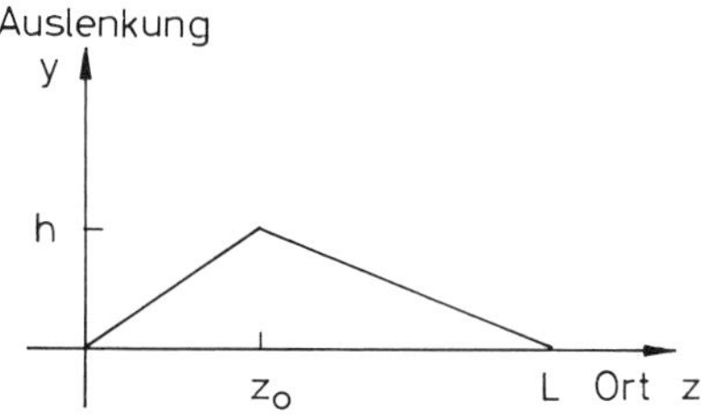

Fig. III.3: Anfangslage der schwingenden Saite.

eine Dreiecksfunktion gegeben. Sei h ein Maß für die Stärke der Auslenkung und z_0 die Anzupfstelle (Fig. III.3), dann gilt

$$y(z,0) = \begin{cases} h\frac{z}{z_0} & \text{für } 0 \le z \le z_0 \\ h\frac{L-z}{L-z_0} & \text{für } z_0 \le z \le L \end{cases}\,. \tag{III.52}$$

Mit Gl. (III.50) ergibt die Integration

$$A_n = \frac{2h}{z_0(L-z_0)}\left(\frac{L}{n\pi}\right)^2 \sin\frac{n\pi}{L}z_0\,. \tag{III.53}$$

Die Anfangsgeschwindigkeit der Saite ist Null, was nach Gl. (III.49) ein Verschwinden der Koeffizienten B_n zur Folge hat. Die endgültige Lösung lautet nach Gl. (III.53)

$$y = \sum_{n=1}^{\infty} \frac{2h}{z_0(L-z_0)}\left(\frac{L}{n\pi}\right)^2 \sin\frac{n\pi}{L}z_0 \left(\frac{L}{n\pi}\right)^2 \sin\frac{n\pi}{L}z \cos\frac{n\pi a}{L}t\,, \tag{III.54}$$

wobei die Beobachtung an einem festen Ort in der Mitte bei $z = L/2$ stattfindet.

Nach dem Experiment erhält man eine zeitabhängige Schwingung, deren FOURIER-Koeffizienten nach Gl. (III.9) bzw. Gl. (III.10) berechnet werden können. Um die Integration zu erleichtern, wird das Periodizitätsintervall in k Teilintervalle gleicher Länge unterteilt und das Integral durch eine Summe nach der Trapezformel

$$\int_a^b f(x)\,dx = \frac{b-a}{2k}\sum_{i=0}^{k} f(x_i) \tag{III.55}$$

ersetzt.

III.3 Akustisches MICHELSON-Interferometer

Die Meßtechnik der FOURIER-Spektroskopie, die im mittleren und besonders im fernen Infrarot erfolgeich angewendet wird, kann mit Hilfe von Schallwellen bei akustischen Interferometeranordnungen relativ leicht studiert werden. Die hierbei auftretenden makroskopischen Gangunterschiede lassen das Prinzip anschaulich und verständlich werden. Mit einem MICHELSON-Interferometer werden zwei gegeneinander laufzeitverschobene Wellen überlagert. Das vom Detektor aufgenommene Interferogramm entspricht der Autokorrelationsfunktion der emittierten Strahlung. Nach Gl. (III.29) kann aus diesem experimentellen Ergebnis durch FOURIER-Transformation das Leistungsspektrum ermittelt werden.

Der Vorteil der FOURIER-Spektroskopie besteht vor allem darin, daß zu jedem Zeitpunkt die volle Strahlungsintensität ausgenutzt wird, um Information über das gesamte Spektrum zu erhalten. Allerdings ist die Dauer der Meßzeit zu berücksichtigen, die bei einmaligen Vorgängen zu Schwierigkeiten führen kann.

III.3.1 Experimentelles

In Analogie zum optischen MICHELSON-Versuch werden auch im akustischen Bereich zwei Teilwellen benötigt, die mittels eines halbdurchlässigen Reflektors (HR) und zweier Reflektoren (R_1, R_2) erzeugt werden (Fig. III.4). Durch Verschieben des einen Reflektors wird die Intensität der interferierenden Wellenzüge als Funktion des Laufzeitunterschiedes über ein Mikrophon (M) registriert und von einem Schreiber aufgezeichnet.

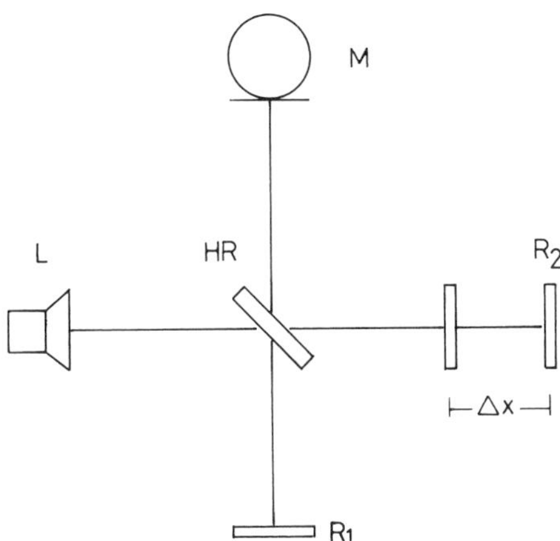

Fig. III.4: Interferenz zweier Teilwellen mit dem Gangunterschied $2 \cdot \Delta x$ in einem MICHELSON-Interferometer.

Als Schallquelle (L) dient ein Lautsprecher, der von verschiedenen Signalquellen angesteuert werden kann. Ein vor dem Lautsprecher angebrachter Kunststofftubus vermindert mögliche Interferenzen zwischen Schallwellen von Reflektoren bzw. vom Strahlteiler und solchen vom Lautsprecher selbst. Zur Signalerzeugung werden Tongeneratoren, ein Farbrauschgenerator und ein Oberwellengenerator verwendet.

Eine dünne Klarsichtfolie wird unter 45° zur Ausbreitungsrichtung in das Schallfeld gestellt und übernimmt so die Funktion des Strahlteilers (HR). Die Reflektoren bestehen aus Aluminiumplatten (ca. 30 × 30 cm), die beweglich auf einer optischen Bank montiert werden. Verschiebt man den Reflektor R_2 um den Weg Δx, so ändert sich der Laufzeitunterschied der beiden Teilwellen um $\tau = 2\Delta x/\lambda$.

Der Detektor (M) ist ein Hochfrequenz-Kondensatormikrophon, das als Druckempfänger arbeitet und im gesamten Hörbereich einen nahezu gleichmäßigen Frequenzgang aufweist. Über den dazu passenden Vorverstärker gelangen die in Spannungsschwankungen umgesetzten Druckschwankungen zu einem Gleichrichter, der entweder als Mittelwertgleichrichter (Mittelwert des Betrages) oder als Effektivwertgleichrichter (Mittelwert des Quadrates) betrieben werden kann. Eine mit feinporigem Schaumstoff ausgekleidete Halterung verhindert weitgehendst die Übertragung von Körperschall auf das Mikrophon.

III.3.2 Aufgabenstellung

a) Man ermittle das Interferogramm eines monochromatischen Signals bei Mittelwertgleichrichtung bzw. Effektivwertgleichrichtung ($\omega = 10000$ Hz).

b) Man ermittle das Interferogramm eines Signals mit diskretem Spektrum (Grundfrequenz 750 Hz) sowie die ersten vielfachen, phasenstarr gekoppelten Oberwellen variabler

Amplitude. Zum Vergleich wird ein theoretisches Interferogramm berechnet.
c) Man ermittle das Interferogramm eines Signals mit kontinuierlichen Spektren bei vier verschiedenen Bandbreiten (Mittenfrequenz 7.5 kHz). Unter Zugrundelegung eines diskreten Spektrums werden entsprechende Interferogramme berechnet.

III.3.3 Anleitung

Der Schalldruck $p(t,\tau)$ am Ort des Mikrophons ergibt sich als Überlagerung der Schalldrucke der beiden Teilwellen und wird vom Kondensatormikrophon in eine ihm proportionale Spannung $U(t,\tau)$ umgewandelt

$$U(t,\tau) \sim p(t,\tau) = f(t) + f(t+\tau) . \qquad \text{(III.56)}$$

Als Interferogramm wird die Intensität des Schalls in Abhängigkeit vom Laufzeitunterschied aufgezeichnet

$$I(\tau) = \frac{1}{T}\int_0^T [U(t,\tau)]^2 dt . \qquad \text{(III.57)}$$

Im einfachsten Fall eines harmonischen Signals mit nur einer Frequenz erhält man als Interferogramm wieder eine harmonische Funktion, die bis auf eine additive Konstante mit dem Signalprofil übereinstimmt (s. Gl. (III.29)).

Bei einer Vollweggleichrichtung des Mikrophonsignals erhält man als Interferogramm

$$S(\tau) \sim \frac{1}{T}\int_0^T |U(t,\tau)|\, dt , \qquad \text{(III.58)}$$

wonach mit dem einfachen Beispiel einer rein harmonischen Schwingung hier der Betrag dieser Schwingung gemessen wird.

Die Berechnung des Interferogramms eines periodischen Schallsignals, das durch eine FOURIER-Reihe dargestellt werden kann, geschieht nach Gl. (III.29). Analoge Überlegungen gelten bei einem Schallsignal mit kontinuierlichem Spektrum. Dort wird anstelle der Summation eine Integration durchgeführt

$$I(\tau) \sim \int_{-\infty}^{+\infty} [p(t,\tau)]^2\, dt . \qquad \text{(III.59)}$$

Unter Verwendung des FOURIER-Integrals erhält man

$$\begin{aligned} I(\tau) &\sim \int_{-\infty}^{+\infty} \left\{ \int_0^\infty d\omega A(\omega) \cos\omega\tau/2 \cdot \cos[\omega(t+\tau/2) - \varphi(\omega)] \right\}^2 dt . \\ &= \int_0^\infty d\omega \int_0^\infty d\omega' \cos\omega\tau/2 \cdot \cos\omega'\tau/2 \cdot A(\omega)A(\omega') \cdot \\ &\quad \cdot \int_{-\infty}^{+\infty} dt \cos[\omega(t+\tau/2) - \varphi(\omega)] \cdot \cos[\omega'(t+\tau/2) - \varphi(\omega')] \end{aligned} \qquad \text{(III.60)}$$

Das letzte Integral ergibt eine δ-Funktion und die Integration über ω' führt schließlich zu

$$\begin{aligned} I(\tau) &\sim \int_{-\infty}^{+\infty} A^2(\omega) \cos^2(\omega\tau/2)\, d\omega = \\ &= \text{const.} + \int_0^\infty A^2(\omega) \cos\omega\tau\, d\omega . \end{aligned} \qquad \text{(III.61)}$$

Demnach ist die Interferogrammfunktion wieder (bis auf eine additive Konstante) die FOURIER-Transformierte der spektralen Intensität.

Schwingungen mit kontinuierlichen Spektren entstehen durch Überlagerung von Schwingungsanteilen eines bestimmten Frequenzbereiches. Infolge der unterschiedlichen Frequenzen ändert sich die Phasenbeziehung der überlagerten Schwingungskomponenten ständig und damit auch die Amplitude der resultierenden Schwingung. Es bilden sich Schwingungsgruppen, innerhalb derer die Phasenbeziehungen nahezu konstant bleiben. Bei kleinen Frequenzunterschieden bzw. kleiner Bandbreite Δf ändern sich die Phasenunterschiede langsam, so daß lange Wellengruppen entstehen. Kurze Gruppen hingegen bedingen eine große Bandbreite. Sei τ_G die Gruppendauer, dann läßt sich dieser Zusammenhang beschreiben durch

$$\Delta f \cdot \tau_G \geq 1 \,. \tag{III.62}$$

Da die Kohärenzbedingung (s. Abschn. VI.1) nur innerhalb einer Wellengruppe erfüllt ist, kann die Kohärenzzeit τ_K mit der Gruppendauer τ_G identifiziert werden. Die über die Beziehung $\ell_K = c \cdot \tau_K$ (c: Schallgeschwindigkeit) mit der Kohärenzzeit verknüpfte Kohärenzlänge steht also im umgekehrtem Verhältnis zur Bandbreite des jeweiligen Signals.

Gl. (III.61) bedeutet eine FOURIER-Transformation des Quadrates der spektralen Amplitude bzw. der spektralen Intensität. Wegen der Reziprozität gilt auch umgekehrt

$$A^2(\omega) = \frac{1}{2\pi} \int_0^\infty F(\tau) \cos \omega\tau \, d\tau \,, \tag{III.63}$$

wonach das Spektrum berechnet werden kann. Dabei wird in diskreten Schritten

$$\tau_i = i \frac{T}{2m} \qquad (i = 0, 1, \ldots, 2m-1)$$

die Intensität $F(i \cdot T/2m)$ bestimmt und nach Annäherung des Integrals (III.63) durch eine FOURIER-Reihe

$$\begin{aligned} A^2(n\omega_0) &= \frac{2}{T} \sum_{i=0}^{2m-1} F(i\frac{T}{2m}) \cos(n\omega_0 i \frac{T}{2m}) \cdot \frac{T}{2m} \\ &= \frac{1}{m} \sum_{i=0}^{2m-1} F(i\frac{T}{2m}) \cos(i\frac{n}{m}\pi) \end{aligned} \tag{III.64}$$

die Amplituden berechnet. Die Schrittweite $T/2m$ ist das sogenannte "Sampling-Intervall", das gemäß der Informationstheorie gegeben ist durch

$$\frac{T}{2m} \leq \frac{2\pi}{2(\omega_{max} - \omega_{min})} \,. \tag{III.65}$$

wobei $(\omega_{max} - \omega_{min})$ die Bandbreite des Schallsignals bedeutet. Die Verknüpfung zwischen ω_0 und T geschieht über die "Apparate-Funktion" $s(\omega)$

$$s(\omega - \omega_0) = 2T \frac{\sin(\omega - n\omega_0)T}{(\omega - n\omega_0)T} \,. \tag{III.66}$$

Diese Funktion entspricht der Spaltfunktion der konventionellen Monochromatoren und bestimmt mit ihrer Halbwertsbreite die Auflösung

$$\omega_0 \approx \frac{2\pi}{T} \,.$$

III.4 Literatur

1. W. MACKE *Wellen*
Akadem. Verlagsges., Leipzig **1962**

2. E. MENZEL, W. MIRANDE, I. WEINGÄRTNER *FOURIER-Optik und Holographie* Springer-Verlag, Wien **1973**

3. E. MEYER, D. GUICKING *Schwingungslehre*
F.Vieweg u.S., Braunschweig **1974**

4. F.S. CRAWFORD jr. *Schwingungen und Wellen*
Berkeley Physik Kurs 3, F.Vieweg u.S., Braunschweig **1974**

IV. Photographie

Die Bedeutung der Photographie als angewandte spektroskopische Technik ist in vielen Bereichen der Physik, insbesondere in der Astrophysik, noch heute nicht gering einzuschätzen. Zusammen mit der nachfolgenden Auswertung auf der Grundlage der Photometrie steht sie in direktem Wettbewerb zu photoelektrischen Methoden, die mit Photozellen oder Photomultiplier arbeiten. Ein Blick auf die dabei auswertbaren Helligkeitsskalen macht angesichts des auf etwa 1:20 beschränkten Bereichs der Photoplatte das photographische Verfahren allerdings weniger empfehlenswert. Zu einer ganz anderen Einsicht gelangt man hingegen, wenn das Interesse auf die Erfassung einer Vielzahl von gleichzeitigen Ereignissen zielt. Während die photo-elektrische Methode dabei eine umständliche Einzelerfassung erfordert, liefert die photographische Photometrie eine integrale, relativ einfache Technik. Weiteren bedeutenden Vorteilen wie der permanenten Speicherung oder der hohen Ortsauflösung stehen unübersehbare Nachteile gegenüber, die vorwiegend aus chemischen Vorgängen erwachsen und somit sich etwa in der Nichtlinearität der Schwärzung oder im Einfluß des Entwicklungsvorgangs zeigen.

IV.1 Grundlagen

IV.1.1 Der photographische Prozess

Die Einwirkung von Strahlungsenergie ist die Ursache des photographischen Prozesses, an dessen Ende die Erzeugung eines reellen Bildes steht. Dabei spielt die Art der Strahlung eine untergeordnete Rolle und kann sowohl von elektromagnetischer Strahlung wie auch von Teilchenstrahlung geprägt sein. Dies wird umso eher verständlich, wenn man den ersten grundlegenden Vorgang näher ins Licht rückt. Dort geschieht die elektronische Anregung eines Isolators, die die Zustandsänderung eines Elektrons vom vollbesetzten Valenzband in das Leitungsband zur Folge hat (Fig. IV.1a; s.a. Abschn. XIII.4). Betrachtet man etwa ein Silberhalogenid **AgHa** (**Ha: Br, Cl**) als strahlungsempfindliche Matrix, so kann die Anregung, die in den vom Halogen gebildeten Bandzuständen erfolgt, durch die Reaktionsgleichung

$$\mathbf{Ha} \quad \overset{\text{Energie}}{\longrightarrow} \quad e^- + e^+ \qquad \text{(IV.1)}$$

schematisch ausgedrückt werden. Die nachfolgende Relaxation des angeregten Elektron-Loch-Paares zu den Rändern der Energiebänder, die innerhalb der Lebensdauer τ erfolgt

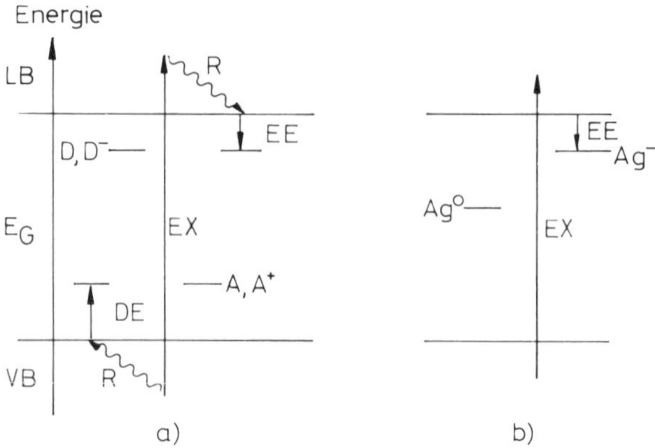

Fig. IV.1: Schematische Darstellung der elektronischen Vorgänge im vereinfachten Energietermschema des Festkörpers während der Belichtung des Silberhalogenids - (a) Anregung, (b) Silber-Defekthaftterme; VB: Valenzband, E_G: Verbotene Energielücke, LB: Leitungsband, Ex: Anregung, R: Relaxation, EE: Elektroneneinfang, DE: Defektelektroneneinfang, DD^-: Haftterme für Elektronen, AA^+: Haftterme für Defektelektronen.

($\tau_R < \tau$), gibt Anlaß zu einer Änderung der Ausbreitungsvektoren $\vec{k}$ beider Quasiteilchen. Gemäß der Auswahlregel für optische Dipolstrahlung, die sich aus der Impulserhaltung herleitet und die Identität des Betrags der Ausbreitungsvektoren verlangt ($\Delta k = 0$), wird man weniger eine strahlende Rekombination von Elektronen und Defektelektronen erwarten als vielmehr einen strahlungslosen Übergang, der durch den Einfang in metastabile Zustände von Defekten beschrieben werden kann (s. Abschn. XIII.4). Dabei übernehmen Halogenionen an der Oberfläche die Rolle der Haftterme für Defektelektronen, um in neutrale Halogenmoleküle umgewandelt zu werden; der für den Einfang von Elektronen verantwortliche Defekt wird in einer bestimmten Struktur der Kornoberfläche vermutet.

Im weiteren Verlauf kommt es zu einer Migration von $\mathbf{Ag^+}$-Ionen auf weniger fest gebundenen Zwischengitterplätzen, die auf Grund der COULOMB-Wechselwirkung in Richtung der besetzten Elektronenhaftterme geschieht, um dort nach erfolgter Anlagerung eine Ladungsneutralisation ($\mathbf{Ag^0}$) zu ermöglichen. Die so geschaffenen Defektzentren stehen dann in einer nachfolgenden Anregung innerhalb desselben Silberhalogenidkorns als Haftterme für Elektronen zur Verfügung, was durch die Reaktionsgleichung

$$\mathbf{Ag^0} + \mathbf{e^-} \longrightarrow \mathbf{Ag^-} \qquad \text{(IV.2)}$$

phänomenologisch beschrieben werden kann (Fig. IV.1b). Die danach erneut einsetzende COULOMB-Wechselwirkung auf Zwischengitter $\mathbf{Ag^+}$-Ionen sowie die Migration der Ionen zu besetzten Hafttermen sind die Ursache für die Bildung von $\mathbf{Ag_2}$-Molekülen, den sogen. Silberkeimen. Ein Anwachsen des Silberkeims bis hin zu sichtbaren Silberkristallen gelingt dann durch die Wiederholung der beschriebenen Vorgänge. Im Falle der Lichtanregung genügen bereits ca. 50 Photonen zur Ausbildung eines Keimes, der vermittels reduzierender Entwickler vollständig in Silber umgewandelt werden kann.

Das Verstärken und Sichtbarmachen des latenten Bildes ist dann das Ziel der photographischen Entwicklung. Dort wird das Silberhalogenid auf chemischer Grundlage zu metallischem Silber reduziert. Dabei wirken die durch Photoeffekt erzeugten neutralen Silberatome als Auslöser für eine derartige Reaktion und vermögen so die Silberausscheidung um den Faktor 10^5 bis 10^6 zu verstärken. Im anschließenden Fixiervorgang werden dann die nicht reduzierten Körner gelöst, so daß das Negativbild mit seiner für die Belichtung charakteristischen Silberkonzentration entsteht.

IV.1.2 Die photographische Schwärzung

Das Absorptionsvermögen der Silberkörner gibt Anlaß zu einer Intensitätsverminderung einfallender elektromagnetischer Strahlung, die im sichtbaren Gebiet als Schwärzung beobachtet wird. Mit den Lichtmengen E_0, E (Beleuchtungsstärken) vor und nach dem Durchgang werden die für die Absorption charakteristischen Größen
Transparenz (Durchlässigkeit)

$$T = E/E_0 \tag{IV.3a}$$

Opazität (Undurchlässigkeit)

$$O = 1/T = E_0/E \tag{IV.3b}$$

und Bedeckung

$$\sigma = 1 - T = (E_0 - E)/E_0 \tag{IV.3c}$$

definiert. Daneben gibt es den Begriff der Schwärzung S oder optischen Dichte, der durch die Beziehung

$$S = \log(1/T) = \log(E_0/E) \tag{IV.4}$$

erklärt wird.

Eine anschauliche Darstellung der Verhältnisse vermittelt die Abhängigkeit der Schwärzung von der Belichtung (Exposition) $H(= E \cdot t;\ t$: Belichtungszeit), die als Schwärzungs- oder Gradationskurve bezeichnet wird (Fig. IV.2). Ihr Verlauf wird von mehreren Faktoren, wie der spektralen Verteilung des Lichts oder den Eigenschaften des Photomaterials und Entwicklers beherrscht. Beginnend mit einer minimalen Grundschwärzung S_0, dem sogen. Schleier, die auch ohne Belichtung vorhanden ist und deshalb vom Entwicklungsvorgang herrührt, wird dann das Gebiet der Unterexposition, der sogen. "Fuß", mit einem überproportionalen Anstieg beobachtet. Danach folgt der für die praktische Arbeit wichtige lineare Abschnitt, der als normale Exposition bezeichnet wird. Bei weiterer Steigerung der Belichtung tritt im Bereich der Überexposition eine Abflachung auf, die schließlich nach Erreichen einer Maximalschwärzung bei vollständiger Reduktion zu metallischem Silber in einer Abnahme, der sogen. Solarisation, endet. Letztere Erscheinung wird durch die anwachsende Rekombination von Silber- und Halogenatomen erklärt.

Ein Maß für den erreichbaren Kontrast findet man in der Steilheit der Gradation γ des geradlinigen Teils

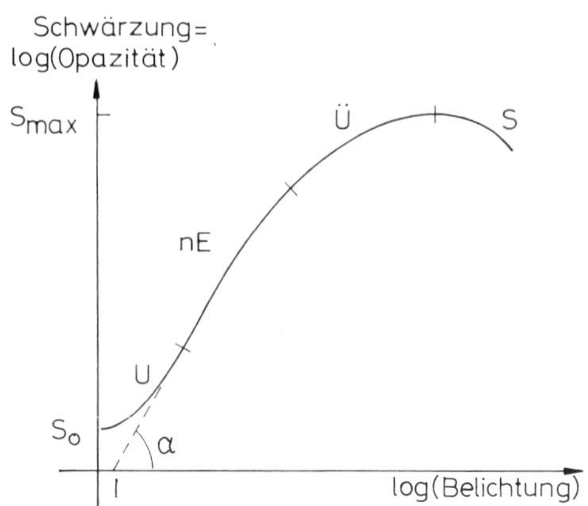

Fig. IV.2: Schematische Darstellung der Schwärzungskurve einer photographischen Emulsion. S_0: Schleier, U: Unterexposition, nE: normale Exposition, Ü: Überexposition, S: Solarisation, I: Inertia.

$$S = \gamma \log H \tag{IV.5}$$

(Gammawert: $\gamma = \tan \alpha$), der auch von der Entwicklungsdauer geprägt wird und einen Grenzwert anstrebt. Nach dieser Beziehung wird die Schwärzung allein von der resultierenden Belichtung H bestimmt und ist unabhängig von der separaten Variation der einzelnen Faktoren, wie der Beleuchtungsstärke E oder der Belichtungszeit t, entsprechend dem Reziprozitätsgesetz. Abweichend von diesem Verhalten, das vorwiegend bei der Exposition energiereicher Strahlung wie Röntgen-, γ- und Teilchenstrahlung beobachtet wird, findet man insbesondere bei der Bestrahlung mit Licht im sichtbaren Bereich den SCHWARZSCHILD-Effekt, der durch Einführung einer effektiven Belichtung

$$H_{eff} = E \cdot t^p \tag{IV.6}$$

(SCHWARZSCHILD-Exponent: $p < 1$) bei langen Belichtungszeiten die Änderung der Reziprozität zum Ausdruck bringt. Als Folge davon ergibt sich nach Gl. (IV.5) ein Kontrastwert

$$\gamma' = p \cdot \gamma \,, \tag{IV.7}$$

der zu jenem mit kürzeren Belichtungszeiten und dennoch gleichen Bestrahlungswerten um den SCHWARZSCHILD-Exponent p als Faktor verkleinert ausfällt.

Die Einheit der Empfindlichkeit wird gemäß der DIN-Vorschrift durch die Erhöhung des Logarithmus der Schwärzung über dem Grundwert ($\log S_0 = 0$) um den Wert 0.1 festgelegt. Der Bereich erstreckt sich bis zu einer maximalen Empfindlichkeit von 30. Der aktuelle Wert der Schwärzung kann ebenfalls als Maß für die Empfindlichkeit verwendet werden, wie es das ASA-Verfahren (Norm der American Standard Association) festlegt. So ergibt eine Empfindlichkeit von 20 (DIN) eine 20 fache Erhöhung um 0.1 über dem Schleier, wonach der Logarithmus der Schwärzung den Wert 2.0 ($\log S = 20 \cdot 0.1$) bzw. die Schwärzung selbst den Wert 100 (ASA) annimmt. Die internationale Norm ISO (International Organization for Standardization) fordert heute die kombinierte Angabe beider Werte (ASA/DIN °). Eine Steigerung der Empfindlichkeit gelingt durch die Vergrößerung der Korndurchmesser. Dieser Vorteil wird jedoch mit einer Einbuße des Auflösungsvermögens erkauft, das sowohl durch die Korngröße wie durch die Lichtstreuung beherrscht wird.

IV.2 Schwärzungskurve

Untersuchungen zur Photometrie mit Hilfe der Photographie, wie man sie häufig in der Astronomie findet, stoßen auf erhebliche Schwierigkeiten bei der Verknüpfung zwischen der einfallenden Lichtintensität und der durch sie verursachten Schwärzung. Um eine eindeutige und reproduzierbare Zuordnung treffen zu können, muß die Schwärzungskurve der photographischen Schicht bekannt sein. Darüber hinaus ist zu beachten, daß dieser funktionale Zusammenhang außer von der chemischen Zusammensetzung noch von weiteren Parametern beeinflußt wird, wie z.B. von der Entwicklung, der Belichtungszeit, der Belichtungsunterbrechung, der Vorbelichtung und der Temperatur.

IV.2.1 Experimentelles

Der Lichtstrom einer Glühlampe wird nach Abschwächung durch Papierfilter über einen Tubus auf den photographischen Film geleitet, um dort eine kreisförmige Fläche von etwa 20 mm Durchmesser gleichförmig zu beleuchten (Fig. IV.3). Der Film mit einer Empfindlichkeit ISO 100/21 ° und den Abmessungen von ca. 90 × 120 mm befindet sich in einer passenden Kassette, die in die Belichtungsapparatur lichtdicht eingebracht werden kann. Zwei Schienenanordnungen erlauben die Verschiebung des Tubus in beliebiger Richtung innerhalb der horizontalen Ebene, so daß auf einem Film etwa 20 Aufnahmen Platz finden.

Zur Ermittlung der Schwärzung mittels Photometrie wird dieselbe Apparatur ohne den Einsatz des Tubus und der Filter benutzt. Das Licht der Glühlampe wird auf den Schwärzungsfleck fokussiert, um dahinter von einer Photozelle registriert zu werden. Der Photostrom kann von einem Meßverstärker angezeigt werden und dient, bezogen auf die Messung eines unbelichteten Feldes, als relativer Transmissionswert (Fig. IV.4).

IV.2.2 Aufgabenstellung

Es wird die Schwärzung eines photographischen Films nach zwei verschiedenen Verfahren ermittelt. Einmal auf direktem Weg mit der Belichtungszeit als Variable (1), zum anderen mit Hilfe eines Graufilters zur Intensitätssteuerung (2). Daneben wird der Einfluß der Entwicklungszeit untersucht.

1. a) Der erste Film wird bei verschiedenen Belichtungszeiten ($t = 0$; 10–1000 s) normal entwickelt (5 min).

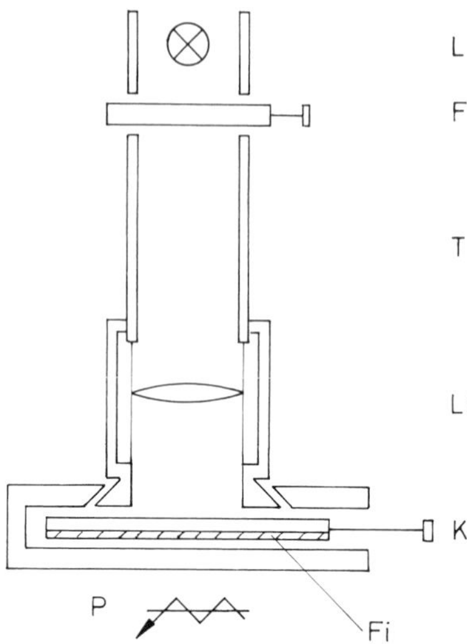

Fig. IV.3: Schematischer Aufbau der Belichtungsapparatur; L: Lampe, F: Filter, T: Tubus, Li: Linse, K: Kassette, Fi: Film, P: Photozelle.

b) Der zweite Film wird bei denselben Belichtungszeiten verkürzt entwickelt (3 min).
c) Die Schwärzung wird photometrisch bestimmt.
2. Für das zweite Verfahren wird auf einem dritten Film zur einen Hälfte mit und zur anderen Hälfte ohne Graufilter mit jeweils gleichen Belichtungszeiten ($t = 0; 20 - 500$ s) belichtet. Zur Auswertung wird die Schwärzung wieder photometrisch ermittelt. Man bestimme ferner den Filterfaktor des Graufilters.

IV.2.3 Anleitung

Beim zweiten Verfahren werden ungefilterte Transmissionswerte über gefilterte aufgetragen, so daß eine Verknüpfung beider Werte bei gleich intensiver Bestrahlung unmittelbar abzulesen ist. Beginnend mit einem kleinen ungefilterten Transmissionswert $T_u^{(1)}$ bei der Bestrahlung $H^{(1)}$, der nach Gl. (IV.4) durch

$$T_u^{(1)} = 10^{-S_u^{(1)}} = 10^{-g[\log H^{(1)}]}$$

mit der Schwärzungskurve

$$S = g[\log H]$$

dargestellt werden kann, entnimmt man dem Diagramm den bei derselben Bestrahlung zugeordneten gefilterten Transmissionswert

$$T_g^{(1)} \quad = \quad 10^{-S_g^{(1)}} \qquad \text{oder}$$

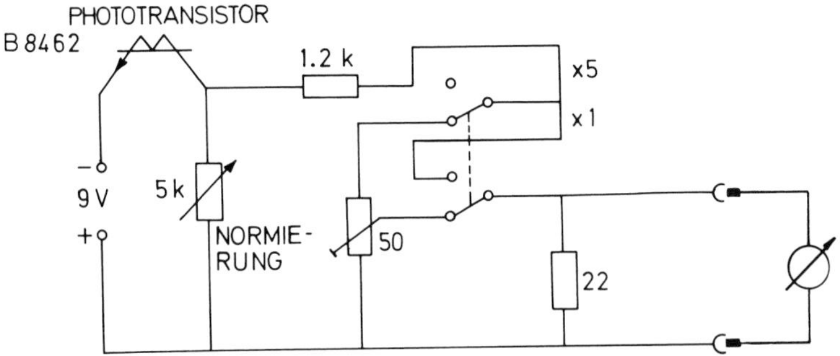

Fig. IV.4: Schaltbild zur Photometrie.

$$
\begin{aligned}
T_g^{(1)} &= 10^{-g \log(H^{(1)} \cdot f)} \\
&= 10^{-g[\log H^{(1)} + \log f]} ,
\end{aligned}
$$

der wegen des Filterfaktors $f < 1$ der Bedingung

$$T_g^{(1)} > T_u^{(1)}$$

gehorcht. Dieser Wert $T_g^{(1)}$ wird einem neuen anfänglichen Wert auf der Achse der ungefilterten Transmissionswerte zu Grunde gelegt, um in gleicher Konsequenz wie oben zu verfahren. Fortgesetzte n-malige Anwendung ergibt schließlich

$$
\begin{aligned}
T_g^{(n)} &= 10^{-g \log(H^{(n)} f)} \\
&= 10^{-g[\log H^{(1)} + n \log f]} ,
\end{aligned}
$$

so daß die daraus nach Gl. (IV.4) ermittelte Schwärzung als

$$S^{(n)} = g[\log H^{(1)} + n \log f]$$

dargestellt werden kann. Die Abhängigkeit von der Zahl n der aufeinanderfolgenden Schritte zeigt demnach eine Form $g(n)$, die mit der Schwärzungskurve nach Spiegelung an der Ordinate (Filterfaktor $f < 1$, also $\log f < 0$) identifiziert werden kann.

IV.3 Literatur

1. **G. JOOS, E. SCHOPPER** *Grundriß der Photographie und ihre Anwendung besonders in der Atomphysik* Akad. Verlagsgesellschaft, Frankfurt **1958**

2. **E.v. ANGERER** *Wissenschaftliche Photographie*
   Akad. Verlagsanstalt, Leipzig **1959**

3. **D.N. CHESNEY, M.O. CHESNEY** *Radiographic Photography*
Blackwell Sc. Pub., Oxford 1965

4. **F.C. BROWN** *The Physics of Solids* W.A.Benjamin Inc., New York, Amsterdam **1967**

5. **T.H. JAMES (Ed.)** *Theory of Photographic Process*
Macmillan, New York **1977**

6. **W. KEMP** *Theorie der Fotografie*
Schirmer-Mosel Verlag, München **1983**

7. **H. GRAEWE** *Die physikalischen und chemischen Grundlagen der Photographie*
Aulis Verlag, Bonn **1984**

8. **K.D. SOLF** *Fotografie*
Fischer Taschenbuch Verlag, Frankfurt **1988**

V. Hochfrequenzwellen

Der Frequenzbereich der Hochfrequenzwellen im weitesten Sinne kann nach unten durch akustische (15 kHz) und nach oben durch optische Wellen (300 GHz) eingegrenzt werden. Allein die immense Breite dieses Bereichs läßt die Anwendungsvielfalt dieser Wellen erahnen, die letztlich aus zwei verschiedenen Anwendungsgebieten erwächst. Zum einen ist es die Technik, die sich mit zahlreichen technologischen Methoden der Hochfrequenzwellen ausgiebig bedient und die ohne deren hervorstechende Eigenschaften der Nachrichtenübertragung und der Wärmewirkung ihren derzeitigen Standards nicht genügen würde. Zum anderen ist es die Physik, die Hochfrequenzwellen einsetzt, um über die Wechselwirkung der elektromagnetischen Felder mit Materie, in welchem Zustand auch immer, die Aufklärung atomarer Verhältnisse (s. Abschn. XI.5) sowie dynamischer Vorgänge zu studieren. Die theoretische Behandlung aller in der Anwendung beobachteten Erscheinungen basiert auf den MAXWELL-Gl.en der klassischen Elektrodynamik, die mit

$$\mathrm{div}\vec{D} = \varrho \tag{V.1a}$$

$$\mathrm{div}\vec{B} = 0 \tag{V.1b}$$

$$\mathrm{rot}\vec{E} = -\dot{\vec{B}} \tag{V.1c}$$

$$\mathrm{rot}\vec{H} = \dot{\vec{D}} + \vec{j} \tag{V.1d}$$

in ihrer allgemeinsten Form zum Ausdruck gebracht und durch die Verknüpfungsgleichungen

$$\vec{D} = \varepsilon_0\vec{E} + \vec{P} \tag{V.2a}$$

$$\vec{B} = \mu_0(\vec{H} + \vec{M}) \tag{V.2b}$$

noch vervollständigt werden.

V.1 Grundlagen

V.1.1 Leitungen

Im Folgenden sei die einfachste Art einer elektromagnetischen Welle betrachtet. Diese ebene, linear polarisierte Welle, die sich senkrecht zum transversalen elektrischen und magnetischen Feld im leeeren Raum oder in einem unbegrenzten, verlustfreien Medium

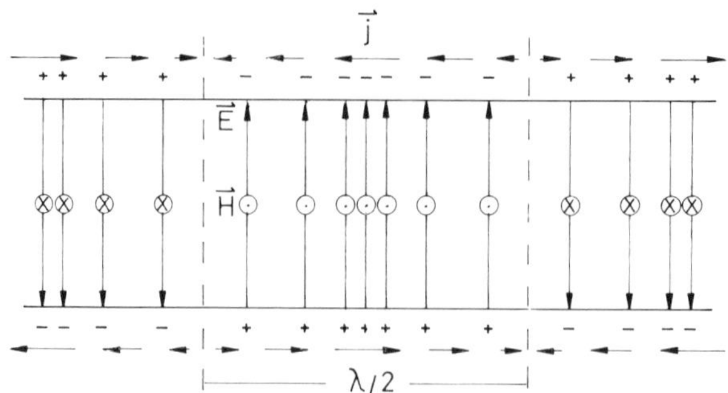

Fig. V.1: Verteilung der Ladung, der Stromdichte $\vec{j}$, des elektrischen ($\vec{E}$) sowie des magnetischen ($\vec{H}$) Feldes in der Anordnung zweier unbegrenzt planparalleler, leitfähiger Platten.

ausbreitet, wird als TEM-Welle bezeichnet. Man findet sie in der Anordnung zweier unbegrenzt planparalleler Metallplatten mit unendlich hoher Leitfähigkeit. Für den Fall, daß der Plattenabstand klein gegen die halbe Wellenlänge ist, erfolgt eine Kompensation der Strahlungsfelder, wodurch eine Energieabstrahlung auf Grund der Ströme an den Plattenkanten verhindert wird (Fig. V.1). Beim ringförmigen Zusammenbiegen einer solchen Bandleitung erhält man die Koaxialleitung, die eine völlige Abschirmung gegen äußere Störfelder garantiert (Fig. V.2a). Eine andere Form der offenen Leitung entsteht beim Zusammenziehen der beiden Leiter zu parallelen Drähten, die als LECHER-Leitung bekannt ist (Fig. V.2b).

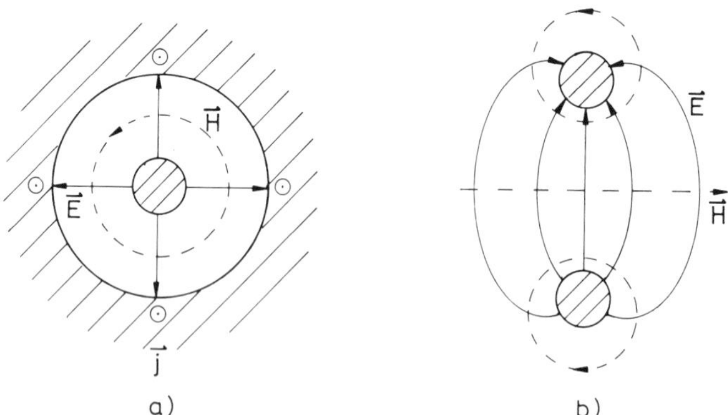

Fig. V.2: Querschnitt durch eine Koaxialleitung (a) bzw. symmetrische Zweidraht-(LECHER-)leitung mit deren Feldverteilung (b).

Die Untersuchung der Leitungseigenschaften empfiehlt die Diskussion eines Leiternetzwerkes, das aus einem Eingangs(Wellen–)widerstand Z_0 sowie aus Serien- und Par-

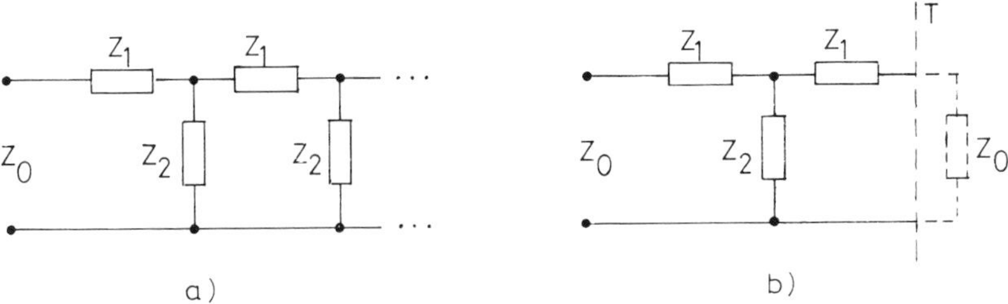

Fig. V.3: Leiternetzwerk mit Eingangs(Wellen-)widerstand Z_0 (a) und Trennstelle T mit Abschlußwiderstand (= Eingangswiderstand) (b).

allelwiderständen Z_1 und Z_2 besteht (Fig. V.3a). Das Auftrennen des Netzwerkes hinter dem parallel geschalteten Widerstand Z_2 führt zu einem Abschluß der Leitung mit dem Eingangswiderstand Z_0, der sich gemäß der Widerstandsanordnung (Fig. V.3b) zu

$$Z_0^2 = Z_1^2 + 2Z_1Z_2 \tag{V.3}$$

berechnet. Setzt man längenspezifische Größen für den ohmschen Widerstand R', den Leitwert G', die Induktivität L' und die Kapazität C' voraus, dann ist der komplexe Reihenwiderstand Z bzw. Leitwert Y nach dem Ersatzschaltbild eines die Doppelleitung repräsentierenden T-Vierpols (Fig. V.4) gegeben durch

$$Z = \frac{1}{2}(R' + i\omega L')\delta\ell \tag{V.4}$$

$$Y = (G' + i\omega C')\delta\ell \, , \tag{V.5}$$

wobei $\delta\ell$ die Längenänderung bedeutet. Der Vergleich mit Fig. V.3 ergibt die Identifizierung des Reihenwiderstandes mit Z_1 sowie des reziproken Querleitwertes mit Z_2, so daß mit Gl. (V.3) der Eingangswiderstand nach

$$Z_0 = \sqrt{\frac{(R' + i\omega L')^2\delta\ell^2}{4} + \frac{R' + i\omega L'}{G' + i\omega C'}} \tag{V.6}$$

ermittelt werden kann.

Gemäß dem allgemeinen Spannungsverhältnis vom $(n+1)$-ten zum n-ten Glied (Fig. V.3b)

$$\frac{U_{n+1}}{U_n} = \frac{Z_0 - Z_1}{Z_0} \, , \tag{V.7}$$

erhält man für den symmetrischen T-Vierpol

$$\frac{U_{n+1}}{U_n} = \frac{Z_0 - i\frac{\omega L'}{2}}{Z_0 + i\frac{\omega L'}{2}} = \frac{\sqrt{\frac{L'}{C'} - \frac{\omega^2 L'^2\delta\ell^2}{4}} - i\frac{\omega L'}{2}}{\sqrt{\frac{L'}{C'} - \frac{\omega^2 L'^2\delta\ell^2}{4}} + i\frac{\omega L'}{2}} \, , \tag{V.8}$$

das als Fortpflanzungsfaktor

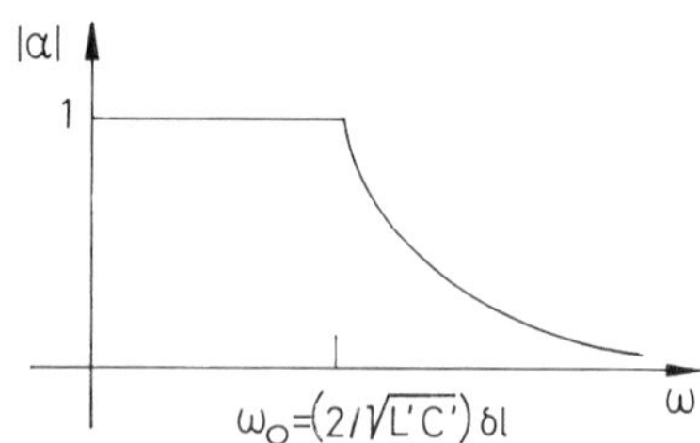

Fig. V.4: Frequenzabhängigkeit des Betrags des Fortpflanzungsfaktors $\alpha = U_{n+1}/U_n$ als Funktion der Frequenz ω im Fall des Hochpasses.

$$\alpha = |\alpha| \exp i\delta \quad (\delta < 0) \tag{V.9}$$

bezeichnet wird. In jenem Fall, wo der Wellenwiderstand Z_0 reell ist ($\omega^2 < 4/L'C'\delta\ell^2$), gilt für den Betrag des Fortpflanzungsfaktors $|\alpha| = 1$, so daß mit dem Ansatz (V.9) die Phasenlage und mithin die Verzögerung eines Spannungsimpulses entlang der Leitung beschrieben wird. Im anderen Fall, wo der Wellenwiderstand imaginär ist ($\omega^2 > 4/L'C'\delta\ell^2$), erhält man einen reellen Fortpflanzungsfaktor, der so das Ausmaß des Energieverlustes bestimmt und für die Dämpfung charakteristisch ist. Das Frequenzverhalten der Leitung kann im Ergebnis durch einen Tiefpass oder nach Vertauschen der Induktivitäten und Kapazitäten durch einen Hochpass dargestellt werden (Fig. V.4). Im Grenzfall unendlich kleiner Ausdehnung der Schaltelemente ($\delta\ell \to 0$), der dem Ersatzschaltbild für die Leitung ohne konzentrierte Schaltelemente erst seine Berechtigung gibt, erhält man

$$Z_0 = \sqrt{\frac{R' + i\omega L'}{G' + i\omega C'}}, \tag{V.10}$$

wobei an die mögliche Frequenzabhängigkeit des Widerstandes R' und Leitwerts G' erinnert sei.

Die Diskussion des Spannungs- resp. Stromverlaufs längs einer homogenen Doppelleitung, deren längenbezogene Schaltelemente (R', C', G', L') unabhängig vom Ort der Leitung vorausgesetzt werden, fordert die Betrachtung eines Ausschnitts, der die Form einer Band-, Koaxial- oder Zweidrahtleitung haben kann. Sein Verhalten bezüglich Spannungs- und Stromänderung ist vergleichbar mit dem des aus konzentrierten Schaltelementen aufgebauten symmetrischen T-Vierpols (Fig. V.5). Demnach erhält man mit dem verallgemeinerten ohmschen Gesetz für die Spannungsänderung in Richtung der Leiterachse

$$-\frac{\partial U}{\partial x}\Delta x = (R'I + L'\frac{\partial I}{\partial t})\Delta x \tag{V.11a}$$

sowie für die Stromänderung

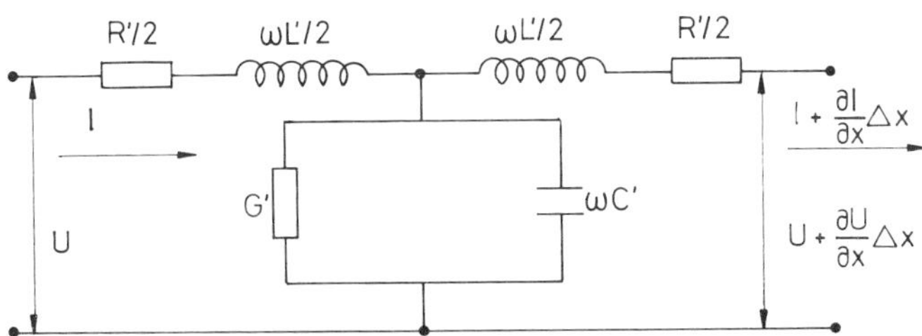

Fig. V.5: Ersatzschaltbild der Doppelleitung durch einen T-Vierpol mit ohmschem Widerstand R', Längsinduktivität L', Leitwert G' und Querkapazität C'.

$$-\frac{\partial I}{\partial x}\Delta x = (G'U + C'\frac{\partial U}{\partial t})\Delta x \;, \tag{V.11b}$$

wobei der Ausschnitt des Leitungsstücks als kurz gegen die Wellenlänge gewählt wird ($\Delta x \ll \lambda$), um die Berücksichtigung einer Stromänderung $\partial I/\partial x$ in Gl. (V.11a) bzw. einer Spannungsänderung in Gl. (V.11b) vermeiden zu können. Das System partieller Differentialgleichungen erster Ordnung, das die Observablen Spannung und Strom untereinander verknüpft, kann nach Differentiation von Gl. (V.11a) bezüglich des Orts ($\partial^2 U/\partial x^2$) und Substitution mit Hilfe von Gl. (V.11b) und deren Zeitableitung ($\partial^2 I/\partial x \partial t$) durch eine einzige Differentialgleichung, die sogenannte Telegraphengleichung für die Spannung

$$\frac{\partial^2 U}{\partial x^2} = R'G'U + (R'C' + G'L')\frac{\partial U}{\partial t} + L'C'\frac{\partial^2 U}{\partial t^2} \tag{V.12}$$

(und analog für den Strom), dargestellt werden. Eine solche Leitungswellengleichung bildet die Grundlage zur Diskussion aller Wellenvorgänge mit beliebigem zeitlichen Verlauf.

Die Lösung gewinnt man durch den Ansatz einer zeitlich harmonischen, räumlich gedämpften Welle

$$U = U_0 e^{i\omega t} e^{\pm\gamma x} \quad \text{bzw.} \quad I = I_0 e^{i\omega t} e^{\pm\gamma x} \;, \tag{V.13}$$

deren komplexe Ausbreitungskonstante sich nach Einsetzen in (V.12) zu

$$\gamma = \alpha + i\beta = \sqrt{(R' + i\omega L')(G' + i\omega C')} \tag{V.14}$$

ergibt. Den Wellenwiderstand $Z_0 = U/I = U_0/I_0$ erhält man nach dem Dgl.- system (V.11a) und (V.11b) zu

$$Z_0 = \sqrt{\frac{R' + i\omega L'}{G' + i\omega C'}} \tag{V.15}$$

in Übereinstimmung mit Gl. (V.10). Setzt man geringe Verluste voraus ($R' \ll \omega L', G' \ll \omega C'$), wie sie bei den herkömmlich verwendeten Leitungen üblich sind, dann ergibt die Näherung nach Gl. (V.14) die Phasenkonstante

$$\beta = \omega\sqrt{L'C'} \tag{V.16}$$

und die Dämpfungskonstante

$$\alpha = \frac{R'}{2}\sqrt{\frac{C'}{L'}} + \frac{G'}{2}\sqrt{\frac{L'}{C'}}. \tag{V.17}$$

Demzufolge wird sowohl bei größer wie kleiner werdendem Verhältnis von Induktivität zu Kapazität (L'/C') ein Anwachsen der Dämpfung erwartet, so daß das Minimum gemäß der notwendigen Bedingung $\partial\alpha/\partial(L'/C') = 0$ mit der Erfüllung der Gleichung

$$\frac{R'}{G'} = \frac{L'}{C'} \tag{V.18}$$

angenommen wird. Bei Vorgabe des ohmschen Widerstandes R' bzw. Querleitwerts G' kann so die Dämpfung durch Zuschalten geeigneter Spulen auf ein Minimum reduziert werden (Pupinisierung). Bei einer endlich langen Leitung der Länge ℓ wird am Leitungsende ($x = 0$) eine Reflexion auftreten, die zur Überlagerung von hin- und rücklaufender Welle führt (Fig. V.6).

$$U = U_0\,(e^{-\gamma x} + re^{+\gamma x})e^{i\omega t}\,, \tag{V.19a}$$
$$I = I_0\,(e^{-\gamma x} - re^{+\gamma x})e^{i\omega t}\,. \tag{V.19b}$$

Dabei bedeutet $r = |r|\exp i\varphi$ den komplexen Reflexionsfaktor, der nach

$$\left(\frac{U}{I}\right)_{x=0} = W(0) = Z_0\frac{1+r}{1-r} \tag{V.20}$$

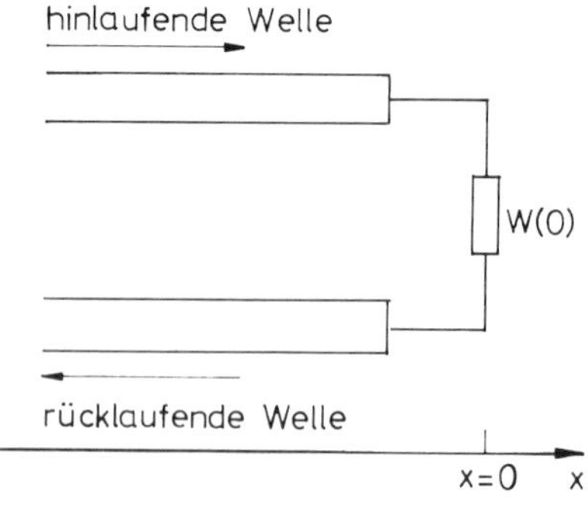

Fig. V.6: Abschluß einer homogenen Doppelleitung mit dem komplexen Widerstand $W(0)$.

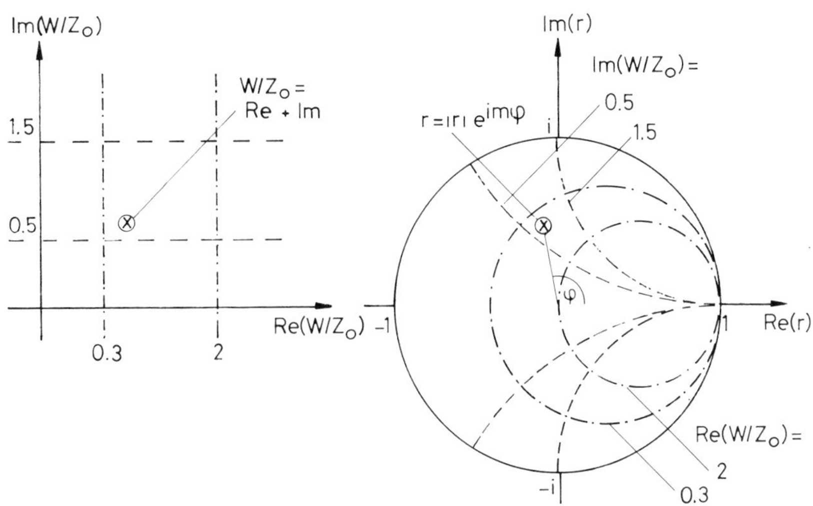

Fig. V.7: Konforme Abbildung der komplexen Widerstandsebene $W(0)/Z_0$ auf die komplexe Ebene des Reflektionsfaktors r gemäß Gl. (V.20) (SMITH-Diagramm); vertikale Parallelen der W/Z_0-Ebene ($Re(W/Z_0) = const.$) resp. horizontale Parallelen ($Im(W/Z_0) = const.$) werden in Kreise der r-Ebene transformiert.

durch den komplexen Abschlußwiderstand $W(0)$ geprägt wird. Während demnach die speziellen Fälle des offenen ($W(0) = \infty$) und des kurzgeschlossenen ($W(0) = 0$) Leitungsendes einen Reflexionsfaktor $r_\infty = 1\,(\varphi_\infty = 0)$ resp. $r_0 = -1$ ($\varphi_0 = \pm\pi$) ergeben, erwartet man für die optimale Anpassung, bei dem der Abschlußwiderstand mit dem Wellenwiderstand identisch ist ($W(0) = Z_0$), keine Reflexion ($r_{z_0} = 0$). Nach Messung des Reflexionsfaktors durch Abtasten der Spannungsverteilung längs der als verlustfrei angenommenen Leitung kann der Abschlußwiderstand nach Gl. (V.20) errechnet werden. Neben der numerischen Berechnung erlaubt auch eine graphische Methode eine rasche Erfassung. Dazu wird die konforme Abbildung der komplexen Widerstandsebene auf die komplexe Ebene des Reflexionsfaktors nach Gl.(V.20) benutzt, um in einem (SMITH-)Diagramm nach Vorgabe des Punktes r unter Beachtung der Identität (V.20) den Punkt $W(0)/Z_0$ direkt ablesen zu können (Fig. V.7).

V.1.2 Hohlleiter

Ein Wellenleiter, der durch einen zylinderförmigen Körper mit leitenden Wänden nach außen vollständig begrenzt ist, wird allgemein als Hohlleiter bezeichnet (Fig. V.8). Die Ausbreitung elektromagnetischer Felder wird durch die MAXWELL-Gleichungen (V.1) unter gleichzeitiger Berücksichtigung von Randbedingungen beschrieben. Nach Entkoppelung der elektrischen und magnetischen Feldstärke durch Anwendung der Rotation

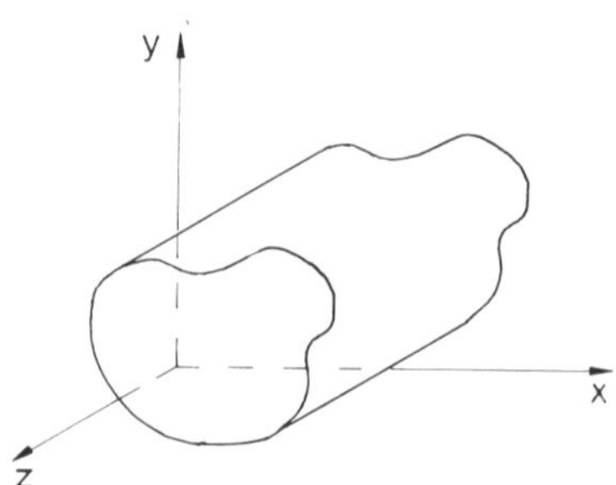

Fig. V.8: Hohlleiter mit offenen Enden, dessen eingeschlossenes Material die Permittivität ϵ und Permeabilität μ besitzt.

$(\vec{\nabla}\times)$ erhält man die für harmonisch zeitabhängige Felder gültigen Wellengleichungen

$$\triangle\vec{E} + \frac{\omega^2}{c^2}\vec{E} = 0 \tag{V.21a}$$

$$\triangle\vec{H} + \frac{\omega^2}{c^2}\vec{H} = 0 \tag{V.21b}$$

$$(c = 1/\sqrt{\epsilon\mu}) ,$$

deren Lösung mit dem Ansatz von laufenden resp. stehenden Wellen in z-Richtung

$$\vec{E}(x,y,z;t) = \vec{E}(x,y)e^{\pm i(kz-\omega t)} \tag{V.22a}$$

$$\vec{H}(x,y,z;t) = \vec{H}(x,y)e^{\pm i(kz-\omega t)} \tag{V.22b}$$

(k: Wellenzahl) erreicht wird. Zerlegt man den LAPLACE-Operator in einen transversalen $\triangle_t$ und einen longitudinalen Anteil $\triangle_z$, dann erhält man mit dem Ansatz (V.22) aus der Wellengleichung (V.21) die zweidimensionale Wellengleichung

$$(\triangle_t + \frac{\omega^2}{c^2} - k^2)\,\vec{E}(x,y) = 0 \tag{V.23a}$$

$$(\triangle_t + \frac{\omega^2}{c^2} - k^2)\,\vec{H}(x,y) = 0 , \tag{V.23b}$$

die ein Eigenwertproblem darstellt. Eine weitere Zerlegung des elektrischen und magnetischen Feldes in eine transversale und longitudinale Komponente

$$\vec{E} = \vec{E}_t + \vec{E}_z \tag{V.24a}$$

$$\vec{H} = \vec{H}_t + \vec{H}_z \tag{V.24b}$$

hat den Vorteil, bei alleiniger Kenntnis des longitudinalen Anteils den dazu senkrechten Anteil berechnen zu können.

Für die ideal leitende Oberfläche gelten die Randbedingungen

$$\vec{n} \times \vec{E} = 0 \quad \text{und} \quad \vec{n}\vec{H} = 0 \tag{V.25}$$

oder

$$\vec{E}_z = 0 \quad \text{und} \quad \vec{n}\vec{H}_t = 0 \, , \tag{V.26}$$

womit nach Berücksichtigung der Beziehung zur longitudinalen Komponente nach Gl. (V.24b) die Forderung

$$\frac{\partial H_z}{\partial n}|_{Oberfläche} = 0 \tag{V.27}$$

impliziert ist. Die Felder werden entsprechend der vorliegenden Erfüllung der Randbedingungen klassifiziert. Danach unterscheidet man transversale magnetische (TM-) oder E-Wellen mit

$$H_z|_{überall} = 0 \quad \text{und} \quad E_z|_{Oberfläche} = 0 \, . \tag{V.28}$$

sowie transversale elektrische (TE-) oder H-Wellen mit

$$E_z|_{überall} = 0 \quad \text{und} \quad \frac{\partial H_z}{\partial n}|_{Oberfläche} = 0 \, . \tag{V.29}$$

Für den Fall $H_z = E_z = 0$ erhält man TEM-Wellen, zu deren Ausbreitung mindestens noch eine zur z-Achse symmetrische Oberfläche vorhanden sein muß, wie man es etwa beim Koaxialkabel vorfindet. In rohrförmigen Hohlleitern dagegen können nur TE- bzw. TM-Wellen transportiert werden.

Gl. (V.23) bedeutet zusammen mit den Randbedingungen (V.26) und (V.27) ein Eigenwertproblem für die z-Komponente des elektrischen und magnetischen Feldes, dessen Eigenwert mit stets positiven Werten bei vorgegebener Frequenz ω zu

$$\lambda^2 = \frac{\omega^2}{c^2} - k_\lambda{}^2 \tag{V.30}$$

ermittelt wird. Mit $\omega_\lambda = c\lambda$ errechnet sich die Abhängigkeit der Wellenzahl k_λ von der Frequenz zu

$$k_\lambda = (1/c)\sqrt{\omega^2 - \omega_\lambda{}^2} \, . \tag{V.31}$$

Während demnach die z-Komponenten des elektromagnetischen Wellenfeldes für den Fall $\omega < \omega_\lambda$ und der daraus resultierenden imaginären Wellenzahl exponentiell abklingen, gelingt eine Fortpflanzung stets dann, wenn die Bedingung $\omega > \omega_\lambda$ erfüllt ist, so daß ω_λ als Grenzfrequenz bezeichnet wird.

Betrachtet man einen Hohlleiter mit rechteckigem Querschnitt (Fig. V.9), dann lauten die Randbedingungen (V.25)

$$E_y = E_z = H_x = 0 \quad \text{für} \quad x = 0, a \tag{V.32a}$$

und

$$E_x = E_z = H_y = 0 \quad \text{für} \quad x = 0, b \, . \tag{V.32b}$$

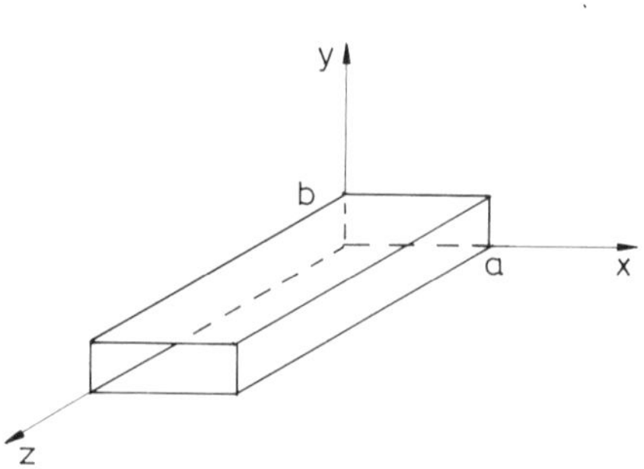

Fig. V.9: Rechteckiger Hohlleiter der Kantenlänge a, b.

Mit dem Ansatz (V.22) für in z-Richtung fortschreitende Wellen erhält man aus der Wellengleichung (V.21) die zweidimensionale Form (V.23), deren Lösung unter Berücksichtigung der Nebenbedingungen (V.32) die folgenden Komponenten besitzt

$$\begin{aligned}
E_x &= E_{x0} \cos\left(\frac{m\pi}{a}x\right) \sin\left(\frac{n\pi}{b}y\right) && \text{(V.33a)}\\
E_y &= E_{y0} \sin\left(\frac{m\pi}{a}x\right) \cos\left(\frac{n\pi}{b}y\right) && \text{(V.33b)}\\
E_z &= E_{z0} \sin\left(\frac{m\pi}{a}x\right) \sin\left(\frac{n\pi}{b}y\right) && \text{(V.33c)}\\
H_x &= H_{x0} \sin\left(\frac{m\pi}{a}x\right) \cos\left(\frac{n\pi}{b}y\right) && \text{(V.33d)}\\
H_y &= H_{y0} \cos\left(\frac{m\pi}{a}x\right) \sin\left(\frac{n\pi}{b}y\right) && \text{(V.33e)}\\
H_z &= H_{z0} \cos\left(\frac{m\pi}{a}x\right) \cos\left(\frac{n\pi}{b}y\right) . && \text{(V.33f)}
\end{aligned}$$

Die Erfüllung der MAXWELL-Gl.en (V.1) und (V.2) erlaubt eine Aussage über die Beziehungen der konstanten Amplituden $\vec{E}_0$ und $\vec{H}_0$. Nach Einsetzen in die zweidimensionale Wellengleichung (V.23) findet man mit $\epsilon = \mu = 1$ die Dispersionsrelation (V.31), wobei die Grenzfrequenz

$$\omega_{gr} = \omega_\lambda = \omega_{mn} = c\sqrt{\left(\frac{m\pi}{a}\right)^2 + \left(\frac{n\pi}{b}\right)^2} \qquad \text{(V.34)}$$

über die Wellenausbreitung im Hohlleiter entscheidet. Für $\omega < \omega_{gr}$ etwa erhält man keine Wellenausbreitung, sondern vielmehr ein überall gleichphasiges Schwingen des elektrischen und magnetischen Feldes, das mit einem exponentiellen Abklingen verbunden ist. Auf Grund dieser Eigenschaft kann der Hohlleiter als Hochpass betrachtet werden. Jede beliebige Kombination der Zahlenpaare (m, n) kennzeichnet eine mögliche Schwingungsform, den sogenannten Modus der Hohlleiterwelle. TM- (oder E-)Wellen mit $H_{z0} = 0$ werden gemäß den Gleichungen (V.33) nur dann erhalten, falls sowohl m als auch n von Null verschieden ist. Die kleinste Grenzfrequenz

$$\omega_{11} = C\sqrt{(\frac{\pi}{a})^2 + (\frac{\pi}{b})^2} \tag{V.35}$$

führt demnach zur TM_{11}-Wellenform niedrigster Ordnung (Fig. V.10a). Die Existenz von TE-(oder M-)Wellen mit $E_{z0} = 0$ setzt voraus, daß wenigstens eine der natürlichen Zahlen m oder n nicht verschwindet, so daß hier die kleinste Grenzfrequenz für die TE_{10}-Wellenform sich zu

$$\omega_{10} = C\frac{\pi}{a} \tag{V.36}$$

ergibt (Fig. V.10b). Ein gleichzeitiges Auftreten mehrerer Wellenformen mit deren verschiedenen Ausbreitungseigenschaften übt einen störenden Einfluß auf die Meß- und Übertragungstechnik aus, was durch die Verwendung der üblichen Hohlleiterabmessungen sowie der Frequenzen im GHz-Bereich bei meist nur einer Wellenform der Grundmode vom H_{10}-Typ vermieden werden kann.

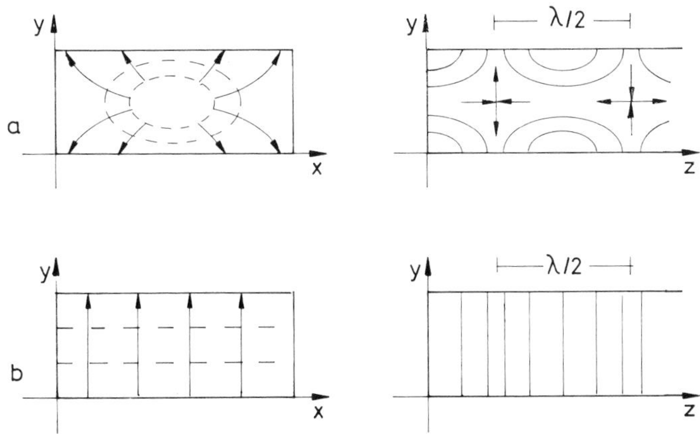

Fig. V.10: Querschnitte rechteckiger Hohlleiter mit dem Verlauf elektrischer (- - - -) und magnetischer (—) Feldlinien für den Fall einer TM_{11}-Wellenform (a) und einer TE_{10}-Wellenform (b).

V.2 LECHER-Leitung

V.2.1 Experimentelles

Das Zweidrahtsystem hat die Form einer unsymmetrischen Koaxialleitung mit längsgeschlitztem Mantel. Der Schlitz dient zur Führung eines Metallstiftes, der als verschiebbare Meßsonde kapazitiv an das elektrische Feld angekoppelt ist. Das Signal kann nach Passieren eines abstimmbaren Schwingkreises und eines Gleichrichters mit quadratischer Kennlinie von einem Anzeigeverstärker sichtbar gemacht werden (Fig. V.11).

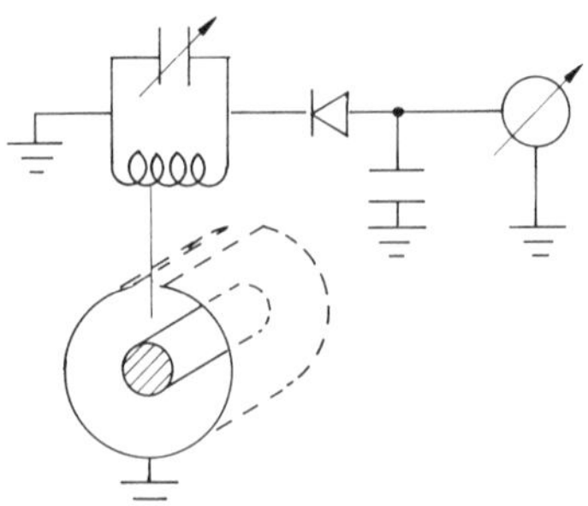

Fig. V.11: Unsymmetrische Koaxialleitung mit kapazitiv angekoppelter Meßsonde.

Zur Speisung der Meßleitung wird ein Ultrahochfrequenz-Sender verwendet, dessen Frequenzbereich sich von 300 MHz bis 1000 MHz erstreckt. Das Leitungsende wird mit den zu bestimmenden Widerständen abgeschlossen. Der Kurzschlußfall dient als Bezugsmessung.

Zur Messung des Strahlungswiderstandes einer Faltdipolantenne muß für eine Anpassung beim Übergang der unsymmetrischen 60Ω-Meßleitung auf die symmetrische 240Ω-Bandleitung gesorgt werden. Dies geschieht mittels eines dazwischengeschalteten Impedanzwandlers. Eine symmetrische Verlängerung des Faltdipols durch beiderseitiges Verschieben der Antennenstäbe ermöglicht, den Einfluß der Länge als Parameter auf den Strahlungswiderstand zu beobachten.

V.2.2 Aufgabenstellung

1. Man messe die Spannungsverteilung längs der Meßleitung für kurzgeschlossenes und offenes Ende sowie für drei vorgegebene Abschlußwiderstände. Aus den Meßgrößen für die Wellenlänge, Minimumsverschiebung bezüglich der Kurzschlußmessung und Welligkeit wird der komplexe Abschlußwiderstand mit Hilfe des Kreisdiagramms ermittelt.
2. Nach der gleichen Methode wird für alle markierten Längen der Faltdipolantenne bei einer fest vorgegebenen Frequenz der Strahlungswiderstand ermittelt, um dessen Abhängigkeit von der Länge studieren zu können.

V.2.3 Anleitung

Die Bestimmung des komplexen Abschlußwiderstandes $W(0)$ gelingt prinzipiell durch eine Strom- und Spannungsmessung am Ort des Widerstandes. Dennoch wird insbesondere bei höheren Frequenzen einer indirekten Methode über die Messung des Reflexionsfaktors r auf der vorgeschalteten, verlustfreien ($\alpha = 0$) Meßleitung der Vorzug gegeben, wenn man eine geringere Rückwirkung anzustreben bemüht ist. Dabei interessiert die Spannungsverteilung (bzw.Stromverteilung), deren stationärer Wert am Ort $x = -\ell$

nach Gleichung (V.19a) durch

$$U = U_0 e^{i\beta\ell}(1 + |r| e^{i\varphi} e^{-2i\beta\ell}) \tag{V.37}$$

beschrieben wird. Die Rücksicht auf die Wirkungsweise der verwendeten Abtasteinrichtungen (s.o.), die ein der Leistung proportionales Signal registrieren, erfordert die Bildung des Quadrats des normierten Signalbetrags

$$\begin{aligned} \left|\frac{U}{U_0}\right|^2 &= 1 + |r|^2 + 2|r| \left[\cos(\beta\ell)\cos(\varphi - \beta\ell) + \sin(\beta\ell)\sin(\varphi - \beta\ell)\right] \\ &= 1 + |r|^2 + 2|r| \cos(2\beta\ell - \varphi) \end{aligned}$$

oder mit $\cos(2\alpha) = 2\cos^2\alpha - 1$

$$\left|\frac{U}{U_0}\right|^2 = (1 - |r|)^2 + 4|r| \cdot \cos^2(\beta\ell - \frac{\varphi}{2}) \tag{V.38}$$

Es hat die Form einer stehenden Welle, deren Maxima und Minima sich nach Gl. (V.38) zu

$$\left|\frac{U}{U_0}\right|^2_{max} = (1 + |r|)^2 \quad \text{bzw.} \tag{V.39a}$$

$$\left|\frac{U}{U_0}\right|^2_{min} = (1 - |r|)^2 \tag{V.39b}$$

ergeben und mithin vom Betrag des Reflexionsfaktors bestimmt werden (Fig. V.12).

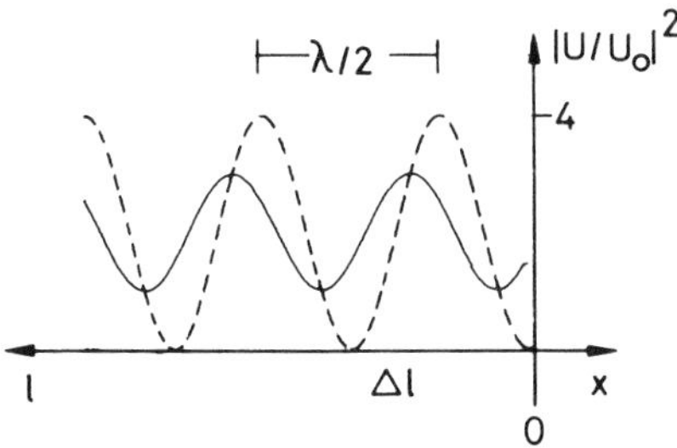

Fig. V.12: Quadrat des normierten Signalbetrags $|U/U_0|^2$ längs einer mit dem Widerstand $W(0)$ abgeschlossenen Doppelleitung; (—): $W(0) = 0$; $r = -1$; (- - - -) $W(0) \neq Z_0$ (bel.),$r = |r| \exp i\varphi$, $|r| < 1$.

Für den Fall etwa, daß das Leitungsende kurzgeschlossen ist ($W(0) = 0$; $r = -1$, $|r| = 1, \varphi = \pm\pi$), beobachtet man Minima bei $\ell = n\lambda/2$ ($n = 0, 1, 2, \ldots$), deren Intensität nach Gl. (V.29b) völlig verschwindet. Anders dagegen verhält es sich beim Abschluß mit einem endlichen Widerstand ($W(0) \neq 0$), wo wegen $|r| < 1$ die Minima erhöht ($|U/U_0|_{min}{}^2 > 0$) und die Maxima erniedrigt werden, so daß die Welligkeit (Stehwellenverhältnis)

$$m = \frac{|U_{max}|}{|U_{min}|} = \frac{1+|r|}{1-|r|} \tag{V.40}$$

gegenüber dem Kurzschluß als Grenzfall ($m \to \infty$) abnimmt, um bei einer optimalen Anpassung ($W(0) = Z_0$) ohne jegliche Reflexion ($r = 0$) ganz zu verschwinden ($m = 0$). Auch die Lage der Minima (bzw. Maxima) hat sich auf Grund der neuen Phase φ verändert und wird nach Gl. (V.38) bei

$$\ell_{min} = \varphi\frac{\lambda}{4\pi} + (2n+1)\frac{\lambda}{4} \tag{V.41}$$

auftreten, so daß die örtliche Verschiebung bezogen auf den Kurzschlußfall (K) den Wert

$$\frac{\Delta\ell}{\lambda} = \frac{(\ell_{min} - \ell_{min}^{(\mathrm{K})})}{\lambda} = \frac{1}{4}(\frac{\varphi}{\pi} \pm n) \tag{V.42}$$

ergibt. Man erhält demnach aus der Welligkeit m und der relativen Verschiebung $\Delta\ell/\lambda$ als Meßgrößen nach den Gl.en (V.40) und (V.42) den Betrag sowie die Phase des Reflexionsfaktors, wodurch dieser eindeutig festgelegt ist. In der weiteren Konsequenz kann dann der Abschlußwiderstand $W(0)$ aus Gleichung (V.20) ermittelt werden. Neben der graphischen Methode mittels des SMITH-Diagramms (s.o.) benutzt man die rechnerische Methode, die nach Umformung von

$$W(0) = Z_0\frac{1-(m-1)/(m+1)\ e^{i2\beta\Delta\ell}}{1+(m-1)/(m+1)\ e^{i2\beta\Delta\ell}} \tag{V.43}$$

auf der Beziehung

$$W(0) = Z_0\frac{1 - im\tan\beta\Delta\ell}{m - i\tan\beta\Delta\ell} \tag{V.44}$$

basiert.

Eine Metallstabantenne der Länge 2ℓ, die in der Mitte aus einer Paralleldrahtleitung gespeist wird, kann als ein HERTZscher Dipol betrachtet werden. Daneben bildet sie eine Verlängerung der Doppelleitung, wenn man die beiden Antennenhälften in Richtung der Leitung biegt. Die Frage nach der Stromverteilung auf der Antenne kann demnach näherungsweise durch Diskussion der Verhältnisse in der Nähe des offenen Endes einer Doppelleitung geklärt werden. Man erwartet dort ein erstes Strommaximum im Abstand $\ell = \lambda/4$ vom Ende her, so daß in Übertragung auf die Antenne gerade dann maximale Abstrahlung erfolgt, wenn die gesamte Antennenlänge 2ℓ mit $\lambda/4$ übereinstimmt. Der Strahlungswiderstand der dünnen Stabantenne beträgt dann etwa 73 Ω. Das Auftragen des Blindwiderstandes (Im W) gegen den Realteil (Re W) mit der Antennenlänge als Parameter ergibt als logarithmische Spirale die Ortskurve des komplexen Eingangswiderstandes, deren Interpretation zu einer optimalen Anpassung verhilft.

Weitaus weniger Dämpfung verspricht die Verwendung einer Antenne mit höherem Wellenwiderstand. Verbindet man die freien Enden der Stabantenne durch einen weiteren Stab der gleichen Stärke parallel zum ursprünglichen Stab, so wird in diesem gleichphasig ein Strom mit derselben Intensität induziert, falls die Antennenlänge 2ℓ

den Wert $\lambda/2$ annimmt. Dieser Fall entspricht dem einer Stabantenne mit dem doppelten Stromwert $2I$, wenngleich der Strahlungswiderstand $R_{Stab} = 65\Omega$ etwas kleiner ausfällt (s.o.). Der Eingangswiderstand des Faltdipols errechnet sich dann gemäß der Leistungsbilanz

$$R_{Falt} I^2 = R_{Stab}(2I)^2$$

zu

$$R_{Falt} = 260\ \Omega\ .$$

V.3 Mikrowellen

Die Bedeutung der Mikrowellen sowohl in der Forschung, etwa bei Festkörper- und Plasmauntersuchungen, wie in der Technik, etwa bei der Datenübertragung, beim Radarsystem oder bei Anwendungen im privaten Haushalt, empfiehlt das Experimentieren mit den beteiligten Komponenten. Dabei genügt ein einfacher Meßplatz, um nach Beobachtung einiger Effekte das Verständnis für den Einsatz von Mikrowellen in unterschiedlicher Absicht zu vermitteln.

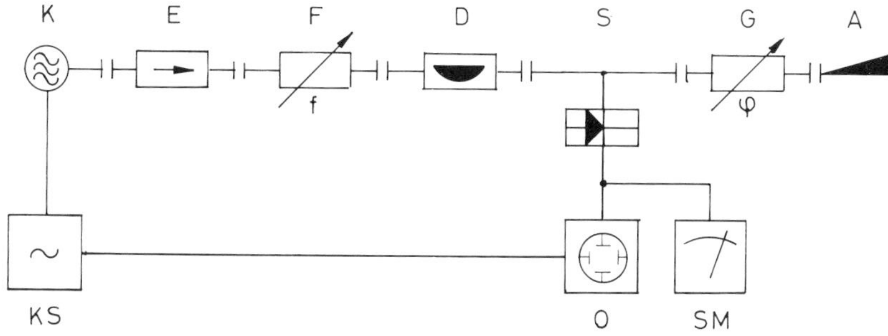

Fig. V.13: Schematischer Aufbau zum Experiment mit Mikrowellen;
KS: Klystronspeisegerät, K: Reflexklystron, E: Einwegleiter, F: Frequenzmesser, D: Dämpfungsglied, S: Stehwellendetektor, G: Gleitschraubentransformator, A: Abschluß, O: Oszillograph, SM: Stehwellenmeßgerät.

V.3.1 Experimentelles

Mikrowellen im Frequenzbereich von 8.5 bis 9.6 GHz werden durch ein Reflexklystron erzeugt, das an einen Hohlleiter angekoppelt ist (Fig. V.13). Das dazu notwendige Speisegerät liefert eine feste Resonatorspannung von 300 V sowie eine variable Reflektorspannung bis zu 250 V, die intern sowohl mit einer 1 kHz-Rechteck- wie mit einer 50 Hz-Sinusspannung moduliert werden kann.

Unmittelbar nach dem Klystron befindet sich ein Einwegleiter (Ferrit-Isolator), der im Hinblick auf störende Einflüsse bei Fehlanpassungen die Aufgabe hat, Mikrowellenenergie des zurücklaufenden Feldes zu absorbieren. Ein koaxialer Resonator mit einem Abstimmungskolben und einer Ziffernablesung in MHz ist an einen durchgehenden Hohlleiter über ein Loch gekoppelt und dient im Resonanzfall als Frequenzmesser. Die Dämpfung geschieht mittels einer Widerstandsfolie, die in einem speziellen Hohlleiterglied durch eine Mikrometerschraube parallel zum elektrischen Feld verschoben werden kann. Der Stehwellendetektor liefert ein gleichgerichtetes Signal, das wegen der für kleine Feldamplituden annähernd quadratischen Kennlinie der Kristalldiode proportional der Mikrowellenleistung ist. Er besteht aus einem geraden Hohlleiterstück mit einem Schlitz in der Mitte der Breitseite, durch den eine sowohl in der Eintauchtiefe wie längs des Hohlleiters veränderliche Sonde ragt. Als Abschluß kann ein reflexionsfreies Bauteil oder ein Kurzschluß mit einstellbarer Phasenlage verwendet werden. Eine Variation des Reflexionsfaktors bezüglich der Phase wie der Amplitude gelingt mit Hilfe eines Gleitschraubentransformators, bei dem - wie beim Stehwellendetektor - ein Metallstift in die Leitung eingeführt wird.

Die Signalamplitude wird von einem Stehwellenmeßgerät angezeigt. Daher erfordert der selektive Verstärker eine Amplitudenmodulation (1 kHz) des Signals. Während die lineare Skala direkt die Wurzel der Eingangsspannung anzeigt ($S = \sqrt{V_0/V}$, V_0 : Eingangssignal für Vollausschlag), vermittelt die dB-Skala das 10fache des Logarithmus der Spannung ($A = 10 \cdot \log(V_0/V)$). Eine Amplitudenmodulation der Reflektorspannung des Klystrons erlaubt die Demonstration der Modenkurve (Leistungskurve) auf dem Oszillograph.

V.3.2 Aufgabenstellung

1. Man stimme die Klystronfrequenz auf drei verschiedene Schwingungsmoden des Hohlleiters ab, wobei neben der elektronischen auch die mechanische Methode benutzt werden soll.
2. Man messe die Frequenz und bestimme die Wellenlänge mit Hilfe der Welligkeit.
3. Man ermittle die Welligkeit bei verschiedenen Einstellungen des Gleitschraubentransformators sowie einen komplexen Abschlußwiderstand.

V.3.3 Anleitung

Die Erzeugung von Mikrowellen geschieht allgemein durch bewegte Ladungen, wobei Energie aus einem elektrischen Gleichfeld in das Mikrowellenfeld gepumpt wird. Beim Klystron bewirkt die Modulation der Geschwindigkeit des Elektronenstrahls eine periodische Dichtemodulation, die zur Verstärkung einer Hohlraumresonatorschwingung benutzt wird (Fig. V.14). Nachdem die Elektronen die Kathode verlassen haben, werden sie auf Grund der positiven Resonatorspannung auf das Gitter zu beschleunigt, um in den Resonatorraum, wo die Geschwindigkeitsmodulation durch das Mikrowellenfeld einsetzt, einzudringen (Fig. V.15).

Die momentane Phasenlage des Feldes bewirkt eine unterschiedliche Beschleunigung

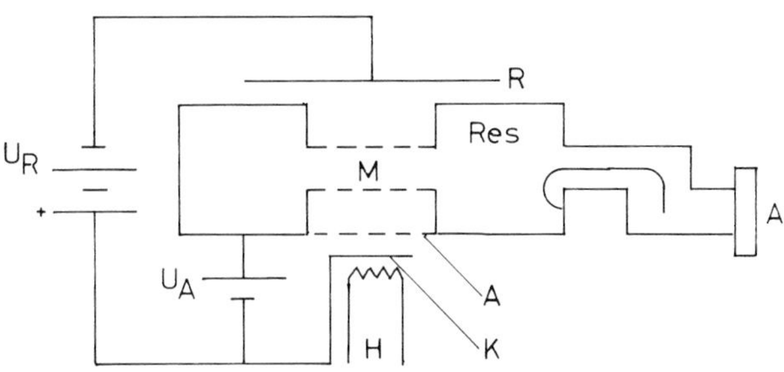

Fig. V.14: Schematische Darstellung eines Reflexklystrons; K: Kathode, H: Heizung, A: Anode, Res: Resonator, M: Modulationsraum, R: Reflektor, A: Ausgang.

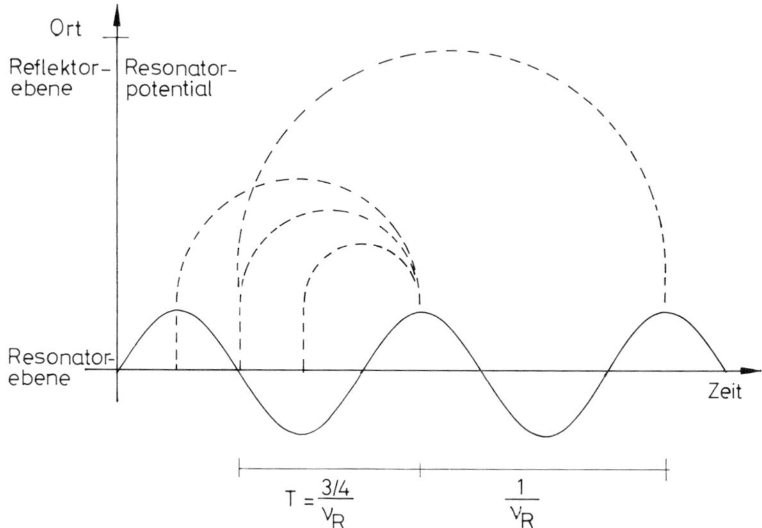

Fig. V.15: Schematische Darstellung des Ort-Zeit-Diagramms von Elektronen (- - - -) sowie der zeitabhängigen Resonatorspannung (—) zur Veranschaulichung der Geschwindigkeitsmodulation. a) Ausgangsleistung des Reflexklystrons als Funktion der Reflektorspannung U_R bei 4 verschiedenen Moden.

der Elektronen, so daß diese mit verschiedenen Geschwindigkeiten den Resonator verlassen, um vom Reflektor mit negativem Potential U_R gegen die Kathode zur Rückkehr gezwungen zu werden. Die aus der Geschwindigkeitsmodulation resultierenden Laufzeiten verursachen eine Bündelung der Elektronen beim erneuten Eintreffen am Resonator, deren gleichphasige Wechselwirkung mit dem Resonatorfeld zur Energieübertragung und mithin zur Anregung des Wechselfeldes ausgenutzt wird. Die maximale Energieabsorption wird zu jener Zeit erwartet, wo sie am stärksten abgebremst werden, so daß die intensivste Schwingung bei einer Laufzeit von

$$T = \frac{3/4}{\nu_R} + n\frac{1}{\nu_R}$$

auftritt (ν_R : Resonatorfrequenz $n = 0, 1, \ldots$). Da das Profil der Bündelung sich mit wachsender Laufzeit verschlechtert, ist bei höheren Schwingungsmoden mit einer Verringerung der Sendeleistung zu rechnen (Fig. V.16). Bleibt nachzutragen, daß die anfängliche Anregung des Resonatorfeldes auf statistische Schwankungen zurückzuführen ist. Die Abstimmung der Sendefrequenz, die im wesentlichen durch die Abmessungen des Resonatorhohlraumes bestimmt wird, gelingt entweder mechanisch durch Änderung des Resonatorvolumens oder elektronisch durch Abgleich der Reflektorspannung.

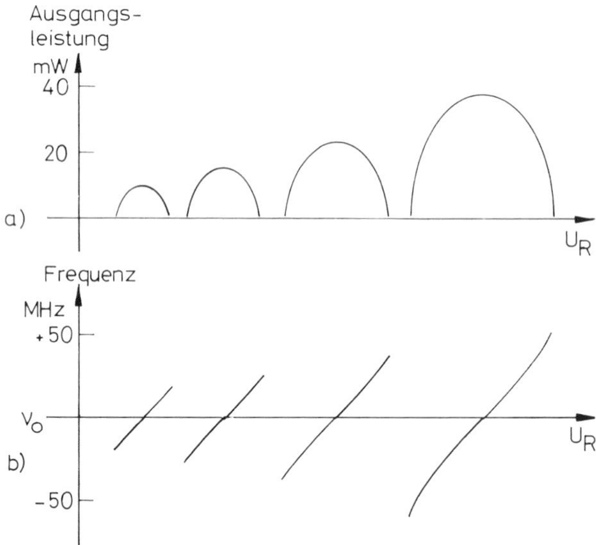

Fig. V.16: a) Ausgangsleistung des Reflexklystrons als Funktion der Reflektorspannung U_R bei 4 verschiedenen Moden
b) Zugehörige Frequenzänderung.

Um eine maximale Leistungsabgabe von Generatoren zu erzielen, muß man Rückkoppelungen verhindern und so versuchen, eine reflexionsfreie Ankopplung anzustreben. Dazu verhilft der Einwegleiter, dessen prinzipielle Wirkungsweise auf der ferromagnetischen Resonanz beruht (Fig. V.17). Er besteht aus einem Ferritkern sowie einem Permanentmagnet, dessen Magnetfeld senkrecht zur Hohlleiterbreitseite gerichtet ist und eine

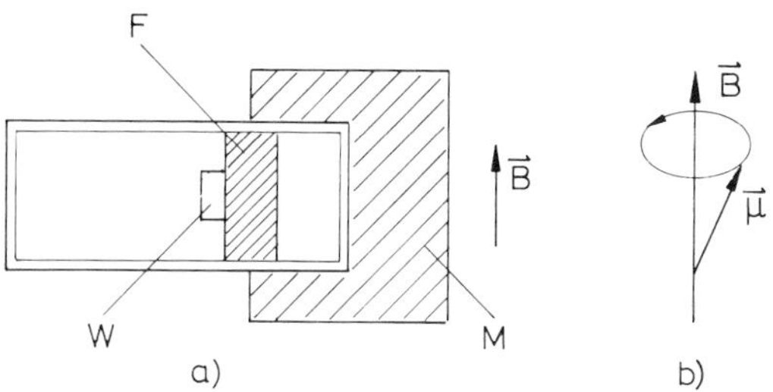

Fig. V.17: Schematische Darstellung eines Einwegleiters (a) und der LARMOR-Präzession (b); F: Ferritkern, M: Permanentmagnet, W: Widerstandsplatte.

LARMOR-Präzession der mit dem Eigendrehimpuls der Elektronen verknüpften magnetischen Momente um diese Richtung bewirkt. Betrachtet man etwa eine H_{10}-Mode, mit einer zur Magnetfeldrichtung parallelen elektrischen Feldkomponente (Fig. V.10b), so wird deren zirkular polarisierte magnetische Komponente eine Wechselwirkung mit den präzedierenden Momenten erlauben, die bei Voraussetzung gleichen Drehsinns zu einem Umklappen der Drehimpulskomponente und mithin zu einer Energieabsorption Anlaß gibt. Nachdem die hin- und rücklaufenden Mikrowellen entgegengerichteten Drehsinn aufweisen, ist mit unterschiedlicher Absorption zu rechnen, so daß es zur Durchlässigkeit in nur einer Richtung kommt. Aufgrund des Resonanzeffektes wird eine intensive Absorption in der Nähe der LARMOR-Frequenz erreicht (s. Abschn. XIV.1). Eine Erweiterung des Frequenzbereiches durch Verzerren des Magnetfeldes gelingt mit Hilfe einer dämpfenden Widerstandsplatte (Feldverdrängungsisolator), so daß auch unterhalb der LARMOR-Frequenz eine nichtreziproke Dämpfung erhalten wird.

V.4 Literatur

1. **H. MEINKE** *Einführung in die Elektrotechnik höherer Frequenzen*
   Springer, Berlin Heidelberg, New York **1986**

2. **H.-G. UNGER** *Theorie der Leitungen*
   F. Vieweg u.S., Braunschweig **1967**

3. **J.D. JACKSON** *Classical Electrodynamics*
   J. Wiley and Sons Inc., New York **1967**

4. **H. MEINKE, F.W.GUNDLACH** , (Hrsg.: K.LANGE, K.-H. LÖCHERER) *Taschenbuch der Hochfrequenztechnik Bd. 1 u. 2*
   Springer, Berlin, Heidelberg, New York, Tokyo **1986**

5. **E. MEYER, R. POTTEL** *Physikalische Grundlagen der Hochfrequenztechnik*
   F.Vieweg u.S., Braunschweig **1969**

6. **H. GROLL** *Mikrowellen Meßtechnik*
F. Vieweg u.S., Braunschweig **1969**

7. **A.J. BADEN-FULLER** *Mikrowellen*
F. Vieweg u.S., Braunschweig **1974**

8. **G. NIMTZ** *Mikrowellen*
C. Hanser, München, Wien **1980**

9. **F. KOHLRAUSCH** *Praktische Physik Bd. 2*
B.G.Teubner, Stuttgart **1985**

VI. Kohärenz

Der Begriff der Kohärenz, der sich aus Untersuchungen in der Optik entwickelt hat, umfaßt physikalische Eigenschaften, die aus der Forderung nach der Beobachtbarkeit eines Interferenzmusters erwachsen. Dabei kann die dafür verantwortliche Erregung sowohl durch Transversal- wie durch Longitudinalwellen beschrieben werden. Auch die Übertragung dieser physikalischen Qualität von der klassischen Optik bzw. Akustik auf andere Gebiete der Physik, wie der Quantenmechanik (s.a. Abschn. XI.7.1), erweist sich als durchaus hilfreiche Idee und vertieft das Verständnis der Mikrophysik.

VI.1 Grundlagen

Zwei Elementarwellen können als kohärent bezeichnet werden, wenn die Beobachtung ihrer gemeinsam erwirkten Intensität einen endlichen Kontrast erkennen läßt. Die grundlegende Forderung nach dem Interferenzmuster, die man mit Blick auf die Informationstheorie als das Hinzielen auf Informationsgewinn bzw. Entropieabnahme interpretieren kann, erlaubt in der Optik die Unterscheidung zwischen zeitlicher und räumlicher Kohärenz. Bei fester Vorgabe des experimentellen Rahmens erwachsen aus dieser Alternative entweder Forderungen an die spektrale Verteilung der Erregung oder Einschränkungen für die räumliche Ausdehnung der Lichtquelle.

Grundlage der Diskussion sind die MAXWELL-Gleichungen, deren Linearität eine ungestörte Superposition garantiert. Schließt man die Erscheinung der Doppelbrechung aus, dann ist eine Beschreibung der Erregung sowohl durch die elektrische wie die magnetische Feldstärke in gleicher Weise gerechtfertigt. Darüber hinaus spielt die Polarisation in der hier verfolgten Näherung nur eine untergeordnete Rolle, so daß es genügt, die Interferenzerscheinungen in einer skalaren Theorie zu diskutieren, in der die ebene Lichtwelle durch

$$u = u_0 \exp\left[i(2\pi\nu t - \vec{k}\vec{r})\right] \tag{VI.1}$$

ausgedrückt wird.

VI.1.1 Zeitliche Kohärenz

Ausgehend von einer durch eine Elementarwelle verursachte Lichterregung $u(t)$ an einem festen räumlichen Punkt, die in einem endlichen Zeitintervall $-T_0 \leq t \leq T_0$ andauert, ergibt die FOURIER-Analyse nicht-periodischer Vorgänge (s. Abschn. III.1.2)

$$u(t) = \int_{-\infty}^{+\infty} u(\nu) e^{i2\pi\nu t} d\nu \,, \tag{VI.2}$$

mit der Spektralfunktion

$$u(\nu) = \int_{-\infty}^{+\infty} u(t) e^{-i2\pi\nu t} dt \,. \tag{VI.3}$$

Nimmt man an, daß innerhalb der Beobachtungsdauer $2T$ insgesamt N endliche Wellenzüge den Punkt passieren, dann behauptet das lineare Superpositionsprinzip eine resultierende Störung, die sich additiv unter Berücksichtigung der Phasenverschiebungen t_n aus den einzelnen Erregungen zusammensetzt

$$U(t) = \sum_{n=1}^{N} u(t - t_n) \,. \tag{VI.4}$$

Die der Beobachtung zugängliche Quantität ist die Intensität I, die als Energiestromdichte unter stationären Bedingungen mit dem zeitlichen Mittel des POYNTING-Vektors identifiziert werden kann (s. Abschn. IX.1.3). Dabei fordern diese Bedingungen eine im Vergleich zur Dauer der Erregung T_0 große Beobachtungsdauer Δt, was die Verlegung der Integrationsgrenzen ins Unendliche rechtfertigt

$$I = \frac{1}{2T} \int_{-\infty}^{+\infty} |U(t)| \, dt \,. \tag{VI.5}$$

Unter Ausnutzung der FOURIER-Transformation (VI.2) sowie von Gl. (VI.4) ergibt die weitere Auswertung

$$I = \frac{N}{2T} \int_{-\infty}^{+\infty} |u(\nu)|^2 d\nu = \frac{N}{2T} \int_{-\infty}^{+\infty} I(\nu) \, d\nu \,, \tag{VI.6}$$

wodurch die mittlere Intensität durch das Quadrat der Spektralfunktion bzw. durch das Intensitätsspektrum dargestellt wird. Nach Vorgabe einer zeitlich variablen Erregung $u(t)$ befähigt diese Beziehung zu Aussagen über den Zusammenhang zwischen der Dauer Δt der beteiligten Wellenzüge und der Bandbreite $\Delta\nu$ des zugehörigen FOURIER-Spektrums.

Betrachtet man etwa den Fall einer harmonischen, gedämpften Erregung zur Zeit $t \geq 0$

$$u(t) = u_0 e^{i2\pi\nu_0 t} e^{-t/\Delta t} \,, \tag{VI.7}$$

dann übernimmt die reziproke Dämpfungskonstante die Rolle der Dauer eines Wellenzuges (Fig. VI.1). Bei dem Versuch, die Emission elektromagnetischer Strahlung in diesem klassischen Modell zu beschreiben, wird man die Abklingdauer mit der Lebensdauer des quantenmechanischen Zustands gleichsetzen, was die Erfüllung der stationären Bedingung ($T > \Delta t$) in den meisten Fällen garantiert. Die Berechnung des Spektrums nach (s. Gl. (VI.6))

$$I(\nu) = |u(\nu)|^2 \tag{VI.8}$$

ergibt mit Gl. (VI.3)

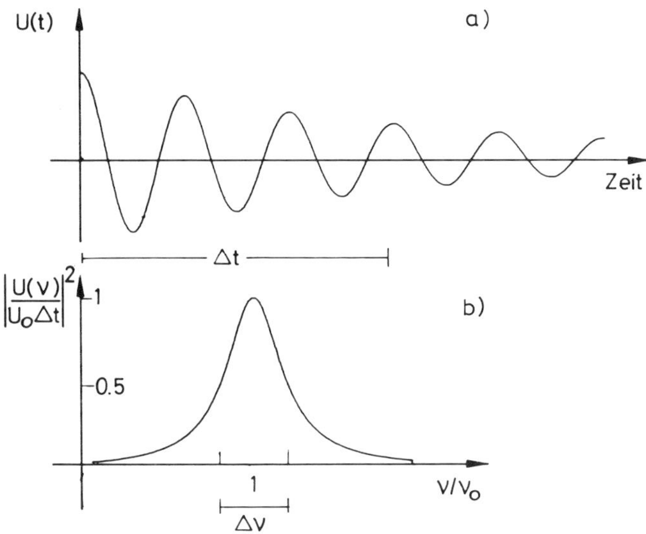

Fig. VI.1: Zusammenhang zwischen der Dauer Δt und Bandbreite $\Delta\nu$ einer gedämpften, harmonischen Erregung; a) zeitlicher Verlauf der Erregung, b) normiertes Intensitätsspektrum.

$$I(\nu) = u_0^2 \Delta t^2 \frac{1}{[2\pi(\nu_0 - \nu)\Delta t]^2 + 1} , \qquad \text{(VI.9)}$$

wonach eine Bandbreite bei der halben Intensität von

$$\Delta\nu = \frac{1}{\pi \Delta t} \qquad \text{(VI.10)}$$

abgelesen werden kann. Auch in weiteren Fällen, die von der hier betrachteten gedämpften Erregung abweichen, zeigt sich die Reziprozität von Frequenz- und Zeitraum. Unter der Voraussetzung, daß die Dauer der Erregung mit der Kohärenzzeit identifiziert wird, stößt man mit Gl. (VI.10) auf eine Vorschrift zur Interferenzfähigkeit zweier durch ein Zeitinvervall ΔT getrennter Wellenzüge

$$T < \Delta t , \qquad \text{(VI.11)}$$

die als zeitliche oder chromatische Kohärenzbedingung aufzufassen ist. Sie erhebt im Hinblick auf Gl. (VI.10) die Forderung nach Begrenzung der spektralen Verteilung $\Delta\nu$ der Erregung bei Vorgabe des Zeitintervalls ΔT oder umgekehrt nach Verkürzung der mit dem Zeitintervall korrelierten Differenz optischer Weglängen

$$\Delta s = c \cdot \Delta T \qquad \text{(VI.12)}$$

bei Vorgabe einer spektralen Verteilung. Nach Einführung einer mit der Kohärenzzeit korrespondierenden Kohärenzlänge $\Delta l = c \cdot \Delta t$ erhält man die zur Kohärenzbedingung analoge Bedingung

$$\Delta s < \Delta l\,. \tag{VI.13}$$

Auch die Monochromasiebedingung

$$m \cdot \Delta\lambda < \lambda \tag{VI.14}$$

(m: nat. Zahl), die wegen $m = \Delta s/\lambda$ als

$$\Delta s < \frac{\lambda^2}{\Delta\lambda} \tag{VI.15}$$

geschrieben werden kann, erweist sich unter Berücksichtigung von $c \cdot \Delta t = \lambda^2/\Delta\lambda$ als eine andere Formulierung der zeitlichen Kohärenzbedingung (VI.11).

VI.1.2 Räumliche Kohärenz

Aus der Berücksichtigung der endlichen Ausdehnung der Erregerquelle erwachsen weitere Voraussetzungen zur Beobachtung eines endlichen Kontrastes. Betrachtet man etwa eine flächenhafte Quelle mit dem Durchmesser Δx, die in elementare Oszillatoren zerlegt sei, so wird der unendlich entfernte Beobachter unter dem Winkel α gegen die Normalenrichtung unterschiedliche Phasenlagen der einzelnen Elementarerregungen feststellen können (Fig. VI.2). Der Grund dafür liegt in den Wegdifferenzen $s_i = \Delta x_i \sin\alpha$, deren

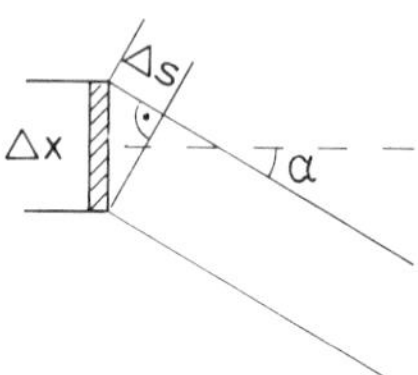

Fig. VI.2: Beobachtung einer flächenhaften Quelle mit dem Durchmesser Δx unter dem Winkel α zur Normalenrichtung.

Mittelwert sich zu

$$\overline{\Delta s} = \frac{1}{2}\Delta x \sin\alpha \tag{VI.16}$$

errechnet, so daß bei einem Kegel mit dem Öffnungswinkel 2α auf Grund der räumlichen Ausdehnung ein zusätzlicher Wegunterschied von $2\overline{\Delta s}$ in den Überlegungen zur Interferenz Beachtung finden muß. Die Forderung nach einem Intensitätsmuster und mithin nach Interferenzfähigkeit impliziert demnach unter Ansetzung dieses Gangunterschiedes die Ungleichung

$$\Delta x \cdot \sin\alpha < \lambda/2\,, \tag{VI.17}$$

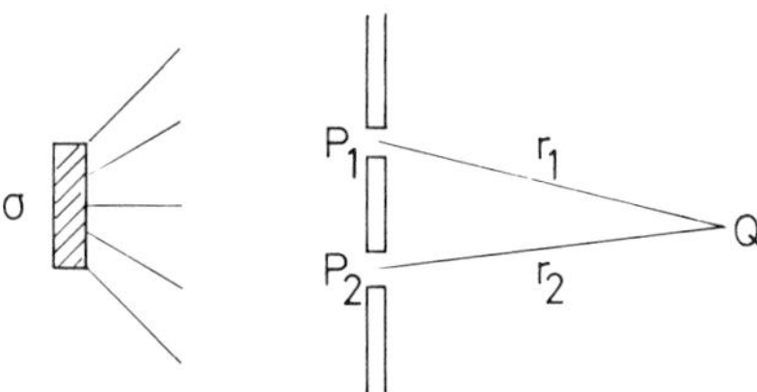

Fig. VI.3: Schematische Demonstration der Korrelation im Raum-Zeit-Punkt Q, die durch zwei Elementarerregungen des optischen Feldes einer ausgedehnten Lichtquelle σ induziert wird.

die als räumliche oder spatiale Kohärenzbedingung bezeichnet wird. Sie bedeutet eine Begrenzung der Erregerquelle bei Vorgabe eines Beobachtungswinkels oder umgekehrt eine Verengung des Beobachtungswinkels nach Vorgabe der endlichen Ausdehnung der Quelle. In Erweiterung der linearen Betrachtung auf den Raum, wobei der Durchmesser der Lichtquelle Δx durch deren Fläche ΔF und der Öffnungswinkel α durch dessen räumliche Größe $\Delta\Omega$ ersetzt wird, findet man die verallgemeinerte Bedingung

$$\Delta F \cdot \Delta\Omega < \lambda^2 . \qquad \text{(VI.18)}$$

VI.1.3 Partielle Kohärenz

Die Einteilung in kohärente und inkohärente Strahlung, die die Interferenzfähigkeit damit ausschließlich bejaht oder verneint, kann nur aus einer idealen Vorstellung erwachsen, die den realen Verhältnissen nicht gerecht wird. Läßt man eine mehr oder minder intensive gegenseitige Beeinflussung der emittierten Elementarwellen zu, dann muß einer Korrelation in Hinblick auf Phase, Amplitude, Frequenz oder sogar Polarisation Beachtung geschenkt werden. Dies geschieht durch Beobachtung von Intensitätsschwankungen an zwei Raum-Zeit-Punkten, wodurch eine Korrelationsfunktion in Analogie zur Messung statistischer Ereignisse festgelegt wird.

Zur näheren Bestimmung der Verhältnisse betrachtet man ein optisches Feld, das von einer ausgedehnten, polychromatischen Lichtquelle erzeugt wird (Fig. VI.3). Die Untersuchung der Kohärenz im Raum-Zeit-Punkt Q erfordert die Isolation zweier Elementaranregungen, etwa vermittels einer Doppellochblende (P_1, P_2), deren Öffnungen als verschwindend klein vorausgesetzt werden. Die Frage nach der Intensität als mögliche Observable verlangt zunächst die Klärung der resultierenden Erregung gemäß dem kausalen Gesetz der linearen Superposition, wobei unterschiedliche Phasen auf Grund der Ortsabhängigkeit zu berücksichtigen sind

$$u(Q,t) = K_1 u_1(t - t_1) + K_2 u_2(t - t_2) \qquad \text{(VI.19)}$$

($t_1 = r_1/c, t_2 = r_2/c; K_1, K_2$: Faktoren, die von der Größe der Öffnung sowie bei Kugelwellen vom Abstand des Beobachtungspunkts abhängen). Erst im Anschluß daran kann die beobachtbare, zeitlich gemittelte Energiestromdichte berechnet werden, was die Intensität im Punkt Q

$$I(Q) = < u(Q,t) \cdot u^*(Q,t) > \tag{VI.20}$$

ergibt. Mit Gl. (VI.19) und einer Zeittranslation ($\tau = t_2 - t_1$), die wegen der stationären Beobachtung des Feldes erlaubt ist, erhält man daraus

$$I(Q) = I_1(Q) + I_2(Q) + 2|K_1 K_2| \Gamma_{12}^r(\tau) \tag{VI.21}$$

(r: Realteil), wonach sich die Gesamtintensität additiv aus den Intensitäten der beiden Elementarerregungen

$$I_1 = |K_1|^2 < u_1(t) \cdot u_1^*(t) > = |K_1|^2 \cdot \Gamma_{11}(0) \tag{VI.22a}$$

und

$$I_2 = |K_2|^2 < u_2(t) \cdot u_2^*(t) > = |K_2|^2 \cdot \Gamma_{22}(0) \tag{VI.22b}$$

sowie aus der für die Interferenzfähigkeit entscheidenden Kreuzkorrelationsfunktion

$$\Gamma_{12}(\tau) = < u_1(t+\tau) \cdot u_2^*(t) > \tag{VI.23}$$

zusammensetzt. Im Grenzfall identischer Elementaranregungen ($P_1 \equiv P_2$) findet man die Autokorrelationsfunktion

$$\Gamma_{11}(\tau) = < u_1(t+\tau) \cdot u_1^*(t) > \ . \tag{VI.24}$$

Nach Normierung bezüglich der einzelnen unabhängigen Intensitäten $I_1(P_1)$ und $I_2(P_2)$ gemäß

$$\gamma_{12}(\tau) = \frac{\Gamma_{12}(\tau)}{\sqrt{\Gamma_{11}(0) \cdot \Gamma_{22}(0)}} , \tag{VI.25}$$

läßt sich die Gesamtintensität auch als

$$I(Q) = I_1 + I_2 + 2\sqrt{I_1 I_2}\, \gamma_{12}^r(\tau) \tag{VI.26}$$

formulieren mit dem komplexen Kohärenzgrad $\gamma_{12}(\tau)$, dessen Betrag den Wertebereich

$$0 \leq |\gamma_{12}(\tau)| \leq 1 \tag{VI.27}$$

überstreichen kann. Gl. (VI.26) ist Ausdruck des Interferenzgesetzes stationärer optischer Felder.

Der Korrelationsbegriff ist nicht ausschließlich auf seine Verwendung bei der Erregung von Elementarwellen in der Optik beschränkt. Die zweizeitliche Korrelation bedeutet allgemein einen Ausdruck für das Maß an Einfluß früherer Ereignisse auf das momentane Ereignis und spielt deshalb auch in anderen Bereichen der Physik mit statistischer Grundlage die Rolle einer wertvollen Informationsquelle. In Erinnerung etwa an die BROWNsche Bewegung von Teilchen, findet man in den Ursachen der Ereignisse zufällige Kräfte $F(t)$ ohne wechselseitige Beziehung, so daß deren zweizeitliche Korrelation durch eine δ-Funktion dargestellt werden kann:

$$< F(t+\tau)F(t) >= \text{const} \cdot \delta(\tau) \,. \tag{VI.28}$$

Versucht man, diese Autokorrelation als Maß für das Erinnerungsvermögen an frühere Ereignisse zu interpretieren, so stellt man hier ein totales Versagen des sogenannten "Gedächtnisses" fest. Ein endlicher Beitrag wird unabhängig von früheren Ereignissen nur zu einem momentanen Zeitpunkt erwartet, was als Merkmal für MARKOV-Prozesse verwendet wird. Auch in der Quantenmechanik trifft man in Analogie die zweizeitliche Korrelation, wenn der Gesamtzustand $|\phi >$ keinen reinen Zustand, sondern ein Gemenge darstellt. Die für die Ermittlung des Erwartungswertes einer Observablen notwendige Dichtematrix $|\phi >< \phi|$, die der v. NEUMANN-Gleichung (Quanten-LIOUVILLE-Gl.) genügt, demonstriert die Korrelation in den Nichtdiagonalelementen, deren endlicher Wert den Kohärenzgrad bestimmt (s. Abschn. XI.7).

Nach Einführung einer mittleren Kreisfrequenz $\bar{\omega}$ resp. mittleren Wellenlänge $\bar{\lambda}$, führt der Ansatz des komplexen Kohärenzgrades

$$\gamma_{12}(\tau) = |\gamma_{12}(\tau)| e^{i[\alpha_{12}(\tau) - \bar{\omega}\tau]} \tag{VI.29}$$

zur Gesamtintensität

$$I(Q) = I_1 + I_2 + 2\sqrt{I_1 I_2}|\gamma_{12}(\tau)| \cos[\alpha_{12}(\tau) - \delta] \,, \tag{VI.30}$$

wobei die Phasenverschiebung δ in dem hier betrachteten Fall durch den Wegunterschied ausgelöst wird (Fig. VI.3)

$$\delta = \bar{\omega}\tau = \frac{2\pi}{\bar{\lambda}}(r_1 - r_2) \,. \tag{VI.31a}$$

Die Eigenschaft der totalen Kohärenz, die die absolute Interferenzfähigkeit unterstreicht, impliziert demnach die Bedingung

$$|\gamma_{12}(\tau)|^2 = 1 \quad \text{(Kohärenz)}. \tag{VI.31b}$$

In der Folge beobachtet man ein Interferenzmuster, wie es von monochromatischem Licht der Wellenlänge λ und der Phasendifferenz $\alpha_{12}(t)$ zwischen den Erregungen an den beiden Punkten P_1, P_2 erwartet wird. Der andere Grenzfall, der durch

$$|\gamma_{12}(\tau)|^2 = 0 \quad \text{(Inkohärenz)} \tag{VI.31c}$$

gekennzeichnet ist, liefert keine Interferenzerscheinung, so daß er die totale Inkohärenz repräsentiert. Die Übergänge zwischen den beiden Situationen werden durch partielle Kohärenz geprägt, deren Grad vom Betrag der normierten Korrelationsfunktion $|\gamma_{12}(\tau)|$ bestimmt wird.

Eine andere Form der Darstellung

$$\begin{aligned} I(Q) &= |\gamma_{12}(\tau)| \cdot [I_1 + I_2 + 2\sqrt{I_1 I_2}\cos(\alpha_{12}(\tau) - \delta)] + \\ &\quad +(1 - |\gamma_{12}(\tau)|)[I_1 + I_2] = \\ &= |\gamma_{12}(\tau)| \cdot I^{(k)} + (1 - |\gamma_{12}(\tau)|) \cdot I^{(i)} \end{aligned} \tag{VI.32}$$

erlaubt die Unterscheidung der gesamten Intensität in einen kohärenten Anteil $I^{(k)}$ zweier Elementarwellen mit der relativen Phasendifferenz $\alpha_{12}(\tau) - \delta$ und einen inkohärenten Anteil $I^{(i)}$. Das Maß der Beteiligung der beiden Komponenten an der Gesamtintensität wird demnach durch den Grad der Kohärenz $|\gamma_{12}(\tau)|$ resp. den Grad der Inkohärenz $(1-|\gamma_{12}(\tau)|)$ bestimmt. Die maximale resp. minimale Intensität in der Nähe des Punktes Q ergibt sich bei Variation der Phasendifferenz $\delta = \bar{k}\Delta r$ (Δr: optischer Wegunterschied) nach Gl. (VI.30) zu

$$I_{max}(Q) = I_1 + I_2 + 2\sqrt{I_1 I_2}\,|\gamma_{12}(\tau)| \qquad \text{(VI.33a)}$$

$$I_{min}(Q) = I_1 + I_2 - 2\sqrt{I_1 I_2}\,|\gamma_{12}(\tau)|\,, \qquad \text{(VI.33b)}$$

wobei die Änderung des Kohärenzgrades $|\gamma_{12}(\tau)|$ und der Phasenkonstante $\alpha_{12}(\tau)$ als verschwindend klein vorausgesetzt wird. Daraus läßt sich der Kontrast K gewinnen, der nach dessen Definition

$$K = \frac{I_{max} - I_{min}}{I_{max} + I_{min}} \qquad \text{(VI.34)}$$

die Größe

$$K = \frac{2\sqrt{I_1 I_2}}{I_1 + I_2}|\gamma_{12}(\tau)| \qquad \text{(VI.35)}$$

darstellt. Er ist demnach unmittelbar ein Maß für die Kohärenz der interferierenden Erregungen und kann im Fall der Autokorrelation ($I_1 = I_2$) direkt mit dem Korrelationsgrad identifiziert werden

$$K^{(A)}(Q) = |\gamma_{12}(\tau)|\,. \qquad \text{(VI.36)}$$

Die Darstellung der Kohärenz auf der Grundlage der gegenseitigen Wechselwirkung verzichtet auf die Trennung zwischen räumlicher und zeitlicher Kohärenz. Dennoch sind beide Fälle aus der allgemeinen, klassischen Kohärenztheorie abzuleiten. Dazu betrachtet man die Intensitätsverteilung in einem vermittels einer Linse unendlich weit entfernten Punkt Q hinter einem Doppelspalt mit punktförmigen Öffnungen und der Spaltbreite d. Die Beleuchtung des Doppelspaltes erfolgt mit zwei ebenfalls unendlich weit entfernten, punktförmigen Lichtquellen, deren Intensitäten als gleich ($I_0^{(1)} = I_0^{(2)} = I_0$) vorausgesetzt werden (Fig. VI.4). Die Intensität als Ursache der Beleuchtung von Q durch eine der beiden Lichtquellen errechnet sich nach Gl. (VI.30) zu

$$I^{(1)(2)}(Q) = 2I_0(1 + \cos k\Delta r^{(1)(2)})\,, \qquad \text{(VI.37)}$$

mit dem optischen Wegunterschied

$$\Delta r^{(1)(2)} = d(\sin\alpha \pm \sin\alpha_0) \approx d(\alpha \pm \alpha_0)\,. \qquad \text{(VI.38)}$$

Bei der Ermittlung der gesamten Intensität muß ausdrücklich daran erinnert werden, daß beide Lichtquellen in statistisch sich rasch ändernder Phasendifferenz zueinander

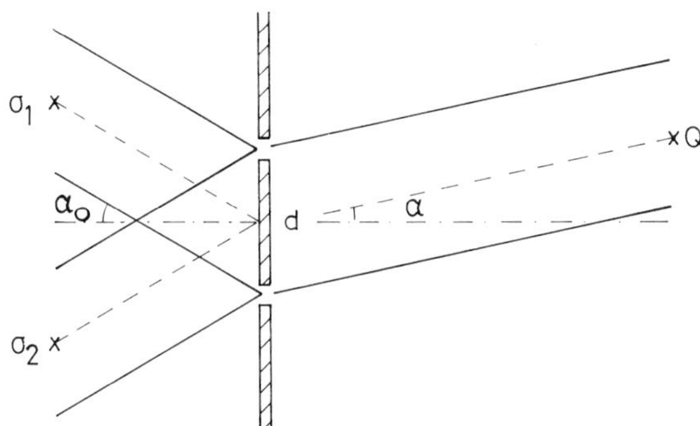

Fig. VI.4: Doppelspalt und punktförmige, unendlich weit entfernte Lichtquellen σ_1, σ_2.

emittieren. In Konsequenz dessen sind die einzelnen Intensitäten der untereinander inkohärenten Lichtquellen zu addieren

$$\begin{aligned} I &= I^{(1)} + I^{(2)} \\ &= 2I_0[2 + \cos k(\alpha - \alpha_0)d + \cos k(\alpha + \alpha_0)d] \\ &= 4I_0[1 + \cos k\alpha_0 d \cdot \cos k\alpha d] \ , \end{aligned} \tag{VI.39}$$

und im allgemeinen Fall einer ausgedehnten Lichtquelle muß nach Gl.(VI.38) das Integral

$$I(\alpha) = 2 \cdot \int I'(\alpha_0)[1 + \cos kd(\alpha - \alpha_0)]\, d\alpha_0 \tag{VI.40}$$

gebildet werden, das die FOURIER-Transformierte der Intensität $I'(\alpha_0)$ darstellt. Die Forderung nach einer endlichen Korrelation (Γ_{12} resp. $\gamma_{12} > 0$), die nach Gl. (VI.36) mit der Forderung nach einem endlichen Kontrast einhergeht ($K > 0$), impliziert nach Berechnung des Kontrastes mit Gl. (VI.34) und (VI.39) zu

$$K = \cos kd\alpha_0 \tag{VI.41}$$

die Bedingung

$$kd\alpha_0 \approx kd \sin\alpha_0 < \pi/2 \ . \tag{VI.42}$$

Damit unterliegt die räumliche Ausdehnung (α_0) zwischen beiden Lichtquellen einer Begrenzung, was in Analogie zu Gl. (VI.17) als räumliche Kohärenzbedingung aufzufassen ist.

Im Fall einer einzelnen, punktförmigen und somit räumlich kohärenten Lichtquelle, bei der jedoch keine Monochromasie vorliegt, findet man keine stationäre Interferenzfähigkeit zwischen Erregungen mit verschiedenen Wellenlängen, so daß die gesamte Intensität gemäß Gl. (VI.40) als Summe der Teilintensitäten $I'(k)$ unter Berücksichtigung der jeweiligen Phasenlage gewonnen wird

$$I(\alpha) = 2\int I'(k)\cdot(1+\cos kd\alpha)\,dk\ . \tag{VI.43}$$

Demnach stellt die Gesamtintensität die FOURIER-Transformierte des Spektrums $I'(k)$ dar, die nur dann einen harmonischen Verlauf des Kontrastes demonstriert, wenn ein Linienspektrum vorausgesetzt wird. Bei zwei idealen Spektrallinien, die mit gleicher Intensität I_0 emittiert werden

$$I'(k) = I_0\delta(k-k_1) + I_0\delta(k-k_2)\ , \tag{VI.44}$$

findet man mit Gl. (VI.44) unter der Annahme einer langsamen Variation der harmonischen Anteile verglichen mit der δ-Funktion

$$\begin{aligned} I(\alpha) &= 2I_0\left[2+\cos k_1 d\alpha + \cos k_2 d\alpha\right] = \\ &= 4I_0\left[1+\cos\frac{\Delta k}{2}d\alpha\cdot\cos < k > d\alpha\right]\ , \end{aligned} \tag{VI.45}$$

mit $\Delta k = k_1 - k_2$, $< k >= (k_1+k_2)/2$. Die Ermittlung des Kontrastes nach Gl. (VI.34)

$$K = \cos\frac{\Delta k}{2}d\alpha \tag{VI.46}$$

sowie die mit der Kohärenzfähigkeit verbundene Forderung nach dessen Nichtverschwinden ($K > 0$) liefern die Bedingung $d\alpha\Delta k/2 < \pi/2$ oder mit $d\alpha \approx d\sin\alpha = \Delta r$

$$\Delta r\cdot\Delta k < \pi\ , \tag{VI.47}$$

die nach der Identifizierung des Frequenzabstands Δk mit der reziproken Kohärenzlänge in Analogie zu Gl. (VI.13) die Eigenschaft der zeitlichen Kohärenz hervorhebt.

Die Kombination der Gl.en (VI.10) und (VI.18) erlaubt die Konstruktion der kleinsten raum-zeitlichen Einheit für ein Lichtbündel

$$\frac{\Delta F\Delta\Omega}{\lambda^2}\Delta t\Delta\nu \approx 1\ . \tag{VI.48}$$

Bei linearer Polarisation wird damit ein vollständig kohärentes Lichtbündel, das sogenannte Elementarbündel beschrieben.

VI.1.4 Photonenstatistik

Die stationäre Beobachtung mit der Forderung nach einer gegenüber der Kohärenzzeit langen Beobachtungsdauer ($T > \Delta t$) ist Voraussetzung für die Ermittlung der Observablen aus einer zeitlichen Integration. Das Auftreten eines Interferenzmusters als Folge der Langzeitinterferenz, das die Einführung des Begriffs Kontrast nahelegt, ist dann ein notwendiges und hinreichendes Kriterium für Kohärenz, deren Grad durch die zweizeitliche Korrelation von Erregungen eines optischen Feldes gekennzeichnet wird. Anders dagegen verhält es sich in jenen Fällen, in denen die Beobachtungsdauer kürzer ist als die Kohärenzzeit ($T < \Delta t$). Die dort auf Grund der Kurzzeitinterferenz zu beobachtenden Erscheinungen können nur ein notwendiges Kriterium für Kohärenz darstellen, da wegen der Verletzung der stationären Bedingungen auch der Kohärenzbegriff selbst zur

Erfassung der Wechselwirkung nicht mehr sinnvoll erscheint. Vielmehr wird hier eine Neugestaltung der Kohärenzterminologie gefordert, deren Verständnis die Einbeziehung statistischer Schwankungen bemüht.

Als alternatives Bild zum optischen Strahlungsfeld bietet sich das der Photonen an, das auf die Feldquantisierung verweist. Nach Darstellung des Vektorpotentials $\vec{A}$ bzw. der elektrischen und magnetischen Feldkomponenten $(\vec{E}, \vec{H})$ durch ebene Wellen und Einführung von Erzeugungs- bzw. Vernichtungsoperatoren $(\hat{a}^+, \hat{a})$ für deren Amplitude, gewinnt man einen HAMILTON-Operator, der dem des harmonischen Oszillators formal gleichkommt. Die 2. Quantisierung erfolgt dann nach Berücksichtigung von Vertauschungsrelationen, woraus der Besetzungszahloperator $\hat{N} = \hat{a}^+\hat{a}$ mit dem Eigenwert n als Zahl der Photonen im Zustand $|\psi_n>$ resultiert. Der Vergleich mit dem harmonischen Oszillator erlaubt die Analogie zwischen den harmonisch konjugierten Variablen von Ort $\vec{q}$ und Impuls $\vec{p}$ auf der einen und elektrischen $\vec{E}$ und magnetischen Feld $\vec{H}$ auf der anderen Seite, so daß die Schwingungszustände $|\psi_n(\vec{q}, t)>$ mit den Photonenzuständen $|\psi_n(\vec{E}, t)>$ korrespondieren. Als Konsequenz kann der Gesamtzustand des Photons einer einfachen Mode durch

$$|\phi(\vec{E}, t)> = \sum_n c_n |\psi_n> = \sum_n c_n |\varphi_n(\vec{E})> e^{-in\omega t} \tag{VI.49}$$

$(\varphi_n = H_n \cdot e^{-(E-E_0)^2/2}; H_n$: HERMITEsches Polynom n-ten Grades) dargestellt werden. Damit ist die Aussage verknüpft, daß der n-te Zustand des Feldes eine Anzahl n an Photonen beinhaltet, deren Auftreten durch das Amplitudenquadrat $|c_n^2|$ als Wahrscheinlichkeit bestimmt wird. Die räumliche Lage hingegen ist bei Betrachtung nur einer Mode nicht definiert.

Unter Einbeziehung von Schwankungserscheinungen kann die Eigenschaft der totalen Kohärenz im klassischen Bild durch eine harmonische Bewegung des elektrischen Feldvektors

$$\vec{E} = \vec{E}_0 \cos \omega t \tag{VI.50}$$

charakterisiert werden, wobei die Konstanz der Amplitude E_0 zu betonen ist. Die daraus abzuleitende Wahrscheinlichkeit $p(E_0)$ für das Auffinden der Amplitude hat dann die Form (Fig. VI.5a)

$$p(E_0) = const \cdot \delta(E_0 - E_k) \; . \tag{VI.51}$$

Nach dieser Vorstellung verlangt die teilweise Kohärenz hingegen eine endliche Schwankung der Amplitude innerhalb der Kohärenzzeit, woraus für die Wahrscheinlichkeit der Amplitude eine Verteilung resultiert (Fig. VI.5b). So findet man bei thermischen Quellen Fluktuationen, die einem GAUSS-Prozeß mit alleiniger Berücksichtigung der Autokorrelation und der linearen, wechselseitigen Korrelation unterliegen, was zu einer GAUSS-Verteilung Anlaß gibt.

Der Übergang zur quantenmechanischen Vorstellung ist eng verbunden mit der Frage nach dem Ausmaß an Beteiligung von Zuständen am Gesamtzustand $|\phi>$ (Gl. (VI.49)), um im Fall der totalen Kohärenz eine gute Übereinstimmung zwischen dem Erwartungswert der Observablen des elektrischen Feldes $<\vec{E}>$ und seinem klassischen Wert (Gl.

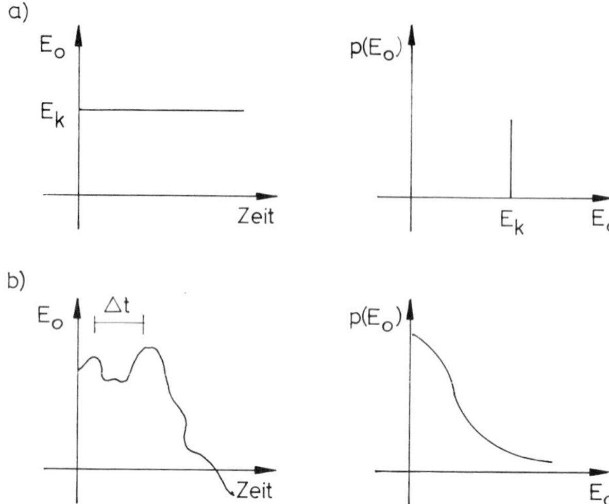

Fig. VI.5: Schematische Demonstration der Kohärenz im klassischen Modell der zeitabhängigen Erregung $\vec{E}$; Amplitude E_0 der Erregung als Funktion der Zeit sowie Wahrscheinlichkeit $p(E_0)$ für das Auftreten der Amplitude als Funktion der Amplitude. a) Totale Kohärenz. b) Partielle Kohärenz.

(VI.50)) zu erhalten. Der Versuch, etwa nur einen Photonenzustand $|\psi_n>$ zu betrachten ($c_n = \delta_{nm}$ in Gl. (VI.49)), führt sicher zu keiner befriedigenden Antwort, da der damit gewonnene Erwartungswert

$$< \vec{E} >=< \psi_n|\hat{\vec{E}}|\psi_n > \tag{VI.52}$$

wegen der dazu korrespondierenden Auswahlregel beim harmonischen Oszillator $\Delta n = \pm 1$ für optische Dipolstrahlung nach Substitution von $\hat{\vec{q}}$ durch $\hat{\vec{E}}$ stets verschwindet. Die Erklärung hierfür findet man in der Mittelung über n Photonen mit statistisch verteilten Phasen. Ein weiterer einfacher zu überblickender Fall bietet sich durch die gleichmäßige Überlagerung des Vakuum - und Einphotonenzustands an ($c_0 = c_1 = 1; c_n = 0$ für $n > 1$)

$$|\phi(\vec{E},t)>= \frac{1}{\sqrt{2}}\left(|\varphi_0(\vec{E})> + |\varphi_1(\vec{E})> e^{i\omega t}\right) . \tag{VI.53}$$

Bildet man damit erneut den Erwartungswert der Observablen $\vec{E}$, so erhält man einen Ausdruck

$$< \vec{E} >= \frac{1}{2}(< \varphi_1|\hat{\vec{E}}|\varphi_0 > e^{i\omega t} + < \varphi_0|\hat{\vec{E}}|\varphi_1 > e^{-i\omega t}) , \tag{VI.54}$$

der mit jenem in der klassischen Vorstellung bei totaler Kohärenz durchaus vergleichbar ist (s. Gl. (VI.50)). Dennoch ist die Amplitude einer endlichen, zeitlichen Schwankung unterworfen, die in Analogie zum Oszillator der Unsicherheit in der Ortsauflösung entspricht. Während dort an den klassischen Umkehrpunkten die Ortsbestimmung in angeregten Zuständen mit relativ hoher Genauigkeit erwartet wird, ist sie in der Mitte des Potentials beim Gleichgewichtsabstand weitgehend unsicher. Wenngleich die Unbestimmtheitsrelation (bzw. Nichtvertauschbarkeit) eine völlige Übereinstimmung von quantenmechanischem und klassischem Bild verbietet, ist es erlaubt, nach einer Amplitudenschwankung zu fragen, deren Zeitabhängigkeit in Anlehnung an das klassische Modell vernachlässigbar klein ist (Fig. VI.5a). Die Antwort findet man in einer besonderen Überlagerung von Photonenzuständen zum sogenannten GLAUBER-Zustand

$$|\phi_{koh}>= \sum_n \sqrt{p_n(E_0)}|\varphi_n(\vec{E})> e^{-in\omega t} , \tag{VI.55}$$

dessen Amplitudenquadrat $|c_n|^2$ der POISSON-Verteilung

$$p_n(E_0) = \frac{(E_0)^{2n}}{n!} e^{-E_0^2} \tag{VI.56}$$

genügt. Wegen der Proportionalität der Intensität resp. der mittleren Anzahl der Photonen zum Quadrat der Amplitude ($< n > \sim E_0^2$), erhält man mit Gl. (VI.56) eine Wahrscheinlichkeitsverteilung für die Photonenzahl, deren Charakteristik in einer minimalen Varianz ($< \Delta n^2 > = < n >$) und in einer verschwindenden Kovarianz ($< \Delta n_i \cdot \Delta n_j > = < n_i n_j > = 0$) demonstriert wird (Fig. VI.6a). Die Identifizierung der Varianz mit der Stärke der Fluktuationen bzw. mit der Unbestimmtheit der Photonenzahl Δn einerseits sowie der Kovarianz mit dem räumlich korrelierten Verhalten andererseits, zwingt in Analogie zum klassischen Verständnis den Gesamtzustand als kohärenten Zustand (VI.55) zu bezeichnen.

Der partielle kohärente Zustand, wie man ihn bei thermischen Lichtquellen findet, zeichnet sich im Teilchenbild durch die BOSE-EINSTEIN- Wahrscheinlichkeitsverteilung aus (Fig. VI.6b). Sie resultiert in klassischer Vorstellung aus dem Ansatz einer gaußförmigen Verteilung der Feldamplituden sowie der Annahme einer Zählstatistik, die einer POISSON- Verteilung gehorcht. Die quantenmechanische Herleitung fragt nach der Wahrscheinlichkeit $P_n(< n >)$ für das Auffinden einer Anzahl n Photonen in einer Phasenzelle bei einer mittleren Teilchenzahl $< n >$. Mit der Wahrscheinlichkeit für die Verteilung der Phasenzellen $w_n(n\,h\nu)$ als unterscheidbare Teilsysteme gemäß der kanonischen Verteilung (s. Abschn. XIII.2.1 u. XIV.3.1) erhält man

$$P_n(< n >) = \frac{w(nh\nu)}{\sum_n w(nh\nu)} \, . \tag{VI.57}$$

Die Ununterscheidbarkeit der Teilchen im gleichen Photonenzustand bzw. innerhalb einer Zelle des Phasenraumes ergibt eine mittlere Teilchenzahl $< n >$ (s. Abschn. X.1.5, Gl. (X.28) u. s. Abschn. XIV.3.1 Gl. (XIV.70)), die es erlaubt, den Exponentialterm $\exp(h\nu/kT)$ in Gl. (VI.57) zu substituieren, so daß schließlich die BOSE-EINSTEIN-Verteilung

$$P_n(< n >) = \frac{1}{1+ < n >} \cdot \frac{1}{(1 + \frac{1}{<n>})^n} \tag{VI.58}$$

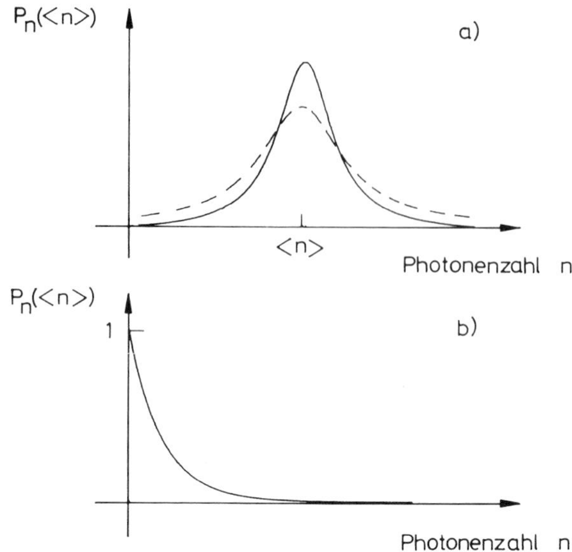

Fig. VI.6: Wahrscheinlichkeit p_n für die Beteiligung des Photonenzustands $|\psi_n>$ am Gesamtzustand $|\phi>$ einer einfachen Oszillatormode. a) totale Kohärenz, – – – – POISSON-Verteilung (—— Verteilung eines Lasers) b) partielle Kohärenz, – – – – – – BOSE-EINSTEIN-Verteilung.

gewonnen werden kann (Fig. VI.6b). Demnach findet man mit größter Wahrscheinlichkeit eine unbesetzte Phasenzelle. Die Besetzung mit mehreren Photonen zeigt eine endliche Wahrscheinlichkeit, die mit wachsender mittlerer Besetzungszahl $< n >$ sogar noch ansteigt, was als Effekt der "Klumpenbildung" bekannt ist.

Die Betrachtung im Teilchenbild bemüht zur Festlegung des Zustands den 6-dimensionalen Phasenraum. Entgegen der klassischen Teilchenphysik wird dort gemäß der Unschärferelation ein kleinstes Volumen mit der endlichen Größe h^3 erwartet. Die Beschreibung des optischen Feldes bedeutet demnach die Verteilung der Photonen im Phasenraum, wobei die Einschränkung der Unterscheidbarkeit hier aufgehoben ist. Daraus resultiert die BOSE-EINSTEIN-Statistik für die mittlere Besetzungszahl $< n >$ (s. Abschn. XIV.3.1), die mit der mittleren Zahl von Photonen in einer Hohlraumschwingung identisch ist, falls der Oszillator den Photonenzustand repräsentiert (s. Abschn. X.1). Die Kohärenz von optischen Feldern ist nach der klassischen Vorstellung nur dann gewährleistet, wenn diese untereinander identisch sind, was im Teilchenbild die Forderung nach der Gleichheit von Energie, Impuls und Drehimpulsrichtung (Polarisationszustand) impliziert. Demnach sind nur jene Photonen interferenzfähig, die derselben Phasenzelle angehören. Betrachtet man etwa einen Laser resp. Maser, so findet man dort aus thermodynamischer Sicht ein gekoppeltes System, bestehend aus den Atomen und dem elektromagnetischen Feld, das sich fern vom thermischen Gleichgewicht befindet. Die Ursache dafür ist die von außen erzwungene invertierte Population, die formal durch die Einführung negativer Temperaturen beschrieben werden kann. Demzufolge ist eine hohe mittlere Besetzungszahl $< n >$ der Photonen zu erwarten ($10^6 - 10^{20}$) mit einer Wahrscheinlichkeitsverteilung, die von jener des thermischen Gleichgewichts stark abweicht. Ihre Beschreibung gelingt durch die FOKKER-PLANCK-Gleichung im stationären Zustand, die als Kontinuitätsgleichung in der zeitlichen Änderung der Wahrscheinlichkeitsdichte die Ursache für die Quelle des Wahrscheinlichkeitsstromes sieht. Unter der Voraussetzung von Fluktuationen, die zu einem GAUSS-Prozeß gehören, sowie von hohen Inversionen, die eine überhöhte Dämpfung des Oszillatorsystems bewirken, erhält man eine Wahrscheinlichkeitsverteilung, die der POISSON-Verteilung nahekommt (Fig. VI.6a) und deshalb die Kohärenz solcher Lichtquellen betont. Völlig verschieden davon sind die Verhältnisse bei herkömmlichen thermischen Strahlern, bei denen die mittlere Besetzungszahl der BOSE-EINSTEIN-Statistik gehorcht (s. Abschn. XIV.3.1, Gl. (XIV.70)) und demnach bei normalen Temperaturen im sichtbaren Frequenzbereich mit weniger als einem Photon (10^{-3}) pro Phasenzelle zu rechnen ist. Während hier eine Kurzzeitinterferenz als unwahrscheinlich gilt, können derartige Erscheinungen durchaus mit Laserquellen beobachtet werden, was dazu berechtigt, von Kohärenz zu sprechen.

Der Versuch, die Vorgänge der Langzeitinterferenz ($T > \Delta t$) in das Teilchenbild einzuordnen, gelingt dadurch, daß die Beteiligung mehrerer Phasenzellen an der Messung zugelassen wird. Auf Grund der zeitlichen Mittelung erwartet man dann, daß die Schwankung der Photonenanzahl bzw. im Wellenbild die Schwankung des Quadrats der Feldamplitude vermindert wird, was mit einer Erhöhung der Kohärenz einhergeht.

Neben der Korrelation von Erregungen bei Vorgängen der Langzeitinterferenz erlaubt die Benutzung mehrerer Photomultiplier die Beobachtung der Intensität eines optischen Feldes an verschiedenen Punkten bei kurzer Dauer sowie deren Korrelation durch Multiplikation der elektrischen Signale (Fig. VI.7). Damit gelingt eine Verallgemeinerung des Kohärenzbegriffs unter Hinweis auf einen Ordnungsparameter. Betrachtet man ein beliebiges optisches Feld mit einer Anzahl von n Detektoren, so bezeichnet man dessen Kohärenz mit N-ter Ordnung, falls die Intensitätskorrelation für $k < N$ Detektoren verschwindet ($< I_1 \cdot I_2 \cdots I_k > - < I >^k = 0$) und für $k \geq N$ hingegen endlich bleibt ($< I_1 \cdot I_2 \cdots I_N \cdots I_n > - < I >^n > 0$). Die dazu charakteristische normierte Korrelationsfunktion N-ter Ordnung ergibt sich in Anlehnung an die in Abschn. VI.1.3 definierte Kohärenz 1. Ordnung (s. Gl. (VI.25)) zu

$$\gamma^{(N)}_{12\cdots(2N-1)2N} = \frac{\Gamma^{(N)}_{12\cdots(2N-1)2N}}{\prod_{k=1}^{2N} \sqrt{\Gamma^{(1)}_{kk}}} \tag{VI.59a}$$

mit der Kreuzkorrelation

$$\Gamma^{(N)}_{12\cdots(2N-1)2N} = < u_1 u_2 \cdots u_{N-1} u_N u^*_{N+1} u^*_{N+2} \cdots u^*_{2N-1} u^*_{2N} > \ . \tag{VI.59b}$$

Auch im Teilchenbild, wo der kohärente Zustand durch eine POISSON- Verteilung gekennzeichnet ist, kann diese Verallgemeinerung getroffen werden. Setzt man voraus, daß die Zählergebnisse einer Anzahl $k < N$ Photonenzählern unkorreliert und die von $k \geq N$ dagegen korreliert sind, so wird im Hinblick auf die statistische Unabhängigkeit der POISSON-Verteilung das betreffende optische Feld als kohärent von N-ter Ordnung

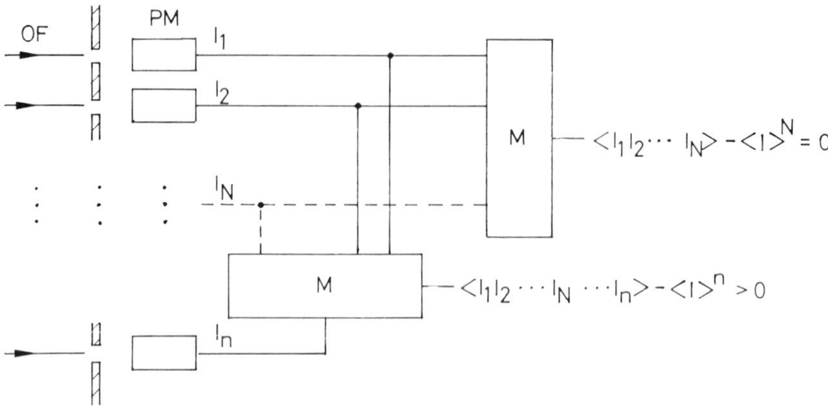

Fig. VI.7: Schematische Darstellung der verallgemeinerten Kohärenz N-ter Ordnung; OF: optisches Feld, PM: Photomultiplier, M: Multiplizierer.

bezeichnet. Die Proportionalität der Zählraten zur Intensität betont die Konsistenz des so gewonnenen Kohärenzbegriffs mit jenem im Wellenbild. Ein Beispiel dazu liefert das Experiment von HANBURY-BROWN und TWISS, das die Intensitätskorrelation zweier inkohärenter Lichtquellen, wie sie etwa von Doppelsternen dargestellt werden, bei kleinen Beobachtungszeiten ($T < \Delta t$) untersucht. Während die Korrelation der einzelnen Lichtquellen getrennt beobachtet verschwindet ($\gamma_{12}^{(1)} = 0$) und demnach das optische Feld Kohärenz 1. Ordnung vermissen läßt, findet man eine mit jeweils zwei Photomultipliern an verschiedenen Orten gemessene endliche Korrelation der Intensitäten ($\gamma_{1234}^{(2)} = 1$), so daß die damit verbundene Kohärenz als eine von 2. Ordnung bezeichnet werden kann.

Die Erweiterung des Kohärenzbegriffs auf den Fall der Kurzzeitinterferenz liefert ein weiteres hinreichendes Kriterium für das Interferenzmuster. Die Kurzzeitinterferenz beruht auf der Vorstellung von Photonen im gleichen quantenmechanischen Zustand, dessen mittlere Besetzungszahl $< n >$ als Entartungsparameter dient. Die Existenz zweier Arten von Kohärenz sorgt demnach umgekehrt dafür, daß die Interferenzerscheinungen nur ein notwendiges Kriterium für Kohärenz der einen oder anderen Art darstellen.

VI.2 Zeitliche Kohärenz einer Bogenlampe

Das quantitative Studium der partiellen zeitlichen Kohärenz gelingt sowohl mittels akustischer wie optischer Wellenfelder. Beim akustischen Experiment werden jene Interferenzeigenschaften untersucht, die durch die Überlagerung von einfallender und reflektierender Schallwelle in einem mit Luft gefüllten Glasrohr entstehen. Die beobachtbare Meßgröße sind die von einem räumlich veränderlichen Glühfaden angezeigten Auslenkungen. Zur Variation der zeitlichen Kohärenz wird aus dem weißen Rauschen eines Transistors mittels eines Doppel-T-Filters ein in seiner Bandbreite veränderlicher Fre-

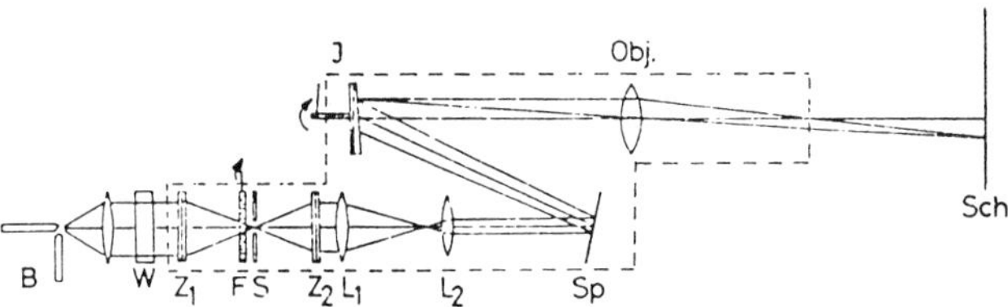

Fig. VI.8: Interferenzapparatur; B: Bogenlampe, W: Wasserfilter, Z: Zylinderlinse, F: Verlaufsfilter, S: Spalt, L_1, L_2: Bikonvexlinsen (f_1 = 70 mm, f_2 = 20 mm), Sp: Spalt, I: Interferenzplatten, Obj.: Objektiv, Sch: Schirm.

quenzbereich gewählt und nach Verstärkung auf einen Druckkammerlautsprecher gegeben.

Eine größere Überschaubarkeit der beteiligten Versuchskomponenten sowie eine eindrucksvollere Demonstration verspricht das optische Interferenzexperiment. Hier ist es der Zusammenhang zwischen der veränderlichen spektralen Bandbreite des Lichts und der Anzahl von Intensitätsminima, der zum Verständnis der zeitlichen Kohärenz verhilft.

VI.2.1 Experimentelles

Als Lichtquelle dient eine Bogenlampe mit Kondensor, dessen paralleles Strahlenbündel nach Passieren eines als Wärmeschutz dienenden Wasserfilters auf eine Zylinderlinse trifft (Fig. VI.8). Diese liefert eine in ihrer Brennebene liegende, spaltförmige Zwischenabbildung der Lichtquelle. Ein in der Nähe der Brennebene befindlicher, um die Flächennormale drehbarer Verlaufsfilter ist so angeordnet, daß sich ein von dessen Stellung abhängiger Spektralbereich in gewissen Grenzen variabel gestalten läßt. Die durchgelassenen Strahlen werden mittels einer Zylinderlinse wieder parallel geführt, um auf eine Bikonvexlinse zu treffen. Diese hat mit einer im Abstand von 9 cm entfernten Linse kurzer Brennweite die Funktion eines Fernrohrs. Das optische Intervall dieses Linsensystems als die Entfernung des vorderen Brennpunkts der einen Linse vom hinteren Brennpunkt der anderen ist gleich Null.

Mit steigender Vergrößerung ($v = f_1/f_2$) der Lichtquelle als Urbild wächst auch die am Planspiegel reflektierte Lichtmenge, wodurch eine intensivere Beleuchtung der keilförmigen Luftplatte ermöglicht wird. Diese wird von zwei in der Mitte gegeneinander gepreßten Glasplatten - einer Schwarzglasplatte und einer keilförmigen Glasplatte - gebildet, die einen Durchmesser von 63 mm besitzen und auf einen Mindestwert von $\lambda/4$ optisch poliert sind. Die keilförmige Glasplatte ist dabei so angeordnet, daß das an ihrer Oberfläche reflektierte Licht nicht den Kontrast in der Interferenzfigur verringert. Das an der Oberfläche der Luftplatte liegende Interferenzbild wird mit einem Objektiv unter Beachtung eines konstanten Einfalls- und Beobachtungswinkels auf den Schirm abgebildet. Die Intensitätsmessung geschieht mit einem Thermoelement.

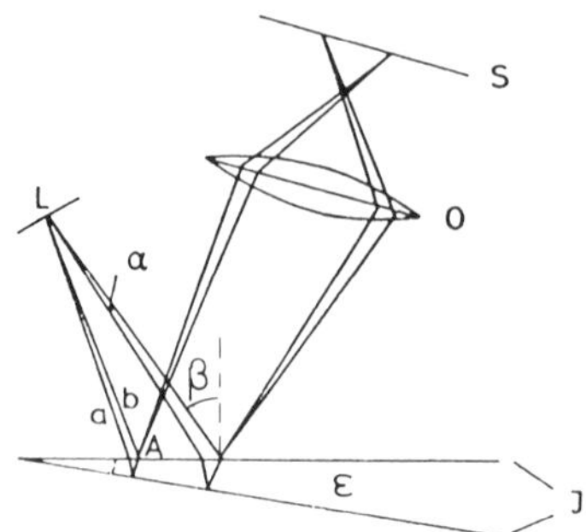

Fig. VI.9: Interferenz an einer keilförmigen Schicht; L: Lichtquelle, I: Interferenzplatten, O: Objektiv, S: Schirm.

VI.2.2 Aufgabenstellung

a) Man bestimme die Bandbreite $\Delta\lambda$ des Verlaufsfilters sowie die Kohärenzlänge Δl resp. die Kohärenzzeit Δt bei horizontaler Stellung.
b) Man variiere die Bandbreite durch Änderung der Stellung des Verlaufsfilters und diskutiere die Interferenzfiguren.
c) Man bestimme die maximale und minimale Intensität bzw. den Kontrast K und den Betrag des komplexen Kohärenzgrades $|\gamma_{11}|$ bei verschiedenen Kohärenzlängen.

VI.2.3 Anleitung

Wie bei jedem optischen Interferenzversuch wird auch hier kohärentes Licht in zwei Teilbündel aufgespalten, die sich nach dem Durchlaufen verschieden großer optischer Weglängen wieder überlagern. Betrachtet man ein von einem Punkt der ausgedehnten Lichtquelle fortlaufendes Strahlenpaar (a,b), das auf die Oberfläche einer keilförmigen Luftplatte trifft (Fig. VI.9), so wird der eine Strahl (a) teilweise an der Oberfläche unter dem Einfallswinkel β reflektiert, während der Reststrahl mit verminderter Intensität in die Luftschicht eindringt. Dort wird er zum Teil an deren Rückseite reflektiert und tritt in jenem Punkt wieder aus der Luftschicht aus, wo der andere Strahl (b) einfällt, so daß eine Überlagerung stattfindet. Die beiden von diesem Punkt (A) ausgehenden, nicht parallelen Strahlen haben bei einem äußerst kleinen Keilwinkel einen Gangunterschied

$$\Delta = 2d\sqrt{n^2 - \sin^2\beta} + \frac{\lambda}{2} \tag{VI.60}$$

mit d: Dicke der Keilplatte, n: Brechungsindex, β: Einfallswinkel. Bei senkrechter Inzidenz ($\beta = 0^0, n = 1$) als Spezialfall ergibt sich

$$\Delta = 2d + \frac{\lambda}{2}\,, \tag{VI.61}$$

so daß zwei Teilstrahlen Dunkelheit ergeben, falls die Bedingung

$$2d_k + \frac{\lambda}{2} = (2k+1)\frac{\lambda}{2} \tag{VI.62}$$

($k = 0, 1, \ldots$; d_k: Keildicke an der Stelle des k-ten Ringes) erfüllt ist, wodurch Interferenzkurven gleicher Dicke entstehen.

Das vom Planspiegel auf die Glasplatten fallende Licht kommt jedoch nicht nur von einem Punkt der Lichtquelle, sondern vielmehr von einer leuchtenden Fläche. Da die Winkelausdehnung des Interferenzfeldes bei hinreichender Lichtintensität durch den Plattendurchmesser bestimmt wird, während sie vom Neigungswinkel ϵ unabhängig ist, kann mit ϵ auch der Öffnungswinkel α sehr klein gemacht werden. Demnach können große Lichtquellen noch als räumlich kohärente Strahler betrachtet werden, die gut sichtbare Interferenzbilder ermöglichen. Bei einer Luftkeildicke von etwa $d_k < 5\mu$m findet man $\sin\alpha$ in der Größenordnung von 10^{-6}, so daß die Lichtquelle gemäß der räumlichen Kohärenzbedingung (VI.17) einen Durchmesser von mehreren Zentimetern besitzen darf.

Die geringe Dicke der Luftschicht ist der Grund, warum der Abstand a der Streifenebene von der Keilfläche nach

$$a = d \cdot \frac{\sin\beta}{\sin\epsilon} \tag{VI.63}$$

äußerst klein ist und vernachlässigt werden kann. Die Interferenzstreifen liegen bei verschiedenen Einfallsrichtungen stets innerhalb des Luftkeils und können mit einem Objektiv abgebildet werden, dessen Eintrittspupille nicht auf die Aussonderung einzelner Einfallswinkel abgestimmt ist. Dagegen ist die Neigung des Objektivs gegenüber der Streifenebene nach Gl. (VI.60) mitbestimmend für den Gangunterschied Δ. Nur bei konstantem Einfalls- und Beobachtungswinkel ist der Gangunterschied von der Keildicke allein abhängig, was die Kurven gleicher Dicke ermöglicht.

Die beiden in der Mitte gegeneinander gepreßten Glasplatten sind auf $\lambda/4$ genau optisch poliert und liefern damit als Interferenzfigur des dazwischen befindlichen Luftkeils die sogenannten NEWTONschen Ringe. Die Änderung der Keildicke $\delta d = (d_{k+1} - d_k)$ für zwei aufeinanderfolgende dunkle Interferenzstreifen kann nach Gl. (VI.60) mit $n = 1$ zu

$$\delta d = \frac{\lambda}{2\cos\beta} \tag{VI.64}$$

berechnet werden. Nach geometrischen Überlegungen unter Einbeziehung des Abstands D zweier Minima findet man

$$\tan\epsilon = \frac{\delta d}{D}\,, \tag{VI.65}$$

so daß daraus insgesamt die Beziehung

$$D = \frac{\lambda}{2\cos\beta \cdot \tan\epsilon} \tag{VI.66}$$

resultiert.

Bei einer spektralen Verteilung der Intensität wird von jeder monochromatischen Komponente λ mit $\lambda_1 < \lambda < \lambda_2$ ein Muster erwartet, so daß es zu einer Überlagerung der einzelnen Interferenzbilder kommt. Für den Fall, daß in einem Punkt des Interferenzfeldes der Gangunterschied $M\lambda_0$ der zentralen Wellenlänge $\lambda_0 = (\lambda_1 + \lambda_2)/2$ mit dem Gangunterschied $(2M + 1)\lambda_1/2$ identisch ist und so zu einer destruktiven Interferenz bezüglich der minimalen Grenzwellenlänge λ_1 führt, ist insgesamt mit einem Verschwinden des Interferenzmusters zu rechnen. Ähnliche Überlegungen gelten für die obere Grenze des Spektrums λ_2, so daß die maximale Zahl der Ordnung M resp. der Interferenzringe durch die Bedingung

$$(2M + 1)\frac{\lambda_1}{2} = (2M - 1)\frac{\lambda_2}{2}$$

oder

$$M = \frac{\lambda_0}{\Delta\lambda} \tag{VI.67}$$

festgelegt ist. Bei Vorgabe der mittleren Wellenlänge λ_0 (550 nm) kann daraus die Bandbreite ermittelt werden. Identifiziert man den maximalen Gangunterschied mit der Kohärenzlänge

$$\Delta l = M \cdot \lambda_0 \, , \tag{VI.68}$$

so erhält man die Beziehung

$$\Delta l = \frac{\lambda_0^2}{\Delta\lambda} \, , \tag{VI.69}$$

(s. zeitliche Kohärenzbedingung (VI.15)), die es erlaubt, die Kohärenzlänge zu bestimmen. Bei waagrechter Stellung des Verlaufsfilters ergibt sich eine quasimonochromatische Beleuchtung der Keilplatten. Das Minimum der variablen Halbwertsbreite wird durch die Spaltbreite fest vorgegeben. Dabei ist die Spaltbreite so gewählt, daß die größte ohne Weißverhüllung erzielte Lichtintensität eine große Anzahl gut sichtbarer Interferenzringe ergibt. Ändert man durch Drehung die Stellung des Filters, so vergrößert sich bei gleichbleibender Beleuchtungsstärke die Bandbreite $\Delta\lambda$. Die Folge davon ist eine Verringerung der Kohärenzlänge sowie der Anzahl der Interferenzringe nach Gl. (VI.69) u. (VI.68).

VI.3 Räumliche Kohärenz eines Lasers

Die räumliche Kohärenz kann mühelos mit einem Laser am YOUNGschen Interferenzexperiment demonstriert und gemessen werden. Dabei wird der Kohärenzgrad durch die Entscheidung darüber bestimmt, inwieweit die an den beiden Öffnungen einer Doppellochblende auftretenden Erregungen zeitlich gemittelt in festen Phasenbeziehungen stehen.

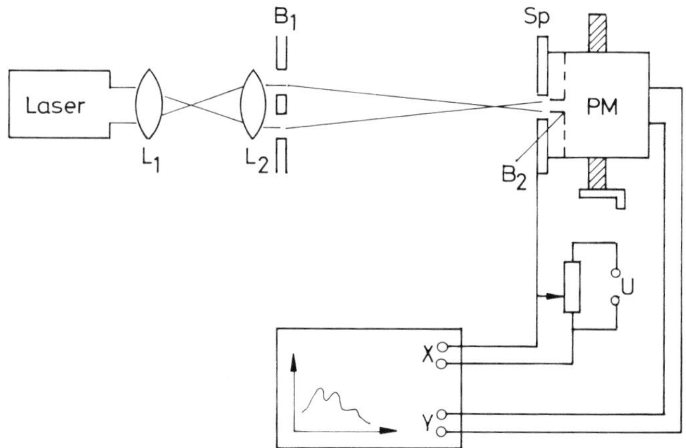

Fig. VI.10: Schematischer Versuchsaufbau zur räumlichen Kohärenz; L_1, L_2: Linsen, B_1: Doppellochblende, Sp: Spalt, B_2: Blende, PM: Photomultiplier, X-Y: Schreiber.

VI.3.1 Experimentelles

Ein in der TEM_{00}-Mode arbeitender He-Ne-Laser ($\lambda = 632.8$ nm) dient als Quelle des optischen Feldes (Fig. VI.10). Zwei Linsen sorgen für die Aufweitung des Laserstrahls, so daß sein Durchmesser am Ort der Doppellochblende etwa 3.5 mm beträgt. Das durch die Doppellochblende mit verschiebbarem Lochabstand tretende Licht erzeugt in einer Entfernung von ca. 1.50 m auf einer weiteren Blende ein Interferenzmuster, dessen zentraler Fleck mit Hilfe eines verschiebbar angeordneten Photomultipliers oder einer Si-Solarzelle ausgemessen werden kann.

Die mit dem Gehäuse des Photomultiplier verbundene Blende besteht aus einem verstellbaren, drehbar angeordneten Spalt und einer nachfolgenden Lochblende, die den Spalt nach oben begrenzt, so daß dessen Höhe erheblich geringer ist als die der Interferenzsstreifen des zentralen Flecks. Die drehbare Anordnung ermöglicht die Parallelstellung des Spaltes zu den Interferenzstreifen. Die Ausgangsspannung des Photomultipliers wird vom Y-Eingang eines Zwei- Komponenten-Schreibers aufgenommen und verstärkt. Der X-Eingang erhält eine Spannung, die durch eine mit der Verschiebevorrichtung des Photomultiplier gekoppeltes Potentiometer regelbar ist und Proportionalität zur Verschiebung garantiert.

VI.3.2 Aufgabenstellung

Man bestimme den Kohärenzgrad zwischen zwei Punkten einer Doppellochblende, die von einem Laser bestrahlt wird. Dabei ist der Einfluß des Lochabstands der Doppellochblende zu untersuchen (d = 1mm; 2.5mm; 3mm). Daneben ist der Intensitätsverlauf

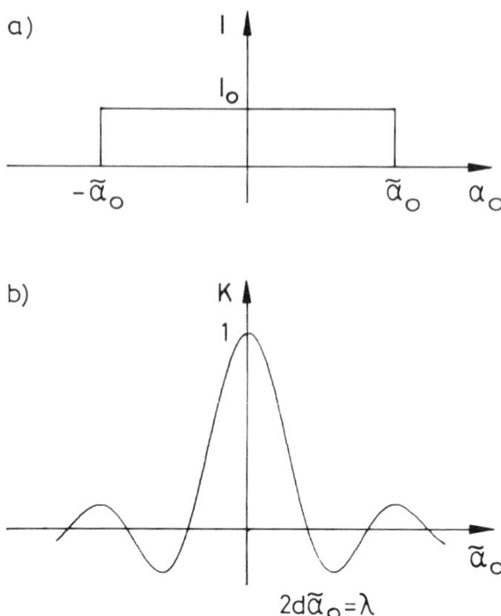

Fig. VI.11: a) Intensität I einer ausgedehnten Lichtquelle als Funktion des Öffnungswinkels α_0 zum Doppelspalt. b) Kontrast K resp. normierte Kohärenzfunktion in Abhängigkeit der räumlichen Ausdehnung $\tilde{\alpha}_0$ der Lichtquelle.

der Beugungserscheinung zur Kontrolle aufzunehmen.

VI.3.3 Anleitung

Die Frage nach dem Kontrast, den eine räumlich ausgedehnte Lichtquelle hinter einem Doppelpalt hervorruft, kann in einem einfachen Modell diskutiert werden. Dabei wird die begrenzte Lichtquelle, die symmetrisch zur optischen Achse liegt und vom Doppelspalt aus unter dem Winkel $2\tilde{\alpha}_0$ erscheint, mit konstanter Leuchtdichte I_0

$$I'(\alpha_0) = \mathrm{rect}\left(\frac{\alpha_0}{2\tilde{\alpha}_0}\right) = \begin{cases} I_0 & \text{für } |\alpha_0| < \tilde{\alpha}_0 \\ 0 & \text{sonst} \end{cases} \tag{VI.70}$$

vorausgesetzt (Fig. VI.11a). Die gesamte Intensität unter dem Beobachtungswinkel α wird nach Gl. (VI.40) durch die FOURIER-Transformierte der Intensität $I'(\alpha_0)$ bestimmt und errechnet sich zu

$$I(\alpha) = 2I_0\left[\tilde{\alpha}_0 + \frac{1}{kd}\sin kd\tilde{\alpha}_0 \cdot \cos kd\alpha\right] . \tag{VI.71}$$

Die minimale bzw. maximale Intensität ist demnach bei $\cos kd\alpha = \pm 1$ zu erwarten, so daß der Kontrast K nach Gl. (VI.34) den Wert

$$K = \frac{\sin kd\tilde{\alpha}_0}{kd\tilde{\alpha}_0} \tag{VI.72}$$

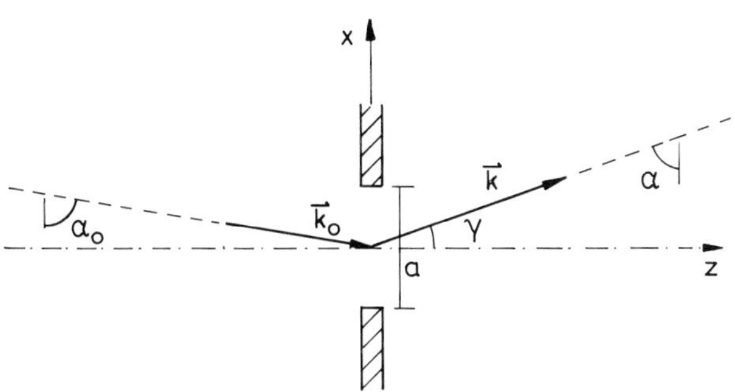

Fig. VI.12: FRAUNHOFERsche Beugung am rechteckigen Spalt.

annimmt (Fig. VI.11b). Die Forderung nach maximalem Kontrast ($K = 1$) resp. Korrelationsgrad (s. Gl. (VI.36)) wird genau dann erfüllt, wenn das Argument $kd\tilde{\alpha}_0$ verschwindet und somit die Ausdehnung der Lichtquelle auf einen geometrischen Punkt zusammenschrumpft.

Die Berechnung der Intensitätsverteilung hinter einem Schirm als beugendes Objekt verlangt die Integration der Wellengleichung

$$\triangle u + k^2 u = 0 \tag{VI.73}$$

unter Berücksichtigung der Randbedingungen sowohl bei der Lichtquelle wie an der Oberfläche des Schirmes. Eine Vereinfachung des Problems gelingt durch den Ansatz von KIRCHHOFF, wonach innerhalb der Öffnung der als eben vorausgesetzten Blende die Erregung mit jener gleichgesetzt wird, die von einer ungestörten Welle bei Abwesenheit der Blende vorhanden wäre. Zudem gilt die Forderung nach dem Verschwinden der Erregung außerhalb der Öffnung auf der unbeleuchteten Seite des Schirms. Betrachtet man etwa als beugende Öffnung ein Rechteck mit den Kantenlängen a und b, dessen Mittelpunkt mit dem Koordinatenursprung zusammenfällt (Fig. VI.12), dann kann die Randbedingung durch

$$u = \begin{cases} u_0(x,y) & \text{für} \quad z = 0 \quad \text{und} \quad \begin{array}{l} -a/2 \le x \le +a/2 \\ -b/2 \le y \le +b/2 \end{array} \\ 0 & \text{sonst} \end{cases} \tag{VI.74}$$

formuliert werden. Eine Lösung der Wellengleichung ist eine ebene Welle der Form (VI.1), dessen Ausbreitungsvektor wegen der Bedingung

$$k_x^2 + k_y^2 + k_z^2 = k^2 \tag{VI.75}$$

durch willkürliche Wahl seiner x- und y-Komponente konstruiert werden kann. Die allgemeinste Lösung erhält man deshalb durch eine Überlagerung solcher Wellen

$$u = \int\int_{-\infty}^{+\infty} A(k_x, k_y) e^{-i(k_x x + k_y y + k_z z)} \, dk_x \, dk_y \, , \tag{VI.76}$$

die unter Berücksichtigung der Randbedingung zu einer Integralgleichung für die Amplitudenfunktion $A(k_x, k_y)$ führt

$$\int\int_{-\infty}^{+\infty} A(k_x, k_y) e^{-i(k_x x + k_y y + k_z z)} \, dk_x \, dk_y = \begin{cases} u_0 & \text{innerhalb des Rechtecks} \\ 0 & \text{sonst} \end{cases} \tag{VI.77}$$

Eine nachfolgende FOURIER-Transformation erlaubt die Darstellung der gesuchten Amplitudenfunktion

$$A(k_x, k_y) = \frac{1}{(2\pi)^2} \int_{-a/2}^{+a/2} \int_{-b/2}^{+b/2} u_0(x, y) e^{i(k_x x + k_y y)} \, dx \, dy \, . \tag{VI.78}$$

Demnach ist die Verteilung der Erregung in der Beobachtungsebene die FOURIER-Transformierte der Verteilung in der Ebene des beugenden Objekts.

Im besonderen Fall der FRAUNHOFERschen Beugung, wo die Lichtquelle weit entfernt oder im Brennpunkt einer Linse liegt, wird die Blendenöffnung von einer ebenen Welle mit dem Ausbreitungsvektor $\vec{k}_0 = (k_{x0}, k_{y0}, k_{z0})$ getroffen, so daß innerhalb der Blende mit der Erregung

$$u_0(x, y) = c \cdot e^{-i(k_{x0} x + k_{y0} y)} \tag{VI.79}$$

gerechnet werden muß. Die Intensitätsverteilung I in großem Abstand oder in der Brennebene einer Linse hinter der Blende wird durch das Quadrat der Amplitudenfunktion beherrscht

$$I(k_x, k_y) = \text{const} \cdot |A(k_x, k_y)|^2 \, . \tag{VI.80}$$

Dabei findet man eine Abhängigkeit des Proportionalitätsfaktors von Eigenschaften der Linse wie ihrer Brennweite oder ihres Reflexionsvermögens. Die Substitution von Gl. (VI.79) in Gl. (VI.78) ergibt mit Gl. (VI.80) die Intensität

$$I(k_x, k_y) = \text{const} \cdot a^2 b^2 \cdot \left(\frac{\sin(k_x - k_{x0}) a/2}{(k_x - k_{x0}) a/2} \right)^2 \cdot \left(\frac{\sin(k_x - k_{x0}) b/2}{(k_x - k_{x0}) b/2} \right)^2 \, . \tag{VI.81}$$

Im Falle eines Spaltes mit $a \gg b$ ist die in y-Richtung zu erwartende Beugungserscheinung gegenüber der in x-Richtung vernachlässigbar, so daß unter Einführung der Richtungskosinusse (Fig. VI.12)

$$k_x = |\vec{k}| \cos\alpha = |\vec{k}| \sin\gamma \quad \text{und} \quad k_{x0} = |\vec{k}| \cos\alpha_0$$

sowie bei senkrechtem Lichteinfall ($\alpha_0 = \pi/2$) die Intensität

$$I(\gamma) = I_0 \, \frac{\sin^2(\pi a \sin\gamma/2)}{(\pi a \sin\gamma/2)^2} \tag{VI.82}$$

unter dem Winkel γ beobachet wird (Fig. VI.13). Das Hauptmaximum liegt genau an der Stelle, wo auch ohne Blende in der Brennebene der idealen Linse die alleinige Intensität erwartet wird. Die Wirkung der Blende offenbart sich in einer Verbreiterung des Helligkeitsmaximums, die umso stärker anwächst, je schmaler die Spaltöffnung a ist (Fig. VI.13). Darüber hinaus beobachtet man Nebenmaxima mit rasch abnehmender Intensität.

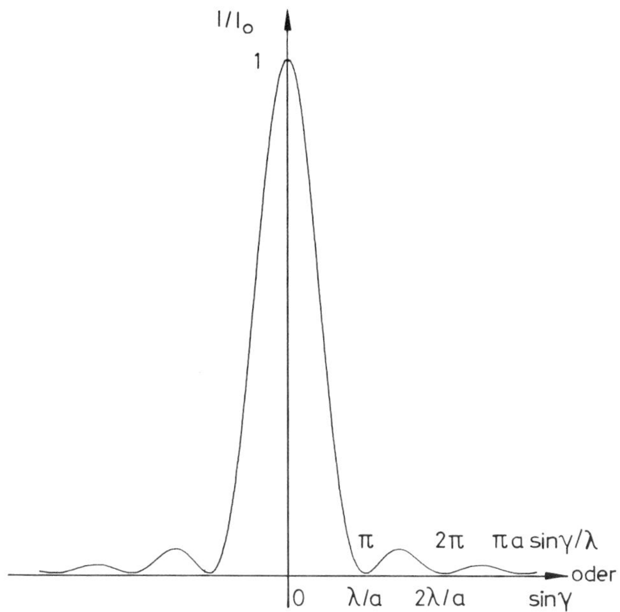

Fig. VI.13: Intensitätsverteilung I/I_0 der FRAUNHOFERschen Beugung am Spalt.

VI.4 Sterninterferometer

Nicht allein die Anwendung zur Bestimmung des Winkelabstandes und Winkeldurchmessers von Fixsternen, sondern auch die Fähigkeit zur Vorbereitung auf moderne Experimente zur Photonenstatistik unterstreichen die Bedeutung des mit einfachen Mitteln ausgestatteten Experiments. Im Gegensatz zum Experiment von HANBURY-BROWN und TWISS jedoch, bei der eine Intensitätskorrelation die Kohärenz 2.Ordnung fordert, wird hier die Addition der Intensitäten zweier räumlich kohärenter Lichtquellen hinter einer Doppellochblende vorgenommen.

VI.4.1 Experimentelles

Das Licht einer Quecksilberhochdrucklampe passiert eine Linse sowie einen Interferenzfilter (520 nm $< \lambda <$ 560 nm), um mit parallelen Strahlen auf einem Doppelspalt aufzutreffen (Fig. VI.14). Jeder Spalt für sich dient als Lichtquelle für das in weiter Entfernung aufgebaute Interferometer und steht somit stellvertretend für einen Stern. Das Interferometer besteht aus einem Doppelspalt mit verschiebbarem Spaltabstand d und einem astronomischen Fernrohr zur Beobachtung des Interferenzmusters.

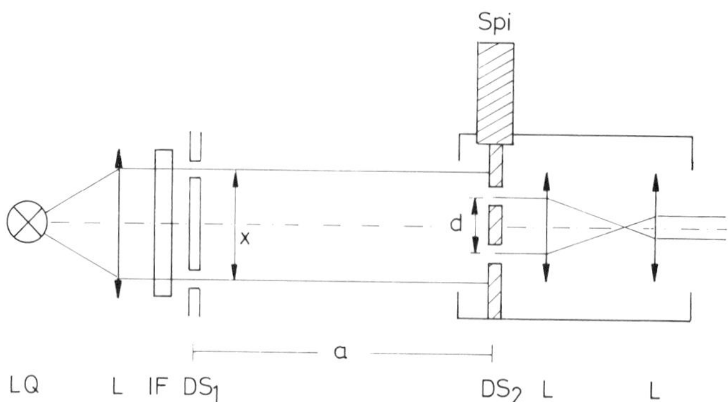

Fig. VI.14: Versuchsaufbau zum Sterninterferometer. LQ: Lichtquelle (Hg-Lampe) L: Linse, IF: Interferenzfilter, DS: Doppelspalt, Spi: Spindel.

VI.4.2 Aufgabenstellung

Man bestimme den Abstand zweier Doppelspalte nach einer Interferenzmethode. Dabei werden die Einstellungen am Interferometer beim Verschwinden des Kontrasts ($K = 0$: "Verwaschung") als Meßgröße ausgewertet. Zur Kontrolle werden die Doppelspalte mit einem Meßmikroskop ausgemessen.

VI.4.3 Anleitung

Die experimentelle Anordnung ist in Analogie zu jener von Fig. (VI.4) ausgeführt, bei der zwei untereinander völlig inkohärente Lichtquellen in weiter Entfernung einen Doppelspalt beleuchten. Demnach berechnet sich die gesamte Intensität in einem Punkt Q weit hinter dem Doppelspalt als die Summe der Intensitätsmuster der einzelnen Lichtquellen (Fig. VI.15) nach Gl. (VI.39). Die endlichen Öffnungen der einzelnen Spalte zwingen daneben zur Berücksichtigung der Beugung, wodurch eine Modulation der Intensität gemäß Gl. (VI.82) erwartet wird. Diese ist um so langsamer veränderlich als die Spaltöffnungen enger werden und hat darüber hinaus bei der Errechnung des Kontrastes K zu

$$K = \cos kd\alpha_0 \tag{VI.83}$$

keinen Einfluß. Bei Verwendung einer Verwaschung als gut beobachtbare Situation, wo die Maxima des Streifensystems der einen Lichtquelle mit den Minima jenes der anderen Lichtquelle zusammenfallen, muß der Kontrast verschwinden ($K = 0$), so daß dort nach Gl. (VI.83) die Bedingung

$$2kd_1\frac{a}{x} = (2n+1)\frac{\pi}{2} \tag{VI.84}$$

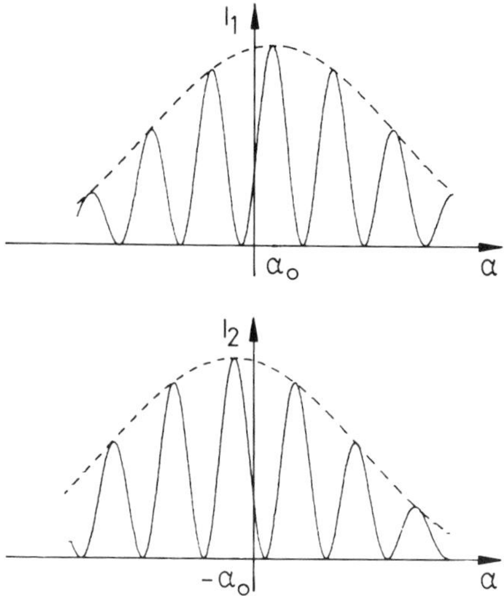

Fig. VI.15: Getrennte Interferenzmuster I_1, I_2 der beiden inkohärenten Lichtquellen hinter dem Doppelspalt des Sterninterferometers (– – – –: Beugung).

(n: nat. Zahl, a: Abstand von Doppelspalt zu Interferometer, x: Spaltabstand des unbekannten Doppelspalts) erfüllt sein muß (Fig. VI.4. u. VI.14). Verzichtet man auf die absolute Kenntnis des Abstandes d_1 beim Interferometer, so ist eine zweite Messung der Verwaschung an anderer Stelle d_2 notwendig, die gegenüber Gl. (VI.84) um die Phase π verschoben ist. Damit ergibt sich

$$d_2 - d_1 = \frac{a}{x}, \tag{VI.85}$$

woraus der Abstand x (Doppelstern) bei Vorgabe der Entfernung a ermittelt werden kann.

VI.5 Literatur

1. M. BORN *Optik*
Springer, Berlin, Heidelberg, New York, Tokyo **1985**

2. F.A. JENKINS, H.E. WHITE *Fundamentals of optics*
Mc. Graw-Hill Book Company Inc., New York **1957**

3. L. MANDEL *Fluctuations of light beams* in: E. WOLF (Ed.) *Progress in optics Vol. II* North-Holland Pub. Comp., Amsterdam **1963**

4. E. MOLLWO, W. KAULE *Maser und Laser*
Bibliographisches Institut, Mannheim *1966*

5. **R.W. POHL** *Optik und Atomphysik*
Springer, Berlin, Heidelberg, New York **1967**

6. **H. HAKEN** *Light and matter* in: S. FLÜGGE (Ed.) *Handbuch der Physik* Bd. XXV/2c, Springer, Berlin, Heidelberg, New York **1970**

7. **M. BORN, E. WOLF** *Principles of optics*
Pergamon Press, New York, London, Braunschweig **1970**

8. **E. MENZEL, W. MIRANDÉ, I. WEINGÄRTNER** *FOURIER-Optik und Holographie* Springer, Wien, New York **1973**

9. **R. LONDON** *The quantum theory of light*
Clarendon Press, Oxford **1973**

10. **L. BERGMANN, C. SCHAEFER** *Lehrbuch der Experimentalphysik Bd. III "Optik"* Walter de Gruyter, Berlin, New York **1978**

11. **H. HAKEN** *Synergetik*
Springer, Berlin, Heidelberg, New York **1982**

12. **M.V. KLEIN, T.E. FURTAK** *Optik*
Springer, Berlin, Heidelberg **1988**

13. **E. HECHT** *Optik*
Addison-Wesley Publ. Comp. Inc., Bonn, München **1989**

VII. Magnetismus

Die Ursache des Magnetismus geht auf das Verhalten von Elektronen im Magnetfeld zurück. Während für den Diamagnetismus eine durch das Feld verursachte LARMOR-Präzession verantwortlich gemacht wird, sind beim Para- und Ferromagnetismus die Ausrichtungen der mit den Bahn- und Eigendrehimpulsen verbundenen magnetischen Momente der Anlaß für eine endliche Magnetisierung $\vec{M}$, die dem Vakuumfeld $\vec{H}$ additiv überlagert ist. Eine phänomenologische Beschreibung gelingt durch die Permeabilität μ, die den Zusammenhang zwischen der magnetischen Feldstärke $\vec{H}$ im Vakuum und der magnetischen Flußdichte $\vec{B}$ als der Feldstärke innerhalb der Materie herstellt

$$\vec{B} = \mu\vec{H} = \mu_r\mu_0\vec{H} \tag{VII.1}$$

(μ_0: magnetische Feldkonstante, μ_r: Permeabilitätszahl), wobei im allgemeinen Fall unterschiedlicher Richtungen von Feldstärke und Flußdichte diese Materialgröße ein Tensor 2.Stufe ist. Die Verbindung zur atomaren Vorstellung, wo die Magnetisierung $\vec{M}$ als Summe einer Vielzahl endlicher magnetischer Momente gilt, impliziert so die Identität

$$\vec{B} = \mu_0(\vec{H} + \vec{M}) \; , \tag{VII.2}$$

woraus mit

$$\vec{M} = \chi\vec{H} \tag{VII.3}$$

die Suszeptibilität

$$\chi = \mu_r - 1 \tag{VII.4}$$

gewonnen wird.

Während der Paramagnetismus wegen der orientierenden Wirkung des äußeren Feldes auf vorhandene permanente Momente durch eine positive Suszeptibilität ($\chi > 0; \mu_r < 1$) ausgezeichnet ist, findet man beim Diamagnetismus das entgegengesetzte Vorzeichen ($\chi < 0; \mu_r > 1$), was mit einer induzierenden und mithin der Ursache entgegengerichteten Wirkung erklärt werden kann. Über den orientierenden Einfluß des äußeren Feldes hinaus können nichtlineare sowie nicht eindeutige Effekte eine hervorragende Bedeutung erlangen, wodurch die hohen Werte der magnetischen Suszeptibilität ($\chi \gg 1$) beim Ferromagnetismus verständlich werden. Die Vorstellung benachbarter Gebiete mit antiparallel orientierten und dem Betrag nach gleichen Momenten führt dort insgesamt zu einer sehr kleinen Suszeptibilität und dient als Grundlage zur Diskussion des Antiferromagnetismus. Bleibt schließlich die Variation dieses Modells dahingehend, daß nur der Betrag der sonst weiterhin entgegengerichteten Momente verschieden sein mag, die beim Ferromagnetismus mit erneut hoher Suszeptibilität realisiert wird.

VII.1 Grundlagen

Die Klärung der Frage nach der Suszeptibilität erfordert eine mikroskopische Betrachtung, bei der die Magnetisierung $\vec{M}$ aus der Summe aller magnetischen Momente in Richtung des äußeren Feldes resultiert. Für eine in z-Richtung orientierte Flußdichte $\vec{B}$ erhält man dann

$$M = \sum_i n_i \mu_{z,i} \tag{VII.5a}$$

(n_i: Teilchendichte), was mit Rücksicht auf die Verteilung f_i der einzelnen Momente $\mu_{z,i}$ im Phasenraum sowie deren Zustandsdichte $z(E_i)$ (s. Abschn. XIII.2.1) auch durch

$$M = \sum_i f(E_i) \cdot z(E_i) \mu_z(E_i) \tag{VII.5b}$$

ausgedrückt werden kann (E_i: Energie).

Nach Einführung der freien Energie als das in thermodynamischer Vorstellung bei isothermen (T = const.) und isochoren (V = const.) Vorgängen zuständige Potential

$$F = U - TS \tag{VII.6a}$$

(U: innere Energie, S: Entropie) sowie deren Änderung

$$dF = dU - TdS \tag{VII.6b}$$

wobei die Änderung der inneren Energie außer von einer feldunabhängigen Änderung der Wärme dQ noch von der durch die Änderung der Magnetisierung $d\vec{M}$ zugeführten Arbeit gemäß dem 1. Hauptsatz abhängt

$$dU = dQ - (\vec{B} \cdot d\vec{M}) \, , \tag{VII.7}$$

errechnet sich die Magnetisierung des Systems zu

$$M = -\left(\frac{\partial F}{\partial B}\right)_{T,V} \, . \tag{VII.8}$$

Die Berechnung wird nicht selten durch die Anwendung des statistischen Modells der Thermodynamik erleichtert, wobei drei Fälle zu unterscheiden sind. In der Quantenstatistik ist die gesamte freie Energie darstellbar als

$$F = ng \ - kT \ln z' \tag{VII.9a}$$

(g: chemisches Potential) mit der statistischen Funktion

$$\ln z' = \pm \sum_i z_i \ln\left(1 \pm e^{-(E_i - g)/kT}\right) \, . \tag{VII.9b}$$

Die Wahl des Vorzeichens wird durch die Spineigenschaft der betrachteten Teilchen entschieden, die im einen Fall die Fermionen, im anderen die Bosonen kennzeichnet. Im klassischen Fall des nichtentarteten FERMI-Gases, wo die BOLTZMANN-Statistik die Verteilung der Zustände im Phasenraum beherrscht, findet man für die freie Energie

$$F = -kT \ln Z'' \tag{VII.10a}$$

mit der Zustandssumme

$$Z'' = A \cdot \sum_i z_i e^{-E_i/kT} , \tag{VII.10b}$$

die als Grenzfall des "verdünnten" Systems (Fugazität $A = e^{g/kt} \ll 1$) aus der statistischen Funktion (VII.9b) hervorgeht und mit der Teilchendichte n identisch ist (s. Abschn. X.1.4). Nach Gl. (VII.8) erhält man die Magnetisierung aus der allgemeinen Beziehung

$$M = \pm kT \cdot \frac{1}{Z}\frac{\partial Z}{\partial B} . \tag{VII.11}$$

Die weitere Berechnung erfordert die Kenntnis der Energiewerte des atomaren Systems unter der Wirkung des Magnetfelds, was zunächst die Frage nach dem für das betrachtete Problem angepaßten HAMILTON-Operator aufwirft.

VII.1.1 Gebundene Elektronen

Die Beschreibung eines durch das Potential V ans Atom gebundenen Elektrons, das sich zudem in einem äußeren Magnetfeld $\vec{B}$ befindet, gelingt mit Rücksicht auf den Eigendrehimpuls $\vec{S}$ durch die PAULI-Gleichung, deren HAMILTON-Operator unter Vernachlässigung des unmerklich kleinen Betrags des magnetischen Kernmoments die Form (s. Abschn. XI.4)

$$\hat{H} = \frac{1}{2m}\left(\hat{\vec{p}} - e\vec{A}\right)^2 + V - \frac{e}{m}\hat{\vec{S}}\vec{B} + \hat{H}_{L,S} \tag{VII.12}$$

annimmt, wobei $\hat{H}_{L,S}$ für die Spin-Bahn-Wechselwirkung steht. Die magnetische Flußdichte $\vec{B}$ als eichinvariante Meßgröße wird durch das Vektorpotential $\vec{A}$ dargestellt

$$\vec{B} = \mathrm{rot}\vec{A} , \tag{VII.13}$$

das mangels Eindeutigkeit einer Eichtransformation unterworfen werden kann. Mit der transversalen (COULOMB-)Eichung

$$\mathrm{div}\vec{A} = 0 \tag{VII.14}$$

erhält man

$$\hat{H} = \frac{\hat{\vec{p}}^2}{2m} - \frac{e}{m}\vec{A}\hat{\vec{p}} + \frac{e^2}{2m}\vec{A}^2 + V - \frac{e}{m}\hat{\vec{S}}\vec{B} + \hat{H}_{L,S} . \tag{VII.15}$$

Nach Wahl der magnetischen Flußdichte in Richtung der z-Achse $\vec{B} = (0, 0, B)$ sowie des Vektorpotentials in der Form $\vec{A} = (-B \cdot y/2, B \cdot x/2, 0)$ erhält der HAMILTON-Operator in der Ortsdarstellung die Form (s.a. Abschn. XI.4.1)

$$\hat{H} = \hat{H}_0 + \hat{H}_{L,S} - \frac{e}{2m}B\frac{\hbar}{i}(x\frac{\partial}{\partial y} - y\frac{\partial x}{\partial x}) + \frac{e}{m}B\hat{S}_z + \frac{e^2}{8m}B^2(x^2 + y^2) . \tag{VII.16}$$

Der erste Term H_0, als der HAMILTON-Operator des Elektrons im kugelsymmetrischen Potential des freien Atoms, liefert die entarteten Bahnenergien, ohne dem Einfluß des Magnetfeldes zu unterliegen. Die Spin-Bahn-Wechselwirkung, die im Hinblick auf ihren Beitrag oft vernachlässigt wird, zwingt dennoch zur Wahl des Gesamtdrehimpulses $\vec{J}$ und seiner z-Komponente J_z als sinnvolle Observable, da deren zugehörige Operatoren mit dem Operator $\hat{H}_{L,S}$ vertauschen und so eine Konstante der Bewegung darstellen (s. Abschn. XI.1). Die nächsten beiden Terme, die zusammengefaßt als

$$\hat{H}_{para} = \frac{e}{2m} B \left(\hat{L}_z + 2\hat{S}_z\right) \tag{VII.17}$$

dargestellt werden können, sorgen für die Aufhebung der natürlichen Entartung und liefern im Falle der L - S-Kopplung die $(2J+1)$ Energiebeiträge (s. Abschn. XI.4.1)

$$E_{para} = M_J \cdot g\mu_B B \quad \text{mit} \quad |M_J| \leq J \tag{VII.18}$$

(g: LANDÉ -Faktor, $\mu_B = e\hbar/2m$: BOHRsches Magneton). Sie berücksichtigen die Verknüpfung des Drehimpulses mit dem magnetischen Moment und sind deshalb für die Erscheinung des Paramagnetismus verantwortlich. Der letzte Term

$$\hat{H}_{dia} = \frac{e^2}{8m} B^2 (x^2 + y^2) \tag{VII.19}$$

weist keine magnetischen Momente auf und liefert die Erklärung für den Diagmagnetismus, der auf die im Feld erzeugten Momente zurückzuführen ist. Sein Beitrag ist wegen der quadratischen Abhängigkeit von der äußeren Flußdichte bei den gewöhnlich verwendeten Feldstärken klein gegen jenen des paramagnetischen Terms, dessen Auftreten andererseits jedoch nur durch einen nichtverschwindenden Gesamtdrehimpuls ($\vec{J} \neq 0$) gewährleistet wird.

Die Lösung des Problems gelingt mit Hilfe der Störungstheorie, in deren Rahmen $\hat{H}_0$ den ungestörten HAMILTON-Operator bedeutet und entsprechend der Abhängigkeit von der Feldstärke der dritte und vierte Term als Störoperatoren von 1. und 2. Ordnung aufgefaßt werden. Eine Auswertung in 1. Näherung vermag den Para- und Diamagnetismus zu erklären. Darüber hinaus ergibt die Berücksichtigung des paramagnetischen Störoperators $\hat{H}_{para}$ in 2. Näherung mitunter einen Beitrag, der mit dem des Diamagnetismus konkurriert und als van VLECK-Paramagnetismus bekannt ist.

In der Absicht, die Suszeptibilität χ_{para} des Paramagnetismus zu ermitteln, wird man im Hinblick auf Gl. (VII.3) zunächst die gesamte Magnetisierung (s. Gl. (VII.5))

$$M = n \cdot < \mu_z > \tag{VII.20}$$

aus dem Scharmittel

$$< \mu_z > = \frac{\sum\limits_{M_J} \mu_{z,M_J} \cdot z_{M_J} e^{-E_{M_J}/kT}}{\sum\limits_{M_J} z_{M_J} e^{-E_{M_J}/kT}} \tag{VII.21}$$

mit den Eigenwerten nach Gl. (VII.18) und den einzelnen magnetischen Momenten $\mu_{M_J} = M_J g \mu_B$ zu berechnen versuchen. Die Aufhebung der Entartung gibt Anlaß zu einem Entartungsfaktor von $z_{M_J} = 1$. Ein weiterer Weg führt über die Zustandssumme im BOLTZMANN-Grenzfall (Gl. (VII.10b)), so daß sich das mittlere Moment eines Elektrons nach Gl. (VII.11b) errechnet. Mit der Zustandssumme

$$\begin{aligned} Z &= \sum_{M_J=-J}^{+J} e^{-M_J x} = e^{Jx} \cdot \sum_{n=0}^{2J} e^{-nx} = \\ &= e^{Jx} \cdot \frac{1 - e^{-(2J+1)x}}{1 - e^{-x}} = \frac{\sinh(J + \frac{1}{2})x}{\sinh \frac{x}{2}} \end{aligned} \tag{VII.22}$$

($x = g\mu_B B/kT$) bekommt man für den Mittelwert

$$< \mu_z >= kT \frac{1}{Z} \frac{\partial Z}{\partial B} = g\mu_B \sqrt{J(J+1)} \cdot B_J(x) \ , \tag{VII.23a}$$

wobei $B_J(x)$ die BRILLOUIN-Funktion

$$B_J(x) = \frac{(J + \frac{1}{2}) \coth(J + \frac{1}{2})x - \frac{1}{2} \coth \frac{x}{2}}{\sqrt{J(J+1)}} \tag{VII.23b}$$

darstellt. Die Suszeptibilität kann dann nach Gl. (VII.20) und (VII.3) durch

$$\chi_{para} = \frac{\mu_B n_{eff} n}{H} \cdot B_J(x) \tag{VII.24a}$$

mit der effektiven Magnetonenzahl

$$n_{eff} = g\sqrt{J(J+1)} \tag{VII.24b}$$

formuliert werden. Für den nicht selten auftretenden Fall kleiner magnetischer Energien im Vergleich zur thermischen Energie ($g\mu_B B \ll kT$) liefert die Entwicklung ($x \ll 1$) der BRILLOUIN-Funktion.

$$B_J(x) \approx \frac{x}{3} \cdot \frac{J(J+1)}{\sqrt{J(J+1)}} \ , \tag{VII.25}$$

so daß sich damit die Suszeptibilität nach Gl. (VII.24a)

$$\chi_{para} = \frac{\mu_0 n \mu_B^2 n_{eff}^2}{3kT} \tag{VII.26}$$

als positiv und von der äußeren Flußdichte unabhängig erweist. Sie folgt dem CURIE-Gesetz mit der CURIE-Konstante $C = \mu_0 n \mu_B^2 n_{eff}^2 / 3k$, das eine reziproke Temperaturabhängigkeit zeigt. Im anderen Fall hoher Flußdichten ($B_J \approx J/\sqrt{J(J+1)}$) wird der Sättigungswert

$$\chi_{para} = \frac{\mu_0 n \mu_B g J}{B} \tag{VII.27}$$

angestrebt.

Der für den Diamagnetismus verantwortliche Operator von Gl. (VII.19) liefert einen Erwartungswert $< E_{dia} >$, mit dessen Hilfe nach Gl. (VII.8) das mittlere magnetische Moment eines Elektrons

$$< \mu > = -\frac{\partial}{\partial B}\left(\frac{e^2}{8m} B^2 < x^2 + y^2 >\right) \tag{VII.28}$$

ermittelt werden kann. Die Mittelung verbietet die Auszeichnung einer speziellen Richtung, so daß mit $< x^2 > = < y^2 > = < z^2 > = 1/3 \cdot < r^2 >$ das Ergebnis

$$< \mu > = -\frac{e^2 B}{6m} < r^2 > \tag{VII.29}$$

gewonnen wird. Mit der Annahme von q Elektronen pro Atom errechnet sich die Suszeptibilität gemäß Gl. (VII.3) zu

$$\chi_{dia} = -\frac{\mu_0 e^2 n q}{6m} < r_0^2 > , \tag{VII.30}$$

wobei der Mittelwert des Abstandsquadrats $< r_0^2 >$ aus einer Mittelung über die an einem Atom beteiligten Elektronen hervorgeht

$$< r_0^2 > = \frac{1}{q}\sum_i^q < r_i^2 > . \tag{VII.31}$$

In Übereinstimmung mit der experimentellen Erfahrung ist die Suszeptibilität negativ und von der Temperatur unabhängig.

Die Berücksichtigung des paramagnetischen Störoperators $\hat{H}_{para}$ (VII.17) in der störungstheoretischen 2. Näherung ergibt eine zusätzliche Energie der Form

$$E^{(2)} = \sum_{M_{J'}}\sum_{\bar{n},J'} \frac{\left|\left\langle u_{\bar{n},J'}^{M_{J'}} | \hat{H}_{para} | u_{0,J}^{M_J}\right\rangle\right|^2}{E_{0,J} - E_{\bar{n},J'}} \tag{VII.32}$$

($\bar{n}$: Hauptquantenzahl), die mit den Eigenwerten $E_{n,J}$ und den Eigenzuständen $|u_{\bar{n},J}^{M_J} >$ des ungestörten Problems gebildet werden. Dieser Ausdruck gibt Anlaß zu einem magnetischen Moment

$$\mu_z = -\frac{\partial E^{(2)}}{B} = -\left(\frac{e}{2m}\right)^2 \cdot 2B\, Q_{M_J} , \tag{VII.33a}$$

dessen Scharmittel nach Gl. (VII.21) berechnet wird ($z_{M_J} = 1$). Dabei bedeutet

$$Q_{M_J} = \sum_{M_{J'}}\sum_{\bar{n},J'} \frac{\left|\left\langle n_{\bar{n},J'}^{M_{J'}} | \hat{L}_z + 2\hat{S}_z | n_{0,J}^{M_J}\right\rangle\right|^2}{E_{0,J} - E_{\bar{n},J'}} . \tag{VII.33b}$$

Mit der Näherung $E_{M_J} \ll kT$, die die Relation

$$\sum_{M_J} z_{M_J} \cdot e^{-E_{M_J}/kT} \approx 2J + 1$$

impliziert, findet man schließlich

$$< \mu > = -\frac{1}{2}\left(\frac{e}{m}\right)^2 \frac{B}{(2J+1)} \cdot \sum_{M_J} Q_{M_J} \;, \tag{VII.34}$$

woraus sich die Suszeptibilität nach Gl. (VII.3) ermitteln läßt

$$\chi_{\text{V.VLECK}} = -\frac{\mu_0}{2}\left(\frac{e}{m}\right)^2 \frac{n}{(2J+1)} \cdot \sum_{M_J} Q_{M_J} \;. \tag{VII.35}$$

Die energetisch höher gelegenen Zustände $|u_{\tilde{n},J'}^{M_{J'}} >$ sorgen für die Gültigkeit von $E_{\tilde{n},J'} > E_{0,J}$, so daß jedes der Glieder Q_{M_J} negativ ausfällt und die Suszeptibilität einen positiven Beitrag ($\chi > 0$) liefert. Daneben kann man, wie beim Diamagnetismus, keinen Einfluß der Temperatur erkennen. Die Erscheinung des van VLECK-Magnetismus findet man nicht selten bei Molekülen, wo die Abweichung vom kugelsymmetrischen Potential die Störung 2. Ordnung verstärkt.

VII.1.2 Freie Elektronen

Die Untersuchung des Verhaltens freier Elektronen mit hoher Dichte, wie man sie etwa bei Metallen durchzuführen gezwungen ist, verlangt zum einen die Berücksichtigung der FERMI-Statistik und zum anderen den Verzicht auf die Einbeziehung des Bahndrehimpulses mit dem damit verbundenen magnetischen Moment sowie der Spin-Bahn-Wechselwirkung. Als Konsequenz ergibt sich daraus nach der Eichtransformation des Vektorpotentials $\vec{A}$ von Abschn. VII.1.1 zu $\vec{A}' = (0, B \cdot x, 0)$ der HAMILTON-Operator für ein Elektron zu

$$\hat{H} = -\frac{\hbar^2}{2m}\triangle + \hat{H}_{dia} + \hat{H}_{para} \tag{VII.36a}$$

mit

$$\hat{H}_{dia} = -\frac{e}{2m} B \frac{\hbar}{i} x \frac{\partial}{\partial y} + \frac{e^2}{8m} B^2 x^2 \tag{VII.36b}$$

und

$$\hat{H}_{para} = \frac{e}{m} B \hat{S}_z \;, \tag{VII.36c}$$

wobei dem annähernd konstanten Potential V keine Bedeutung zukommt. Die Wirkung der Operatoren, die für den Dia- und Paramagnetismus verantwortlich sind, erfolgt in unterschiedlichen HILBERT-Räumen, so daß die daraus resultierende Vertauschbarkeit eine getrennte Behandlung erlaubt.

Mit Gl. (VII.36c), die die Ursache des Paramagnetismus auf die Existenz des Elektronenspins zurückführt, erhält man die zugehörigen Eigenwerte

$$E_{para} = \pm\frac{e}{2m}\hbar B = \pm \mu_B B \;, \tag{VII.37}$$

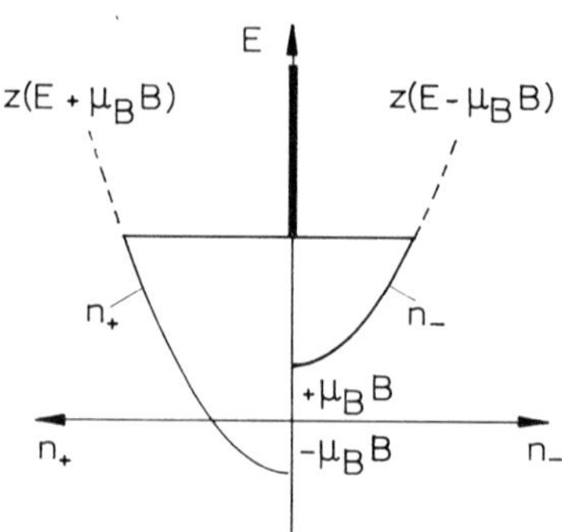

Fig. VII.1: Zustandsdichte $z(E)$ (− − − − − − − −) und Ladungsträgerkonzentration $n(E)$ (——) freier Elektronen im Magnetfeld B für verschiedene Spinorientierung ($\pm$); $T = 0$.

woraus sich die beiden Komponenten des magnetischen Moments $\mu_z = \pm\mu_B$ in Feldrichtung entsprechend der parallelen und antiparallelen Spineinstellung ableiten lassen. Die gesamte Magnetisierung ergibt sich dann nach

$$M = \mu_B(n_+ - n_-)\ , \tag{VII.38}$$

wobei die Teilchenzahldichten $n_\pm$ mit Kenntnis der FERMI-Verteilungsfunktion $f(E)$ und der Zustandsdichten $z(E \pm \mu_B B)$ für unterschiedliche Spinorientierungen aus

$$n_\pm = \int_{\mp\mu_B B}^{E_F} 1 \cdot f(E) \cdot z(E \pm \mu_B B)\, dE \tag{VII.39}$$

ermittelt werden (Fig. VII.1). Für den Fall $T = 0$, wo im thermodynamischen Gleichgewicht in beiden Spinsystemen alle Zustände bis zur identischen FERMI-Energie E_F^0 besetzt sind ($f = 1$), gilt für die üblichen magnetischen Flußdichten ($\mu_B B \ll E_F^0$) die Näherung

$$n_\pm = \int_0^{E_F^0} f(E) \cdot z(E)\, dE \pm \int_0^{E_F^0} \mu_B B \cdot \frac{\partial z}{\partial E}\, dE\ , \tag{VII.40}$$

so daß man nach Gl. (VII.38) und (VII.3) die Suszeptibilität des PAULIschen Spinmagnetismus

$$\chi_{\text{PAULI}} = 2\mu_0\mu_B^2 \cdot z(E_F^0) \tag{VII.41}$$

bekommt. Sie resultiert aus der einfachen Überlegung, daß nur jene Zustände einen endlichen Beitrag zur gesamten Magnetisierung leisten, die nicht auf Zustände mit entgegengerichtetem Spin treffen. Die Zustandsdichte an der FERMI-Grenze (s. Gl. (XIII.25)) wird mit Hilfe der gesamten Dichte der Elektronen (s.a. Abschn. XIII.2.1, Gl. (XIII.35) u. Gl. (XIII.26))

$$n = \int_0^\infty f(E)z(E)dE = \int_0^{E_F^0} z(E)\,dE \tag{VII.42}$$

und der Zustandsdichte (s. Gl. (XIII.25))

$$z(E)\,dE = \text{const}\,\sqrt{E}\,dE \tag{VII.43}$$

zu

$$z(E_F^0) = \frac{3}{2}\frac{n}{E_F^0} \tag{VII.44}$$

ermittelt, so daß nach Einführung einer Entartungstemperatur $T_F = E_F/k$ die Suszeptibilität durch

$$\chi_{\text{PAULI}} = 3\mu_0\mu_B^2 \cdot \frac{n}{kT_F} \tag{VII.45}$$

ausgedrückt werden kann. Sie ist verglichen mit jener des nichtentarteten Elektronengases (s. Gl. (VII.26)) etwa im Verhältnis

$$\frac{\chi_{\text{PAULI}}}{\chi_{para}} \approx \frac{T}{T_F} \tag{VII.46}$$

(T_F: ca. 10^4 K) kleiner, mit der Begründung, daß nur ein kleiner Anteil von Elektronen in der Nähe der FERMI-Grenze zur Magnetisierung beiträgt.

Bei endlichen Temperaturen ($T > 0$) wird die Stufenfunktion der Zustandsdichte nahe der FERMI-Kante eine Abrundung und Aufweitung erfahren, wodurch weitere Elektronen in linearer Abhängigkeit zur Temperatur nach Gl. (VII.45) und (VII.46) befähigt werden, an den paramagnetischen Vorgängen teilzunehmen. Im Ergebnis wird entsprechend der um $(kT/E_F^0)^2$ geringen Abnahme der FERMI-Kante sowie der daraus folgenden Verminderung der Zustandsdichte eine ebenso geringe Abnahme der Suszeptibilität erwartet (s.a. Abschn. XIII.2.1).

Der diamagnetische Anteil des HAMILTON-Operators (VII.36b), der dem kontinuierlichen Eigenwertspektrum freier Elektronen eine diskrete Struktur aufprägt, veranlaßt zusammen mit dem Anteil der kinetischen Energie zu dem Ansatz (s. Abschn. XIII.3.1)

$$\psi(x,y,z) = u(x) \cdot e^{i(k_y y + k_z z)}\ , \tag{VII.47}$$

der über die SCHRÖDINGER-Gleichung eines harmonischen Oszillators mit $u(x)$ als Eigenfunktion zu dem Eigenwertspektrum

$$E = (v + \frac{1}{2})2\mu_B B + \frac{\hbar^2}{2m}k_z^2 \tag{VII.48}$$

(v: Schwingungsquantenzahl) führt. Dahinter verbirgt sich die Bewegung in Richtung der magnetischen Flußdichte, die durch den kontinuierlichen Anteil ausgedrückt wird sowie eine quantisierte eindimensionale Oszillatorbewegung in der x-y-Ebene, deren Eigenwerte, die sogenannten LANDAU-Niveaus, durch die Schwingungsquantenzahl v charakterisiert werden (s.a. Fig. XIII.12). Als Folge davon wird die Verteilung der

Zustände gegenüber jener von freien Elektronen ungeachtet des kontinuierlichen Spektrums verändert, was entscheidend für den Diamagnetismus verantwortlich ist.

Die gesamte Zustandsdichte ergibt sich einmal aus der Anzahl der Zustände, die bei endlichem Magnetfeld auf den LANDAU-Niveaus als konzentrische Kreise in der Ebene k_z = const. (s. Fig. XIII.13) kondensieren (s.a. Abschn. XIII.3.1, Gl. (XIII.74))

$$Z(k_\perp)\,dk_\perp = \frac{L_x L_y}{(2\pi)^2}\,d(\pi k_\perp^2)\,, \tag{VII.49a}$$

zum anderen aus der Anzahl im eindimensionalen Fall

$$Z(k_z)\,dk_z = \frac{L_z}{2\pi}\,dk_z\,, \tag{VII.49b}$$

wobei die Verbindung durch eine multiplikative Faltung erfolgt

$$z(k_\perp, k_z)\,dk_\perp\,dk_z = \frac{1}{V_G}\frac{L_x L_y L_z}{(2\pi)^3}\cdot 2\pi k_\perp\,dk_\perp\,dk_z \tag{VII.49c}$$

($L_x \cdot L_y \cdot L_z = V_G$: Grundvolumen). Nach Substitution von $k_\perp$ und $dk_\perp$ durch die LANDAU-Energie (s. Gl. (XIII.72)), mit dem Energieintervall $dE_\perp = \hbar\omega = 2\mu_B B$, erhält man die Zustandsdichte

$$z(k_\perp, k_z)\,dk_z = \frac{1}{(2\pi)^2}\frac{m}{\hbar}\,\omega\,dk_z\,, \tag{VII.50}$$

deren Unabhängigkeit von der Schwingungsquantenzahl v eine konstante Entartung erwarten läßt.

Die Ermittlung der Magnetisierung aus der freien Energie nach Gl. (VII.8) gelingt unter Zuhilfenahme der statistischen Funktion (VII.9) im entarteten FERMI-Grenzfall, der unter Berücksichtigung der Eigenwerte (VII.48) und der Zustandsdichte (VII.50) die Form

$$\ln Z' = \frac{1}{(2\pi)^2}\frac{m}{\hbar}\omega\sum_{v=0}^{\infty}\int_{-\infty}^{+\infty}\ln\left[1+\exp\left(-\frac{E(v,k_z)-E_F}{kT}\right)\right]dk_z \tag{VII.51}$$

annimmt. Die Auswertung des Integrals unter der Annahme der üblichen Magnetfelder und Temperaturen ($\mu_B B \ll kT$) liefert mit Gl. (VII.9a), (VII.8) und (VII.3) eine Suszeptibilität des LANDAUschen Diamagnetismus

$$\chi_{\text{LANDAU}} = -\frac{2}{3}\mu_0\mu_B^2\,z(E_F^0)\,, \tag{VII.52}$$

die verglichen mit der des Paramagnetismus (VII.41)

$$\chi_{\text{LANDAU}} = -\frac{1}{3}\chi_{\text{PAULI}} \tag{VII.53}$$

vergleichbar ist sowie in der Größenordnung der diamagnetischen Suszeptibilität gebundener Elektronen (VII.30) liegt.

VII.1.3 Para- und Diamagnetismus im Festkörper

Im realen Festkörper ist die Unterscheidung zwischen gebundenen und freien Elektronen nicht streng durchführbar. Dennoch genügen die Grenzfälle als einfache, grundlegende Modelle zu einer mehr oder minder befriedigenden Diskussion der experimentellen Beobachtungen.

So wird man für Isolatoren, bei denen im Grundzustand keine freien Ladungsträger auftreten, eine Suszeptibilität erwarten, die annähernd mit jener der gebundenen Elektronen bei freien Atomen resp. Ionen übereinstimmt. Etwaige Abweichungen davon sind mit dem Einfluß der elektrischen Ligandenfelder von Nachbaratomen zu erklären, der die Bahnbewegung zu deformieren sucht. Demzufolge findet man bei Salzen der seltenen Erden, deren Elektronen der **(5s)**- und **(5p)**-Zustände die Ligandenfelder gegen die Wechselwirkung mit den kernnäheren **(4f)**-Elektronen abzuschirmen vermögen, eine Suszeptibilität, wie sie im Modell des gebundenen Elektrons vorausgesagt wird. Ganz anders dagegen sind die Verhältnisse bei den Salzen der Übergangsmetalle. Dort unterliegen die $(\mathbf{3d})^n$-Elektronen ($n < 10$), der unvollendeten Konfiguration ($n = 10$) direkt dem Einfluß der Nachbaratome, wodurch die Bahnmomente mit den damit verbundenen magnetischen Momenten herabgesetzt werden, so daß der Eigendrehimpuls zur Suszeptibilität stärker beiträgt.

Die freien Ladungsträger bei den Metallen ermöglichen den PAULIschen Paramagnetismus, der annähernd temperaturunabhängig ist. Andererseits kann man mitunter ein ebenso temperaturunabhängiges diamagnetisches Verhalten antreffen, das auf den verschwindenden Gesamtdrehimpuls bei vollendeter Elektronenkonfiguration der Gitterteilchen zurückzuführen ist. Ein Überwiegen von einer der beiden Erscheinungen entscheidet über das Vorzeichen und mithin die magnetische Eigenschaft.

Auch bei Halbleitern setzt sich die Suszeptibilität aus sowohl einem Beitrag der Gitteratome wie einem der freien Ladungsträger zusammen. Im Unterschied zu den Metallen jedoch zwingt die geringe Dichte der freien Ladungsträger, die FERMI-Statistik durch den BOLTZMANN-Grenzfall zu ersetzen, wodurch die Suszeptibilität temperaturabhängig wird. Darüber hinaus spielt die exponentielle Temperaturabhängigkeit der Ladungsträgerdichte $n(T)$ eine weitaus gewichtigere Rolle verglichen mit jener, die von der desorientierenden Wärmebewegung erwartet wird. Das simultane Auftreten von Elektronen und Defektelektronen mit unterschiedlichem Ladungsvorzeichen (s. Abschn. XIII.4.1) impliziert zwei Beiträge zur Magnetisierung, die sich additiv verstärken. Der Grund hierfür liegt in der quadratischen Abhängigkeit von der effektiven Masse ($m^* = \hbar^2(d^2E/d\vec{k}^2)^{-1}$ als Ausdruck für die reziproke Krümmung der Energiebänder im $\vec{k}$-Raum, die den Vorzeichenwechsel beim Übergang von Elektronen am unteren Rand des Leitungsbandes zu Defektelektronen am oberen Rand des Valenzbandes nicht erfaßt.

VII.1.4 Kollektive Ordnung

Betrachtet man über die Wechselwirkung zwischen dem äußeren Magnetfeld und den isolierten magnetischen Momenten hinaus noch die elektromagnetische Kopplung der Momente untereinander, so gelingt es, die Erscheinung geordneter Strukturen und die damit verbundenen hohen Suszeptibilitäten zu verstehen. Auf der Suche nach der möglichen Wechselwirkung wird man zunächst dem Einfluß eines magnetischen Dipols auf die benachbarten Dipole begegnen. Eine Abschätzung der dabei auftretenden Energie mittels dipolarer Felder, die aus MÖSSBAUER-Experimenten gewonnen werden (s. Abschn. XIV.3.1), ergibt jedoch einen Wert, der um etwa zwei bis drei Größenordnungen unterhalb der thermischen Energie bei Raumtemperatur liegt und so die Stabilität der Strukturen mitunter bis zu 1000 K nicht zu erklären vermag. Gleichwohl findet dieses Modell seine Berechtigung im Fall der Ferroelektrizität, bei der die elektrische Dipol-Dipol-Wechselwirkung eine Energie vom 100fachen der thermischen Energie erwarten läßt.

Es ist vielmehr die von der homöopolaren Bindung her bekannte Austauschwechselwirkung, die infolge der Überlappung der Zustandsfunktionen als elektrostatische Wechselwirkung für die magnetische Ordnung verantwortlich zeichnet (s.a. Abschn. XIII.4.1). Als tiefergehende Ursache gilt das PAULIsche Ausschließungsprinzip oder die Forderung nach einem antisymmetrischen Gesamtzustand für FERMI-Teilchen. Setzt man etwa voraus, daß der Zustand eines atomaren Systems, das aus einzelnen, miteinander räumlich wechselwirkenden Teilsystemen besteht, ein antisymmetrisches Verhalten gegenüber dem Austausch von Teilsystemen zeigt, dann muß der im davon getrennten Spinraum betrachtete Spinzustand symmetrisch sein, um der Forderung nach der Antisymmetrie des Gesamtzustands Rechnung zu tragen.

Betrachtet man etwa ein System bestehend aus den Teilchen 1 und 2 in den Zuständen $|u_a^1>$ resp. $|u_b^2>$, so ergibt sich die Gesamtenergie im Falle verschwindender gegenseitiger Wechselwirkung als Summe der Einzelenergien $(E_a + E_b)$, die bezüglich des Austausches der Teilchen entartet ist (Fig. VII.2). Eine ganz andere Situation dagegen findet man bei Anwesenheit einer symmetrischen Wechselwirkung $\hat{H}_{12}$, weil dann mit der Aufspaltung der Energie des Gesamtsystems zur doppelten Austauschenergie

$$A = A_{12} = A_{21} = < u_a^1 u_b^2 | \hat{H}_{12} | u_b^1 u_a^2 > \qquad \text{(VII.54)}$$

die Austauschentartung aufgehoben wird (s.a. Abschn. XIII.4.1). Im Sinne einer Symmetriebetrachtung kann das Einschalten der Wechselwirkung als eine Erniedrigung der vorher kugelsymmetrischen Konfiguration der separaten Systeme aufgefaßt werden. Verantwortlich dafür ist die neu hinzukommende Operation der Inversion längs der Wechselwirkungsachse, die gemäß ihren Eigenwerten ± 1 bei Teilchenvertauschung gerade Zustände

$$|u_g> = |u_a^1 u_b^2> + |u_b^1 u_a^2> \qquad \text{(VII.55a)}$$

und ungerade Zustände

$$|u_u> = |u_a^1 u_b^2> - |u_b^1 u_a^2> \qquad \text{(VII.55b)}$$

des Gesamtsystems unterscheidet und so zu einer Aufhebung der Entartung Anlaß gibt. In jenem Fall, wo die energetisch günstigere Lage zum antisymmetrischen Zustand $|u_u>$ gehört, sind die Eigendrehimpulse gemäß dem PAULI-Prinzip gezwungen, den symmetrischen Spinzustand der Parallelstellung einzunehmen, selbst wenn sie bei der Ermittlung der Eigenwerte im Ortsraum unbeachtet bleiben.

Bei Berücksichtigung des Spins im Vielteilchensystem kann man den spinabhängigen Anteil der Austauschenergie als Eigenwert eines Operators der Form

$$\hat{H}_a = -\frac{1}{\hbar^2} \sum \sum_{k \neq l} A_{kl} \hat{S}_k \cdot \hat{S}_l \tag{VII.56}$$

($\hat{S}_k$: Spinoperator des k-ten Teilchens) mit der Summation über alle Teilchenpaare auffassen. Dabei entscheidet das Vorzeichen der Austauschwechselwirkung A_{kl} (s. Gl. (VII.54)) darüber, ob der antisymmetrische ($A > 0$) oder der symmetrische ($A < 0$) Grundzustand vorliegt (Fig. VII.2), wodurch ferromagnetisches resp. antiferromagne-

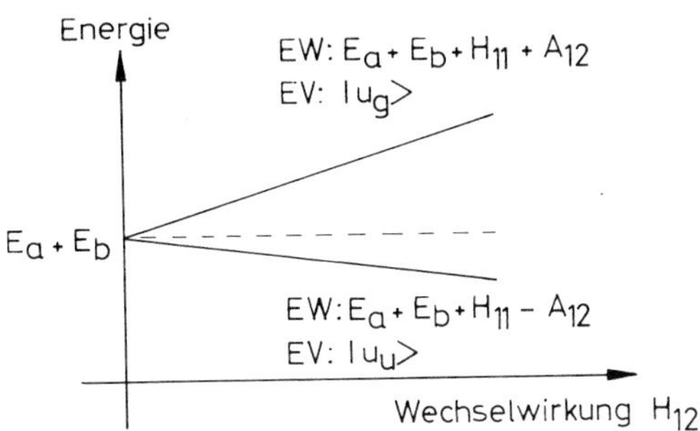

Fig. VII.2: Aufhebung der Austauschentartung unter der Wirkung einer symmetrischen Störung zwischen zwei Systemen in den Zuständen $|u_a^1>$ und $|u_b^2>$; $A_{12} = A_{21}$: Austauschenergie.

tisches Verhalten charakterisiert wird. Eine formale Überbrückung zur klassischen Molekularfeldtheorie gelingt dann, indem die Spinoperatoren durch die dazu korrespondierenden Operatoren der magnetischen Momente

$$\hat{\vec{\mu}}_k = -\frac{g\mu_B}{\hbar} \cdot \hat{\vec{S}}_k \tag{VII.57}$$

substituiert werden, so daß der HAMILTON-Operator für das k-te Atom in der Form

$$\hat{H}_k^a = -\hat{\vec{\mu}}_k \cdot \hat{\vec{B}}_k^a \tag{VII.58a}$$

geschrieben werden kann. Der so eingeführte Operator

$$\hat{\vec{B}}_k^a = \frac{2}{g^2\mu_B^2} \sum_{l \neq k} A_{kl} \hat{\vec{\mu}}_l \tag{VII.58b}$$

steht stellvertretend für die vom Austausch- bzw. Molekularfeld erzeugte Flußdichte. Er bietet den Vorteil der Reduzierung des Vielteilchenproblems auf die Diskussion der Wechselwirkung eines einzelnen Spins mit einem effektiven Feld der übrigen. In der Konsequenz gelingt eine phänomonologische Beschreibung, indem die magnetische Flußdichte des Austauschfeldes als die lineare Antwort der wirksamen Magnetisierung

$$\vec{B}^a = \lambda \cdot \vec{M} \tag{VII.59}$$

(λ: Molekularfeldkonstante) verstanden wird, um so mit dessen additiven Beitrag zum äußeren Feld die Ergebnisse des paramagnetischen Modells weiterhin benutzen zu können. Dann erhält man mit Gl. (VII.23a)

$$M = \mu_B \, g \, \sqrt{J(J+1)} \cdot B_J(x) \tag{VII.60a}$$

wobei das Argument der BRILLOUIN-Funktion

$$x = \frac{g\mu_B(B + B^a)}{kT} \tag{VII.60b}$$

wegen seiner Abhängigkeit von der Magnetisierung nach Gl. (VII.59) für den impliziten Charakter der Gleichung verantwortlich ist. Im Fall des verschwindenden Magnetfeldes ($\vec{B} = 0$) wird für Temperaturen oberhalb einer CURIE-Temperatur $T > T_C$ mit

$$T_C = C \cdot \lambda \tag{VII.61a}$$

und der CURIE-Konstante

$$C = \frac{\mu_0 n \mu_B^2 \, g^2 \, J(J+1)}{3k} \tag{VII.61b}$$

keine spontane Magnetisierung und mithin keine Hystereseerscheinung erwartet ($M_s = 0$), während unterhalb T_C ein endlicher Beitrag existiert ($M_s(T) \neq 0$), der mit abnehmender Temperatur seinen Sättigungswert ($M_s(0) = n\mu_B \, g \, J$) zu erreichen sucht (Fig. VII.3). Bei endlichen äußeren Flußdichten ($\vec{B} \neq 0$) erhält man auch oberhalb der

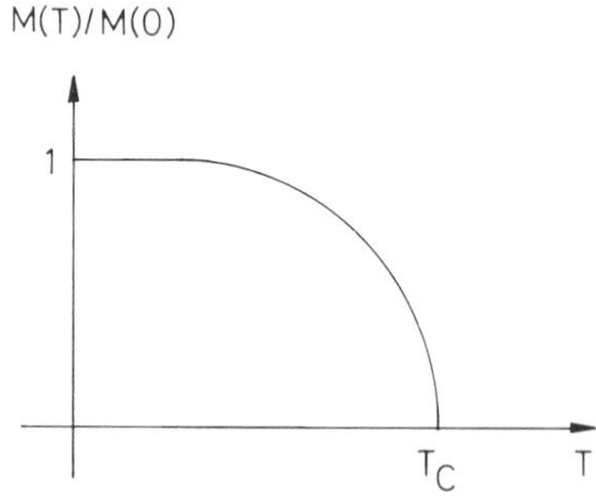

Fig. VII.3: Schematische Darstellung der spontanen Magnetisierung eines Ferromagneten.

CURIE-Temperatur eine nichtverschwindende Lösung

$$M = \frac{C}{T}(B + B^a) \tag{VII.62}$$

mit einer Suszeptibilität nach dem CURIE-WEISS-Gesetz

$$\chi = \mu_0 \frac{M}{B} = \frac{C}{T - T_C}, \qquad \text{(VII.63)}$$

das ein paramagnetisches Verhalten (s. Gl. (VII.26)) mit den Parametern nach Gl. (VII.61) demonstriert. Dagegen ist der Einfluß der äußeren Flußdichte bei tiefen Temperaturen nur gering, so daß der Verlauf der spontanen Magnetisierung nicht drastisch verändert wird.

Der Vergleich mit den experimentellen Ergebnissen offenbart eine wenngleich geringfügige Diskrepanz zwischen der paramagnetischen CURIE-Temperatur Θ, die die Grenze für die Gültigkeit des paramagnetischen Verlaufs (VII.63) setzt, und der ferromagnetischen CURIE-Temperatur T_C als Markierung für das Verschwinden der spontanen Magnetisierung ($\Theta > T_C$). Weitaus strengere Einschränkungen unterliegt das halbklassische Modell bei tiefen Temperaturen, wo die Temperaturabhängigkeit der Sättigungsmagnetisierung keine befriedigende Lösung verspricht. Dort verlangt die schwache Abweichung vom Grundzustand mit paralleler Spinausrichtung vielmehr nach der Methode der elementaren Anregung, die der Wechselwirkung der Spins untereinander Rechnung trägt. Die Translationssymmetrie des Festkörpergitters ist es schließlich, die die Anregung phasenverschoben auszubreiten ermöglicht, wodurch das Auftreten von sogenannten Spinwellen erklärt wird (Fig. VII.4).

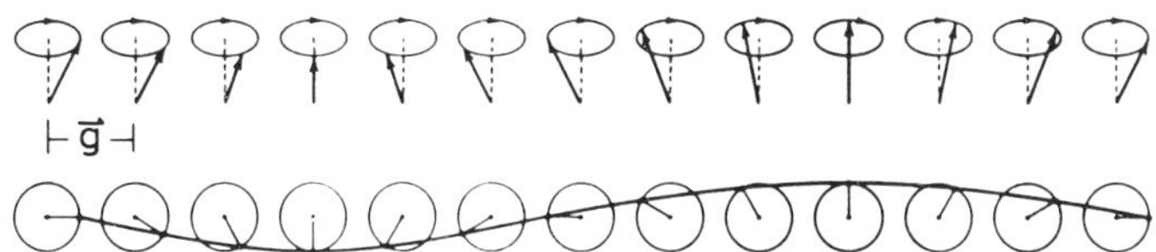

Fig. VII.4: Spinwelle einer linearen Spinkette in klassischer Vektordarstellung; g = Gitterabstand.

Auf der Suche nach der Dispersion, als die Abhängigkeit der Energie vom Impuls, wird man nach der klassischen Methode die Kopplung der Spins auf der Grundlage von Gl. (VII.56) als die Wechselwirkung der damit verbundenen magnetischen Momente mit einer effektiven magnetischen Flußdichte $\vec{B}_{eff}$ der unmittelbar nächsten Nachbarn ($l = k \pm 1$) auffassen. Das daraus resultierende Drehmoment kann dann als die zeitliche Änderung des Drehimpulses

$$-\hbar \frac{d\vec{S}_k}{dt} = -g\mu_B \vec{S}_k \times \vec{B}_{eff} \qquad \text{(VII.64a)}$$

mit

$$\vec{B}_{eff} = -\frac{2A}{g\mu_B}\left(\vec{S}_{k-1} + \vec{S}_{k+1}\right) \qquad \text{(VII.64b)}$$

($A_{k,k\pm1} = A$) dargestellt werden, wonach gekoppelte Differentialgleichungen bzgl. der Spinkomponenten des k-ten Atoms die Bewegung vorschreiben. Mit dem Ansatz ebener Wellen findet man schließlich bei der Ermittlung der Amplituden die Dispersionsrelation.

Die quantenmechanische Methode, die auf der Grundlage des vereinfachten Austauschoperators (VII.56)

$$\hat{H} = -\frac{A}{\hbar^2}\sum_k^n(\hat{\vec{S}}_k\hat{\vec{S}}_{k-1} + \hat{\vec{S}}_k\hat{\vec{S}}_{k+1}) \tag{VII.65}$$

basiert, benutzt einen Spinoperator $\hat{\vec{S}}_k$, der, in Analogie zu den PAULI-Matrizen beim einzelnen Atom der linearen Kette, im vorliegenden Fall eines Gesamtspins $S = m/2$ als $(m+1)$-dimensionale Matrix dargestellt werden kann und den Vertauschungsrelationen

$$\left[\hat{\vec{S}}_i, \hat{\vec{S}}_j\right]_- = i\hbar\,\hat{\vec{S}}_k \tag{VII.66}$$

gehorcht. Die Eigenwerte von $\hat{S}_z$ errechnen sich aus der Wirkung auf eine $(m+1)$-komponentige Spinorfunktion $|S>$ nach

$$\hat{S}_z|S> = \hbar S|S> \tag{VII.67}$$

zu Werten von $-\hbar S$ bis $+\hbar S$. Nach Einführung der Spinauslenkungsoperatoren (Schiebeoperatoren)

$$\hat{S}_+ = \hat{S}_x + i\hat{S}_y \tag{VII.68a}$$

und

$$\hat{S}_- = \hat{S}_x - i\hat{S}_y\ , \tag{VII.68b}$$

deren spinumklappende Wirkung in positiver resp. negativer Richtung den Gesamtspin um eine Einheit ändert

$$\hat{S}_\pm|S> = \sqrt{S_{max}(S_{max}+1) - S(S+1)}\hbar|S\pm 1>\ , \tag{VII.69}$$

wird mit diesen der HAMILTON-Operator (VII.65) umgeschrieben zu

$$\begin{aligned}\hat{H} &= -\frac{A}{\hbar^2}\sum_k^n\Big[\hat{S}_z^k\hat{S}_z^{k-1} + \hat{S}_z^k\hat{S}_z^{k+1} + \\ &\quad +\frac{1}{2}\left(\hat{S}_+^k\hat{S}_-^{k-1} + \hat{S}_+^k\hat{S}_-^{k+1} + \hat{S}_-^k\hat{S}_+^{k-1} + \hat{S}_-^k\hat{S}_+^{k+1}\right)\Big]\ .\end{aligned} \tag{VII.70}$$

Die Suche nach der Dispersion gestaltet sich jetzt als die Suche nach dem Eigenwert des angeregten, entarteten Spinwellenzustands. Ausgehend vom Grundzustand $|\phi_0>$, der der gleichsinnig spinorientierten Atomkette mit jeweils maximaler z-Komponente entspricht und so als Produkt der einzelnen Spinfunktionen $|S>_k$

$$|\phi_0> = \prod_k^n |S>_k \tag{VII.71}$$

dargestellt werden kann, erhält man nach Anwendung des Operators (VII.70)

$$\hat{H}|\phi_0>=E_0|\phi_0> \tag{VII.72}$$

unter Berücksichtigung der Vernichtung nach Gl. (VII.69)

$$\hat{S}_+|S_{max}>=0 \tag{VII.73}$$

die minimale Austauschenergie

$$E_0=-A\cdot\sum_k^n(S^2+S^2)_k=-2AS^2\cdot n\;. \tag{VII.74}$$

Betrachtet man einen angeregten Zustand $|\phi_p>$, der sich durch das Umklappen des p-ten Spins auszeichnet

$$|\phi_p>=\hat{S}_-^p\cdot\prod_k^n|S>_k\;, \tag{VII.75}$$

so liefert die Anwendung des HAMILTON-Operators (VII.70)

$$\begin{aligned}\hat{H}|\phi_p> \;=\; & -\frac{A}{\hbar^2}\sum_k^n\Big[\hat{S}_z^k\hat{S}_z^{k-1}\hat{S}_-^p+\hat{S}_z^k\hat{S}_z^{k+1}\hat{S}_-^p+ \\ & +\frac{1}{2}\Big(\hat{S}_+^k\hat{S}_-^{k-1}\hat{S}_-^p+\hat{S}_+^k\hat{S}_+^{k+1}\hat{S}_-^p+ \\ & +\hat{S}_-^k\hat{S}_+^{k-1}\hat{S}_-^p+\hat{S}_-^k\hat{S}_+^{k+1}\hat{S}_-^p\Big)\Big]\,|\phi_0>\end{aligned} \tag{VII.76}$$

unter Berücksichtigung von Gl. (VII.69) eine Linearkombination von Eigenzuständen der nächsten Nachbarn

$$\hat{H}|\phi_p>=E_0|\phi_0>+AS(2|\phi_p>-|\phi_{p-1}>-|\phi_{p+1}>)\;, \tag{VII.77}$$

so daß $|\phi_p>$ alleine kein Eigenzustand zum HAMILTON-Operator ist. Man wird vielmehr eine Linearkombination aller Anregungen fordern, die zu diesem entarteten Zustand gehören

$$|\phi>=\sum_p b_p|\phi_p>\;, \tag{VII.78}$$

wobei die Koeffizienten b_p auf Grund der Translationssymmetrie der linearen Atomkette die Form

$$b_p=e^{i\vec{k}\vec{r}_p} \tag{VII.79}$$

haben. Mit diesem Eigenzustand erhält man dann nach Gl. (VII.77)

$$\hat{H}|\phi>=E_0|\phi>+2AS\left[1-\frac{1}{2}\left(e^{+i\vec{k}\vec{g}}-e^{-i\vec{k}\vec{g}}\right)\right]|\phi> \tag{VII.80}$$

($\vec{g}=\vec{r}_p-\vec{r}_{p\pm1}$: Gittervektor), woraus der Eigenwert und mithin die Dispersionsrelation

$$E(\vec{k})=E_0+2AS(1-\cos\vec{k}\vec{g}) \tag{VII.81}$$

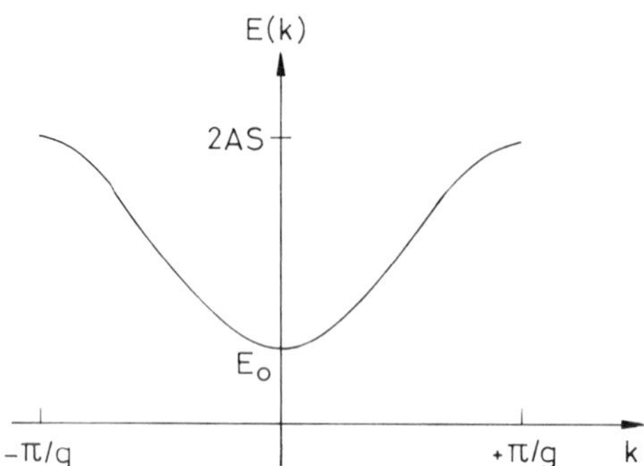

Fig. VII.5: Dispersionszweig in der 1. BRILLOUIN-Zone ($-\pi < \vec{k}\vec{g} < \pi$) von Spinwellen im Modell der eindimensionalen Atomkette mit Wechselwirkung zwischen den nächsten Nachbarn. A: Austauschintegral, S: Spinquantenzahl, $E_0 = -2nAS$: Grundenergie.

resultiert (Fig. VII.5). Der Zustand $|\phi(\vec{k}) >$ nach Gl. (VII.78) stellt somit als Überlagerung aller Elementaranregungen $|\phi_p >$ eine Spinwelle dar, die durch deren Impuls $\hbar\vec{k}$ charakterisiert werden kann. Eine schwache Anregung mit geringen Impulsen ($\vec{k} \approx 0$), die im klassischen Bild nur eine geringe Abweichung der Spins von ihrer Grundeinstellung und mithin eine große Wellenlänge bedeutet, ermöglicht die Entwicklung der Dispersion (VII.81) zu

$$E(\vec{k}) = E_0 + AS\vec{k}^2\vec{g}^2 \,, \tag{VII.82}$$

wonach die Spinwelle mit einem freien Quasiteilchen, dem sogenannten Magnon mit der Masse

$$m^* = \frac{1}{2}\frac{\hbar^2}{AS\vec{g}^2} \tag{VII.83}$$

identifiziert werden kann.

Die Zahl der Magnonen $n_{\vec{k}}$ mit dem Quasiimpuls $\hbar\vec{k}$, die für die Anregung einer Spinwelle mit dem Ausbreitungsvektor $\vec{k}$ charakteristisch ist, resultiert aus dem Eigenwert des Teilchenzahloperators, der üblicherweise nach Quantisierung des Wellenfeldes als Produkt eines Erzeugungs- ($\hat{a}_k^+$) und Vernichtungsoperators ($\hat{a}_k$) dargestellt werden kann. Sie demonstriert die Anzahl jener Spinorientierungen, die entgegen der Grundrichtung zeigt und demnach für eine Zunahme der Energie ($A > 0$)

$$E = E_0 + n_{\vec{k}} 2AS(1 - \cos\vec{k}\vec{g}) \tag{VII.84}$$

sowie für eine Abnahme der maximalen Komponente des Gesamtdrehimpulses

$$nS_z = \hbar(nS - n_{\vec{k}}) \tag{VII.85}$$

bzw. der damit verbundenen Magnetisierung

$$M = g\mu_B(nS - n_{\vec{k}}) \tag{VII.86}$$

verantwortlich ist. Bei Anwesenheit einer Vielzahl von Elementaranregungen $n_{\vec{k}}$ wird die gesamte Anzahl der Magnonen n_{Mag} durch das Scharmittel über die quantenstatistische Verteilung im Phasenraum

$$n_{\text{Mag}} = \int f(E_{\vec{k}}) \cdot z(E_{\vec{k}})\, dE \tag{VII.87}$$

erhalten (s.a. Abschn. XIII.2.1, Gl. (XIII.35) u. Gl. (XIII.26)). Mit Rücksicht auf die uneingeschränkte Besetzung von Energiezuständen, die die Magnonen als BOSE-Teilchen ausweist, wird die Besetzungwahrscheinlichkeit resp. mittlere Anzahl der Quasiteilchen eines Zustands $|\vec{k}>$ von der BOSE- Verteilung

$$f(E_{\vec{k}}) = \frac{1}{e^{E_{\vec{k}}/kT} - 1} \tag{VII.88}$$

beherrscht. Zusammen mit der Zustandsdichte im Grundvolumen g^3 (s.a. Abschn. XIII.2.1 Gl. (XIII.25))

$$z(k) = \left(\frac{g}{2\pi}\right)^3 \cdot \frac{1}{g^3} \cdot 4\pi k^2\, dk \tag{VII.89}$$

erhält man unter Verwendung der Dispersion (VII.82) ($E_0 = 0$)

$$n_{\text{Mag}} = c \cdot \frac{n}{4\pi^2} \cdot \left(\frac{kT}{2AS}\right)^{\frac{3}{2}} \tag{VII.90}$$

($c = \int_0^\infty x^{\frac{1}{2}}(e^x - 1)^{-1}dx$) , so daß die Temperaturabhängigkeit der Magnetisierung nach Gl. (VII.86) in der Form

$$M(T) = M(0)\left[1 - \text{const}\left(\frac{kT}{2AS}\right)^{\frac{3}{2}}\right] \tag{VII.91}$$

ausgedrückt werden kann. Sie gehorcht dem BLOCHschen $T^{3/2}$-Gesetz, das in Verbesserung der Molekularfeldtheorie die experimentellen Ergebnisse bei niedrigen Temperaturen und mithin schwachen Anregungen befriedigend zu erklären vermag.

VII.2 EINSTEIN-de HAAS-Effekt

Die grundlegende Bedeutung des Experiments nach EINSTEIN-de HAAS liegt in der erfolgreichen Demonstration der linearen Abhängigkeit von Drehimpuls $\vec{N}$ und magnetischem Moment $\vec{M}$ der atomaren Systeme

$$\vec{N}_{Atom} = -\frac{1}{\gamma}\vec{M}_{Atom} \tag{VII.92}$$

(γ: gyromagnetisches Verhältnis). Die Forderung nach Drehimpulserhaltung eines Systems, das aus einem atomaren Teilsystem und einem damit gekoppelten Gittersystem besteht

$$\vec{N} = \vec{N}_{Gitter} + \vec{N}_{Atom} = \text{const} , \tag{VII.93}$$

erklärt das Auftreten eines makroskopischen Drehimpulses und somit einer Drehung des gesamten Systems nach Änderung der Magnetisierung $\vec{M}_{Atom}$.

Im Experiment wird dazu ein um seine Achse schwingungsfähiger Eisenzylinder mit dem Trägheitsmoment Θ bzgl. der Rotationsachse verwendet. Mit dem azimutalen Auslenkwinkel φ aus der Ruhelage basiert die Diskussion der Schwingung auf der Bewegungsgleichung (s.a. Abschn. II.1)

$$\Theta\ddot{\varphi} = \sum_i D_i , \tag{VII.94}$$

wobei sich die Drehmomente zusammensetzen aus dem rücktreibenden Moment

$$D_1 = -\Theta\omega_0^2\varphi \tag{VII.94a}$$

(ω_0: Eigenfrequenz des ungedämpften Systems), dem Moment auf Grund des Luftwiderstandes

$$D_2 = -2k\Theta\dot{\varphi} \tag{VII.94b}$$

(k: Dämpfungskonstante), dem Moment, das nach Gl. (VII.92) durch die zeitliche Änderung der Längsmagnetisierung M verursacht wird

$$D_3 = -\frac{1}{\gamma}\dot{M} , \tag{VII.94c}$$

sowie aus Momenten D_4 als Folge der Einwirkung äußerer Störungen wie der des Erdfeldes. Im Fall einer erzwungenen Schwingung verwendet man eine periodisch sich ändernde Magnetisierung

$$M(t) = M_0 \cos\omega t , \tag{VII.94d}$$

die mittels einer den Eisenzylinder axial umgebenden Spule und dessen periodisch umgepolten Stromes erwirkt wird. Sieht man von dem Störeffekt der Horizontalkomponente des Erdfeldes ab, der ein mit der Magnetisierung phasengleiches Drehmoment verursacht, so erhält man im Resonanzfall ($\omega \approx \omega_0$) eine maximale Amplitude, die die Ermittlung des gyromagnetischen Verhältnisses γ gestattet.

Neben der Resonanzmethode findet die Kompensationsmethode (Nullmethode) eine bevorzugte Anwendung. Dort wird ein weiteres Drehmoment

$$D_5 = +\frac{\text{const}}{R}\dot{M} \tag{VII.94e}$$

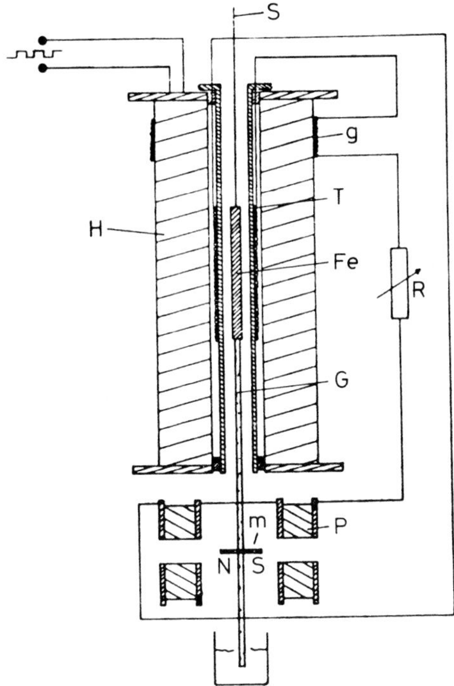

Fig. VII.6: Schematischer Aufbau zur Messung des EINSTEIN-de HAAS-Effekts nach der Kompensationsmethode; H: Magnetisierungsspule, T: Induktionsspule, g: Gegeninduktivität, R: Widerstand, m: Magnetnadeln, P: HELMHOLTZ-Spulen, Fe: Eisenprobe, S: Stahlfaden, G: Glasröhrchen.

erzeugt, das dem anregenden Moment phasenunverschoben entgegengerichtet ist und so die Schwingungsamplitude durch Variation eines bekannten Widerstandes (R) zu minimalisieren vermag. Dabei wird die aufgeprägte Ummagnetisierung der Probe benutzt, um in einer weiteren Induktionsspule (T) längs der Innenwand der Magnetisierungsspule (H) eine Spannung zu induzieren (Fig. VII.6). Diese dient als Versorgung für zusätzliche HELMHOLTZ-Spulen (P), deren Feld, das mittels des Widerstandes (R) variiert wird, auf Magnetnadeln (m) an der unteren Verlängerung des Eisenstabes wirkt und die Verminderung der Schwingung erreicht. Um eine weitere Induktionswirkung, die im äußeren Feld der Magnetisierungsspule ihren Ursprung hat, zu verhindern, wird eine Gegeninduktivität (g) im unabhängigen Stromkreis der HELMHOLTZ-Spulen zur Kompensation verwendet.

VII.2.1 Experimentelles

Die Magnetisierungsspule (H) (l = 600 mm,ϕ = 50 mm, Windungszahl n = 6500) wird zum Zweck der Kompensation des Erdfeldes in ein HELMHOLTZ-Spulenpaar gebracht. Innerhalb der Spule befindet sich ein Glasrohr (ϕ = 10 mm), das durch zwei Teflonscheiben in der Mitte zentriert gehalten wird (Fig. VII.6). Die einlagige Induktionsspule (T) (l = 300 mm, n = 280) ist um das Glasrohr gewickelt. Die Gegeninduktivität (g) (n = 7) zur Kompensation der unerwünschten Induktionswirkung, die ihre Ursache in der zeitlichen Änderung des äußeren Magnetisierungsfeldes hat, wird direkt auf die Magnetisierungsspule gewickelt. Ihre Dimensionierung und Schaltung innerhalb des Kompensationskreises geschieht mit dem Ziel, die induzierte Spannung bei Abwesenheit der Probe zum Verschwinden zu bringen.

Die Probe ist ein Eisenzylinder (Fe) (l = 300 mm, ϕ= 1.6 mm), der durch Ausglühen und Ziehen magnetisch weich und exakt gerade gemacht wird. Am unteren Ende ist ein Glasröhrchen (G) (l = 300 mm, ϕ_{innen} = 1.6 mm) angeschmolzen, während das obere Ende von einem angelöteten Stahlfaden (S) (ϕ = 0.05 mm) abgeschlossen wird. Der Stahlfaden ist an einer in allen drei Koordinatenachsen verstellbaren Aufhängung befestigt, um die Probe in genauer axialer Richtung innerhalb der Magnetisierungsspule ausrichten zu können. Der Eisenzylinder schließt an beiden Enden mit der Induktionsspule ab.

Die Induktionsspule (H) steht auf einem Untergestell mit zwei durchbohrten Aluminiumplatten ($S_1 : \phi$ = 340 mm; $S_2 : \phi$ = 470 mm) (Fig. VII.7). An den Rundstäben zwischen der unteren Aluminiumplatte und dem Tisch sind Stellschrauben (r) angebracht, die die vertikale Ausrichtung der Induktionsspule erlauben. Ein Galvanometerspiegel (S) auf dem Glasröhrchen ermöglicht zusammen mit einer Lampe und einer Skala die Beobachtung der Schwingungsamplitude. Bei der Aufnahme der Kompensationskurve bewegt sich das Glasröhrchen in Wasser (d), um die Einschwingzeiten zu verkürzen. Die untere Aluminiumscheibe (S_2) trägt drehbar gelagerte Schienen, auf denen die HELMHOLTZ-Spulen (P) vertikal und horizontal verschiebbar angebracht sind. Die Permanentmagnetnadeln (m) werden in der Höhe der Spulenmitte aufgeklebt. Durch Drehen der HELMHOLTZ-Spulen erreicht man das maximale Drehmoment bei senkrechter Ausrichtung zur Zylinderachse. Schließlich gibt es noch eine Spule (K) mit vertikaler Achsenrichtung auf der unteren Aluminiumscheibe, die die Aufgabe hat, in Reihe mit der Magnetisierungsspule geschaltet, deren Magnetfeld im Bereich der Probemagnete zu kompensieren. Als Spannungsquelle für die Magnetisierungsspule dient ein Funktionsgenerator im Rechteck-Impulsbetrieb mit nachfolgendem Stromverstärker (3 A).

VII.2.2 Aufgabenstellung

Man ermittle das gyromagnetische Verhältnis aus der Abhängigkeit der Schwingungsamplitude von dem Kompensationswiderstand R. Neben der Messung jenes Widerstandes R_0, der die Auslenkung auf ein Minimum beschränkt, ist die Kenntnis der Eigenfrequenz des ungedämpften Systems, des Trägheitsmoments Θ sowie der Auslenkung φ_{min} erforderlich.

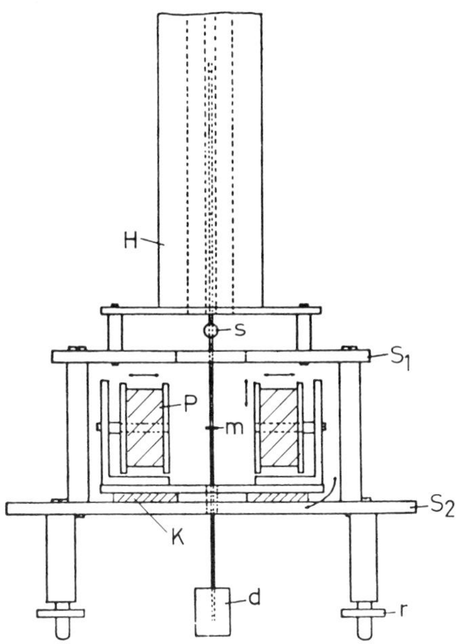

Fig. VII.7: Ansicht des Untergestells; H: Magnetisierungsspule, P: HELMHOLTZ-Spulen, m: Magnetnadeln, S_1, S_2: obere und untere Aluminiumscheibe, r: Stellschrauben, K: Kompensationsspule, s: Galvanometerspiegel, d: Wasserbad.

VII.2.3 Anleitung

Auftretende Störeffekte, sind im wesentlichen auf die Wechselwirkung einer schwachen horizontalen Feldkomponente der Eisenprobe mit der Horizontalkomponente des Erdfeldes zurückzuführen. Das damit verbundene Drehmoment D_4 kann man als phasengleich mit der periodisch sich ändernden Magnetisierung $M(t)$ voraussetzen

$$D_4 = d\Theta \cos \omega t \; , \tag{VII.95}$$

(d: Konstante) so daß die Bewegungsgleichung die Form

$$\ddot{\varphi} + 2k\dot{\varphi} + \omega_0^2 \varphi = \frac{\omega}{\gamma\Theta} M_0 \sin \omega t + d \cos \omega t \tag{VII.96}$$

annimmt. Als allgemeine Lösung erhält man

$$\varphi = \frac{M_0}{\gamma\Theta 2k} \frac{\sin \alpha}{\cos \beta} \cdot \sin(\omega t - \alpha + \beta) \tag{VII.97}$$

mit

$$\tan \alpha = \frac{2k\omega}{\omega_0^2 - \omega^2} \tag{VII.98a}$$

und

$$\tan\beta = \frac{d\gamma\Theta}{\omega M_0} \,. \tag{VII.98b}$$

Im idealen Resonanzfall ($\omega = \omega_0$) ohne äußere Störung ($d = 0$) beobachtet man eine Phasengleichheit ($\alpha = \pi/2$, $\beta = 0$) der Schwingung der Eigenprobe mit der veränderlichen Magnetisierung bzw. des die Magnetisierungsspule erregenden Stromes. Die realen Verhältnisse jedoch geben Anlaß zu einer endlichen Phasendifferenz, die durch Kompensation des Erdfeldes und so durch Variation des Phasenwinkels β bis zur Erfüllung der Bedingung $(\alpha - \beta) = \pi/2$ zum Verschwinden gebracht werden kann. Als Konsequenz ($\sin\alpha = \cos\beta$) findet man eine Lösung der Differentialgl. (VII.96), die mit jener ohne Störung übereinstimmt.

Die Anwesenheit einer Induktionsspule verlangt die Berücksichtigung eines zusätzlichen Drehmoments D_6, das auf die induzierte Spannung infolge der Änderung des äußeren Magnetfeldes $\vec{H}$ sowie der Magnetisierung $\vec{M}$ zurückzuführen ist

$$U_{ind} = -\frac{d}{dt}\int \vec{B}\cdot d\vec{f} = -nF\mu_0\frac{d}{dt}(H + \frac{M}{V}) \tag{VII.99}$$

(V: Volumen der Eisenprobe). Nachdem die Gegeninduktivität (g) jenen Anteil, der vom äußeren Feld induziert wird, kompensiert, errechnet sich das Drehmoment D_6 der Magnetnadeln in der Flußdichte der HELMHOLTZ-Spulen P mit

$$B_p = \mu_0 \frac{0.7156\; n_p I_{ind}}{r_p}$$

(n_p, r_p: Windungszahl und Radius der HELMHOLTZ-Spulen P) zu

$$D_6 = M_{Nad} B_p = -\frac{C}{R}\cdot\frac{dM}{dt} \,, \tag{VII.100}$$

wobei

$$C = M_{Nad}\,\mu_0^2\,\frac{0.7156\,n_p}{r_p V} nF = A\mu_0\frac{nF}{V} \tag{VII.101}$$

(R: Widerstand). Die Lösung der neuen Bewegungsgleichung

$$\ddot{\varphi} + 2k\dot{\varphi} + \omega_0^2\varphi = \frac{\omega}{\Theta}\left(\frac{1}{\gamma} - \frac{C}{R}\right) M_0 \sin\omega t + d\cos\omega t \tag{VII.102}$$

wird dann entscheidend vom Widerstand R geprägt und zeigt eine minimale Amplitude nahe der Eigenfrequenz der erzwungenen Schwingung, falls die Bedingung

$$\gamma = \frac{R}{C}$$

erfüllt ist. Die konstante Größe A von Gl.(VII.101)

$$A = M_{Nad}\cdot\mu_0\frac{0.7156\,n_p}{r_p}$$

erhält man aus der Messung der Amplitude im stationären Fall, wo ein konstanter Stromfluß i durch die HELMHOLTZ-Spulen ein Drehmoment hervorruft, das mit dem rücktreibenden Moment D_1 von Gl. (VII.94a) im Gleichgewicht steht

$$\Theta\omega_0^2\varphi = A \cdot i \, .$$

Die Ermittlung des Trägheitsmoments Θ basiert unter Voraussetzung verschwindender Dämpfung auf der Konstanz der Torsion

$$\Theta\omega^2 = \text{const} \, ,$$

wobei mindestens ein Trägheitsmoment sowie die Eigenfrequenz bekannt sein muß.

VII.3 Magnetometer

Das klassische Magnetometer dient zur Messung der Magnetisierung in einem offenen Magnetkreis mit äußeren Feldern von etwa 10^4 A/m. Dabei wird das in der Probe erzeugte Feld benutzt, um einen Permanentmagnet infolge des dort wirkenden Drehmoments auszulenken. Die Methode bietet den Vorteil, zu jedem Zeitpunkt bei beliebiger Feldänderung die Magnetisierung beobachten zu können.

VII.3.1 Experimentelles

Das einfache Magnetometer besteht im wesentlichen aus einem um eine vertikale Achse drehbaren Permanentmagnet und zwei dazu symmetrisch angebrachte horizontal orientierte Spulen, von denen eine zur Magnetisierung dient (Fig. VII.8). Der Probemagnet und ein Galvanometerspiegel sind gemeinsam auf einem Aluminiumstab befestigt, der an einem dünnen Quarzfaden frei beweglich hängt. Das obere Ende des Quarzfadens wird von einem Messingstift gehalten und kann axial verdreht und vertikal verschoben werden. Der Spiegel befindet sich innerhalb des drehbaren Gehäuses, das mit einer durch eine Glasplatte angeschlossenen Öffnung zur Beobachtung der Spiegelstellung versehen ist.

Der Permanentmagnet schwingt in der eng anschließenden Höhlung eines Kupferblocks bei geringer Dämpfung. Drei Stellschrauben erlauben die Justierung des gesamten Aufbaus. Die Grundplatte sitzt in der Mitte der mit Strichmarken versehenen Magnetometerbank, auf deren Schiene zwei Schlitten als Träger von zwei möglichst gleichen Feldspulen ($n = 4000$, $L = 25$ cm) gleiten. Während die Magnetisierungsspule die zu untersuchende Probe aufnimmt, ist die dazu achsensymmetrisch, in Reihe geschaltete Kompensationsspule leer und dient so dem Zweck, das Feld der Magnetisierungsspule am Ort des Permanentmagnet zum Verschwinden zu bringen (Fig. VII.9). Die Auslenkung des Permanentmagneten, die mit dem Lichtzeiger kontrolliert wird, hat seine Ursache dann allein in der Wechselwirkung mit dem magnetischen Feld, das von der Magnetisierung der Probe erzeugt wird. Um den Einfluß möglicher Nichtlinearitäten beim Vorgang der Torsion zu eliminieren, wird die Nullmethode verwendet, wo das Feld einer Hilfsspule ($n = 10$, $\phi = 10$ cm), die den Permanentmagnet umgibt, die Auslenkung zu verhindern sucht und so als Maß für die Magnetisierung gilt.

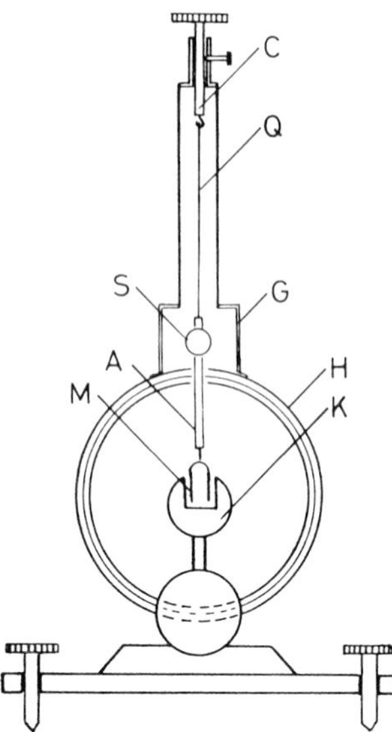

Fig. VII.8: Schnittfigur des Magnetometers in der Ebene senkrecht zur horizontalen Spulenachse; H: Feldspulen, M: Permanentmagnet, A: Aluminiumstab, S: Galvanometerspiegel, Q: Quarzfaden, C: Messingaufhängung, G: Gehäuse, K: Kupferblock.

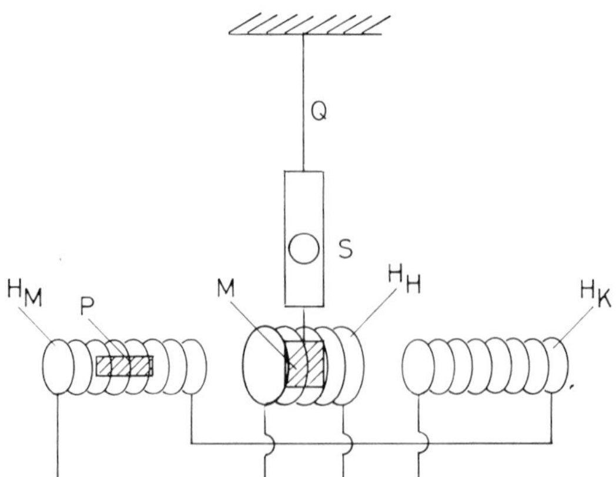

Fig. VII.9: Schematische Darstellung des Magnetometers; P: Probekörper, H_M: Magnetisierungsspule, H_K: Kompensationsspule, H_H: Hilfsspule, M: Permanentmagnet, S: Galvanometerspiegel, Q: Quarzfadenaufhängung.

Zur Spannungsversorgung der Magnetisierungsspulen ($I_{max} = 2$ A) sowie der Hilfsspule ($I_{max} = 200$ mA) dient ein Netzgerät (40 V) mit nachfolgender Widerstandsschaltung.

VII.3.2 Aufgabenstellung

Man vermesse die Hysteresekurve zweier zylindrischer Eisenstücke. Daneben sind Anfangspermeabilität, Koerzitivkraft und Remanenz zu ermitteln. Unter der Annahme, daß beide Proben Ellipsoide seien, führe man eine Scherung der Kurven durch.

VII.3.3 Anleitung

Vor Beginn der Messung ist in einem Entmagnetisierungsprozeß dafür zu sorgen, daß die magnetische Vorgeschichte gelöscht wird. Dabei wird die Amplitude eines magnetischen Wechselfeldes ($\nu = 50$ Hz) der Magnetisierungsspule kontinuierlich und langsam bis zum Verschwinden verkleinert. Ferner ist darauf zu achten, daß die Magnetometerachse auf die Mitte des Permanentmagneten zeigt sowie mit der Ost-West-Richtung zusammenfällt.

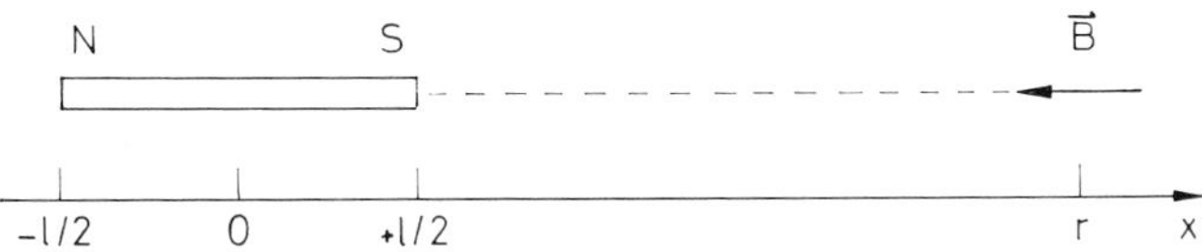

Fig. VII.10: 1.GAUSSsche Hauptlage eines magnetischen Dipols.

Betrachtet man eine lange dünne, stromdurchflossene Spule, so kann man am Ende eine angenähert radialsymmetrische Ausbreitung des Magnetfeldes beobachten. Der magnetische Fluß

$$\phi = \int \vec{B} \cdot \vec{df}$$

verteilt sich demnach in weitem Abstand $|\vec{r}|$ symmetrisch über die Kugelfläche $4\pi r^2$, so daß dort die magnetische Flußdichte zu

$$\vec{B} = \frac{\phi}{4\pi r^2} \cdot \frac{\vec{r}}{|\vec{r}|} \qquad \text{(VII.103)}$$

ermittelt wird. Die Übertragung dieses Feldbildes auf permanente Magnete mit dem magnetischen Moment

$$|\vec{m}| = \frac{1}{\mu_0} \phi\, l$$

ist sicher dann zulässig, wenn der betrachtete Aufpunkt weit genug von den Polen entfernt liegt. Dabei ergibt sich die gesamte Flußdichte aus der Summe der beiden Anteile eines einzelnen Magnetpols. Für den Fall der sogenannten 1. GAUSSschen Hauptlage (Fig. VII.10) erhält man mit Gl.(VII.103)

$$B(r) = \frac{\phi}{4\pi(r-\frac{l}{2})^2} - \frac{\phi}{4\pi(r+\frac{l}{2})^2},$$

was annähernd ($l \ll r$) zu dem Ergebnis

$$B(r) \approx \frac{\mu_0}{2\pi}\frac{m}{r^3} \tag{VII.104}$$

führt. Die Wirkung dieser Flußdichte auf den Permanentmagneten, die in einem Drehmoment resultiert, wird durch die Flußdichte der Hilfsspule in deren Mitte

$$B_H = \mu_0 \frac{n_H}{2r_H} \cdot I_H \tag{VII.105}$$

kompensiert, so daß aus der Identität von Gl. (VII.104) und (VII.105) die Magnetisierung

$$M = \frac{m}{V} = \frac{\pi r^3}{V} \cdot \frac{n_H}{r_H} I_H$$

(V: Volumen der Probe) durch den Strom der Hilfsspule als abhängige Variable dargestellt werden kann. Wählt man als unabhängige Variable den Strom der Magnetisierungsspule, so demonstriert das entsprechende Diagramm eine Hysterese der Form

$$M = M(H_a), \tag{VII.106}$$

wobei H_a das von der Magnetsierungsspule erzeugte äußere Feld bedeutet. Die wahre Hystereseschleife jedoch fordert die Abhängigkeit der Magnetisierung vom inneren Feld H_i der Probe, so daß das dem äußeren Feld entgegengerichtete Feld der Magnetisierung NM

$$H_i = H_a - NM \tag{VII.107}$$

berücksichtigt werden muß. Bei Verwendung eines Rotationsellipsoids als Probe im homogenen äußeren Feld kann mit einem ebenso homogenen inneren Feld und deshalb mit der strengen Gültigkeit von Gl. (VII.107) gerechnet werden. Der Entmagnetisierungsfaktor N eines gestreckten Ellipsoids mit dem Hauptachsenverhältnis $p = l/d$ beträgt

$$N = \frac{1}{p^2-1}\left[\frac{p}{\sqrt{p^2-1}}\ln(p+\sqrt{p^2+1}) - 1\right]$$

und vereinfacht sich bei abgeflachter Form ($p = l/d \gg 1$) zu

$$N = \frac{(\ln 2p - 1)}{p^2}.$$

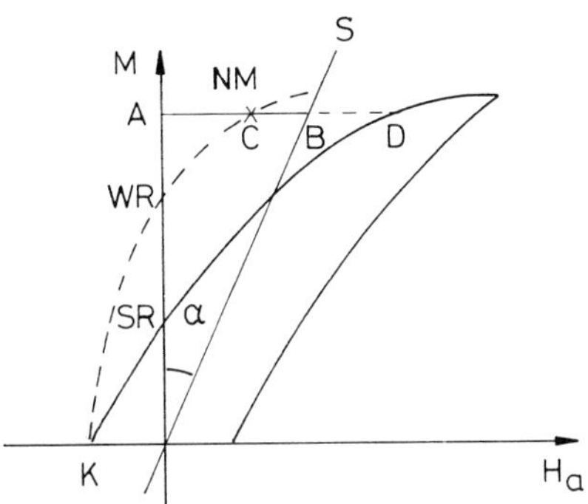

Fig.VII.11: Teil der Hysteresesschleife zur Demonstration der graphischen Scherung; S: Scherungsgerade, $AB = CD = N \cdot M$, (—): gescherte Kurve, SR: scheinbare Remanenz, WR: wahre Remanenz, K: Koerzitivkraft

Um die wahre Hystereseschleife aus der beobachteten nach Gl. (VII.106) zu erhalten, muß man gemäß Gl. (VII.107) den Abzissenwert H_a um $N \cdot M$ vermindern. Dieser Vorgang, der als Scherung bekannt ist, gelingt einfacher mittels einer graphischen Methode, wo in das ursprüngliche Diagramm eine Nullpunktsgerade, die sogenannte Scherungsgerade, mit der Steigung $\tan\alpha = -N$ eingezeichnet wird (Fig. VII.11). Entsprechend den beiden Hystereseschleifen kann man zwischen der scheinbaren ($H_a = 0$) und der wahren Remanenz ($H_i = 0$) unterscheiden.

VII.4 Magnetostriktion

Die Änderung der räumlichen Dimension eines Körpers infolge der Magnetisierungsänderung kann in eine gestaltsinvariante und eine volumeninvariante Art eingeteilt werden. Letztere bedingt eine Abweichung von der ursprünglichen Probenform und wird als Magnetostriktion im engeren Sinne verstanden. Betrachtet man etwa einen Einkristall in Kugelform, so wird dessen Gestalt durch die Sättigungsmagnetisierung $\vec{M}_s$ unterhalb der CURIE-Temperatur zu einem Ellipsoid verzerrt. Eine solche Gestaltsänderung kann durch eine relative Längenänderung $\Delta l/l$ erklärt werden. Bei beliebiger Richtung der magnetischen Flußdichte, die bzgl. der Kristallachsen durch die Richtungskosinusse $\cos\beta_k$ gekennzeichnet ist, und einer Beobachtungsrichtung $\vec{l}/l = (\cos\alpha_1, \cos\alpha_2, \cos\alpha_3)$, findet man dafür einen Ausdruck der Form

$$\frac{\Delta l}{l} = \sum_i \sum_j \cos\alpha_i \cos\beta_i \lambda_{ij} \cos\alpha_j \cos\beta_j \; . \qquad \text{(VII.108)}$$

Der symmetrische Tensor $\hat{\lambda}$ wird durch die magnetoelastischen Kopplungskonstanten beherrscht und kann in seiner Darstellung als Fläche 2.Grades (s. Abschn. II.3.3) eine bzgl. der Beobachtungsrichtung gestreckte wie gestauchte Ellipse ergeben. Demnach ist

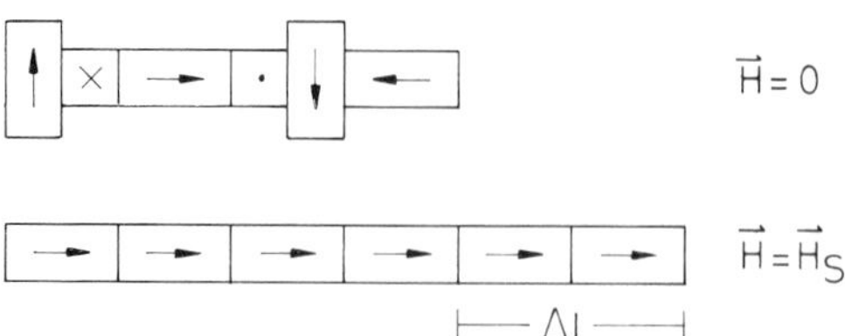

Fig. VII.12: Demonstration zur Plausibilitätserklärung der Längenänderung Δl einer linearen Kette ferromagnetischer Domänen unterhalb der CURIE-Temperatur ($T < T_C$); $\vec{H}_S$: Sättigungsfeldstärke.

sowohl eine Längenausdehnung als auch eine Verkürzung möglich, was als positive resp. negative Magnetostriktion bezeichnet wird.

Eine phänomenologische, einfache Erklärung des Effekts gelingt unter der Annahme elementarer (WEISSscher) Bezirke mit lokal gesättigter Magnetisierung sowie deren Anisotropie bzgl. der Kristallachsen unterhalb der CURIE-Temperatur (Fig. VII.12). Die statistische Verteilung der elementaren Magnetisierungen auf unterschiedliche Richtungen, die aus der Forderung nach einem Minimum des magnetischen Anteils der Energie resultiert, läßt im feldfreien Fall keine resultierende Magnetisierung und Längenänderung erwarten. Erst ein äußeres Magnetfeld vermag durch Entropievermehrung den Ordnungsprozeß einzuleiten und so eine Gestaltsänderung hervorzurufen. Dabei können verschiedene Vorgänge beteiligt sein, deren Bedeutung von der Stärke des äußeren Feldes abhängt. Nachdem bei schwachen Feldern größere Domänen auf Kosten kleinerer meist reversibel anwachsen, werden bei höheren, äußeren Feldern irreversible Wandverschiebungen beobachtet, die für das Auftreten der Remananz und Koerzitivkraft verantwortlich sind. Eine weitere Steigerung der Feldstärke bewirkt reversible Drehvorgänge, durch die der Winkel zwischen der Magnetisierung der Domänen und der Feldrichtung vermindert wird.

Die phänomenologische Erklärung der magnetischen Gestaltsänderung basiert auf der Berechnung der gesamten freien Energiedichte eines Kristalls

$$F = F_K + F_m + F_{el} \tag{VII.109}$$

unter der Annahme einer Verzerrung des Gitters, die durch den symmetrischen Verzerrungstensor $\hat{A}$ ausgedrückt werden kann. Dabei treten neben der Kristallenergie F_K noch Anteile der magnetoelastischen (F_m) sowie elastischen (F_{el}) auf, deren Ursache in der Magnetisierung resp. Verzerrung zu suchen ist. Die Variation bezüglich der sechs Tensorkomponenten mit der Forderung nach einem Minimum der freien Energie

$$\frac{\partial F}{\partial A_{ij}} = 0 \tag{VII.110}$$

erlaubt dann die Darstellung der relativen Längenänderung nach Gl.(VII.108). Für den speziellen Fall kubischer Kristallsysteme erhält man unter Annahme der Isotropie ($\lambda_{<100>} = \lambda_{<111>} = \lambda_c$)

$$\frac{\Delta l}{l} = \frac{3}{2}\lambda_c(\cos^2\gamma - \frac{1}{3}) \tag{VII.111a}$$

mit

$$\cos\gamma = \sum_i \cos\alpha_i \cdot \cos\beta_i \ . \tag{VII.111b}$$

Nach Beendigung der Wandverschiebungen, die mit wachsender äußerer Feldstärke den Drehvorgängen vorausgehen, findet man eine Magnetisierung $\vec{M}_s$, deren Orientierung durch die Richtungskosinusse $\cos\alpha_k$ gekennzeichnet ist. Beobachtet man die Längenänderung in Richtung des Feldes, die durch die Kosinusse $\cos\beta_k$ festgelegt ist, dann kann die Magnetisierung dargestellt werden als

$$M = M_s \cos\gamma \ . \tag{VII.112}$$

Die nachfolgenden Drehprozesse ermöglichen eine stetige Veränderung der Winkel α_k bei vorgegebener Beobachtungsrichtung (β_k = const), so daß unter isotropen Verhältnissen nach Gl. (VII.112) die relative Längenänderung mit quadratischer Abhängigkeit von der Magnetisierung ($\Delta l/l \sim M^2$) erwartet wird.

VII.4.1 Experimentelles

Die Magnetisierung der zylindrischen Stahlprobe geschieht mit einer Spule (n = 1000, ϕ = 40 mm), deren axiales Magnetfeld mit Hilfe einer HALL-Sonde vermessen werden kann. Ein MICHELSON-Interferometer dient zur Ausmessung der Längenänderung, wobei der am Probenende angebrachte Spiegel die Reflexion eines der beiden Lichtbündel in sich selbst besorgt. Als Lichtquelle wird ein He-Ne-Laser (λ = 632.8 nm) verwendet. Die Aufweitung des Lichtbündels zur Beobachtung von konzentrischen Intensitätsringen auf einem durchscheinenden Schirm ermöglicht eine Linse (f = 40 mm) nahe dem Laser. Ein achromatischer Lichtteiler zerlegt das Laserlichtbündel in zwei Teilbündel mit nahezu gleicher Intensität und zueinander senkrechter Ausbreitungsrichtung. Die Änderung der Ordnungszahl bzgl. der Interferenz dient als Maß für die Längenänderung.

VII.4.2 Aufgabenstellung

Man ermittle die Längenänderung von Stahl durch Magnetostriktion bei verschiedenen Flußdichten bis 14 mT. Daneben ist das Magnetfeld zu kalibrieren.

VII.4.3 Anleitung

Die Wirkungweise des MICHELSON-Interferometers beruht auf der Interferenz zweier zueinander zeitlich kohärenter Lichtbündel (s. Abschn. VI.1.1), die ihren gemeinsamen Ursprung in einer ausgedehnten Lichtquelle (Q) haben (Fig. VII.13). Dazu wird ein

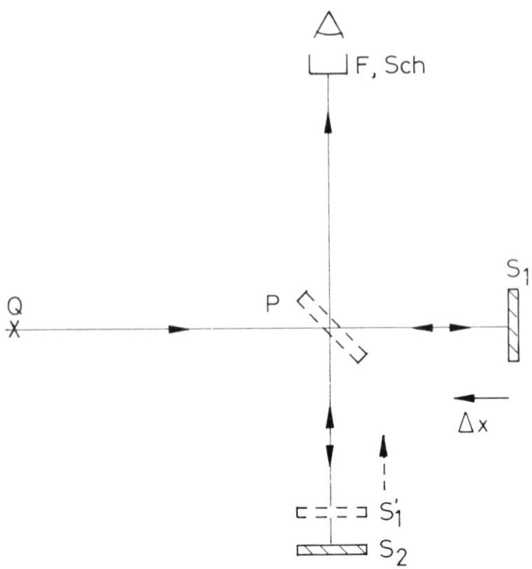

Fig. VII.13: Schematische Darstellung des MICHELSON-Interferometers und dessen Lichtwege; Q: Lichtquelle, P: Strahlteiler, S: Spiegel, F-Sch: Fernrohr-Schirm.

Strahlteiler (P) benutzt, dessen Flächennormale unter $\pi/2$ gegen die Ausbreitungsrichtung geneigt ist. Zwei Spiegel (S_1, S_2) sorgen dafür, daß jedes Teilbündel in sich selbst reflektiert und so am Strahlteiler erneut in zwei Teilbündel zerlegt wird. Dabei sind nur jene von Interesse, die das Fernrohr (F) resp. den Schirm (Sch) erreichen und dort auf Grund einer optischen Wegdifferenz und der daraus resultierenden Phasendifferenz zu Interferenzerscheinungen Anlaß geben.

Das Verständnis der Wirkungsweise wird erleichtert, wenn man die Wege der miteinander interferierenden Lichtbündel zusammenlegt, wodurch der Spiegel S_1 die Position S_1' einnimmt. Demzufolge wird man die Interferenzerscheinung mit jener an planparallelen Platten identifizieren können. Man erwartet deshalb in Analogie zur Interferenz gleicher Neigung konzentrische Kreise konstanter Intensität (HAIDINGERsche Ringe), die auf die endliche Ausdehnung der Lichtquelle und mithin auf unterschiedliche Einfallswinkel ϵ zurückzuführen sind.

Die geometrische Herleitung der Bedingung für konstruktive Interferenz mit dem Ergebnis von Intensitätsmaxima kann ersatzweise an zwei unter dem Winkel ϵ zur Flächennormalen einfallenden Lichtwellen (1) und (2) demonstriert werden (Fig. VII.14). Mit dem optischen Wegunterschied $(\overline{AB} + \overline{BC} - \overline{DC})$

$$\Delta = 2x \cos \epsilon \tag{VII.113a}$$

erhält man Intensitätsmaxima für

$$k \cdot \lambda = 2x \cos \epsilon \tag{VII.113b}$$

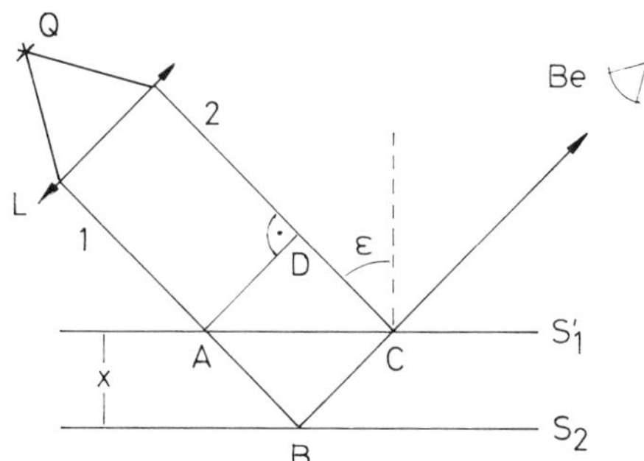

Fig. VII.14: Geometrische Darstellung zur Interferenzbedingung an planparallelen Platten als Ersatzbild der optischen Wege beim MICHELSON-Interferometer; Q: Lichtquelle, L: Linse, S: Spiegel, Be: Beobachter, x: Wegdifferenz zu den beiden Spiegeln.

($k = 0, 1, \ldots$: Ordnungszahl), wobei die Konstanz des Einfallswinkels zur kreisförmigen Struktur Anlaß gibt. Demnach impliziert eine lineare Änderung Δx der Wegdifferenz zu den beiden Spiegeln eine lineare Änderung der Ordnungszahl Δk, so daß deren Größe

$$\Delta k = 2\cos\epsilon\frac{\Delta x}{\lambda} \qquad \text{(VII.114)}$$

ein wegen der kleinen Bezugslänge λ ein empfindliches Maß für Längenänderungen verspricht.

VII.5 Literatur

1. **R. BECKER, F. SAUTER** *Theorie der Elektrizität, Bd.III Elektrodynamik der Materie* B.G.Teubner, Stuttgart **1969**

2. **K.H. HELLWEGE** *Einführung in die Festkörperphysik* Springer, Berlin, Heidelberg, New York **1981**

3. **C. WEISSMANTEL, C. HAMANN** *Grundlagen der Festkörperphysik* Springer, Berlin, Heidelberg, New York **1980**

4. **C. KITTEL** *Einführung in die Festkörperphysik* R. Oldenbourg, München, Wien **1988**

5. **E. KNELLER** *Ferromagnetismus* Springer, Berlin **1962**

6. **G. RADO, A. SUHL** (Eds.) *Magnetism Vol.1-4* Academic Press, New York **1962-1966**

7. **S. CHIKAZUMI, S.H. CHARP** *Physics of Magnetism*
J.Wiley and Sons, New York **1964**

8. **A.H. MORRISH** *The Physical Principles of Magnetism*
J.Wiley and Sons, New York **1965**

9. **D.C. MATTIS** *The theory of Magnetism*
Harper and Row, New York **1965**

10. **D.H. MARTIN** *Magnetism in Solids*
M.I.T. Press, Cambridge, Massachusetts **1967**

11. **A.I. AKHIEZER, V.G. BAR YAKHTAR, S.V. PELETMINSKII** *Spin Waves* North-Holland Publ. Comp., Amsterdam **1968**

12. **R. KUBO, T. NAGAMIYA** (Eds.) *Solid state physics*
Mc. Graw-Hill, New York **1969**

13. **R.M. WHITE** *Quantum Theory of Magnetism*
Mc. Graw-Hill, New York **1970**

14. **S.V. VONSOYSKII** *Magnetism Vol. I a. II*
J. Wiley and Sons, New York, Toronto **1974**

15. **I.M. ZIMAN** *Prinzipien der Festkörpertheorie*
H. Deutsch, Zürich, Frankfurt M. **1975**

16. **O. MADELUNG** *Introduction to Solid-State Theory*
Springer, Berlin, Heidelberg, New York **1978**

17. **W. NOLTING** *Quantentheorie des Magnetismus Teil 1 u. 2*
B.G. Teubner, Stuttgart **1986**

VIII. Naturkonstanten

Unter Naturkonstanten sei hier jenes System von relativ wenigen, meist dimensionsbehafteten Konstanten gemeint, auf die die Vielzahl der Fundamentalkonstanten zurückgeführt werden kann und die ihrerseits nicht aus physikalischen Zusammenhängen ableitbar sind. Eine ihrer Bedeutungen liegt in der Eigenschaft, quantitative Grundlage der physikalischen Beschreibung zu sein.

VIII.1 Grundlagen

VIII.1.1 Elementarteilchenmassen

Bei der Suche nach Naturkonstanten im Bereich der Elementarteilchen trifft man auf die Quantität der sie charakterisierenden Ruhemasse. Leptonen, Mesonen sowie Baryonen stellen so jeweils Naturkonstanten zur Verfügung. Dabei werden Teilchen einer Klasse mit annähernd gleicher Masse, aber unterschiedlicher Ladung, wie etwa das Neutron und Proton bei den Nukleonen oder die Pionen $\pi^{\pm}$, π^0 bei den pseudoskalaren Mesonen auf der Grundlage des Isospinformalismus als identisch betrachtet. Als Konsequenz der dort gültigen unitären Symmetriegruppe SU(2), die die Invarianz des Isospins I garantiert, nehmen solche Teilchen die Zustände eines nahezu entarteten Multipletts ein, deren Unterscheidung lediglich der Eigenwert einer der drei Generatoren der Gruppe, nämlich $\hat{I}_3$, besorgt. Sie werden demnach durch eine der Komponenten des Isospins I_3 gekennzeichnet, was auf der Grundlage der Quarkhypothese in einer charakteristischen Flavourbeteiligung seine Erklärung findet. Wenn dennoch die Vertauschbarkeit mit dem Hamiltonoperator $\hat{H}$ nicht erfüllt ist ($[\hat{I}, \hat{H}]_- \neq 0$) und mithin eine Verletzung der Isospininvarianz bei Erhaltung der dritten Komponente ($[\hat{I}_3, \hat{H}]_- = 0$) festgestellt wird, die die geringe Massendifferenz durch Aufhebung der Entartung zu erklären vermag, so ist dafür die zusätzlich zu berücksichtigende elektromagnetische Wechselwirkung verantwortlich.

In Ausdehnung solcher Betrachtungen auf die Symmetriegruppe SU(3) unter Einbeziehung des Operators der Hyperladung $\hat{Y}$ kann die Aufhebung der Entartung innerhalb des dort auftretenden Multipletts (z.B. Baryonenoktett) durch eine weitere Symmetriebrechung infolge der gestörten starken Wechselwirkung erklärt werden.

VIII.1.2 Kopplungskonstanten

Über die Eigenschaft der Quantität hinaus findet man bei den weiteren Naturkonstanten die Fähigkeit der Korrelation, die ihre Bedeutung im Hinblick auf Universalität erhöht (Tab. VIII.2, Seite 167). Im Bereich der Wechselwirkungen zwischen Materieteilchen sind es die Kopplungskonstanten, die sowohl eine korrelierende Aufgabe erfüllen wie die Stärke der Kopplung zum Ausdruck bringen (Tab. VIII.1). In der Quantenfeldtheorie erwächst die Kopplungskonstante aus der Forderung nach Endlichkeit der Grundzustandsenergie von Feldern (Renormierung), die für die Wechselwirkung verantwortlich sind. Sie übernimmt demnach die Rolle eines freien Parameters, der in den meisten Fällen von der Entfernung und mithin der Energie beherrscht wird.

Tab. VIII.1: Wechselwirkungen zwischen Materieteilchen.

Wechselwirkung	Relative Stärke in Kernnähe	Reichweite
Gravitation	10^{-41}	∞ ?
schwache	10^{-15}	10^{-15} m
elektromagnetische	10^{-2}	∞ ?
starke	1	10^{-15} m

VIII.1.2.1 Elektromagnetische Wechselwirkung

Die feldtheoretische Diskussion der elektromagnetischen Wechselwirkung auf der Grundlage der Quantenelektrodynamik, die die Synthese von relativistischer Quantenmechanik und Elektrodynamik bedeutet, basiert analog zum Fall des klassischen Feldes auf einer unitären abelschen Symmetriegruppe U(1) als eine der kontinuierlichen LIE-Gruppen. Mit Hilfe dieser Symmetriegruppe gelingt eine lokale, d.h. mit einem ortsabhängigen Eichparameter ausgestatteten Eichtransformation der Phase, die mit der Eichtransformation der elektromagnetischen Potentiale verknüpft ist. Daraus resultiert die Erhaltung der Ladung des Teilchens sowie die mit der Vertauschbarkeit des unitären Operators mit dem Vektoreichfeld $\vec{A}$ zu begründende Tatsache, daß das Eichfeld, das mit dem masselosen Photon identifiziert werden muß, selbst keine Ladung trägt. Die Stärke der Wechselwirkung zwischen Stromdichte und Eichfeld wird durch die Elementarladung e geprägt (Fig. VIII.1). Dabei ist anzumerken, daß allgemein eine solche lokale Eichtransformation (2. Art) im Sinne der U(1)-Symmetrie keine Aussagen über die Ladungen der an das elektromagnetische Feld angekoppelten Teilchenfelder erlaubt. Erst die Eichinvarianz von verallgemeinerten Phasentransformationen auf der Grundlage von nicht-abelschen LIE-Gruppen der speziellen unitären SU(n)-Symmetrie ($n \geq 2$: Dimension der Darstellung) ermöglicht die Forderung nach einer einzigen Kopplungskonstante für alle Teilchenfelder, wodurch die Ladungen quantisiert werden. Dies legt die Vermutung einer Einbettung der Eichgruppe U(1) in eine sogenannte einfache, höher dimensionale Gruppe SU(n) nahe, bei der der Eigenwert des Ladungsgenerators als einer der ($n^2 - 1$) Generatoren in seinem Maß durch die Vertauschungsrelationen festgelegt wird (s. Abschn. VIII.1.2.5). Eine Abschirmung der Elementarladung, wie sie von der Va-

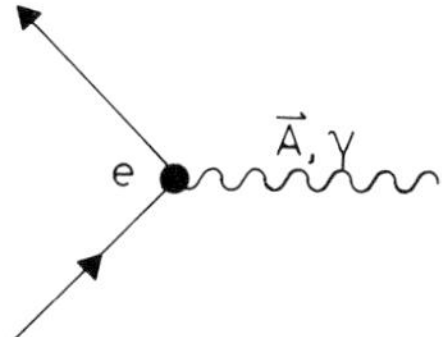

Fig. VIII.1: FEYNMAN-Graph der Emission bzw. Absorption eines Photons, begleitet durch Energie- und Impulsänderung des Elektrons (e: Kopplungskonstante).

kuumpolarisation durch virtuelle Teilchen-Antiteilchen-Paare erwartet wird, impliziert ein Anwachsen der Kopplungsstärke bei Annäherung an das geladene Teilchen, so daß die Kopplungskonstante e mit wachsender Energie zunimmt (Fig. VIII.2 u. VII.9). Betrachtet man etwa ein Elektron im Feld einer punktförmigen Ladungsquelle Ze, so kann die Wechselwirkung durch eine effektive Kopplungsstärke g_{eff} angegeben werden

$$W = -\frac{1}{4\pi\varepsilon_0}\frac{Ze}{r}\, g_{eff}\,, \tag{VIII.1}$$

deren Wert erst für kleine Abstände, die unterhalb der COMPTON-Wellenlänge liegen ($r \ll \lambda_c$), von der Elementarladung merklich abweicht.

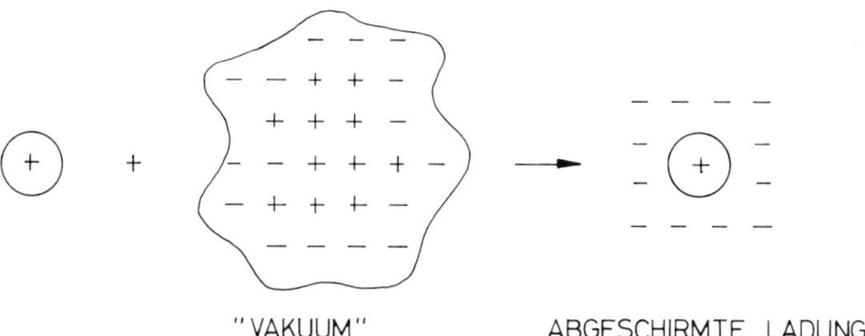

Fig. VIII.2: Bildhafte Demonstration der Vakuumpolarisation in der Quantenelektrodynamik durch eine ausgedehnte positive Ladung (Ladungsabschirmung).

VIII.1.2.2 Schwache Wechselwirkung

Bei der schwachen Wechselwirkung, deren Reaktionen durch die Beteiligung von vier Fermionen gekennzeichnet ist, dominiert eine Kopplungskonstante ($g = 10^{-5}\,\mathrm{GeV}^{-2}$), die in der Theorie durch den Ansatz einer vektoriellen sowie einer axialvektoriellen (V-A)-Kopplung gerechtfertigt ist. In Erinnerung an die klassische Elektrodynamik, wird die Wechselwirkung zwischen dem elektromagnetischen Stromvektor und dem Feldvektor mit jener zwischen dem Vektor des Übergangsstromes von Hadronen und dem Vektor vom Leptonenpaar korreliert. Eine Ergänzung durch axialvektorielle Wechselwirkungen trägt der Universalität sowie der Paritätsverletzung Rechnung. Bereits die Dimension der Kopplungsstärke weist jedoch mit einer reziproken quadratischen Energie auf eine Energieschranke hin ($E_s \approx \sqrt{1/g} \approx 10^2$ GeV), oberhalb derer eine damit verbundene Wechselwirkung aufgehoben scheint. Im Hinblick auf die elektromagnetische Wechselwirkung, die durch den Austausch von virtuellen Photonen geschieht, wird man auch hier geeignete Eichbosonen erwarten, die darüber hinaus der Forderung nach Paritätsverletzung Rechnung tragen und nur von linkshändigen Fermionen (Helizität H = Projektion des Spins auf den Impuls/ Normierung = – 1) ausgetauscht werden.

Bei der Suche nach einer Eichgruppe der schwachen Wechselwirkung wird man nach geeigneter Einteilung der Fermionen an den Isospinformalismus und die Invarianz der starken Wechselwirkung erinnert, bei dem etwa die Transformation vom Neutron n zum Proton p innerhalb des Isospindubletts $\binom{\mathrm{n}}{\mathrm{p}}$ unter Erhaltung des Isospins ($I = 1/2$) beschrieben werden kann. Ein ähnliches Transformationsverhalten findet man nach Aufteilung der für die schwache Wechselwirkung zur Verfügung stehenden Fermionen (Leptonen und Quarks) in beteiligte, linkshändige (H = - 1) Dubletts und unbeteiligte, rechtshändige (H = + 1) Singuletts, wie etwa

$$\begin{pmatrix} \nu_{e^-} \\ e^- \end{pmatrix}_l , \quad \begin{pmatrix} u \\ d \end{pmatrix}_l , \quad \ldots$$
$$(e^-)_r , \quad (d)_r , \quad \ldots$$

Auch hier gilt die Forderung nach Invarianz der Theorie der schwachen Wechselwirkung unter einer lokalen, unitären Eichtransformation, so daß die Isospingruppe SU(2) als Eichgruppe übernommen und formal ein "schwacher Isospin" als Erhaltungsgröße mit den Werten $I = 1/2$ (Dublettsystem) und $I = 0$ (Singulettsystem) eingeführt werden kann. Die Forderung nach Invarianz der LAGRANGE-Dichte unter der lokalen Eichtransformation auf der Grundlage der SU(2)-Symmetrie hat die Einführung von Eich-Vektorfeldern zur Folge mit einer Anzahl (3), die sich nach der Zahl der Generatoren ($n^2 - 1 = 3$) richtet. Nach Quantisierung erhält man so die drei Eich-Bosonen $\mathrm{W}^{\pm} = 1/\sqrt{2} \cdot (\mathrm{W}^1 \mp i\mathrm{W}^2)$ und W^3, deren Wechselwirkung mit den Fermionen durch die Kopplungskonstante g_2 ausgedrückt wird (Fig. VIII.3).

Die der Eichgruppe zu Grunde liegende unitäre Symmetrie $\mathrm{SU}_l(2)$ (l: linkshändige Fermionen) ist auf Grund der Nichtvertauschbarkeit der Generatoren (Isospinkomponenten)

$$\left[\hat{I}_l, \hat{I}_k\right] = i \sum_j \epsilon_{lkj} \hat{I}_j \qquad \text{(VIII.2)}$$

(Strukturkonstanten $\epsilon_{lkj} = \pm 1$, für gerade resp. ungerade Permutationen; 0 bei Gleichheit zweier Indizes) nicht mehr abelsch, woraus eine Selbstwechselwirkung der Eich-Bosonen resultiert. Ganz anders dagegen sind die Verhältnisse bei der mittels abelscher

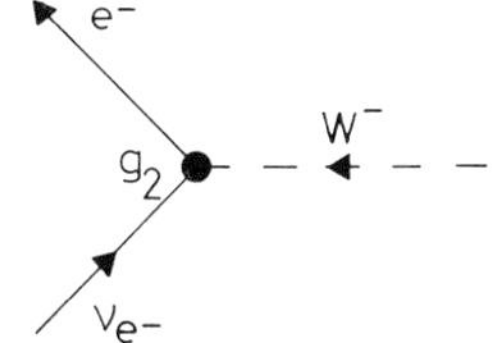

Fig. VIII.3: FEYNMAN-Graph der Kopplung von Elektron, Elektron-Neutrino und W^--Boson unter SU(2)-Eichtransformation; Absorption eines W^--Bosons (g_2: Kopplungskonstante).

$U_e(1)$-Eichsymmetrie beschriebenen Quantenelektrodynamik, in der das Photon seine Ladungsneutralität behält. Hier jedoch zwingt die asymptotische Freiheit der Theorie, die als angenäherte Freiheit der beteiligten Fermionen und Vektorbosonen bei hohen Energien interpretiert werden kann, zu einer Abnahme der Ladungskräfte, so daß sich die Kopplungskonstante im Gegensatz zu jener der elektromagnetischen Wechselwirkung mit wachsender Energie vermindert (Fig. VIII.9).

VIII.1.2.3 Elektro-schwache Wechselwirkung

Nachdem das W^3-Boson nur eine Wechselwirkung mit den linkshändigen Fermionen, etwa mit $\nu_{e^-,l}$ und e_l^- eingeht und nicht mit den rechtshändigen Fermionen, etwa mit e_r^-, wie man es von einem Photon erwartet, muß die Theorie noch durch Einbeziehung des Elektromagnetismus erweitert werden, woraus das Standardmodell GSW (GLASHOW, SALAM u. WEINBERG) für elektro-schwache Wechselwirkung resultiert. Die dort benutzte Symmetriegruppe zur lokalen Eichtransformation ergibt sich aus dem direkten Produkt zweier Gruppen $SU_l(2) \times U_Y(1)$, mit der Hyperladung Y als Generator von $U_Y(1)$ und der schwachen Isospinkomponenten $I_k (k = 1, 2, 3)$ als Generatoren von $SU_l(2)$, deren Nichtvertauschbarkeit nach Gl. (VIII.2) trotz der Vertauschbarkeitsrelation

$$\left[\hat{I}_k, \hat{Y}\right]_- = 0 \tag{VIII.3}$$

die Gruppe als nicht-abelsch auszeichnet. Demnach werden vier Eichfelder erwartet. Die Kopplungskonstanten g_1 und g_2 der getrennten Eichgruppen erweisen sich als freie Parameter. Die Wechselwirkung offenbart jetzt neben dem bisher bekannten W^3-Feld noch ein weiteres neutrales Feld, deren orthogonale Linearkombination und nachfolgende Quantisierung die Entstehung des Z^0-Bosons sowie des Photons veranlaßt. Letztgenannte Transformation kann durch den WEINBERG-Mischungswinkel

$$\tan \Theta_W = \frac{g_1}{g_2} \quad \text{und} \tag{VIII.4a}$$

$$e = g_2 \sin \Theta_W \tag{VIII.4b}$$

charakterisiert werden, dessen experimentelle Bestimmung aus neutralen schwachen Strömen ($\sin^2\Theta_W = 0.23\pm0.01$; $g_2 = 2.009\ e$; $g_1 = 1.14\ e$) die Vereinigung der schwachen und elektromagnetischen Wechselwirkung ermöglicht. Dabei wird die Freiheit der Kopplungskonstanten g_1 und e benutzt, die aus der Ladungsinvarianz der U(1) Symmetrie folgt.

Die Vervollständigung der elektro-schwachen Theorie fordert jetzt noch eine endliche Masse sowohl für die Fermionen wie für die Eichbosonen. Sieht man von der Möglichkeit ab, explizite Massenterme in der LAGRANGE-Dichte additiv hinzuzufügen, die eine Verletzung der Eichvarianz zur Folge hätte und die Renormierbarkeit verhinderte, so kann die Forderung nur durch eine spontane Symmetriebrechung erfüllt werden. Das Verständnis davon wird erleichtert, wenn man an die spontane Symmetriebrechung 1. Art von anderen Gruppen erinnert, wie sie etwa beim Festkörper durch Verletzung der Translations- oder Rotationssymmetrie bekannt ist. Als Folge beobachtet man dort das Auftreten von elementaren Anregungen, deren Feldquanten wie etwa die Phononen oder Magnonen (s. Abschn. VII.1.4) jedoch keine Masse besitzen und als Quasiteilchen bezeichnet werden. Erst eine lokale Symmetriebrechung (2. Art) durch die Einführung zusätzlicher Eichfelder wird, infolge von deren Wechselwirkung mit dem skalaren (HIGGS-)Feld ϕ der spontanen Symmetriebrechung 1. Art, die Erzeugung endlicher Massen ermöglichen. Damit ist der von der Symmetriebrechung hervorgerufene endliche Vakuumerwartungswert

$$<\phi>_0 = <0|\phi|0> \neq 0 \tag{VIII.5}$$

ein entscheidendes Maß für die Größe der Massen. Berücksichtigt man ferner die nichtabelsche Eigenschaft der Symmetriegruppe, dann gelingt nach Wahl der Vakuumwerte

$$\hat{I}_k <\phi>_0 \; \neq \; 0\,; \quad \hat{Y} <\phi>_0 \neq 0 \tag{VIII.6a}$$

$$\hat{Q} <\phi>_0 \; = \; 0 \tag{VIII.6b}$$

($\hat{Q} = \hat{I}_3 + \frac{1}{2}\hat{Y}$: Ladungsoperator), die die $U_Y(1)$-Gruppe als Untergruppe der Produktgruppe ausweist, eine Erhaltung der Ungebrochenheit der $U_Y(1)$-Symmetrie. Aus den Wechselwirkungstermen der LAGRANGE-Dichte ergeben sich schließlich die Massen der Austauschteilchen zu

$$m_{W^\pm} = \frac{1}{2} g_2 \cdot <\phi>_0 \tag{VIII.7a}$$

$$m_Z = \frac{1}{2}\sqrt{g_1^2 + g_2^2} \cdot <\phi>_0 \tag{VIII.7b}$$

und

$$m_\gamma = 0\,. \tag{VIII.7c}$$

Daneben erhält das skalare HIGGS-Boson eine Masse, die außer vom Vakuumwert noch von einem weiteren Parameter des HIGGS-Feldes bestimmt wird. Die kurze Reichweite der schwachen Wechselwirkung impliziert die Forderung nach relativ hohen Massen der Austauschteilchen, die sich im niederen Energiebereich, wo die Kopplungskonstante g dem Ansatz

$$| < \phi >_0 |^2 = \frac{1}{\sqrt{2} \cdot g} \tag{VIII.8}$$

genügt, mit Gl. (VIII.4b) zu $m_{W^\pm} = 80$ GeV und $m_Z = 92$ GeV in guter Übereinstimmung mit den experimentellen Daten berechnen lassen.

VIII.1.2.4 Starke Wechselwirkung

Die Grundlage zur Beschreibung der starken Wechselwirkung bildet die Quantenchromodynamik (QCD) als eine dynamische Theorie der Wechselwirkung zwischen den Quarks. Sie kann als konsequente Weiterentwicklung der Quantenelektrodynamik betrachtet werden, wenn man das Prinzip der lokalen Eichinvarianz im Rahmen von Symmetrieüberlegungen in den Mittelpunkt rückt. Beide Theorien erheben die Forderung nach Erhaltung der Ladung, wenngleich im einen Fall die elektrische Ladung gemeint ist, im anderen Fall die Farbladung, die sich in drei verschiedene Beiträge (r: rot, g: grün, b: blau) aufteilen läßt. Ausgehend von der Voraussetzung, daß die Farbladungen für die starke Wechselwirkung verantwortlich sind und als Quelle der die Wechselwirkung vermittelnden Eichfelder wirken, wird man die spezielle unitäre Symmetriegruppe $SU_c(3)$ (c: colour) als Eichgruppe wählen, die nicht mit der $SU_f(3)$ (f: flavour) bei drei Flavour-Freiheitsgraden zu verwechseln ist. Während im einen Fall das elektromagnetische Feld bzw. deren Photonen als Eichquanten das Eichfeld darstellen, erwartet man bei der Quantenchromodynamik gemäß den ($n^2 - 1 = 8$) Generatoren $\hat{Q}_i^c$ auch acht verschiedene Eichfelder, deren Feldquanten, die masselosen Gluonen, wohl mit Farbladung behaftet sind, aber keine elektrische Ladung tragen.

Die Wahl der $SU_c(3)$-Gruppe zur Eichtransformation erwächst aus der von der Erfahrung abgeleiteten Forderung nach Farbneutralität (= "weiß") der aus den Quarks aufgebauten Hadronenzuständen, was durch die Invarianzbedingung

$$\hat{Q}_i^c |\text{Hadron}> = 0 \ , \quad (i = 1, \cdots, 8) \tag{VIII.9}$$

ausgedrückt werden kann. Die Bindung der Quarks zu farbneutralen Zuständen sowie das Verbot der Existenz freier Quarks und Gluonen scheint ein absolutes Prinzip zu sein, deren Erklärung als "Quark-Confinement" bekannt ist. Entsprechend der acht Generatoren wird die starke Wechselwirkung von acht Farbfeldern mit einer Intensität übertragen, die durch die Kopplungskonstante g_3 bestimmt wird (Fig. VIII.4). Die "Buntheit" der acht Farbfelder bzw. Gluonenzustände (Oktett) kann bildlich durch die neun möglichen Farbkopplungen an die Quarks verdeutlicht werden

$r - g, r - b, g - r, g - b, b - r, b - g;$

$r - r, g - g, b - b,$

von denen eine als Linearkombination der drei letzten

$(r - r) + (g - g) + (b - b)$

ein "weißes" Singulett ($\hat{=}$ "Einheitsoperator") ohne die Fähigkeit der Wechselwirkung ergibt und deshalb abgezogen werden muß.

Im Gegensatz zur abelschen Symmetrie der Quantenelektrodynamik wird hier die Farbladung bei der Wechselwirkung geändert, woraus eine Selbstwechselwirkung der Gluonen resultiert (Fig. VIII.5). Die Nichtvertauschbarkeit der acht Generatoren, die die

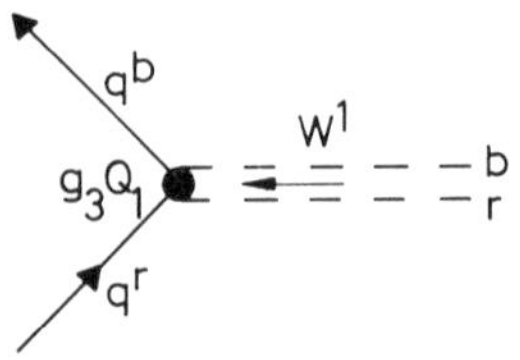

Fig. VIII.4: FEYNMAN-Graph einer elementaren Wechselwirkung zwischen einem Quark und einem Gluon; Absorption eines Gluons von einem roten Quark, das in ein blaues Quark unter Energie- und Impulsänderung umgewandelt wird.

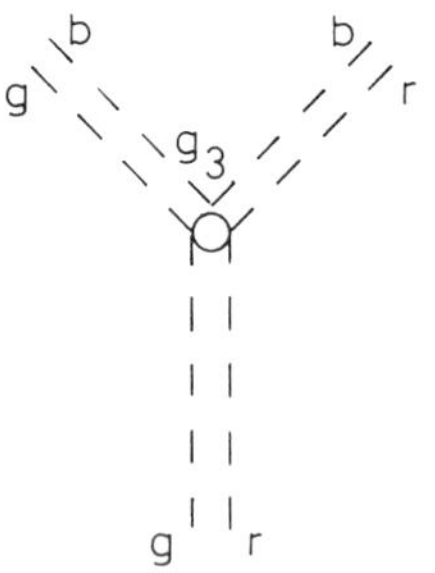

Fig. VIII.5: FEYNMAN-Graph für 3-Gluonen-Wechselwirkung.

Eichgruppe $SU_c(3)$ als nicht-abelsch ausweist, führt außer zur Selbstwechselwirkung auch zu einer asymptotischen Freiheit der Theorie, wonach die Quarks bei kleinen Abständen respektive hohen Energien als nahezu frei betrachtet werden können und demnach die Kopplungskonstante g_3 mit wachsender Energie logarithmisch abnimmt (Fig. VIII.9). Eine anschauliche Erklärung liefert die vereinfachte Demonstration der Vakuumpolarisation der Quantenchromodynamik im bekannten Bild (Fig. VIII.2) des Modells der Quantenelektrodynamik. Dort gilt es, neben der Quark-Vakuumladung noch den Vakuumbeitrag der Gluonen zu berücksichtigen, der auf Grund der Selbstwechselwirkung einen entgegengerichteten Einfluß ausübt und bei den gewöhnlichen Flavourzahlen ($N_f < 17$) an Stelle der abgeschirmten Ladung der Quantenelektrodynamik, eine verstärkte Ladung zum Ergebnis hat (Fig. VIII.6). Bei abnehmendem Abstand zum Farbteilchen wird die Nettofarbladung vermindert, so daß eine Herabsetzung der Wechselwirkung erwartet wird. Im Bild der Feldlinien kann man davon ausgehen, daß beim Entfernen zweier punktförmiger, entgegengerichteter Ladungen im Widerspruch zur klassischen Vorstellung der Elektrodynamik keine Abnahme der Feldliniendichte sondern vielmehr

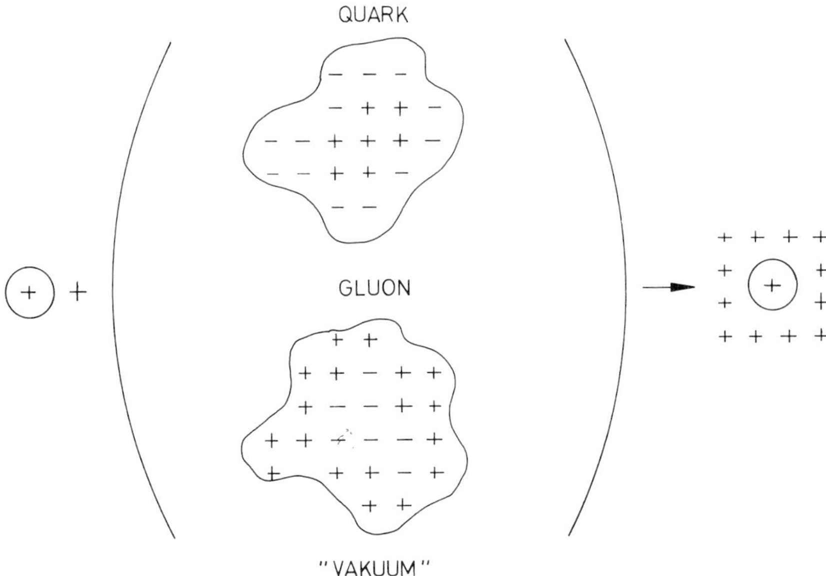

Fig. VIII.6: Bildhafte Demonstration der Vakuumpolarisation in der Quantenchromodynamik (Ladungsantiabschirmung).

eine Bündelung stattfindet, was auf einen Gluonenaustausch zurückzuführen ist. Als Konsequenz findet man einen Einschluß der Quarks (Confinement), der einen unendlich hohen Beitrag an Energie zur Entfernung eines Quarkteilchen fordert.

VIII.1.2.5 Vereinigte Eichtheorie

Der Erfolg bei der Vereinigung der elektromagnetischen und schwachen Wechselwirkung im GSW-Modell ermutigt zu dem Versuch, die starke Wechselwirkung in eine vereinigte Eichtheorie einzubeziehen. Für die dort gültige Eichgruppe bietet sich in Erinnerung an das elektroschwache Konzept die direkte Produktgruppe $SU_c(3)\times SU_l(2)\times U_Y(1)$ an, was jedoch mit dem Nachteil dreier unabhängiger Kopplungskonstanten g_1, g_2, g_3 erkauft werden muß und so dem Einheitsgedanken nur unvollkommen gerecht wird.

Ein möglicher Ausweg gelingt in der Wahl einer sogenannten einfachen unitären Eichgruppe G, die die Produktgruppe G' als nicht-abelsche invariante Untergruppe enthält (G' $\subset$ G), so daß alle Wechselwirkungen durch eine Kopplungskonstante beschrieben werden können. Die Forderung nach der gleichen Zahl (Rang: $n-1$) invarianter Operatoren (CASIMIR-Operatoren) von G und G', die mit allen Generatoren vertauschen, zwingt zur Betrachtung der SU(5)-Gruppe als Grundlage zur großen vereinigten Theorie (GUT), die die Farbgruppe $SU_c(3)$, die schwache Isospingruppe der linkshändigen Teilchen $SU_l(2)$ sowie die Eichgruppe der schwachen Hyperladung $U_Y(1)$ aufzunehmen

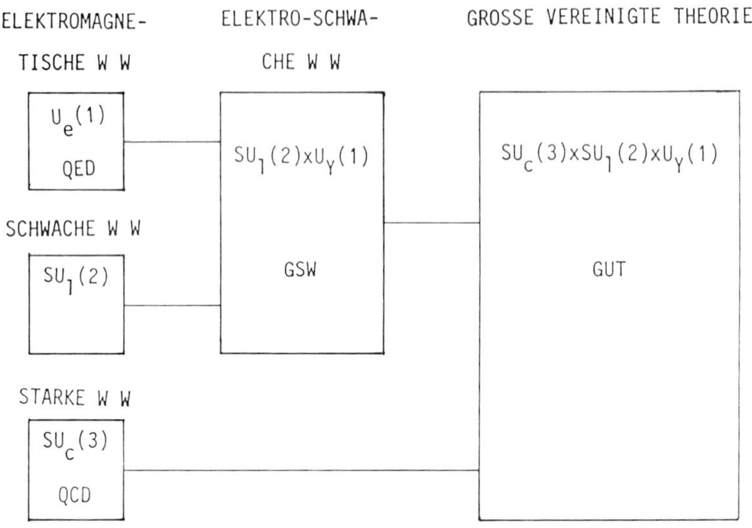

Fig. VIII.7: Wege zur Vereinheitlichung der Eichtheorien.

vermag (Fig. VIII.7).

Die Form der Einbettung wird durch die experimentellen Daten geprägt, wobei einmal die Farblosigkeit der Leptonen, zum anderen die Farbblindheit der $SU_c(3)$ Gruppe gegenüber jener der elektroschwachen ($SU_l(2) \times U_Y(1)$) zu berücksichtigen ist. Die lokale Eichinvarianz der höheren Symmetriegruppe mit fünf ($= n$) Ladungszuständen (metacolour) erfordert jetzt mit Zuordnung zu den ($n^2 - 1$) Generatoren insgesamt 24 Eichbosonen (1 B-Boson für die Hyperladung, 3 intermediäre W-Bosonen, 8 Gluonen, 6 X-Bosonen, 6 Y-Bosonen), von denen die X- und Y-Bosonen sowohl Farbe wie Flavour tragen (Fig. VIII.8). Die Kopplungskonstante g_5 kann dann im Fall hoher Energie ($E \gg E_X$) zu

$$g_5 = g_3 = g_2 = g_1 \cdot \sqrt{5/3} \tag{VIII.10}$$

ermittelt werden.

Die Abweichung des damit berechneten WEINBERG-Winkels vom experimentellen Wert (s.o.) sowie die Vermutung über die hohen Massen der X- und Y-Bosonen ($\gg W^{\pm}$-, Z-Boson), die sich auf die vorausgesagte mögliche Umwandlung von völlig verschiedenen Teilchen (Leptonen — Quarks) gründet und die deren Suche erschwert, deuten darauf hin, daß die SU(5)-Symmetrie spontan gebrochen ist. Die theoretische Behandlung geschieht nach dem bewährten Formalismus der skalaren (HIGGS-)Felder, die einen nichtverschwindenden Vakuumerwartungswert erhalten, wobei die Forderung nach einer

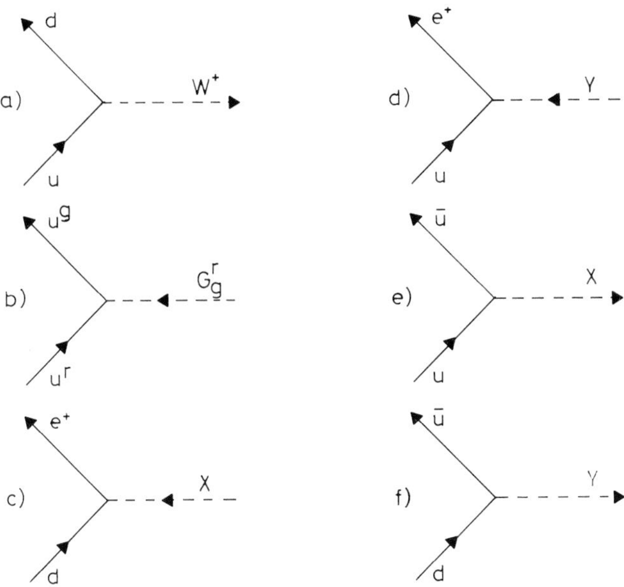

Fig. VIII.8: FEYNMAN-Graphen von Wechselwirkungen gemäß der vereinigten SU(5)-Eichtheorie; Emission und Absorption von Eichbosonen (W^+, G^r_g, X, Y) bei der Umwandlung von Quarks und Leptonen untereinander (*c, d*: Lepto-Quark-Prozesse).

hohen Lebensdauer des Protons impliziert, daß der betrachtete Energiebereich oberhalb E_X (10^{14} GeV) anzusetzen ist. Die Symmetriebrechungen erlauben die Einführung zweier Energieschranken E_X(10^{14} GeV) und E_W (10^2 GeV) (Fig. VIII.9).

Oberhalb von $E_X(a \ll 10^{-31}$ m) erwartet man die ungebrochene SU(5)-Symmetriegruppe, so daß mit einer Kopplungskonstanten g_5 zu rechnen ist und die Massen der Eichbosonen gegenüber den hohen Energien vernachlässigt werden können. Im Energiebereich zwischen $E_W \leq E \leq E_X$ (10^{-31}m $< a <$ 10^{-18}m) führt die spontane Symmetriebrechung der SU(5)-Gruppe zu dem direkten Produkt

$$\mathrm{SU}(5) \stackrel{\mathrm{GUT}}{\longrightarrow} \mathrm{SU}_c(3) \times \mathrm{SU}_l(2) \times \mathrm{U}_Y(1) \; ,$$

wodurch die X- und Y-Eichbosonen eine endliche Masse erhalten, die jene vernachlässigbar kleinen Massen anderer Teilchen ($W^\pm$, Z, Leptonen, Quarks) um etliche Größenordnungen übertrifft. Als Konsequenz treten drei voneinander unabhängige Kopplungskonstanten (g_1, g_2, g_3) auf. Schließlich erwartet man bei Energien um E_W ($a \geq 10^{-18}$ m) auf Grund der Symmetriebrechung in der vereinheitlichten elektroschwachen (GSW-) Theorie

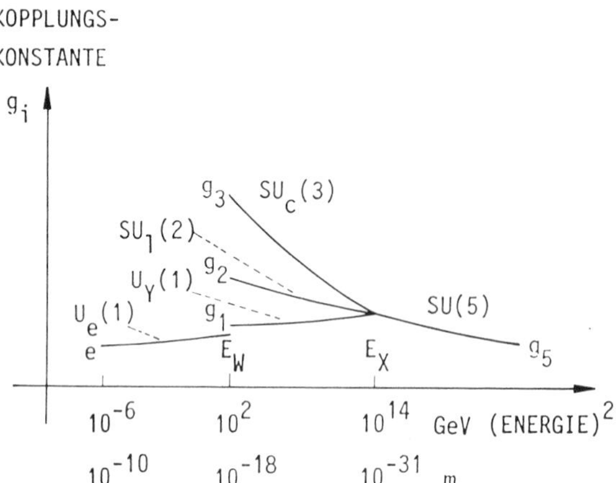

Fig. VIII.9: Gleitende Kopplungskonstanten als Funktion der Energie nach der großen vereinheitlichten Theorie (GUT).

$$SU_c(3)\times SU_l(2)\times U_Y(1)\stackrel{GSW}{\longrightarrow} SU_c(3)\times U_l(1)$$

das Produkt von Farbeichgruppe und elektromagnetischer Eichgruppe, die beide ungebrochen bleiben. Dabei gewinnen sowohl die Eichbosonen ($W^{\pm}$, Z) wie die Leptonen und Quarks an Masse. Bei weiterer Abnahme der Energie ($E \ll E_W$) ist es nicht mehr möglich, die Eichbosonen zu erzeugen, so daß zur Diskussion der schwachen, kurzreichweitigen Wechselwirkung, wie sie etwa beim β-Zerfall auftritt, deren virtueller Austausch gefordert wird.

VIII.1.2.6 Gravitationswechselwirkung

Die Gravitationswechselwirkung als die schwächste aller Wechselwirkungen (Tab. VIII.1), deren Stärke durch die Gravitationskonstante G vertreten wird, ist anziehend und verfügt über eine große Reichweite. Als Konsequenz daraus gewinnt die Summe der geringen Kräfte zwischen den einzelnen Teilchen massiver Körper eine beträchtliche Größe.

Die oben skizzierte große vereinigte Theorie (GUT) ist, bedingt durch die Renormierung, unfähig, eine Reihe von Größen – wie etwa die relativen Massen der verschiedenen Teilchen – berechenbar zu machen. Aus dieser Kritik erwächst die Forderung nach Einbeziehung der Gravitation. Bei dem Versuch, die Quantenmechanik mit der Gravitation zu verknüpfen, trifft man auf das grundlegende Problem, eine klassische Theorie, wie sie die allgemeine Relativitätstheorie darstellt, mit der durch die $\hbar$-Korrelation (s. Abschn. VIII.1.3) reduzierten Theorie zu vereinbaren. Die daraus resultierenden Singularitäten im Universum sowie die Divergenzen der Vakuumenergiewerte und der damit verbundenen Massen machen die Schwierigkeiten beim Vergleich mit der experimentellen Erfahrung allzu deutlich.

Das Ziel der Vereinheitlichung aller Wechselwirkungen versucht man auf zwei verschiedenen Wegen zu erreichen. Einmal in einer Theorie auf der Basis einer verallgemeinerten Symmetrie mit dem Namen Supersymmetrie, wo die Beschreibung der Gravitation im Rahmen einer Quantenfeldtheorie außer dem Feldquant Graviton (mit Spin 2) noch weitere Teilchen (mit Spin 3/2, 1, 1/2, 0) liefert, die bei Energien oberhalb der PLANCK-Energie ($E_P = 10^{19}$ GeV) im vollkommen symmetrischen Fall masselos werden. Man erhält zudem die Vereinigung von Fermionen als Materieteilchen mit Bosonen als Feldteilchen, deren Vakuumenergien unterschiedliche Vorzeichen tragen, was den Vorteil birgt, daß in der Summe die Energie der virtuellen Teilchenpaare verschwindet und Divergenzprobleme eliminiert werden können.

Zum anderen wird in der Superstringtheorie nicht das Teilchen an einem Raumpunkt als Objekt betrachtet, sondern vielmehr ein eindimensionales Element, das sowohl offen wie endlos sein kann und als "String"bezeichnet wird. Auch hier ist man bemüht, die Fermionen und Bosonen mit Anregungszuständen eines einzigen Strings zu identifizieren, die entweder masselos sind oder über eine sehr große Folge von unendlich vielen Teilchen mit ganzzahligen Vielfachen der PLANCKschen Energie verfügen. Beide Konzepte offenbaren noch etliche offene Probleme, wie etwa das der hohen Dimensionen, die zu überwinden erst zukünftige Bemühungen leisten müssen. In der Absicht, den Spekulationen zu einer möglichen vereinheitlichten Theorie aller Wechselwirkungen, die heute noch bar umfassender konkreter experimenteller wie theoretischer Ergebnisse ist, nicht weiter zu nähren, soll hier auf die Diskussion der beiden Konzepte verzichtet werden.

VIII.1.3 PLANCK-Konstante

Die einschneidende Bedeutung der PLANCKschen Konstante $\hbar$ ist allein auf den Bereich des Mikrokosmos beschränkt (Tab. VIII.2). Diese Erkenntnis offenbart sich deutlich bereits in der Korrelation von Welle und Teilchen, die in der makroskopischen Vorstellung nicht existiert. Demnach wird eine Welle, die durch die Frequenz ω und den Ausbreitungsvektor $\vec{k}$ gekennzeichnet ist, als Teilchen mit der Energie E und dem Impuls $\vec{p}$ betrachtet, wozu die PLANCK-Konstante vermittelt

$$E = \hbar\omega\,, \quad \vec{p} = \hbar\vec{k}\,. \tag{VIII.11}$$

Diese $\hbar$-Korrelation kann mit der Quantisierung erklärt werden, wobei an die Stelle des Konzepts der klassischen Trajektorie im Phasenraum eine probabilistische Beschreibung der Observablen durch hermitesche Operatoren in einem unitären Raum tritt. Dabei sind mit Observable jene Variable (Impuls, Drehimpuls, Energie etc.) gemeint, die über Erhaltungssätze als Folge von Symmetrietransformationen definiert sind.

Die Einführung von Operatoren impliziert eine Reduktion von zwei auf eine der kanonisch konjugierten Variablen, die durch deren Nichtvertauschbarkeit zum Ausdruck gebracht wird. Im Falle etwa von Impuls $\vec{p}$ und Ort $\vec{q}$ im HILBERT-Raum zerstört so die Korrelation

$$\left[\hat{\vec{q}}, \hat{\vec{p}}\right] = i\hbar \tag{VIII.12}$$

über die PLANCK-Konstante die Unabhängigkeit der Observablen, wie man sie vom klassischen Bild der Trajektorie gewöhnt ist. Als Folge davon verliert die klassische Aussagenlogik, die sich auf den BOOLEschen Verband gründet, ihre Gültigkeit und kann durch eine Quantenlogik ersetzt werden.

Jedoch verlangt die Erfassung einer Observablen die Kenntnis eines Zustandsvektors $|\psi>$, mit dessen Hilfe eine wahrscheinliche Aussage getroffen werden kann. Der Grenzfall der klassischen Vorstellung zeichnet sich dann durch die Wirkungslosigkeit der PLANCK-Konstante aus ($\hbar = 0$, s. Gl. (VIII.12)) und wird durch das Korrespondenzprinzip berücksichtigt.

Die Nichtvertauschbarkeit zweier Operatoren bedeutet die Forderung nach Verschiedenheit ihrer Eigenzustände, womit die Unbestimmtheitsrelation begründet werden kann. Demnach wird die PLANCK-Konstante als Maß für die Nichtvertauschbarkeit zweier Operatoren auch das Maß an Unfähigkeit bestimmen, die zugehörigen physikalischen Observablen gleichzeitig zu messen.

VIII.1.4 BOLTZMANN-Konstante

Die BOLTZMANN-Konstante spielt eine herausragende Rolle im Bereich des Nichtgleichgewichts. Ihre Aufgabe dort ist es, die Entropie S mit der Wahrscheinlichkeit w zu korrelieren

$$S = k \ln w \,, \tag{VIII.13}$$

wobei die Entropie als Maß für die Irreversibilität fungiert und die Wahrscheinlichkeit eines Zustands nicht etwa eine Näherung bedeutet, sondern mathematischer Ausdruck eines physikalischen Modells ist. Der logarithmische Zusammenhang erwächst aus der Tatsache, daß die Wahrscheinlichkeit eine multiplikative Größe darstellt, während die Entropien additiv anwachsen.

Die Interpretation der Korrelation (VIII.13) zielt auf die Bedeutung der Entropie als charakteristische Größe eines jeden makroskopischen Zustands, die mit der Anzahl der Möglichkeiten, diesen Zustand zu erreichen, identisch ist. Im speziellen Fall des Gleichgewichtszustands ist die Auswahl maximal. Die irreversible thermodynamische Änderung gibt demnach Anlaß zu einer Bewegung in Richtung auf Zustände von wachsender Wahrscheinlichkeit, und vermag so die Vorgänge der Instabilität zu erklären. Als Konsequenz daraus verhilft die BOLTZMANN-Konstante zum Verständnis der Asymmetrie der Zeit ("Zeitpfeil"), die im mathematischen Bild einer Halbgruppe diskutiert wird. Sie kontrastiert so die gegenüberstehende klassische Dynamik der Trajektorien im Phasenraum bzw. quantenmechanische Dynamik der Zustandsvektoren im Korrelationsraum verbunden mit Wahrscheinlichkeitsamplituden, deren zeitsymmetrische Verhalten im mathematischen Bild einer Gruppe erklärt zu werden vermag.

VIII.1.5 Lichtgeschwindigkeit

Mit der Ausbreitungsgeschwindigkeit des Lichts im Vakuum ist die Ausbreitungsgeschwindigkeit einer Wirkung gemeint, die wegen des Relativitätsprinzips in allen Inertialsystemen dieselbe ist und so einen konstanten Wert annimmt. Ihre Bedeutung

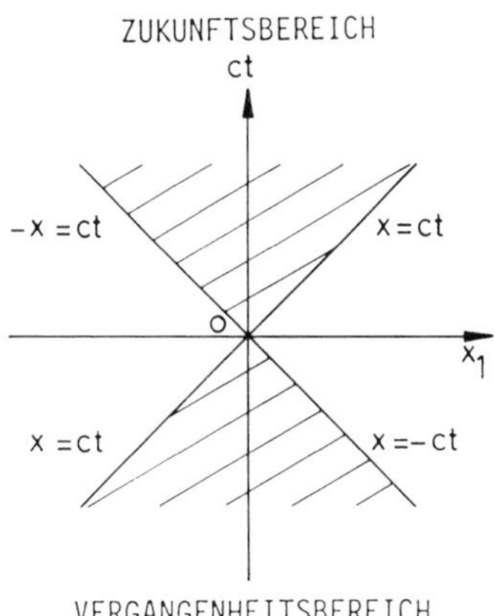

Fig. VIII.10: Der Lichtkegel des Weltpunktes 0.

als konstante Ausbreitungsgeschwindigkeit elektromagnetischer Wellen wird bereits bei der Lösung der MAXWELL-Gleichungen betont. Dennoch mußte erst die LORENTZ-Transformation gefunden werden, um den Forderungen nach Konstanz zusammen mit jenen nach Relativität sowie nach Homogenität und Isotropie des Raumes nachkommen zu können. Als Konsequenz daraus ergibt sich der Lichtkegel in der Raum-Zeit-Welt, innerhalb dessen alle Weltpunkte von einer Signalwelle ($v \leq c$) erreicht werden können, die von einem wirkenden Punkt im Ursprung ausgeht (Fig. VIII.10). Nachdem diese Punkte für positive Zeiten ($t > 0$) unserem Einfluß unterliegen und für negative Zeiten ($t < 0$) einen Einfluß auf uns ausüben, repräsentieren sie in ihrer Gesamtheit den kausalen Bereich, dessen Öffnungswinkel durch die absolute Größe der Lichtgeschwindigkeit vorgegeben wird.

Nach Einführung eines kovarianten resp. kontravarianten Ortsvektors

$$s = (ct, \vec{x}) , \tag{VIII.14}$$

mit $\vec{x} = (\pm x_1, \pm x_2, \pm x_3)$
gelingt es, den kausalen oder "zeitartigen" Bereich mit Hilfe des Abstandsquadrates der Ereignisse in der Raum-Zeit-Welt zu charakterisieren

$$s^2 = c^2t^2 - \vec{x}^2 \qquad \text{(für alle } t\text{)} , \tag{VIII.15}$$

wodurch eine LORENTZ-invariante Größe gefunden wird. Die Lichtgeschwindigkeit zieht so eine scharfe Grenze zu jenem Bereich, der als "raumartig" bezeichnet wird und dessen Ereignisse zum gegenwärtigen Zeitpunkt unerreichbar sind. Gleichwohl ermöglicht ein späterer Zeitpunkt die Verbindung zu diesen Ereignissen, die dann aber dem Vergangenheitsbereich zuzuordnen sind.

Die durch die Konstanz der Lichtgeschwindigkeit erzeugte scharfe Begrenzung des kausalen Bereichs ist mit der $\hbar$-Korrelation (s. Gl. (VIII.12)) in kleinen Raum-Zeit-Bereichen unvereinbar. Einen Ausweg bietet der Verzicht auf Kausalität mit einer umgekehrten zeitlichen Abfolge, was zur Aufgabe der Begriffe "früher" resp. "später" zwingt, jedoch keine merklichen Wirkungen auf die Raum-Zeit-Struktur im Großen hinterläßt.

Die Bedeutung der Endlichkeit der Lichtgeschwindigkeit im Mikrokosmos kann am Beispiel der Ortsmessung eines quantenmechanischen Objekts demonstriert werden. Dort ist im Ruhesystem des Objekts die Ortsunschärfe gegeben durch

$$\Delta q \cdot m_0(v' - v) \approx \hbar \tag{VIII.16}$$

(v', v: Geschwindigkeit des Objekts vor bzw. nach der Messung). Während im nichtrelativistischen Fall die Ortsunschärfe wegen der beliebig großen Geschwindigkeitsänderung zum Verschwinden gebracht werden kann ($\Delta q \to 0$), fordert die relativistische Betrachtung unter Berücksichtigung einer endlichen maximalen Wirkgeschwindigkeit c eine minimale Ortsunschärfe

$$\Delta q \geq \frac{\hbar}{2m_0 c}\ , \tag{VIII.17}$$

wodurch die Lokalisierbarkeit über die Unschärferelation hinaus weiter eingeschränkt wird. Es ist die Paarerzeugung, die bei hohen Energien ($E > 2m_0c^2$) eine genauere Lokalisierung des relativistischen Objekts verhindert. Demnach widerspricht eine exakte Ortsmessung der Forderung nach positiver Energie, so daß eine Begleitung des Objekts durch ein "Anti-Objekt" erwartet wird. In der Konsequenz muß eine relativistische Quantenmechanik die Wahrscheinlichkeitsdichte $|\psi(q,t)|^2$ in ihrem herkömmlichen Sinn, nämlich als die Wahrscheinlichkeit, das Objekt an einem festen Ort q zu einer bestimmten Zeit t vorzufinden, in Frage stellen und auch Lösungen mit negativer Energie erlauben, durch die die Antiteilchen charakterisiert werden können.

Neben der Eigenschaft, die Raum-Zeit-Welt in ein zeitliches und ein räumliches Gebiet einzuteilen, hat die Lichtgeschwindigkeit die Fähigkeit, die träge Masse m_0 mit der Energie E_0 eines ruhenden Körpers zu korrelieren

$$E_0 = m_0 c^2\ , \tag{VIII.18}$$

womit eine weitere LORENTZ-invariante Beziehung gewonnen wird. Aus dem Prinzip der Trägheit der Energie folgt die Abhängigkeit der trägen Masse $m(v)$ von der Geschwindigkeit v

$$m(v) = \frac{m_0}{\sqrt{1 - \left(\frac{v}{c}\right)^2}}\ , \tag{VIII.19}$$

was vielmehr die Abhängigkeit des Energieinhalts $E(v)/c^2$ von der Geschwindigkeit zum Ausdruck bringt. Demnach verliert der Erhaltungssatz für die Massen einzelner Körper in einem geschlossenen System seine Gültigkeit, so daß nur noch der Energieerhaltungssatz die Erhaltung der Gesamtmasse garantiert.

Abschließend mögen die Naturkonstanten, allgemein als grundlegende, fixierte Größen von unbegründeter Quantität aufgefaßt werden, gemäß deren Korrelationsfähigkeit man geneigt ist, die physikalische Naturbeschreibung in charakteristische Bereich zu unterteilen (Tab. VIII.2).

Tab. VIII.2: Zuordnung der Naturkonstanten zu physikalischen Bereichen und Korrelationen.

Naturkonstante	physikalischer Bereich bzw. Wechselwirkung	Korrelation
G	Gravitation	?
g_1	elektromagnetische	Lepton - Photon
g_2	schwache	Fermion - $W^{\pm}$ -, Z-Boson
g_3	starke	$(\text{Quark})^c$ – $(\text{Gluon})^c$
g_1, g_2	elektro-schwache	$\begin{pmatrix}\text{Lepton}\\ \text{Quark}\end{pmatrix}$ – – $\begin{pmatrix}\text{Photon}\\ W^{\pm}\text{-Boson}\\ \text{Z-Boson}\\ \text{HIGGS-Boson}\end{pmatrix}$
$g_5(g_1, g_2, g_3)$	vereinheitlichte	$\begin{pmatrix}\text{Lepton}\\ \text{Quark}\end{pmatrix}^c$ – – $\begin{pmatrix}\text{B-Boson}\\ \text{W-Boson}\\ \text{Gluonen}\\ \text{X-,Y-Bosonen}\end{pmatrix}^c$ (*c*: rot, grün, blau)
$\hbar$	Mikrowelt	Welle – Teilchen
k	Ungleichgewicht	Irreversibilität – Wahrscheinlichkeit
c	Raum-Zeit-Welt	Energie – Masse

Anm.: Die Elementarteilchenmassen werden von dieser Einteilung im Hinblick auf das Prinzip von der Trägheit der Energie und der daraus folgenden Verletzung des Erhaltungssatzes für Massen ausgeschlossen.

VIII.2 Elementarladung

Zur Bestimmung der Elementarladung e bietet sich die Abzählmethode an. Dort wird ein schwacher Elektronenstrahl bezüglich seiner Gesamtladung und Teilchenzahl untersucht. Ein weiteres Verfahren gründet sich auf die Vorgänge bei der Elektrolyse, die durch die FARADAYschen Gesetze beherrscht wird. Nach Messung der FARADAY-Konstante F als der spezifischen Ionenladung kann bei Kenntnis der AVOGADRO-Konstante N_A die Elementarladung ($e = F/N_A$) ermittelt werden. Schließlich liefert die Beobachtung geladener Teilchen unter der Wirkung des Schwerefeldes und eines elektrischen Feldes nach der MILLIKAN-Methode genügend Information, um die Elementarladung berechnen zu können.

VIII.2.1 Experimentelles

Der wesentliche Bestandteil der MILLIKAN-Apparatur ist der Kondensator (Plattenabstand = 2.5 mm), zwischen dessen horizontale Platten die Bewegung geladener Öltröpfchen beobachtet wird. Zum Einbringen der Teilchen wird ein zylindrischer Aufsatz verwendet, dessen Öffnung am Boden mit einer Bohrung am Kondensator zur Deckung kommt, so daß die Teilchen nach deren Erzeugung mittels eines Zerstäubers durch vertikale Fallbewegung in den Kondensator gelangen. Für die Aufladung der Teilchen sorgt die ionisierende Wirkung eines radioaktiven α-Strahlers (^{226} **Ra**), der am oberen Ende des Zylinders angebracht wird. Die Beobachtung erfolgt mit Hilfe eines Mikroskops nach der Dunkelfeldmethode, das die seitliche Beleuchtung der Teilchen durch eine fokussierende Lampe erfordert.

Zur Ermittlung der Steig- und Fallgeschwindigkeit werden die entsprechenden Zeiten von zwei Stoppuhren gemessen, die mit den entgegengerichteten elektrischen Feldern ($E = 5 \cdot 10^4$ V/m) am Kondensator synchron geschaltet sind. Die zurückgelegten Wege können an einer Meßstrecke des Mikroskops abgelesen werden.

VIII.2.2 Aufgabenstellung

Man ermittle die Elementarladung e bzw. ein ganzzahliges Vielfaches davon, ne, aus der Bewegung eines geladenen Öltröpfchens unter der Wirkung des Schwerefeldes und eines elektrischen Feldes. Ferner ist das STOKESsche Gesetz mit der für diese kleinen Teilchen maßgeblichen CUNNINGHAM-Korrektur zu verwenden.

VIII.2.3 Anleitung

Die Bewegung der kugelförmigen Teilchen mit Radius r und Dichte ρ in dem gasförmigen Medium mit der Viskosität η erfolgt nach dem STOKESschen Gesetz

$$K = 6\pi\eta r v\ . \qquad \text{(VIII.20)}$$

Bei Anwesenheit elektrischer Felder $\vec{E}$, die parallel zum Schwerefeld gerichtet sind, können die für die Sink- und Steigbewegung (v_+, v_-) verantwortlichen Kräfte K durch

$$K_\pm = neE \pm m \cdot g \qquad \text{(VIII.21)}$$

ausgedrückt werden. Damit läßt sich der Radius der Teilchen

$$r = \sqrt{\frac{9}{4}\frac{\eta(v_+ - v_-)}{\rho g}} \qquad \text{(VIII.22)}$$

oder das Vielfache der Elementarladung

$$ne = \frac{9}{2}\pi\sqrt{\frac{d^2\eta^3}{\rho g}} \cdot \frac{(v_+ - v_-)}{U} \cdot \sqrt{v_+ - v_-} \qquad \text{(VIII.23)}$$

angeben, wobei die Beziehungen $m = (4/3)\pi r^3\rho$ für die Masse und $E = U/d$ für das elektrische Feld verwendet werden.

Die Gültigkeit des STOKESschen Gesetzes, das auf der Grundlage der Hydrodynamik abgeleitet wird, fordert eine Größe der Teilchen, die weit über der mittleren freien Weglänge der Moleküle des Mediums liegt, um den Einfluß der BROWNschen Molekularbewegung ausschließen zu können. Bei Verwendung von Normaldruck sind jedoch beide Ausdehnungen nahezu vergleichbar (10^{-7} m), wonach eine Korrektur von Gl. (VIII.20) dahingehend notwendig wird, daß die hemmende Reibungskraft rascher als linear mit dem Radius der Teilchen abnimmt (CUNNINGHAM-Korrektur)

$$\eta_{korr} = \frac{\eta}{1 + \frac{c}{rp}} \tag{VIII.24}$$

(p: Druck, c: const.). Damit erhält man nach Gl. (VIII.23) die korrigierte Elementarladung

$$e_{korr} = \frac{e}{\left(1 + \frac{c}{rp}\right)^{3/2}}, \tag{VIII.25a}$$

die sich aus der Darstellung einer Geraden

$$e^{2/3} = e_{korr}^{2/3} \left(1 + \frac{c}{rp}\right) \tag{VIII.25b}$$

bei Kenntnis des Radius nach Gl. (VIII.22) als Achsenabschnitt auf der Ordinate ermitteln läßt.

VIII.3 Spezifische Elementarladung

Die Bestimmung der spezifischen Elementarladung e/m kann durch zwei prinzipiell verschiedene Methoden erfolgen. Einmal verhilft die Strahlungsemission gebundener Elektronen zu einer spektroskopischen Messung, wie sie etwa bereits seit langem beim ZEEMAN-Effekt benutzt wird (s. Abschn. XI.4). Zum anderen wird das Verhalten freier Elektronen unter der Wirkung äußerer elektrischer und magnetischer Felder beobachtet. Bei Verwendung eines transversalen elektrischen Wechselfeldes zur Auslenkung sowie eines longitudinalen Magnetfeldes zur Fokussierung spricht man von der Bestimmungsmethode nach BUSCH.

VIII.3.1 Experimentelles

Die Bewegung freier Elektronen findet in einer Oszillographenröhre statt. Nach Verlassen der indirekt geheizten Kathode (K) und Durchqueren eines WEHNELT-Zylinders (g_1) werden die Elektronen auf engem Querschnitt fokussiert (Fig. VIII.11). Die Spannungsänderung am WEHNELT-Zylinder ermöglicht die Variation der Elektronenstromstärke und somit die Intensität des Leuchtflecks am phosphoreszierenden Auffangschirm. Zwischen Kathode und den die Anode darstellenden Gittern g_2 und g_4 liegt die Beschleunigungsspannung U_A($\approx$ 1000 V). Mit Hilfe des elektronenoptischen Linsensystems g_2, g_3, g_4 läßt sich bei Variation der Gitterspannung an g_3 die Schärfe des Leuchtflecks einstellen. Eine Wechselspannung U_K($\approx$12 V) an den Kondensatorplatten P sorgt für transversale Impulskomponenten der freien Elektronen. Als Folge davon beobachtet man auf dem Leuchtschirm eine Strecke, deren Länge durch die Kondensatorspannung festgelegt wird.

Die Oszillographenröhre ist von einer stromdurchflossenen Spule (L = 46 cm, r = 8 cm, n= 800) umgeben, deren magnetische Flußdichte ($\approx$0.002 T) die Fokussierung ermöglicht.

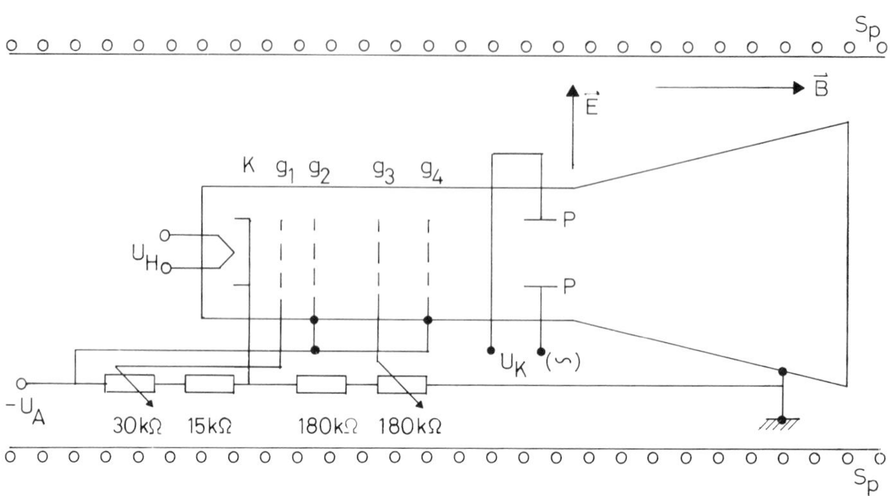

Fig. VIII.11: Schematischer Versuchsaufbau zur Bestimmung der spezifischen Elementarladung e/m nach BUSCH; U_H: Kathodenheizung, K: Kathode, g_1: WEHNELT-Zylinder, U_A: Beschleunigungsspannung, g_2, g_3, g_4: elektronenoptisches Linsensystem, P: Kondensatorplatten, U_K: Kondensatorspannung, Sp: Spule.

VIII.3.2 Aufgabenstellung

Man bestimme die spezifische Elementarladung mit Hilfe eines Elektronenstrahls im longitudinalen Magnetfeld bei Erfüllung der Fokussierungsbedingung. Die Messung ist für verschiedene Beschleunigungsspannungen und Flußdichten durchzuführen.

VIII.3.3 Anleitung

Die Diskussion der Bewegung freier Elektronen in elektrischen und magnetischen Feldern basiert auf der Gleichung

$$m\ddot{\vec{r}} = e(\vec{E} + \dot{\vec{r}} \times \vec{B}) \,, \tag{VIII.26}$$

wo $\vec{E} = (0, 0, E)$ die elektrische Feldstärke und $\vec{B} = (B, 0, 0)$ die Flußdichte bedeuten. Die Lösung der teilweise gekoppelten Komponentengleichungen

$$\dot{x} = \sqrt{\frac{2e}{m}U} \tag{VIII.27a}$$

$$y = \frac{\dot{z}(0)}{\omega}(\cos\omega t - 1) \tag{VIII.27b}$$

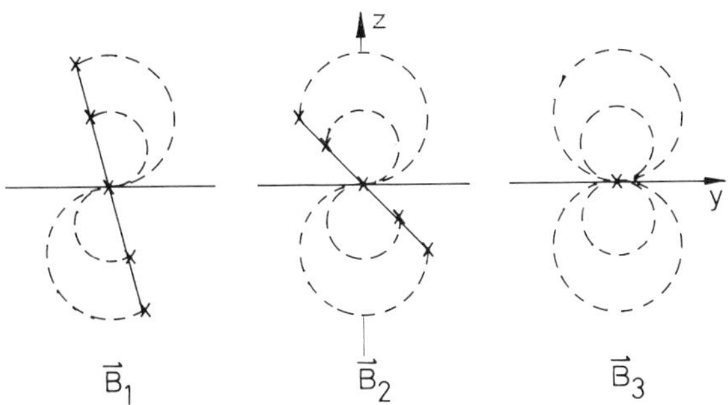

Fig. VIII.12: Projektionen der Elektronenbahnen (– – – – –) mit fünf verschiedenen transversalen Impulskomponenten sowie Auftreffpunkte P am Leuchtschirm nach unterschiedlichen longitudinalen Flußdichten ($\vec{B}_1 < \vec{B}_2 < \vec{B}_3$).

$$z = \frac{\dot{z}(0)}{\omega} \sin \omega t \qquad \text{(VIII.27c)}$$

demonstriert nach Quadrieren und Summation von Gl. (VIII.27b) und (VIII.27c) eine Kreisbewegung in der $y - z$-Ebene mit dem Mittelpunkt

$$M = \left(\frac{\dot{z}(0)}{\omega}, 0\right) \qquad \text{(VIII.28a)}$$

und dem Radius

$$R = \frac{\dot{z}(0)}{\omega} \qquad \text{(VIII.28b)}$$

($\omega = e/m \cdot B$) (Fig. VIII.12). Dabei ist zu bemerken, daß die Umlaufdauer

$$T = \frac{2\pi}{\omega} \qquad \text{(VIII.29)}$$

nicht von der Auslenkgeschwindigkeit $\dot{z}(0)$, sondern allein von der Flußdichte abhängig ist. Bei zusätzlicher Berücksichtigung der Bewegung in x-Richtung nach Gl.(VIII.27a) erhält man für das räumliche Bild eine Schraubenlinie. Die unterschiedlichen anfänglichen Impulskomponenten transversal zur Magnetfeldrichtung, die nach (VIII.28a) und (VIII.28b) zu exzentrischen Kreisbewegungen Anlaß geben, liefern die Erklärung für die einzelnen Auftreffpunkte am Leuchtschirm, deren Verbindung die beobachtbare Strecke darstellt (Fig. VIII.12). Die Fokussierungsbedingung fordert den einmaligen Umlauf aller Elektronen während ihrer Flugzeit auf der Strecke l

$$l = \dot{x}(U) \cdot T(B) \,, \qquad \text{(VIII.30)}$$

wonach die endliche Strecke zu einem Punkt zusammenschrumpft. Mit Gl.(VIII.27a) und (VIII.29) erhält man daraus

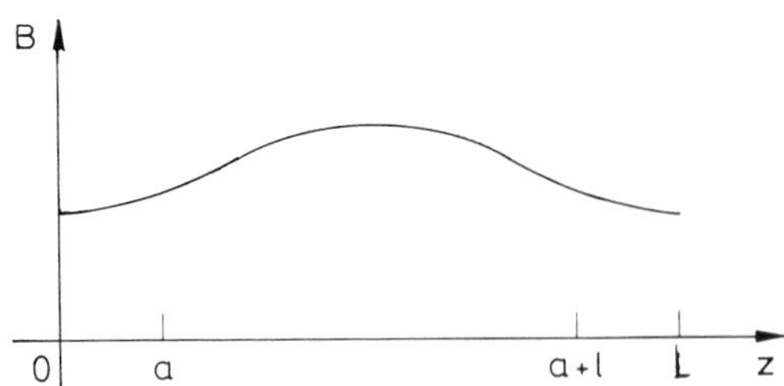

Fig. VIII.13: Axiale Komponente der Flußdichte einer Spule der Länge L; l: Länge der Oszillographenröhre.

$$\frac{e}{m} = \frac{8\pi^2 U}{l^2 B^2} \; . \tag{VIII.31}$$

Zur Berechnung der Flußdichte muß ausgehend von der axialen Komponente einer Spule mit der Länge L, der Windungszahl n und dem Radius R

$$B = \mu_0 n \frac{I}{2} \left[\frac{L-z}{\sqrt{R^2 + (L-z)^2}} + \frac{z}{\sqrt{R^2 + z^2}} \right] \tag{VIII.32}$$

der Mittelwert über die wirksame Länge der Röhre l gebildet werden (Fig. VIII.13)

$$< B >= \frac{1}{l} \int_a^{a+l} B dz \; . \tag{VIII.33}$$

VIII.4 PLANCK-Konstante

In der Entdeckungsgeschichte der PLANCK-Konstante trifft man auf das PLANCKsche-Gesetz für Hohlraumstrahlung als die "glücklich erratene Interpolationsformel" zwischen dem klassischen Gesetz von RAYLEIGH-JEANS und dem Strahlungsgesetz von WIEN. Es ist daher nur konsequent, die Beobachtung der spektralen Intensitätsverteilung als eine der Methoden zur Ermittlung der Konstanten zu verstehen (s. Abschn. X).

Eine andere Methode basiert auf der Messung der kurzwelligen Grenze des Röntgenbremsspektrums, für die die Energiebilanz

$$h\nu_{max} = eU \tag{VIII.34}$$

die PLANCK-Konstante zu berechnen erlaubt. Unter Verwendung eines BRAGGSchen Spektralapparates wird dabei entweder mit konstanter Anodenspannung U die maximale Frequenz ν_{max} aufgesucht oder nach dem Verfahren der Isochromaten mit konstanter Frequenz eine Variation der Anodenspannung betrieben.

Äußerst genaue Daten verspricht die Untersuchung des JOSEPHSON-Effekts, der darauf hinausläuft, daß bei schwacher Kopplung zweier Supraleiter mittels einer dünnen (< 2mm) Isolierschicht die Überlappung der Gesamtwellenfunktion beider Supraleiter eine Tunnelung von COOPER-Paaren ermöglicht. Unter Voraussetzung der gleichen Art von Supraleiter sowie der Konstanz der Gesamtzahl an COOPER-Paaren, gelingt es für den Strom durch das Element die Form

$$I = I_0 \sin \Delta\chi \tag{VIII.35}$$

herzuleiten, wobei $\Delta\chi$ die Differenz der Phasen beider Wellenfunktionen bedeutet und allgemein durch die chemischen Potentiale μ_1, μ_2 ausgedrückt werden kann

$$\Delta\dot{\chi} = \frac{1}{\hbar}(\mu_1 - \mu_2)\,. \tag{VIII.36}$$

Während beim Gleichstrom-JOSEPHSON-Effekt bei gleichen Supraleitern ($\mu_1 = \mu_2$) nach Gl.(VIII.36) die Konstanz der Phasendifferenz garantiert ist, bewirkt das Anlegen einer äußeren Spannung U beim Wechselstrom-JOSEPHSON-Effekt eine Verschiebung der chemischen Potentiale

$$eU = \mu_1 - \mu_2\,, \tag{VIII.37}$$

so daß nach Gl. (VIII.36) und (VIII.35) ein Wechselstrom

$$I = I_0 \sin(\Delta\chi_0 + \omega_J t) \tag{VIII.38a}$$

zu erwarten ist. Die JOSEPHSON-Frequenz

$$\omega_J = \frac{2eU}{\hbar} \tag{VIII.38b}$$

ist dabei Ausdruck der Energieerhaltung, die dann für die Emission eines Photons der Energie $\hbar\omega_J$ sorgt, wenn es einem COOPER-Paar gelingt, den JOSEPHSON-Übergang zu überwinden. In Umkehrung der Verhältnisse kann man beim Einstrahlen von Photonen im Mikrowellenbereich eine meßbare Spannung erwarten. Beide Fälle erlauben eine sehr präzise Ermittlung von e/h nach Gl.(VIII.38b).

Der Quanten-HALL-Effekt (von KLITZING-Effekt) ebnet den Weg zu einer außerordentlich verfeinerten Methode bei der Bestimmung der PLANCK-Konstante. Voraussetzung dafür sind hohe magnetische Flußdichten, tiefe Temperaturen und die Beobachtung am zweidimensionalen Elektronengas. Die Besetzung der LANDAU-Niveaus mit wechselnder Ladungsträgerdichte sowie deren sprunghafte Änderung zum nächsthöher gelegenen gibt dann Anlaß für das Auftreten einer diskret ansteigenden HALL-Leitfähigkeit, die in Einheiten von e^2/h quantisiert ist (s. Abschn. XIII.3.1).

Schließlich gelingt die Bestimmung der PLANCK-Konstante bei der Beobachtung der photoelektrischen Elektronenemission an Metalloberflächen (HALLWACHS-Effekt). Der Erklärung des äußeren lichtelektrischen Effekts liegt dabei die Annahme zu Grunde, daß die Streuung des Photons an einem Metallelektron unter vollständiger Energieübertragung geschieht. Die praktische Durchführung benutzt eine Strom-Spannungskennlinie, die im Gegenfeld mit der Photonenfrequenz als Parameter aufgenommen wird (s. Abschn. XIII.2).

VIII.5 BOLTZMANN-Konstante

Die Fähigkeit der BOLTZMANN-Konstante zur Korrelation der makroskopischen Zustandsgröße Entropie mit der Anzahl der mikroskopischen Anordnungen, die den gleichen makroskopischen Zustand realisieren (Gl. (VIII.13)), zwingt zu Bestimmungsmethoden, die die Beobachtung mikroskopischer Änderungen voraussetzen. Zur experimentellen Untersuchung bieten sich dabei Schwankungen von beliebigen Observablen an, deren Mittelwert nach Faltung mit einer statistischen Verteilungsfunktion die BOLTZMANN-Konstante ergibt.

Betrachtet man etwa ein Torsionspendel, so vermögen die Stöße der umgebenden mikroskopischen Teilchen eine unregelmäßige Änderung der Gleichgewichtslage zu verursachen, deren Quadrat im Mittel die Schwankung ausmacht. Ein anderes Beispiel sind Schwankungen bei der Orientierung magnetischer Momente im äußeren Magnetfeld, die auf die desorientierende Wirkung der Wärmebewegung zurückzuführen sind. Auch bei der Elektrolyse erwartet man Schwankungen der Ladungen, die mit der Wechselwirkung der Ladungen untereinander erklärt werden können. Schließlich sei das frequenzunabhängige ("weiße") Wärmerauschen eines widerstandsbehafteten Bauelements erwähnt. Die dort beobachtbare Schwankung der elektrischen Spannung hat ihre Ursache in der ungeordneten Wärmebewegung der Ladungsträger.

Eine solche mikroskopische Bewegung, die unter dem Namen BROWNsche Bewegung bekannt ist, kann auch in Flüssigkeiten und Gasen als Folge von Dichteschwankungen direkt zur Beobachtung benutzt werden. Die Observable ist dabei die Verschiebung x eines Teilchens in einer Richtung, deren mittleres Quadrat $< x^2 >$ gemäß der EINSTEINschen Beziehung

$$< x^2 >= 2kTBt \tag{VIII.39}$$

(B: Beweglichkeit) die BOLTZMANN-Konstante zu ermitteln erlaubt.

Eine weitere Methode basiert auf der Beobachtung der Sedimentation in Suspensionen, dessen Gleichgewicht infolge der Schwerkraft auf der einen und der BROWNschen Bewegung auf der anderen Seite eine kanonische Verteilung bezüglich der Höhe über den Grund aufweist. Die Teilchenzahldichten n_1, n_2 in verschiedenen Höhen h_1, h_2

$$\frac{n_1}{n_2} = \exp\left[-(m - m_0)g(h_1 - h_2)/kT\right] \tag{VIII.40}$$

(m_0: Masse der verdrängten Flüssigkeit) bieten so die Möglichkeit zur Bestimmung der BOLTZMANN-Konstante.

VIII.5.1 Experimentelles

Untersuchungen von Schwankungserscheinungen an suspendierten Teilchen erfordern kugelförmige Teilchen, wie sie etwa in Gummiguttiemulsionen zur Verfügung stehen. Zur Herstellung einer solche Emulsion mit Teilchen annähernd gleicher Größe wird nach dem Auflösen von Gummiguttipulver in destilliertem Wasser die Methode des fraktionierten Zentrifugierens angewendet. Dabei wird nach einem ersten Zentrifugieren die Emulsion mit Teilchen, deren Radien kleiner als etwa r_1 sind, vom Bodensatz mit Teilchen größer als r_1 getrennt. Ein weiteres Zentrifugieren der neuen Emulsion erlaubt dann durch Isolation des neuen Bodensatzes eine Unterscheidung von Teilchen, deren Radien größer als etwa r_2, aber dennoch kleiner als r_1 sind.

Die Ermittlung der Teilchengröße r geschieht unter Beobachtung der konstanten Sinkgeschwindigkeit v der Teilchen nach dem STOKEschen Gesetz

$$K = 6\pi\eta r v \, , \tag{VIII.41a}$$

mit der Schwerkraft

$$K = \frac{4}{3}\pi r^3 \cdot g \, . \tag{VIII.41b}$$

Dabei wird in einem vertikal aufgestellten Glasröhrchen das Absinken der Schichtgrenze zwischen Suspensionsmittel und Suspension verfolgt.

Das Präparat besteht aus einem einfachen Objektträgter mit einem aufgeklebten, in der Mitte durchlochten Glasscheibchen. Die Kammer von etwa 0.2mm Höhe wird mit einem Tropfen der Gummiguttiemulsion gefüllt und von einem Deckglas bedeckt. Zur Beobachtung der Verschiebungen der suspendierten Gummiguttiteilchen wird ein Binokularmikroskop mit Trockenobjektiven benutzt. Eine Fernsehkamera erlaubt die Beobachtung der Bewegung der Teilchen. Bei einer 7000fachen Vergrößerung werden die sukzessiven Positionen der Teilchen im Abstand von 30 s markiert und miteinander verbunden.

Die Sedimentationsmethode verlangt die Bestimmung der Teilchenzahlen nach Gl. (VIII.40) im Gleichgewicht, das erst nach etwa 3 h erreicht ist. Das Präparat, das zur Vermeidung seiner Austrocknung verklebt wird, befindet sich auf dem Kreuztisch eines Mikroskops. Die verschiedenen Höhenlagen lassen sich durch Heben und Senken des Objekttisches einstellen. Bei der Benutzung von Trockenobjektiven muß der von der Mikrometerschraube angezeigte Abstand noch mit dem Brechungsindex der zwischen Deckglas und Objektträger befindlichen Flüssigkeit multipliziert werden. Eine eingebaute Mikroskopkamera erlaubt die photographische Aufnahme der Teilchen in verschiedenen Höhen.

VIII.5.2 Aufgabenstellung

Man ermittle die BOLTZMANN-Konstante aus Schwankungserscheinungen nach zwei verschiedenen Methoden:

a) Beobachtung des mittleren Verschiebungsquadrates kolloidaler Teilchen für feste Zeitabstände.

b) Abzählen der Teilchen einer im Sedimentationsgleichgewicht stehenden Suspension in verschiedenen Höhen.

VIII.5.3 Anleitung

Die Beschreibung der BROWNschen Bewegung sowie die Berechnung der Scharmittelwerte verlangt die Kenntnis der hier eindimensional diskutierten Verteilungsfunktion $f(x,t)$, die in der Form $f(x,t)\,dx$ eine Aussage über die Wahrscheinlichkeit macht, ein

Teilchen am Ort x im Intervall dx zur Zeit t anzutreffen. Mit dem Ansatz eines Zeitmittels über eine δ-Funktion

$$f(x,t) = < \delta(x - x(t)) > \qquad \text{(VIII.42)}$$

wird man wohl der Willkürlichkeit des örtlichen Problems gerecht, wenngleich eine nähere explizite Angabe versagt bleibt. Erst die Existenz einer LANGEVIN-Gleichung mit linearer Dämpfung

$$\dot{x}(t) = -\gamma x + p(t) \qquad \text{(VIII.43)}$$

verhilft zu einer weiterführenden Substitution von Gl. (VIII.42) nach deren Entwicklung bis zur 2. Potenz der Ortsänderung Δx. Dabei werden die für die BROWNsche Bewegung charakteristischen "Stöße" p als zufällig angenommen, so daß deren zeitlicher Mittelwert verschwindet

$$< p(t) > = 0 \; , \qquad \text{(VIII.44a)}$$

und deren zweizeitliche Korrelation einer δ-Funktion gehorcht

$$< p(t) \cdot p(t') > = D\delta(t - t') \; . \qquad \text{(VIII.44b)}$$

Letztere Beziehung offenbart eine Aussage über das "Erinnerungsvermögen" des Stoßes, das im Fall der BROWNschen Bewegung zur Zeit $t \neq t'$ nichts mehr von seinem früheren Wert D weiß. Nach Integration der LANGEVIN-Gl. (VIII.43) gelingt es, eine Differentialgleichung für die Verteilungsfunktion f zu erstellen

$$\frac{\partial f}{\partial t} = \frac{\partial}{\partial x}(\gamma x f) + \frac{1}{2} D \frac{\partial^2 f}{\partial t^2} \; , \qquad \text{(VIII.45)}$$

die, als FOKKER-PLANCK-Gleichung im eindimensionalen Fall bekannt, die zeitliche Änderung der Verteilung f mit der Drift (Koeffizient: γx) und der Diffusion (Koeffizient: D) verknüpft.

Ein anderer Weg auf der Suche nach einer geeigneten Differentialgleichung für die Verteilungsfunktion nimmt seinen Ausgang bei der Betrachtung der einzelnen Vorgänge während der Ortsänderung, die sich durch MARKOV- Prozesse auszeichnen. Dort läßt sich die Wahrscheinlichkeitsverteilung $f(x,t)$ durch eine Übergangswahrscheinlichkeit darstellen, die unabhängig von früheren Geschehnissen nur vom vorherigen Zeitpunkt t' bestimmt wird, wo das Teilchen am Ort x' gefunden wurde. In der Konsequenz kann die Verbundwahrscheinlichkeit als ein Produkt verschiedener Übergangswahrscheinlichkeiten $w(x,x')$ geschrieben werden. Der Übergang zu infinitesimal kleinen Zeiten führt zu einer Bilanzgleichung (Master-Gl., s.a. Abschn. XII.3.1 u. XIII.4.1) für die möglichen Übergänge des Teilchens zum Ort x hin resp. vom Ort x weg

$$f(x,t) = \sum_{x'} w(x,x') f(x',t) - f(x,t) \sum_{x'} w(x',x) \; , \qquad \text{(VIII.46)}$$

die durch die entsprechenden Übergangswahrscheinlichkeiten $w(x,x')$ resp. $w(x',x)$ beherrscht werden. Die nachfolgende Umformung mündet erneut in der FOKKER-PLANCK-Gleichung (VIII.45), in der der Drift- bzw. Diffusionskoeffizient durch die Übergangswahrscheinlichkeiten bzw. die reziproken Relaxationszeiten ersetzt wird.

Im vereinfachten Fall verschwindender Drift bzw. Reibung ($\gamma = 0$) bei dem einen Modell oder der Symmetrie von Übergangswahrscheinlichkeiten ($w(x,x') = w(x',x)$) im Rahmen des anderen Modells erhält man die Diffusionsgleichung, deren Lösung als

$$f(x,t) = \frac{1}{\sqrt{2\pi Dt}} e^{-\frac{x^2}{2Dt}} \tag{VIII.47}$$

dargestellt werden kann. Das mittlere Verschiebungsquadrat berechnet sich damit nach

$$< x^2 >= \frac{\int\limits_{-\infty}^{+\infty} x^2 f(x,t)\, dx}{\int\limits_{-\infty}^{+\infty} f(x,t)\, dx} \tag{VIII.48}$$

zu

$$< x^2 >= D \cdot t \,. \tag{VIII.49}$$

Die Verbindung von der phänomenologischen Beschreibung der Diffusion zum mikroskopischen Bild vermag erneut eine LANGEVIN-Gleichung

$$\dot{v}_x = -\frac{1}{b} v_x + F(t) \tag{VIII.50}$$

unter Berücksichtigung von Zufallskräften der Form

$$< F(t) >= 0 \tag{VIII.51a}$$

$$< F(t) \cdot F(t') >= C \cdot \delta(t - t') \tag{VIII.51b}$$

herzustellen. Nach Multiplikation von Gl. (VIII.50) mit der Verschiebung x erhält man die Darstellung

$$\frac{d}{dt}(x\dot{x}) - \dot{x}^2 = -\frac{1}{b} x\dot{x} + xF(t) \,, \tag{VIII.52}$$

deren Scharmittel unter Zuhilfenahme des Äquipartitionsprinzips

$$\frac{1}{2} m < \dot{x}^2 >= \frac{1}{2} kT$$

und der Gl. (VIII.51a) die Differentialgl.

$$\frac{d}{dt} < x\dot{x} >= - < \frac{1}{b} x\dot{x} > + \frac{kT}{m} \tag{VIII.53}$$

ergibt. Die Lösung

$$< x\dot{x} >= b\frac{kT}{m} + \text{const} \cdot e^{-t/b} \qquad \text{(VIII.54)}$$

interessiert für den stationären Fall mit langen Zeiten ($t \gg b$)

$$< x\dot{x} >= b\frac{kT}{m}$$

und liefert nach Integration ($< x\dot{x} >= \frac{1}{2}\frac{d}{dt} < x^2 >$) die EINSTEINsche Beziehung (VIII.39). Der Vergleich mit Gl. (VIII.49) ermöglicht die Substitution des Diffusionskoeffizienten durch

$$D = 2BkT\ , \qquad \text{(VIII.55)}$$

wo die Beweglichkeit $B(= b/m)$ aus dem STOKEschen Gesetz (VIII.41 a; $B = v/K$) unter Kenntnis der Teilchengröße ermittelt wird. Die Beobachtung der Verschiebung a aufeinanderfolgender Positionen in einer Ebene verlangt die Berücksichtigung zweier Dimensionen, so daß das mittlere Verschiebungsquadrat unter der Voraussetzung gleichberechtigter Richtungen nach

$$< a^2 >=< x^2 > + < y^2 >= 2 < x^2 > \qquad \text{(VIII.56)}$$

berechnet werden kann.

VIII.6 Lichtgeschwindigkeit

Als Bestimmungsmethoden der Lichtgeschwindigkeit sind in historischer Sicht zunächst solche zu nennen, die auf der Auswertung astronomischer Beobachtungen basieren. So kann etwa die Messung der Laufzeit des Lichts längs des bekannten Durchmessers der Erdumlaufbahn bei Beobachtung der Verdunkelung der Jupitermonde verwendet werden. Eine andere Methode benutzt die Aberration des Lichts als die Abweichung des Bildes mit der Ausdehnung x eines im Zenit stehenden Fixsterns. Mit Kenntnis der Länge des beobachtenden Fernrohrs l sowie der Bahngeschwindigkeit v der Erde um die Sonne gelingt es, die Lichtgeschwindigkeit c aus der Relation $x/l = v/c$ zu berechnen.

Weitere Methoden, die häufig mit rotierenden Taktgebern wie Zahnräder oder Drehspiegel die zu beobachtenden Zeitintervalle vorgeben, sind allgemein in den Bereich der Laufzeitmessungen einzuordnen. Eine völlig andere Technik mit hoher Genauigkeit ermittelt die Lichtgeschwindigkeit nach der Dispersionsrelation $\nu = c/\lambda$ durch Messung der Wellenlänge und Frequenz. Die dabei erhobene Forderung nach hoher Monochromasie zwingt zur Verwendung von Laserlichtquellen, deren Wellenlänge mit interferometrischen Methoden bestimmt wird. Die Frequenzmessung erfolgt meist durch ein synthetisches Vorgehen, wo die unbekannte höhere Frequenz mit Harmonischen einer bekannten niedrigeren verglichen wird.

Die Bestimmung der Zeitdauer für die vom Licht zurückgelegten Strecke gelingt auch indirekt durch Vergleich der Phasenlage zweier mit der gleichen Frequenz schwingender elektromagnetischer Signale. Dabei wird eines der Signale benutzt, um die Intensität einer Lichtquelle periodisch zu modulieren, so daß die Wegstrecke bis zum Lichtdetektor als Verzögerungsleitung wirkt.

Die in jüngster Zeit getroffene Festlegung der Lichtgeschwindigkeit im Vakuum zu

$c_0 = 299792458$ m/s

ergibt als Konsequenz die Festlegung der Längeneinheit 1 m als jene Ausdehnung, die das Licht im Vakuum während der Zeitdauer 1/299792458 s durchläuft. Daneben findet man die elektrische Feldkonstante ε_0 nach $\varepsilon_0 = 1/(c^2\mu_0)$, wobei die magnetische Feldkonstante μ_0 durch $\mu_0 = 4\pi \cdot 10^{-7}\mathrm{Hm}^{-1}$ festgelegt ist (s. Def. von 1 A; Abschn. I.2).

VIII.6.1 Experimentelles

Das Experiment zur Beobachtung der Phasenverschiebung benutzt eine Leuchtdiode als Lichtquelle, deren Intensität im sichtbaren Spektralbereich ($\lambda = 650$ nm, $\Delta\lambda = 40$ nm) direkt periodisch ($\nu = 60$ MHz) durch einen Sender moduliert wird (Fig. VIII.14). Als Detektor dient eine Fotodiode, die das periodische Lichtsignal in eine Wechselspannung transformiert. Die Phasenverschiebung zwischen der Steuerspannung am Sender und der Wechselspannung ($\varphi = 2\pi\nu \cdot \Delta s/c$) wird durch die Meßstrecke ($\Delta s \approx 1$ m) bestimmt und kann an einem Zweikanal-Oszillograph beobachtet werden.

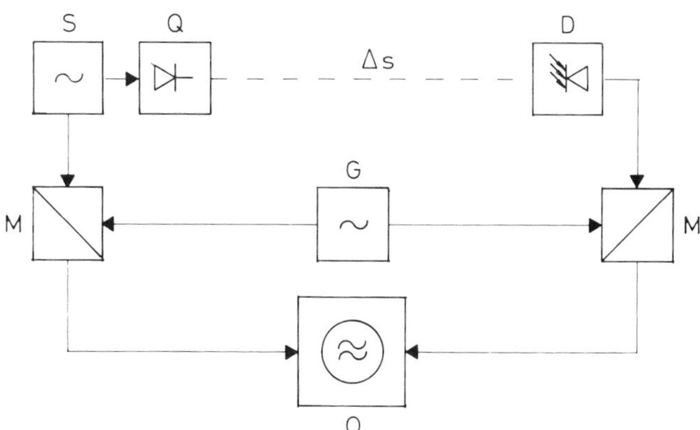

Fig. VIII.14: Schematischer Versuchsaufbau zur Bestimmung der Lichtgeschwindigkeit; S: Sender (60 MHz), Q: Lichtquelle, D: Detektor, M: Multiplizierer, G: Frequenzgenerator (59.9 MHz), O: Oszillograph, Δs: Meßstrecke.

In der Absicht, die Ablesegenauigkeit am Oszillograph zu steigern, wird eine Dehnung der Zeitachse vorgenommen. Dies geschieht durch die Multiplikation (Mischung) beider Signale mit einem dritten Signal, das von einem Frequenzgenerator mit der Frequenz 59.9 MHz erzeugt wird (Fig. VIII.14). Während die dabei erzeugte Summenfrequenz von einem Tiefpass unterdrückt wird, verursacht die beobachtbare Differenzfrequenz eine Verringerung der Frequenz um den Faktor 600, wodurch in reziproker Abhängigkeit eine Zeitdehnung um 600 erzielt wird und die Einstellung der Zeitablenkung zur Messung der Phasenverschiebung auf 1 μs/cm ausreicht. Ein Phasenschieber sorgt für den Ausgleich von Phasenverschiebungen, deren Ursache in den Laufzeiten durch die Koaxialkabel zu finden ist.

VIII.6.2 Aufgabenstellung

Man bestimme die Laufzeit des Lichtsignals für eine Wegstrecke von 1 m Länge aus seiner Phasenverschiebung zum Referenzsignal und berechne danach die Lichtgeschwindigkeit in Luft.

VIII.6.3 Anleitung

Betrachtet man das Sendersignal

$$U_1 = U_{10} \cos 2\pi\nu_1 t \tag{VIII.57}$$

als Referenzsignal, dann erhält man für das im Detektor umgewandelte Empfängersignal die Form

$$U_2 = U_{20} \cos(2\pi\nu_1 t - \varphi) \tag{VIII.58}$$

mit der Phasenverschiebung

$$\varphi = 2\pi\nu_1 \cdot \Delta t\ . \tag{VIII.59}$$

Nach Multiplikation beider Signale mit einer geringfügig niederfrequenteren Wechselspannung ($\nu_2 < \nu_2$)

$$U_m = U_{m0} \cos 2\pi\nu_2 t \tag{VIII.60}$$

kann man das neue Sendersignal

$$U_1' = \frac{1}{2} U_{10} U_{m0} \left[\cos 2\pi(\nu_1 + \nu_2)t + \cos 2\pi(\nu_1 - \nu_2)t\right] \tag{VIII.61}$$

sowie das neue Empfängersignal

$$U_2' = \frac{1}{2} U_{20} U_{m0} \left[\cos\left[2\pi(\nu_1 + \nu_2)t - \varphi\right] + \cos\left[2\pi(\nu_1 - \nu_2)t - \varphi\right]\right] \tag{VIII.62}$$

beobachten, deren hochfrequenter Anteil ($\nu_1 + \nu_2$) ausgesiebt wird. Auf Grund der Konstanz der Phasenverschiebung φ, die jetzt wegen der geringeren Frequenz ($\nu_1 - \nu_2$) eine größere Zeitverschiebung $\Delta t'$ erwarten läßt

$$\varphi = 2\pi(\nu_1 - \nu_2)\Delta t'\ , \tag{VIII.63}$$

errechnet sich die wahre Zeitverschiebung mit Gl. (VIII.59) zu

$$\Delta t = \frac{\nu_1}{\nu_1 - \nu_2} \Delta t'\ , \tag{VIII.64}$$

woraus die Lichtgeschwindigkeit

$$c = \frac{\Delta s}{\Delta t} \tag{VIII.65}$$

ermittelt werden kann.

VIII.7 Literatur

1. **S. GASIOROWICZ** *Elementarteilchenphysik*
   BI Wissenschaftsverlag, Mannheim, Wien, Zürich **1975**

2. **D.B. LICHTENBERG** *Unitary Symmetry and Elementary Particles*
   Academic Press, New York **1978**

3. **P. BECHER, M. BÖHM, H. JOOS** *Eichtheorien der starken und elektroschwachen Wechselwirkung*
   B.G. Teubner, Stuttgart **1981**

4. **I.J.R. AITCHISON** *An Informational Introduction to Gauge Field Theories*
   Cambridge University Press, London **1982**

5. **W. GREINER, B. MÜLLER** *Quantenmechanik II – Symmetrien*
   Harri Deutsch, Thun, Frankfurt/M. **1985**

6. **P.P. SRIVASTAVA** *Supersymmetry, Superfields and Supergravity: An Introduction* Adam Hilger, Bristol **1986**

7. **O. NACHTMANN** *Elementarteilchenphysik – Phänomene und Konzepte*
   F. Vieweg u.S., Braunschweig, Wiesbaden **1986**

8. **W. GREINER, B. MÜLLER** *Eichtheorie der schwachen Wechselwirkung*
   Harri Deutsch, Thun, Frankfurt/M. **1986**

9. **G. MUSIOL, J. RANFT, R. REIF, D. SEELIGER** *Kern- und Elementarteilchenphysik* VCH, Weinheim **1988**

10. **W. GREINER, A. SCHÄFER** *Quantenchromodynamik*
    Harri Deutsch, Thun, Frankfurt/M. **1989**

11. **U. MOSEL** *Fields, Symmetries and Quarks*
    Mc Graw-Hill Book Comp., Hamburg **1989**

12. **I.J.R. AITCHISON, A.J.G. HEY** *Gauge Theories in Particle Physics*
    Adam Hilger, Bristol **1989**

13. **K. GROTZ, H.V. KLAPDOR** *Die schwache Wechselwirkung in Kern-, Teilchen- und Astrophysik* B.G. Teubner, Stuttgart **1989**

14. **D. EBERT** *Eichtheorien*
    VCH, Weinheim **1989**

15. **R.N. MOHAPATRA** *Unification and Supersymmetry*
    Springer, Berlin, Heidelberg, New York **1989**

16. **R.U. SEXL, H.K. URBANTKE** *Gravitation und Kosmologie. Eine Einführung in die allgemeine Relativitätstheorie* BI Wissenschaftsverlag, Mannheim, Wien, Zürich **1988**

17. **P. MITTELSTAEDT** *Philosophische Probleme der modernen Physik* BI Wissenschaftsverlag, Mannheim, Wien, Zürich **1989**

18. **I. PRIGOGINE** *Introduction to Thermodynamics of Irreversible Processes* Wiley, New York **1961**

19. **I. PRIGOGINE** *Non-Equilibrium Statistical Mechanics* Wiley, New York **1962**

20. **R. BECKER** *Theorie der Wärme* Springer, Berlin, Heidelberg, New York **1966**

21. **S.R. de GROOT, P. MAZUR** *Grundlage der Thermodynamik irreversibler Prozesse* BI wissenschaftsverlag, Mannheim, Wien, Zürich **1974**

22. **R. BALESCU** *Equilibrium and Non-Equilibrium Statistical Physics* Wiley, New York **1975**

23. **G. NICOLIS, I. PRIGOGINE** *Self-Organization in Non-equilibrium Systems* Wiley, New York **1977**

24. **M. DRIESCHNER** *Voraussage – Wahrscheinlichkeit – Objekt. Über die begrifflichen Grundlagen der Quantenmechanik* Lecture Notes in Physics, Vol.99, Springer, Berlin, Heidelberg, New York, Tokyo **1984**

25. **L. LANDAU, E. LIFSHITZ** *Statistical Physics* Pergamon, Oxford **1980**

26. **H.D. ZEH** *Die Physik der Zeitrichtung* Lecture Notes in Physics, Vol.200, Springer, Berlin, Heidelberg, New York, Tokyo **1984**

27. **H. HAKEN** *Synergetik – Eine Einführung* Springer, Berlin **1983**

28. **A. PAPAPETROU** *Spezielle Relativitätstheorie* VEB Deutscher Verlag der Wissenschaften, Berlin **1967**

29. **A. EINSTEIN** *Grundzüge der Relativitätstheorie* F. Vieweg u.S., Braunschweig, Wiesbaden **1969**

30. **C. MOLLER** *Relativitätstheorie* BI Wissenschaftsverlag, Mannheim, Wien, Zürich **1977**

31. **A.P. FRENCH** *Die spezielle Relativitätstheorie* F. Vieweg u.S., Braunschweig, Wiesbaden **1986**

IX. Dispersion

Die Dispersion im allgemeinen Sinne gibt Auskunft über den Zusammenhang von Energie und Impuls bzw. Frequenz und Wellenlänge. Bekannte Beispiele dafür lassen sich bei der Behandlung von Gitterschwingungen im Festkörper oder etwa von Spinwellen in ferro-, ferri- und antiferromagnetischen Substanzen angeben. Bei der Wechselwirkung elektromagnetischer Strahlung mit einem Isolator spricht man von der MAXWELLschen Dispersion, die die Frequenzabhängigkeit des Brechungsindex n bzw. der Polarisierbarkeit α beschreibt. Bevor diese hier näher untersucht wird, muß das lokale elektrische Feld am Ort eines Atoms betrachtet werden.

IX.1 Grundlagen

IX.1.1 Lokales elektrisches Feld

Das lokale elektrische Feld $\vec{E}_{lok}$ stimmt nicht mit dem makroskopischen Feld $\vec{E}$ der MAXWELL-Gleichungen überein, sondern setzt sich vielmehr aus dem Feld $\vec{E}_0$ der äußeren Quellen und aller Felder von Dipolen innerhalb der Probe zusammen (Fig. IX.1)

$$\vec{E}_{lok} = \vec{E}_0 + \vec{E}_1 + \vec{E}_2 + \vec{E}_3 \,. \tag{IX.1}$$

Dabei bedeuten $\vec{E}_1$ das Entelektrisierungsfeld, das von Polarisationsladungen auf der äußeren Oberfläche der Probe hervorgerufen wird, und $\vec{E}_2$ das LORENTZ-Feld. Letzteres wird durch Polarisationsladungen auf der Innenseite eines kugelförmigen Hohlraumes erzeugt, der fiktiv um das betrachtete Atom geschnitten wird. Die Atome innerhalb der Hohlkugel verursachen schließlich das Feld $\vec{E}_3$.

Das Entelektrisierungsfeld ist der Polarisation $\vec{P}$ proportional und dieser entgegengerichtet. Ihre Größe wird durch die Geometrie der Probe bestimmt und kann für den Fall eines homogenen inneren Feldes ausgedrückt werden durch

$$\vec{E}_1 = -N\vec{P} \,. \tag{IX.2}$$

Ein streng homogenes inneres Feld wird ausschließlich in einem Ellipsoid vorherrschen. Der Entelektrisierungsfaktor N kann dort berechnet werden durch

$$N \approx \frac{\ln\left(\frac{2a}{b}\right) - 1}{\left(\frac{a}{b}\right)^2} \tag{IX.3}$$

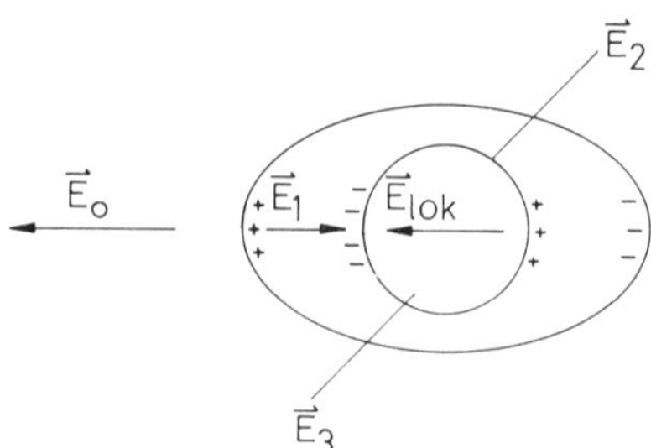

Fig. IX.1: Zur Herleitung des lokalen inneren Feldes bei Anwesenheit eines äußeren Feldes $\vec{E}_0$.

(a, b: Hauptachsen).
Grenzfälle wie die Kugel bzw. der unendlich lange Zylinder ($a/b \rightarrow \infty$) ergeben danach $N = 1/3$ bzw. $N = 0$.

Zur Berechnung des LORENTZ-Feldes $\vec{E}_2$ setzt man erneut voraus, daß die Probe homogen polarisiert ist. Gesucht ist dabei das Feld im Mittelpunkt einer Hohlkugel, wenn die dafür verantwortlichen Ladungen auf der Oberfläche des Hohlraumes verteilt sind. Nach Integration der Flächenladungsdichte $P \cdot \cos\vartheta$ (ϑ: Winkel bezogen auf die Polarisationsrichtung) über die Oberfläche, erhält man (ε_0: elektr. Feldkonstante)

$$\vec{E}_2 = \frac{1}{3\varepsilon_0} \cdot \vec{P} \,. \tag{IX.4}$$

Innerhalb des Hohlraumes vermögen die Dipole der Atome das Feld $\vec{E}_3$ zu erzeugen. Daher wird erwartet, daß dieses Feld entscheidend von der Kristallgeometrie abhängt. Unter der Annahme, daß alle Dipolmomente ihrem Betrag nach gleich sind, ergibt bei z. B. kubischer Symmetrie um das betrachtete Atom die Summe aller Dipolfelder keinen resultierenden Anteil. Das in den MAXWELL-Gleichungen benutzte makroskopische Feld $\vec{E}$ ist identisch mit dem räumlich gemittelten Feld innerhalb des Materials, so daß gilt

$$\vec{E} = \vec{E}_0 + \vec{E}_1 \,. \tag{IX.5}$$

Nach Gl. (IX.1) findet man so für das lokale elektrische Feld am Ort eines Atoms im kubischen Gitter

$$\vec{E}_{lok} = \vec{E} + \frac{1}{3\varepsilon_0} \cdot \vec{P} \tag{IX.6}$$

(LORENTZ-Beziehung). Dieses Feld ist allgemein maßgebend für das Dipolmoment $\vec{p}$ des Atoms gemäß

$$\vec{p} = \alpha \, \vec{E}_{lok} \tag{IX.7}$$

mit der Polarisierbarkeit α. Führt man die gesamte Polarisation $\vec{P}$ als die Summe aller Dipolmomente pro Volumeneinheit ein

$$\vec{P} = N \cdot \vec{p} \tag{IX.8}$$

(N: Atom- bzw. Moleküldichte) und vergleicht mit der Beziehung

$$\vec{P} = \chi \varepsilon_0 \vec{E} \tag{IX.9}$$

(elektrische Suszeptibilität $\chi = \varepsilon - 1$; ε: Permittivität), dann erhält man mit der LORENTZ-Beziehung (IX.6) und der Annahme der MAXWELL-Relation $n = \sqrt{\varepsilon}$ für Isolatoren (elektrische Leitfähigkeit $\sigma = 0$, Permeabilität $\mu = 1$) den Zusammenhang zwischen Brechungsindex n und Polarisierbarkeit α

$$n^2 = 1 + \frac{\alpha N/\varepsilon_0}{1 - \alpha N/3\varepsilon_0}, \tag{IX.10}$$

die sogenannte LORENTZ-LORENZ-Gleichung. In der theoretischen Behandlung der Dispersion gilt es nun, die Frequenzabhängigkeit der Polarisierbarkeit zu ermitteln.

IX.1.2 Normale Dispersion

Die klassische Betrachtung benutzt das THOMSON-Modell, nach dem das für die Dispersion verantwortliche Elektron elastisch am Atom bzw. Molekül gebunden ist. Die sich daraus ergebende Bewegungsgleichung unter Einwirkung der elektromagnetischen Lichtwelle und bei Vernachlässigung einer Dissipation bzw. Dämpfung lautet dann

$$m\ddot{\vec{r}} + m\omega_0^2 \vec{r} = -e\vec{E} \tag{IX.11}$$

mit dem elektrischen Feld der Lichtwelle

$$\vec{E} = \vec{E}_0 \cdot \cos\omega t \tag{IX.12}$$

(m: Elektronenmasse, ω_0: Eigenfrequenz, e: Elementarladung, $\vec{E}_0$: maximale Amplitude, ω: Anregungsfrequenz). Die Bewegungsgleichung beschreibt so eine ungedämpfte erzwungene Schwingung, deren Lösung $\vec{r}(t)$ in Abschn. II.1 diskutiert wird. Für das Dipolmoment, als das Produkt von Elementarladung und Änderung des Ladungsschwerpunkts

$$\vec{p} = -e \cdot \vec{r}, \tag{IX.13}$$

erhält man nach Abklingen der Einschwingvorgänge

$$\vec{p} = \frac{e^2 \vec{E}}{m\left(\omega_0^2 - \omega^2\right)}. \tag{IX.14}$$

Der Vergleich mit Gl. (IX.7) liefert die Frequenzabhängigkeit der Polarisierbarkeit $\alpha(\omega)$ und zusammen mit der LORENTZ-LORENZ-Gleichung (IX.10) die Frequenzabhängigkeit des Brechungsindex $n(\omega)$. Mit der Vernachlässigung der Dichtekorrektur $\vec{p}/3\varepsilon_0$ in der LORENTZ-Beziehung (IX.6) ergibt sich

$$n^2 = 1 + \frac{Ne^2/\varepsilon_0}{m\,(\omega_0^2 - \omega^2)} \,. \qquad \text{(IX.15)}$$

Bei Berücksichtigung mehrerer Elektronen (i) unterschiedlicher elastischer Bindung mit der Dichte N_i und der Eigenfrequenz ω_i, muß Gl. (IX.15) zu

$$n^2 = 1 + \frac{e^2}{\varepsilon_0\, m} \sum_i \frac{N_i}{\omega_i^2 - \omega^2} \qquad \text{(IX.16)}$$

erweitert werden. Diese Beziehung vermag den Brechungsindex in der Nähe der Absorptionen ausreichend zu beschreiben. Dort herrscht normale Dispersion vor, wonach der Brechungsindex mit wachsender Frequenz zumimmt. Darüber hinaus erlaubt die Dispersion (IX.16) eine Erklärung für die Beobachtung mehrerer Absorptionen. Ursache dafür ist demnach die Anwesenheit unterschiedlicher Oszillatoren mit den Eigenfrequenzen

$$\omega_{ab} = \frac{E_a - E_b}{\hbar} \qquad \text{(IX.17a)}$$

(E_b, E_a: Energiewerte), deren Beteiligung am Absorptionsverhalten durch die Oszillatorstärke

$$f_{ab} = \frac{N_{ab}}{N} \qquad \text{(IX.17b)}$$

($N = \sum_b N_{ab}$) gemessen wird.

Die quantenmechanische Behandlung des Problems ermöglicht die Berechnung der Oszillatorstärken f_{ab}. Dabei wird die Wechselwirkung der einfallenden Lichtwelle mit dem Elektron als Störung berücksichtigt. Mit der Annahme eines nur in x-Richtung wirkenden Wechselfeldes F erhält man als Störoperator

$$\hat{W} = e\hat{x}F \cdot \cos\omega t \,, \qquad \text{(IX.18)}$$

der die SCHRÖDINGER-Gleichung für die gestörte Wellenfunktion begründet

$$(\hat{H}_0 + \hat{W})\psi = i\hbar\frac{\partial\psi}{\partial t} \qquad \text{(IX.19)}$$

($\hat{H}_0$: HAMILTON-Operator des ungestörten Systems). Bei der Suche nach den Eigenfunktionen ψ verwendet man die Störungstheorie in 1. Näherung. Dort wird die gestörte Wellenfunktion ψ zunächst nach Eigenfunktionen φ des HAMILTON-Operators $\hat{H}$ entwickelt. Um die Entwicklungskoeffizienten zu erhalten, setzt man die Entwicklung in die SCHRÖDINGER-Gleichung (IX.19) ein und fordert in 1. Näherung vor Beginn der Störung das Verschwinden aller Koeffizienten außer jenem, der das ungestörte System kennzeichnet.

In Analogie zum klassischen Weg sucht man dann den quantenmechanischen Erwartungswert des Dipolmoments in x-Richtung

$$< \hat{p}_x > = -e \cdot < \psi|\hat{x}|\psi > \qquad \text{(IX.20)}$$

und erhält schließlich wieder über die Polarisierbarkeit (Gl. (IX.7)) die Abhängigkeit des Brechungsindex n zu

$$n^2 = 1 + \frac{Ne^2}{\varepsilon_0 m \hbar} \cdot \frac{2m\omega_{ab}|x_{ab}|^2}{\omega_{ab}^2 - \omega^2} \tag{IX.21}$$

mit

$$|x_{ab}| = < \varphi_b|\hat{x}|\varphi_a >$$

(φ: Eigenfunktionen des ungestörten Systems). Der Vergleich mit Gl. (IX.17) liefert direkt die Möglichkeit zur Berechnung der Oszillatorstärken.

Für ein beliebig orientiertes Feld muß die Richtung des induzierten Dipolmomentes bzw. der Polarisation nicht unbedingt mit der des Feldes übereinstimmen, was die Polarisierbarkeit α nach Gl. (IX.7) zu einem Tensor werden läßt. Dieser Fall wird vorwiegend in Festkörpern mit niederer Kristallsymmetrie und in Gasen, die unter der Wirkung eines statischen äußeren elektrischen bzw. magnetischen Feldes stehen, erwartet.

IX.1.3 Anomale Dispersion

Die Theorie der normalen Dispersion ist ausschließlich im transparenten Bereich außerhalb der Absorption gültig. In der Umgebung der Eigenfrequenzen ω_{ab} muß im klassischen Bild die harmonische Bewegung der Dispersionselektronen als gedämpft betrachtet werden. Dies führt zu der Bewegungsgleichung

$$\ddot{\vec{r}} + \gamma\dot{\vec{r}} + \omega_0^2\vec{r} = -\frac{e}{m}\vec{E} \tag{IX.22}$$

(γ: Dämpfungskonstante). In komplexer Schreibweise ($\vec{E} = \vec{E}_0 \cdot e^{i\omega t}$) findet man die Lösung

$$\vec{r} = -\frac{e}{m} \cdot \frac{1}{\omega_0^2 - \omega^2 + i\gamma\omega}\vec{E} \, , \tag{IX.23}$$

deren Realteil allein physikalisch sinnvoll ist. Das Dipolmoment berechnet sich dann zu

$$\vec{p} = \mathrm{Re}(\alpha\vec{E}_0 \cdot e^{i\omega t})$$

mit

$$\alpha = \frac{e^2}{m(\omega_0^2 - \omega^2 + i\gamma\omega)} \, . \tag{IX.24}$$

Wesentlich dabei ist das Auftreten einer komplexen Polarisierbarkeit α, die nach Gl. (IX.9) zu einem ebenfalls komplexen Brechungsindex $\tilde{n}$ führt

$$\tilde{n} = n - i\kappa \, . \tag{IX.25}$$

Wie bei der normalen Dispersion (s. Gl. (IX.15)) erhält man nun unter Berücksichtigung der Dämpfung

$$n - i\kappa = \sqrt{1 + \frac{N}{\varepsilon_0}\alpha} \, . \tag{IX.26}$$

Ersetzt man die Polarisierbarkeit α nach Gl. (IX.24) und entwickelt die Wurzel ($|n - i\kappa| \approx 1$), so findet man die entscheidende Abhängigkeit

$$n - i\kappa = 1 + \frac{Ne^2}{2\varepsilon_0} \cdot \frac{\omega_0^2 - \omega^2 - i\gamma\omega}{(\omega_0^2 - \omega^2)^2 + (\gamma\omega)^2} \, . \tag{IX.27}$$

Um den Realteil bzw. Imaginärteil des Brechungsindex übersichtlich diskutieren zu können, wird in der Umgebung einer Spektrallinie

$$\omega = \omega_0 + x \quad (|x| \ll \omega_0)$$

die Näherung

$$\omega_0^2 - \omega^2 = -2\omega_0 x \tag{IX.28}$$

benutzt. Die Umrechnung ergibt dann für die charakteristischen Größen des Brechungsindex in der Nähe der Eigenfrequenz

$$n(x) = 1 + \frac{Ne^2}{2m\omega_0^2} \cdot \frac{(-2x)}{4x^2 + \gamma^2} \quad \text{bzw.} \tag{IX.29}$$

$$\kappa(x) = \frac{Ne^2}{2m\omega_0^2} \cdot \frac{\gamma}{4x^2 + \gamma^2} \, , \tag{IX.30}$$

deren Frequenzabhängigkeit in Fig. IX.2. dargestellt ist.

Die physikalische Bedeutung dieses Ergebnisses kann an einer in z-Richtung laufenden und in x-Richtung polarisierten elektromagnetischen Welle

$$E_x = E_{x0} \cdot e^{i\omega(t - \frac{\tilde{n}}{c} z)} \quad \text{bzw.} \tag{IX.31}$$

$$H_y = H_{y0} \cdot e^{i\omega(t - \frac{\tilde{n}}{c} z)} \tag{IX.32}$$

verdeutlicht werden. Setzt man den Brechungsindex als komplexe Größe voraus

$$\tilde{n} = \sqrt{n^2 + \kappa^2} \cdot e^{-i\varphi} \quad \left(\tan\varphi = \frac{\kappa}{n}\right) \, , \tag{IX.33}$$

so lassen sich die physikalisch sinnvollen Realteile von Gl. (IX.31) bzw. Gl. (IX.32) darstellen als

$$E_x = E_{x0} \cdot e^{-\frac{\omega\kappa}{c} z} \cdot \cos\omega(t - \frac{n}{c} z) \tag{IX.34}$$

bzw.

$$H_y = H_{y0} \cdot e^{-\frac{\omega\kappa}{c} z} \cdot \cos[\omega(t - \frac{n}{c} z) - \varphi] \, . \tag{IX.35}$$

Im Ergebnis erhält man eine elektromagnetische Welle, die sich mit der Phasengeschwindigkeit

$$v = \frac{c}{n} \tag{IX.36}$$

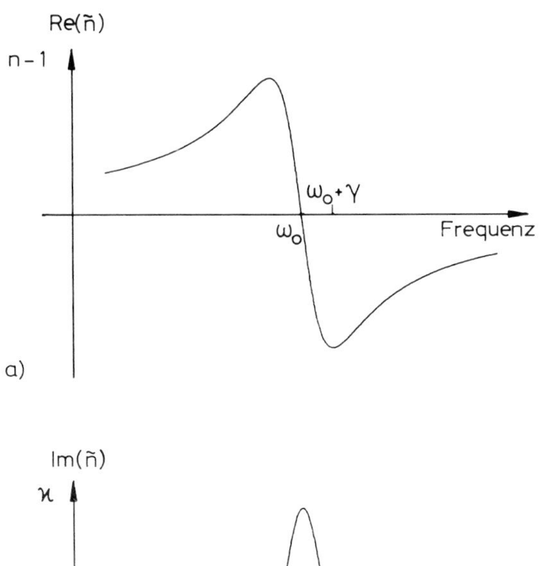

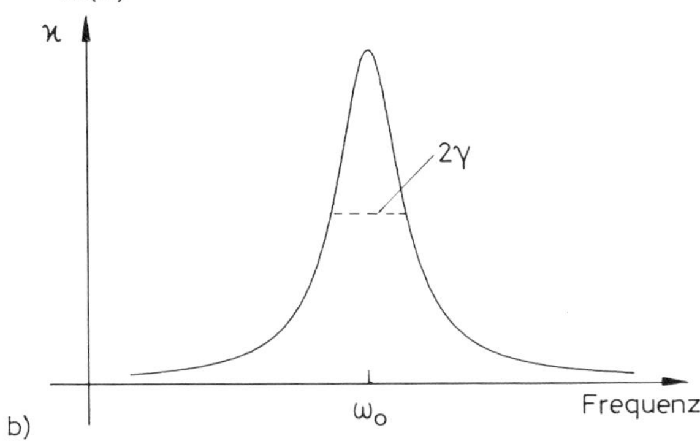

Fig. IX.2: Realteil (a) und Imaginärteil (b) des Brechungsindex als Funktion der eingestrahlten Frequenz (Dispersion bzw. Absorption).

fortpflanzt und deren Amplitude auf dem Wege z abnimmt. Die Abhängigkeit des gewöhnlichen Brechungsindex n wird dabei durch eine Dispersionsfunktion ausgedrückt (Fig. IX.2 a, s.a. Abschn. II. 1.4).

Eine Aussage über das Maß der Energeiabnahme liefert der POYNTING-Vektor

$$\vec{S} = \vec{E} \times \vec{H} \tag{IX.37}$$

als diejenige Energie, die pro Zeiteinheit durch die Flächeneinheit tritt, in Verbindung mit dessen zeitlichen Mittelwert $< S >$. In dem vorliegenden einfachen Fall ergibt sich für die z-Komponente

$$< S_z > = \frac{1}{2} E_{x0} H_{x0} \cdot \cos\varphi \cdot e^{-\frac{2\omega\kappa}{c} z} \, . \tag{IX.38}$$

Die Änderung der Energiestromdichte resp. Intensität auf dem Weg dz beträgt demnach

$$\frac{d < S_z >}{dt} = -\frac{2\omega\kappa}{c} < S_z > \tag{IX.39}$$

und bedeutet gemäß dem negativen Vorzeichen eine Abnahme. Demnach ist in relative Abnahme $d < S_z > /dz < S_z >$ proportional zum Imaginärteil κ des komplexen Brechungsindex, der ein Maß für die Absorption darstellt. Seine Abhängigkeit von der Frequenz der elektromagnetischen Strahlung wird in der Nähe der Resonanz durch eine LORENTZ-Funktion ausgedrückt (Fig. IX.2 b; s.a. Abschn. II.1.4).

Geht man über die bisherige Annahme einer monochromatischen Strahlung hinaus und betrachtet die Absorption aus einem Kontinuum mit der Intensität

$$S = \int_0^\infty I(\omega)\, d\omega \, , \tag{IX.40}$$

so berechnet sich deren Abnahme auf dem Weg dz zu

$$-\frac{dS}{dz} = \int_0^\infty \frac{2\omega\kappa}{c} \cdot I(\omega)\, d\omega \, . \tag{IX.41}$$

Mit der Voraussetzung, den größten Beitrag in der Nähe der Resonanz zu bekommen, kann man ω durch ω_0 ersetzen und erhält mit Gl. (IX.30)

$$-\frac{dS}{dz} = N \cdot \frac{2\pi^2 e^2}{mc} \cdot I(\omega_0) \, , \tag{IX.42}$$

wonach die Absorption unabhängig von der Dämpfung gefunden wird.

Der gleiche Vorgang kann quantenmechanisch dadurch erfaßt werden, daß zunächst die Wahrscheinlichkeiten für die einzelnen Übergänge vom Zustand E_a zum Zustand $E_b = E_a + \hbar\omega_{ab}$ bestimmt und mit den dabei auftretenden Energien $\hbar\omega_{ab}$ multipliziert werden. Im Ergebnis erhält man wieder Gl. (IX.42) mit der Oszillatorstärke f_{ab} (s. Gl. (IX.17 b)) als zusätzlichen Faktor. Der klassische Grenzfall wird genau dann erreicht, wenn alle angeregten Energieniveaus nahe beieinander liegen.

Berechnet man die vom elektrischen Feld am Elektron geleistete Arbeit und vergleicht diese mit der mittleren Strahlungsleistung des Elektrons, so erhält man bei Gleichheit einen Ausdruck für die Dämpfung

$$\gamma_{Str} = \frac{8\pi}{3} \frac{e^2\omega^2}{mc^4} \, , \tag{IX.43}$$

den man als Strahlungsdämpfung bezeichnet. Für $\gamma > \gamma_{Str}$ wird ein Teil der vom Feld geleisteten Arbeit in Wärme (kinetische Energie der Atome) umgewandelt.

Bisher unberücksichtigt geblieben ist in der Bewegungsgleichung (IX.22) neben der Wirkung des elektrischen Feldes die des magnetischen Feldes. Man erwartet also außer der COULOMB-Kraft $\vec{F}_C$ das Auftreten der LORENTZ-Kraft $\vec{F}_L$. Jedoch ist letztere unvergleichbar kleiner und somit vernachlässigbar. Die Abschätzung beider Kräfte

$$\frac{|\vec{F}_L|}{|\vec{F}_C|} = \frac{|e\vec{v} \times \vec{B}|}{|e\vec{E}|} \tag{IX.44}$$

gelingt mittels der Verknüpfung durch eine der beiden MAXWELL-Gl.en ("Durchflutungsgesetz" und "Induktionsgesetz") im stromfreien Fall (s.a. Abschn. V)

$$\mathrm{rot}\vec{H} = \dot{\vec{D}} \tag{IX.45a}$$

$$\mathrm{rot}\vec{E} = -\dot{\vec{B}} \tag{IX.45b}$$

sowie der Materialgleichungen

$$\vec{D} = \varepsilon_r \varepsilon_0 \vec{E} \tag{IX.46a}$$

$$\vec{B} = \mu_r \mu_0 \vec{H} \; . \tag{IX.46b}$$

Nach Berücksichtigung des Ansatzes für ebene Wellen der Form (IX.31) bzw. (IX.32) erhält man ($\varepsilon_r \varepsilon_0 \mu_r \mu_0 = 1/c^2$) für die Abschätzung

$$\frac{|\vec{F}_L|}{|\vec{F}_C|} = \tilde{n}\frac{v}{c} \, ,$$

was die Wirkung des Magnetfeldes der Lichtwelle als einen relativistischen Effekt einzuordnen erlaubt.

IX.2 Metallreflexion

Das Experiment zur Metallreflexion erlaubt eine eindrucksvolle Prüfung jener Theorie, die sich mit der Ausbreitung elektromagnetischer Wellen in Medien befasst.

Dabei läßt man linear polarisiertes Licht auf eine mechanisch polierte Metallplatte auftreffen. Unter der Voraussetzung, daß der Einfallswinkel von 0 und $\pi/2$ verschieden ist, wird die reflektierte Welle nicht mehr linear, sondern elliptisch polarisiert erwartet, wobei die senkrecht und parallel zur Einfallsebene schwingenden elektrischen Feldkomponenten $R_\perp$ und $R_\parallel$ phasenverschoben sind. In dem besonderen Fall, wo die Polarisationsebene des einfallenden linear polarisierten Lichts um $\pi/4$ gegen die Einfallsebene geneigt ist, kann man Gleichheit der senkrechten und parallelen Amplituden erwarten ($E_\perp = E_\parallel$). Mit Hilfe eines Kompensators gelingt es, die Phasenverschiebung Δ zwischen den reflektierten Komponenten aufzuheben und somit erneut linear polarisiertes Licht zu erzeugen, dessen Schwingungsebene jedoch nicht mehr unter $\pi/4$, sondern um den Winkel ρ gegen die Einfallsebene geneigt ist. Bei bekanntem Δ und ρ kann der komplexe Brechungsindex $\tilde{n}$ und damit der gewöhnliche Brechungsindex n bzw. der Absorptionskoeffizient κ berechnet werden.

IX.2.1 Experimentelles

Als Lichtquelle dient eine Quecksilberlampe, deren Spektrum mit einem Interferenzfilter monochromatisiert wird. Ein NIKOLsches Prisma sorgt für die lineare Polarisation des Lichts, wobei die Schwingungsebene um $\pi/4$ gegen die Einfallsebene geneigt ist. Die zu vermessenden Proben (**Fe, Cu, Ni**) sind auf einem Spektrometertisch angebracht. Dahinter befinden sich der Kompensator, eine Halbschattenplatte und der Analysator. Beobachtet wird mit einem Fernrohr (Fig. IX.3).

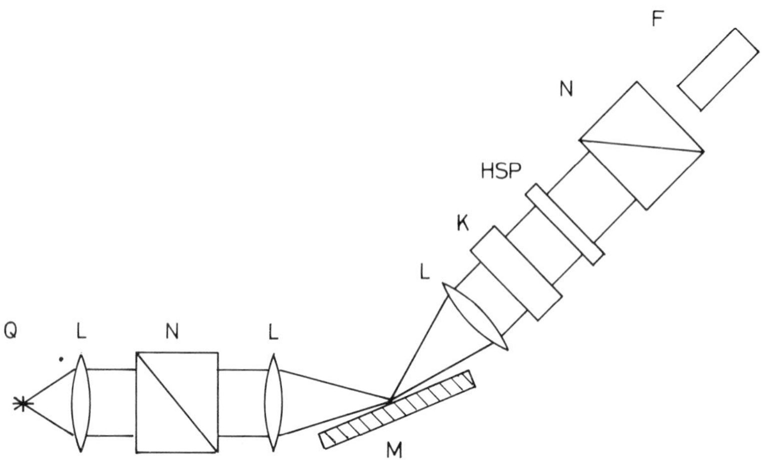

Fig. IX.3: Versuchsaufbau zur Metallreflexion; Q: Lichtquelle, L: Linse, N: NIKOLsches Prisma, M: Metall, K: Kompensator, HSP: Halbschattenplatte, F: Fernrohr.

Die Halbschattenplatte ermöglicht eine Zerlegung des Gesichtsfeldes in zwei Teile (I, II), die nur bei einer definierten Stellung des Analysators die gleiche Intensität beobachten lassen. Beide Hälften der Halbschattenplatte bestehen aus dünnen, optisch aktiven Quarzplättchen, die das linear polarisierte Licht um einen kleinen Winkel ϵ nach links bzw. nach rechts drehen (Fig. IX.4). Steht die Richtung des Analysators genau senkrecht zu der des einfallenden Lichtes, wie es die Messung erwünscht, so wird in der linken und rechten Hälfte des Photometers gleich viel Intensität hindurchgelassen und beide Gesichtshälften erscheinen gleich dunkel. Bei einer Verdrehung des Analysators um den Winkel ϵ wird in der einen Hälfte (Teil I v. Fig. IX.4) wegen der nun senkrechten Stellung des Analysators die Lichtintensität erheblich geschwächt, während in der anderen Hälfte (II) gerade Aufhellung eintritt. Mit Hilfe dieses Kontrastes kann sehr empfindlich eine Abweichung von der gewünschten Analysatoreinstellung nachgewiesen werden.

Der Kompensator wird in der Anordnung nach SOLEIL benutzt (Fig. IX.5). Dort liegen zwei flache Quarzkeile A, A' verschiebbar übereinander und bilden eine planparallele Platte. Darunter ist eine ebenfalls planparallele Quarzplatte B aufgekittet. Der wesentliche Unterschied zwischen den beiden Platten besteht darin, daß die optische Achse einmal parallel zur Keilkante (x-Richtung), zum anderen senkrecht zur Keilkante (z-Richtung) zeigt. Betrachtet man eine Welle mit parallel zur Keilkante schwingendem Feldvektor (in x-Richtung), so wird sie in der Quarzplatte B eine höhere Phasengeschwindigkeit (c_0/n_{ao}; n_{ao}: Brechungsindex des außerordentlichen Strahls) besitzen als

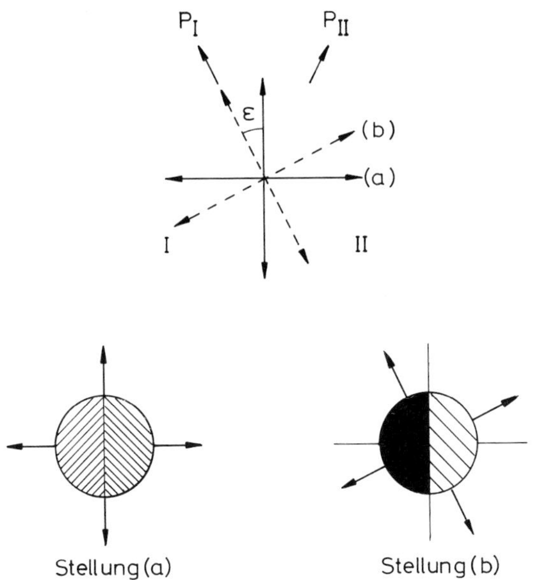

Fig. IX.4: Wirkungsweise des Halbschattenphotometers; P_I, P_{II}: Polarisation des Lichts im Gesichtsfeld I resp. II: a) Analysatorstellung bei gleicher Intensität, b) Analysatorstellung bei ungleicher Intensität.

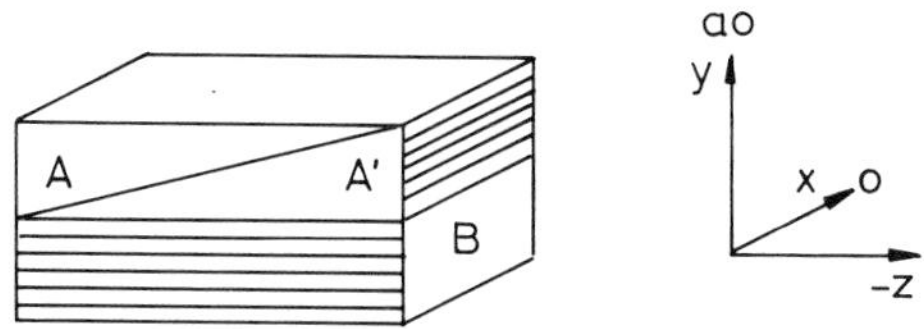

Fig. IX.5: Kompensator nach SOLEIL; (—) Richtung der optischen Achse.

in der Quarzplatte A, A' (c_0/n_o; n_o: Brechungsindex des ordentlichen Strahls). Dagegen zeigt eine Welle mit senkrecht zur Keilkante schwingendem Feldvektor (in y-Richtung) in beiden Platten die gleiche Phasengeschwindigkeit (c_0/n_{ao}). Man erreicht somit eine Phasendifferenz der beiden Wellen, die durch die Veränderung der wirksamen Weglänge ($d_A + d_{A'}$) bei Verschiebung des oberen Quarzkeils A variabel wird

$$\delta = \frac{2\pi}{\lambda}[d_B - (d_A + d_{A'})] \cdot (n_{ao} - n_o) \,. \tag{IX.47}$$

Nach Kalibrierung des Kompensators ist es möglich, die Phasenverschiebung Δ zwischen den reflektierten Komponenten zu messen. Zur Ermittlung desjenigen Winkels ρ, um den das nun kompensierte, linear polarisierte Licht gegen die Einfallsebene geneigt ist, dreht man den Analysator auf Dunkelheit. Anschließend wird nach einer Verdrehung des Polarisators um $\pi/2$ erneut Dunkelheit mit dem Analysator hergestellt. Die Differenz der beiden Analysatoreinstellungen beträgt dann 2ρ.

IX.2.2 Aufgabenstellung

a) Man messe und stelle graphisch dar die Phasenverschiebung Δ zwischen den senkrecht und parallel zur Einfallsebene schwingenden Reflexionskomponenten $R_\perp$ und $R_\|$ sowie die Richtung der Diagonale der Schwingungsellipse ρ gegen die Einfallsebene in Abhängigkeit vom Einfallswinkel φ zwischen $60° < \varphi < 75°$.
b) Man bestimme den Haupteinfallswinkel φ_0, bei dem die Phasenverschiebung $\pi/2$ beträgt.
c) Man berechne mit den gemessenen Größen den gewöhnlichen Brechungsindex n und den Absorptionskoeffizient κ für die Metalle **Fe, Cu, Ni**.

IX.2.3 Anleitung

Das Verhalten einer elektromagnetischen Welle an einer Grenzfläche zweier optisch verschiedener Medien ($n_1, \epsilon_1; n_2, \epsilon_2$) wird durch die FRESNELschen Formeln beschrieben. Zu ihrer Herleitung wird die Gültigkeit einer der MAXWELL-Gleichungen (Induktionsgesetz oder Durchflutungsgesetz) sowie die Stetigkeit der Tangentialkomponenten von elektrischem und magnetischem Feld in den Grenzflächen vorausgesetzt. Eine andere, jedoch prinzipiell identische Beschreibung basiert auf dem Energiesatz und der Stetigkeit einer der Tangentialkomponenten. Danach müssen die Energiestromdichten S von gebrochener Welle und reflektierter Welle gleich der von einfallender Welle sein (Fig. IX.6).

$$S_E \cos\varphi = S_R \cos\varphi + S_G \cos\psi \tag{IX.48}$$

(φ: Einfallswinkel; ψ: Brechungswinkel). Drückt man den POYNTING-Vektor durch die elektrischen Feldvektoren aus

$$S = v \cdot n^2 \varepsilon_0 \, |\vec{E}|^2 \tag{IX.49}$$

(v: Phasengeschwindigkeit im Medium), so erhält man für die einfallenden, reflektierten und gebrochenen Feldvektoren $\vec{E}, \vec{R}$ und $\vec{G}$

$$n_1 E^2 = n_1 R^2 + n_2 G^2 \cdot \frac{\cos\psi}{\cos\varphi} \,. \tag{IX.50}$$

Die Stetigkeit der Tangentialkomponenten des elektrischen Feldes als zweite Voraussetzung liefert für die zur Einfallsebene (Zeichenebene von Fig. IX.6) senkrechten Komponenten eine besonders einfache Beziehung, da diese stets gleichzeitig Tangentialkomponenten sind

$$E_\perp + R_\perp = G_\perp \,. \tag{IX.51}$$

Mit Gl. (IX.50) ergibt sich

$$n_1(E_\perp^2 - R_\perp^2) = n_2 G_\perp^2 \cdot \frac{\cos\psi}{\cos\varphi} \tag{IX.52}$$

oder unter nochmaliger Verwendung von Gl. (IX.51)

$$n_1(E_\perp - R_\perp) = n_2 G_\perp \cdot \frac{\cos\psi}{\cos\varphi} \,. \tag{IX.53}$$

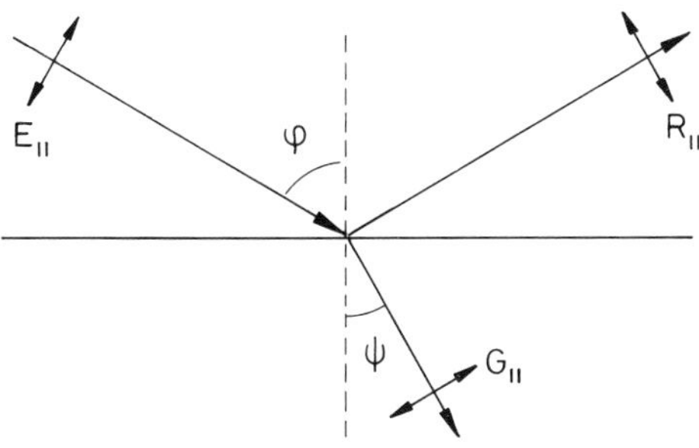

Fig. IX.6: Grenzfläche zweier optisch verschiedener Medien.

Ersetzt man die Amplitude der gebrochenen Lichtwelle $G_\perp$ nach Gl. (IX.51) und das Verhältnis der Brechungsindizes n_1/n_2 durch Reflexionswinkel und Brechungswinkel nach dem Brechungsgesetz

$$\frac{n_1}{n_2} = \frac{\sin\psi}{\cos\varphi} \,, \tag{IX.54}$$

so findet man

$$R_\perp = -E_\perp \frac{\sin(\varphi - \psi)}{\sin(\varphi + \psi)} \,. \tag{IX.55}$$

Die zur Einfallsebene parallelen Komponenten des elektrischen Feldes sind nicht gleichzeitig Tangentialkomponenten. Man erhält diese erst durch Projektionen auf die Grenzfläche, so daß die Stetigkeitsbedingung hier lautet

$$E_{\|}\cos\varphi - R_{\|}\cos\varphi = G_{\|}\cos\psi\,. \tag{IX.56}$$

Mit Gl. (IX.50) erhält man

$$n_1(E_{\|} + R_{\|}) = n_2 G_{\|} \tag{IX.57}$$

oder unter Elimination von $G_{\|}$ und $R_{\|}$ nach den beiden obigen Gleichungen

$$R_{\|} = E_{\|}\cdot\frac{\tan(\varphi-\psi)}{\tan(\varphi+\psi)}\,. \tag{IX.58}$$

Die Gl.en (IX.55) und (IX.58) verknüpfen gleiche Komponenten von einfallender und reflektierter Welle; sie bilden die FRESNELschen Formeln für die Reflektion.

Im Unterschied zu den Isolatoren jedoch ist der Brechungsindex bei den Metallen komplex (s. Gl. (IX.25)), so daß nach dem Brechungsgesetz Gl. (IX.54) sich auch der Brechungswinkel ψ in eine komplexe Größe verwandelt. Nach den FRESNELschen Gleichungen werden dann auch die Reflexionsamplituden $R_{\perp}$ und $R_{\|}$ komplex, wodurch Phasenverschiebungen untereinander auftreten. Für den speziellen Fall, daß das einfallende, linear polarisierte Licht in seiner Polarisationsebene um $\pi/4$ gegen die Einfallsebene geneigt ist, ergibt sich $E_{\perp} = E_{\|}$, und das Verhältnis der Reflexionsamplituden berechnet sich nach Gl. (IX.55) und Gl. (IX.58) zu

$$\frac{R_{\|}}{R_{\perp}} = -\frac{\cos(\varphi+\psi)}{\cos(\varphi-\psi)} = \tan\rho\cdot e^{i\Delta}\,. \tag{IX.59}$$

Die beiden Amplituden sind demnach um Δ phasenverschoben, und das Verhältnis ihrer Beträge erreicht den Wert $\tan\rho$, so daß insgesamt elliptisch polarisiertes Licht entsteht (Fig. IX.7). Zwischen den Einfallswinkeln $\varphi_1 = 0$ (senkrechter Einfall) und $\varphi_2 = \pi/2$

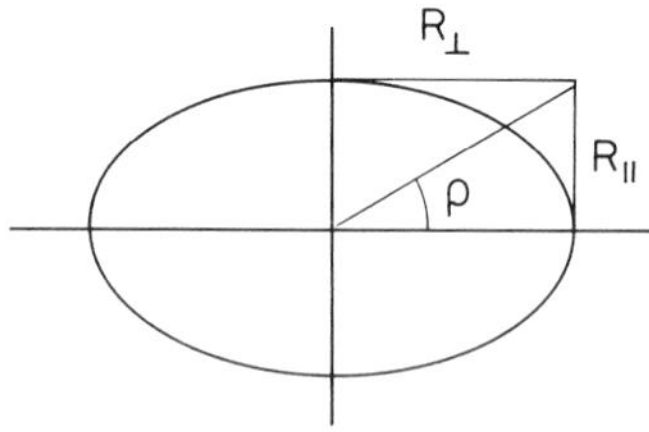

Fig. IX.7: Elliptisch polarisiertes Licht nach Reflexion an Metallen.

(streifender Einfall), bei denen beide Male die Phasenverschiebung verschwindet ($\Delta = 0$), gibt es den sogenannten Haupteinfallswinkel φ_0, der eine Phasenverschiebung von $\pi/2$ verursacht. In diesem Fall wird das der Schwingungsellipse umschriebene Rechteck einem Quadrat am ähnlichsten. Das Hauptazimut ρ_0 ist dabei jener Winkel, den die Diagonale des von der Schwingungsellipse umschriebenen Rechtecks mit der Einfallsebene bildet.

Zur Berechnung des komplexen Brechungsindex $\tilde{n}$ aus den gemessenen Daten von Δ und ρ müssen ausgehend von Gl. (IX.59) einige Umformungen durchgeführt werden. Zunächst wird das Brechungsgesetz berücksichtigt

$$\frac{1+\tan\rho\cdot e^{i\Delta}}{1-\tan\rho\cdot e^{i\Delta}}=\frac{\sin\varphi\cdot\sin\psi}{\cos\varphi\cdot\cos\psi}=-\frac{\sin^2\varphi}{\tilde{n}\cos\varphi\sqrt{1-\frac{\sin^2\varphi}{\tilde{n}^2}}} \qquad \text{(IX.60)}$$

oder

$$\frac{1+\tan\rho\cdot e^{i\Delta}}{1-\tan\rho\cdot e^{i\Delta}}=\frac{\sin\varphi\cdot\tan\varphi}{\sqrt{\tilde{n}^2-\sin^2\varphi}}\,. \qquad \text{(IX.61)}$$

Erweiterung der reziproken linken Seite mit $1+\tan\rho\cdot e^{-i\Delta}$ ergibt

$$\begin{aligned}\frac{1+\tan\rho\cdot e^{i\Delta}}{1-\tan\rho\cdot e^{i\Delta}}\cdot\frac{1+\tan\rho\cdot e^{-i\Delta}}{1+\tan\rho\cdot e^{-i\Delta}} &= \frac{1-2i\tan\rho\sin\Delta-\tan^2\rho}{1+2\tan\rho\sin\Delta+\tan^2\rho}\\ &= \frac{\cos 2\rho-i\sin 2\rho\cdot\sin\Delta}{1+\sin 2\rho\cdot\cos\Delta}\,. \qquad \text{(IX.62)}\end{aligned}$$

Vernachlässigung von $\sin^2\varphi$ gegen $\tilde{n}^2$ in Gl. (IX.61) liefert schließlich mit der neuen linken, reziproken Seite (IX.62)

$$\frac{\cos 2\rho-i\sin 2\rho\cdot\sin\Delta}{1+\sin 2\rho\cdot\cos\Delta}=\frac{n(1-i\kappa)}{\sin\varphi\cdot\tan\varphi}\,, \qquad \text{(IX.63)}$$

woraus durch Vergleich von Real- und Imaginärteil zwei Bestimmungsgleichungen für n und κ folgen. Im Ergebnis erhält man

$$n = \frac{\sin\varphi\cdot\tan\varphi\cdot\cos 2\rho}{1+\sin 2\rho\cdot\cos\Delta} \quad \text{und} \qquad \text{(IX.64)}$$

$$\kappa = \sin\Delta\cdot\tan 2\rho\,. \qquad \text{(IX.65)}$$

IX.3 FARADAY-Effekt

Eines der zahlreichen Experimente, deren Ergebnisse im Rahmen der Dispersionstheorie erklärt werden können, ist die Beobachtung des FARADAY-Effekts. Es bietet zudem den Vorteil gemeinsam mit ähnlichen Experimenten, wie denen des VOIGT- oder ZEEMAN-Effekts, das Maß an Information aufgrund eines zusätzlichen äußeren Eingriffs durch das Magnetfeld zu erhöhen. Anders als beim ZEEMAN-Effekt jedoch, bei dem die Emission mit der Resonanzfrequenz beobachtet wird, verlangt hier die Transmissionsmessung einen Frequenzbereich, der weitab von den Eigenfrequenzen der Dispersionselektronen liegt.

Bei dem magneto-optischen Versuch breitet sich linear polarisiertes Licht in Richtung der magnetischen Flußdichte aus. Die longitudinale Beobachtung ergibt eine Drehung der Polarisationsebene, die der Stärke der Flußdichte sowie der Länge des durchstrahlten Mediums proportional ist. Die Proportionalitätskonstante, die sogenannte VERDETsche Konstante, ist sowohl von der Wellenlänge des Lichts als auch von der Dispersion abhängig. Letztere Größe kann demnach aus der Beobachtung des Drehwinkels ermittelt werden.

IX.3.1 Experimentelles

Für die spektrale Zerlegung des Lichts einer Quecksilberlampe sorgen verschiedene Interferenzfilter (Fig. IX.8). Ein Polarisator erzeugt linear polarisiertes Licht, das die Probe (Bleiglas, Quarz) im longitudinalen Magnetfeld einer Spule durchsetzt. Mit dem Analysator kann nach dem Umpolen des Magnetfeldes der doppelte Drehwinkel ermittelt werden.

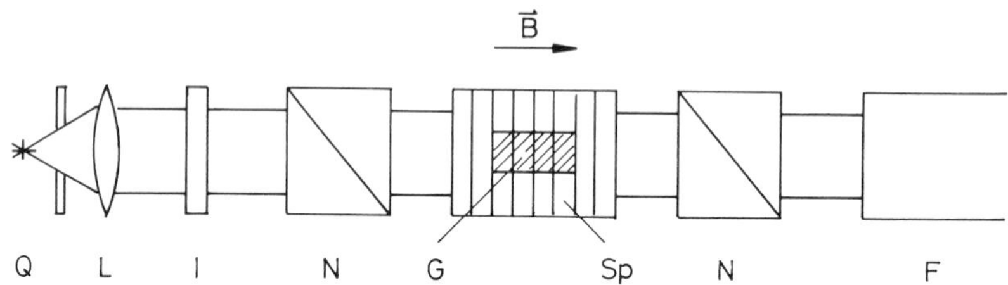

Fig. IX.8: Experimentelle Anordnung zur Drehung der Polarisationsebene linear polarisierten Lichts im longitudinalen Magnetfeld (FARADAY-Effekt). Q: Lichtquelle, L: Linse, I: Interferenzfilter, N: NICOLsches Prisma, Sp: Spule, G: Glasstab, F: Fernrohr.

IX.3.2 Aufgabenstellung

Man bestimme die spezifischen Drehwinkel (VERDETsche Konstanten) eines Glasstabes für verschiedene Wellenlängen. Nach der klassischen Theorie berechne man daraus die Dispersion $dn/d\lambda$ für diese Wellenlängen.

IX.3.3 Anleitung

Sei die einfallende Welle in x-Richtung linear polarisiert

$$E_x = E_{xo} \cdot \cos\omega(t - \frac{v}{c}) \,, \tag{IX.66}$$

(z: Ausbreitungsrichtung), dann erfährt die Schwingungsebene im Medium eine Drehung, die zusätzlich eine y-Komponente erwarten läßt. Die beiden Schwingungskomponenten können dann beschrieben werden durch

$$E_x = E_{xo} \cos\alpha z \cdot \cos\omega(t - \frac{z}{v}) \tag{IX.67a}$$

$$E_y = E_{yo} \sin\alpha z \cdot \cos\omega(t - \frac{z}{v}) \tag{IX.67b}$$

(α: spezifischer Drehwinkel). Unter Verwendung einer Rechenregel für trigonometrische Funktionen kann dafür auch geschrieben werden

$$E_x = \frac{1}{2}E_{xo}\left\{\cos\left[\omega(t-\frac{z}{v})+\alpha z\right]+\cos\left[\omega(t-\frac{z}{v})-\alpha z\right]\right\} \quad \text{(IX.68a)}$$

$$E_y = \frac{1}{2}E_{yo}\left\{\sin\left[\omega(t-\frac{z}{v})+\alpha z\right]+\sin\left[\omega(t-\frac{z}{v})-\alpha z\right]\right\} . \quad \text{(IX.68b)}$$

Die lineare Kombination ergibt

$$\begin{aligned} E_x + E_y &= \frac{1}{2}E_{xo}\cos\omega(t-\frac{z}{v_+})+\frac{1}{2}E_{yo}\sin\omega(t-\frac{z}{v_+}) \\ &+ \frac{1}{2}E_{xo}\cos\omega(t-\frac{z}{v_-})+\frac{1}{2}E_{yo}\sin\omega(t-\frac{z}{v_-}) \end{aligned} \quad \text{(IX.69)}$$

mit den Abkürzungen

$$\frac{\omega}{v_+} = \frac{\omega}{v}-\alpha \quad \text{(IX.70a)}$$

$$\frac{\omega}{v_-} = \frac{\omega}{v}+\alpha . \quad \text{(IX.70b)}$$

Gl. (IX.69) läßt zwei zirkular polarisierte Schwingungen verschiedener Phasengeschwindigkeiten erkennen, deren Drehsinn im ersten Fall positiv, im zweiten Fall negativ ist. Am Ende des Mediums bei $z = \ell$ hat sich die Polarisationsebene um den Winkel

$$\varphi = \alpha \cdot \ell$$

gedreht, wonach mit Gl. (IX.70) der Drehwinkel

$$\varphi = \frac{\omega\ell}{2}\left(\frac{1}{v_-}-\frac{1}{v_+}\right) \quad \text{bzw.}$$

$$\varphi = \frac{\omega\ell}{2c}(n_- - n_+) \quad \text{(IX.71)}$$

erhalten wird. Diese Betrachtung trägt allein dem experimentellen Befund Rechnung und gilt allgemein für optisch aktive Medien. Beim FARADAY-Effekt muß der wesentliche Einfluß des Magnetfeldes auf die Phasengeschwindigkeit bzw. des Brechungsindex von rechts und links zirkular polarisierter Welle erfaßt werden.

Ausgehend von der klassischen Dispersionstheorie, der das Modell der quasi-elastisch gebundenen Elektronen zu Grunde liegt, wird die Anwesenheit des äußeren Magnetfeldes in der Bewegungsgleichung berücksichtigt. Dabei genügt Gl. (IX.11) der normalen Dispersion, da die Beobachtung im Gegensatz zum ZEEMAN-Effekt (s. Abschn. XI.4.1) weit entfernt von der Resonanzabsorption erfolgt

$$m\ddot{\vec{r}} + m\omega_0^2\vec{r} = -e\left[\vec{E}+\dot{\vec{r}}\times\vec{B}\right] . \quad \text{(IX.72)}$$

Falls die Ausbreitungsrichtung längs der positiven z-Achse gewählt wird und die magnetische Flußdichte $\vec{B}$ nur eine Komponente B in z-Richtung besitzt, so stellt die dritte Gleichung von (IX.72) mit der z-Komponente einen Dipol dar, der in Beobachtungsrichtung schwingt und unberücksichtigt bleiben kann. Die Gleichungen mit x- und y-Komponenten des schwingenden Elektrons werden in komplexer Schreibweise gemeinsam erfaßt zu

$$\ddot{\vec{X}}_\pm \mp i\frac{e}{m}B\dot{\vec{X}} + \omega_0^2\vec{X} = -\frac{e}{m}\vec{E}_\pm \tag{IX.73}$$

mit

$$\vec{X}_\pm = x + iy \quad \text{und} \quad \vec{E}_\pm = E_x \pm iE_y \,. \tag{IX.74}$$

Für die Lösung der Dgl. (IX.73) findet man nach Abschn. IX.1.3

$$\vec{X}_\pm = \frac{e^2}{m} \cdot \frac{1}{\omega_0^2 - \omega^2 \pm \frac{e}{m}B\omega}\vec{E}_\pm \,. \tag{IX.75}$$

Damit gelingt es zunächst nach Gl. (IX.13) das dazu korrelierte Dipolmoment $\vec{p}$, sodann nach Gl. (IX.7) die Frequenzabhängigkeit der Polarisierbarkeit α zu bestimmen. Der Übergang zum Brechungsindex geschieht wieder mit Hilfe der LORENTZ-LORENZ-Gleichung (IX.10) unter Vernachlässigung der Dichtekorrektur

$$n_\pm^2 = 1 + \frac{Ne^2}{m\varepsilon_0} \cdot \frac{1}{\omega_0^2 - \omega^2 \pm \frac{e}{m}B\omega} \,. \tag{IX.76}$$

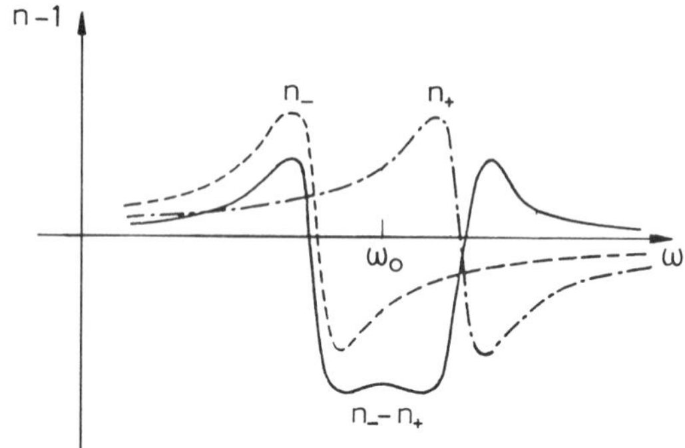

Fig. IX.9: Dispersion der zirkularen Doppelbrechung im Magnetfeld; n_+, n_- Brechungsindex für rechts und links zirkular polarisiertes Licht.

Danach haben rechts und links zirkular polarisiertes Licht unterschiedliche Brechungsindizes bzw. Phasengeschwindigkeiten, wie man es erfahrungsgemäß nach Gl. (IX.71) erwartet. Als Ursache dafür ist das äußere Magnetfeld zu erkennen. In einer bildhaften Sprache gilt die Aussage, daß das rechts im Uhrzeigersinn kreisende Dispersionselektron infolge seiner um die LARMOR-Frequenz erhöhten Winkelgeschwindigkeit eine Lichtwelle sieht, deren Dispersion auf der Frequenzachse zu niedrigeren Werten verschoben ist (Fig. IX.9). Analoge Betrachungen des linksläufig kreisenden Elektrons führen zu einer Verschiebung der Dispersionskurve zu höheren Werten. Da der Drehwinkel der

Differenz der beiden Brechungsindizes proportional ist und die Beobachtung im allgemeinen weit entfernt von der Resonanzabsorption stattfindet, ergibt sich dafür stets ein positiver Wert.

Eine quantitative Berechnung läßt die Annahme als vernünftig erscheinen, daß $|\omega_0^2 - \omega^2| > B\omega e/m$, so daß die Entwicklung des Nenners von Gl. (IX.77) die vereinfachte Differenz ergibt

$$n_-^2 - n_+^2 = \frac{Ne^2}{m\varepsilon_0} \cdot \frac{1}{\omega_0^2 - \omega^2} \cdot 2\,\frac{B\omega e/m}{\omega_0^2 - \omega^2}\,. \tag{IX.77}$$

Mit der weiteren Vereinfachung

$$n_-^2 - n_+^2 \approx (n_- - n_+) \cdot 2n$$

erhält man

$$n_- - n_+ = \frac{Ne^3}{nm^2\varepsilon} \cdot \frac{B\omega}{(\omega_0^2 - \omega^2)^2}\,. \tag{IX.78}$$

Ein Vergleich mit der aus dem Experiment gewonnenen Tatsache (bei homogenem Magnetfeld)

$$\varphi = V \cdot B \cdot \ell \tag{IX.79}$$

und mit Gl. (IX.71) ergibt für die VERDETsche Konstante V

$$V = \frac{Ne^3}{nm^2 c\varepsilon_0} \cdot \frac{\omega^2}{(\omega_0^2 - \omega^2)^2}\,. \tag{IX.80}$$

Verwendung von Gl. (IX.15) knüpft die Verbindung zur Dispersion

$$V = \frac{e}{m} \cdot \frac{\lambda}{2c}\frac{\partial n}{\partial \lambda}\,. \tag{IX.81}$$

IX.4 Literatur

1. **W. MACKE** *Lehrbuch der theoretischen Physik – Wellen*
   Akadem. Verlagsges., Leipzig **1962**

2. **A. SOMMERFELD** *Vorlesungen über theoretische Physik, Bd. IV*
   Akadem. Verlagsges., Leipzig **1964**

3. **F. HUND** *Theoretische Physik, Bd. II*
   B. G. Teubner, Stuttgart **1966**

4. **G. EDER** *Elektrodynamik*
   Bibliographisches Institut, Mannheim, Wien, Zürich **1967**

5. **R. BECKER, F. SAUTER** *Theorie der Elektrizität, Bd. II u. III*
   B. G. Teubner, Stuttgart **1970**

6. **M. BORN, E. WOLF** *Principles of Optics*
Pergamon Press, New York, London, Braunschweig **1970**

7. **R. W. DITCHBURN** *Light*
Acad. Press, London, New York, San Franzisko **1976**

8. **L. BERGMANN, C. SCHAEFER** *Lehrbuch der Experimentalphysik, Bd. III: Optik*, W. de Gruyter, Berlin **1978**

9. **M. BORN** *Optik*
Springer, Berlin, Heidelberg, New York, Tokyo **1985**

10. **W. GREINER** *Theoretische Physik, Bd. 3: Klassische Elektrodynamik*
Harri Deutsch, Thun, Frankfurt M. **1986**

X. Wärmestrahlung

Wärmestrahlung ist elektromagnetische Strahlung, die ihre höchste Intensität vorwiegend im roten bis infraroten Spektralbereich erreicht. Der Name ist somit historisch und erinnert an ihren Nachweis. Die Begriffe Hohlraumstrahlung oder schwarze Strahlung sind im Hinblick auf die theoretische Herleitung der Temperatur- und Frequenzabhängigkeit eher geeignet.

X.1 Grundlagen

X.1.1 KIRCHHOFFsches Gesetz

Die bei den nachfolgenden Betrachtungen wesentliche Größe ist die spektrale Energiedichte ρ_ν eines Hohlraumes mit ideal reflektierenden Wänden. Nach dem 2. Hauptsatz der Thermodynamik muß sie unabhängig von den Eigenschaften der Hohlraumwände sowie der im Hohlraum anwesenden Körper sein, vorausgesetzt, die Temperatur bleibt konstant. Andernfalls könnte man das thermodynamische Gleichgewicht stören und eine Temperaturdifferenz aufrechterhalten allein durch die Verwendung verschiedener Materialien.

Daneben betrachtet man häufig das spektrale Emissionsvermögen ϵ_ν als diejenige Energie, die pro Frequenzintervall von der Einheitsfläche in der Zeiteinheit abgestrahlt wird. Diese Energiestromdichte wird nun im Verhältnis zum spektralen Absorptionsvermögen α_ν als dem Quotienten von absorbierter zu einfallender Strahlungsenergie untersucht. Dabei stehen in dem Gedankenexperiment zwei gleich große Flächen A_1 und A_2 einander parallel gegenüber und werden mittels ideal reflektierender Spiegel, die also keine Strahlung entweichen lasssen, zu einem geschlossenen System vereint. Unterbindet man ferner einen Wärmeaustausch mit der Umgebung ($dQ = 0$), dann emittiert die Fläche A_1 bzw. A_2 die Strahlungsleistung ϵ_1 bzw. ϵ_2, wovon jeweils ein Anteil $\alpha_2\epsilon_1$ bzw. $\alpha_1\epsilon_2$ von der gegenüberliegenden Fläche absorbiert wird. Die Reflexion beträgt dann $(1-\alpha_2)\epsilon_1$ bzw. $(1-\alpha_1)\epsilon_2$. Die Forderung nach dem Verschwinden eines effektiven Energieflusses im Gleichgewicht, die aus dem 2. Hauptsatz resultiert, zwingt zur Bilanz der Energiestromdichten in beiden Richtungen

$$\epsilon_1 + (1 - \alpha_1)\epsilon_2 = \epsilon_1 + (1 - \alpha_1)\epsilon_2 \,, \tag{X.1}$$

woraus das KIRCHHOFFsche Gesetz

$$\frac{\epsilon_{\nu,\text{bel.}}}{\alpha_{\nu,\text{bel.}}} = \frac{\epsilon_{\nu,\text{schwarz}}}{1} = f(\nu, T) \tag{X.2}$$

abgeleitet werden kann ($\epsilon_{\nu,\text{bel.}}$: ϵ_ν eines beliebigen Körpers). Das Verhältnis von Emissions- zu Absorptionsvermögen ist demnach unabhängig von den Eigenschaften des strahlenden Körpers und wird vielmehr alleine durch die Frequenz der Strahlung sowie die Temperatur bestimmt. Dabei werden jene Körper, die die gesamte Strahlung zu absorbieren vermögen ($\alpha_\nu = 1$) als schwarze Körper bezeichnet. Es ist nun das Ziel, deren Emissionsvermögen zu berechnen, um nach Gl. (X.2) Aussagen über die Emission bzw. Absorption realer Körper zu gewinnen.

X.1.2 Spektrale Energie- und Energiestromdichte

Durchsetzt ein isotropes Strahlenbündel eine Oberfläche df schräg unter dem Winkel ϑ gegen die Flächennormale, dann gilt für die Energiestromdichte oder Intensität ϵ_ν im Frequenzintervall $d\nu$

$$\epsilon_\nu = \frac{dE}{df \cdot \cos\vartheta \cdot dt}, \tag{X.3}$$

wobei dE die im Zeitintervall dt hindurchtretende Energie bedeutet. Daneben wird die Intensität in einem engen Strahlenkegel um die Flächennormale betrachtet mit dem Winkelbereich $d\Omega$. Nach Gl. (X.3) errechnet sich dort die spektrale Energie zu

$$dE = \epsilon_\nu \cdot df \, \cos\vartheta \, d\Omega \, dt \,. \tag{X.4}$$

In einem Hohlraum mit der Ausdehnung s bleibt für die Zeitdauer s/c die emittierte Energie dE im Volumen V (Fig. X.1), so daß die gesamte

Energie im Volumen gegeben ist durch

$$V \cdot \rho_\nu = \frac{1}{c} \int\int \epsilon_\nu s \, df \cos\vartheta \, d\Omega \,. \tag{X.5}$$

Die Integration von $s \, df \, \cos\vartheta$ über alle Flächenelemente liefert gerade das Volumen V, so daß Gl. (X.5) übergeht in

$$\rho_\nu = \frac{1}{c} \int \epsilon_\nu \, d\Omega \,. \tag{X.6}$$

Nach Integration über den Raumwinkel erhält man schließlich für die Energiedichte im Frequenzintervall zwischen ν und $\nu + d\nu$

$$\rho_\nu = \frac{4\pi}{c} \epsilon_\nu \,. \tag{X.7}$$

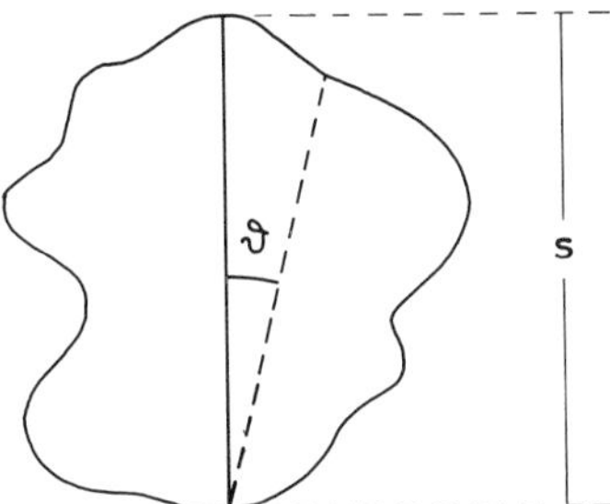

Fig. X.1: Hohlraum der Ausdehnung s.

X.1.3 Zustandsdichte

Zur Berechnung der spektralen Energiedichte resp. Energiestromdichte eines schwarzen Körpers ist weniger die Entstehung der Strahlung von Interesse, als vielmehr das thermodynamische Gleichgewicht, das als wesentliche Voraussetzung verwendet wird.

Ferner stellt man sich einen evakuierten Hohlraum mit ideal reflektierenden Wänden vor, der auf eine feste Temperatur erwärmt wird. Die Strahlungsemission der Wände läßt ein elektromagnetisches Feld im Hohlraum entstehen, das sich im Gleichgewicht aus stehenden Wellen verschiedener Richtung und Frequenz zusammensetzt. Ordnet man im halbklassischen Sinne jeder stehenden Welle einen Oszillator zu, so kann die spektrale Energiedichte ρ_ν als das Produkt aus der Zahl $z(\nu)$ der Oszillatoren im Frequenzintervall und Volumen mit der mittleren Energie eines Oszillators der Frequenz ν dargestellt werden:

$$\rho_\nu d\nu = z(\nu)\, d\nu \cdot < E_\nu > \ . \tag{X.8}$$

Dabei wird $z(\nu)$ als Zustands- oder Spektraldichte bezeichnet.

Neben der halbklassischen Vorstellung von unterscheidbaren Oszillatoren kann die Hohlraumstrahlung auch quantenmechanisch durch ein Gas ultrarelativistischer Teilchen mit verschwindender Ruhemasse, dem Photonengas beschrieben werden. Die ununterscheidbaren Bosonen erfüllen demnach die Beziehung

$$E = c \cdot |\vec{p}| \tag{X.9a}$$

mit

$$E = \hbar\omega \quad \text{und} \quad \vec{p} = \hbar\vec{k} \ . \tag{X.9b}$$

Die Frage nach der Zustandsdichte im klassischen Bild wird durch die Frage nach der Einteilchenzustandsdichte im ultrarelativistischen Fall ersetzt.

Bei der Suche nach der Zahl der freien Eigenschwingungen des elektromagnetischen Feldes im Hohlraum wird man zweckmäßigerweise einen ladungs- und stromfreien

Würfelinhalt der Kantenlänge L annehmen. Jede Komponente des elektrischen Feldes genügt dann der Wellengleichung

$$\Delta\vec{E} = \frac{1}{c^2}\ddot{\vec{E}}\,. \tag{X.10a}$$

Darüber hinaus gelten die Randbedingungen an den Wänden

$$\vec{E}_{\text{tan}} = 0 \quad \text{und} \quad \text{div}\vec{E} = 0\,, \tag{X.10b}$$

wonach die Tangentialkomponente des elektrischen Feldes sowie die Ortsableitung von deren Normalkomponente stetig verlaufen. Die Lösung im stationären Fall beim Verschwinden der Zeitabhängigkeit lautet

$$\begin{aligned} E_x &= E_{x0}\cos k_x x \cdot \sin k_y y \cdot \sin k_z z \\ E_y &= E_{y0}\sin k_x x \cdot \cos k_y y \cdot \sin k_z z \\ E_z &= E_{z0}\sin k_x x \cdot \sin k_y y \cdot \cos k_z z \end{aligned} \tag{X.11}$$

mit

$$\vec{k} = \frac{\pi}{L}\cdot\vec{n} \quad (\vec{n}\text{: Zahlentripel; } n\text{: nat. Zahl})\,.$$

Die Eigenfrequenzen dieser Schwingungen nehmen die diskreten Werte

$$\nu = \sqrt{\nu_x^2+\nu_y^2+\nu_z^2} = \frac{c}{l}\sqrt{n_x^2+n_y^2+n_z^2} \tag{X.12}$$

an. Man erhält somit für die möglichen Zustände im Frequenzraum (resp. $\vec{k}$-, $\vec{\lambda}$-, $\vec{n}$-Raum) Punkte im ersten Oktanten. Auf der Suche nach der Spektraldichte wird man nun nach der Anzahl der Frequenzpunkte im Spektralbereich zwischen ν und $\nu + d\nu$ fragen. Das unbegrenzte Anwachsen der Gesamtzahl von Frequenzpunkten zwingt zur Einschränkung der Diskussion auf ein infinitesimales Intervall.

Die Rechnung läßt sich durch Betrachtung des $\vec{n}$-Raumes vereinfachen, wobei sich die Frage nach der Zahl $z(\nu)$ reduziert auf die Frage nach der Zahl $z(n)$ der Punkte $\vec{n} = (n_x, n_y, n_z)$, die in 1/8 der Kugelschale zwischen n und $n + dn$ enthalten sind (Fig. X.2). Das Volumen der Einheitszelle ($V_E = \Delta n^3 = 1$) ist dort eine Einheit, so daß dieser Raum unberücksichtigt bleibt und man verfahren kann, als lägen die $\vec{n}$-Punkte beliebig dicht:

$$z(n)\,dn = \frac{1}{8}\cdot 4\pi n^2\,dn\,. \tag{X.13}$$

Die Abhängigkeit von der Frequenz nach Gl. (X.12) führt dann unter zusätzlicher Berücksichtigung der Tatsache, daß zu jeder stehenden Welle zwei zueinander senkrechte Polarisationsrichtungen möglich sind, zu der Spektraldichte in der Gestalt

$$z(\nu)d\nu = \frac{8\pi}{c^3}\,\nu^2\,d\nu\,. \tag{X.14}$$

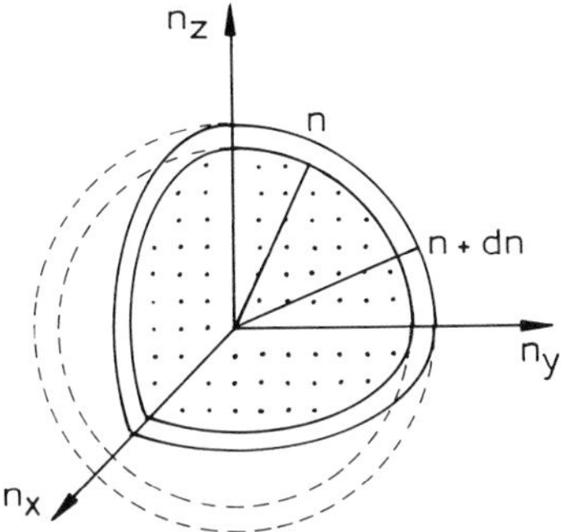

Fig. X.2: $\vec{n}$-Raum zur Bestimmung der Anzahl der Eigenschwingungen zwischen n und $n + dn$.

In der quantenmechanischen Vorstellung, die die Quantisierung des elektromagnetischen Feldes zum Ziel hat, findet man Bosonen mit einem Eigendrehimpuls $\vec{S}$, dessen Freiheitsgrad in der Einteilchenzustandsdichte (X.13) Rechnung getragen werden muß. Der Grund dafür ist in der Entartung des wechselwirkungsfreien Falls zu suchen, die einen Gewichtsfaktor

$$g_s = 2S + 1 \tag{X.15}$$

($S = 1$: Spinquantenzahl) fordert. Die Transversalität des elektromagnetischen Feldes jedoch mit zwei Polarisationsfreiheitsgraden zwingt zur Betrachtung von nur zwei reellen Photonen, deren Spinprojektionen auf die Ausbreitungsrichtung z

$$S_z = \pm 1 \tag{X.16}$$

beträgt, woraus mit Gl. (X.15) ein Entartungsfaktor von $g_s = 2$ zu erwarten ist.

X.1.4 Unterscheidbare Oszillatoren

Nach dem Gleichverteilungssatz der klassischen statistischen Mechanik entfällt in einem System linear harmonischer Oszillatoren mit f Freiheitsgraden auf einen Oszillator die mittlere Energie $f \cdot kT$. Die Zahl der Freiheitsgrade ist dabei mit der Zahl der LAGRANGEschen Koordinaten identisch. Im Falle der elektromagnetischen, stehenden Wellen erhält man somit für die mittlere Energie den klassischen Wert

$$< E >_{kl} = kT \;, \tag{X.17}$$

als Summe aus je $1/2 \cdot kT$ für das elektrische und magnetische Feld.

Gemäß Gl. (X.8) errechnet sich die spektrale Energiedichte $\rho_\nu \, d\nu$ zusammen mit Gl. (X.14) und (X.17) zu

$$\rho_\nu \, d\nu = \frac{8\pi}{c^3} kT\nu^2 \, d\nu \tag{X.18}$$

(Strahlungsgesetz von RAYLEIGH-JEANS). Ein Vergleich mit experimentellen Ergebnissen zeigt eine Übereinstimmung nur im langwelligen Spektralbereich und bei hinreichend hohen Temperaturen, was nach dem Korrespondenzprinzip (s.u.) auch zu erwarten ist. Darüber hinaus ergibt die Berechnung der gesamten Energiedichte als Summation von Gl. (X.18) über alle Frequenzen eine physikalisch nicht sinnvolle Divergenz, die unter dem Namen "Ultraviolett - Katastrophe" bekannt ist.

Die halbklassische Methode zur Bestimmung der mittleren Energie hält an der Vorstellung des Oszillators fest, wenngleich die Existenz diskreter Energiewerte im mikrophysikalischen Bereich behauptet wird. Demnach steht für jede Frequenz ν stellvertretend ein Oszillator, woraus eine hohe Anzahl unterscheidbarer Oszillatoren erwächst. Die möglichen Energiewerte, die ein Oszillator der Frequenz ν infolge von Emission und Absorption anzunehmen vermag, sind

$$E_n = nh\nu \tag{X.19}$$

(n: nat. Zahl), wobei die Nullpunktsenergie $E_0 = \hbar\omega/2$ entsprechend der ursprünglichen Unkenntnis PLANCKs unberücksichtigt bleibt. Die eingangs gestellte Frage nach der mittleren Energie eines Oszillators läßt sich nur beantworten, wenn die Häufigkeitsverteilung der möglichen Energiezustände bekannt ist. Man findet diese im klassischen Fall von Teilchen eines abgeschlossenen Systems im Wärmebad mit fest vorgegebenen Variablen wie Temperatur, Volumen und Teilchenzahl als kanonische Verteilung

$$w(n) = \frac{e^{-E_n/kT}}{\sum\limits_n e^{-E_n/kT}} , \tag{X.20}$$

die die Wahrscheinlichkeit bedeutet, bei einer Messung am System n Oszillatoren mit der Energie $h\nu$ vorzufinden. Die Berechnung des energetischen Scharmittels $< nh\nu >$ führt nun auf der Grundlage der Statistik nach

$$< nh\nu > = \sum_n^{\infty} nh\nu \cdot w(n) \tag{X.21}$$

zu dem Ergebnis

$$< E_n > = \frac{h\nu}{e^{\frac{h\nu}{kT}} - 1} . \tag{X.22}$$

Es zeigt im Unterschied zur klassischen mittleren Energie (X.17) eine Abhängigkeit sowohl von der Frequenz wie von der Temperatur.

Ein nicht grundsätzlich anderer Weg geht aus von der freien Energie

$$F = U - TS , \tag{X.23}$$

die sich im Bild der statistischen Theorie mit Bezug auf ein kanonisches Ensemble darstellen läßt durch

$$F = -kT \ln Z \tag{X.24a}$$

mit der statistischen Funktion

$$\ln Z = \ln\left(\sum_n e^{-E_n/kT}\right) \tag{X.24b}$$

(Z: Zustandssumme; s.a. Abschn. VII.1). Gemäß Gl. (X.23) und der bekannten Beziehung

$$-\left(\frac{\partial F}{\partial T}\right)_{V,N} = S \tag{X.25}$$

(N: gesamte Teilchenzahl) erhält man die mittlere Energie der Oszillatoren aus

$$U = -\frac{\partial \ln Z}{\partial(-1/kT)}\,, \tag{X.26}$$

dessen Ergebnis mit Gl. (X.22) identisch ist.

X.1.5 Ununterscheidbare Photonen

Die quantenmechanische Diskussion der spektralen Energiedichte erfolgt auf der Grundlage des quantisierten Strahlungsfeldes. Die Einführung von Erzeugungs- und Vernichtungsoperatoren $\hat{a}^+, \hat{a}$ ermöglicht die Bildung des Besetzungszahloperators $\hat{N} = \hat{a}^+\hat{a}$, dessen Eigenwert die für ununterscheidbare Bosonen nach oben unbeschränkte Teilchenzahl n repräsentiert. Während im Bild der unterscheidbaren Oszillatoren die mittlere Energie eines Oszillators unter den unendlich vielen, möglichen Energiezuständen interessiert, muß man im Bild der ununterscheidbaren Photonen nach der mittleren Besetzungszahl $< n >$ der Teilchen eines Zustands suchen, der im symmetrischen HILBERT-Raum durch die Energie $h\nu$ gekennzeichnet ist. Mit der Wahrscheinlichkeit $w(n)$ (Gl. (X.20)), n Teilchen im betrachteten Zustand zu finden, erhält man die mittlere Teilchenzahl zu

$$< n >= \sum_n n \cdot w(n)\,, \tag{X.27}$$

was unter Berücksichtigung der unbeschränkt möglichen Anzahl von Bosonen das Ergebnis der BOSE-EINSTEIN-Statistik

$$< n >= \frac{1}{e^{\frac{h\nu}{kT}} - 1} \tag{X.28}$$

liefert. Die mittlere Energie schließlich resultiert aus dem Produkt von mittlerer Teilchenzahl und der Energie eines Photonenzustands

$$< E >=< n > \cdot h\nu\,, \tag{X.29}$$

wonach die Identität mit Gl. (X.22) offenkundig wird.

Auch im Bild des Bosonengases mit ununterscheidbaren, ultrarelativistischen Teilchen, deren Ruhemasse vernachlässigbar ist, kann die Diskussion alternativ mit der freien Energie (X.23) beginnen. Dabei gilt allgemein bei offenen Systemen mit Teilchen- und Wärmeaustausch die großkanonische Darstellung (s.a. Abschn. VII.1)

$$F = N \cdot g - kT \ln Z \tag{X.30a}$$

mit der statistischen Funktion für ein Ensemble aus Bosonen

$$\ln Z = -\sum_n z_n \ln \left[1 - e^{-(E_n - g)/kT}\right] \tag{X.30b}$$

(g: chemisches Potential, z_n: Entartungsfaktor). Nachdem die ultrarelativistischen Teilchen keine Ruhemasse besitzen, ist es möglich, ohne Aufwand an Energie beliebig viele Teilchen mit verschwindender Energie ($E_n = 0$) zu erzeugen. Als Konsequenz daraus wird das chemische Potential g als ein Maß für die Änderung der Energie beim Hinzufügen oder Wegnehmen eines Teilchens nach Gl. (X.30 a) den Wert Null annehmen (s.a. Abschn. XIII.2.1). Die Zahl der Teilchen kann demnach nicht vorgegeben werden, sondern wird vielmehr von der Einstellung des thermischen Gleichgewichts während der Emissions- und Absorptionsvorgänge geprägt. Aus der Forderung nach Gleichgewicht, die in der Minimalisierung der freien Energie mit Rücksicht auf die Teilchenzahl N zum Ausdruck kommt

$$\left(\frac{\partial F}{\partial N}\right)_{T,V} = 0 \, , \tag{X.31a}$$

kann dann das Verschwinden des chemischen Potentials nach

$$g = \left(\frac{\partial F}{\partial N}\right)_{T,V} \tag{X.31b}$$

erklärt werden. Die Berechnung der mittleren Energie geschieht erneut mit Hilfe von Gl. (X.26) unter Berücksichtigung nur eines Photonenzustands $E = h\nu$, woraus Gl. (X.22) erhalten wird. Bleibt zu bedenken, daß eine konsequente Diskussion der unterscheidbaren Oszillatoren auch der Nullpunktsenergie Rechnung tragen muß. Andernfalls wird die Übereinstimmung mit dem Ergebnis aus Überlegungen über das Bosonengas erwartungsgemäß um so mehr beeinträchtigt, als die Temperatur abnimmt.

Das PLANCKsche Strahlungsgesetz (Fig. X.3) ergibt sich dann nach Gl. (X.8) unter Berücksichtigung von (X.14) und (X.22) zu

$$\rho_\nu \, d\nu = \frac{8\pi}{c^3} \frac{h\nu^3}{e^{\frac{h\nu}{kT}} - 1} \, d\nu \, . \tag{X.32}$$

Der Fall $h\nu/kT < 1$ erlaubt eine Entwicklung des Nenners, woraus das klassische Strahlungsgesetz (X.18) resultiert (Fig. X.4). Er erfüllt nach dem Korrespondenzprinzip die Forderung, daß beim Übergang zur klassischen Physik die gequantelte Wirkung verschwindet.

Im anderen Fall bei hohen Frequenzen $h\nu/kT > 1$, der im praktischen Umgang mit Strahlungsquellen eine weit bedeutendere Rolle einnimmt, ist die Exponentialfunktion dominierend, und man erhält als Näherung das WIENsche Strahlungsgesetz (Fig. X.4)

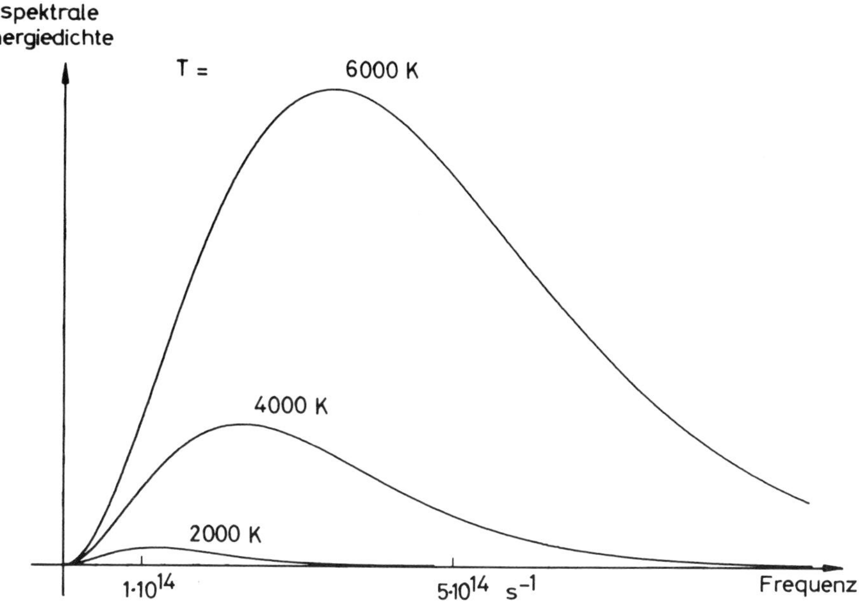

Fig. X.3: PLANCKsches Strahlungsgesetz; spektrale Energiedichte ρ_ν über Frequenz ν bei verschiedenen Temperaturen als Parameter.

$$\rho_\nu \, d\nu = \frac{8\pi}{c^3} h\nu^3 \, e^{-\frac{h\nu}{kT}} d\nu \, . \tag{X.33}$$

Es ist gleichermaßen das Ergebnis eines Modells, nach dem die Photonen der Energie $h\nu$ wohl ultrarelativistische Teilchen sind, aber dennoch im Sinne der klassischen Physik unterschieden werden. Die mittlere Besetzungszahl des Zustands gehorcht dann der Forderung

$$< n >= 1 \cdot e^{-\frac{h\nu}{kT}} \, d\nu \, , \tag{X.34a}$$

woraus die mittlere Energie eines Teilchens

$$< E >= h\nu \cdot e^{-\frac{h\nu}{kT}} \tag{X.34b}$$

resultiert.

Bei der Suche nach dem Intensitätsmaximum der PLANCKschen Verteilung führt die notwendige Bedingung $d\rho_\nu / d(h\nu) = 0$ zu einer transzendenten Gleichung

$$\exp\left(\frac{h\nu}{kT}\right)\left(3 - \frac{h\nu}{kT}\right) = 3 \, ,$$

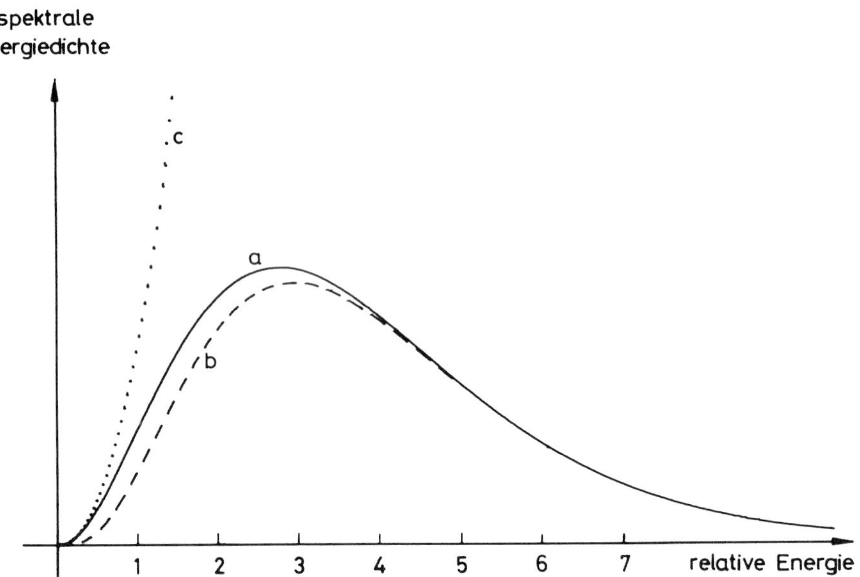

Fig. X.4: Spektrale Energiedichte ρ_ν über relative Energie $h\nu/kT$; a) PLANCKsches Gesetz, b) WIENsches Gesetz, c) RAYLEIGH-JEANsches Gesetz.

deren numerische Lösung das Ergebnis

$$h\nu_{max} = 2.821\ kT \quad \text{bzw.} \tag{X.35a}$$

$$\lambda_{max}T = 2.8978 \cdot 10^{-3}\,\text{mK} \tag{X.35b}$$

voraussagt(WIENsches Verschiebungsgesetz). Legt man die WIENsche Strahlungsverteilung (X.33) zu Grunde, so erhält man

$$h\nu_{max} = 3kT\ . \tag{X.35c}$$

Demnach wird bei einer linearen Temperaturänderung eine lineare Verschiebung des Maximums über der Frequenzskala erwartet.

X.1.6 Absorption und Emission

Eine Begründung des PLANCKschen Strahlungsgesetzes gelingt in überzeugender Weise allein unter Verwendung des Prinzips vom detaillierten Gleichgewicht sowie einer kinetischen Bilanz. Ausgehend von einer Anzahl von atomaren Teilchen N_g im Grundzustand $|g>$ mit der Energie E_g und einer Anzahl N_a im angeregten Zustand $|a>$ mit der Energie E_a sowie einer vorgegebenen spektralen Energiedichte ρ_ν, werden die dort möglichen kinetischen Abläufe phänomenologisch analysiert. Zum einen gibt es die Absorption, die durch die Zahl der Übergänge r_{ag} von $|g>$ nach $|a>$ in der Zeiteinheit dargestellt werden kann

$$\dot{r}_{ag} = B_{ag} N_g \rho_\nu \tag{X.36}$$

(B_{ag}: Übergangskoeffizient). Andererseits existiert als konkurrierender Vorgang die Emission, die sowohl durch die Energiedichte ρ erzwungen wird ("induzierte Emission") als auch unmittelbar spontan erfolgt ("spontane Emission"). Die Übergangsrate von $|a>$ nach $|g>$ ergibt sich demnach zu

$$\dot{r}_{ga} = B_{ga} N_a \rho_\nu + A_{ga} N_a \tag{X.37}$$

(A_{ga}: Übergangskoeffizient für spontane Emission).

Das Strahlungsgleichgewicht zeichnet sich durch gleiche Prozeßraten $\dot{r}_{ga}$, $\dot{r}_{ag}$ aus, weshalb die Beziehung

$$B_{ag} N_g \rho_\nu = B_{ga} N_a \rho_\nu + A_{ga} N_a \tag{X.38}$$

folgt. Zudem werden die Besetzungsverhältnisse der Zustände von der kanonischen Verteilung beherrscht, so daß eine Abhängigkeit allein von der energetischen Lage sowie von der Temperatur zu erwarten ist

$$\frac{N_a}{N_g} = \frac{z_a}{z_g} \cdot e^{-\frac{E_a - E_g}{kT}} . \tag{X.39}$$

Die statistischen Gewichte z tragen dabei der Entartung der Zustände Rechnung. Aus Gl. (X.38) und (X.39) resultiert unmittelbar das PLANCKsche Strahlungsgesetz in der Form

$$\rho_\nu = \frac{A_{ga}/B_{ga}}{\frac{z_a B_{ag}}{z_g B_{ga}} e^{\frac{h\nu}{kT}} - 1} \tag{X.40}$$

$(h\nu = E_a - E_g)$.

Im Grenzfall hoher Temperaturen erwartet man ein unbegrenztes Anwachsen der spektralen Energiedichte, so daß der Nenner von Gl. (X.40) verschwinden muß. In der Konsequenz erhält man die Bedingung

$$z_a B_{ag} = z_g B_{ga} \tag{X.41}$$

für die Übergangskoeffizienten B. Auch das WIENsche Strahlungsgesetz kann im Bild der kinetischen Bilanz des Gleichgewichts begründet werden, vorausgesetzt man ignoriert die induzierte Emission ($B_{ga} = 0$). Dies erlaubt umgekehrt die Aussage, daß innerhalb des Gültigkeitsbereichs dieses Strahlungsgesetzes bei kleinen Wellenlängen die induzierte Emission an Bedeutung verliert. Im langwelligen Bereich des Spektrums dagegen nehmen die induzierten Übergänge auf Kosten der spontanen Übergänge zu, was durch die Abhängigkeit des Übergangskoeffizienten B_{ga} von der 3. Potenz der Wellenlänge bestätigt wird.

X.1.7 STEFAN-BOLTZMANN-Gesetz

Die gesamte Energiedichte erhält man durch Integration des PLANCKschen Strahlungsgesetzes (X.32) über alle Frequenzen

$$\rho = \int_0^\infty \rho_\nu \, d\nu \; . \tag{X.42}$$

Bei der Auswertung bedient man sich der Entwicklung

$$\rho = \frac{8\pi h}{c^3} \int_0^\infty \nu^3 \sum_{n=1}^{\infty} e^{-n\frac{h\nu}{kT}} \; , \tag{X.43}$$

deren gliedweise Integration

$$\rho = \frac{8\pi h}{c^3} \sum_{n=1}^{\infty} \left(\frac{kT}{nh}\right)^4 \tag{X.44}$$

und unter Auswertung der RIEMANNschen Zetafunktion

$$\zeta(4) = \sum_{n=1}^{\infty} \left(\frac{1}{n}\right)^4 = \frac{\pi^4}{90} \tag{X.45}$$

das STEFAN-BOLTZMANN-Gesetz

$$\rho = \sigma T^4 \tag{X.46}$$

ergibt. Die STEFAN-BOLTZMANN-Konstante

$$\sigma = \frac{8\pi k^4}{15 h^3 c^3} \tag{X.47}$$

erlaubt dabei nach Kenntnis aller übrigen Größen die Ermittlung der BOLTZMANN-Konstante (s.a. Abschn. VIII.5).

X.2 Emission einer Glühlampe

Ein bevorzugt benutzter Zugang zur Quantenmechanik, dessen Berechtigung sich aus der geschichtlichen Entwicklung ableitet, wird durch die Hohlraumstrahlung schwarzer Körper eröffnet, wie sie annähernd von einer Glühlampe emittiert wird. Beim Vergleich zum ideal schwarzen Körper erwartet man gemäß dem KIRCHHOFFschen Gesetz ein kleineres Emisssionsvermögen. Gleichwohl zeigt die spektrale Zerlegung der Energiestromdichte bzw. Intensität der Strahlung eine Charakteristik, die durch das PLANCKsche Gesetz beschrieben werden kann.

X.2.1 Experimentelles

Die Strahlung einer Halogenlampe (50 W) trifft über einen Kondensor auf einen Spalt und eine Linse. Die spektrale Zerlegung geschieht mit Hilfe eines Gitters ($g = 5 \cdot 10^5$ m^{-1}), das auf einem Verschiebereiter genau über dem Drehpunkt einer mit einem Gelenk ausgestatteten optischen Bank befestigt wird. Als Detektor im Wellenlängenbereich zwischen 150 nm und 15000 nm kann eine Thermosäule benutzt werden. Die Thermospannungen werden von einem Mikrovoltmeter verstärkt. Um ein Überschneiden von 1. und 2. Interferenzordnung zu vermeiden, wird ein Rotfilter ($\lambda > 840$ nm) in den Strahlengang gebracht.

X.2.2 Aufgabenstellung

Man bestimme das Emissionsspektrum im Wellenlängenbereich zwischen 700 nm und 160 nm bei zwei verschiedenen Temperaturen. Daneben ist die Temperatur des Glühfadens nach dem WIENschen Verschiebungsgesetz zu ermitteln.

X.3 Pyrometrie

In der Pyrometrie, die bei der Messung höherer Temperaturen an Bedeutung gewinnt, wird die Temperatur eines festen Körpers optisch nachgewiesen und mit Hilfe der Strahlungsgesetze berechnet. Das für schwarze Körper exakt gültige PLANCKsche Strahlungsgesetz zeigt im Vergleich zum WIENschen Gesetz für $\lambda \cdot T = 0.002$ mK eine Abweichung von nur 0.1% . Im sichtbaren Spektralbereich wird deshalb bis Temperaturen von 2700 K das einfachere WIENsche Gesetz benutzt werden können (s. Fig. X.4).

X.3.1 Experimentelles

Ein visuelles Pyrometer dient zur Untersuchung der Strahlung eines Glühfadens (Fig. X.5). Es besitzt ein Objektiv, das den Strahler auf die Fadenebene einer Lampe abbildet. Um Intensitätsgleichheit zwischen dem Strahler und dem Glühfaden des Pyrometers zu erreichen, wird der Lampenstrom variiert und gleichzeitig der Faden im Bild des Strahlers durch das Okular verfolgt. Zur Monochromatisierung wird ein Rotfilter verwendet. Dem Lampenstrom entspricht eine Temperatur, die durch Kalibrierung mittels eines schwarzen Körpers gefunden wird. Die elektrische Leistung des Strahlers läßt sich aus den direkt beobachteten Strom- und Spannungswerten berechnen.

X.3.2 Aufgabenstellung

Man bestimme die Temperatur des Glühfadens einer Lampe und überprüfe das STEFAN-BOLTZMANN-Gesetz. Im Ergebnis wird die strahlende Fläche berechnet.

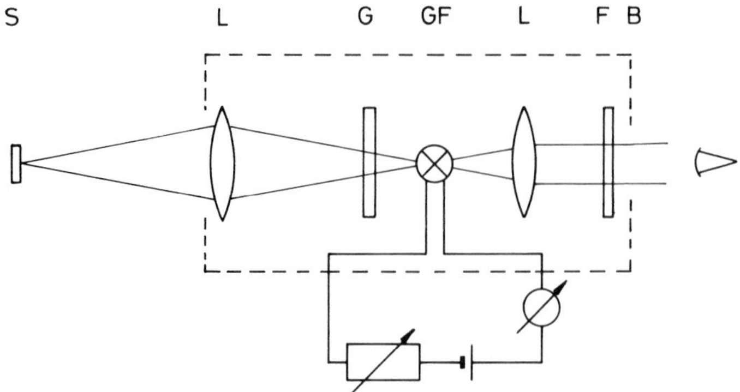

Fig. X.5: Glühfadenpyrometer. S: Strahler, L: Linse, G: Graufilter, GF: Glühfaden, F: Rotfilter, B: Blende.

X.3.3 Anleitung

Bei der pyrometrischen Temperaturmessung ist stets daran zu denken, daß in jedem Fall kein ideal schwarzer Körper vorliegt. Demzufolge wird nicht seine wahre Temperatur bestimmt, sondern vielmehr eine Hilfsgröße, die, abhängig vom Verfahren, mehr oder weniger nach tiefen Temperaturen hin abweicht. Bei Kenntnis der Strahlungseigenschaften bzw. des Emissionsvermögens kann daraus die wahre Temperatur errechnet werden.

Für den Fall, daß die gesamte Energie vom Detektor absorbiert und nachgewiesen wird, erhält man die "Gesamtstrahlungstemperatur" T_{sg}. Sie ist somit jene Temperatur, die ein schwarzer Körper haben müßte, um die Gesamtstrahlungsenergie des auszumessenden, nicht schwarzen Strahlers zu emittieren. Die wahre Temperatur läßt sich dann mit Hilfe des Absorptionsvermögens α und des Gesetzes von STEFAN-BOLTZMANN (X.46) zu

$$T = T_{sg} \cdot \sqrt[4]{\alpha} \tag{X.48}$$

berechnen.

Untersucht man nur einen Teil der Strahlung bei der Wellenlänge λ, so findet man eine Größe, die als "schwarze Temperatur" $T_{s\lambda}$ bezeichnet wird. Sie ist jene Temperatur, die ein ideal schwarzer Körper haben sollte, dessen Strahlung mit dieser Wellenlänge die gleiche Intensität zeigt. Nach dem KIRCHHOFFschen Gesetz (X.2) und dem WIENschen Strahlungsgesetz für die emittierte Intensität (X.33) erhält man die wahre Temperatur T_λ aus

$$\frac{1}{T_\lambda} = \frac{1}{T_{s\lambda}} + \frac{k}{hc}\lambda \cdot \ln \alpha \, . \tag{X.49}$$

Sie ist um so weiter nach höheren Temperaturen verschoben, je kleiner das Absorptionsvermögen ist.

Schließlich kann die Temperatur aus dem Intensitätsverhältnis zweier schmaler, gleich breiter Spektralbereiche λ_1 und λ_2 im langwelligen und kurzwelligen Teil des sichtbaren Spektrums ermittelt werden. Gemäß den Strahlungsgesetzen (s. z.B. WIENsches Verschiebungsgesetz (X.35)) nimmt dieses Intensitätsverhältnis mit steigender Temperatur zu. Die so ermittelte Temperatur T_V ist diejenige Temperatur, die ein schwarzer Körper haben würde, um zum gleichen Intensitätsverhältnis Anlaß zu geben. Man nennt sie "Verhältnis-" oder "Farbtemperatur". Auch hier kann auf Grund des KIRCHHOFFschen und WIENschen Gesetzes die wahre Temperatur T berechnet werden. Mit dem Absorptionsvermögen $\alpha(\lambda)$ erhält man

$$\frac{1}{T}\left(\frac{1}{\lambda_1}-\frac{1}{\lambda_2}\right)=\frac{1}{T_V}\left(\frac{1}{\lambda_1}-\frac{1}{\lambda_2}\right)+\ln\frac{\alpha(\lambda_1)}{\alpha(\lambda_2)}\,. \tag{X.50}$$

Falls das Absorptionsvermögen α von der Wellenlänge unabhängig ist, wie es bei "grauen Strahlern" nahezu zutrifft, ist nach Gl. (X.50) die Verhältnistemperatur mit der wahren Temperatur identisch.

Bei der Bestimmung der Fläche des strahlenden Körpers wird die emittierte Energiestromdichte mit dem Verhältnis aus elektrischer Leistung und Fläche identifiziert. Unberücksichtigt bleibt dabei die Einstrahlung der Umgebungstemperatur T_0 auf den Körper, die die Intensität der Emission zu einer resultierenden Intensität

$$I_g=\tilde{\sigma}\cdot(T^4-T_0^4) \tag{X.51}$$

vermindert.

X.4 Literatur

1. **M. PLANCK** *Einführung in die theoretische Physik, Bd. V: Theorie der Wärme* Verlag S. Hirzel, Leipzig **1930**

2. **P. JORDAN** *Statistische Mechanik auf quantentheoretischer Grundlage* Vieweg, Braunschweig **1933**

3. **G. JOOS** *Lehrbuch der theoretischen Physik* Akademische Verlagsgesellschaft, Frankfurt **1959**

4. **F. HUND** *Theoretische Physik, Bd. 3* Teubner, Stuttgart **1966**

5. **A. SOMMERFELD** *Thermodynamik und Statistik* Akademische Verlagsgesellschaft, Leipzig **1965**

6. **L.D. LANDAU, E.M. LIFSCHITZ** *Lehrbuch der theoretischen Physik, Bd. V: Statistische Physik* Akademie Verlag, Berlin **1966**

7. **G. EDER** *Elektrodynamik* Bibliographisches Insititut, Mannheim **1967**

8. **E.W. SCHPOLSKI** *Atomphysik, Bd. 1*
Deutscher Verlag der Wissenschaften, Berlin **1973**

9. **H. HAKEN** *Licht und Materie, Bd. 1*
Wissenschaftsverlag, Mannheim, Wien, Zürich **1989**

10. **J. EULER, R. LUDWIG** *Arbeitsmethoden der optischen Pyrometrie*
Verlag G. Braun, Karlsruhe **1960**

XI. Atomspektroskopie

Eines der wesentlichsten Ziele der Atomspektroskopie ist es, Information über die Struktur der Atome bzw. Ionen zu gewinnen, zum anderen aber auch, die Vorhersagen der Quantenmechanik zu überprüfen. Ihre Methoden basieren hauptsächlich auf der Wechselwirkung elektromagnetischer Strahlung mit den Atomen. Dabei kann sowohl die Emission wie die Absorption beobachtet werden. Die dabei auftretende Energieabgabe bzw. Energieaufnahme ist nicht ausschließlich auf den sichtbaren Bereich beschränkt, sondern erstreckt sich von der Hochfrequenz- bis hin zur Röntgenstrahlung. Das Studium der Gesetzmäßigkeiten von charakteristischen Wellenlängen und Intensitäten liefert eine reiche Informationsquelle zur Erforschung der atomaren Energiezustände und mithin des Atombaus.

Eine ganz andere Art der Wechselwirkung tritt beim Auftreffen von Teilchen wie Elektronen auf Atome in Erscheinung. Sie wird ebenfalls oft zur Strukturaufklärung benutzt, wobei der Energieverlust der auftreffenden Teilchen als Informationsquelle untersucht wird. Darüber hinaus werden zusätzlich äußere elektrische und magnetische Felder angewandt, um durch eine vollständige oder zumindest teilweise Aufhebung der Entartung die Möglichkeiten eines weiteren Gewinns an Daten zu vermehren.

Die Auswertung und Erklärung der Ergebnisse gelingt nur durch Anwendung der Quantenmechanik, die den spektroskopischen Vorgängen und Erscheinungen als theoretische Grundlage dient.

XI.1 FRANCK-HERTZ-Elektronenstoßanregung

XI.1.1 Grundlagen

"Der durch das FRANCK-HERTZsche Experiment veranschaulichte Begriff der stationären Zustände ist der prägnanteste Ausdruck für die in allen atomaren Prozessen beobachteten Diskontinuitäten" (HEISENBERG). Darüber hinaus liegt die Bedeutung derartiger Versuche bei der Bestimmung von Anregungs- und Ionisationspotentialen, die spektroskopisch nur schwer zugänglich oder optisch nicht erlaubt sind. Beim inelastischen Elektronenstoß wird Energie auf das Atom bzw. Ion übertragen, wodurch vom Grundzustand E_g der angeregte Zustand E_a erreicht wird. Die Energiedifferenz $E_a - E_g$ kann als Anregungsenergie bestimmt werden.

Um die Anregung des Quecksilberatoms zu verstehen, ist es zweckmäßig, das Energietermschema zu konstruieren. Ausgehend von einer Elektronenkonfiguration, die die

Edelgasanordnung des Xenons und zusätzlich $(4f)^{14}$ $(5d)^{10}$ $(6s)^2$ Elektronen umfaßt, wird zunächst der Grundzustand ermittelt. Nachdem die beiden Valenzelektronen sich sowohl in der Hauptquantenzahl $n = 6$ wie in der Orientierungsquantenzahl des Bahndrehimpulses $l_1 = l_2 = 0$ nicht unterscheiden, müssen ihre Spineinstellungen entgegengerichtet sein, so daß die gesamte Orientierungsquantenzahl des Spins verschwindet ($S = 0$). Diese Forderung verlangt die Tatsache, daß Fermi-Teilchen nur antisymmetrische Zustände in einem Unterraum des HILBERT-Raumes zu besetzen vermögen. Insgesamt erhält man als Grundzustand einen 6^1S_0-Zustand (Fig. XI.1). Weitere Zustände in diesem System mit entgegengerichtetem Spin werden durch Erhöhung der Hauptquantenzahl n und der Orientierungsquantenzahl l eines der beiden Elektronen ermöglicht. Alle Energieterme sind Singuletts, d.h. sie zeigen keine Feinstruktur, wie es beim Fehlen eines resultierenden Gesamtspins auch zu erwarten ist.

Anders dagegen in jenem Term-System, wo beide Valenzelektronen die gleiche Spineinstellung besitzen. Dort gibt die Wechselwirkung des resultierenden Spins mit dem Bahndrehimpuls zu einer dreifachen Aufspaltung der Energieterme Anlaß. Man nennt diese möglichen Energieterme das Triplettsystem (Fig. XI.1).

Bei einer genauen Betrachtung von Mehrelektronensystemen findet man neben der Spin-Bahn-Wechselwirkung auch die Wechselwirkung der Elektronen untereinander. Beide treten im gewöhnlichen HAMILTON-Operator additiv als Störung auf und sind von der Form

$$\hat{H}_1 = \sum_{i=1}^{z} \Gamma(\vec{R}_i)\hat{\vec{L}}_i \cdot \hat{\vec{S}}_i \quad \text{bzw.} \tag{XI.1}$$

$$\hat{H}_2 = \sum\sum_{i<k} \frac{e^2}{|\vec{R}_i - \vec{R}_k|} \tag{XI.2}$$

(Γ: THOMAS-Faktor, z: Zahl der Elektronen, R: Elektronenkoordinate).

Auf der Suche nach guten Quantenzahlen, wird man die Vertauschbarkeit von Operatoren mit dem HAMILTON-Operator überprüfen. Da beide Störungen mit $\hat{\vec{J}} = \hat{\vec{L}} + \hat{\vec{S}}$, nicht jedoch mit $\hat{\vec{L}}$ und $\hat{\vec{S}}$ vertauschbar sind, werden komplizierte Näherungen erwartet, die entweder $\hat{H}_1$ oder $\hat{H}_2$ vernachlässigen.

Betrachtet man den Fall $H_1 \ll H_2$, so erhält man aus der Vertauschbarkeit mit den Drehimpulsoperatoren einen Satz von guten Quantenzahlen, die zur Beschreibung der gegebenen Elektronen notwendig sind. Bei zwei Elektronen sind dies $n_1, n_2, l_1, l_2, L, S, M_L, M_S$ oder $n_1, n_2, l_1, l_2, L, S, J, M_J$. Sie treten an die Stelle der acht Quantenzahlen der ungestörten Zustände n_i, l_i, m_l, m_s $(i = 1, 2)$. Diese Form der Beschreibung von Atomniveaus wird als LS-Kopplung bezeichnet. Beim ersten optisch angeregten Energieniveau des **Hg**-Atoms liegt die Konfiguration der Valenzelektronen $(6s)^1$ $(6p)^1$ vor, woraus sich die beiden Zustände ^1P und ^3P konstruieren lassen. Eine Parallelstellung der Spins zwingt die beiden Elektronen sich gegenseitig auszuweichen, so daß die potentielle Energie vermindert wird. Im Ergebnis liegt deshalb der ^3P-Zustand energetisch tiefer (Fig. XI.2). Diese LS-Terme sind in Bezug auf J und M_J bzw. in Bezug auf M_L und M_S entartet mit dem

$$\text{Entartungsgrad} = \sum_J (2J+1) = (2L+1)(2S+1)\,. \tag{XI.3}$$

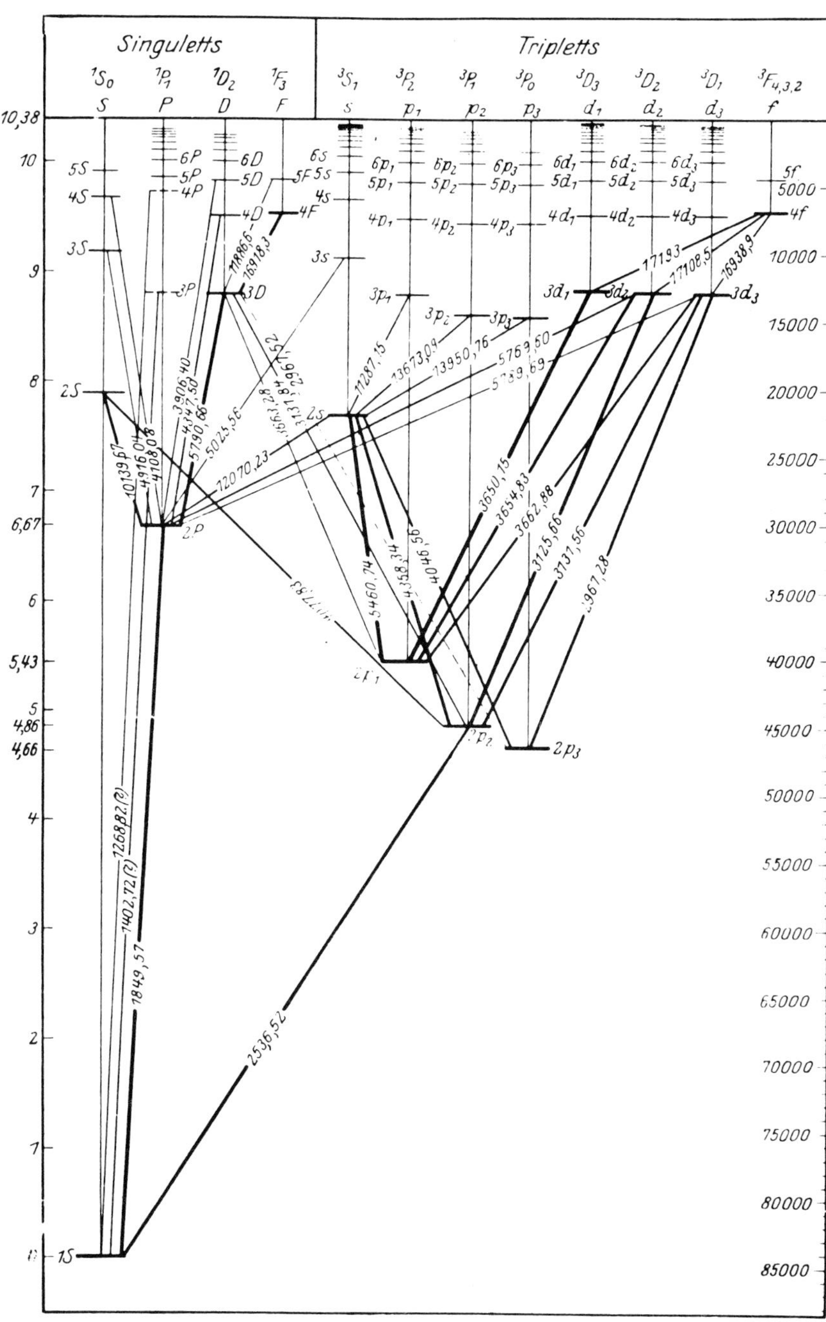

Fig. XI.1: Termschema des **Hg**-Atoms; Wellenlängen in Å, Energien (linke Ordinate) in eV, Wellenzahlen (rechte Ordinate) in cm^{-1} (n. GROTRIAN).

Demnach ist der ^{1}P-Zustand dreifach und der ^{3}P-Zustand neunfach entartet.

Berücksichtigt man jetzt noch die Spin-Bahn-Wechselwirkung $\hat{H}_1$ als schwache Störung im ursprünglichen HAMILTON-Operator, dann erhält man die Feinstruktur (Multiplettstruktur) der LS-Terme. Sie bedeutet eine teilweise Aufhebung der Entartung und somit eine Aufspaltung der LS-Terme in eine Anzahl J, gegeben durch

$$|L - S| < J < L + S \, . \tag{XI.4}$$

Jedes dieser Energieniveaus ist wieder entartet mit dem

$$\text{Entartungsgrad} = 2J + 1 \, . \tag{XI.5}$$

Die Aufspaltung zwischen zwei Termen J und $J-1$ ist gegeben durch die LANDEsche Intervallregel

$$E_{J,J-1} = A\hbar^2 J \, , \tag{XI.6}$$

wobei A für vorgegebenes L und S eine Konstante ist. Danach vergrößern sich die Energieabstände mit wachsendem J (s. Fig. XI.2)

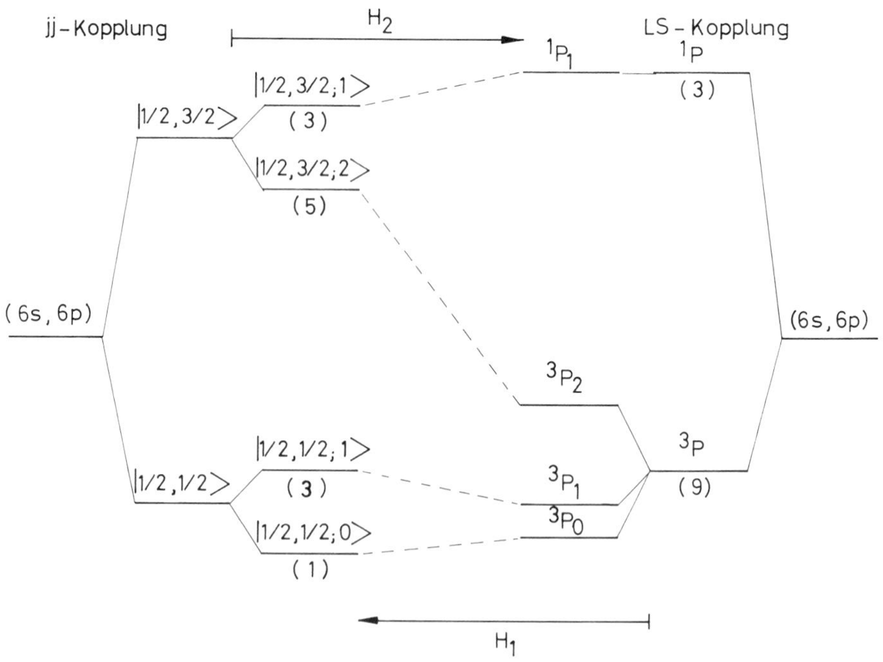

Fig. XI.2: Spin-Bahn-Wechselwirkung H_1 bzw. Elektron-Elektron-Wechselwirkung H_2 beim angeregten **Hg**-Atom mit der Valenzelektronenkonfiguration $(6s)^1$ $(6p)^1$.

Eine ganz andere Beschreibung ergibt sich bei Berücksichtigung der Spin-Bahn-Wechselwirkung als der wesentlichen Störung ($H_1 \gg H_2$). Auf der Suche nach Operatoren, die mit dem HAMILTON-Operator und untereinander vertauschbar sind, erhält man $\hat{\vec{l}}_i, \hat{\vec{s}}_i, \hat{\vec{j}}_i, \hat{\vec{J}}^2$ und $\hat{J}_z$. Es treten demnach eine Serie von Terme auf, deren J-Werte durch das PAULI-Prinzip eingeschränkt werden können. Sie sind außerdem entartet bzgl. J und M_J mit dem:

$$\text{Entartungsgrad} = \sum_J (2J+1)\ . \tag{XI.7}$$

Bei zwei Valenzelektronen ($s_1 = s_2 = \frac{1}{2}$) genügen zu deren Beschreibung, die als jj-Kopplung bezeichnet wird, die acht guten Quantenzahlen $n_1, l_1, n_2, l_2, j_1, j_2, J, M_J$ (Fig. XI.2)

Die weitere Vertiefung der Rechnung wird dann die Elektron-Elektron-Wechselwirkung $\hat{H}_2$ als schwache Störung in Betracht ziehen. Dies liefert die Feinstruktur der jj-Terme mit einer Aufspaltung in eine Anzahl J Energieniveaus. Sie sind $(2J+1)$-fach entartet und werden gekennzeichnet durch das Symbol $|j_1, j_2; j>$ (Fig. XI.2).

Die Wahrscheinlichkeit für elektrische Dipolübergänge wird unter Berücksichtigung des zeitabhängigen Potentials der elektromagnetischen Welle nach der Störungstheorie durch das Matrixelement der Form

$$w_{ba} \sim |<u_b|e\hat{\vec{r}}|u_a>|^2$$

bestimmt, wobei die Vektoren $|u_a>$ bzw. $|u_b>$ den stationären Anfangs- bzw. Endzustand darstellen (s. Abschn. XI.4). Daraus lassen sich die Auswahlregeln bei mehreren Valenzelektronen ableiten:

$$\begin{aligned} \Delta J &= 0, \pm 1 \quad (J = 0 \to 0 \text{verboten}) \\ \Delta M_J &= 0, \pm 1 \\ \Delta l_i &= \pm 1 \quad (\text{für ein Valenzelektron, Paritätswechsel}). \end{aligned} \tag{XI.8}$$

Bei LS-Kopplung gilt zusätzlich

$$\begin{aligned} \Delta L &= 0, \pm 1 \quad (L = 0 \to 0 \text{ verboten}) \\ \Delta S &= 0 \\ \Delta M_L &= 0, \pm 1 \\ \Delta M_S &= 0\ . \end{aligned} \tag{XI.9}$$

Die Einhaltung der Auswahlregeln (XI.9) kann als Maß für die Güte der LS-Kopplung angesehen werden. Betrachtet man z.B. die intensive Emission von **Hg** bei $\lambda = 253.7$ nm, die dem Übergang $^3P_1$ nach $^1S_0$ zugeschrieben wird (Fig. XI.1), so verstößt diese Interkombination zwischen zwei verschiedenen Multiplettsystemen deutlich gegen die Auswahlregel $\Delta S = 0$. Man wird deshalb vielmehr versuchen, die Energiezustände hier mit der jj-Kopplung zu beschreiben. Im einfachen Vektormodell erkennt man unter den vier angeregten Zuständen der Konfiguration (6s) (6p) zwei Zustände, deren

Elektronen entgegengerichteten Spin besitzen (Fig. XI.3). Der Übergang aus diesen beiden Zuständen in den Grundzustand erfordert demnach kein Umklappen des Spins und ist erlaubt. Beim Übergang zur LS-Kopplung wird deutlich, daß einer der Zustände $|1/2, 3/2; 1>$ mit dem $^1P_1$-Zustand, der andere $|1/2, 1/2; 1>$ mit dem $^3P_1$-Zustand korreliert werden kann (Fig. XI.2).

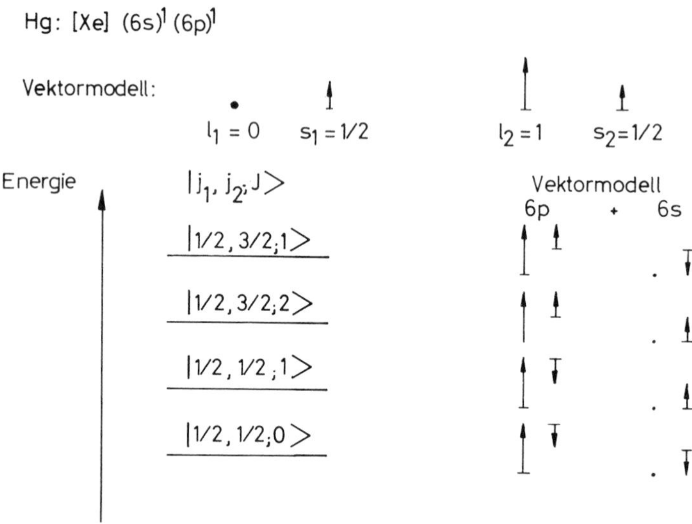

Fig. XI.3: Vektormodell der vier angeregten Zustände (6s) (6p) des **Hg**-Atoms bei jj-Kopplung.

Die für elektrische Dipolstrahlung gültigen Auswahlregeln lassen sich nicht unbedingt auf Stoßprozesse übertragen. Vielmehr muß hier zur Erfüllung der Spinerhaltung das gesamte System von Atom und einfallendem Elektron betrachtet werden. Danach gilt

$$\vec{S}_{e^-} + \vec{S}_{Atom} = \vec{S}'_{Atom} + \vec{S}'_{e^-} \,. \tag{XI.10}$$

Sei die Spinquantenzahl des Atoms S und die des Elektrons 1/2, dann erhält man

$$S \pm \frac{1}{2} = S' \pm \frac{1}{2} \,, \tag{XI.11}$$

woraus sich die Auswahlregel

$$\Delta S = 0, \pm 1 \tag{XI.12}$$

ableitet. Ein Multiplizitätswechsel $S = \pm 1$ erfolgt immer dann, wenn das auslaufende Elektron einen zum einlaufenden entgegengerichtet orientierten Spin besitzt. Die Erklärung durch eine Spinumkehrung des stoßenden Elektrons ist wenig begründet, da die Wirkung des Bahnmoments auf den Spin als vernachlässigbar angesehen wird. Eine weitaus bessere Deutung gelingt durch die Vorstellung, daß das stoßende Elektron unter Beibehaltung seiner Spinorientierung den Platz eines Valenzelektrons im angeregten Zustand einnimmt und dieses, ebenfalls mit seinem ursprünglichen Spin, das Atom mit der verbleibenden Restenergie verläßt. Bei einem Atom mit zwei Valenzelektronen $e_2 \uparrow, e_3 \downarrow$ kann der Elektronenaustausch schematisch dargestellt werden durch

$$e_1 \uparrow + (e_2 \uparrow, e_3 \downarrow)_{Atom} = (e_1 \uparrow^*, e_2 \uparrow)_{Atom} + e_3 \downarrow \ .$$

Der Wirkungsquerschnitt für die inelastische Stoßanregung kann durch die Anregungsfunktionen über der Energie beschrieben werden. Beginnend mit einer Energie des einlaufenden Elektrons, die wegen der Rückstoßenergie des gesamten Atoms geringfügig über der Anregungsenergie liegt, wächst die Anregungswahrscheinlichkeit w an. Die Zeit der Wechselwirkung erfordert einen optimalen Wert, dem eine maximale Energie entspricht und läßt schließlich den Wirkungsquerschnitt nach höheren Energien wieder abnehmen. Dabei gilt

$$w \sim \log \frac{E_0}{E} \quad \text{(für optisch erlaubte Übergänge)} \tag{XI.13}$$

$$w \sim \frac{1}{E} \quad \text{(für optisch verbotene Übergänge).} \tag{XI.14}$$

Diese Abhängigkeit kann gründlich bei der Stoßanregung des **Hg**-Atoms vom Grundzustand $^1S_0$ zum angeregten Zustand $^3P_1$ studiert werden (Fig. XI.4). Während die Übergänge zu $^3P_0$, $^3P_2$ optisch verboten sind, und deshalb die bei höheren Elektronenenergien für die "Spinumklappung" notwendige Verweilzeit zu kurz ist, zeigt der Übergang zum $^3P_1$-Zustand deutlich die Merkmale eines optisch erlaubten Überganges, wie er in der jj-Kopplung begründet ist.

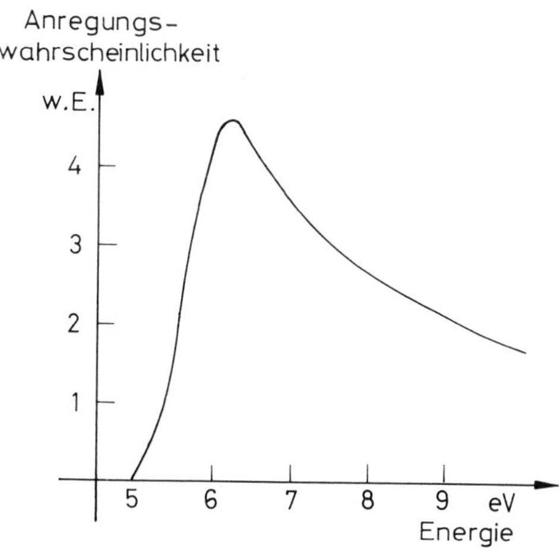

Fig. XI.4: Schematische Darstellung der Anregungswahrscheinlichkeit beim **Hg**-Atom vom Grundzustand $^1S_0$ zum angeregten Zustand ^3P.

XI.1.2 Experimentelles

Die ineleastischen Stöße erfolgen in einer Dreipolröhre mit indirekt geheizter Glühkathode. Die zylinderförmigen Elektroden (Auffänger, Gitter und Kathode) sind konzentrisch angeordnet. Eine Temperatur von etwa 150 bis 200°C garantiert für den günstigen Quecksilberdampfdruck von $6.6 \cdot 10^2$ bis $2.6 \cdot 10^3$ Pa. Die Heizung geschieht mit einem elektrischen Rohrofen, der über die Röhre gestülpt wird.

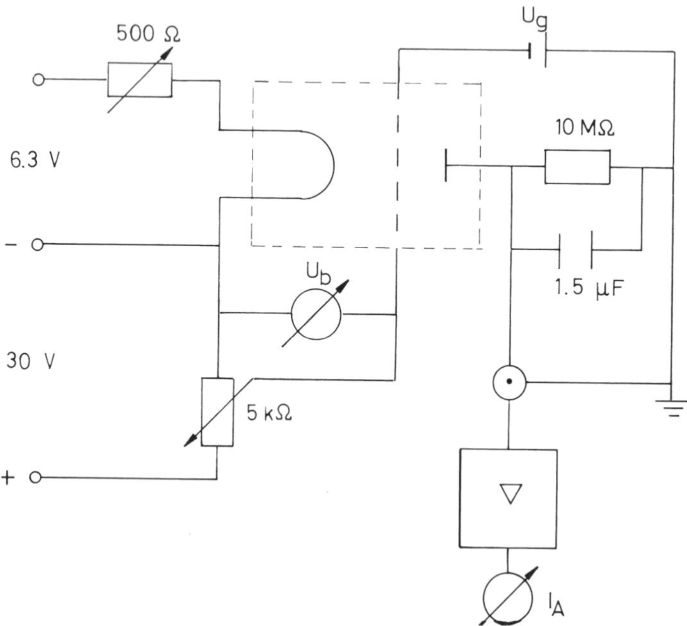

Fig. XI.5: Schaltung der FRANCK-HERTZ-Röhre.

Die Schaltung der Röhre geschieht nach Fig. XI.5. Während des Aufheizens wird die Kathode nachformiert, was durch den Betrieb mit der vollen Heizspannung (6.3 V) und der maximalen Beschleunigungsspannung (30 V) erreicht wird, ohne dabei den Meßverstärker anzuschließen. Nachdem die Ofentemperatur gut konstant ist, wird die Heizspannung auf einen Wert reduziert, bei dem sich ein Auffängerstrom ergibt, der am Anzeigeinstrument des Meßverstärkers gerade Vollauschlag liefert. Anschließend kann die Strom-Spannungs-Kennlinie aufgenommen werden.

XI.1.3 Aufgabenstellung

a) Man vermesse die Strom-Spannungs-Kennlinie punktweise und ermittle die Anregungsenergie beim **Hg**-Atom bei verschiedenen Ofentemperaturen.

b) Man berechne für eine Ofentemperatur von 200 °C und 20 °C den Druck des **Hg**-Dampfes und die freie Weglänge der Elektronen und Gasatome.
c) Man bestimme diejenige Temperatur, bei der sich das erste Minimum beim Aufheizen gerade andeutet bzw. beim Abkühlen gerade verschwindet, und berechne die dabei auftretende freie Weglänge der Elektronen.
d) Man berechne den Energieverlust und die Energieverbreiterung beim elastischen Stoß.

XI.1.4 Anleitung

Sieht man zunächst von der inelastischen Anregung ab, so basiert die Diskussion der zu erwartenden Strom-Spannungskennlinie auf der Raumladung

$$\rho = n \cdot e \qquad \text{(XI.15)}$$

(n: Ladungsträgerdichte). Die vereinfachende eindimensionale Darstellung ergibt nach der MAXWELL-Gleichung

$$\frac{\partial^2 V}{\partial x^2} = \frac{\rho}{\varepsilon_0}\,, \qquad \text{(XI.16)}$$

wenn V das Potential bedeutet. Die Stromdichte j erhält man durch

$$j = \rho \cdot v\,, \qquad \text{(XI.17)}$$

wobei die Geschwindigkeit v aus der kinetischen Energie

$$\frac{m}{2}v^2 = e \cdot V \qquad \text{(XI.18)}$$

berechnet werden kann. Einsetzen von Gl. (XI.18) in Gl. (XI.17) führt auf

$$j = \rho \cdot \sqrt{\frac{2eV}{m}} \qquad \text{(XI.19)}$$

bzw. mit Gl. (XI.16) zu

$$j = \sqrt{\frac{2eV}{m}} \cdot \varepsilon_0 \frac{\partial^2 V}{\partial x^2}\,. \qquad \text{(XI.20)}$$

Dies läßt sich umformen unter Berücksichtigung der Beziehungen zur elektrischen Feldstärke E

$$\frac{\partial V}{\partial x} = E \quad \text{bzw.} \quad \frac{\partial^2 V}{\partial x^2} = E\frac{\partial E}{\partial V} \qquad \text{(XI.21)}$$

zu

$$E\,dE = \frac{j}{\varepsilon_0}\sqrt{\frac{m}{2e}}\frac{dV}{\sqrt{V}}\,. \qquad \text{(XI.22)}$$

Integration von Gl.(XI.22) liefert

$$\frac{E^2}{2} = \frac{j}{\varepsilon_0}\sqrt{\frac{m}{2e}}\,2\sqrt{V}\,, \tag{XI.23}$$

oder unter Verwendung von Gl. (XI.21)

$$V^{-\frac{1}{4}}dV = 2\sqrt{\frac{j}{\varepsilon_0}}\left(\frac{m}{2e}\right)^{\frac{1}{4}} dx\,. \tag{XI.24}$$

Die erneute Integration von Gl. (XI.24) schließlich ergibt das SCHOTTKY-LANGMUIRsche Raumladungsgesetz

$$j = \frac{9}{64}\varepsilon_0\sqrt{\frac{m}{2e}}\cdot\frac{V^{\frac{3}{2}}}{x^2}\,, \tag{XI.25}$$

das im Vakuum sowie in verdünnten Gasen unter der Voraussetzung ausschließlich elastischer Stöße Gültigkeit hat. Die Kennlinie zeigt demnach einen überproportionalen Anstieg, um dann einen Sättigungswert zu erreichen, der gemäß der RICHARDSON-Gleichung von der Temperatur und Austrittsarbeit der Elektronen exponentiell abhängt (s. Abschn. XIII.2.1).

Bei einer kinetischen Energie der Elektronen von ca. 5 eV vermögen diese die **Hg**-Atome durch inelastische Stöße anzuregen. Der Energieverlust verhindert das Anlaufen gegen eine negative Spannung von ca. 1.5 V, so daß der Anodenstrom sinkt. Erst beim Erhöhen der kinetischen Energie durch die Zunahme der Beschleunigungsspannung wächst auch der Anodenstrom an, um bei der doppelten Anregungsenergie erneut abzusinken.

Neben der Energieabgabe durch inelastische Anregung kommt ein Energieverlust der Elektronen durch elastische Stöße mit Gasatomen hinzu, der besonders mit wachsender Energie bedeutend wird. Die Berechnung dazu benötigt den Impulserhaltungssatz

$$m(\vec{v} - \vec{v}') = M(\vec{u}' - \vec{u}) \tag{XI.26}$$

(m, M: Masse des Elektrons bzw. Gasatoms; $\vec{v}, \vec{u}$ und $\vec{v}', \vec{u}'$ sind die entsprechenden Geschwindigkeiten vor bzw. nach dem Stoß) und den Energieerhaltungssatz

$$m(\vec{v} - \vec{v}')(\vec{v} + \vec{v}') = M(\vec{u} - \vec{u}')(\vec{u}' + \vec{u})\,. \tag{XI.27}$$

Betrachtet man den speziellen Fall des zentralen Stoßes, bei dem alle Geschwindigkeiten in eine Richtung zeigen, dann erhält man für die Geschwindigkeit des Elektrons nach dem Stoß

$$\vec{v}' = \frac{m - M}{m + M}\vec{v} + \frac{2M}{m + M}\vec{u}\,. \tag{XI.28}$$

Zur Angabe des Energieverlustes

$$\frac{\Delta E}{E_e} = \frac{(E_e - E'_e)}{E_e} \tag{XI.29}$$

wird die kinetische Energie des Elektrons

$$E_e = \frac{m}{2}v^2 \tag{XI.30}$$

und die kinetische Energie der Gasatome

$$E_{Hg} = \frac{M}{2}u^2 \tag{XI.31}$$

eingeführt, so daß man mit Gl. (XI.29) und unter der Voraussetzung $E_{Hg} \ll E_e, m \ll M$ erhält

$$\frac{\Delta E}{E_e} = \frac{4m}{M} \pm 4\sqrt{\frac{E_{Hg}}{E_e} \cdot \frac{m}{M}}\,. \tag{XI.32}$$

Der erste Term beschreibt einen echten Energieverlust, der unabhängig von der Energie der Gasatome zu einer geringfügigen Verschiebung der Strommaxima führt, die mit zunehmender Elektronenenergie anwächst. Der zweite Term, der gemittelt über alle beteiligten Elektronen verschwindet, gibt Anlaß zu einer Verbreiterung der Energieverteilung der Elektronen, woraus eine Verschmierung der Strommaxima resultiert. Die vom Gasatom aufgenommene bzw. übertragene Energie ist um so höher, je größer dessen kinetische Energie und je kleiner die des Elektrons ist.

Zur Berechnung der freien Weglänge λ der Elektronen bzw. Gasatome bei vorgegebener Temperatur T muß zunächst der Gasdruck p ermittelt werden. Dies geschieht auf der Grundlage der Gleichung von CLAUSIUS-CLAPEYRON bzgl. der Dampfdruckkurve (DDK), die allgemein lautet

$$\left(\frac{\partial p}{\partial T}\right)_{DDK} = \frac{q_{Fl,D}}{T(\bar{v}_D - \bar{v}_{Fl})} \tag{XI.33}$$

($q_{Fl,D}$: molare Verdampfungswärme, $\bar{v}$: molares Volumen).

Ihre Anwendung ist darauf begründet, daß sowohl die Flüssigkeit (Fl) wie der Dampf (D) sich in einem abgeschlossenen Volumen befinden und so als ein Stoff-System trotz der zwei Phasen nur die Temperatur als einzigen Freiheitsgrad und mithin als einzige intensive Variable fordern (GIBBsche Phasenregel). Mit der Vernachlässigung

$$\bar{v}_{Fl} \ll \bar{v}_D$$

und der Annahme eines idealen Gases

$$\bar{v}_D = \frac{RT}{p}\,,$$

(R: Gaskonstante) erhält man aus Gl.(XI.33)

$$\left(\frac{\partial p}{\partial T}\right)_{DDK} = \frac{q_{Fl,D}}{RT^2} \cdot p\,. \tag{XI.34}$$

Die Temperaturabhängigkeit der molaren Verdampfungswärme $q(T)$ läßt sich nach zwei Gedankenexperimenten ermitteln. Einmal wird die Flüssigkeit bei der Temperatur T = 0 °C und dem Druck p verdampft und anschließend das Gas auf die Temperatur T erwärmt. Die dazu benötigte Wärme beträgt $q_0 + c_p \cdot T$. Zum anderen wird die Flüssigkeit von 0 °C auf die Temperatur T erwärmt und anschließend verdampft. Hierzu benötigt man eine Wärme von $q(T) + c_{Fl} \cdot T$. Beide Wege zielen auf das gleiche Ergebnis, so daß die Wärmemengen gleichzusetzen sind:

$$q(T) + c_{Fl} \cdot T = q_0 + c_p \cdot T \ . \tag{XI.35}$$

Einsetzen von $q(T)$ aus Gl. (XI.35) in Gl. (XI.34) ergibt

$$\left(\frac{\partial p}{\partial T}\right)_{DDK} = \frac{q_0 + c_p - c_{Fl}T}{RT^2} p \ . \tag{XI.36}$$

Die Integration liefert

$$p = Ae^{-q_0/RT} \cdot T^{(c_p - c_{Fl})/k} \ . \tag{XI.37a}$$

Eine Vereinfachung bringt die näherungsweise Annahme einer temperaturunabhängigen Verdampfungswärme (Q = const), so daß Gl. (XI.37a) durch die VAN T' HOFFsche Gleichung

$$p = p_0 \exp\left[\frac{q_0}{R}\left(\frac{1}{T_0} - \frac{1}{T}\right)\right] \tag{XI.37b}$$

ersetzt werden kann. Mit diesem Ausdruck ist über die Zustandsgleichung für ideale Gase $p = nkT$ eine Teilchenzahldichte verknüpft, die es schließlich erlaubt, bei bekanntem Radius der **Hg**-Atome r_{Hg} die freie Weglänge nach

$$\lambda = \frac{1}{n 4\pi r_{Hg}^2} \tag{XI.38}$$

zu berechnen.

XI.2 RUTHERFORD-Streuung

XI.2.1 Grundlagen

Aus der Streuung von α-Teilchen (doppelt positiv geladener **He**-Ionen) an dünnen Metallfolien lassen sich umfangreiche Informationen über die dabei beteiligten Atomkerne gewinnen. Die für die Interpretation der experimentellen Ergebnisse wesentliche RUTHERFORDsche Streuformel kann auf der Grundlage der klassischen Mechanik hergeleitet werden. Dabei gilt es in einem ersten Schritt zunächst die Bahn eines α-Teilchens im COULOMB-Potential des Atomkerns zu bestimmen (Fig. XI.6).

Mit dem COULOMB-Potential $U = 2Ze^2/4\pi\varepsilon_0 r$ (Z: Kernladungszahl) kann man die Energiebilanz für das mit der Geschwindigkeit $\vec{v} = \vec{v}_{radial} + \vec{v}_{azimutal}$ einfallende Teilchen der Masse m und der Ladung $2e$ aufstellen:

$$E = \frac{m}{2}(\dot{r}^2 + r^2\dot{\varphi}^2) + \frac{2Ze^2}{4\pi\varepsilon_0 r} \tag{XI.39}$$

(r, φ: Polarkoordinaten, ausgehend vom Atomkern). Zur Elimination der Zeit als Parameter wird der Drehimpuls D eingeführt

$$D = mr^2\dot{\varphi} \ , \tag{XI.40}$$

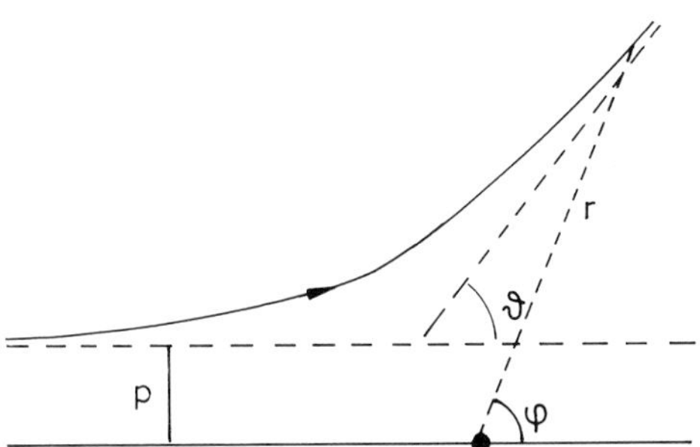

Fig. XI.6: Bahn eines α-Teilchens im COULOMB-Potential eines Atomkerns (p: Stoßparameter, ϑ: Ablenkwinkel; r, φ: Polarkoordinaten).

womit die Beziehung

$$\frac{1}{r^4}\left(\frac{dr}{d\varphi}\right)^2 = \frac{2mE}{D^2} - \frac{2mZe^2}{4\pi\varepsilon_0 D^2}\cdot\frac{1}{r} - \frac{1}{r^2} \tag{XI.41}$$

erhalten wird. Nach Einführung einer neuen Variablen $\rho = 1/r$ und Differentiation nach dem azimutalen Winkel φ gelangt man zu

$$\frac{d^2\rho}{d\varphi^2} + \rho = C \tag{XI.42}$$

$$\text{mit} \quad C = -\frac{2mZe^2}{4\pi\varepsilon_0 D^2} \, .$$

Die Lösung der Bahngleichung, die vom Typ einer Schwingungsgleichung ist, kann durch den Ansatz

$$\rho = A\cos\varphi + B\sin\varphi + C \tag{XI.43}$$

gewonnen werden. Die Konstanten A und B leiten sich aus den Anfangsbedingungen vor dem Stoß her. Dort gilt $\varphi = \pi$ und $r = \infty$, woraus $A = C$ resultiert. Bei Berücksichtigung der kartesischen Koordinate $y = r\sin\varphi$ oder mit Gleichung (XI.43) des reziproken Wertes

$$\frac{1}{y} = \frac{C(1+\cos\varphi)}{\sin\varphi} + B \, , \tag{XI.44}$$

erhält man zu Beginn bei $\varphi = \pi$ und $y = p$ (Stoßparameter) für die Konstante $B = 1/D$.

Im Ergebnis findet man nach Gleichung (XI.43) die allgemeine Bahngleichung

$$\rho = C(1+\cos\varphi) + \frac{1}{p}\sin\varphi \, . \tag{XI.45}$$

Die Bedingungen nach dem Stoß lauten $\varphi = \vartheta$ und $\rho = 0$ ($r = \infty$), wonach die endgültige Bahn aus Gl. (XI.45) berechnet werden kann

$$\cot\frac{\vartheta}{2} = \frac{4\pi\varepsilon_0 D^2}{2mZe^2 p} ,$$

oder unter Einbeziehung der Geschwindigkeit durch $D = mvp$

$$\cot\frac{\vartheta}{2} = \frac{4\pi\varepsilon_0 m v^2 p}{2Ze^2} . \qquad \text{(XI.46)}$$

Auf Grund der Unzugänglichkeit des Stoßparameters p, eignet sich dieser Bahnverlauf jedoch nicht unmittelbar dazu, experimentell überprüft zu werden. Es ist vielmehr notwendig, eine statistische Betrachtungsweise anzustellen mit dem Ziel, eine streuende Fläche – den Streuquerschnitt – einzuführen, der dann die mittlere Zahl der gestreuten Teilchen zu berechnen erlaubt. Um einer Änderung im Experiment Rechnung zu tragen, wird nicht nach dem Wirkungsquerschnitt σ als streuende Fläche (Scheibe: πp^2) gefragt, sondern nach dem differentiellen Wirkungsquerschnitt der Fläche eines Kreisringes ($d\sigma = d(\pi p^2)$), der bei einer Änderung der Ablenkung impliziert wird (Fig. XI.7).

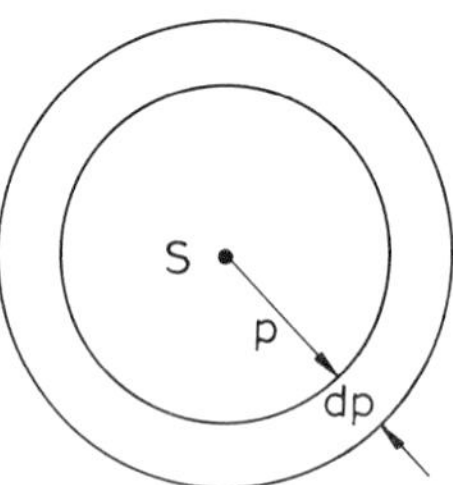

Fig. XI.7: Differentieller Wirkungsquerschnitt $d\sigma = 2\pi p\, dp$ (S: Streuer).

Unter Benutzung der Bahngleichung (XI.46) und des differentiellen Raumwinkels $d\Omega = 2\pi \sin\vartheta\, d\vartheta$ erhält man dann die RUTHERFORDsche Streuformel

$$d\sigma = \frac{1}{\sin^4 \vartheta/2} \cdot \left(\frac{Ze^2}{mv^2}\right) d\Omega , \qquad \text{(XI.47)}$$

die die Abnahme des differentiellen Wirkungsquerschnittes mit wachsendem Ablenkwinkel erklärt.

Die quantenmechanische Betrachtung des Streuvorganges beschäftigt sich mit der zeitlichen Abhängigkeit des Zustandsvektors $|\phi(t) >$ (SCHRÖDINGER-Bild). Nachdem ein Zustandsvektor für den störungsfreien Fall mit dem HAMILTON-Operator $\hat{H}_0$ vorgegeben wird, interessiert dann der Zustandsvektor in einem endlichen Zeitintervall, wo der gestörte HAMILTON-Operator $\hat{H} = \hat{H}_0 + \hat{H}_1$ gilt, und schließlich der Zustandsvektor im erneut ungestörten System zu späteren Zeiten. Die Rechnung basiert auf den Gesetzen der Dynamik im SCHRÖDINGER-Bild, in dem der Zustandsvektor zu irgendwelchen zwei Zeiten gegeben ist durch

$$|\phi(t)>=\hat{U}(t,t_0)|\phi(t_0)> \tag{XI.48}$$

mit dem unitären Entwicklungsoperator

$$\hat{U}(t,t_0)=e^{\frac{i}{\hbar}\hat{H}(t-t_0)}\,, \tag{XI.49}$$

wobei der beliebige kräftefreie Zustand $|\phi>$ nach Eigenvektoren $|u_a^0>$ des ungestörten HAMILTON-Operators $\hat{H}_0$ entwickelt wird. Der Streuzustand zu einer endlichen Zeit kann dann als Linearkombination der Eigenvektoren $|u_a^1>$ des gestörten HAMILTON-Operators angegeben werden. In der Absicht, diese gestörten Eigenvektoren zu bestimmen, trifft man auf eine lineare Integralgleichung, deren Kern das Störpotential beinhaltet.

In der Ortsdarstellung ergibt sich für den Fall, daß das einfallende Wellenpaket nach ebenen Wellen entwickelt wird,

$$u_{\vec{k}}^0(\vec{r})=\frac{1}{(2\pi)^{3/2}}\cdot e^{i\vec{k}\vec{r}}\,. \tag{XI.50}$$

Die Lösung der Integralgleichung liefert dann für Entfernungen des Aufpunktes vom Streuzentrum, die groß sind gegen die Reichweite des Störpotentials (asymptotisches Verhalten), die Ortsdarstellung der gestörten Eigenvektoren

$$u_{\vec{k}}^1(\vec{r})=\frac{1}{(2\pi)^{3/2}}\cdot\left[e^{i\vec{k}\vec{r}}+f_{\vec{k}}(\vec{e})\frac{e^{i\vec{k}\vec{r}}}{r}\right] \tag{XI.51}$$

($\vec{e}$: Einheitsvektor in Richtung zum Aufpunkt).

Die ebene, ungestörte Welle wird demnach von einer Kugelwelle überlagert, deren Amplitude durch den sogenannten Streufaktor mit der Dimension einer Länge gekennzeichnet ist. Im übrigen geht dieser Eigenvektor für große Abstände r asymptotisch in den ungestörten Eigenvektor (XI.50) über. Die wesentliche Größe der Streuamplitude muß nun nach dem allgemeinen Skalarprodukt

$$f_{\vec{k}}(\vec{e})=-\frac{4\pi^2 m}{\hbar^2}\cdot<u_{\vec{q}}|\hat{H}_1|u_{\vec{k}}^1> \tag{XI.52}$$

berechnet werden ($\vec{q}=k\vec{e}$).

Die aus der Integralgleichung noch zu bestimmenden gestörten Eigenvektoren $|u_{\vec{k}}^1>$ werden nach Potenzen des Störpotentials $\hat{H}_1$ entwickelt, um so iterativ die Integralgleichung lösen zu können (BORNsche Näherung). In der 1. BORNschen Näherung mit $|u_{\vec{k}}^1>\approx|u_{\vec{k}}^0>$ erhält man nach Gl. (XI.52) für die Streuamplitude die Projektion des Zustandes $\hat{H}_1|u_{\vec{k}}^0>$ auf den Zustand $|u_{\vec{q}}>$. In der Ortsdarstellung ergibt sich

$$f_{\vec{k}}(\vec{e})=-\frac{m}{2\pi\hbar^2}\int e^{i(\vec{k}-\vec{q})\vec{r}}\cdot V(\vec{r})\,d^3\vec{r}\,, \tag{XI.53}$$

wodurch die Streuamplitude als FOURIER-Transformierte des Störpotentials ausgedrückt wird. Bei Benutzung eines COULOMB-Potentials $V(r)=Ze^2/r$ bekommt man schließlich

$$f(\vartheta) = -\frac{Ze^2}{4E} \cdot \frac{1}{\sin^2 \vartheta/2} \,. \tag{XI.54}$$

Der Streuzustand $|\phi(t) >$ nach der Streuung wird wie oben erwähnt nach Eigenvektoren des gestörten Systems entwickelt, wobei für große Entfernungen solche des asymptotischen Typs von Gl. (XI.51) verwendet werden. In der Ortsdarstellung bedeutet dieser Zustand die Wahrscheinlichkeitsamplitude $|\phi(\vec{r}, t)$, mit deren Hilfe man dann die Wahrscheinlichkeit $w(\vec{e})$ berechnen kann, das gestreute Teilchen in einem seitlich aufgestellten Detektor nachzuweisen

$$w(\vec{e}) = \int |\phi(\vec{r}, t)|^2 \cdot r^2 \, dr \,. \tag{XI.55a}$$

Setzt man einen relativ scharfen Impuls des einfallenden Wellenpakets voraus, so kann man ein Zerfließen vernachlässigen, und die Wahrscheinlichkeitsamplitude $\phi(\vec{r}, t)$ wird bei genügend seitlicher Aufstellung des Detektors durch den zweiten Term von Gl. (XI.51), den der auslaufenden Kugelwelle, bestimmt. Somit erhält man für die Wahrscheinlichkeit selbst

$$w(\vartheta) = |f(\vartheta)|^2 \,. \tag{XI.55b}$$

Nach Einsetzen von (XI.54) zeigt ein Vergleich mit dem klassischen Ergebnis (XI.47) die Übereinstimmung mit dem dort gewonnen differentiellen Wirkungsquerschnitt

$$d\sigma = 4w(\vartheta) \, d\Omega \,. \tag{XI.56}$$

In einer makroskopischen Extrapolation kann man einen weiteren Streuquerschnitt σ_{mak} angeben, der durch die Dichte der streuenden Kerne n bestimmt wird

$$\sigma_{mak} = n \, d\sigma \,, \tag{XI.57}$$

mit der Annahme, daß die mikroskopischen Querschnitte sich nicht überdecken. Zusammen mit der Zahl der Projektile N, die auf die "Streuscheibe" auftreffen, läßt sich dann jene Zahl von Teilchen dN angeben, die in Richtung ϑ in den Raumwinkel $d\Omega$ gestreut werden:

$$\begin{aligned} dN &= N \cdot \sigma_{mak} \quad \text{bzw.} \\ \frac{dN}{N} &= n \cdot \left(\frac{Ze^2}{mv^2}\right) \frac{1}{\sin^4 \vartheta} d\Omega \,. \end{aligned} \tag{XI.58}$$

XI.2.2 Experimentelles

Bei der Anordnung eines geeigneten α-Strahlers muß darauf geachtet werden, daß die Wechselwirkung der α-Teilchen mit Materie die Energiespektren im Sinne einer Verbreiterung verfälschen kann. Daraus erwachsen die Forderungen nach einer geringen Fensterdicke und Vakuumbedingungen. Auch die Quelle selbst, die aus einem ^{241}**Am**-Präparat (ca. 300 kBq) besteht (Fig. XI.8), ist nicht abgedeckt und extrem dünn.

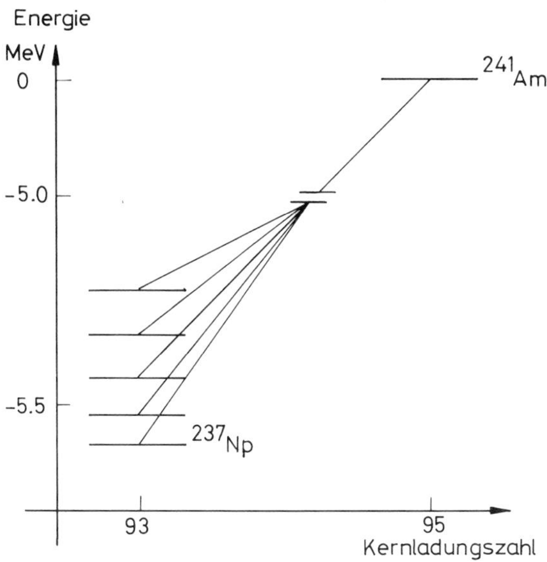

Fig. XI.8: α-Zerfall von ^{241}**Am**.

Als Streuer wird eine Goldfolie mit einer Dicke von ca. 2 μm verwendet. Die hohe Kernladungszahl ($Z = 79$) sorgt für einen intensiven Effekt. Alternativ bietet sich der Gebrauch einer Aluminiumfolie an. Die niedrigere Kernladungszahl ($Z = 13$) läßt jedoch in diesem Fall wesentlich intensitätsschwächere Streuraten erwarten, was durch die Stärke der Folie (ca. 10 μm) kompensiert werden kann.

Die Messung der Zählrate geschieht mit einem Silizium-Oberflächenschichtdetektor. Er besteht aus einer p-leitenden Siliziumscheibe, deren Rückseite mit Gold und Vorderseite mit Aluminium bedampft ist, wodurch Empfindlichkeit gegen Lichteinfall verhindert wird.

Die emittierten α-Teilchen passieren eine Blende von 1 mm bzw. 5 mm Breite und werden an der Goldfolie gestreut. Der Streuwinkel wird durch Drehung eines Schwenkarmes mit festmontierter Quelle und Folie eingestellt; der Detektor bleibt in Ruhe (Fig.XI.9).

XI.2.3 Aufgabenstellung

Es soll die Winkelabhängigkeit bei der RUTHERFORD-Streuung im Bereich von $0° \leq \vartheta \leq 60°$ bei zwei verschiedenen Spaltbreiten gemessen werden. Darüber hinaus bestimme man die Kernladungszahl von Aluminium.

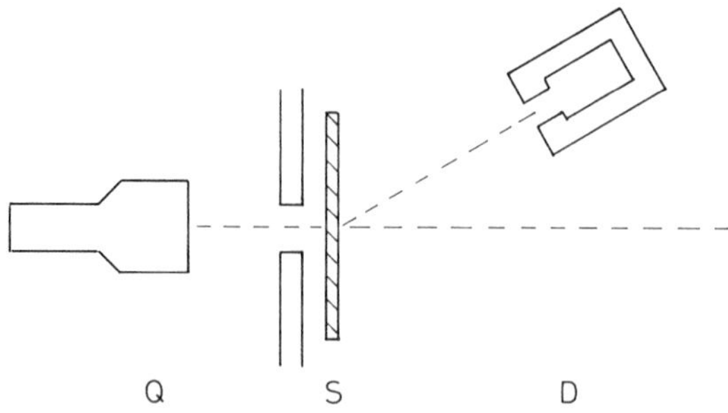

Fig. XI.9: Schematischer Aufbau zur RUTHERFORD-Streuung; Q: α-Quelle, S: Streuer, D: Detektor.

XI.2.4 Anleitung

Bei einer Spaltbreite von 5 mm wird eine Zählzeit von etwa 1 min gewählt. Deutlich längere Zählzeiten von etwa 5 bis 60 min erfordert die Messung mit der Spaltbreite 1 mm. Die Schrittweite der Winkeleinstellung beträgt 5°. Bei der Anpassung durch die theoretische Kurve nach Gl. (XI.58) wird ein halblogarithmischer Maßstab gewählt. In jenem Fall, wo das Präparat nicht achsensymmetrisch angebracht ist, wird ein konstanter Winkelfehler auftreten, der additiv berücksichtigt werden muß.

XI.3 STERN-GERLACH-Effekt

XI.3.1 Grundlagen

Die Bedeutung des Versuchs nach STERN-GERLACH ist von zweifacher Art. Zum einen kann man mit ihm die Halbzahligkeit des Eigendrehimpulses des Elektrons (Spins) nachweisen, zum anderen offenbart er den Einfluß der Meßapparatur auf das Meßobjekt, das ohne eine solche Wechselwirkung keine Richtungsquantelung besitzt.

Befindet sich ein Teilchen mit einem magnetischen Moment $\vec{\mu}$ in einem Magnetfeld der Flußdichte $\vec{B}$, so ist der HAMILTON-Operator proportional zur Komponente von $\vec{\mu}$ in Magnetfeldrichtung. Desgleichen ergibt sich eine Proportionalität zur entsprechenden Komponente des Drehimpulses auf Grund der Kopplung des magnetischen Moments mit dem Drehimpuls. Die Nichtvertauschbarkeit der Drehimpulskomponenten untereinander, die es verhindert, alle drei Komponenten eines quantenmechanischen Systems gleichzeitig scharf zu messen, ist die Ursache dafür, daß eine Komponente nur einige diskrete Werte annehmen kann. Gemäß der Kopplung mit dem magnetischen Moment kann auch dessen analoge Komponente nur diskrete Werte annehmen. Betrachtet man die Komponente in Magnetfeldrichtung, so erfährt diese eine Kraftwirkung $\vec{K}$, falls das Magnetfeld inhomogen ist. Allgemein gilt

$$\vec{K} = (\vec{\mu} \cdot \text{grad})\vec{B} \qquad \text{bzw.} \tag{XI.59}$$

$$\vec{K} = \vec{\mu}\hat{B}$$

mit dem Tensor

$$B_{ik} = \frac{\partial B_k}{\partial x_i} \quad (i,k = x,y,z) . \tag{XI.60}$$

Mit einer Anordnung, wie sie in Fig. XI.10 dargestellt ist, erkennt man die Konstanz der Magnetfeldkomponenten B_x, B_y, B_z bei einer Änderung längs der x-Achse, woraus

$$\frac{\partial B_x}{\partial x} = \frac{\partial B_y}{\partial x} = \frac{\partial B_z}{\partial x} = 0$$

resultiert. Ferner wird vorausgesetzt $B_x = 0$.

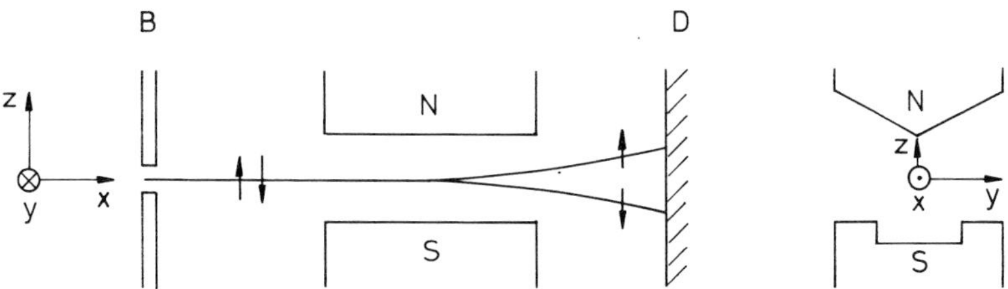

Fig. XI.10: Schematische Darstellung des STERN-GERLACH-Experiments (schneidenförmiger Nordpol, rinnenförmiger Südpol; B: Blende, D: Detektor).

Bei Festlegung auf die z-Komponente des magnetischen Moments μ_z als die beobachtbare Größe müssen die anderen Komponenten im Zeitmittel verschwinden: $\mu_x = \mu_y = 0$. Die Ursache liegt, wie oben erwähnt, in der Vertauschungsrelation der dazu korrelierten Operatoren (z.B. der Kommutator der Bahndrehimpulskomponenten $[\hat{l}_x, \hat{l}_y]_- = i\hbar\hat{l}_z$), was sich in einer Präzessionsbewegung um die B_z-Richtung offenbart. Nach Gl. XI.59 vereinfacht sich die Kraftwirkung somit zu

$$K_z = \mu_z \frac{\partial B_z}{\partial z} . \tag{XI.61}$$

In der experimentellen Durchführung wird ein Strahl neutraler Atome verwendet, um bewegte Ladungen im Magnetfeld und mithin die Wirkung der LORENTZ-Kraft zu vermeiden. Das magnetische Moment hat seinen Ursprung im Spin mit der Korrelation

$$\vec{\mu} = g\mu_0 \frac{e}{2m} \vec{S} ; \tag{XI.62}$$

dabei bedeutet g der gyromagnetische Faktor ($g = 2$ in der DIRAC-Theorie; $g = 2(1 + \alpha/2\pi \ldots)$ in der Quantenelektrodynamik mit $\alpha = e^2/(4\pi\varepsilon_0\hbar c) \approx 1/137$). Unter Verwendung des Eigenwerts $\pm\hbar/2$ des Operators $\hat{S}_z$ kann mit Hilfe dieser Gleichung die z-Komponente des magnetischen Momentes angegeben werden

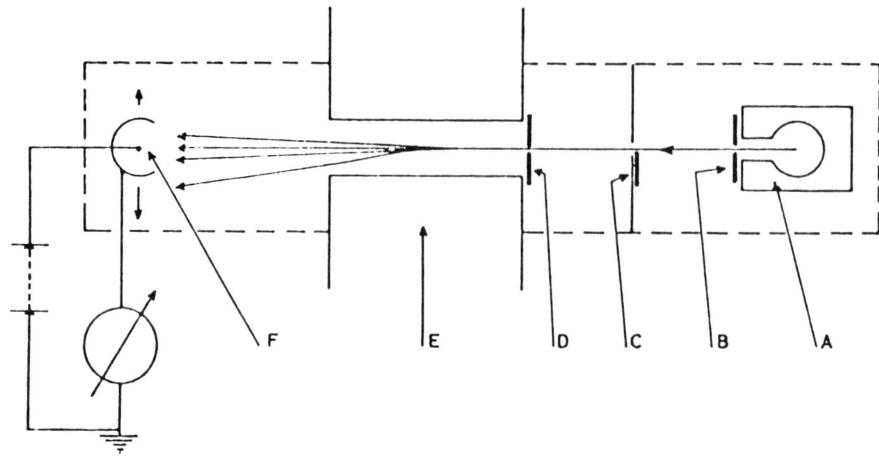

Fig. XI.11: Schematischer Aufbau der in einer Vakuumkammer eingebauten STERN-GERLACH-Apparatur; A: Ofen, B: Ofenspaltblende, C: Strahlensperre, D: Magnetspaltblenden, E: Polschuhe des Magneten, F: Detektor.

$$\mu_z = \pm g\mu_0 \frac{e}{2m}\frac{\hbar}{2} \,. \qquad \text{(XI.63)}$$

Zusammen mit Gl. (XI.61) erhält man zwei entgegengerichtete Kraftwirkungen, wodurch eine Aufspaltung des Atomstrahls verursacht wird.

XI.3.2 Experimentelles

In einem Ofen werden bei ca. 150 °C **K**-Atome erzeugt. Die Strahlenbreite kann vermittels einer Ofenblende und einer Magnetspaltblende variiert werden. Eine von außen mit einem Magneten zu betätigende Strahlensperre ermöglicht die Messung des Untergrundstroms. Um eine genügend große mittlere freie Weglänge von **K**-Atomen zu erreichen, sollte der Druck der Bedingung $p \leq 10^{-3}$ Pa ($8 \cdot 10^{-6}$ Torr) genügen. Dieses Hochvakuum wird bei vorgeschalteter Rotationspumpe durch eine Diffusionspumpe erzeugt. Die Vakuumkammer selbst besteht aus zwei Röhren von gehärtetem Glas, die das optische Überwachen der Strahlensperre und der Detektorstellung ermöglichen (Fig. XI.11).

Die Polschuhanordnung besteht aus einem konkaven und einem konvexen Halbzylinder. Der zum konkaven Pol gehörende "Kreis" schneidet den konvexen "Kreis" in den Endpunkten seines senkrechten Durchmessers. Beide Kreise sind Äquipotentiallinien eines Magnetfeldes, das durch gedachte stromdurchflossene Leiter in den Schnittpunkten (senkrecht zur Zeichenebene) erzeugt wird. Jener Bereich, der dem Strahlendurchgang entspricht, zeigt einen annähernd konstanten Feldgradienten (Fig. XI.12).

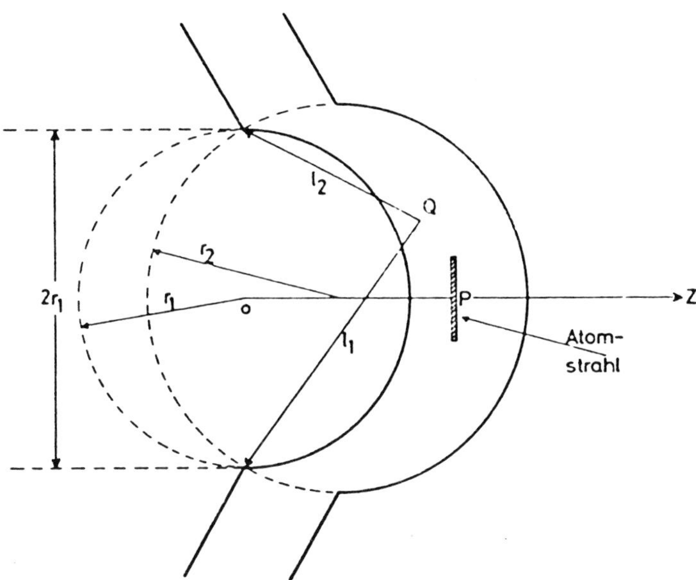

Fig. XI.12: Schematischer Schnitt durch die Polschuhanordnung; r_1 bzw. r_2: Radius des konkaven bzw. konvexen Halbzylinders, P: Bereich des Strahlendurchgangs, Q: bel. Feldpunkt, l_1 bzw. l_2: Entfernungen des Punktes Q vom Schnittpunkt der beiden den Zylindern angehörenden Kreisen.

Der LANGMUIR-TAYLOR-Detektor besteht aus einem Wolframdraht, der von einem zylinderförmigen Kollektor umgeben ist. Dieser wird gegenüber dem Draht auf negativer Vorspannung ($U = 30$ V) gehalten. Ein kastenförmiges Schutzschild mit schmaler Öffnung in Strahlrichtung hält den Detektor von Störstrahlung frei (Fig. XI.13). Nach Ionisation des atomaren Kaliums auf der Oberfläche des glühenden Wolframdrahtes werden die positiven Ionen infolge der negativen Vorspannung vom Kollektor abgesaugt und der Strom mit einem Elektrometer gemessen.

Der Detektor kann horizontal um maximal 1.25 cm stufenlos verschoben werden. Dies geschieht durch eine vakuumdichte Mikrometerschraube. Zur automatischen Registrierung der Stromwerte mittels eines Kompensationsschreibers wird die Ortsvariation des Detektors von einem Elektromotor besorgt, der verschiedene Drehzeiten der Mikrometerschraube ermöglicht.

XI.3.3 Aufgabenstellung

a) Es werden die Stromkurven in Einheiten der Mikrometerschraube bei verschiedenen Magnetfeldstärken ($J_B = 0$ A; 0.4 A; 0.5 A; 0.6 A) aufgenommen.

b) Man ermittle die Größe der Aufspaltung und vergleiche sie mit dem theoretisch zu erwartenden Wert.

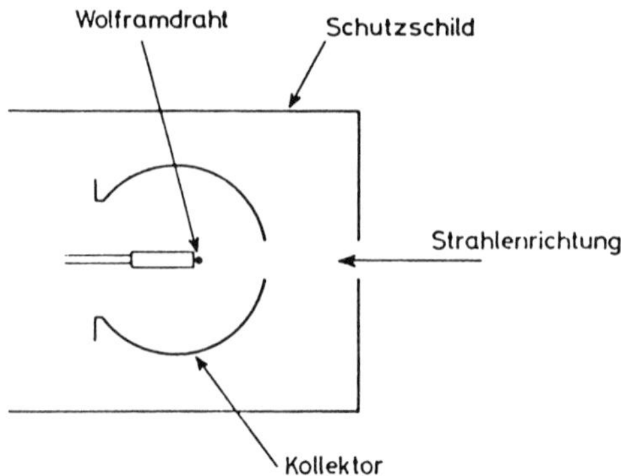

Fig. XI.13: Schematische Seitenansicht des LANGMUIR-TAYLOR-Detektors.

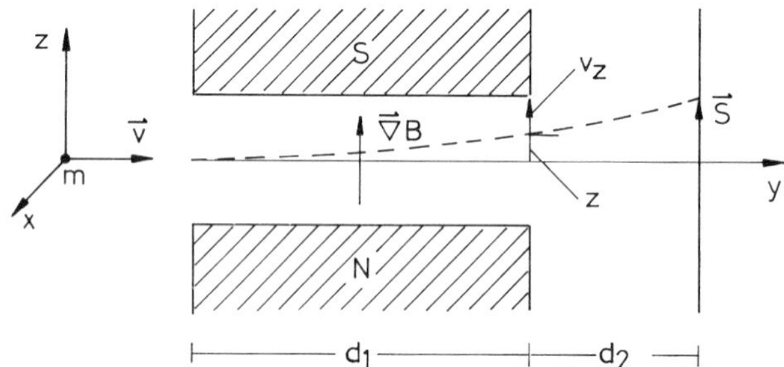

Fig. XI.14: Schematische Darstellung der Flugbahn eines Atoms zur Berechnung der Ablenkung s; m: Masse, $\vec{v}$: Geschwindigkeit, grad$B$: Feldgradient, d_1: Länge der Polschuhe, d_2: Entfernung vom Austritt aus dem Feld bis zur Auffangfläche.

XI.3.4 Anleitung

Die Ofentemperaturen sollten im Bereich zwischen 135 °C und 160 °C liegen. Die Öffnung der Ofenblende sei 0.25 mm, die der Magnetblende 0.15 mm. Zu erstreben ist ein Vakuum, dessen Druck kleiner als $1.3 \cdot 10^{-3}$ Pa (10^{-5} Torr) ist.

Zur Abschätzung der Ablenkung des Atomstrahls im Magnetfeld wird zunächst die Geschwindigkeitskomponente v_z und Ortskomponente z in Richtung der inhomogenen Magnetfeldstärke nach dem Verlassen des Feldes berechnet (Fig. XI.14); mit grad$\vec{B}$ in

z-Richtung erhält man

$$v_z = \frac{\mu_z}{m|\vec{v}|}\frac{\partial B_z}{\partial z} \cdot d_1 , \qquad \text{(XI.64)}$$

$$z = \frac{\mu_z}{2m|\vec{v}|^2}\frac{\partial B_z}{\partial z} \cdot d_1^2 . \qquad \text{(XI.65)}$$

Die Gesamtablenkung in der Entfernung d_2 nach Austritt aus dem Feld ergibt sich dann zu

$$s = \frac{d_2}{|\vec{v}|}v_z + z . \qquad \text{(XI.66)}$$

Mit Gl. (XI.64) erhält man

$$s = \mu_z \frac{\partial B_z}{\partial z} \cdot \frac{d_1^2 + 2d_1 d_2}{2mv^2} . \qquad \text{(XI.67)}$$

Die Abschätzung der Geschwindigkeit v geschieht unter der Annahme einer MAXWELLschen Geschwindigkeitsverteilung.

Der Feldgradient läßt sich mit Hilfe der für die speziellen Polschuhe gültigen Beziehungen

$$B = 2\mu_0 I \cdot \frac{2r_1}{l_1 l_2} , \qquad \text{(XI.68)}$$

$$\frac{\partial B_z}{\partial z} = -2\mu_0 I \frac{2r_1}{l_1^3 l_2^3}(l_1^2 + l_2^2) z \qquad \text{(XI.69)}$$

und der von einer HALL-Sonde experimentell ermittelten Flußdichten B berechnen (I: Strom, l_1, l_2: Entfernungen des Feldpunktes Q am jeweiligen Leiter, r_1: Radius des konkaven Halbzylinders – s. Fig. XI.12).

XI.4 ZEEMAN-Effekt

XI.4.1 Grundlagen

Die herausragende Bedeutung des ZEEMAN-Effekts muß angesichts seines wiederholten Auftretens in weiteren ausgewählten Experimenten nicht eigens betont werden. Sie gründet sich letzlich auf die Symmetrieerniedrigung infolge der Existenz eines (axialen) Magnetfeldes, wodurch die natürliche Entartung der Energieeigenwerte aufgehoben und mithin das Maß an Information erhöht wird.

Eine äußerst einfache, jedoch nichtsdestoweniger umfassende Darstellung und Beschreibung des normalen ZEEMAN-Effekts ohne Berücksichtigung des Spins der Elektronen gelingt vermittels des klassischen Oszillator-Modells (s.a. Abschn. IX. 1.2). Der Einfluß des Magnetfeldes auf die Bewegung des geladenen Teilchens wird durch die LORENTZ-Kraft erfaßt, so daß die NEWTONschen Bewegungsgleichungen als Grundlage zur Berechnung der Dynamik dienen können. Für den ungedämpften harmonischen Oszillator mit der Eigenfrequenz ω_0, der das Elektron der Masse m darstellt, das an eine im Koordinatenursprung befindliche positive Ladung gebunden ist, ergibt sich demnach

$$\ddot{\vec{r}} + \omega_0^2 \vec{r} = -\frac{e}{m} \vec{v} \times \vec{B} \,. \tag{XI.70}$$

Entsprechend den Ortskomponenten erhält man drei Gleichungen, deren Diskussion die Bewegung dreier "Ersatzelektronen" erlaubt. Mit der magnetischen Flußdichte in z-Richtung $\vec{B} = (0, 0, B_z)$ und der Einführung einer LARMOR-Frequenz $\omega_L = e/2m \cdot B$ wird die Lösung für die x- und y-Komponente, die infolge des Vektorprodukts gekoppelten Differentialgleichungen gehorchen, durch den Ansatz

$$x = a \cdot e^{i\omega t} \quad \text{bzw.} \quad y = b \cdot e^{i\omega t}$$

herbeigeführt. Das Einsetzen liefert ein homogenes Gleichungssystem zur Bestimmung der Konstanten a bzw. b

$$\begin{aligned} a(\omega_0^2 - \omega^2) \quad &+ \quad b2i\omega_L\omega = 0 \\ a(-2i\omega_L\omega) \quad &+ \quad b(\omega_0^2 - \omega^2) = 0 \,. \end{aligned} \tag{XI.71}$$

Unter Benutzung der notwendigen und hinreichenden Bedingungen für die nichttriviale Lösung, nämlich des Verschwindens der Koeffizientendeterminante, findet man zwei mögliche Frequenzen, die unter der Voraussetzung $\omega_L \ll \omega_0$

$$\omega_{1,2} = \omega_0 \pm \omega_L \tag{XI.72}$$

betragen. Die Identifizierung der Oszillatorfrequenz mit der Emissionsfrequenz im klassischen Modell bedeutet so eine symmetrische Aufspaltung der Emissionsfrequenz ω_0 ohne Magnetfeld in insgesamt drei Emissionsfrequenzen, deren Abstand die LARMOR-Frequenz bestimmt (Fig.XI.15).

Die Frage nach der Polarisation kann durch die Diskussion der Phasenfaktoren a, b beantwortet werden. Betrachtet man zunächst nur $\omega_1 = \omega_0 + \omega_L$, so erhält man nach Gl. (XI.71) $a/b = -i$ oder $a/b = \exp(-i\pi/2)$, wodurch zum Ausdruck kommt, daß die Phase des Oszillators in x-Richtung jener des Oszillators in y-Richtung um $\pi/2$ nacheilt. Die Überlagerung beider Oszillatoren, die mit derselben Frequenz ω_1 schwingen, ergibt dann eine Kreisbewegung des resultierenden Amplitudenvektors, die im Uhrzeigersinn abläuft (rechtszirkularpolarisierte Schwingung). Entsprechende Verhältnisse ergeben die Überlegungen bezüglich der Oszillatoren, die mit $\omega_2 = \omega_0 - \omega_L$ schwingen. Dort findet man schließlich eine linkszirkularpolarisierte Schwingung. Jener Oszillator, der in Magnetfeldrichtung (z-Richtung) mit ω_0 schwingt und mithin keine Einwirkung der LORENTZ-Kraft erfährt, bleibt deshalb in dieser Richtung linear polarisiert.

Die Beobachtung der Polarisation ist von der experimentellen Anordnung abhängig. Wählt man die Blickrichtung parallel zur Magnetfeldrichtung (longitudinaler ZEEMAN-Effekt), dann wird der Oszillator mit der Frequenz ω_0, der einen in z-Richtung schwingenden Dipol darstellt, keine elektromagnetische Strahlung in diese Richtung ausstrahlen. Anders dagegen verhält es sich mit den beiden Oszillatoren, die in x- und y-Richtung mit der Frequenz $\omega_0 \pm \omega_L$ schwingen. Die Überlagerung ihrer Schwingungen läßt beim Blick auf die $x - y$-Ebene rechts- bzw. linkszirkularpolarisierte elektromagnetische Strahlung erkennen (Fig. XI.15a).

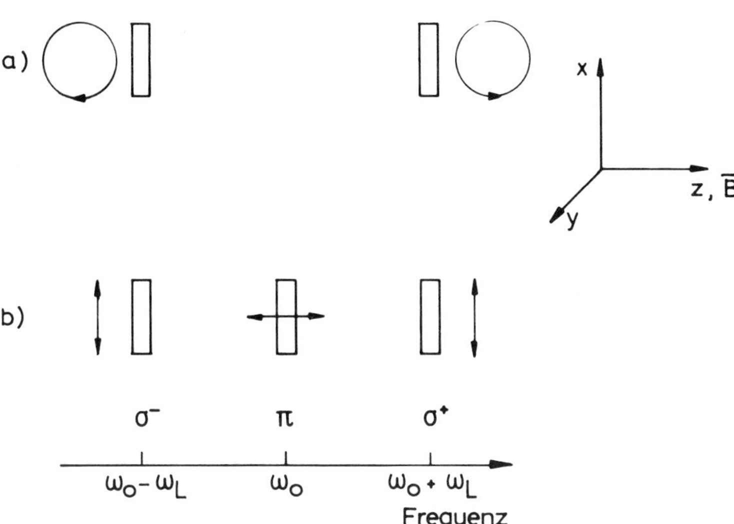

Fig. XI.15: Aufspaltung der Emissionsfrequenz ω_0 im Magnetfeld und Polarisationsverhältnisse beim a) longitudinalen und b) transversalen ZEEMAN-Effekt.

Die Blickrichtung senkrecht zur Magnetfeldrichtung (transversaler ZEEMAN-Effekt) gibt die Möglichkeit, sowohl die ursprüngliche Emission ($\vec{B} = 0$) wie die beiden frequenzverschobenen Emissionen zu beobachten. Dabei ist die unverschobene elektromagnetische Strahlung mit einem Oszillator korreliert, der einem senkrecht zur Blickrichtung schwingenden Dipol entspricht und mithin z-polarisiert ist. Die Ursache der verschobenen elektromagnetischen Strahlung sind die überlagerten Schwingungen von Dipolen in x- und y-Richtung, wobei nur eine Komponente linear polarisiert sichtbar wird (Fig. XI.15).

Die Diskussion des normalen ZEEMAN-Effekts im Rahmen der Quantenmechanik nimmt ihren Ausgang in der HAMILTON-Funktion bei Anwesenheit elektrischer und magnetischer Potentiale $(V/e, \vec{A})$

$$H(\vec{r},\vec{p},t) = \frac{1}{2m}\left[\vec{p} - e\vec{A}(\vec{r},t)\right]^2 + V(\vec{r},t) \qquad \text{(XI.73)}$$

und den Feldformeln

$$\vec{E}(\vec{r},t) = \frac{1}{e}\text{grad}V - \dot{\vec{A}}\,, \qquad \text{(XI.74a)}$$

$$\vec{B}(\vec{r},t) = \text{rot}\vec{A}\,. \qquad \text{(XI.74b)}$$

Eine Substitution des kanonischen Impulses $\vec{p}$ in dieser Form, die als minimale Kopplung an das elektromagnetische Feld bekannt ist, garantiert die Invarianz der quantenmechanischen Zustände bei einer Eichtransformation der Potentiale (Eichinvarianz), so daß letztere nicht festgelegt sind.

Die Suche nach den möglichen Energiewerten führt dann in der Vorstellung eines Materiefeldes auf das Eigenwertproblem der SCHRÖDINGER-Gleichung. Dieser Übergang, der oft als 1. Quantisierung bezeichnet wird, bedeutet den Übergang von Teilchenvariablen $\vec{r}, \vec{p}$ zu kanonisch konjugierten Operatoren $\hat{\vec{r}}, \hat{\vec{p}}$ wodurch die HAMILTON-Funktion H zu einem Operator $\hat{H}$ wird, der auf die Amplitude des Materiefeldes einwirkt. Man erhält so

$$\hat{H} = \frac{1}{2m}\left[\hat{p}^2 - e(\hat{\vec{p}}\hat{\vec{A}} + \hat{\vec{A}}\hat{\vec{p}}) + e^2\hat{A}^2\right] + \hat{V} . \tag{XI.75}$$

In Erinnerung an die Berechnung von Kommutatoren vermittels einer Operatordifferentiation, gelangt man mit

$$\left[\hat{\vec{A}}, \hat{\vec{p}}\right] = i\hbar\,\mathrm{div}\hat{\vec{A}}$$

zu

$$\hat{H} = \frac{1}{2m}\hat{p}^2 - \frac{e}{m}\hat{\vec{A}}\hat{\vec{p}} - \frac{e\hbar}{2im}\mathrm{div}\hat{\vec{A}} + \frac{e^2}{2m}\hat{A}^2 + \hat{V} . \tag{XI.76}$$

Die Abschätzung des 3. Terms unter Benutzung der LORENTZ-Bedingung $\mathrm{div}\vec{A} = -1/c^2e \cdot \partial V/\partial t$, ergibt einen verschwindend kleinen Beitrag von etwa 10^{-4} V, falls als zeitliches Intervall die Umlaufzeit der 1. BOHRschen Bahn benutzt wird. Der 4. Term wird mit Gl. (XI.74b) bei einer magnetischen Flußdichte von 1 T und einer räumlichen Ausdehnung von einem BOHRschen Radius auf den geringen Wert von 10^{-3} V abgeschätzt und kann ebenfalls vernachlässigt werden.

Als resultierender HAMILTON-Operator ergibt sich dann, unter Berücksichtigung des beim Übergang vom Teilchen- zum Wellenbild zu erfüllenden Übersetzungschemas in der Ortsdarstellung

$$\begin{aligned} \hat{\vec{p}} &\longrightarrow -i\hbar\,\mathrm{grad}_{\vec{r}} \\ \hat{\vec{r}} &\longrightarrow \vec{r} \end{aligned}$$

und unter der Annahme einer homogenen magnetischen Flußdichte in z-Richtung $\vec{B} = (0, 0, B)$ mit dem Vektorpotential $\vec{A} = (-By/2, Bz/2, 0)$, zu

$$\hat{H} = -\frac{\hbar^2}{2m}\Delta - V + \frac{e\hbar}{2m}iB\frac{\partial}{\partial\varphi} , \tag{XI.77}$$

wobei die Einführung von Kugelkoordinaten r, ϑ, φ an Stelle von kartesischen Koordinaten x, y, z den Operatorausdruck im 3. Term nach der Relation

$$x\frac{\partial}{\partial y} - y\frac{\partial}{\partial x} = \frac{i}{\hbar}\hat{L}_z = \frac{\partial}{\partial\varphi}$$

verständlich macht.

Die Lösung des Eigenwertproblems der SCHRÖDINGER-Gleichung $\hat{H}\psi = E\psi$ mit dem HAMILTON-Operator (XI.77), der in der Form

$$\hat{H} = \hat{H}_0 + \hat{H}_1 \quad (\hat{H}_1\text{: Störoperator}) \tag{XI.78}$$

geschrieben werden kann, gelingt mit Hilfe von Eigenfunktionen in Form eines Separationsansatzes

$$\psi_{n,l}^{m}(\vec{r}) = \text{const}\ \frac{1}{r} R_{n,l}(r) \cdot Y_l^m(\vartheta, \varphi)\ ; \tag{XI.79}$$

dabei bedeuten
R: sphärische BESSEL-Funktion,
$Y_l^m = e^{\pm im\varphi} P_l^m(\vartheta)$: Kugelflächenfunktion,
P: zugeordnete LEGENDRE-Funktion,
n: Hauptquantenzahl, l: Drehimpulsquantenzahl, m: magnetische Quantenzahl.

Die Wirkung des durch das Magnetfeld zusätzlich auftretenden Störoperators $\hat{H}_1$ auf die Kugelflächenfunktionen liefert die Eigenwerte

$$E = E_{n,l} - m_l \mu_B \cdot B \tag{XI.80}$$

mit der magnetischen Quantenzahl $|m_l| \leq l$ ($\mu_B = \hbar e/2m$: BOHRsches Magneton, als das magnetisches Moment eines den Kern auf der 1. BOHRschen Bahn mit dem Drehimpuls $|\vec{l}| = 1\hbar$ klassisch umlaufenden Elektrons), die die natürliche Entartung aufheben und so zum Auftreten von $(2l+1)$ weiteren Energiezuständen (ZEEMAN-Unterniveaus) Anlaß geben. Die Energieabstände liegen symmetrisch um den entarteten Wert $E_{n,l}$ und wachsen linear mit der magnetischen Flußdichte B (Fig.XI.16). Voraussetzung für die Aufhebung der Entartung ist die Annahme einer Zentralkraft bzw. eines abstandsabhängigen Potentials $V(r)$, das die Separation der SCHRÖDINGER-Gleichung durch den Ansatz (XI.79) in einen radialen und winkelabhängigen Teil rechtfertigt. Die Größe der Aufspaltung benachbarter ZEEMAN-Niveaus beträgt $\Delta E = \mu_B \cdot B = 9.27 \cdot 10^{-24}$ J$\cdot B$[T] oder $5.78 \cdot 10^{-5}$ eV$\cdot B$[T].

Die Aufhebung der natürlichen Entartung ist allein auf Grund von Symmetrieüberlegungen mit gruppentheoretischen Hilfsmitteln zu verstehen. Die zusätzliche Störung $\hat{H}_1$ im HAMILTON-Operator (XI.77) infolge der endlichen magnetischen Flußdichte $\vec{B}$ verringert die ursprüngliche orthogonale Rotationssymmmetrie O(3), bei der beliebige dreidimensionale Drehungen um einen festen Punkt des HAMILTON-Operators invariant lassen und damit identische Lagen erzeugen, zu einer axialen Symmetrie $C_{\infty,h}$. Die eine Invarianz des HAMILTON-Operators garantierenden und so mit ihm vertauschbaren Operationen sind außer der Identität nur noch Drehungen C_∞^φ um beliebige Winkel φ mit der Magnetfeldrichtung als Drehachse sowie die Spiegelung σ_h an einer Ebene senkrecht zur Drehachse und die Inversion i. Eine solche Symmetriereduktion führt mit Hilfe der Darstellungstheorie, die die Übersetzung der Symmetrieoperationen in Operatoren (Matrizen) zum Thema hat, zu einer reduziblen Darstellung (bei Beibehaltung der Kugelflächenfunktionen als vollständige Basis), deren Bestandteile, die sogenannten irreduziblen Darstellungen, die ZEEMAN-Unterniveaus repräsentieren.

Die Frage nach möglichen Änderungen der Energiezustände unter Emission von elektrischer Dipolstrahlung entscheiden die Auswahlregeln. Ihre Herleitung gründet sich auf die Wechselwirkung des Elektrons mit dem Strahlungsfeld, wodurch ein Störoperator in der Form des 2. Terms von Gl. (XI.76) auftritt. Die Berechnung der Übergangswahrscheinlichkeit (als Quadrat des gestörten Propagators) erfordert eine zeitabhängige

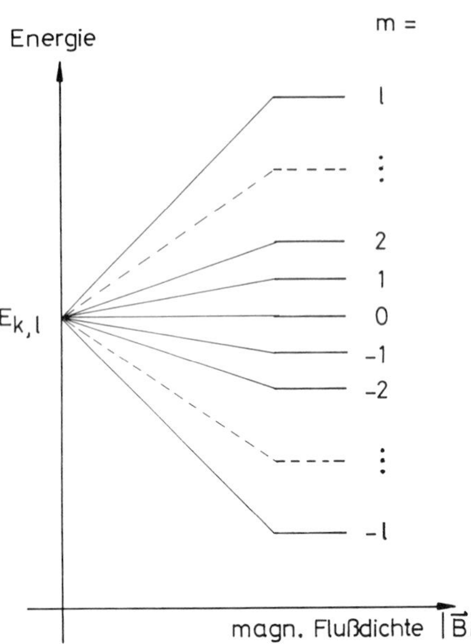

Fig. XI.16: Aufspaltung der Energiewerte $E_{n,l}$ eines Atoms mit kugelsymmetrischem Potential in $(2l+1)$ ZEEMAN-Unterniveaus (Aufhebung der natürlichen Entartung) im äußeren Magnetfeld.

(DIRACsche) Störungsrechnung, deren 1. Ordnung ausgewertet wird. Schließlich benutzt man nach der Dipolnäherung die Tatsache, daß die emittierte Wellenlänge die Atomdimensionen überragt, wodurch die räumliche Konstanz der Strahlungsamplitude gewährleistet wird. Ersetzt man den im Matrixelement der Übergangswahrscheinlichkeit w_{ba} vom Zustand $|u_a>$ zum Zustand $|u_b>$ noch verbleibenden Impulsoperator $\hat{\vec{p}}$ durch den Kommutator zwischen HAMILTON- und Ortsoperator

$$w_{ba} \sim | < u_b|\hat{\vec{p}}|u_a > |^2 = \left(\frac{m}{i\hbar}\right)^2 | < u_b|\hat{\vec{r}}\hat{H}_0 - \hat{H}_0\hat{\vec{r}}|u_a > |^2 ,$$

dann erhält man

$$w_{ba} \sim (E_a^0 - E_b^0)^2 | < u_b|\hat{\vec{r}}|u_a > |^2 , \qquad \text{(XI.81)}$$

wonach der Übergang entscheidend durch den Ortsoperator bzw. den elektrischen Dipoloperator $e\hat{\vec{r}}$ geprägt wird.

Die Zerlegung des Ortsoperators $\hat{\vec{r}}$ in drei linear unabhängige Operatoren, z.B. der Raumrichtungen im Ortsraum oder deren Linearkombinationen ergibt die drei Dipolmatrixelemente

$$A \;=\; \text{const} \cdot | < u_b|\hat{x} + i\hat{y}|u_a > |^2$$

$$B = \text{const} \cdot | < u_b|\hat{x} - i\hat{y}|u_a > |^2$$
$$C = \text{const} \cdot | < u_b|\hat{z}|u_a > |^2 ,$$

deren Nichtverschwinden die Forderung nach

$$\Delta m_l = \pm 1 \quad \text{für} \quad A, B \neq 0 \quad \text{und} \qquad \text{(XI.82)}$$
$$\Delta m_l = 0 \quad \text{für} \quad C \neq 0$$

stellt. Dabei kann der Übergang C mit einem in z-Richtung schwingenden elektrischen Dipol korreliert werden, dessen Emission linear polarisiert ist. Die Übergänge A und B können nach dieser anschaulichen Übertragung ins Teilchenbild zwei Dipolen entsprechen, die in der $x-y$-Ebene rotieren, wonach solche Übergänge in der Ebene zirkular polarisierte Strahlung erwarten lassen.

Die Berücksichtigung des Eigendrehimpulses (Spin) des Elektrons und mithin eines weiteren magnetischen Moments führt zum anomalen ZEEMAN-Effekt. Vom Standpunkt der formalen Quantenmechanik muß dieser Spin in einem eigenen zweidimensionalen, unitären Vektorraum mit den beiden Spin-Eigenvektoren als Basiszustände beschrieben werden. Nachdem die Spinobservablen mit den Observablen der Bahnbewegung vertauschbar sind, kann der gesamte HILBERT-Raum aus dem direkten Produkt der beiden unitären Vektorräumen gebildet werden. Als Konsequenz ergeben sich für die Basiszustände des gesamten Raumes Produkte aus Bahndrehimpuls- und Spinvektoren

$$|u_l^{m_l} u_s^{m_s} >= |u_l^{m_l} > \cdot |U_s^{m_s} > . \qquad \text{(XI.83)}$$

Die Darstellung der Eigenvektoren des Gesamtdrehimpulsoperators durch die Basisvektoren bildet dann die Linearkombination

$$|u_j^{m_j} >= \sum_{m_l} \sum_{m_s} |u_l^{m_l} > |u_s^{m_s} > C^{m_l m_s} \qquad \text{(XI.84)}$$

mit den CLEBSCH-GORDAN (WIGNER)-Koeffizienten C, die die Projektion des beliebigen Zustands $|u_j^{m_j} >$ auf die Produktzustände (Basiszustände) bedeuten.

Eine anschauliche Darstellung der LS-Kopplung , die die Spin-Bahn-Wechselwirkung gegenüber der COULOMB-Wechselwirkung im HAMILTON-Operator vernachlässigt, gelingt durch das Vektormodell. In diesem werden die Observablen durch Vektoren im Ortsraum vertreten. Ausgehend von einem resultierenden Bahndrehimpuls $\vec{L} = \sum_i \vec{l}_i$ und einem resultierenden Spin $\vec{S} = \sum_i \vec{s}_i$ wird der zusammengesetzte Drehimpuls $\vec{J} = \vec{L} + \vec{S}$ durch vektorielle Addition erhalten (Fig.XI.17). Seine z-Komponente J_z ist die Projektion auf die Magnetfeldrichtung und beträgt gemäß der Eigenwertgleichung

$$\hat{J}_z|u >= m_J \hbar |u > \qquad \text{(XI.85)}$$

ein Vielfaches von $\hbar$ $(-J < m_J < +J)$. Zur Berechnung der zusätzlichen Energie im Magnetfeld

$$\vec{E} = (\vec{\mu}, \vec{B}) \qquad \text{(XI.86)}$$

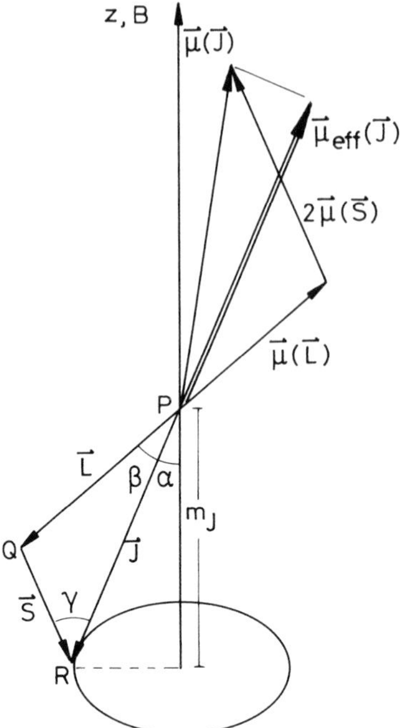

Fig. XI.17: Vektormodell der Drehimpulsoperatoren bei LS-Kopplung ($g\mu_B B \ll$ Feinstrukturaufspaltung $\Delta E_{L,S}$).

benötigt man die mit den Drehimpulsen verknüpften magnetischen Momente, wobei entscheidend zu berücksichtigen ist, daß das vektorielle resultierende magnetische Moment $\vec{\mu}(\vec{J})$ nicht in die Richtung des resultierenden Drehimpulses $\vec{J}$ zeigt. Der Grund hierfür liegt in der magnetomechanischen Anomalie, die für den Spin ein doppelt so großes Moment (bezogen auf die Drehimpulseinheit $\hbar$) fordert

$$\vec{\mu}(\vec{J}) = \vec{\mu}(\vec{L}) + \vec{\mu}(\vec{S}) \ . \tag{XI.87}$$

Die wirksame Komponente μ_{eff}, die sich durch die Konstanz seines Wertes bei der Kreiselbewegung von $\vec{J}$ um die Magnetfeldrichtung auszeichnet, zeigt in Richtung des Gesamtdrehimpulses $\vec{J}$:

μ_{eff} = Projektion von $\vec{\mu}(\vec{L})$ auf $\vec{J}$-Richtung +
+ 2× Projektion von $\vec{\mu}(\vec{S})$ auf $\vec{J}$-Richtung

bzw.

$$\mu_{eff} = \mu_B \cos\beta + 2\mu_B \cos\gamma \ . \tag{XI.88}$$

Die Werte der Kosinusse werden aus dem Dreieck PQR (Fig.XI.17) mit Hilfe des Kosinussatzes ermittelt. Nach Gl. (XI.86)

$$E = \mu_{eff} \cdot B \cos\alpha$$

mit

$$\cos\alpha = \frac{m_J}{\sqrt{J(J+1)}\hbar} \quad \text{(s. Gl.XI.85)}$$

erhält man dann als zusätzliche ZEEMAN-Energie

$$E = m_J g(J, L, S)\mu_B \cdot B \,, \tag{XI.89}$$

wobei der g-Faktor als Konsequenz der magnetomechanischen Anomalie berechnet werden kann zu

$$g(J, L, S) = 1 + \frac{J(J+1) - L(L+1) + S(S+1)}{2J(J+1)} \,. \tag{XI.90}$$

Die Diskussion der magnetomechanischen Anomalie gelingt besonders eindrucksvoll, wenn man versucht, das Verhältnis vom Betrag des magnetischen Moments μ zum Betrag des Eigendrehimpulses S auf klassischer Grundlage mit der Vorstellung einer mit Ladung und Masse behafteten Kugel zu berechnen:

$$\begin{aligned} \frac{\mu}{S} &= \frac{\text{Kreisstrom·Fläche}}{\text{Trägheitstensor· Winkelgeschwindigkeit}} \quad \text{oder} \\ \frac{\mu}{S} &= \frac{\int d^3r \cdot \omega/2\pi \cdot \rho_{el}(\vec{r})\pi r^2}{\int d^3r \cdot r^2 \cdot \rho_m(\vec{r})\omega} = \frac{1}{2}\frac{\int d^3r \cdot \rho_{el}(\vec{r})}{\int d^3r \cdot \rho_m(\vec{r})} \,. \end{aligned} \tag{XI.91}$$

Die Unkenntnis der Struktur des Elektrons und mithin der elektrischen Ladungsverteilung ρ_{el} wie der materiellen Masseverteilung ρ_m verhindert die weitere Auswertung der Integrale, wodurch eine Berechnung scheitert. Um weitere Aufklärung zu erhalten genügt es, eine Linearisierung der SCHRÖDINGER-Gl. anzustreben, ohne relativistische Effekte durch die DIRAC-Gl. zu beachten. Dies bedeutet den Versuch, neben der linearen Zeitableitung auch eine lineare Ortsableitung zu gewinnen, was zwangsläufig auf ein gekoppeltes Gleichungssystem für zwei Zweierspinoren führt. Berücksichtigt man weiter ein elektromagnetisches Feld durch die minimale Kopplung (s.o.), so findet man schließlich nach Elimination einer der beiden Spinoren die PAULI-Gl., die die Bestimmung des Verhältnisses zu

$$\frac{\mu}{S} = g \cdot \frac{e}{2m} \tag{XI.92}$$

ermöglicht. Es ist mit $g = 2$ doppelt so groß ist wie jenes, das die Vorstellung vom kreisenden Elektron ergibt ($\mu/S = e/2m$). Weitere Korrekturen fordert die relativistische Quantenfeldtheorie (Quantenelektrodynamik), bei der unter Einbeziehung virtueller Prozesse und der daraus sich ergebenden Störungskorrekturen bzgl. der Masse und der Ladung in einem Renormierungsverfahren der Wert $g = 2.0023$ gefunden wird.

Die Tatsache, daß nach Gl. (XI.89) die Größe der Energieaufspaltung in ZEEMAN-Unterniveaus vom g-Faktor und folglich von den Drehimpulsquantenzahlen J, L, S abhängt, läßt in den meisten Fällen die Energieaufspaltung im Ausgangszustand und Endzustand unterschiedlich weit ausfallen. Eine Zustandsänderung unter Beachtung

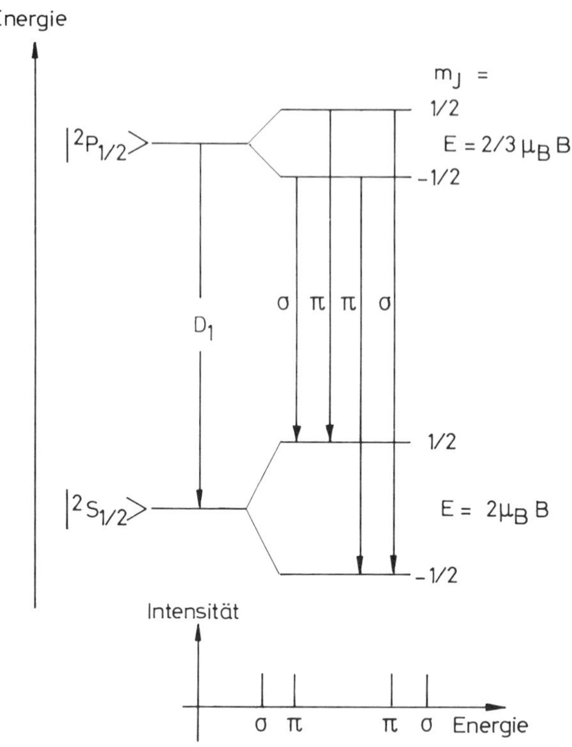

Fig. XI.18: Anomaler ZEEMAN-Effekt an der D_1-Emission von **Na** (λ = 589.6 nm) bei transversaler Beobachtung.

der Auswahlregeln (XI.82) wird demnach die Emission eines Spektrums mit mehr als drei Linien verursachen, wie es am Beispiel des **Na**-Atoms zwischen der Multiplettkomponente $^2P_{1/2}$ und dem Grundzustand $^2S_{1/2}$ ("D1-Linie") in Fig. XI.18 demonstriert wird. Erst wenn der g-Faktor in den betrachteten Zuständen den gleichen Wert zeigt und so die Größe der Aufspaltung identisch macht, werden einige Emissionen ungeachtet der unterschiedlichen Ausgangs- und Endzustände spektral zusammenfallen, woraus das ZEEMAN-Triplett des normalen Effekts resultiert (Fig. XI.15).

Falls die ZEEMAN-Aufspaltung groß gegen die Feinstrukturaufspaltung ausfällt $g\mu_B B \gg E_{L,S}$, werden der Bahndrehimpuls und der Spin unabhängig voneinander um die Feldrichtung präzedieren, so daß das magnetische Moment in Feldrichtung $(m_L + 2m_S) \cdot \mu_B$ beträgt (Fig. XI.19). Die zusätzliche ZEEMAN-Energie beträgt dann

$$E = (m_L + 2m_S)\mu_B \cdot B \ . \tag{XI.93}$$

Mit den Auswahlregeln $\Delta m_L = 0, \pm 1$ und $\Delta m_S = 0$ bekommt man in der Emission ein Spektrum, das erneut die dreifache Linienstruktur des normalen ZEEMAN-Effekts zeigt (PASCHEN-BACK-Effekt, Fig. XI.20).

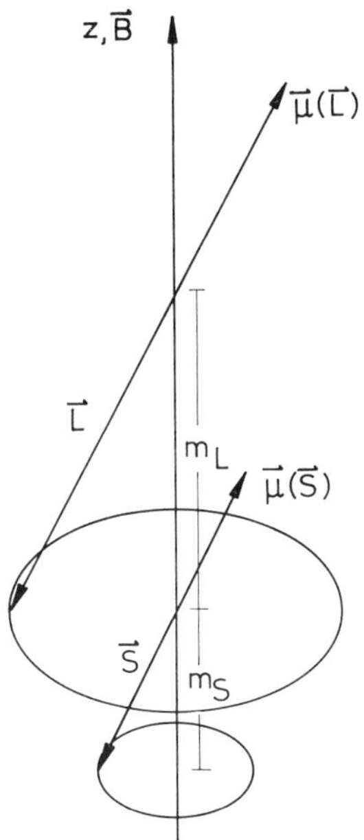

Fig. XI.19: Vektormodell der Drehimpulsoperatoren beim PASCHEN-BACK-Effekt ($g\mu_B B \gg E_{L,S}$).

Die Grundlage dieses anschaulichen Vektormodells bilden die Drehimpulsoperatoren im Störterm des HAMILTON-Operators $\hat{H}_1$ (XI.78). Für den Fall $E_1 \ll E_{L,S}$ betrachtet man

$$\hat{H} = \hat{H}_0 + \hat{H}_{L,S} + \mu_B \cdot B(\hat{J}_z + 2\hat{S}_z) \tag{XI.94}$$

und löst das Eigenwertproblem mit jenen Eigenvektoren $|u_J^{m_J}>$, die auch Eigenvektoren von $\hat{H}_0$ sind. Die Berechtigung dazu liefert sowohl die Vertauschbarkeit von $\hat{J}_z$ wie die von $\hat{S}_z$ mit $\hat{H}_0$. Die Diagonalisierung der Operatoren in Gl. (XI.94) ergibt dann die Eigenwerte des Störoperators, wie sie in Gl. (XI.89) zum Ausdruck kommen.

Im Fall des starken Magnetfeldes $E_1 \gg E_{L,S}$, bei dem die Multiplettaufspaltung vernachlässigt werden kann, wird der HAMILTON-Operator

$$\hat{H} = \hat{H}_0 + \mu_B(\hat{L}_z + 2\hat{S}_z) \tag{XI.95}$$

benutzt. Die zur Lösung des Eigenwertproblems verwendeten Eigenvektoren sind von der Produktform $|u_L^{m_L}>|u_S^{m_S}>$. Im Ergebnis erhält man damit eine Diagonalisierung von $\hat{H}$ mit den Werten von Gl. (XI.93) für den Störoperator.

Ein oft unerwähnter und dennoch nicht unbedeutender Fall erwächst aus der Bedingung, daß die ZEEMAN-Aufspaltung mit der Feinstrukturaufspaltung vergleichbar ist

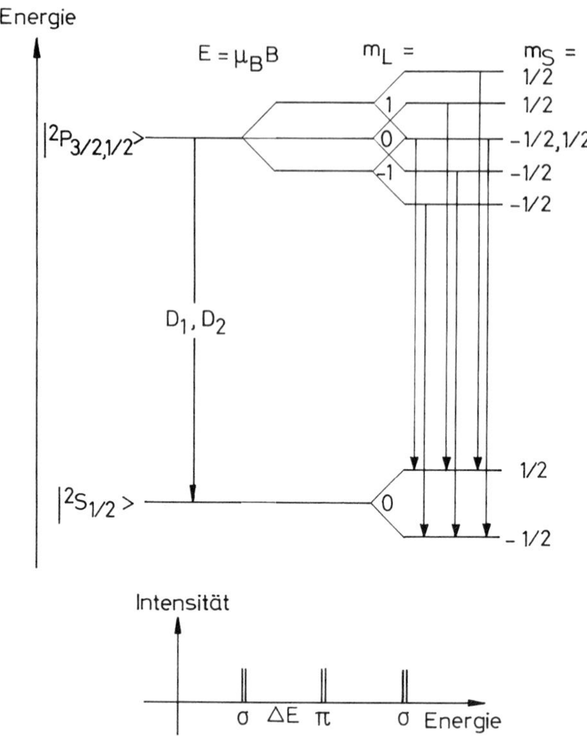

Fig. XI.20: Energieschema und Emissionsspektrum bei vollständigem PASCHEN-BACK-Effekt am Beispiel der D_1-Emission von **Na**; schwache Dublettstruktur der einzelnen Komponenten infolge der geringen Spin-Bahn-Wechselwirkung.

($E_1 \approx E_{L,S}$). Das Eigenwertproblem auf der Grundlage eines HAMILTON-Operators der Form (XI.94) erfordert hier die Berücksichtigung aller Eigenvektoren $|u_J^{m_J}>$ des gesamten Multipletts ($= \sum_{J=|L-S|}^{L+S}(2J+1)$) nach Gl. (XI.84). Gemäß der Vertauschbarkeit von $\hat{J}_z$ mit $\hat{H}$ wird die Diagonalform der zu diesem Operator zugehörigen Matrix erwartet. Anders dagegen verhält es sich mit dem Operator der Eigendrehimpulskomponente $\hat{S}_z$, der wegen des Zusatztermes $\hat{H}_{L,S}$ in (XI.94) nicht mit dem HAMILTON-Operator vertauschbar ist und demnach für das Auftreten von Nichtdiagonalelementen der mit den Eigenvektoren berechneten Matrix verantwortlich ist. Die Diagonalisierung des Störoperators ergibt schließlich Eigenwerte, die keine lineare Abhängigkeit von der magnetischen Flußdichte mehr aufweisen. Als Konsequenz kann man eine Überschneidung von ZEEMAN-Niveaus ("level crossing") erwarten (Fig. XI.21).

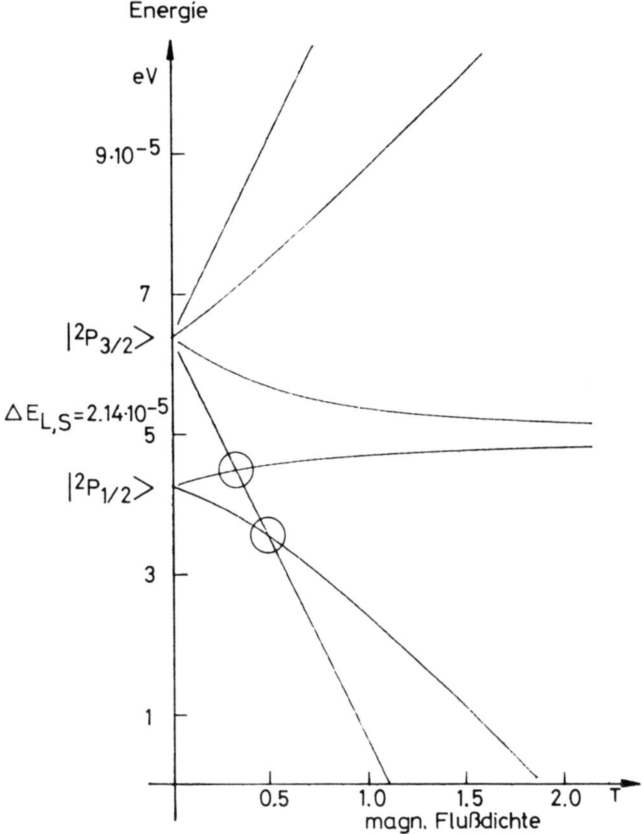

Fig. XI.21: ZEEMAN-Aufspaltung der **Na**-Multiplett Zustände $|^2P_{\frac{1}{2}}>$, $|^2P_{\frac{3}{2}}>$ als Funktion der Magnetfeldstärke (0: "level crossing").

XI.4.2 Experimentelles

Ein Elektromagnet mit Eisenkern vermag magnetische Flußdichten von der Stärke 0.5 T bis 1 T (bei einer Stromversorgung von 2 A bis 3 A) zu erzeugen. Die Magnetfeldmessung geschieht induktiv mittels einer Probespule ($n = 25$, $\phi = 10$ mm) und eines damit verbundenen spannungsempfindlichen Galvanometers ($C_u = 5 \cdot 10^{-7}$ V/mm$\cdot$ m^{-1}) im ballistischen Betrieb (s. Abschn. II.5). Eine lange Spule ($l = 1$ m, $n = 1000$, $\phi = 5$ cm) erlaubt die Berechnung seines Magnetfeldes, so daß zusammen mit einer weiteren Induktionspule ($l = 1.3$ cm, $n = 600$) eine Kalibrierung des Galvanometers durchgeführt werden kann.

Das zu untersuchende atomare System wird durch eine Spektrallampe (**Cd, He**) dargestellt. Ein Polarisator im Strahlengang dient zur Auslöschung der π-Komponente, wodurch die Ermittlung der Aufspaltung erleichtert wird. Die Beobachtung erfolgt transversal. Als spektroskopischer Apparat wird eine LUMMER-GEHRCKE-Platte verwen-

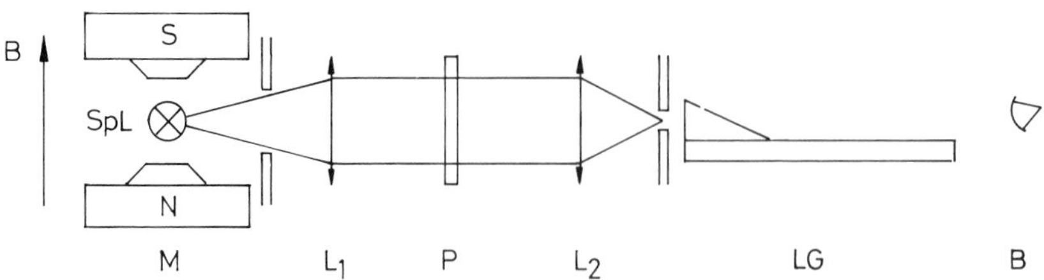

Fig. XI.22: Schematische Darstellung der experimentellen Anordnung zur Messung des ZEEMAN-Effekts; SpL: Spektrallampe, M: Magnet, L_1, L_2: Linsen, P: Polarisator, LG: LUMMER-GEHRCKE Platte, B: Beobachter.

det. Der Nonius garantiert eine Winkelablesung mit einer Genauigkeit von einer Bogenminute (Fig. XI.22).

XI.4.3 Aufgabenstellung

Die ZEEMAN-Aufspaltung der im sichtbaren Spektralbereich liegenden Emissionen wird mit einer LUMMER-GEHRCKE-Platte spektroskopisch vermessen. Aus der Größe der Aufspaltung ist e/m zu berechnen. Als Zwischenergebnis ist der Brechungsindex sowie die Ordnung der Interferenz anzugeben.

XI.4.4 Anleitung

Am **Cd** werden der Übergang im Singulettsystem 2^1P_1 - 3^1D_2 ($\lambda = 643.847$ nm) sowie die Übergänge im Triplettsystem $2^3P_{0,1,2}$ - 2^3S_1 ($\lambda_1 = 467.81$ nm; $\lambda_2 = 479.991$ nm; $\lambda_3 = 508.588$ nm) spektroskopiert (Fig. XI.23).

Beim **He** ist die geringe Multiplettaufspaltung infolge der schwachen Spin-Bahn-Wechselwirkung zu berücksichtigen. Im Vergleich mit der ZEEMAN-Aufspaltung bei $B = 1$ T findet man für die Übergänge im Triplettsystem 2^3P_{012} - 3^3D ($\lambda_1 = 587.56$ nm; $\lambda_2 = 587.60$ nm) Werte, die etwa 1 Größenordnung darunter liegen, wodurch die Beobachtung des PASCHEN-BACK-Effekts erwartet wird. Die Übergänge im Singulettsystem 2^1S_0 - 3^1P_1 ($\lambda = 501.6$ nm) und 2^1P_1 - 3^1D_2 ($\lambda = 667.8$ nm) zeigen den normalen ZEEMAN-Effekt (Fig. XI.24).

Die bei der LUMMER-GEHRCKE-Platte wesentliche Interferenz wird durch den Gangunterschied Δ benachbarter Strahlen geprägt (Fig. XI.25). Geometrische Überlegungen führen auf die Beziehung

$$\Delta = n \cdot \frac{2d}{\cos\beta} - 2d \sin\alpha \cdot \tan\beta \ . \tag{XI.96}$$

Die Elimination des Winkels β gelingt mit Hilfe des Brechungsgesetzes

$$\frac{\sin\alpha}{\sin\beta} = \frac{n}{1} ,$$

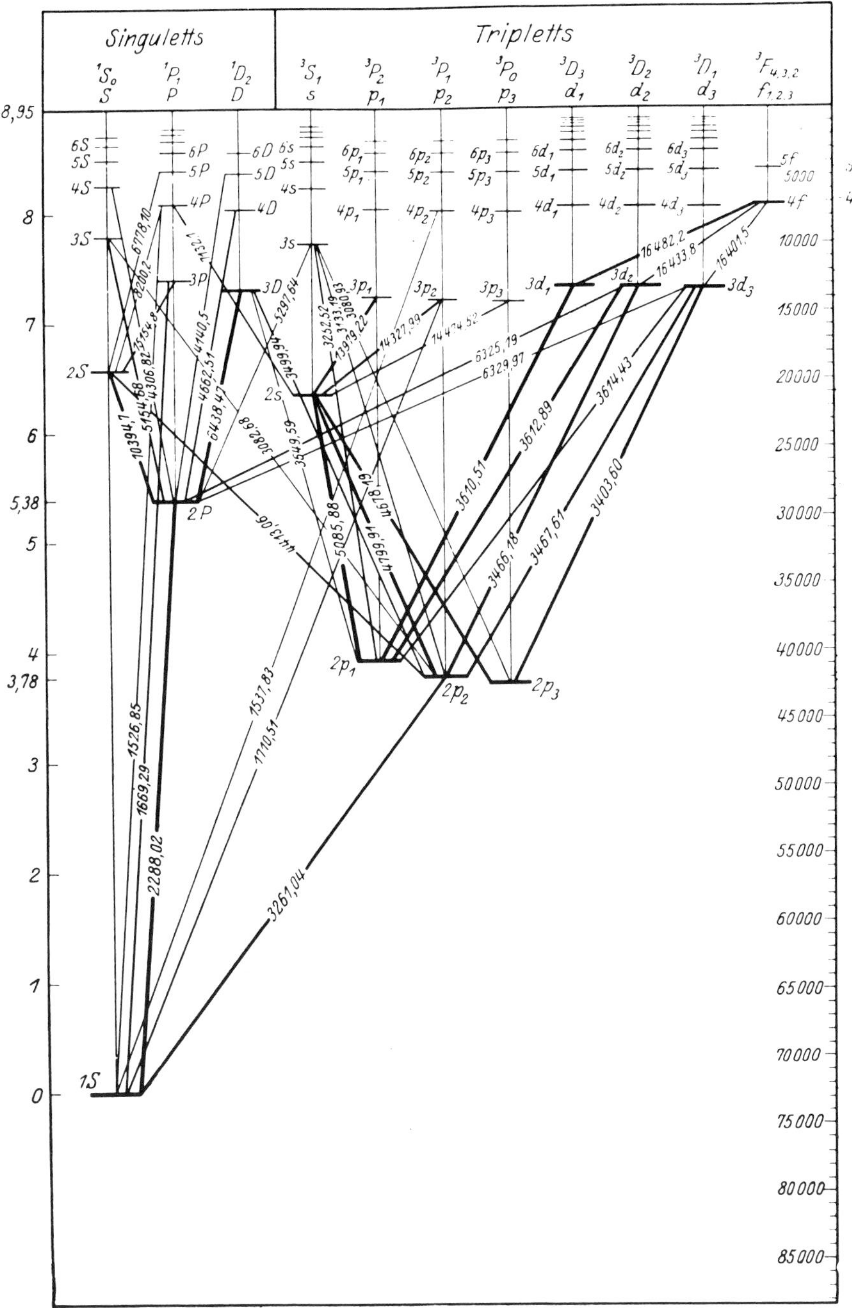

Fig. XI.23: Energietermschema des Cadmium-Atoms; Wellenlänge in Å, Energien (linke Ordinate) in eV, Wellenzahlen (rechte Ordinate) in cm^{-1} (n. GROTRIAN).

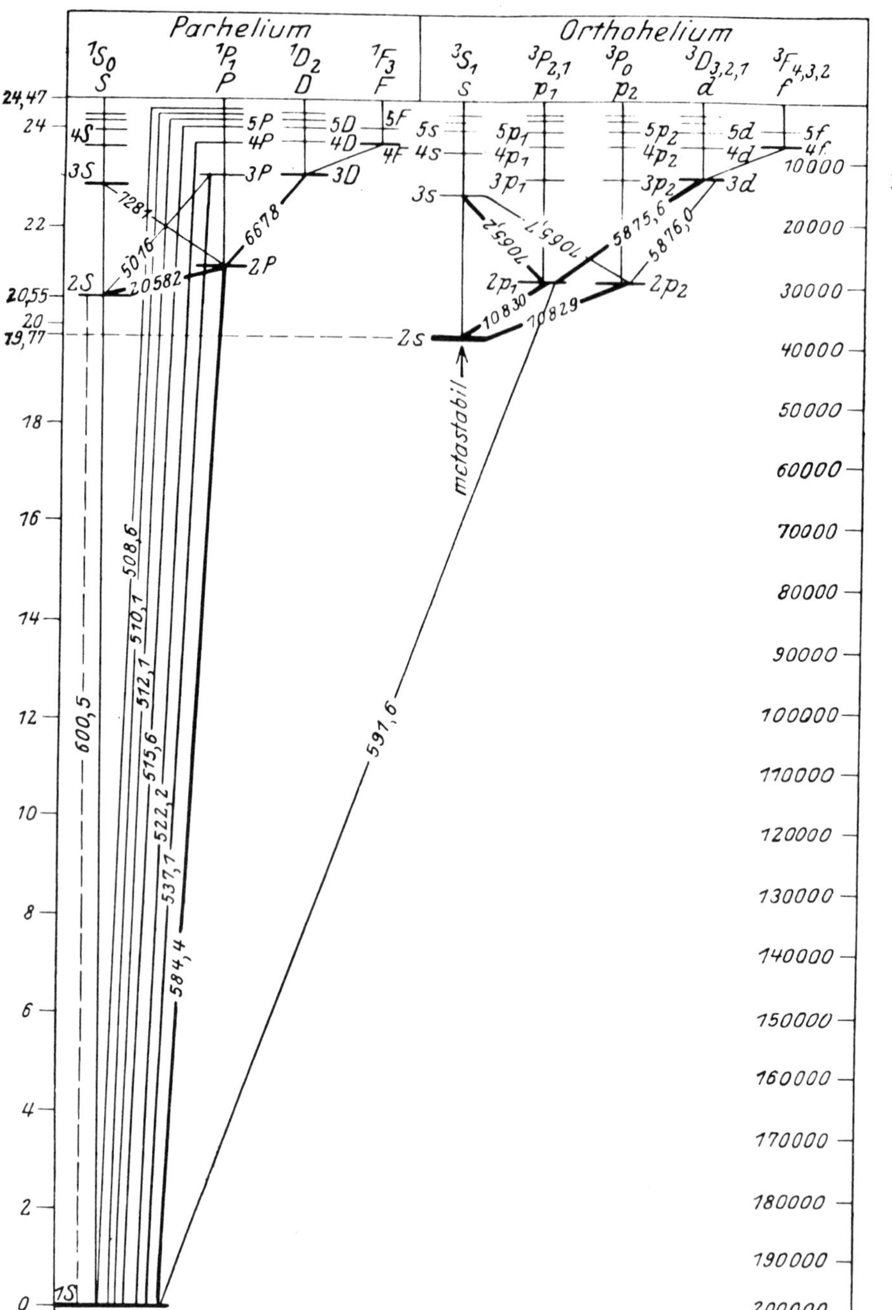

Fig. XI.24: Energietermschema des Helium-Atoms; Wellenlängen in Å, Energien (linke Ordinate) in eV, Wellenzahlen (rechte Ordinate) in cm^{-1} (n. GROTRIAN).

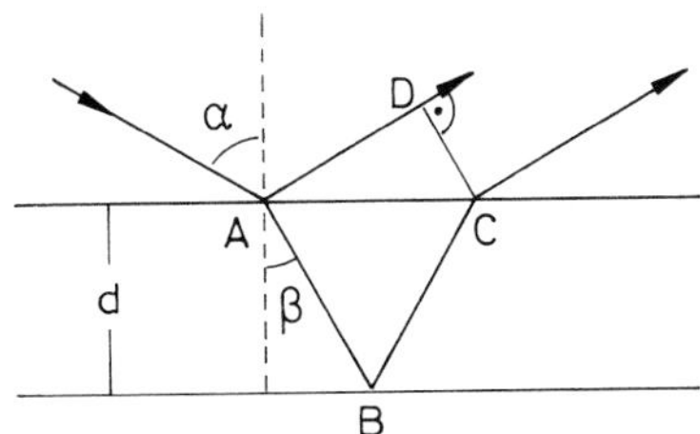

Fig. XI.25: Strahlengang bei der LUMMER-GEHRCKE-Platte zur Herleitung der Interferenzbedingung; d: Dicke der Platte; α: Einfallswinkel; Gangunterschied Δ: $n\cdot(\overline{AB}+\overline{BC})-\overline{AD}$ (n: Brechungsindex).

woraus die Beziehung

$$\Delta = 2d\sqrt{n^2 - \sin^2\alpha} \tag{XI.97}$$

resultiert. Die Beobachtung von Intensitätsmaxima wird dort erwartet, wo die Interferenzbedingung

$$\Delta = k \cdot \lambda \qquad (k = \text{Ordnungszahl}) \tag{XI.98}$$

erfüllt ist.

Zur Ermittlung des Brechungsindex n bildet man nach (XI.97) und (XI.98) die partielle Ableitung

$$\frac{\partial k}{\partial \alpha} = -\frac{2d \sin\alpha \cdot \cos\alpha}{\lambda\sqrt{n^2 - \sin^2\alpha}} \tag{XI.99}$$

und beobachtet die Änderung der Ordnung von k nach $k+1$, also mit $\Delta k = 1$; der meßbare Winkelunterschied sei $\Delta\alpha$.

Die gesuchte Wellenlängenänderung $\partial\lambda$ setzt die Kenntnis der Winkeldispersion $\partial\lambda/\partial\alpha$ voraus. Aus dem totalen Differential

$$d\lambda = \frac{\partial\lambda}{\partial n} dn + \frac{\partial\lambda}{\partial\alpha} d\alpha$$

läßt sich die Winkeldispersion zu

$$\frac{\partial\lambda}{\partial\alpha} = -\frac{\lambda \sin\alpha \cdot \cos\alpha}{n^2 - \sin^2\alpha - n\lambda\, dn/d\lambda} \tag{XI.100}$$

bestimmen. Unter Vernachlässigung des Terms $n\lambda dn/d\lambda$ kann die Wellenlängenänderung mit

$$\partial\lambda = -\frac{\partial\alpha}{\Delta\alpha} \cdot \Delta\lambda \tag{XI.101}$$

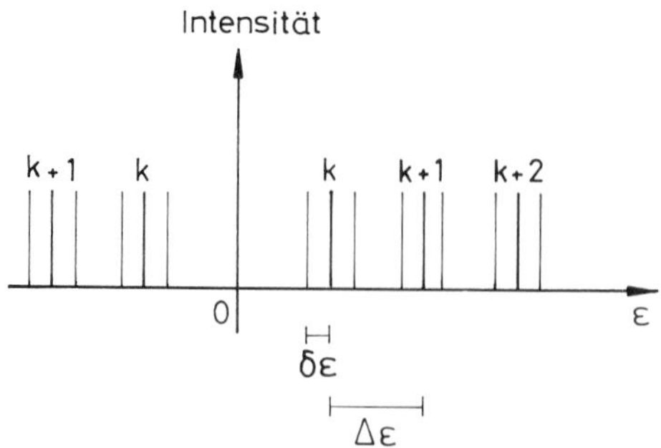

Fig. XI.26: Spektrale Zerlegung der LUMMER-GEHRCKE Platte beim normalen ZEEMAN-Effekt.

angegeben werden, wobei $\Delta\alpha$ der meßbare Winkelunterschied zwischen zwei Ordnungen ($\Delta k = 1$ in Gl. (XI.99) und $\Delta\lambda$ der nutzbare Spektralbereich (oder Dispersionsgebiet für $\partial\alpha = \Delta\alpha$) bedeuten (Fig. XI.26).

Die Frage nach dem Auflösungsvermögen A wird dadurch geklärt, daß man von der bei Interferenzerscheinungen allgemein gültigen Beziehung

$$A = kN \tag{XI.102}$$

ausgeht. Die Zahl der interferierenden Lichtwellen N berechnet sich nach $N = l/\overline{AC}$ (l: Länge der Platte) zu (s. Fig. XI.25)

$$N = \frac{l}{2d \cdot \tan\beta} .$$

Mit Gl. (XI.97) und (XI.98) erhält man dann aus (XI.102) ($\sin\alpha \approx 1$) für das Auflösungsvermögen

$$A = \frac{l}{\lambda}(n^2 - 1) . \tag{XI.103}$$

Einer Steigerung des Auflösungsvermögens durch die Verlängerung der Platte sind Grenzen gesetzt, die nicht zuletzt in der Forderung nach Planparallelität ihren Grund haben. Die Messung erfolgt anders als beim Gitter in sehr hoher Ordnung k der Größenordnung 10^4 mit einer kleinen Zahl von Elementarwellen N, die beinahe streifend austreten. Wegen des relativ engen Dispersionsgebiets $\Delta\lambda$ (s. Gl. (XI.101) wird ein Prisma zur Vorzerlegung benutzt.

XI.5 Elektronenspinresonanz

XI.5.1 Grundlagen

Die Methode der Elektronenspinresonanz-(ESR-)Spektroskopie ist in vielen Bereichen der Naturwissenschaften nahezu unentbehrlich geworden. Sie ist dadurch charakterisiert, daß die Informationen aus der Beobachtung eines Resonanzeffekts gewonnen werden, der wegen der Korrelation mit dem Drehimpuls von Elektronen die quantenmechanische Vorstellung bemüht. Dabei muß eine wesentliche Voraussetzung für die Anwendung der Resonanzspektroskopie erfüllt sein, nämlich die Existenz einer paramagnetischen Substanz. Erst wenn atomare magnetische Dipole vorhanden sind, die sich unter dem Einfluß eines äußeren Magnetfeldes auszurichten vermögen, um zur makroskopischen Erscheinung des Paramagnetismus Anlaß zu geben, gelingt es auf Grund der Kopplung mit dem Drehimpuls, die Wirkung des Magnetfeldes im HAMILTON-Operator durch eine ZEEMAN-Aufspaltung geltend zu machen.

Setzt man voraus, daß der Paramagnetismus seine Ursache im magnetischen Moment $\vec{\mu}$ des ungepaarten Spins $\vec{S}$ von Elektronen hat, dann beschränkt sich die Wirkung des vom Magnetfeld verursachten Störoperators $\hat{H}_1$ in Gl. (XI.79) auf die Spinfunktion $|\chi_s^m>$ und liefert nach Gl. (XI.80) die Energieeigenwerte

$$E = E_0 - m_s g \mu_B \cdot B \tag{XI.104}$$

mit der magnetischen Quantenzahl $m_s = \pm 1/2$. Wie beim normalen ZEEMAN-Effekt wird auch hier die Entartung durch die symmetrieerniedrigende Wirkung des Magnetfeldes aufgehoben, woraus das Auftreten von $2S + 1 = 2$ energetisch unterschiedlichen Zuständen E_1, E_2 erwächst (Fig. XI.27).

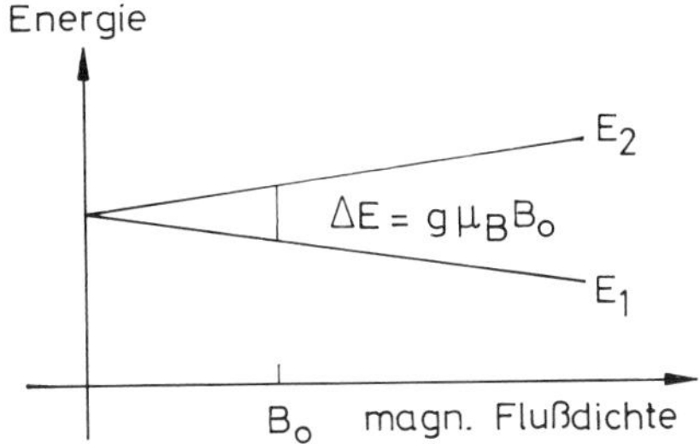

Fig. XI.27: Energieaufspaltung für ein freies Elektron im Magnetfeld.

Eine mögliche Zustandsänderung, hervorgerufen durch die Wechselwirkung mit einem elektromagnetischen Strahlungsfeld, gelingt nur über die magnetische Dipolstrahlung, was allein auf Grund der Paritäterhaltung gefordert werden muß. Nachdem Anfangs- und Endzustand als ZEEMAN-Unterniveaus E_1, E_2 aus einem Energiezustand E_0 hervorgehen, haben beide die gleichen Eigenwerte ± 1 des Paritätsoperators. Die Erhaltung der Parität im Endzustand $|\chi_2>$ verlangt einen Operator der Wechselwirkung mit gerader Parität, der so die Parität des Ausgangszustandes $|\chi_1>$ unverändert läßt. Diese Aufgabe erfüllt der Drehimpulsoperator bzw. der magnetische Dipoloperator $\hat{\mu}$, der die Stelle des elektrischen Dipoloperators (mit ungerader Parität) in Gl. (XI.81) einnimmt. Die Resonanzbedingung für die Zustandsänderung bei Absorption bzw. Emission magnetischer Dipolstrahlung lautet dann

$$\hbar\,\omega = g\mu_B \cdot B\,. \tag{XI.105}$$

Das die Zustandsänderung begleitende Umklappen des Spins kann klassisch im Bild eines Kreisels verfolgt werden. Ausgehend von einem Drehimpuls, dessen Achse nicht mit der Richtung der magnetischen Flußdichte $\vec{B}$ (hier z-Achse) zusammenfällt, findet man nach Einschalten des ZEEMAN-Feldes eine Präzessionsbewegung des Kreisels um die z-Achse als Folge eines Drehmoments $\vec{M} = \vec{\mu} \times \vec{B} = \text{const}\cdot\vec{D} \times \vec{B}$, das die zeitliche Änderung des Drehimpulses $d\vec{D}/dt$ darstellt. Diese Präzessionsbewegung läßt den Ort der Spitze des Kreisels in der $x-y$-Ebene beliebig unbestimmt, was in Korrespondenz zur quantenmechanischen Aussage steht, nach der die Nichtvertauschbarkeit der Drehimpulskomponenten untereinander verhindert, alle drei Komponenten gleichzeitig scharf zu messen. Die Präzessionsfrequenz ist die LARMOR-Frequenz $\omega_L = \text{const}\cdot B$, die der Frequenz ω in der Resonanzbedingung (XI.105) entspricht (s.a. Abschn. XIV. 1.1). Schaltet man senkrecht zu $\vec{B}$ in der $x-y$-Ebene eine wechselnde Flußdichte $\vec{B}_1 = (B_1 \cos\omega_L t, B_1 \sin\omega_L t, 0)$ ein, deren Kreisfrequenz mit der Präzessionsfrequenz ω_L identisch ist (Resonanzfall), dann sieht ein auf der Spitze des Kreisels mitbewegter Beobachter diese Flußdichte $\vec{B}_1$ als konstant an und erfährt ein Drehmoment, das die Achse des Kreisels nach unten resp. oben zu drehen sucht. Der präzedierende Kreisel wird demnach Energie aus dem magnetischen Wechselfluß aufnehmen und seine Lage bzgl. der statischen Flußdichte $\vec{B}$ ändern. Die Änderung geschieht zwischen einer Anfangslage A (Winkel $\alpha_0 = 36°$ zur z-Achse) und einer Endlage B (Winkel $\pi - \alpha_0$) mit einer Geschwindigkeit, die kleiner ist als die Umlaufgeschwindigkeit der Präzessionsbewegung (abhängig von Relaxationszeiten), wodurch die Bahnbewegung der Kreiselspitze eine schraubenartige Form annimmmt und quantenmechanisch dem Umklappen des Spins bei resonanter Einstrahlung entspricht (Fig. XI.28).

Bei einem Vielteilchensystem im thermischen Gleichgewicht fragt man nach der wahrscheinlichsten Verteilung ρ der Teilchen im Phasenraum, der durch die kanonischen Variablen Ort und Impuls aufgespannt wird. Mit der Forderung nach Konstanz der gesamten Energie des Systems und seiner Umgebung, die einen Wärmeaustausch bei konstanter Temperatur erlaubt, erhält man die sogenannte kanonische Verteilung

$$\rho_n = \text{const} \cdot e^{-E_n/kT}\,, \tag{XI.106}$$

die die Wahrscheinlichkeit dafür angibt, das System im Zustand $|n>$ mit der Energie E_n zu finden. Setzt man voraus, daß eine Wechselwirkung der magnetischen Momente unterschiedlicher Atome auf Grund genügend großer Abstände nicht stattfindet, so kann der Spin eines Elektrons als ein System mit zwei möglichen Energiezuständen E_1 und E_2 betrachtet werden. Nach (XI.106) ergibt sich dann für das Verhältnis der Besetzungszahlen

$$\frac{n_2}{n_1} = e^{-(E_2-E_1)/kT}\,. \tag{XI.107}$$

Die Störung des thermischen Gleichgewichts durch resonante Energieeinstrahlung hat eine Änderung dieses Verhältnisses zur Folge. Das Auftreten von drei Vorgängen, nämlich der Absorption B_{12}, der induzierten Emission B_{21} und der spontanen Emission

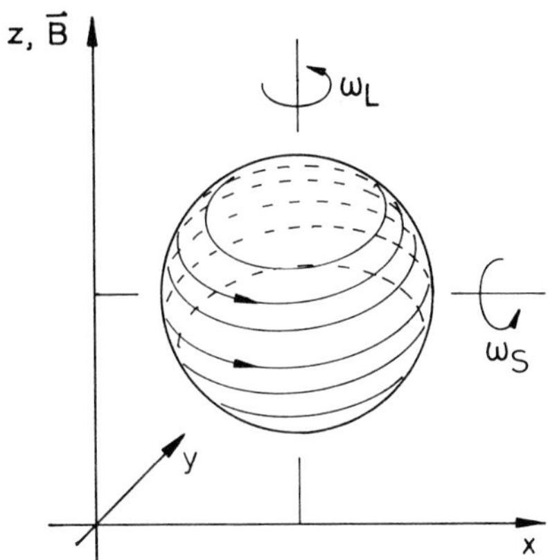

Fig. XI.28: Klassische Bahnbewegung eines Kreisels mit magnetischem Moment in Richtung der Drehimpulsachse bei Anwesenheit eines konstanten Magnetfeldes und eines dazu senkrechten Wechselfeldes mit einer Kreisfrequenz, die der Präzessionsfrequenz ω_L entspricht ($\omega_L > \omega_S$; ω_S Präzessionsfrequenz um die x-Richtung).

A_{21} kann durch die zeitliche Änderung der Besetzungszahlen in kinetischen Bilanzgleichungen erfaßt werden (s.a. Abschn. X.1.5)

$$\begin{aligned} \dot{n}_1 &= -B_{12}u(\omega)n_1 + B_{21}u(\omega)n_2 + A_{21}n_2 \, , \\ \dot{n}_2 &= -\dot{n}_1 \, , \end{aligned} \tag{XI.108}$$

($u(\omega)$: eingestrahlte spektrale Energiedichte), deren Verschwinden im thermischen Gleichgewicht $\dot{n}_1 = \dot{n}_2 = 0$ das geänderte Besetzungsverhältnis liefert (Fig. XI.29)

$$\frac{n_2}{n_1} = \frac{B_{12}u(\omega)}{A_{21} + B_{21}u(\omega)} \, . \tag{XI.109}$$

Für den Fall, daß kein äußeres Strahlungsfeld wirksam ist, kann die Energiedichte $u(\omega)$ jener der Wärmestrahlung, wie sie im PLANCKschen Gesetz formuliert wird $u_0(\omega) \sim \omega^3/(e^{\hbar\omega/kT} - 1)$, gleichgesetzt werden, woraus mit $B_{12} = B_{21}$ das Besetzungsverhältnis von Gl. (XI.107) errechnet wird. Eine Abschätzung nach Gl. (XI.105) mit $B = 1$ T und $T = 300$ K ergibt $\hbar\omega/kT \approx 0.0022$, was nach Gl. (XI.107) beinahe die Gleichbesetzung der beiden Zustände verlangt. Die Erhöhung der Strahlungsdichte durch ein zusätzliches Feld der Frequenz ω bewirkt eine weitere Angleichung der Besetzungszahlen.

Der Einbau des Spinsystems in eine Matrix (Festkörper, Flüssigkeit) verlangt zusätzlich die Berücksichtigung der Wechselwirkung mit der Umgebung. Als Konsequenz wird im angeregten Zustand $|2>$ eine Energieabgabe an das aus Nachbaratomen gebildete Gitter erwartet, wodurch eine Relaxation K_G zum energetisch tieferen Zustand $|1>$ auftritt (Fig. XI.29). Die Ergänzung von Gl. (XI.108) durch den Term $K_G n_2$ führt im Gleichgewicht ($\dot{n}_1 = \dot{n}_2 = 0$) zum Verhältnis der Besetzungszahlen

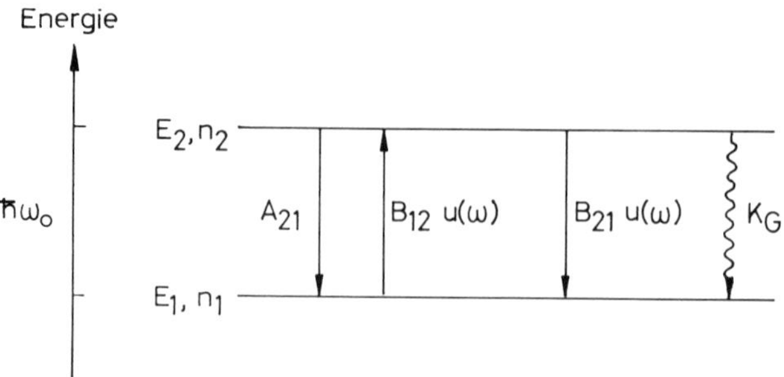

Fig. XI.29: Mögliche Übergänge in einem Spinsystem.

$$\frac{n_2}{n_1} = \frac{B_{12}u(\omega)}{A_{21} + B_{21}u(\omega) + K_G} . \tag{XI.110}$$

Die Spin-Gitter-Wechselwirkung, ausgedrückt durch die Übergangswahrscheinlichkeit K_G, übt demnach einen deutlichen Einfluß auf den Besetzungsunterschied aus. Gelingt es, die Ankopplung ans Gitter zu verstärken (z.B. durch Temperaturerhöhung, was natürlich nach Gl. (XI.107) die Wirkung der Wärmestrahlung als gegenläufigen Effekt erhöht), dann wächst der Besetzungsunterschied. Bei einem Nachweis der ESR über den Energieentzug (Absorptionsmethode) aus dem resonanten Strahlungsfeld wird dann vermehrt Energie vom System aufgenommen und mithin die Intensität des ESR-Signals erhöht. Den drei möglichen Übergängen vom oberen ZEEMAN-Niveau $|2>$ lassen sich reziproke Lebensdauern zuordnen. Faßt man die reziproken Lebensdauern für induzierte und spontane Emission zusammen zu $(\tau_0)^{-1}$, so erhält man für die gesamte Lebensdauer τ des Spinzustands $|2>$

$$\frac{1}{\tau} = \frac{1}{\tau_0} + \frac{1}{\tau_l} \tag{XI.111}$$

mit der Spin-Gitter-Relaxationszeit (longitudinale Relaxationszeit) τ_l, deren reziproker Wert ein Maß für die Ankopplung ans Gitter bzw. für die Abnahme der makroskopischen Magnetisierung in $\vec{B}$-Richtung (Längsmagnetisierung) bedeutet (s.a. Abschn. XIV.1.1). Die Mechanismen der Energieabgabe an die Umgebung können recht unterschiedlicher Art sein. Bei Festkörpern spielt häufig ein dem RAMAN-Effekt analoger Prozeß die dominierende Rolle, bei dem die antistokessche Streuung eines Phonons die Spin-Energie strahlungslos aufzunehmen vermag. Andere Vorgänge sind durch die direkte Anregung des Gitters (Erzeugung eines Phonons) oder durch die Beteiligung eines dritten Energiezustands $|3>$ geprägt. Dabei wird durch Phononenabsorption zunächst ein Übergang aus dem Spinniveau $|2>$ in das Niveau $|3>$ bewirkt, um von dort unter Phononenemission den Ausgangszustand $|1>$ anzunehmen (ORBACH-Prozeß).

In Korrespondenz zur Unschärferelation wird man nach Gl. (XI.111) eine Unschärfe der Resonanz und mithin eine Verbreiterung der ESR-Absorption erwarten, die entscheidend von der Wechselwirkung mit dem Gitter und so von der Spin-Gitter-Relaxationszeit beherrscht wird. Darüber hinaus findet man einen weiteren Mechanismus, der die Berücksichtigung einer zusätzlichen reziproken Lebensdauer $1/\tau_t$ in Gl. (XI.111) notwendig macht. Es ist dies die Abnahme der zur $\vec{B}$-Richtung senkrechten, rotierenden Quermagnetisierung, deren Ursache klassisch durch eine Dämpfung der oszillierenden Komponenten in x- und y-Richtung beschrieben werden kann. Die damit verbundene Relaxationszeit wird Spin-Spin-Relaxationszeit (transversale Relaxationszeit) genannt. Sie ist im wesentlichen von der Konzentration der paramagnetischen Atome abhängig und trägt ebenfalls zur Verbreiterung der Resonanzkurve bei. Neben den Relaxationszeiten, die zu einer sogenannten homogenen Resonanzunschärfe Anlaß geben, findet man noch andere Effekte, die eine Linienverbreiterung, jetzt als inhomogen bezeichnet, begünstigen. Es sind dies der Einfluß von Magnetfeldinhomogenitäten des elektrischen Kristallfeldes und vor allem der der Wechselwirkung des Elektronenspins mit dem Kernspin des eigenen Atoms, der unaufgelöste Hyperfeinstruktur bewirkt.

Die Frage nach der Form der Absorptionskurve kann nur durch die Diskussion der zeitlichen Vorgänge beantwortet werden. Dies setzt die Kenntnis der BLOCHschen Gleichungen oder, auf quantenmechanischer Grundlage, die der zeitabhängigen SCHRÖDINGER-Gleichung voraus (s. Abschn. XIV.1.1). Die während der Einstrahlung des resonanten Hochfrequenzfeldes $\vec{B}_1(t)$ vom Spinsystem aufgenommene Energie kann allgemein durch das Integral $\int \vec{B}_1\, d\vec{M}$ beschrieben werden. Nach additiver Zerlegung der Quermagnetisierung $\vec{M}(t)$ in einen mit $\vec{B}_1$ phasengleichen Anteil $\vec{M}_1$ und einen um $\pi/2$ phasenverschobenen Anteil $\vec{M}_2$ wird nur von letzterem ein Beitrag zum Integral und damit zur Absorption erwartet. Diesem Umstand kann man auch durch Einführung einer komplexen Suszeptibilität $\chi = \chi' + i\chi''$ Rechnung tragen, so daß der Imaginärteil χ'' für die Energieabsorption verantwortlich ist. Das mit der Resonanzfrequenz ω periodische Verhalten der die Absorption bestimmenden Quermagnetisierung $\vec{M}(t)$ ist mit einer Schwingung zu vergleichen, die durch eine periodische, äußere Einwirkung erzwungen wird. Demnach wird auch die Form der Resonanzkurve mit der des gedämpften, erzwungenen Oszillators vergleichbar sein (s. Abschn. II.1.4, Gl.(II.28)). Als Ergebnis erhält man für die Absorption eine LORENTZ-Kurve

$$\chi'' = \text{const} \cdot \frac{\tau}{1 + \tau^2(\omega - \omega_0)^2} , \tag{XI.112a}$$

bei der die reziproke Relaxationszeit τ die Rolle der Dämpfungskonstante übernimmt (Fig. XI.30).

Eine weitere Möglichkeit, den resonanten Übergang nachzuweisen, ist durch die Dispersion der Hochfrequenzstrahlung gegeben. Der hierfür aufgebrachte Beitrag wird allein durch jenen Anteil $\vec{M}_1$ der Quermagnetisierung geleistet, der sich phasengleich mit dem Hochfrequenzfeld ändert und durch den Realteil der Suszeptibilität beschrieben werden kann. Unter Verwendung der unter dispersiven Größen (χ', χ'') allgemein gültigen KRAMERS-KRONIG-Relation

$$\chi'(\omega) = -\frac{1}{\pi} \int_{-\infty}^{+\infty} \frac{\chi''(\omega)}{\omega' - \omega)}\, d\omega ,$$

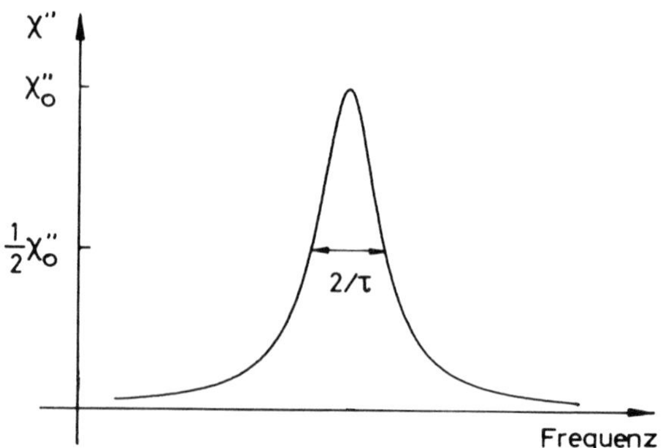

Fig. XI.30: Energieabsorption aus dem elektromagnetischen Hochfrequenzfeld; Imaginärteil der magnetischen Suszeptibilität χ'' als Funktion der eingestahlten Frequenz mit der Halbwertsbreite $2/\tau$ (LORENTZ Kurvenform).

erhält man mit (XI.110)

$$\chi'(\omega) = \text{const} \cdot \frac{\tau^2}{1 + \tau^2(\omega - \omega_0)^2}, \qquad \text{(XI.112b)}$$

wodurch die Dispersion beschrieben wird (s.a. Fig. II.5 und Fig. IX.2).

Die Energieabsorption wird um so intensiver, je größer die Differenz der Besetzungszahlen ist. Kommt es zu einer annäherenden Gleichbesetzung der beiden ZEEMAN-Niveaus, sei es infolge einer Vergrößerung der Spin-Gitter-Relaxationszeit beim Absenken auf tiefe Temperaturen oder sei es infolge einer Erhöhung der Energiedichte $u(\omega)$ des Hochfrequenzfeldes, dann erfährt man den Effekt der Sättigung, der das Absorptionssignal zum Verschwinden bringt. Unter solchen Umständen empfiehlt es sich das Dispersionssignal zu beobachten, dessen maximaler Wert ($\omega_{max} \neq \omega_0$, s.a. Fig. IX.2) weniger stark vom Effekt der Sättigung beeinflußt wird.

XI.5.2 Experimentelles

In der Absicht, eine hohe Differenz der Besetzungszahlen bei Raumtemperatur zu erreichen, wird man versuchen, die Absorption bei großer ZEEMAN-Aufspaltung zu beobachten. Die für das Hochfrequenzfeld gewöhnlich verwendeten Frequenzen betragen etwa 10 GHz, wie sie bei Mikrowellen zu finden sind. Ein Reflexklystron dient zur Erzeugung der Mikrowellen (s. Abschn. V.3).

Die Probe, bestehend aus DPPH (Diphenyl-Picryl-Hydrazil, s. Fig. XI.31), befindet sich in einem Hohlraumresonator (a =22.9 mm; b = 11 mm; d = 45.0 mm), dessen Resonanzfrequenz bei einer stehenden ν_{102}-Welle ($\nu_{mnk} = c/2 \cdot \sqrt{(m/a)^2 + (n/b)^2 + (k/d)^2}$) sich zu $9.50 \cdot 10^9$ Hz berechnet. Die Energieabsorption umfaßt sowohl den elektrischen

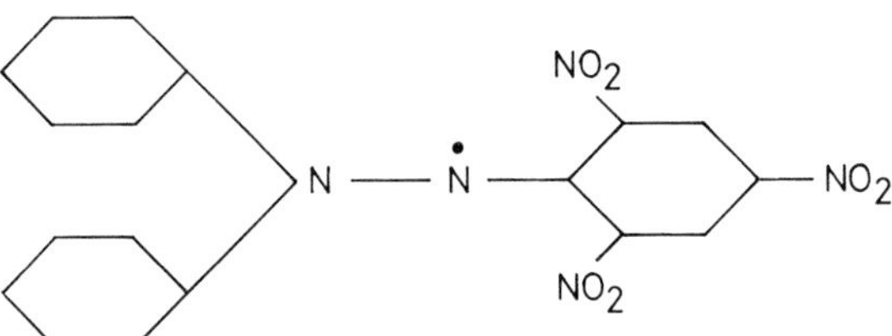

Fig. XI.31: Strukturformel des organischen Salzes Diphenyl-Picryl-Hydrazil (DPPH); $(C_6H_5)_2N$ - $NC_6H_2(NO_2)_3$. Das "quasi-freie" Elektron gehört zu jenem Stickstoffatom, das durch den Punkt gekennzeichnet ist.

wie den magnetischen Anteil des Mikrowellenfeldes. Während das magnetische Feld die Übergänge des Spin-Systems induziert, erleidet das elektrische Feld einen Energieverlust ohne ein bestimmtes Resonanzverhalten. Die dielektrische Absorption verringert dabei die Güte des Resonators infolge von Wärmeverlusten. Die größte Nachweisempfindlichkeit ergibt sich für einen Probenort, wo minimale elektrische und maximale magnetische Feldstärke vorherrscht. Die Anordnung des Resonators geschieht mit Rücksicht auf die Forderung, daß das magnetische Mikrowellenfeld senkrecht zum statischen Magnetfeld zeigen muß.

Die Änderung der Mikrowellenleistung während der Resonanz wird mit Hilfe einer Differenzmethode nachgewiesen (Fig. XI.32). Die vom Klystron erzeugte Mikrowelle teilt sich am Verzweigungspunkt auf, um sich in den beiden Resonatorarmen I und II auszubreiten. Im Resonatorarm II tritt die Welle zum Teil durch das Koppelloch in den Hohlraum ein und ersetzt dort die durch Dämpfung verursachten Leitungsverluste, während ein anderer Teil mit einem die Amplitude und Phase der Welle bestimmenden Reflexionsfaktor r_2 reflektiert wird. Im Resonatorraum I, wo sich der andere Zweig der Mikrowelle ausbreitet, findet eine Reflexion am Abschlußwiderstand statt. Darüber hinaus kann die Amplitude sowie die Phase der reflektierten Welle mittels eines Gleitschraubentransformators geändert werden, um etwa den gleichen Reflexionsfaktor von Zweig I zu simulieren ($r_2 = r_1$).

Beide Reflexionswellen überlagern sich im Verzweigungsteil ("magisches T") derart, daß die Differenz der Wellen in den Detektorast IV gelangt, während die Summe der beiden Mikrowellen zum Klystronarm III zurückläuft, wo ein vor dem Klystron befindlicher Richtleiter die Wellen an einer Rückkehr zu diesem hindert (s. Abschn. V.3.3). Die Differenz der überlagerten Mikrowellen im Detektorarm gibt Anlaß zu einem Signal, das dem Unterschied der Reflexionsfaktoren ($r_2 - r_1$) entspricht und so den Unterschied der Mikrowellenenergien der im Resonanzfall auftretenden Verstimmung nachzuweisen erlaubt.

Das Mikrowellensignal im Detektorarm wird mit Hilfe eines Kristallgleichrichters zur Anzeige gebracht. Setzt man die bei Halbleitern für nicht zu hohe Amplituden

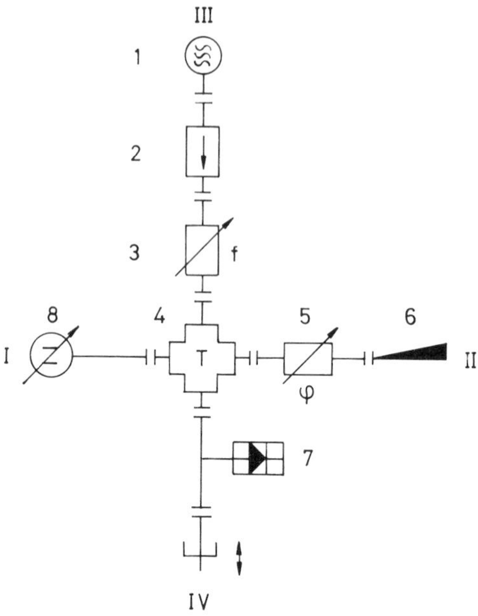

Fig. XI.32: Gesamtaufbau des Mikrowellenteils zur Messung der Elektronenspinresonanz; 1: Klystron, 2: Richtleiter, 3: Absorptionswellenmesser, 4: "magisches T" (Verzweigungsteil), 5: Phasenschieber, 6: Abschlußwiderstand, 7: Meßdiode, 8: Resonator mit Probe; I und II: Resonatorarme, III: Klystronarm, IV: Detektorarm.

übliche quadratische Strom-Spannungs-Kennlinie ($I \sim U^2$) voraus, dann ist der vom elektrischen Anteil des Mikrowellenfeldes erzeugte Diodenstrom der Mikrowellenleistung proportional ($I \sim P$). Den Abschluß des Detektorarmes bildet ein Kurzschlußschieber, der durch Reflexion für die Ausbildung einer stehenden Welle mit maximaler elektrischer Feldstärke am Ort der Diode sorgt.

Der Nachweis des Diodensignals gelingt unter Anwendung des Lock-In-Verfahrens (Fig. XI.33; s.a. Abschn. XIII.5.4). Ein Wobbeloszillator (1) mit nachfolgendem Verstärker (2) (ω_m = 185 Hz) dient zur variablen Versorgung von Spulen, die das periodisch dem ZEEMAN-Feld überlagerte Magnetfeld erzeugen. Wobbel- und Hauptfeldspulen werden von einem Stromversorgungsgerät (3) betrieben, dessen Spannung mit einer externen Steuereinheit (4) linear erhöht wird.

An der Nachweisdiode (13) erhält man so ein mit der Modulationsfrequenz ω_m veränderliches Meßsignal, das durch einen Schmalbandverstärker (5) auf der Wobbelfrequenz verstärkt sowie gleichzeitig gefiltert wird, um dann am X-Eingang des Multiplizierers (6) anzukommen. Am Y-Eingang des Multiplizierers steht ein vom Oszillator

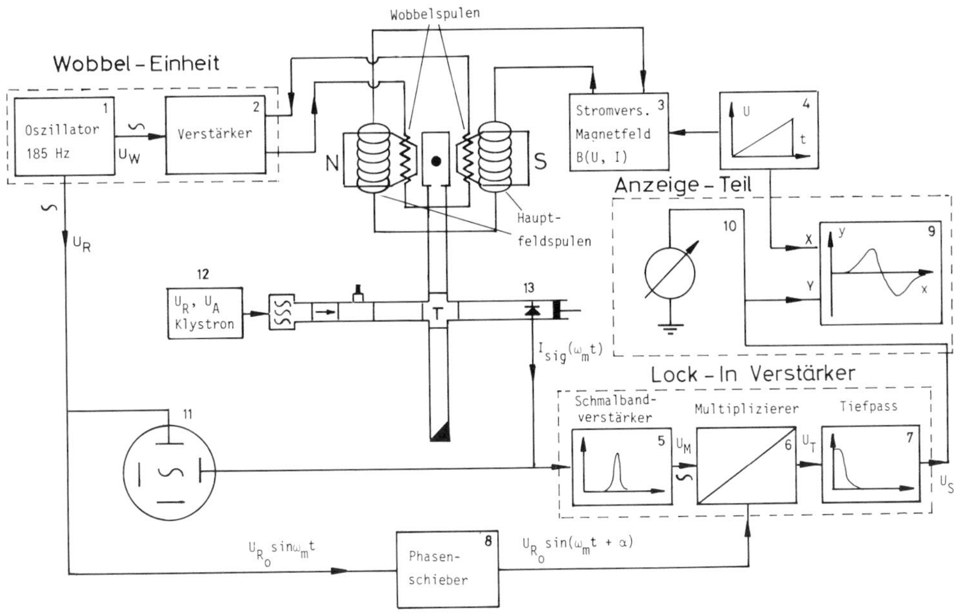

Fig. XI.33: Blockschaltbild des Gesamtaufbaus; Erläuterungen im Text.

abgeleitetes und durch einen Phasenschieber (8) phasenmäßig angepaßtes Referenzsignal $u_R(t)$, das im Multiplizierer das Meßsignal $u_M(t)$ auf eine verschwindende Frequenz ($\omega = 0$) heruntermischt, da die höherfrequenten Anteile des Produktes in einem nachgeschalteten Tiefpaß (7) herausgefiltert werden.

Am Ausgang der Lock-In-Einheit erhält man so ein mit dem Anwachsen des Magnetfeldes sich langsam änderndes, phasenempfindliches Gleichspannungsignal $U_S(B)$, das der Y-Verstärker eines Schreibers registriert. Gleichzeitig bewirkt die zeitlich linear ansteigende Spannung zur Versorgung der Hauptfeldspulen die X-Ablenkung des Schreibers. Zum raschen Auffinden der Energiabsorption an der Resonanzstelle dient der Spannungsmesser (10) am Ausgang des Lock-In-Verstärkers. Der Oszillograph (11) kann unter anderem das an der Diode anstehende Meßsignal anzeigen. Das Versorgungsgerät für das Klystron (12) erlaubt die Variation der Reflektorspannung und unter Benutzung einer Modulationstechnik die Abstimmung der Klystronfrequenz auf die Resonanzfrequenz des Hohlraums. Die Mikrowellenfrequenz wird über die Absorption eines variablen Resonators (Wellenmesser) und den Vergleich mit einer Kalibrierungstabelle ermittelt.

XI.5.3 Aufgabenstellung

Es werde die Elektronenspinresonanz des Monoradikals DPPH aufgenommen.

a) Man messe die Abhängigkeit der Kurvenform von der Einstellung der Mikrowellenbrücke (Gleitschraubentransformator) bei konstantem Wobbelhub ($B_{m0} \approx 1.5 - 2.5 \cdot 10^{-4}$ T). Mindestens fünf Meßkurven sind aufzunehmen; diese sollten Absorption- und Dispersionssignale sowie Mischungen aus beiden enthalten.
b) Man messe die Absorption in Abhängigkeit vom Wobbelhub; dabei werden drei verschiedene Wobbelhube von 0.2, 1.5 und $2.5 \cdot 10^{-4}$ T empfohlen.
c) Man bestimme den g-Faktor.

XI.5.4 Anleitung

Bei Einstrahlung eines Mikrowellenfeldes mit konstanter Frequenz ω sucht man die Resonanz durch die zeitlich lineare Variation des statischen ZEEMAN-Feldes auf. Die Verstärkung mit der phasenempfindlichen Gleichrichtung (Lock-In-Technik) erfordert die Modulation (Wobbelung) des ZEEMAN-Feldes

$$B(t) = a \cdot t + B_{m0} \sin \omega_m t \ ,$$

mit der Modulationsfrequenz ω_m und dem Modulationshub $B_{m0}(a = \text{const})$. Setzt man voraus, daß die lineare Variation des ZEEMAN-Feldes langsam erfolgt mit einer Änderungsgeschwindigkeit a, die der Bedingung $aT \ll B_{m0}$ gehorcht ($T = 2\pi/\omega_m$), und verwendet man einen Modulationshub, der klein gegen die Halbwertsbreite der Resonanzkurve ist, dann werden mehrere Modulationen während der Beobachtung der Absorption möglich, was die Registrierung einer Änderung der Energieabsorption gegen eine Änderung der magnetischen Flußdichte erlaubt. Im Ergebnis erhält man infolge dieser differentiellen Abtastung die nach der Flußdichte differenzierte Resonanzkurve bei fester Resonanzfrequenz (Fig. XI.34).

Im Fall der Resonanz des Spin-Systems verringert sich infolge der zusätzlichen Dämpfung die Güte des Hohlraumes. Das bedeutet, daß zum einen durch die Absorption der Mikrowellenleistung die Amplitude der reflektierten Welle abnimmt, und zum anderen gleichzeitig die Änderung der Eigenfrequenz des Resonators (Verstimmung) eine Änderung der Phase der reflektierten Welle verursacht. Der Reflexionsfaktor während der Resonanz $r = \rho e^{i\varphi}$ liefert demnach mit seinem Betrag ρ und seiner Phase φ Information über das Maß an Absorption und Dispersion. Der Beitrag des an der Detektordiode anstehenden Differenzsignals ist proportional zur Differenz der in den Hohlleitern I und II reflektierten Teilwellen, so daß auch die relative Phase der beiden zur Überlagerung gebrachten Wellen die Form der Resonanzkurve prägt. Das resultierende Signal setzt sich aus einem Absorptions- und einem Dispersionsanteil zusammen und kann nicht gemäß der beiden Erscheinungen getrennt werden. Das durch die Magnetfeldmodulation verursachte differenzierte Meßsignal setzt sich gleichermaßen aus diesen beiden Anteilen zusammen, wobei man durch Variation des Reflexionsfaktors im Arm II vermittels des Gleitschraubentranformators das Verhältnis von Absorption c_A und Dispersion c_D zu steuern vermag (Fig. XI.35).

Neben meßtechnischen Gründen für die Magnetfeldmodulation gibt es noch zwei weitere Gründe, das Meßsignal einem Wechselspannungssignal aufzuprägen, nämlich das Rauschverhalten und die Gleichspannungsdrift von Verstärkern. Die spektrale Verteilung des Rauschens zeigt zwei Anteile. Zum einen das sogenannte "weiße Rauschen",

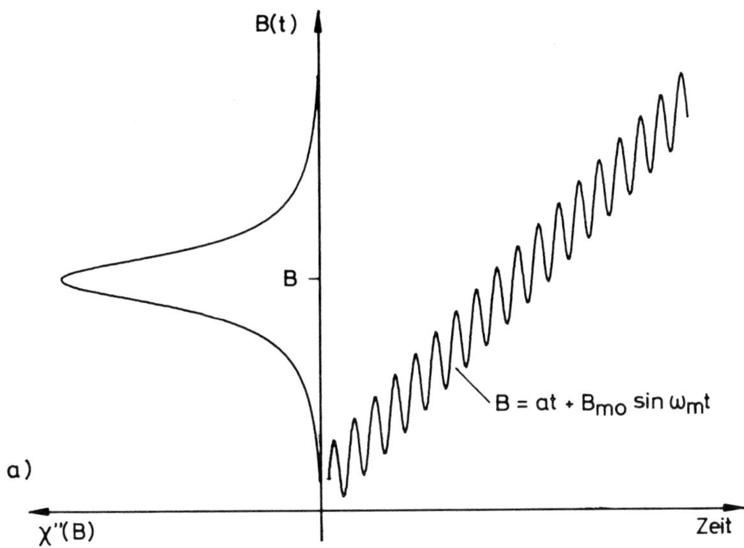

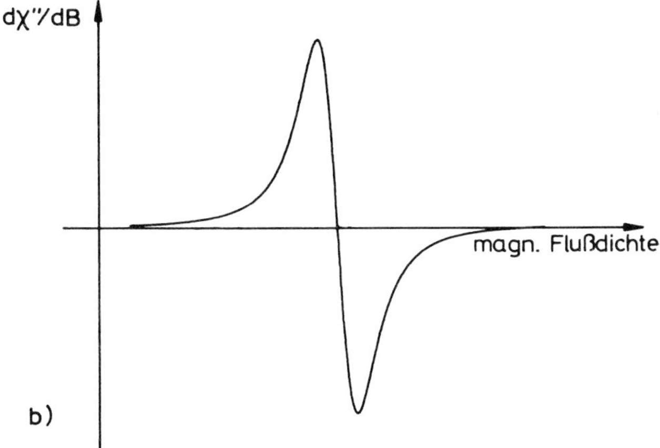

Fig. XI.34: a) Darstellung der der linearen Magnetfeldänderung überlagerten Modulation in Korrelation zur Resonanzkurve $\chi''(B)$; a: Änderungsgeschwindigkeit des ZEEMAN-Feldes, B_{m0}: Modulationshub, ω_m: Modulationsfrequenz. b) Differenzierte Resonanzkurve $d\chi''/dB$ als Ergebnis der experimentellen Technik.

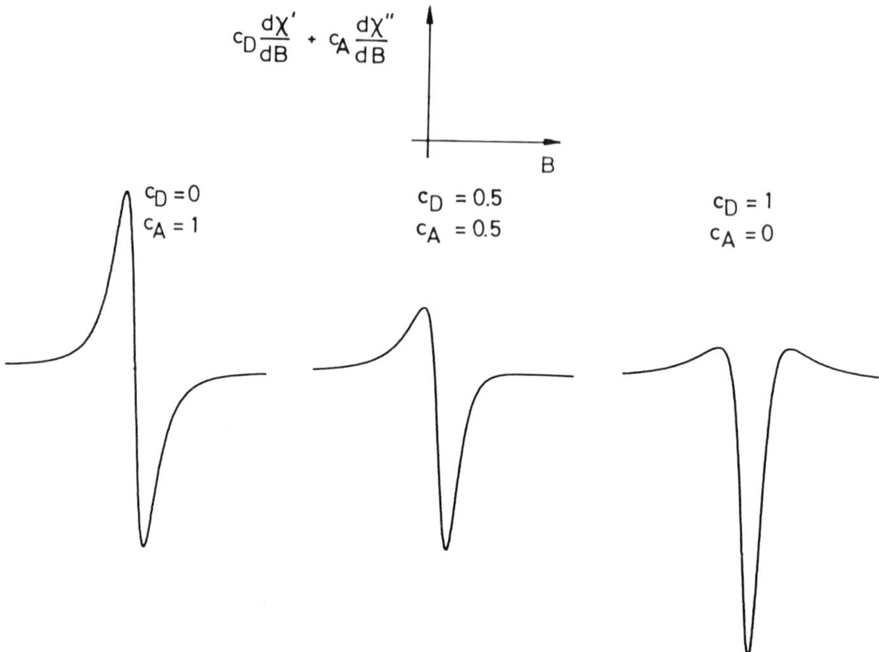

Fig. XI.35: Linienform des Meßsignals für verschiedene Anteile von Absorption c_A und Dispersion c_D (siehe Text).

das einen frequenzunabhängigen Grundsockel bildet. Zum anderen gibt es als Überlagerung das Funkel- oder Flickerrauschen, dessen reziproke Abhängigkeit von der Frequenz ($N_F \sim 1/f$) den Nachweis von Gleichspannungssignalen drastisch erschwert. Die Umgehung dieser Schwierigkeit gelingt in der Anwendung hoher Modulationsfrequenzen. Ein schmalbandiger Verstärker ermöglicht darüber hinaus die Ausblendung von Oberwellen und störender Signale sowie eine Verringerung des weißen Rauschens, dessen Abhängigkeit von der Bandbreite in direkter Proportionalität steht ($N_W \sim f$).

Das an der Diode mit ω_m modulierte Meßsignal kann durch eine FOURIER-Reihe der Grundfrequenz ω_m dargestellt werden

$$U_M = \sum_n A_n(B) \sin n\omega_m t \ ,$$

wobei die Koeffizienten von der magnetischen Flußdichte B abhängen. Ein auf die Modulationsfrequenz ω_m abgestimmter Schmalbandverstärker vermag die Grundwelle herauszufiltern, so daß am X-Eingang des Multiplizierers das Meßsignal

$$U_M(t) = A_1(B) \sin[\omega_m t + \varphi(B)]$$

ankommt. Die Amplitude A_1 ist proportional zur Stromamplitude an der Diode und die Phase wechselt ihre Lage um π an der Resonanzstelle $B = B_0$ als Konsequenz der Differentiation ($\varphi = 0$ für $B \leq B_0; \varphi = \pm\pi$ für $B \geq B_0$). Demnach ist das Meßsignal im Bereich unterhalb der Resonanz phasengleich mit dem Wobbelsignal, wohingegen oberhalb der Resonanz Gegenphasigkeit auftritt. Dies wird analytisch ausgedrückt durch

$$\begin{aligned} U_M(t) &= A(B)\sin\omega_m t \qquad \text{mit} \\ A(B) &= \begin{cases} > 0 & \text{für} \quad B < B_0 \\ < 0 & \text{für} \quad B > B_0 \end{cases} . \end{aligned}$$

Zusammen mit dem Referenzsignal $U_R(t) = U_{R,0}\sin(\omega_m t + \delta)$, das eine konstante Phasenverschiebung δ gegenüber dem Wobbelsignal besitzt, erhält man am Ausgang des Multiplizierers das Produkt $U_T = U_M \cdot U_R$ mit $U_T = 1/2 \cdot U_{R,0}A(B)\cos\delta - 1/2 \cdot U_{R,0}A(B)\cos(\delta - 2\omega_m t)$, dessen Wechselspannungsanteil (2. Term) mit der doppelten Modulationsfrequenz durch einen Tiefpaß herausgefiltert wird. Insgesamt wird am Ausgang der Lock-In-Einheit ein verstärktes Gleichspannungssignal zur Verfügung stehen, das außer von der Amplitude $A(B)$ auch von der Phase $\cos\delta$ abhängig ist ("phasenempfindlicher Gleichrichter").

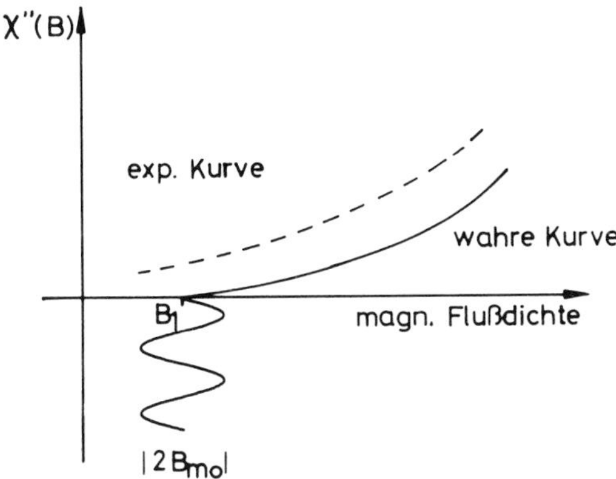

Fig. XI.36: Demonstration der zusätzlichen Verbreiterung infolge des endlichen Wobbelhubs (siehe Text).

Das meßtechnische Verfahren der Wobbelung gibt Anlaß zu einer weiteren Verbreiterung der zu erwartenden Meßkurve. Dies gilt um so mehr je größer der Modulationshub $B_{m,0}$ gewählt wird. Eine Erklärung dafür findet man in der Vorstellung, daß durch den endlichen Modulationshub für einige Spinteilchen eine günstigere Resonanzbedingung geschaffen wird als dies die statische ZEEMAN-Flußdichte erwarten läßt. Man erhält z.B. nach Fig. XI.36 bereits dann ein Absorptionssignal, wenn die linear zu variierende ZEEMAN-Flußdichte am Anfang der Absorptionskurve den Wert B_1 annimmt. Damit vergrößert sich auch die wahre Fläche F_W unter der Absorptionskurve um $\Delta F = F(B_{m,0}) - F_W$, was durch den sogenannten Verformungsfaktor $f = F/F_W$ gekennzeichnet wird. Die Reduzierung des Modulationshubs hat demnach eine Verkleinerung der Fläche und Halbswertbreite zur Folge. Als störenden Effekt beobachtet man daraufhin eine Abnahme der Amplitude des Meßsignals $\chi''_A(B)$ (Fig. 36), die entscheidend von der Größe des Modulationshubs abhängt. Dieses Verhalten zwingt zur Suche nach einer optimalen Einstellung, die oft im Bereich $\Delta B_{1/2}/4 < B_{m,0} < \Delta B_{1/2}$ gefunden wird.

Zur genauen Bestimmung der magnetischen Flußdichte wird mit Hilfe der Protonenresonanzmessung seine Abhängigkeit vom Hauptspulenstrom aufgenommen. Zusammen mit der Kenntnis der Resonanzfrequenz kann nach Gl. (XI.105) der g-Faktor ermittelt werden.

XI.6 Optisches Pumpen

XI.6.1 Grundlagen

Die Methode des optischen Pumpens zeichnet sich durch eine hohe Empfindlichkeit beim Studium von atomaren Verhältnissen wie g-Faktoren oder Relaxationszeiten aus. Das Ziel der experimentellen Bemühungen ist die Störung der natürlichen Besetzungsverhältnisse von Quantenzuständen im thermodynamischen Gleichgewicht durch Einstrahlung von Licht als äußerer Eingriff. Die Zustände können dabei durch verschiedene Feinstrukturniveaus, Hyperfeinstrukturniveaus oder ZEEMAN-Niveaus im Grundzustand von Atomen gebildet werden. Zum Nachweis der veränderten Besetzungsverhältnisse werden zum einen die Auswirkungen auf die Transmission des Systems und zum anderen die bewirkten Änderungen sowohl der Polarisation wie der Intensität des resonant gestreuten Lichts (Fluoreszenzmission) beobachtet.

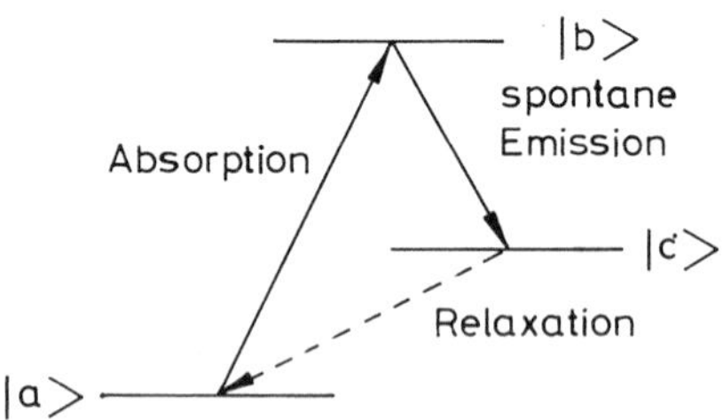

Fig. XI.37: Schematische Darstellung des optischen Pumpens an einem 3-Niveau-System.

Das optische Pumpen an Grundzuständen oder metastabilen Zuständen kann an einem zweistufigen Prozeß erörtert werden (Fig. XI.37). Der erste Schritt umfaßt die Absorption von Photonen geeigneter Polarisation bzw. Energie und bewirkt eine

Zustandsänderung von $|a>$ nach $|b>$. Im zweiten Schritt setzt eine spontane Zustandsänderung von $|b>$ nach $|c>$ ein, die entweder unter Emission von Photonen oder strahlungslos in einem Relaxationsprozess vonstatten geht. Im Ergebnis wird man eine Änderung des Besetzungsverhältnisses von $|a>$ und $|c>$ zugunsten des letzteren Zustandes erwarten, vorausgesetzt die Intensität des anregenden Lichtes ist genügend hoch und der Relaxationsprozess von $|c>$ nach $|a>$, der das thermische Gleichgewicht herzustellen sucht, verläuft hinreichend langsam. Für den Fall, daß der Zustand $|c>$ energetisch über dem Zustand $|a>$ liegt (Fig. XI.37) wird die Gesamtenergie resp. die Spintemperatur des Systems durch den Pumpvorgang erhöht. Die Inversion der natürlichen Besetzung der beiden Zustände kann formal mittels einer negativen absoluten Temperatur beschrieben werden. Daneben wird eine Besetzungsänderung auch mit einer Änderung des Drehimpulses verknüpft sein. Daher vermag das optische Pumpen, eine Polarisation der Drehimpulsvektoren und in Begleitung dessen eine makroskopische Magnetisierung zu erzeugen ("Orientierung").

Zum Verständnis des ZEEMAN-Pumpens in Alkali-Gasen betrachte man den $^2S_{1/2}$ Grundzustand und die beiden angeregten Multiplettkomponenten $^2P_{1/2}$ und $^2P_{3/2}$, die die Feinstruktur widerspiegeln. Der Kernspin und mit ihm die Hyperfeinstruktur seien vorerst vernachlässigt. Ein äußeres Magnetfeld sorgt für die Aufhebung der Entartung, wodurch die ZEEMAN-Struktur der Niveaus nach Fig. XI.18 entsteht. Die möglichen Übergänge befolgen die Auswahlregel für elektrische Dipolstrahlung $\Delta m = 0, \pm 1$ und werden demgemäß als π- bzw. $\sigma^{\pm}$-Übergänge bezeichnet (s.a. Abschn. XI.4.1). Die experimentelle Verwirklichung der π-Übergänge geschieht durch die Anregung mit linear polarisiertem Licht, dessen elektrischer Vektor in Magnetfeldrichtung zeigt. Die $\sigma^{\pm}$-Übergänge erfordern zirkulare Anregung mit einer Polarisationsebene senkrecht zum ZEEMAN-Feld.

Bei einer zirkular polarisierten σ^+-Anregungung des Systems mit der D_1-Linie ($^2S_{1/2}$ - $^2P_{1/2}$) wird gemäß den Auswahlregeln nur eine Zustandsänderung von $|^2S_{1/2}, u_{1/2}^{-1/2}>$ nach $|^2P_{1/2}, u_{1/2}^{+1/2}>$ zu erwarten sein. Die nachfolgende spontane Emission verändert nun die ursprünglichen Verhältnisse des Grundzustandes. Ein Teil der angeregten Atome kehrt unter σ^+-Emission in den Ausgangszustand zurück, ein anderer Teil jedoch nimmt unter π-Emission den Zustand $|^2S_{1/2}, u_{1/2}^{+1/2}>$ ein, wodurch eine Änderung der Besetzung induziert wird. Eine übersichtliche Darstellung der Vorgänge während der Absorption und Emission bietet das KASTLER-Diagramm (Fig. XI.38), das die ZEEMAN-Unterniveaus horizontal auflistet und so unmittelbar die π- und $\sigma^{\pm}$-polarisierten Übergänge (vertikale und diagonale Linien) sowie die Relaxationen (horizontale Linien) rasch zu identifizieren erlaubt.

Zur Abschätzung der Besetzungsänderung ist die Kenntnis der relativen Übergangswahrscheinlichkeiten notwendig. Beschränkt man die $\sigma^{\pm}$-Anregung ausschließlich auf die D_1-Linie, so findet man für die Wahrscheinlichkeiten der Übergänge in die ZEEMAN-Grundniveaus $|^2S_{1/2}, u_{1/2}^{-1/2}>$ und $|^2S_{1/2}, u_{1/2}^{+1/2}>$ ein Verhältnis von 2:1. Bei gleichen Besetzungsverhältnissen der beiden Zustände, wie man sie bei schwachen Magnetfeldern und Raumtemperatur erwarten darf, und unter der Voraussetzung, daß jedes der Atome σ^+-Photonen absorbiert, wird 1/3 der Konzentration in den Zustand $|^2S_{1/2}, u_{1/2}^{+1/2}>$ gepumpt. Die Besetzungsverhältnisse ändern sich dann zu $N_+ = 50 + 50/3$ und $N_- = 50$

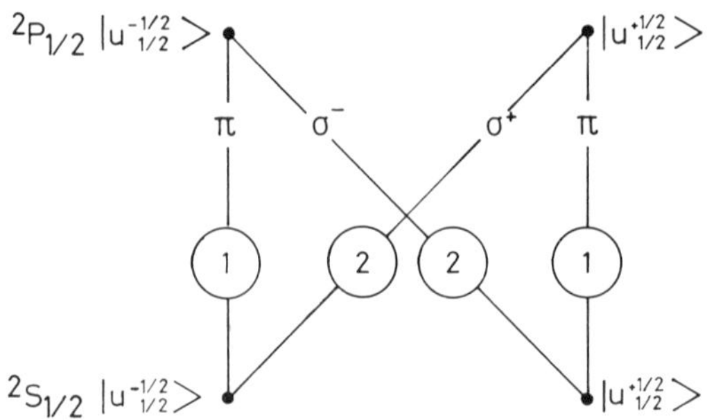

Fig. XI.38: KASTLER-Diagramm der Energiezustände eines Alkali-Atoms mit relativen Übergangswahrscheinlichkeiten (D_1-Anregung).

- 50/3, so daß der Polarisationsgrad P, definiert durch

$$P = \frac{N_+ - N_-}{N_+ + N_-}\,, \tag{XI.113}$$

zu $P = 1/3$ errechnet wird.

Die Wechselwirkung des gesamten Bahndrehimpulses $\vec{J}$ mit dem Kernspin $\vec{I}$ gibt Anlaß zum Auftreten einer weiteren Aufspaltung der Energiezustände, die als Hyperfeinstruktur bezeichnet wird. Wie im Falle der Spin-Bahn-Wechselwirkung gelingt eine anschauliche Darstellung durch das Vektormodell, in dem die Observablen durch Vektoren im Ortsraum vertreten werden (s.a. Abschn. XI.4.1). Der resultierende Bahndrehimpuls $\vec{F}$ setzt sich vektoriell aus Bahndrehimpuls und Kernspin zusammmen: $\vec{F} = \vec{J} + \vec{I}$. Gemäß der Eigenwertgleichung $\hat{F}_z|u>= m_F\hbar|u>$ ist seine Projektion auf die Magnetfeldrichtung gequantelt und kann $2F + 1$ Werte annehmen. Die Energieaufspaltung im Magnetfeld erfordert nach Gl. (XI.86) die Kenntnis des mit diesem Drehimpuls verknüpften magnetischen Moments, wobei wegen der magnetomechanischen Anomalie seine Richtung nicht mit der des Gesamtdrehimpulses zusammenfällt. Die Berechnung der wirksamen Komponente ergibt unter Vernachlässigung des magnetischen Moments vom Kernspin (Fig. XI.39):

μ_{eff} = Projektion auf F-Richtung von (Projektion von $\vec{\mu}(L)$ auf $\vec{J}$-Richtung + $2\times$ Projektion von $\vec{\mu}(S)$ auf $\vec{J}$-Richtung).

Nach dem skalaren Produkt von Gl. (XI.86), das eine weitere Projektion auf die Magnetfeldrichtung verlangt, erhält man für die ZEEMAN-Energie

$$E = m_F \cdot g_F g_J \cdot \mu_B \cdot B\,, \tag{XI.114}$$

mit

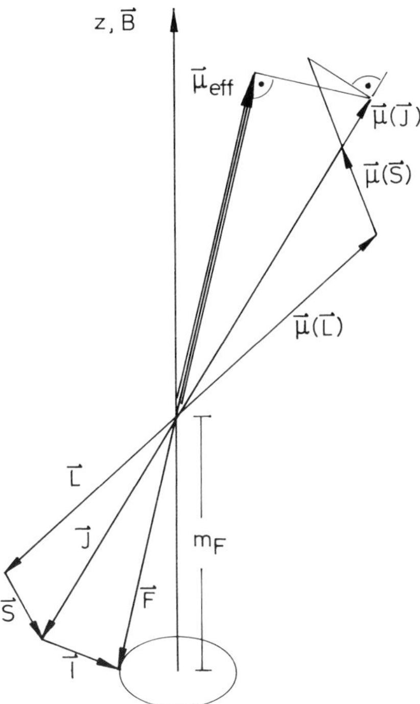

Fig. XI.39: Vektormodell der Drehimpulsoperatoren bei LS-Kopplung mit Berücksichtigung des Kernspins $\vec{I}$.

$$g_F = \frac{F(F+1) + J(J+1) - I(I+1)}{2F(F+1)} . \tag{XI.115}$$

Als Beispiel zur Demonstration der Hyperfeinwechselwirkung beim optischen Pumpen sei das Alkaliisotop ^{87}**Rb** mit der Kernspinquantenzahl $I = 3/2$ betrachtet. Sowohl für den Grundzustand $^2S_{1/2}$ wie für den mittels D_1-Licht anregbaren Feinstrukturzustand $^2P_{1/2}$ ergibt sich innerhalb der Hyperfeinstruktur (s. Vektormodell Fig. XI.39) eine Aufspaltung in zwei Zustände mit den Quantenzahlen $F = 1, 2$ (Fig. XI.40). Die weitere Aufspaltung in ZEEMAN-Niveaus infolge der Einwirkung des äußeren Magnetfeldes wird in seinem Ausmaß durch den g_F-Faktor nach Gl. (XI.114) bestimmt. Während der Grundzustand einen Wert von $g_F = \mp 1/2$ für $F = 1, 2$ liefert, zeigt der angeregte Zustand mit $g_F = \mp 1/6$ für $F = 1, 2$ eine wesentlich kleinere Aufspaltung. Die Auswahlregeln für elektrische Dipolstrahlung, die gezielt beim optischen Pumpen ausgenutzt werden, lauten hier

$$\Delta F = 0, \pm 1 \ (F = 0 \to 0 \text{ verboten}) \tag{XI.116}$$

und

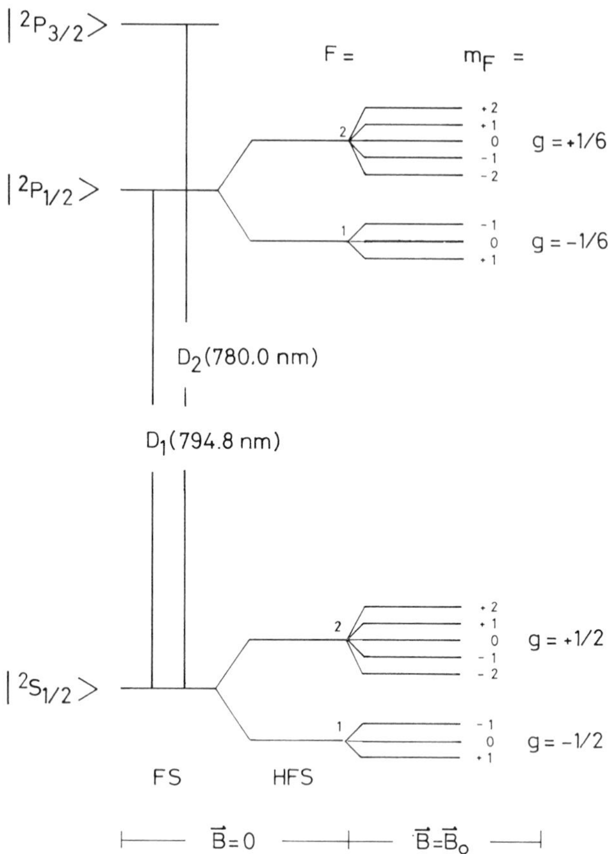

Fig. XI.40: Energietermschema von ^{87}**Rb** unter Berücksichtigung der Hyperfeinstruktur ($I = 3/2$); FS: Feinstruktur, HFS: Hyperfeinstruktur.

$$\Delta m_F = 0, \pm 1 \; . \tag{XI.117}$$

Die σ^+-Anregung durch Einstrahlen mit rechtszirkular polarisiertem D_1-Licht einer **Rb**-Lampe induziert demnach Übergänge, wie sie schematisch im KASTLER-Diagramm verfolgt werden können (Fig. XI.41). Dabei wird als Grundzustand nur das Hyperfeinniveau mit der Quantenzahl $F = 1$ betrachtet. Die Tatsache, daß mehrere Zustände beteiligt und einige Übergangswahrscheinlichkeiten für das Abklingen nahezu gleich sind, setzt die Wirkung des Pumpvorganges herab. Demnach ist die Tendenz zu erkennen, das Besetzungsverhältnis zugunsten von ZEEMAN-Zuständen mit einer höheren magnetischen Quantenzahl m_F zu ändern, so daß ein Besetzungsgefälle innerhalb der Niveaus zu erwarten ist ($N_1 > N_0 > N_{-1}$).

Der Erfolg eines wirksamen Pumpvorganges hängt entscheidend sowohl von den Rela-

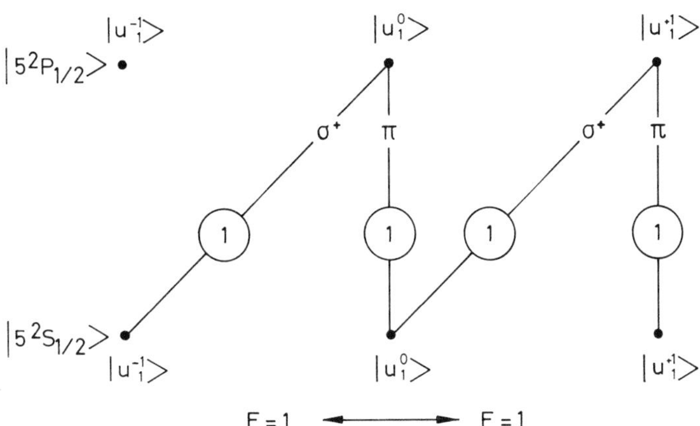

Fig. XI.41: KASTLER-Diagramm der Energiezustände eines ^{87}**Rb**-Isotops mit relativen Übergangswahrscheinlichkeiten und unter Berücksichtigung des Kernspins ($I = 3/2$; D_1-Anregung).

xationsraten wie den Pumpraten resp. Lampenintensitäten ab. Die Diskussion darüber erfordert eine phänomenologische Beschreibung, die die kinetische Bilanz zum Ziel hat. Ausgehend von zwei ZEEMAN-Niveaus $|u_{1/2}^{+1/2}>, |u_{1/2}^{-1/2}>$ und des mit ihnen verbundenen Unterschieds in der Besetzung $n = N_+ - N_-$ kann die Änderung dieser Verhältnisse durch einen einfachen linearen Relaxationsprozeß erklärt werden

$$\frac{dn}{dt} = -\frac{n}{T_1}, \tag{XI.118}$$

wobei die Relaxationszeit T_1 ein Maß für die Lebensdauer der vom thermodynamischen Gleichgewicht abweichenden Situation darstellt. Diesem Relaxationsprozess wirkt die Anregung mit $\sigma^{\pm}$-Licht im makroskopischen Sinne einer Entropieerhöhung entgegen und versucht, den Nichtgleichgewichtszustand aufrechtzuerhalten. Der dabei ablaufende kinetische Prozess kann durch eine Zunahme

$$\dot{N}_+ = +cLN_- \tag{XI.119}$$

bzw. durch eine Abnahme

$$\dot{N}_- = -cLN_- \tag{XI.120}$$

beschrieben werden, wenn L die Intensität des anregenden Lichtes bedeutet (c = const.). Mit $cL = 1/T_L$ (= Pumprate) und der Differenz von Gl. (XI.119) und (XI.120) erhält man für den Pumpprozeß

$$\frac{dn}{dt} = \frac{N - n}{T_L} \tag{XI.121}$$

$(N = N_+ + N_-)$.

Die Bilanz der kinetischen Vorgänge erfordert nun die Berücksichtigung sowohl der Relaxation wie die des Pumpens, so daß sich schließlich nach (XI.118) und (XI.121)

$$\frac{dn}{dt} = \frac{N - n}{T_L} - \frac{n}{T_1} \tag{XI.122}$$

ergibt. Im stationären Zustand, in dem die Differenz der Besetzungszahlen n keiner Änderung unterliegt $(dn_S/dt = 0)$, berechnet sich diese zu

$$n_S = N\left(1 + \frac{T_L}{T_1}\right)^{-1} . \tag{XI.123a}$$

Mit dem Ziel, einen großen Unterschied in den Niveaubesetzungen zu erreichen ($n > 1/2 \cdot N$), ermöglicht diese Beziehung die dafür notwendige Bedingung abzuleiten; die Pumprate muß die Relaxationsrate wenigstens übertreffen: $T_L < T_1$. Die daraus abgeleiteten Konsequenzen zielen demnach sowohl auf die Erhöhung der Effektivität der Lichtquelle als auch auf die Anhebung der Relaxationszeit durch die Herabsetzung der Stoßprozesse in der Resonanzzelle, worin bereits eine Druckverminderung oder der Zusatz von Fremdgasen (Buffergas) erfolgreich sein kann. Im nichtstationären Fall liefert die Integration von Gl. (XI.122)

$$n = n_S\left(1 - e^{-t/\tau}\right) , \tag{XI.123b}$$

wonach der Sättigungswert n_S exponentiell angenommen wird. Setzt man die Lichtabsorption während des Pumpvorgangs der zeitlichen Besetzungszahländerung $\dot{N}_-$ im unteren ZEEMAN-Niveau proportional, so erhält man mit Gl. (XI.120) ein exponentielles Signal, das durch die Zeitkonstante

$$\tau = \frac{T_1 T_L}{T_1 + T_L}$$

geprägt ist und bei kleinen Pumpraten $(T_L > T_1)$ direkt die Ermittlung der Relaxationszeit T_1 erlaubt.

Der Nachweis der atomaren Orientierung kann durch optische Methoden erbracht werden. Eine davon untersucht die Intensität des anregenden Lichts nach dem Pumpvorgang. Auf Grund der Änderung der Besetzungsverhältnisse wird man eine Änderung des Absorptionskoeffizienten der bei der Anregung beteiligten Wellenlängen erwarten. Betrachtet man z.B. die D_1-Anregung an einem Alkaliatom unter Ausnutzung der Auswahlregel $\Delta m = +1$, so wird nach einer Übergangsphase, deren Dauer vom kinetischen Ablauf (s. Gl. (XI.122)) geprägt ist, die endliche Orientierung (s. Gl. (XI.113), $0 < P < 1$) die Absorption gegenüber dem ursprünglichen Wert vermindern. Eine andere Methode beobachtet jene Emission, die resonant unter einem rechten Winkel zum anregenden Lichteinfall gestreut wird. In dem Maße wie die Absorption auf Grund der Verminderung der Besetzung von Ausgangsniveaus abnimmt, wird auch die Zahl der nachfolgenden Übergänge in dieses Niveau zurückgehen, was eine Herabsetzung der gestreuten Intensität impliziert.

Schließlich sei die Erscheinung der magnetischen Resonanz als Nachweismethode erwähnt. Die Existenz einer hochfrequenten magnetischen Flußdichte $\vec{B}_1(t)$, die in einer Ebene senkrecht zur ZEEMAN-Flußdichte $\vec{B}_0$ rotiert, vermag magnetische Dipolübergänge zwischen den ZEEMAN-Niveaus zu induzieren, falls die Frequenz mit der Präzessionsfrequenz der atomaren Kreisel übereinstimmt (Resonanz; s.a. Abschn. XI.5.1)

$$\omega_L = g\mu_B \cdot B/\hbar \ . \tag{XI.124}$$

Die Beobachtung dieser induzierten Übergänge geschieht hier nicht über die Absorptions- resp. Dispersionserscheinungen im HF-Kreis, sondern vielmehr mit optischen Methoden während der Transmission oder Fluoreszenzemission. Betrachtet man ein rechtszirkulares D_1-Pumpen an Alkaliatomen ohne Berücksichtigung des Kernspins ($I = 0$), dann kann die magnetische Resonanz infolge der induzierten Emission von $|u_{1/2}^{+1/2} >$ nach $|u_{1/2}^{-1/2} >$ die Orientierung ($n = N_+ - N_- > 0$) der Atome zerstören, wodurch die Absorption des Pumplichtes anwächst. Die Variation der Hochfrequenz ω des Wechselfeldes $\vec{B}_1(t)$ um die Resonanzstelle ω_L erlaubt so, die Änderung der Transmission zu registrieren. Bei Beobachtung der Fluoreszenzemission ergeben analoge Überlegungen, daß mit Hilfe der magnetischen Resonanz die Intensität des Streulichts verändert werden kann (s.o.).

Über die einfache magnetische Resonanz hinaus ist es auch möglich, Mehrquantenübergänge innerhalb der ZEEMAN-Niveaus zu induzieren. Die dazu notwendig zu erfüllenden Bedingungen sind einzig die zwischen Anfangs- und Endzustand geltende Energie- und Drehimpulserhaltung. Beim Einstrahlen zweier Quanten der Energie $\hbar\omega_1, \hbar\omega_2$ wird die erste Bedingung

$$\hbar\omega_1 \pm \hbar\omega_2 = E_2 - E_1 \tag{XI.125}$$

(E_1, E_2: Energiewerte von Anfangs- und Endzustand) durch Anregung "virtueller" Zwischenniveaus, deren energetische Lagen wegen der verschwindend kleinen Lebensdauer (Unschärferelation) hinreichend verschmiert sind, mit beinahe beliebigen Frequenzkombinationen erfüllt (Fig. XI.42). Anders dagegen verhält es sich mit der Drehimpulserhaltung, die zusätzlich eine Forderung an die Richtung der beteiligten HF-Felder stellt. Bei der Beteiligung nur eines hochfrequenten Quants, dessen magnetisches Feld $\vec{H}_1(t)$ in einer Ebene senkrecht zum ZEEMAN-Feld $\vec{H}_0$ rotiert und somit die Drehimpulskomponente $l_z = 1\,\hbar$ längs der Quantisierungsachse besitzt, bleibt der Drehimpuls beim induzierten Übergang von $|u_{1/2}^{+1/2} >$ nach $|u_{1/2}^{-1/2} >$ erhalten. Desgleichen geschieht allgemein bei der Beteiligung einer ungeraden Anzahl ($2k + 1$) hochfrequenter Quanten. Dort sorgt die Änderung des Drehsinnes des Wechselfeldes von k Quanten in der Summe für eine k-fache Aufhebung der einzelnen Drehimpulse, so daß erneut einer allein mit $l_z = 1\,\hbar$ übrigbleibt. Der störende zusätzliche Drehimpuls bei einem Zwei-Quantenübergang kann dadurch zum Verschwinden gebracht werden, daß die Rotationsebene des zweiten HF-Quants die Richtung des ZEEMAN-Feldes einschließt. Damit liefert die Projektion des mit dem HF-Feld verbundenen Drehimpulses auf die Quantisierungsachse keinen Betrag,

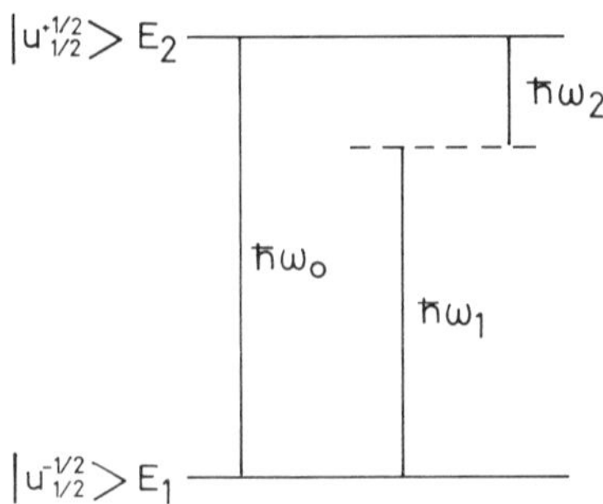

Fig. XI.42: Schematische Darstellung eines Zweiquantenüberganges.

so daß die Erhaltung des Gesamtdrehimpulses beim induzierten Zwei-Quantenübergang allein durch das erste Quant gewährleistet wird.

XI.6.2 Experimentelles

Das Licht einer Rubidiumspektrallampe wird durch einen Linearpolarisationsfilter und ein auf die Wellenlänge passendes $\lambda/4$-Plättchen zirkular polarisiert (Fig. XI.43). Ein Interferenzfilter sorgt für die Transmission der D_1-Resonanzstrahlung. Das Resonanzlicht durchläuft eine Rubidium-Dampfzelle und wird auf einen Photomultiplier (resp. Photozelle), der mit einem Oszillographen verbunden ist, abgebildet. Um die Absorptionszelle sind zwei senkrecht zueinander stehende HELMHOLTZ-Spulenpaare angeordnet. Das Horizontalpaar mit einem Radius von ca. 20 cm und einer Windungszahl von ca. 240 erzeugt ein schwaches konstantes ZEEMAN-Feld ($B_0 \approx 1 - 2 \cdot 10^{-4}$ T) in Richtung der optischen Achse, die mit der Nord-Süd-Achse übereinstimmt. Das Vertikalpaar dient zur Kompensation der Vertikalkomponente des Erdfeldes. Senkrecht zur ZEEMAN-Flußdichte $\vec{B}_0$ wird ein magnetisches Wechselfeld mit der Flußdichte $\vec{B}_1(t)$ durch einen Frequenzgenerator (0 - 1 MHz) eingestrahlt.

Die Rubidium-Lichtquelle ist eine Hochfrequenz-Entladungslampe. Das Entladungsgefäß sitzt in der Schwingkreisspule eines HF-Gegentakt-Oszillators, der mit einer Frequenz von ca. 65 MHz schwingt.

Die Rubidium-Dampfzelle besteht aus einem Vakuumglaskolben mit metallischem Rubidium (10^2 Pa). Zur Erzeugung eines höheren Rubidiumdampfdruckes wird die Zelle mit Hilfe eines Thermostaten auf etwa 40 - 50 °C erwärmt.

Zur Demonstration des Zwei-Quantenüberganges wird ein zweites HELMHOLTZ-Spulenpaar unmittelbar an die Absorptionszelle angebracht, wodurch ein magnetisches Wechselfeld mit der Flußdichte $\vec{B}_2(t)$ in Richtung des ZEEMAN-Feldes mittels eines zweiten Frequenzgenerators (0 - 100 kHz) erzeugt wird.

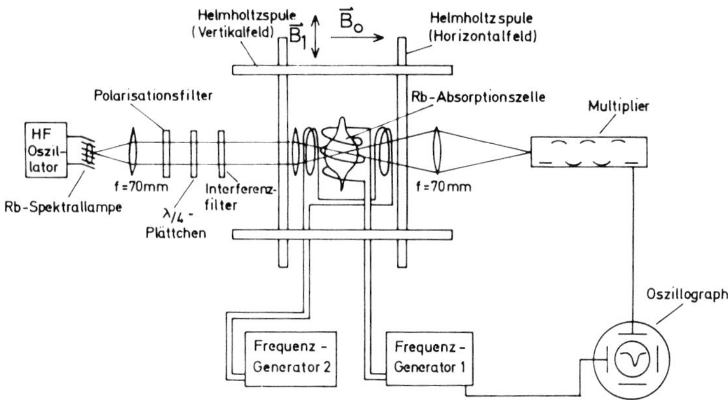

Fig. XI.43: Experimentelle Anordnung zum optischen Pumpen an Rubidium.

XI.6.3 Aufgabenstellung

a) Mit Hilfe einer adiabatischen Feldumpolung wird der Pumpvorgang oszillographisch sichtbar gemacht, sowie die longitudinale Relaxationszeit T_1 ermittelt.

b) Man bestimme den Kernspin der Isotope $^{85}\mathbf{Rb}$ und $^{87}\mathbf{Rb}$ durch magnetische Resonanz.

c) Ein Zwei-Quantenübergang werde oszillographisch demonstriert.

XI.6.4 Anleitung

Um die Absorption der eingestrahlten D_1-Linie ($\lambda = 794.8$ nm) auf dem Oszillographen sichtbar zu machen, wird nach der Überbesetzung des $|^2S_{1/2}, u_{1/2}^{-1/2}>$-Zustands durch den Pumpvorgang das ZEEMAN-Feld adiabatisch mit der Frequenz ω_u umgepolt. Die Forderung nach Adiabasie bedeutet $\omega_u \ll \omega_L$, so daß während des Umpolens genügend Präzessionsbewegungen um die Quantisierungsachse erfolgen können. Nach der Umorientierung der Drehimpulse, die von einer makroskopischen Magnetisierung in der entgegengesetzten Richtung begleitet wird, kann erneut mit σ^+-Licht gepumpt und die Absorption gemessen werden. Die Triggerung des Oszillographs mit der Umpolfrequenz (ca. 6 Hz) erlaubt die Demonstration des zeitlichen Verlaufs der Absorption.

Die magnetische Resonanz nach Gl. (XI.124) wird durch Variation der Hochfrequenz des Wechselfeldes $\vec{B}_1(t)$ bei konstantem ZEEMAN-Feld ermittelt. Ein dazu synchron arbeitender $X-Y$-Schreiber ermöglicht die Registrierung des Signals. Zur Abschätzung der magnetischen Flußdichte im Mittelpunkt einer HELMHOLTZ-Spulenanordnung wird die Näherung

$$B[T] = 0.899 \cdot I \cdot w \cdot 10^{-4}/r$$

verwendet. Dabei bedeuten I die Stromstärke (A), w die Windungszahl und r der Spulenradius (cm).

Der Zwei-Quantenübergang mit einem zusätzlichen, frequenzkonstanten Wechselfeld $\vec{B}_2(t)$ kann ebenfalls mittels der Schreiberaufzeichnung studiert werden. Der dabei benutzte Frequenzbereich liegt zwischen 20 kHz und 40 kHz, wobei sich die Möglichkeit einer Frequenzkalibrierung anbietet.

XI.7 HANLE-Effekt

XI.7.1 Grundlagen

Das mit dem HANLE-Effekt verbundene Experiment gilt ungeachtet seiner frühen Durchführung als eines der wenigen in der Atomspektroskopie, die bis heute noch Gegenstand von Untersuchungen sind, die zu einem tieferen Vertändnis der Atomphysik beitragen. Die Ursache dafür ist in dem enormen Vorteil zu sehen, eine vom DOPPLER-Effekt nicht betroffene Informationsquelle zu erhalten, durch die ein direkter Einblick in die Verhältnisse des Atoms eröffnet wird. Darüber hinaus gelingt es hier in Erweiterung des HILBERT-Raumes hin zum LIOUVILLE-Raum die Bedeutung des Formalismus des Dichteoperators (statistischer Operator) experimentell zu demonstrieren.

Das nahezu klassische Beispiel für diesen Effekt ist die Depolarisation der Resonanzfluoreszenz an **Hg**-Atomen in schwachen Magnetfeldern (Fig. XI.44). Der resonante Übergang geschieht zwischen dem Grundzustand $|6s^1S_{1/2}>$ und einer der drei Komponenten des energetisch nächstliegenden Feinstrukturmultipletts $|6p^3P_1>$, der unter der Voraussetzung einer starken Spin-Bahn-Wechselwirkung durchaus mit dem Verbot der Spinumkehr verträglich ist (s. Abschn. XI.1.1). Eine **Hg**-Lampe sorgt für die resonante Anregung ($\lambda = 253.7$ nm), nachdem das Licht einen Polarisator in y-Richtung passiert hat. Bei Anwesenheit eines endlichen Magnetfeldes in z-Richtung wird das resonant gestreute Licht seine ursprüngliche Polarisation teilweise verlieren, was durch die Zwischenschaltung eines Analysators in z-Richtung beobachtet werden kann. Die Variation des Analysators erlaubt außerdem die Aussage, daß gleichzeitig eine Polarisation in x-Richtung anwächst. Der experimentelle Befund drückt sich in der sogenannten HANLE-Kurve aus, die den Polarisationsgrad P, definiert durch

$$P = \frac{I_y - I_x}{I_y + I_x}, \tag{XI.126}$$

über dem Magnetfeld darstellt (Fig. XI.45).

Eine einfache und durchaus plausible Erklärung dieses Effekts gewinnt man in dem klassischen Bild des quasielastisch gebundenen Elektrons, das resonant von dem in der $x-y$-Ebene oszillierenden elektrischen Feldvektor der Lichtwelle zu Schwingungen angeregt wird, (s.a. Abschn. IX.1.2 u. XI.4.1). Bei Abwesenheit eines Magnetfeldes vermag dieser schwingende Dipol eine Resonanzstrahlung zu emittieren, die bei Beobachtung senkrecht zur $x-y$-Ebene polarisiert ist. Die Wirkung eines endlichen Magnetfeldes in z-Richtung ($\vec{B} = (0, 0, B)$) zwingt nun infolge der LORENTZ-Kraft den oszillierenden

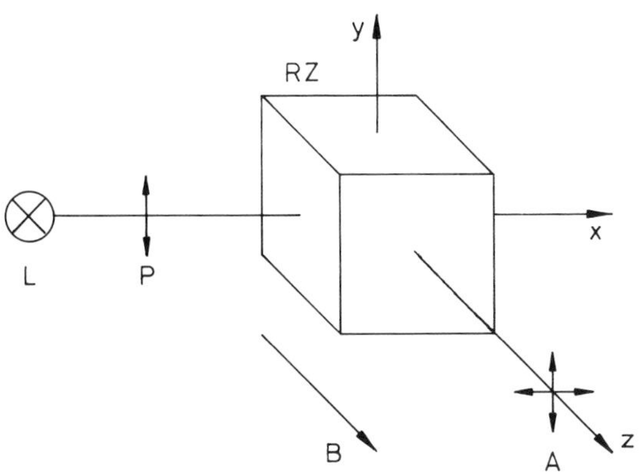

Fig. XI.44: Schematischer Versuchsaufbau zum HANLE-Effekt; L: **Hg**-Lampe, P: Polarisator, RZ: Resonanzzelle mit **Hg**-Dampf, A: Analysator, B: magnetische Flußdichte.

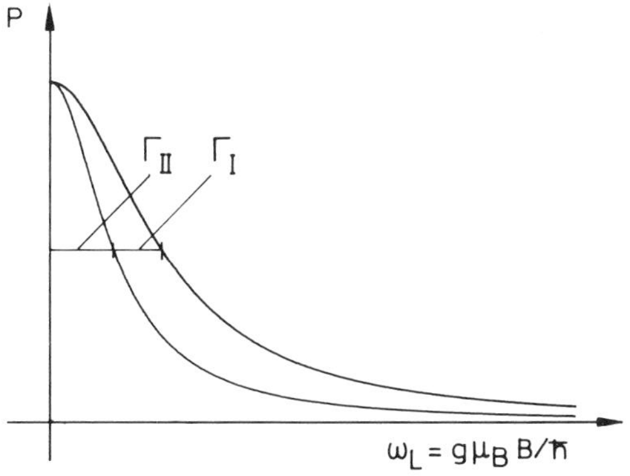

Fig. XI.45: Polarisationsgrad $P = (I_y - I_x)/(I_y + I_x)$ als Funktion der Magnetfeldstärke (HANLE-Kurve) bei zwei verschiedenen Lebensdauern der angeregten Zustände ($\tau_I < \tau_{II}$; Halbwertsbreite $\Gamma = 1/\tau$).

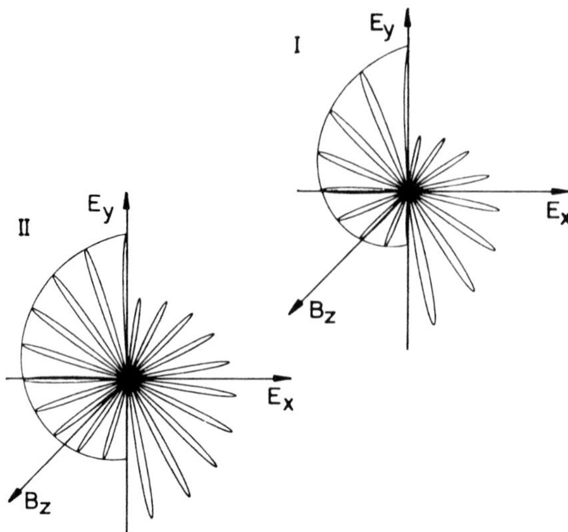

Fig. XI.46: Rosettenbewegung eines gedämpften harmonischen Oszillators in der $x-y$-Ebene bei Anwesenheit eines Magnetfeldes in z-Richtung; I und II: a) unterschiedliche Flußdichten $B_I < B_{II}$ (τ = const.); b) unterschiedliche Lebensdauern $\tau_I < \tau_{II}$ (B = const.; s.a. die schematischen HANLE-Kurven von Fig. XI.45).

Dipol, seine Schwingungsrichtung zu verlassen und sich längs einer Rosettenbahn in der $x-y$-Ebene zu bewegen. Um dieses vereinfachte Bild den realen Verhältnissen noch weiter anzupassen, muß man die endliche Lebensdauer bzw. die Dämpfung des Oszillators berücksichtigen, was eine Abnahme der Amplitude impliziert (Fig. XI.46). Die Abweichung von der ursprünglichen Polarisationsrichtung, die mit wachsendem Magnetfeld sowie mit zunehmender Lebensdauer beschleunigt wird, gibt Anlaß zum Auftreten einer Komponente des emittierten elektrischen Feldes in x-Richtung, wodurch die HANLE-Kurve berechenbar wird.

Eine gründlichere Betrachtungsweise macht es unumgänglich, die Erscheinung der Interferenz und den damit zusammenhängenden Kohärenzbegriff zu studieren (s. Abschn. VI.1). Um dem oben behandelten Fall Rechnung zu tragen, wird die simultane Änderung von zwei verschiedenen Ausgangszuständen hin zu einem gemeinsamen Grundzustand innerhalb eines Atoms betrachtet. Die Berechtigung zu dieser Annahme liefert die Tatsache, daß die nachfolgende linear polarisierte Emission elektromagnetischer Strahlung ($B = 0$) als Überlagerung zweier zirkular gegenläufig polarisierter Wellen dargestellt werden kann. Die quantenmechanische Korrespondenz verlangt die Emission zweier Photonen von den Ausgangszuständen $|u_1^{+1}>$ und $|u_1^{-1}>$, die ohne die Anwesenheit eines Magnetfeldes entartet sind. Erst der Eingriff einer äußeren Störung, etwa durch die Wirkung eines Magnetfeldes in z-Richtung, vermag die Entartung aufzuheben (s. Abschn. XI.4.1), was die Emission zweier Lichtwellen unterschiedlicher Frequenzen ω_1, ω_2 zur Folge hat. Zur Berechnung der gesamten Intensität ist es wesentlich, in der Reihenfolge zunächst das resultierende elektrische (resp. magnetische) Feld zu bestimmen, das sich gemäß dem linearen Superpositionsprinzip in komplexer Schreibweise zu

$$E = E_1 + E_2 = E_{10}e^{i\omega_1 t} + E_{20}e^{i(\omega_2 t+\delta)} \tag{XI.127}$$

ergibt (δ: Phasenverschiebung, die darüber entscheidet, welche Anteile der Komponenten E_x, E_y beobachtet werden). Im nächsten Schritt kann dann die Gesamtintensität aus dieser resultierenden Feldstärke nach dem POYNTING-Vektor ermittelt werden. Berücksichtigt man darüber hinaus eine Abnahme der Amplituden auf Grund der endlichen, für beide Ausgangszustände gleichen Lebensdauer τ, so findet man die Abhängigkeitsbeziehung

$$I(t) \sim E \cdot E^* = e^{-t/\tau}\left\{E_{10}^2 + E_{20}^2 + 2E_{10}E_{20}e^{i[(\omega_1-\omega_2)t-\delta]}\right\} , \tag{XI.128}$$

die die Form einer Schwebung aufweist. Die Eigenfrequenzen der beiden gegenläufig in der $x-y$-Ebene rotierenden Oszillatoren werden bei Anwesenheit eines Magnetfeldes in z-Richtung zu

$$\omega_{1,2} = \omega_0 \pm \omega_L \tag{XI.129a}$$

bestimmt (s. Abschn. XI.4.1; ω_0: Eigenfrequenz ohne Magnetfeld), wonach die Schwebungsfrequenz die doppelte LARMOR-Frequenz

$$2\omega_L = \frac{2g\mu_B B}{\hbar} \tag{XI.129b}$$

(g: LANDE-Faktor, μ_B: BOHRsches Magneton) bedeutet. Der in Gl. (XI.128) auftretende gemischte Term ist offensichtlich für Interferenzerscheinungen verantwortlich (s.a. Abschn. VI.1), so daß das Nichtverschwinden dieses Interferenzterms bei endlichen Magnetfeldern einen Intensitätsverlust erwarten läßt. Umgekehrt impliziert die Forderung nach totaler Kohärenz zwischen den beiden Lichtwellen das Verschwinden der Zeitabhängigkeit des Interferenztermes, was nur im Falle des Nichtvorhandenseins eines äußeren Magnetfeldes ($B = 0, \omega_L = 0$) während der Entartung gewährleistet ist.

Die für das Experiment wesentliche Observable ist der zeitliche Mittelwert der Intensität, der sich unter der Annahme gleicher Amplituden ($E_{01} = E_{02} = \sqrt{I_0}$) zu

$$< I(t) >= \text{const} \cdot 2I_0 \int_0^\infty e^{-t/\tau}[1 + \cos(2\omega_L \pm \delta)]\, dt \tag{XI.130}$$

ergibt. Nach Umformung des Integranden ($1 + \cos\alpha = 2\cos^2\alpha$) liefert die Integration für die mittlere Intensität

$$< I >= \text{const} \cdot 2I_0 \left[1 + \frac{1}{1+(\omega_L\tau)^2}\cos\delta + \frac{\omega_L\tau}{1+(\omega_L\tau)^2}\sin\delta\right] , \tag{XI.131}$$

womit die HANLE-Kurve beschrieben werden kann. Für den Fall, daß der Beobachter den Analysator in Richtung der y-Achse einstellt (s. Fig. XI.44) wird keine Komponente des elektrischen Feldes in x-Richtung beobachtet, so daß die Phasenverschiebung zwischen den beiden mehr oder weniger kohärenten Lichtwellen verschwindet ($\delta = 0$). Dies hat zur Folge, daß die Variation von ω_L bzw. $\vec{B}$ eine Intensitätskurve erwarten läßt, die deutlich das LORENTZ-Profil zeigt (Fig. XI.45). Wird der Analysator hingegen in x-Richtung eingestellt, so bewirkt die Phasenverschiebung von $\delta = \pm\pi/2$ eine dispersive Form der entsprechenden Intensitätskurve. Die Depolarisation der emittierten Resonanzfluoreszenz im äußeren Magnetfeld spiegelt nach Gl. (XI.131) die Lebensdauer τ bzw. den g-Faktor des angeregten Zustandes wider, ohne von den bei endlichen Temperaturen bestehenden, stark verschmierten DOPPLER-Energien beeinflußt zu werden. Eine Erklärung dafür im klassischen Sinne findet man in der geschickten Ausnutzung der Interferenzfähigkeit von Oszillatoren innerhalb eines Atoms.

Die quantenmechanische Behandlung des HANLE-Effekts, die die Berücksichtigung des Spins notwendig macht, wird angesichts der Beteiligung von mehr als einem Zustand, z.B. bei der Absorption oder der Emission von Photonen, sich des Formalismus des Dichteoperators bedienen müssen. Eine im Experiment beobachtbare Meßgröße A, wie sie hier die Intensität darstellt, fordert bei Anwesenheit eines Gemenges von Basiszuständen $|u_k>$ im HILBERT-Raum die Kenntnis des Dichteoperators in der Form eines Projektionsoperators

$$\hat{\rho} = \hat{P}_{|\phi>} = |\phi><\phi| \tag{XI.132}$$

mit dem hier als "rein" vorausgesetzten Gesamtzustand

$$|\phi> = \sum_k |n_k><n_k|\phi> \ . \tag{XI.133}$$

Der Erwartungswert der Observablen A berechnet sich dann nach

$$<A> = <\phi|\hat{A}|\phi>$$

durch Bildung der Spur zu

$$<A> = \mathrm{Sp}(\hat{\rho}\hat{A}) \ . \tag{XI.134}$$

Bei Anwesenheit eines Ensembles von Atomen der Anzahl N hat man darüber hinaus den globalen Dichteoperator

$$\hat{\rho}' = \frac{1}{N}\sum_l^N \hat{\rho}_l \tag{XI.135}$$

zu berücksichtigen. Die dynamische Evolution des Dichteoperators wird durch die Quanten-LIOUVILLE-Gleichung (bzw. von NEUMANN-Gl.) bestimmt, die im SCHRÖDINGER-Bild ($\hat{\rho} = \hat{\rho}(t)$) die Form

$$\dot{\hat{\rho}} = -\frac{i}{\hbar}\hat{\hat{L}}\hat{\rho} = -\frac{i}{\hbar}\left[\hat{H}\hat{\rho} - \hat{\rho}\hat{H}\right] \tag{XI.136}$$

annimmt. Dabei wird der LIOUVILLE-Operator $\hat{\hat{L}}$ als Superoperator bezeichnet, da er selbst auf einen Operator des (n-dimensionalen) HILBERT-Raumes wirkt. Der Formalismus vermag ihn als Operator eines neuen ($n \times n$-dimensionalen) Raumes, des sogenannten LIOUVILLE-Raumes zu beschreiben, dessen Basiselemente von den Operatoren des HILBERT-Raumes gebildet werden.

Die Forderung nach Kohärenz im quantenmechanischen Sinne verlangt das Nichtverschwinden der Nichtdiagonalelemente des Dichteoperators: $\rho_{kl} \neq 0$ $(k \neq l)$. Nach Gl. (XI.132) und (XI.133) bedeutet dies, daß der betrachtete Zustand $|\phi>$ nicht mit der Richtung einer der Basisvektoren $|u_k>$ zusammenfällt, sondern eine beliebige Richtung im HILBERT-Raum einnimmt. Während die Diagonalelemente des Dichteoperators

$$\rho_{kk} = |<u_k|\phi>|^2 \qquad \text{(XI.137)}$$

die Wahrscheinlichkeit bezeichnen, das System im Zustand $|u_k>$ zu finden, liefern die Nichtdiagonalelemente nach Gl. (XI.136)

$$\begin{aligned} \rho_{kl} &= <u_k|\phi><\phi|u_l>= \\ &= <u_k|\phi_0><\phi_0|u_l> \cdot e^{\frac{i}{\hbar}(E_k - E_l)t} \end{aligned} \qquad \text{(XI.138)}$$

Information über die Phasenbeziehungen der Zustände. Der HANLE-Effekt bietet ein demonstratives Beispiel für die Interferenz von atomaren Zuständen und für den Begriff der Kohärenz im quantenmechanischen Sinne. Die Anregung mit linear in y-Richtung polarisiertem Licht (Fig. XI.44), die mit einer simultanen Anregung von σ^+- und σ^--Komponenten (bzgl. des Magnetfeldes in z-Richtung) korrespondiert, gibt Anlaß zur Anregung der beiden ZEEMAN-Zustände $|u_1^{-1}>, |u_1^{+1}>$, so daß der Gesamtendzustand durch

$$|\psi>= c_1|u_1^{+1}> + c_2|u_1^{-1}> \qquad \text{(XI.139)}$$

beschrieben werden kann ($<u_1^{+1}|\psi>= c_1, <u_1^{-1}|\psi>= c_2$; $c_1 = c_2 = 1/\sqrt{2}$, da die Wahrscheinlichkeit, einen der beiden Zustände anzutreffen, gleich groß ist). Die vergleichbare Besetzung der beiden Zustände, die man allgemein als Ausrichtung ("alignment") bezeichnet, wird im Gegensatz zur Orientierung beim optischen Pumpen (s. Abschn. XI.6.1) kein resultierendes magnetisches Moment erwarten lassen. Sieht man momentan vom Grundzustand ab und bildet den dem Gemenge der beiden angeregten Zustände entsprechenden Dichteoperator, so erhält man unter Berücksichtigung der Zeitabhängigkeit der ZEEMAN-Zustände

$$|u_J^{m_J}(t)>= |u_J^{m_J}(0)> \cdot e^{-\frac{i}{\hbar}E_{m_J}t}$$

bzw. mit Gl. (XI.139) und (XI.132)

$$\hat{\rho} = |\psi><\psi| = \begin{pmatrix} |c_1|^2 & c_1 c_2^* e^{-\frac{i}{\hbar}(E_1 - E_{-1})t} \\ c_2 c_1^* e^{-\frac{i}{\hbar}(E_1 - E_{-1})t} & |c_2|^2 \end{pmatrix} \qquad \text{(XI.140)}$$

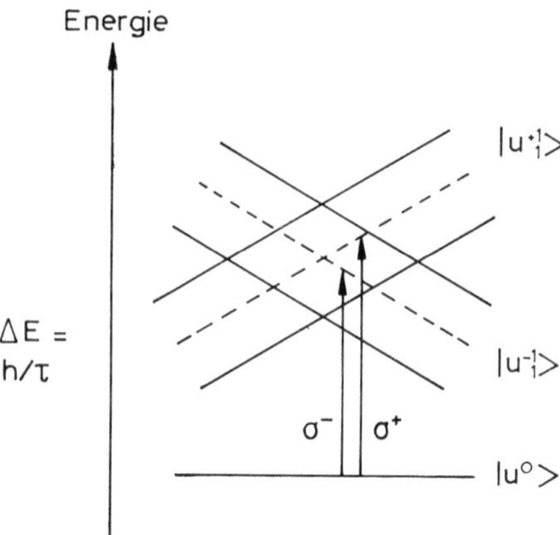

Fig. XI.47: Kohärente Anregung zweier ZEEMAN-Zustände $|u_1^{+1}>, |u_1^{-1}>$ ($|u^0>$ = Ausgangszustand).

($E_1 - E_{-1} = g\mu_B B$). Die Bedingung der kohärenten Anregung der beiden ZEEMAN-Zustände fordert die Konstanz der Phasenbeziehungen untereinander, wenigstens während der Lebensdauer ($E_1 - E_{-1} \leq \Delta E/2$). Bei Erfüllung derselben, die durch das Verhältnis von ZEEMAN-Aufspaltung und Halbwertsbreite qualitativ geprägt wird (s. Fig. XI.47), sind die Nichtdiagonalelemente endlich und geben deshalb auch Anlaß zu einer kohärenten Emission. Nach Gl. (XI.140) kann man auch den Fall der totalen Kohärenz angeben, der allgemein immer dann auftritt, wenn die Phasenbeziehungen untereinander zeitunabhängig werden. Im vorliegenden Beispiel bedeutet dies die Forderung nach dem Verschwinden der äußeren magnetischen Flußdichte ($B = 0$), was den Schnittpunkt der Energieterme (Entartungsfall) auszeichnet. Nicht selten wird deshalb der HANLE-Effekt auch als "Nullfeld-level crossing" bezeichnet, um auf die Fähigkeit der totalen Kohärenz von Eigenzuständen im "crossing" Punkt hinzuweisen. Daneben können insbesondere bei Berücksichtigung des Kernspins auch "level crossings" bei $B \neq 0$ beobachtet werden (s. Fig. XI.21, Abschn. XI.4.1.1). Auch in diesem Fall gibt die Kohärenzfähigkeit und so die Anwesenheit von Nichtdiagonalelementen des Dichteoperators zur dopplerfreien Spektroskopie mit ähnlichen experimentellen Methoden Anlaß.

Das Studium der Kohärenz und mithin der Phasenbeziehungen von Eigenzuständen gelingt makroskopisch nur dann, wenn man eine Observable A auswählt, deren Operator $\hat{A}$ nicht mit dem HAMILTON-Operator vertauschbar ist. Diese Nichtvertauschbarkeit impliziert die Tatsache, daß die Eigenwertprobleme beider Operatoren verschiedene Eigenfunktionen verwenden, woraus die Nichtdiagonalität des Operators $\hat{A}$ resultiert. Nachdem die makroskopisch beobachtbare Observable als Scharmittel durch die Spurbildung des Produkts $\hat{\rho}\hat{A}$ (s. Gl. (XI.134)) ermittelt wird, ist die Nichtdiagonalität von $\hat{A}$ eine notwendige Voraussetzung, um das Auftreten der für die Kohärenz verantwortliche

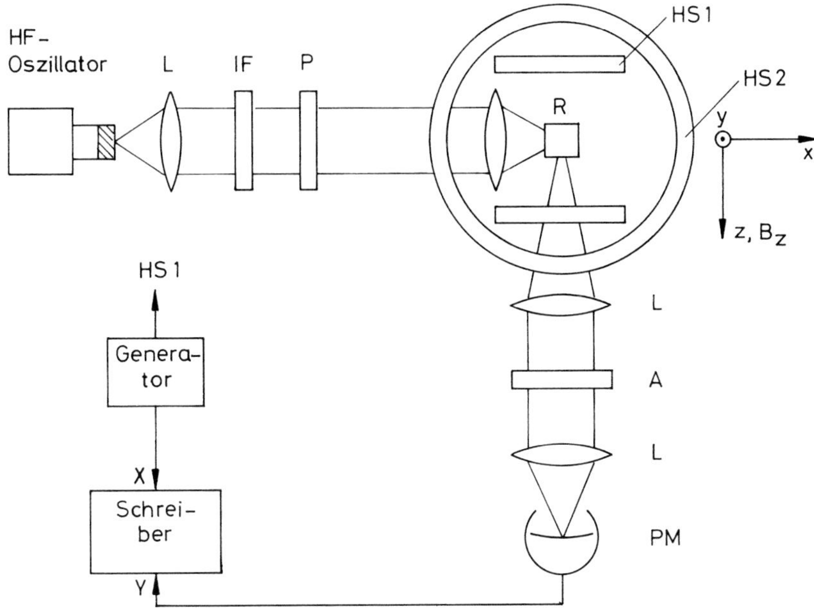

Fig. XI.48: Experimentelle Anordnung zum HANLE-Effekt; L: Linsen, IF: Interferenzfilter, P: Polarisator, A: Analysator, R: Resonanzzelle, HS: HELMHOLTZ-Spulenpaar, PM: Photomultiplier.

Korrelation in der Meßgröße zu garantieren (s.a. Abschn. XIV.1.1).

XI.7.2 Experimentelles

Das Kernstück der Apparatur ist die **Hg**-Resonanzzelle (Fig. XI.48), deren zylindrisches Quarzgefäß (ϕ = 25 mm) das Isotop ^{202}**Hg** (I = 0) enthält. Es befindet sich in der Mitte zweier senkrecht zueinander stehender HELMHOLTZ-Spulenpaare. Das Horizontalpaar, mit einem Radius von ca. 30 cm und einer Windungszahl von ca. 300, erzeugt das ZEEMAN-Feld, dessen Stärke mittels eines Sägezahngenerators kontinuierlich variiert werden kann. Seine Richtung zeigt in Beobachtungsrichtung, die mit der Nord-Süd-Achse übereinstimmt. Das Vertikalpaar, mit einem Radius von ca. 25 mm und einer Windungszahl von ca. 10, dient zur Kompensation der Vertikalkomponente des Erdfeldes.

Die Lichtquelle bildet eine Hochfrequenzentladungslampe, deren zylinderförmiges Quarzgefäß einen Tropfen natürliches Quecksilber und Argon (2 Torr = $2.7 \cdot 10^2$ Pa) als Stoßgas enthält. Die Selbstabsorption der emittierten Strahlung wird durch die Ausführung einer geringen Schichtdicke (ca. 5 mm) erheblich vermindert. Das Resonanzlicht wird durch einen Polarisator linear polarisiert (Polarisationsgrad ca. 82%). Ein Interferenzfilter garantiert die Transmission im Bereich um $\lambda = 250$ nm. Auf Grund der polarisierenden Wirkung dieses Reflexionsfilters wird der Einbau im Sinne einer Vorpolarisation durchgeführt.

Die Beobachtung der Resonanzstrahlung in Richtung des ZEEMAN-Feldes erfolgt mit einem Analysator, dessen gekreuzte Stellungen sowohl das Absorptions- wie Dispersionsprofil nach Gl. (XI.131) zu messen erlauben. Die Lichtintensität wird von einem Schreiber aufgezeichnet. Die verwendeten Linsen bestehen aus homogenisiertem Quarz, um die Polarisation des Lichtes nicht zu beeinflussen.

XI.7.3 Aufgabenstellung

a) Es wird bei verschiedenen Analysatoreinstellungen die Depolarisation der Resonanzstrahlung in Abhängigkeit vom Betrag des Magnetfeldes untersucht und aufgezeichnet.
b) Man nehme die HANLE-Kurve als die Abhängigkeit des Polarisationsgrades von der Feldstärke auf und bestimme daraus das Produkt von LANDE-Faktor g und Lebensdauer τ des angeregten Zustands.

XI.7.4 Anleitung

Die Variation der Analysatoreinstellung beginnt mit der Untersuchung in y-Richtung und verwendet nachfolgend Abweichungen dazu um einen Winkel von $\pi/4$. Dies ermöglicht nach Gl. (XI.131) die Aufnahme verschiedener Formen der Depolarisation.

Der theoretische Polarisationsgrad P bzw. die HANLE-Kurve ergibt sich nach Gl. (XI.126) und (XI.131) zu

$$P = \frac{P(0)}{1 + (2\omega_L \tau)^2} ,$$

womit ein LORENTZ-Profil beschrieben wird (s. Fig. XI.45). Als Halbwertsbreite wird jene Flußdichte $B_{1/2}$ definiert, bei der die halbe Intensität der Polarisation ohne Magnetfeld auftritt

$$P(B_{1/2}) = \frac{1}{2} P(0) .$$

In diesem Fall ist die ZEEMAN-Aufspaltung gleich der natürlichen Linienbreite. Zusammen mit Gl. (XI.129) erhält man für das Produkt

$$g \cdot \tau = \frac{\hbar}{2\mu_B B_{1/2}} .$$

Die Ermittlung der Magnetfeldstärke geschieht mit Hilfe der Näherung

$$B[\mathrm{T}] = 0.899 \cdot I \cdot w \cdot 10^{-4}/r ,$$

die in Abschn. XI.6.4 erläutert ist. Die Genauigkeit der Meßgröße wird im wesentlichen durch den Polarisationsfilter beeinflußt. Mit einem Polarisationsgrad von nur 82 % repräsentiert er das unsicherste Element in der Kette der experimentellen Glieder.

XI.8 Literatur

1. **J. FRANCK, P. JORDAN** *Anregung von Quantensprüngen durch Stöße* Springer, Berlin **1926**

2. **H.S.W. MASSEY, E.H.S. BURHOP** *Electronic and Ionic Impact Phenomena Vol. 1: Collision of Electrons with Atoms* Clarendon Press, Oxford **1969**

3. **B.H. BRANSDEN** *Atomic Collision Theory* W.A. Benjamin, New York **1970**

4. **E.W. SCHPOLSKI** *Atomphysik* Deutscher Verlag der Wissenschaften, Berlin **1973**

5. **O. HITTMAIR** *Lehrbuch der Quantentheorie* Karl Thiemig, München **1972**

6. **H. HAKEN, H.C. WOLF** *Atom- und Quantenphysik* Springer, Berlin, Heidelberg, New York **1980**

7. **W. FINKELNBURG** *Einführung in die Atomphysik* Springer, Berlin, Heidelberg, New York **1967**

8. **W. DÖRING** *Atomphysik und Quantenmechanik, Bd. II* Walter de Gruyter, Berlin, New York **1976**

9. **M. TINKHAM** *Group Theory and Quantum Mechanics* Mc Graw-Hill, New York **1963**

10. **H. BOERNER** *Darstellungen von Gruppen mit Berücksichtigung der Bedürfnisse der modernen Physik* Springer, Berlin **1967**

11. **BERGMANN-SCHAEFER** *Lehrbuch der Experimentalphysik, Bd. IV, Teil 1: Aufbau der Materie* Berlin, New York **1975**

12. **W. GREINER, H. DIEHL** *Theoretische Physik, Bd. 4* Harri Deutsch, Zürich, Frankfurt, Thun **1975**

13. **S.A. ALTSHULER, B.M. KOZYREV** *Electron Paramagnetic Resonance* Academic Press, New York, London **1964**

14. **C.P. POOLE** *Electron Spin Resonance* Interscience, New York **1967**

15. **J.A. Mc MILLAN** *Electron Paramagnetism* Reinhold Book Corp., New York **1968**

16. **J. HARRIMAN** *Theoretical Foundations of ESR* Academic Press, New York, San Francisco, London **1978**

17. **R.A. BERNHEIM** *Optical Pumping*
W.A. Benjamin, New York, Amsterdam **1965**

18. **C. COHEN-TANNOUDJI, A. KASTLER** *Optical Pumping*
in E. WOLF (Ed.) *Progress in Optics, Vol. V* North Holland, Amsterdam **1966**

19. **A. CORNEY** *Atomic and Laser Spectroscopy*
Clarendon Press, Oxford **1977**

20. **A. KASTLER** *50 Jahre HANLE-Effekt*
Phys. Bl. 30, 394 (**1974**)

21. **W. HANLE, H. KLEINPOPPEN** *Progress in Atomic Spectroscopy*
part A Plenum Press, New York, London **1978**

22. **P.H. HECKMANN, E. TRÄBERT** *Introduction to the Spectroscopy of Atoms*
North-Holland, Amsterdam **1989**

G. MORUZZI, F. STRUMIA (Eds.) *The HANLE-effect and Level-Crosssing Spectroscopy* Plenum Press, New York, London **1991**

XII. Molekülspektroskopie

Die Beweggründe zu spektroskopischen Untersuchungen an Molekülen unterscheiden sich nicht grundsätzlich von denen, die die Atomspektroskopie für sich beansprucht. Deshalb wird man auch hier den gleichen Techniken und experimentellen Anordnungen begegnen. Dennoch prägen zwei wesentliche Unterschiede die Ergebnisse in entscheidendem Maße.

Zum einen ist das System um eine beliebige Zahl an beteiligten Teilchen und mithin an Freiheitsgraden erweitert. Zum anderen wird die orthogonale Rotationssymmetrie O(3) des Atoms beim Molekül verlassen, um einer niedrigeren Symmetrie Platz zu machen. Beide Abweichungen führen zu einem wesentlich komplizierteren HAMILTON-Operator, der dann zum Auftreten weiterer Eigenwerte bzw. Eigenvektoren Anlaß gibt.

XII.1 Bandenspektrum

XII.1.1 Grundlagen

Ausgangspunkt der quantitativen Berechnungen von Observablen ist die SCHRÖDINGER-Gleichung des Mehrteilchensystems

$$\hat{H}\psi = E\psi \,, \tag{XII.1}$$

wobei der HAMILTON-Operator $\hat{H}$ im einfachsten Falle die kinetische und potentielle Energie der Elektronen und Kerne beinhaltet

$$\hat{H} = -\frac{\hbar^2}{2m}\sum_i \Delta_{\vec{r}_i} - \sum_j \frac{\hbar^2}{2M_j}\Delta_{\vec{R}_j} + V_e + V_k \tag{XII.2}$$

($\vec{r}_i, \vec{R}_j$: Elektronen- bzw. Kernkoordinaten). Mit Rücksicht auf die überaus große Differenz der Massen von Elektronen und Kernen und der daraus abzuleitenden Unbeweglichkeit der Kerne während einer Änderung der Elektronenkonfiguration, wird man versuchen, durch Aufteilung des Gesamtproblems in zwei Teilprobleme eine Vereinfachung von (XII.1) zu gewinnen. Zum einen betrachtet man die Bewegung der Elektronen unter der Annahme ruhender Kerne, was durch die SCHRÖDINGER-Gleichung

$$\left(-\frac{\hbar^2}{2m}\sum_i \Delta_{\vec{r}_i} + V_e\right)\psi_e = E_e\psi_e \tag{XII.3}$$

beschrieben wird. $\psi_e(\vec{r}_i, \vec{R}_j)$ ist dabei die Wellenfunktion der Elektronen, die die Kernkoordinaten $\vec{R}_j$ als Parameter einschließt. Zum anderen wird auf einer davon unabhängigen Ebene die Bewegung der Kerne ohne Berücksichtigung der räumlichen Verteilung der Elektronen behandelt. Dies gelingt auf Grund der SCHRÖDINGER-Gl.

$$\left(-\sum_j \frac{\hbar^2}{2M_j}\Delta_{\vec{R}_j} + V_k - E_e\right)\psi_k = E\psi_k \tag{XII.4}$$

mit $\psi_k(\vec{R}_j)$ als der Wellenfunktion der Kerne. Versucht man nun die Gesamtwellenfunktion zu faktorisieren, nach dem Ansatz

$$\psi = \psi_k \cdot \psi_e \,, \tag{XII.5}$$

und daneben die Entkopplung der Elektronen- und Kernbewegung nach (XII.3) und (XII.4) aufrechtzuerhalten, so kann man eine Bedingung für die Gültigkeit dieser adiabatischen Näherung (BORN-OPPENHEIMER-Näherung) herleiten. Die uneingeschränkte Gültigkeit der SCHRÖDINGER-Gl. des Mehrteilchensystems (XII.1) verlangt demnach beim Einsetzen des Produktansatzes (XII.5) und unter Berücksichtigung von Gl. (XII.3) und (XII.4) die Vernachlässigung des Termes

$$\sum_j \frac{\hbar^2}{M_j}\psi_k\left(\Delta_{\vec{R}_j}\psi_e + 2\vec{\nabla}_{\vec{R}_j}\psi_e \cdot \vec{\nabla}_{\vec{R}_j}\psi_k\right) \approx 0 \,,$$

der die Kopplung der beiden Teilchensysteme beschreibt. Diese Forderung bedeutet demnach, daß die Änderung der elektronischen Wellenfunktion ψ_e mit den Kernkoordinaten als vernachlässigbar klein angesehen wird. Die momentane Konfiguration der Kerne ist maßgebend für die Dynamik der Elektronen, wodurch deren adiabatisches Verhalten charakterisiert wird.

In weitergehender Absicht, die Bewegungen der Kerne in solche der Schwingungen und Rotationen zu unterscheiden, wird man auch die Wellenfunktion des Kerns faktorisieren, so daß die Gesamtwellenfunktion als Produktansatz

$$\psi = \psi_e \cdot \psi_s \cdot \psi_r \tag{XII.6}$$

geschrieben werden kann (ψ_s, ψ_r: Wellenfunktion der Schwingung bzw. Rotation von Kernen). Die Frage nach der Gesamtenergie des Moleküls kann dadurch beantwortet werden, daß man die voneinander entkoppelten Teilprobleme und deren Lösung additiv aneinanderreiht.

Die Rotationsenergie E_r des hier im Folgenden betrachteten zweiatomigen Moleküls wird nach dem Modell des starren Rotators berechnet (Fig. XII.1). Da bei diesem das Potential zwischen den beiden Massen, also den Kernen keinen Einfluß auf die Rotation ausübt, bleibt eine SCHRÖDINGER-Gl., deren Operator für die kinetische Energie mit dem winkelabhängigen Anteil des LAPLACE-Operators Δ_w identisch ist. Mit dem Produktansatz (s. Abschn. XI.4.1, Gl. (XI.79))

$$\psi_k = \text{const} \cdot \frac{1}{R} f(R) \cdot Y_l^m(\vartheta, \varphi) \,, \tag{XII.7}$$

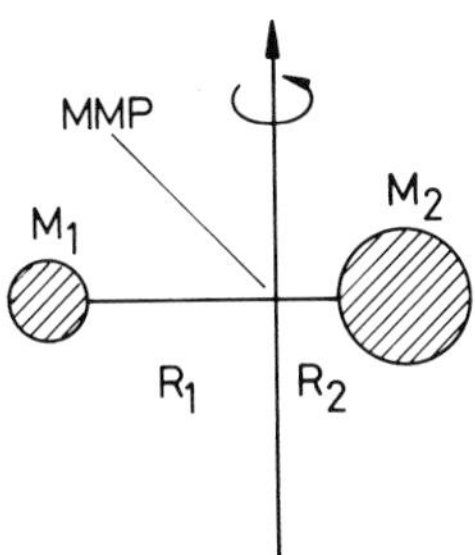

Fig. XII.1: Starrer Rotator (Hantel-Modell); R: Relativkoordinaten, MMP: Massenmittelpunkt, reduzierte Masse $\mu = M_1 M_2/(M_1 + M_2)$.

der eine Trennung von Orts- und Winkelabhängigkeit garantiert, erhält man die SCHRÖDINGER-Gl. (in Relativkoordinaten)

$$-\frac{\hbar^2}{2\mu}\frac{1}{R_0}\Delta_w Y_l^m = E_R Y_l^m \tag{XII.8}$$

mit den Kugelflächenfunktionen $Y_l^m(\vartheta, \varphi)$ als Eigenfunktionen (μ: reduzierte Masse). Die damit gewonnene Lösung des Eigenwertproblems lautet

$$E_R(J) = \frac{J(J+1)\hbar^2}{2\theta} \tag{XII.9}$$

mit dem Trägheitsmoment $\theta = \mu r^2$. Die Drehimpulsquantenzahl J ist mit dem Quadrat des Drehimpulses $\vec{J}^2$ auf Grund der entsprechenden Eigenwertgleichung $\hat{\vec{J}}^2|u_J^{m_J}>= J(J+1)\hbar^2|u_J^{m_J}>$ durch die Beziehung

$$\vec{J}^2 = J(J+1)\hbar^2 \tag{XII.10}$$

verknüpft, so daß die Rotationsenergie E_r auch auf klassischem Wege erhalten wird ($E_r = \theta\omega^2/2 = |\vec{J}|^2/2\theta$). Die Differenz der Energien benachbarter Rotationszustände mit $\Delta J = \pm 1$ offenbart eine lineare Abhängigkeit von der Rotationsquantenzahl

$$E(J \pm 1) - E(J) = \pm hcB \cdot 2J \tag{XII.11}$$

(mit $B = \hbar/2c\theta$: Rotationskonstante), demzufolge das Spektrum äquidistante Emissionsfrequenzen aufweist.

Versucht man die Schwingungen eines zweiatomigen Moleküls angenähert im Modell eines harmonischen Oszillators zu erklären, so wird das Parabel - (harmonische) Potential

$$V = \frac{1}{2}k(R - R_0)^2 \tag{XII.12}$$

bemüht. Die Kraftkonstante k ist dabei durch die Beziehung $k = \mu\omega_s^2$ mit der Schwingungsfrequenz ω_s verknüpft. Der relative Abstand R_0 in Normalkoordinaten bedeutet den Gleichgewichtsabstand, um den eines der beiden Teilchen mit der reduzierten Masse μ harmonische Schwingungen gegen das andere im Koordinatenursprung fixierte Teilchen ausführt. Die Lösung der SCHRÖDINGER-Gl.

$$\left[-\frac{\hbar^2}{2\mu}\frac{d^2}{dR^2} + (E - V)\right]\psi_s = 0 \tag{XII.13}$$

liefert mit Hilfe der Eigenfunktionen

$$\psi_{s,n} \sim H_n(R - R_0) \cdot e^{-R-R_0)^2/2} \tag{XII.14}$$

(H_n: HERMITEsches Polynom n-ten Grades) die Eigenwerte der Oszillatorenergie

$$E(n) = \hbar\omega_s(n + 1/2) \tag{XII.15}$$

mit der Schwingungsquantenzahl $n = 0, 1, \ldots$. Die Aufenthaltswahrscheinlichkeit des harmonisch schwingenden Teilchens berechnet sich unter Verwendung von Gl. (XII.14) nach dem Absolutquadrat der Wellenfunktion ($\psi\psi^*$) und zeigt mit wachsender Quantenzahl n ein relativ zunehmendes Maximum an den klassischen Umkehrpunkten, was das Korrespondenzprinzip eindrucksvoll bestätigt (Fig. XII.2). Die größte Abweichung von der klassischen Betrachtung ist so bei der kleinsten Quantenzahl $n = 0$ zu erwarten, wo in der Tat sowohl eine endliche Oszillatorenergie wie die größte Aufenthaltswahrscheinlichkeit in der Gleichgewichtslage beobachtet werden kann.

Die Forderung nach der Abweichung vom harmonischen Potential ist eine notwendige Konsequenz aus den unrealistischen Ergebnissen bei Extrapolation zu kleinen und großen Schwingungsamplituden. Sowohl die abstoßende Wechselwirkung der Kerne im einen Fall wie die Aufhebung der Bindung (Dissoziation) im anderen Fall müssen berücksichtigt werden. Einen verbesserten Ansatz findet man mit dem anharmonischen Oszillator, der durch Hinzufügen weiterer Terme höherer Ordnung im Potential (XII.12) oder besser noch durch das MORSE-Potential

$$V = E_D\left\{1 - e^{-\beta(R-R_0)^2}\right\}^2 \tag{XII.16}$$

(E_D: Dissoziationsenergie) beschrieben werden kann (Fig. XII.3). Die Diskussion für kleine Entfernungen aus der Gleichgewichtslage (kleine Quantenzahlen) enthüllt das Potential des harmonischen Oszillators und erlaubt nach Reihenentwicklung und Vernachlässigung höherer Terme im Vergleich mit (XII.12) die Bestimmung der für das Molekül charakteristischen Konstante β zu

$$\beta = \omega_s\sqrt{\frac{\mu}{2D}}\,. \tag{XII.17}$$

Mit dem anharmonischen Potential (XII.16) erhält man nach (XII.13) die Eigenwerte

$$E(n) = \hbar\omega_s\left[(n + 1/2) - c_1(n + 1/2)^2 + c_2(n + 1/2)^3 \pm \ldots\right]\,, \tag{XII.18}$$

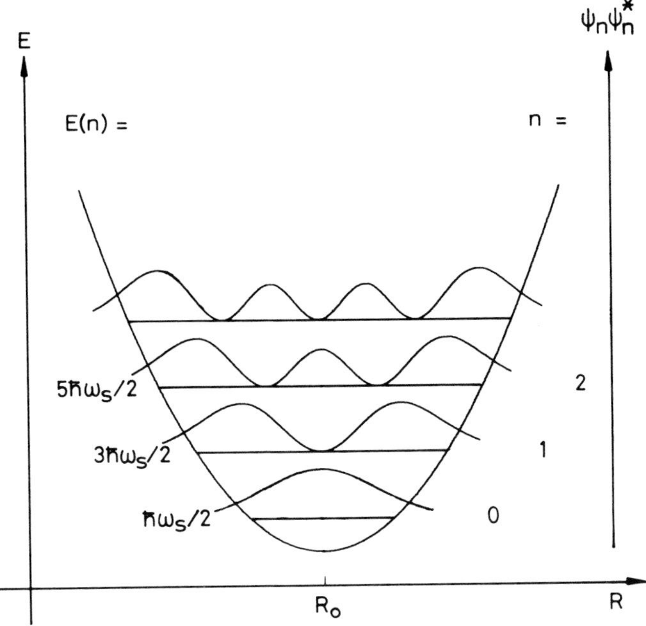

Fig. XII.2: Parabel-Potential, Eigenwerte $E(n)$ und Aufenthaltswahrscheinlichkeiten $\psi_n \psi_n^*$ für den harmonischen Oszillator ($\psi_0 \sim H_0 \cdot e^{-(R-R_0)^2/2}$).

wobei die Konstanten c_k als Maß für die Abweichung von der Harmonizität der Bedingung $1 \gg c_1 > c_2 > \ldots$ genügen. Demnach reicht die Berücksichtigung der ersten beiden Terme meist aus, um die Spektren befriedigend beschreiben zu können. Mit den Molekülkonstanten $\tilde{\omega}_s \cdot x_s = \hbar\beta^2/4\pi c\mu$ (cm^{-1}) findet man die Eigenwerte

$$E(n) = hc\tilde{\omega}_s \left[(n + 1/2) - x_s(n + 1/2)^2\right] \tag{XII.19}$$

(x_s: Anharmonizitätskonstante).

Die Forderung nach einem Verbot der Energieabnahme mit wachsender Quantenzahl n, was auf eine Dissoziation des Moleküls in zwei getrennte Atome hinausliefe, beschränkt das Eigenwertspektrum, dessen obere Grenze nach der Maximumbedingung $\partial E/\partial n = 0$ den Wert

$$n_{max} = \frac{1}{2x_s} - \frac{1}{2} \tag{XII.20}$$

annimmt.

Das gleichzeitige Auftreten von Rotation und Schwingung zwingt zur Berücksichtigung der Wechselwirkung zwischen diesen beiden dynamischen Formen. Die Änderung des Abstands zwischen den beiden Kernen bei einer Änderung des Schwingungszustandes bedeutet eine Abweichung vom starren Rotator, dessen Trägheitsmoment mit steigender

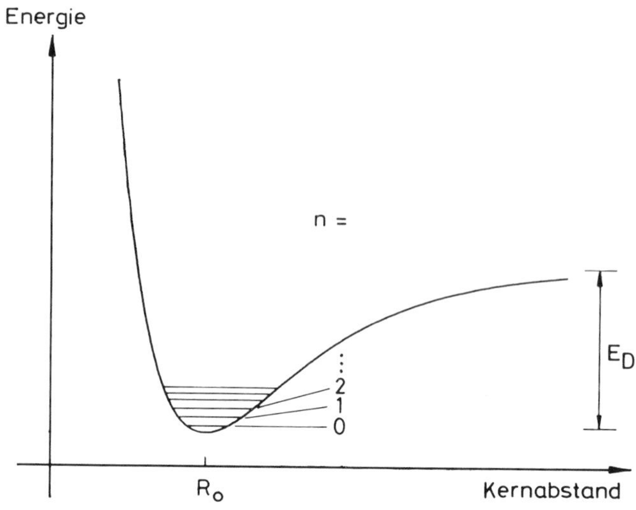

Fig. XII.3: MORSE-Potential und Eigenwerte $E(n)$ für den anharmonischen Oszillator; E_D: Dissoziationsenergie.

Schwingungsquantenzahl n anwächst. Als Folge daraus wird die Rotationskonstante B in Gl. (XII.11) nach höheren Schwingungen hin abnehmen und eine Funktion der Quantenzahl n werden ($B = B(n)$). Neben den anharmonischen Schwingungszuständen ist es die Zentrifugalkraft der Rotationsbewegung, die zu einer Änderung des Trägheitsmomentes und mithin zu einer Abweichung von der Rotationsenergie nach Gl. (XII.9) Anlaß gibt. Mit wachsender Rotationsquantenzahl J wird man eine Zunahme des Trägheitsmomentes erwarten, so daß eine Korrektur in der Form

$$E_R(J) = hcB\left[J(J+1) - DJ^2(J+1)^2\right] \qquad \text{(XII.21)}$$

angebracht ist. Der Einfluß des Schwingungszustandes auf die die Zentrifugalkraft beschreibende Konstante D geht dahin, daß mit zunehmender Schwingungsquantenzahl ihr Wert ansteigt ($D = D(n)$), wodurch ein weiteres Mal (s.o.) die Wechselwirkung zwischen Rotation und Schwingung zum Ausdruck kommt.

Die Diskussion der Elektronenzustände fordert die Lösung des Eigenwertproblems, das die Bewegung der Elektronen im axialsymmetrischen Feld zur Grundlage hat. In Anlehnung an die Diskussion des ZEEMAN-Effekts wird man auch hier beim STARK-Effekt die zusätzliche Störung infolge des endlichen elektrischen Feldes zwischen den beiden Kernen im HAMILTON-Operator berücksichtigen müssen (s. Abschn. XI.4.1). Einfache Überlegungen bezüglich der Symmetrie des Problems lassen erkennen, daß abweichend von der ursprünglich orthogonalen Rotationssymmetrie des Atoms O(3) nur noch einige Operationen den neuen HAMILTON-Operator invariant lassen. Solche Symmetrieoperationen, z.B. die Drehung um beliebige Winkel ϕ mit der Kernverbindungsachse als Hauptdrehachse (C_{∞}^{ϕ}), die Drehung (C_2) um zweizählige Achsen senkrecht zur Hauptdrehachse, die Spiegelung (σ_v) an einer Ebene, die die Hauptdrehachse einschließt, die Inversion (i) sowie die Identität (I) sind als Elemente einer neuen Gruppe $D_{\infty,h}$ zu betrachten, deren Symmetrie wesentlich niedriger liegt. Eine Folge der Symmetriereduktion, die anschaulich interpretiert die vorher hohe Symmetrie durch das Aufprägen einer "Richtung" herabsetzt und so nicht alle Basisfunktionen der winkelabhängigen Variablen (ϑ und φ) als gleichberechtigt bei der Ermittlung der Eigenwerte betrachtet, ist dann die teilweise Aufhebung der Entartung. Anders als beim ZEEMAN-Effekt mit axialer Rotationssymmetrie ist hier bei polarer Symmetrie die Richtung des Drehimpulses eines Elektrons nicht von jener zu unterscheiden, die entgegengesetzt ist. Betrachtet man die Projektion des Drehimpulses auf die Kernverbindungsachse als gute Quantenzahl m_l, so erhält man in erster Näherung für die Eigenwerte eine quadratische Abhängigkeit (vgl. Gl. (XI.80))

$$E = E_0 + \text{const} \cdot m_l^2 \tag{XII.22}$$

($-l \leq m_l \leq +l$). Demnach bleibt (außer für $m_l = 0$) eine zweifache Entartung bzgl. des Vorzeichens, woraus sich die Forderung nach Benutzung von $|m_l|$ als Quantenzahl λ ergibt:

$$\lambda = |m_l| \qquad (0 \leq \lambda \leq l)\,. \tag{XII.23}$$

Bei einem Mehrelektronensystem kann näherungsweise der Gesamtzustand als Produkt der Einelektronenzustände betrachtet werden, wonach sich verschiedene Zustände bei einer vorgegebenen Elektronenkonfiguration konstruieren lassen. Das entscheidende Merkmal eines solchen Zustandes ist die totale Bahndrehimpulskomponente $\Lambda = M_L$ mit

$$\Lambda = \sum_{i=1}^{N} \lambda_i \tag{XII.24}$$

(N: Zahl der Elektronen). In Anlehnung an die Bezeichnung beim Atom werden die so ermittelten Gesamtzustände mit Σ, Π, Δ etc. gekennzeichnet. Die Berücksichtigung des Spins der beteiligten Elektronen verlangt, wie im Falle des Atoms, die vektorielle Addition der einzelnen Komponenten zum Gesamtspin ($\vec{S} = \sum_i \vec{S}_i$), der durch eine Quantenzahl S charakterisiert wird. Eine Wechselwirkung mit dem Bahndrehimpuls verursacht auch hier eine Aufspaltung der Molekülzustände in Feinstrukturkomponenten, deren Zahl durch die Multiplizität $M = 2S + 1$ angegeben wird.

Die Operation der Inversion am Symmetriezentrum, die der Anwendung des Paritätsoperators gleichkommt, liefert im Ergebnis ein weiteres Merkmal des Molekülzustands. Dabei gibt es die beiden Möglichkeiten, daß der Zustand zum einen keine Änderung erfährt und mithin identifiziert wird und zum anderen eine räumliche Phasenverschiebung um π aufweist. Gemäß der dazu analogen Eigenwerte ± 1 des Paritätsoperators, werden die entsprechenden Zustände mit "gerade" (g) oder "ungerade" (u) bezeichnet. Schließlich kann bei Σ-Zuständen, deren Entartung bzgl. des Vorzeichens der Drehimpulskomponente aufgehoben ist (s.o. $m_L = 0$), die Frage nach einer Spiegelung an einer

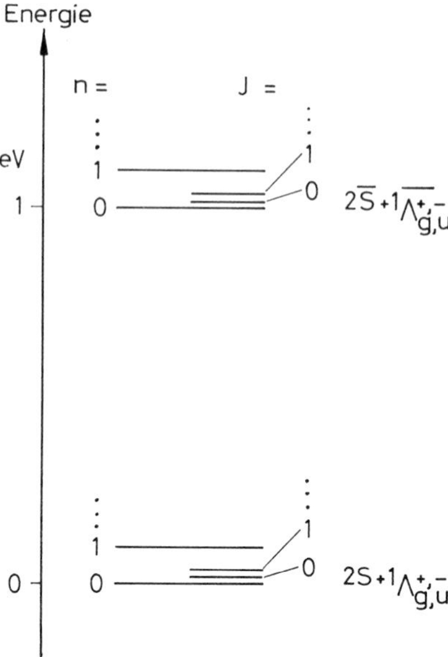

Fig. XII.4: Schematische Energiedarstellung von Elektronen-, Schwingungs- und Rotationszuständen beim zweiatomigen Molekül; $\Lambda, \bar{\Lambda}$: Elektronenzustände.

Ebene (σ_v), die die Kernverbindungsachse beinhaltet, zwei gegensätzliche Antworten induzieren. Das symmetrische bzw. antisymmetrische Verhalten der Zustände wird dabei mit dem Zeichen "plus" (+) bzw. "minus" (-) notiert.

Die Energien von Elektronen-, Schwingungs- und Rotationszuständen sind um etwa Größenordnungen voneinander verschieden (Fig. XII.4). Eine Anregung auf Grund der geringen thermischen Energie kT ist nur für Schwingungs- und Rotationszustände zu erwarten. Gemäß der kanonischen Verteilung, die bei einem abgeschlossenen Vielteilchensystem im thermischen Gleichgewicht mit vorgegebener Energie die wahrscheinlichste Verteilung im Phasenraum darstellt (s. Abschn. XI.5.1, Gl. (XI.106)), kann die mittlere Besetzung des Zustands N_k allgemein nach

$$< N_k >= N_0 z_k \frac{e^{-E_k/kT}}{Z} \tag{XII.25}$$

mit der Zustandssumme

$$Z = \sum_k z_k e^{-E_k/kT} \tag{XII.26}$$

berechnet werden. Dabei bedeuten N_0 die Anzahl der beteiligten Zustände und z_k den Grad der Entartung im betrachteten Zustand. Die Besetzung der Schwingungszustände zeigt demnach mit Gl. (XII.15) und $z_n = 1$ die höchste Konzentration bei der kleinsten Quantenzahl $n = 0$ (Fig. XII.5). Anders dagegen verhält es sich mit der Besetzung der Rotationszustände, die mit Gl. (XII.9) und unter Berücksichtigung der Entartung $z_J =$

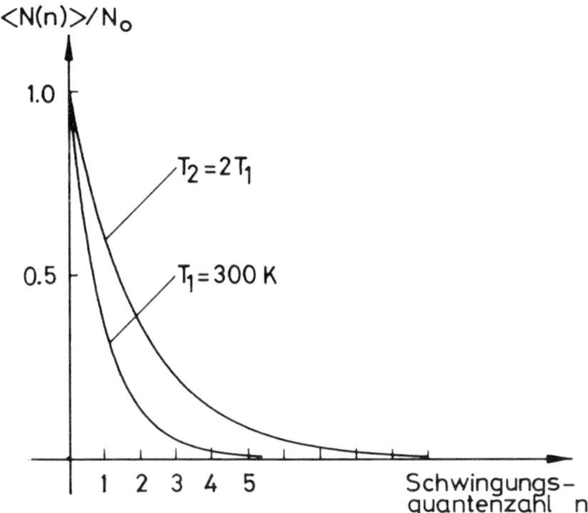

Fig. XII.5: Relative Besetzungszahlen $< N(n) > /N_0$ der Schwingungszustände am Beispiel des $\mathbf{J}_2$-Moleküls im elektronischen Grundzustand bei zwei verschiedenen Temperaturen als Parameter ($T_1 = 300$ K, $T_2 = 2T_1$; $hc\tilde{\omega}_s = 2.666 \cdot 10^{-2}$ eV, $hc\tilde{\omega}_s x_s = 7.597 \cdot 10^{-5}$ eV).

$2J + 1$ ein Maximum der Besetzung abweichend vom energetisch günstigsten Zustand ($J = 0$) bei endlichen Quantenzahlen erwarten lassen (Fig. XII.6).

Nachdem die optische Spektroskopie sich mit der Intensitätsverteilung der emittierten bzw. absorbierten Strahlung beschäftigt, ist es unumgänglich, die Wahrscheinlichkeit w_{ba} des Übergangs vom Zustand $|u_a>$ zum Zustand $|u_b>$ unter der Wechselwirkung mit dem elektrischen Feld der elektromagnetischen Wellen zu studieren. Die Theorie liefert dafür im Ergebnis (s.a. Abschn. XI.4.1, Gl. (XI.81))

$$w_{ba} \sim |< u_b|\hat{\vec{D}}|u_a >|^2 \tag{XII.27}$$

mit dem Dipoloperator $\hat{\vec{D}}$. Bei Verwendung der adiabatischen Näherung, die eine Faktorisierung des Zustandsvektors nach Gl. (XII.6) vorschreibt, und unter Vernachlässigung der Rotationszustände erhält man mit Gl. (XII.5)

$$w_{ba} \sim |< u_e^b u_k^b|\hat{\vec{D}}|u_e^a u_k^a >|^2 \,. \tag{XII.28}$$

Die Zerlegung des Dipoloperators $\hat{\vec{D}}$ in zwei Anteile

$$\hat{\vec{D}} = \hat{\vec{D}}_e + \hat{\vec{D}}_k \,, \tag{XII.29}$$

von denen der eine auf den Elektronenzustand und der andere auf den Kernzustand wirkt, ergibt, in Gl. (XII.28) eingesetzt,

$$\begin{aligned} w_{ba} \;\sim\;\; & |< u_e^b|\hat{\vec{D}}_e|u_e^a >|^2 \cdot |< u_k^b|u_k^a >|^2 + \\ & |< u_e^b|u_e^a >|^2 \cdot |< u_k^b|\hat{\vec{D}}_k|u_k^a >|^2 + \text{ gemischte Terme.} \end{aligned} \tag{XII.30}$$

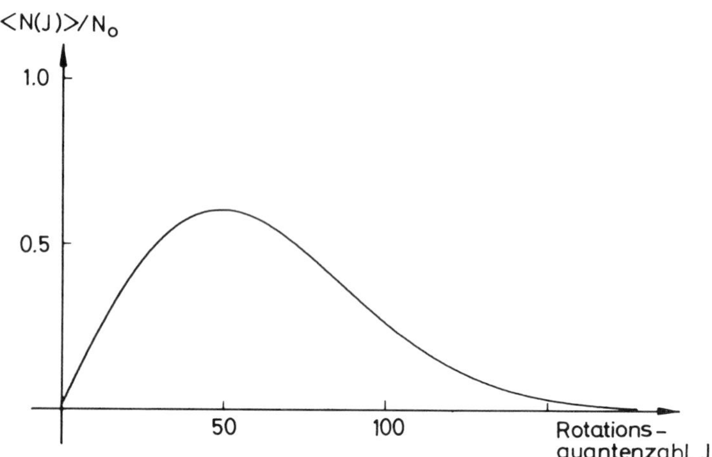

Fig. XII.6: Relative Besetzungszahlen $< N(J) > / N_0$ der Rotationszustände am Beispiel des $\mathbf{J}_2$-Moleküls im elektronischen Grundzustand (T = 293 K, $hcB = 4.63406 \cdot 10^{-6}$ eV).

Die Voraussetzung, daß der Übergang bzgl. der elektronischen Zustandsänderung optisch erlaubt ist, impliziert die Orthogonalität der Zustandsvektoren $|u_e^a>$ und $|u_e^b>$, so daß der zweite Term sowie die gemischten Glieder in Gl. (XII.30) verschwinden. Übrig bleibt der erste Term, dessen erster Faktor die Übergangswahrscheinlichkeit für die elektronische Anregung darstellt, und dessen zweiter Faktor als Maß für die Überlappung der betrachteten Schwingungszustände ("Überlappungsintegral") angesehen werden kann:

$$w_{ba} \sim | < u_k^b | u_k^a > |^2 . \qquad \text{(XII.31)}$$

Ein Maximum der gesamten Übergangswahrscheinlichkeit w_{ba} ist demnach genau dann zu erwarten, wenn die Schwingungszustandsvektoren $|u_k>$ der verschiedenen Elektronenzustände $|a>, |b>$ bei konstantem Kernabstand gleichgerichtet sind. Im Bild der Zustandsfunktionen bedeutet dies die Forderung nach einem Maximum der Schwingungseigenfunktionen ψ_s bei demselben Kernabstand. Betrachtet man eine elektronische Anregung des Moleküls vom Schwingungszustand $n = 0$ als Ausgangszustand, so wird die Intensität des Übergangs und mithin die Absorption dort am größten sein, wo bei konstantem Gleichgewichtszustand R_0 die Überlappung der Schwingungsfunktionen im angeregten Elektronenzustand ein Maximum aufweist. In der Potentialkurvendarstellung kann man erkennen, daß die dazugehörigen Schwingungszustände genau jene sind, deren Energieniveau senkrecht über dem Gleichgewichtsabstand die Potentialkurve schneidet (Fig. XII.7). Übergänge, deren Überlappungsintegral (s. Gl. (XII.31)) abnimmt, und somit eine Änderung des Kernabstandes einschließen, haben eine Abnahme der Intensität zur Folge. Die bei der Herleitung von Gl. (XII.31) und der daraus folgenden Auswahlregel

$$< u_k^b | u_k^a > \neq 0 \qquad (R_0^a = \text{const}) \qquad \text{(XII.32)}$$

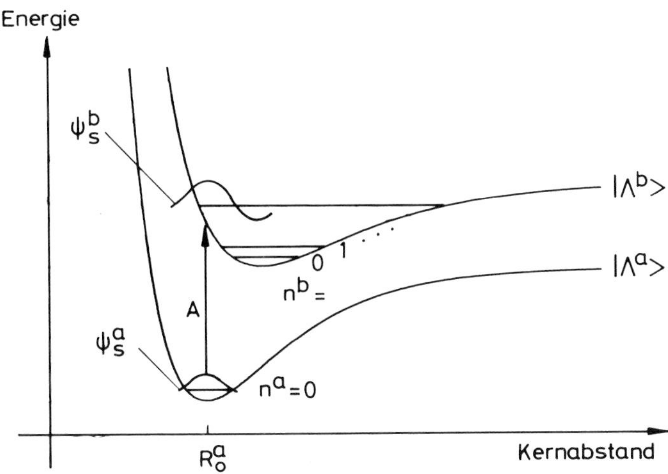

Fig. XII.7: Schematische Darstellung der elektronischen Zustandsänderung ($|\Lambda^a> \rightarrow |\Lambda^b>$) eines Moleküls durch Absorption elektromagnetischer Strahlung; der Übergang (A) erfolgt nach der als FRANCK-CONDON-Prinzip bezeichneten Auswahlregel $< u_k^b | u_k^a > \neq 0$ bei $R_0^a = \text{const.}$ (maximale Intensität für $n^a = 0$ und $n^b = 4$).

verwendete adiabatische Näherung kann anschaulich dahingehend interpretiert werden, daß die Änderung des Elektronen- und Schwingungszustandes sich auf zwei verschiedenen Zeitebenen abspielen. Während die elektronische Anregung in wesentlich kürzeren Zeiten abläuft und so in der zeitlichen Reihenfolge zuerst erfolgt, findet die mit einer Änderung des Kernabstandes verbundene Relaxation erst später statt. Die optische Anregung endet in Schwingungszuständen, deren Eigenfunktionen (s.a. Fig. XII.2) bei unverändertem Kernabstand ein Maximum besitzen (Fig. XII.7). Die sonst beim harmonischen Oszillator geltende Auswahlregel $\Delta n = \pm 1$ verliert ihre Gültigkeit, da der elektronisch angeregte Zustand völlig neue Potentialverhältnisse mit sich bringt und folglich einen geänderten HAMILTON-Operator erfordert. An ihre Stelle tritt die Auswahlregel (XII.32) bzw. die anschauliche Diskussion der Adiabasie, die als FRANCK-CONDON-Prinzip bezeichnet wird. Demnach wird die Anregung einer Reihe verschiedener Schwingungszustände ermöglicht, woraus eine Intensitätsmodulation des elektronischen Übergangs resultiert. Man beobachtet eine Linienstruktur der Intensität in Absorption als Folge der Änderung der Schwingungsquantenzahl n^b im elektronisch angeregten Molekülzustand bei konstanter Schwingungsquantenzahl n^a im Grundzustand, was als n^b-Progression bekannt ist. Das abrupte Verschwinden des Spektrums am kurzwelligen Ende auf Grund der Dissoziation sowie die allmähliche Abnahme am langwelligen Ende gibt Anlaß dazu, von einer Absorptionsbande zu sprechen. Die Struktur des Bandenspektrums wird so durch die Änderung der Schwingungs- und Rotationszustände geprägt.

XII.1.2 Experimentelles

Die spektroskopische Untersuchung der Schwingungszustände im elektronisch angeregten Molekül erfolgt vermittels Absorption, so daß das Bandensystem beobachtet wird. Der verhältnismäßig einfache Versuchsaufbau ist in Fig. XII.8. dargestellt. Als Lichtquelle dient eine Glühlampe, deren kontinuierliches Spektrum in dem betrachteten Wellenlängenbereich von 500 nm $< \lambda <$ 600 nm mit nahezu konstanter Intensität emittiert wird. Der Absorber besteht aus einer evakuierten, zylinderförmigen Glas- bzw. Quarzküvette mit festem Jod. Die geringe Masse von nur einigen mg ist genügend, um einen optimalen Dampfdruck zu erreichen. Eine elektrische Heizwendel, die um den Glaszylinder gestülpt wird, ermöglicht die Einstellung verschiedener Temperaturen. Die spektrale Untersuchung des Lichtes nach Verlassen des Absorbers erfolgt mit einem Gitterspektralapparat. Die Lichtintensität wird von einem Photomultiplier elektronisch registriert und nachfolgend auf der Ordinate eines $X-Y$-Schreibers aufgezeichnet. Ein Motor zum Antrieb der Wellenlängenänderung wird synchron mit der X-Ablenkung betrieben und sorgt so für die Automatisierung der Spektrenaufzeichnung.

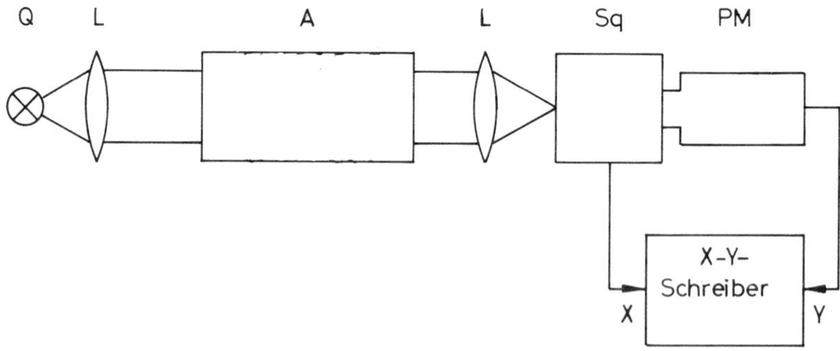

Fig. XII.8: Schematischer Versuchsaufbau zur spektroskopischen Untersuchung des Bandensystems am J_2-Molekül; Q: Glühlampe, L: Linsen, A: Küvette mit Jod und Heizspirale (= Absorber), Sp: Spektralapparat, PM: Photomultiplier.

XII.1.3 Aufgabenstellung

Die Absorption von Joddampf wird im Wellenlängenbereich zwischen 500 nm und 600 nm photoelektrisch registriert. Danach werden die Bandkanten spektroskopisch vermessen und die Konvergenzstelle des Bandensystems graphisch ermittelt. Unter Vorgabe der elektronischen Anregungsenergie des Jodatoms von E_a = 0.94 eV ist es möglich, daraus die Dissoziationsenergie E_D zu errechnen. Darüber hinaus soll eine Korrelation zwischen den Schwingungsquantenzahlen des Anfangs- und Endzustands und den Energielagen der zu den entsprechenden Übergängen gehörenden Absorptionen getroffen werden. Weitere Absorptionsmessungen werden bei höheren Temperaturen aufgenommen und deren Ergebnisse interpretiert.

XII.1.4 Anleitung

Die Dissoziationsenergie E_D gilt als jene Energie, die aufgebracht werden muß, um das $\mathbf{J}_2$-Molekül im $^1\Sigma_g^+$-Grundzustand in die freien **J**-Atome zu trennen (s. Gl. (XII.16)). Dabei werden beide **J**-Atome den atomaren Grundzustand einnehmen. Gemäß der HUNDschen Regel, die für den Grundzustand sowohl eine maximale Komponente des Bahndrehimpulses wie des Eigendrehimpulses vorschreibt bei gleichzeitiger Forderung nach Antisymmetrie des Gesamtzustands, was durch das PAULI-Verbot ausgedrückt wird, ergeben sich nach der Elektronenkonfiguration [**Kr**] $(4d)^{10}$ $(5s)^2$ $(5p)^5$ für die fünf p-Valenzelektronen die Werte $L_{z,max} = 1$ und $S_{z,max} = 1/2$. Bei Berücksichtigung der Spin-Bahn-Wechselwirkung (s. Abschn. XI.1.1) findet man die beiden Feinstrukturzustände $^2P_{1/2}$ und $^2P_{3/2}$ nahezu in Analogie zu den Alkaliatomen (s. Abschn. XI.6.1). Dennoch ist die energetische Reihenfolge auf Grund einer Vorzeichenumkehr der Energieintegrale bei mehr als der halben Besetzung von möglichen Bahnzuständen invertiert, so daß der atomare Grundzustand ein $^2P_{3/2}$-Zustand ist.

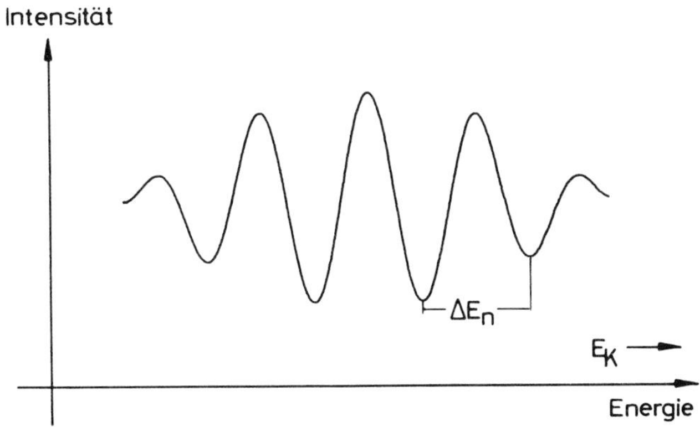

Fig. XII.9: Spektroskopisches Bandensystem des elektronischen Übergangs von $^1\Sigma_g^+$ nach $^3\Pi_u$ (s. Fig. XII.10); die Intensitätsmodulation wird durch die Anregung verschiedener Schwingungszustände im elektronisch angeregten Zustand $^3\Pi_u$ verursacht, deren Wahrscheinlichkeit bei maximaler Überlappung der Schwingungseigenfunktionen und konstantem Kernabstand am größten ist (s. Gl. (XII.31)). ΔE_n: energetischer Abstand der Schwingungszustände im angeregten Molekülzustand, E_K: Konvergenzgrenze.

Die Dissoziation, die optisch im Molekülgrundzustand wegen der Auswahlregel für den Oszillator nicht möglich ist, gelingt über den Umweg einer elektronischen Anregung zum Molekülzustand $^3\Pi_u$, in den sukzessiv die höheren Schwingungszustände gemäß dem jetzt gültigen FRANCK-CONDON-Prinzip angeregt werden können (Fig. XII.9). In der kurzwelligen Grenze werden bei abnehmender Intensität schließlich jene Schwingungszustände erreicht, deren extreme Amplitude des Kernabstands die Dissoziation ermöglicht. Die dafür notwendige Energie E_K kann aus Gründen mangelnder Intensität

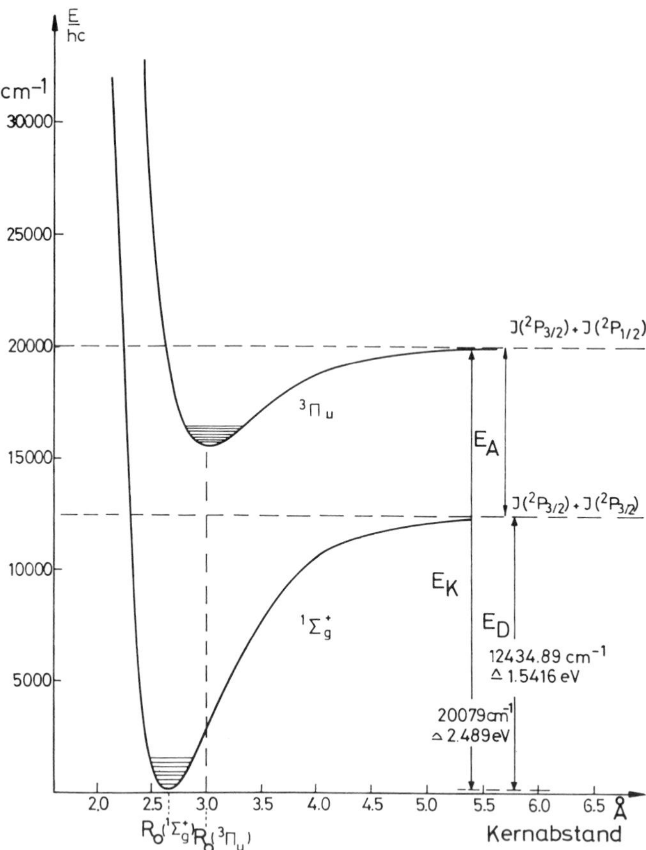

Fig. XII.10: Potentialkurven des Grund- und angeregten Zustandes von $\mathbf{J}_2$ nach dem MORSE-Potential; E_D: Dissoziationsenergie, E_A: Anregungsenergie eines **J**-Atoms, E_K: Konvergenzgrenze, R_0: Gleichgewichtsabstand.

nicht direkt experimentell gemessen werden, sondern wird indirekt durch ein Interpolationsverfahren geliefert. Dabei benutzt man die Abnahme der Differenz der Schwingungszustände ΔE_n mit wachsender Anregungsenergie, die in der Anharmonizität begründet ist. Die Konvergenzgrenze E_K, die der Dissoziation entspricht, zeichnet sich durch ein Verschwinden der Energiedifferenz ΔE_n aus.

Auf Grund der elektronischen Anregung wird eines der beiden **J**-Atome im angeregten Zustand erwartet, der sich als das energetisch höher gelegene Multiplett $^2\mathrm{P}_{1/2}$ erweist. Die Dissoziationsenergie des Grundzustands $^1\Sigma_g^+$ ergibt sich folglich unter Berücksichtigung der Anregung aus der Differenz zwischen der Konvergenzgrenze E_K und der atomaren Anregungsenergie E_A eines **J**-Atoms (Fig. XII.10):

$$E_D = E_K - E_A \,.$$

Die Zuordnung zwischen der Schwingungsquantenzahl des Ausgangs- und der des Endzustands läßt sich mit Hilfe von Gl. (XII.19) durchführen. Danach erhält man für die Energiedifferenz benachbarter Schwingungszustände

$$\Delta E_n = h c \tilde{\omega}_s - 2h c \tilde{\omega}_s x_s (n+1) ,$$

was eine lineare Abnahme bei wachsender Schwingungsquantenzahl bedeutet. Mit Kenntnis der charakteristischen Größe $\tilde{\omega}_s = 128 \text{ cm}^{-1}$ gelingt es, aus der linearen Abhängigkeit die gesuchte Zuordnung der Quantenzahl zu ermitteln.

Die Diskussion der Spektren bei verschiedenen Temperaturen muß zum einen die Änderung des Dampfdrucks und somit die Teilchenzahldichte, zum anderen die Änderung der Besetzungsverhältnisse zur Grundlage haben. Das allmähliche Anwachsen eines neuen Bandensystems im langwelligen Bereich des oben betrachteten Bandensystems (bei ca. $\lambda = 550$ nm) ist bei Erhöhung der Temperatur intensiver beobachtbar, wodurch die Annahme bestätigt wird, daß dieses System vom Schwingungszustand $n = 1$ des molekularen Grundzustands ausgeht.

XII.2 RAMAN-Effekt

XII.2.1 Grundlagen

Die Bedeutung des RAMAN-Effekts erwächst aus der Tatsache, daß er eine Spektroskopie erlaubt, die allein mit der optischen Absorption oder Emission nicht durchführbar ist. Da der Effekt bei der Streuung von Licht an Molekülen (Festkörpern) beobachtet wird, bietet es sich an, die theoretische Untersuchung an den beim THOMSON-Modell auftretenden Problemen zu orientieren (s. Abschn. IX.1.2). Nach diesem Modell bewirkt die einfallende elektromagnetische Strahlung infolge der COULOMB-Kraft eine erzwungene Schwingung des quasielastisch gebundenen Elektrons, die ihrerseits in der Lage ist, Strahlung mit derselben Frequenz zu emittieren. Für die Abschätzung der Feldkomponenten eines solchen HERTZschen Dipols lassen sich zwei verschiedenen Näherungen angeben. Die im vorliegenden Fall wesentliche Voraussetzung großer Entfernung des zu beobachtenden Orts gegenüber der Wellenlänge ($r \gg \lambda$) ergibt in der sogenannten Näherung der Fernzone für die abgestrahlte Energiestromdichte (Intensität) den POYNTING-Vektor (s.a. Gl. (IX.37))

$$\vec{S} = \frac{1}{16\pi^2 \epsilon_0 c^3} \frac{(\ddot{\vec{p}} \times \vec{r})^2}{r^4} \cdot \frac{\vec{r}}{r} \tag{XII.33}$$

wenn

$$\vec{p} = e\vec{r}\,' \tag{XII.34}$$

das elektrische Dipolmoment bedeutet (ϵ_0: elektrische Feldkonstante, c: Vakuumlichtgeschwindigkeit, $\vec{r}\,'$: Abstand der Ladungen).

Nach den Ergebnissen der Diskussion über erzwungene Schwingungen (s. Abschn. II.1.4) ist die Amplitude des schwingenden Dipols und mithin der Betrag seines Dipolmoments reziprok vom Quadrat der Erregerfrequenz ω abhängig

$$\vec{p} = \frac{e^2}{m(\omega^2 - \omega_0^2)} \vec{E}_0 \cos \omega t \tag{XII.35}$$

(m: Elektronenmasse, ω_0: Eigenfrequenz), wobei verschwindende Dämpfung und die Form $\vec{E} = \vec{E}_0 \cdot \cos \omega t$ für die einfallende Welle vorausgesetzt wird. Die Gültigkeit des Modells erstreckt sich bis zu einer Frequenzgrenze, ab der auf Grund der Quantisierung das Photon als Quasiteilchen zur Erklärung des dann auftretenden COMPTON-Effekts herangezogen werden muß (s. Abschn. XIV.2.1). Zusammen mit Gl. (XII.33) erhält man für die Intensität der abgestrahlten Energiestromdichte als das Zeitmittel über den POYNTING-Vektor (s. Abschn. IX.1.3) eine frequenzunabhängige Größe, die für die THOMSON-Streuung charakteristisch ist ($< S > = \text{const}$).

Anders dagegen verhält es sich im Falle jener Frequenzen, die im Vergleich mit den Eigenfrequenzen klein ausfallen, wie es im sichtbaren Wellenlängenbereich oft beobachtet wird. Dort findet man mit der Näherung $\omega \ll \omega_0$ nach Gl. (XII.35) eine frequenzunabhängige Amplitude des Dipolmoments, so daß über die Beziehung

$$\vec{p} = \alpha \vec{E} \tag{XII.36}$$

eine frequenzunabhängige Polarisierbarkeit $\alpha = \text{const.}$ folgt. Die dabei vom oszillierenden Dipol emittierte Intensität, die wie oben nach Gl. (XII.33) und (XII.35) berechnet werden kann, zeigt die überlineare Frequenzabhängigkeit

$$< S > \sim \omega^4 p^2 \,, \tag{XII.37}$$

deren Ursache als RAYLEIGH-Streuung (kohärente Lichtstreuung) bezeichnet wird.

Betrachtet man eine zusätzliche periodische Änderung der maximalen Amplitude des Dipolmoments, so gelangt man zur amplitudenmodulierten Schwingung, deren Spektrum als FOURIER-Transformierte Seitenbänder aufweist (s.a. Abschn. III.1.1). Der Vergleich von Gl. (XII.35) mit Gl. (XII.36) läßt dann auch eine periodische Änderung der Polarisierbarkeit erkennen, die bei Annahme einer periodischen Störung mit der Frequenz ω_s durch den Ansatz

$$\alpha = \alpha_0 + \alpha_1 x_m \cos \omega_s t \tag{XII.38}$$

befriedigt werden kann. Der Grund für eine solche Störung wird ersichtlich aus der Abhängigkeit der Polarisierbarkeit vom Kernabstand x_k. Die Entwicklung für kleine Änderungen aus der Gleichgewichtslage $x_{k,0}$

$$\alpha = \alpha_{x_{k,0}} + \left(\frac{\partial \alpha}{\partial x_k} \right)_{x_{k,0}} \cdot \Delta x_k + \ldots \tag{XII.39}$$

vermag die Größe α_1 mit der Änderung der Polarisierbarkeit beim Gleichgewichtsabstand $x_{k,0}$ zu identifizieren. Daneben findet man für die Änderung des Kernabstands Δx_k eine harmonische Bewegung mit der Kernschwingungsfrequenz ω_s und der Amplitude x_m. Mit dem Ansatz für die einfallende Lichtwelle

$$|\vec{E}| = |\vec{E}_0| \cdot \cos \omega t \tag{XII.40}$$

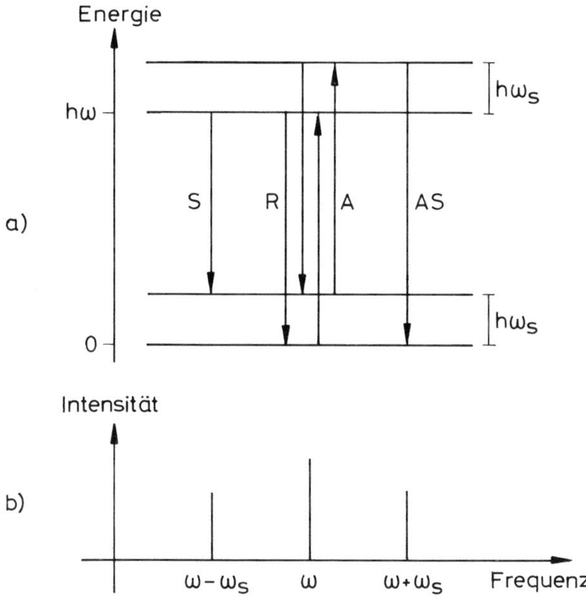

Fig. XII.11: a) RAYLEIGH-Streuung und RAMAN-Effekt im Energiediagramm; A: Anregung, S: STOKES-Übergang, AS: Anti-STOKES-Übergang, R: RAYLEIGH-Streuung. b) Spektrum.

erhält man für das Dipolmoment nach Gl. (XII.36) und (XII.38)

$$\begin{aligned} p &= \alpha_0 E_0 \cdot \cos \omega t + \frac{1}{2}\alpha_1 x_m E_0 \cdot \cos(\omega - \omega_s)t + \\ & \frac{1}{2}\alpha_1 x_m E_0 \cdot \cos(\omega + \omega_s)t \, . \end{aligned} \tag{XII.41}$$

Das daraus unmittelbar gewonnene Spektrum $p = p(\omega)$ läßt Intensitäten des Dipolmoments bei der Erregerfrequenz ω sowie im Abstand der Schwingungsfrequenz nach höheren bzw. niederen Frequenzen erkennen, die zur Emission von Streulicht mit den Frequenzen ω (Erregerlinie), $(\omega - \omega_s)$ (STOKES-Linie) und $(\omega + \omega_s)$ (Anti-STOKES-Linie) Anlaß geben (Fig. XII.11). Diese Emission von Satellitenlinien neben der Erregerlinie im Abstand der Kernschwingungsfrequenzen, und zwar als inkohärente Lichtstreuung, wird als RAMAN-Effekt bezeichnet.

Die Frage nach der Intensität dieser drei Linien wird erneut mit Hilfe von Gl. (XII.33) geklärt, wobei in Analogie zur RAYLEIGH-Streuung die Polarisierbarkeit als frequenzunabhängig angenommen wird und das Zeitmittel über lineare Terme von harmonischen Funktionen deren Wert zum Verschwinden bringt. Im Ergebnis erhält man für die Intensität der drei Linien eine Abhängigkeit von der vierten Potenz der emittierten Frequenz, wie sie nach Gl. (XII.37) auch für die RAYLEIGH-Streuung gefunden wird.

Der RAMAN-Effekt kann so ursächlich auf die RAYLEIGH-Streuung in Verbindung mit einer endlichen Änderung der Polarisierbarkeit während der Kernbewegung zurückgeführt werden ($(\partial\alpha/\partial x_k)_{x_{k,0}} \neq 0$). Eine genauere Analyse der Vorgänge verlangt die Berücksichtigung der Möglichkeit, daß das anregende, polarisierende Feld der Lichtwelle $\vec{E}$ nicht mit der Richtung der Polarisation $\vec{P}$ zusammenfällt. Unter Berücksichtigung der linearen Abhängigkeit von Gl. (XII.36) wird diese Richtungsverschiedenheit durch einen Tensor der Polarisierbarkeit dargestellt. Dadurch nimmt der Einfluß von Kernbewegungen in den drei Raumrichtungen an Bedeutung zu.

Im klassischen Bild wird der RAMAN-Effekt durch das Zusammenwirken der Lichtstreuung mit der Kernbewegung erklärt. Dennoch geben nicht alle Schwingungsformen der Kerne Anlaß zum Auftreten von Satellitenlinien, deren Spektroskopie, die sogenannte RAMAN-Spektroskopie, wertvolle Information über die beteiligten Schwingungsfrequenzen liefert. Man unterteilt die möglichen Kernschwingungen in zwei Moden. Eine davon zeichnet sich durch eine Änderung des elektrischen Dipolmoments aus ($(\partial p/\partial x_k)_{x_{k,0}}) \neq 0$), wodurch die Möglichkeit der direkten Anregung mit Licht meist im infraroten Wellenlängenbereich gegeben ist; man spricht hierbei von infrarot-aktiven Schwingungsmoden. Da das Dipolmoment der linearen Ortskoordinate proportional ist, spielt diese die Rolle einer Basisfunktion für derartige Schwingungen. Die Eigenschaften bzgl. der Symmetrie erkennt man unmittelbar am Ergebnis der Paritätsoperation (Inversion), die einen negativen Eigenwert liefert, in Korrelation zur Parität der elektrischen Dipolstrahlung (Fig. XII.12a und b).

Die andere Form der Kernschwingung bedingt eine Änderung der Polarisierbarkeit, die in der Folge das Streulicht mit Seitenlinien bereichert; man spricht hierbei von RAMAN-aktiven Schwingungen. Mit Gl. (XII.36) erhält man für die Polarisierbarkeit sowohl über die proportionale Polarisation wie über das reziproke äußere Feld eine lineare Proportionalität zu den Ortskoordinaten, so daß hier Bilinearformen $(x^2, xy, \ldots)$ die Basisfunktionen für solche Schwingungsmoden darstellen. Die Anwendung der Paritätsoperation ergibt einen positiven Eigenwert, so daß für die RAMAN-aktive Schwingung gerade Symmetrie gelten muß (Fig. XII.12c).

Eine befriedigende Antwort einiger offener Fragen gibt erst die Diskussion des RAMAN-Effekts auf der Grundlage der Quantenmechanik. Mit Bezug auf die klassischen Gesetze kann man die dort auftretenden Observablen mittels eines Übersetzungsschemas in Operatoren verwandeln. Auf diese Weise erreicht man, daß die Intensität der RAYLEIGH-Streuung nach Gl. (XII.37) durch die Beziehung

$$I \sim \omega^4 w_{ba} \tag{XII.42}$$

beschrieben wird. Dabei bedeutet w_{ba} die Wahrscheinlichkeit des Übergangs vom Ausgangszustand $|u_a>$ zum Endzustand $|u_b>$ nach Anwendung des Dipoloperators $\hat{\vec{p}}$

$$w_{ba} \sim |<u_b|\hat{\vec{p}}|u_a>|^2\,. \tag{XII.43}$$

Berücksichtigt man zusätzlich die Polarisierbarkeit, so ist nach Gl. (XII.36) das Matrixelement p_{ba} durch das der Polarisierbarkeit

$$\alpha_{ba} = <u_b|\hat{\alpha}|u_a> \tag{XII.44}$$

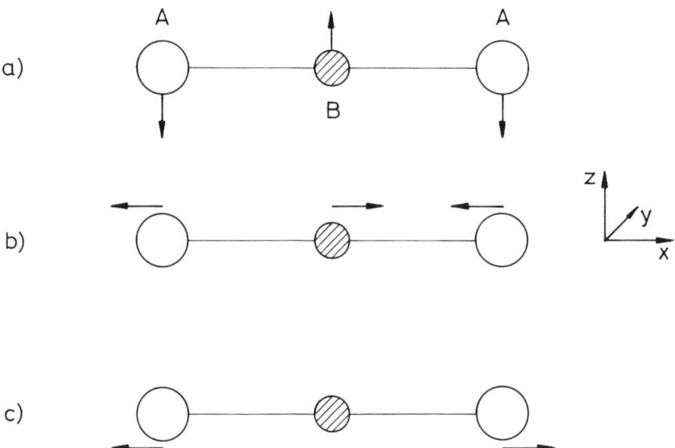

Fig. XII.12: Schematische Darstellung der möglichen Schwingungsformen eines dreiatomigen, linearen Moleküls mit zwei verschiedenen Atomsorten (**A, B**); a) und b): Änderung einer Normalkoordinate in linearer Form - infrarotaktive Schwingungen mit Basisfunktionen $z(a)$ und $x(b)$; c): Änderung einer Normalkoordinate in bilinearer Form - RAMAN-aktive Schwingung mit Basisfunktion x^2.

gegeben. Dabei kann der Operator der Polarisierbarkeit $\hat{\alpha}$ als symmetrischer Tensor dargestellt werden, dessen sechs unabhängige Komponenten den Koordinaten in bilinearer Form proportional sind.

Die Forderung nach einer Änderung der Polarisierbarkeit im klassischen Sinne zur Ermöglichung des RAMAN-Effekts bedeutet nun die Forderung nach der Endlichkeit von Nichtdiagonalelementen ($\alpha_{ba} \neq 0$ für $b \neq a$). Die Konsequenz daraus ist die Beobachtbarkeit von RAMAN-Linien, deren Energie durch die Bilanz $E = \hbar\omega + (E_a - E_b)$ ausgedrückt wird. Der Fall $a = b$ läßt keine Zustandsänderung zu, so daß die Diagonalelemente α_{aa} die Intensität der RAYLEIGH-Streuung bei der Energie $E = \hbar\omega$ bestimmen (s.a. Fig. XII.11).

Die Änderung der Polarisierbarkeit mit der Kernbewegung nach Gl. (XII.39) vermag nach Einführung des Ortsoperators $\hat{\vec{q}}$ als Repräsentant der Normalkoordinate dargestellt zu werden durch die Entwicklung

$$\alpha_{mn} = \alpha_{q=0} < u_m|u_n > + \left(\frac{\partial \alpha}{\partial q}\right)_{q=0} \cdot < u_m|\hat{\vec{q}}|u_n > , \qquad \text{(XII.45)}$$

wobei die Schwingungszustände durch m, n indiziert sind. Setzt man die Orthogonalität der Eigenfunktionen verschiedener Zustände voraus, dann verschwindet das erste Matrixelement, während das zweite Matrixelement nach der Auswahlregel für elektrische Dipolstrahlung beim harmonischen Oszillator nur dann von Null verschieden ist, falls

$m = n \pm 1$. Im Ergebnis müssen so die Bedingungen $\Delta n = \pm 1$ sowie $\partial\alpha/\partial q \neq 0$ simultan erfüllt sein, um eine endliche Änderung der Polarisierbarkeit ($\alpha_{mn} \neq 0$) zu bekommen. Betrachtet man hingegen zwei gleiche Schwingungszustände $n = m$, dann verschwindet das zweite Matrixelement beim linearen Oszillator und der Wert des Diagonalelementes α_{nn}, das für die RAYLEIGH-Streuung verantwortlich ist, wird durch die Polarisierbarkeit $\alpha_{q=0}$ bei ruhenden Kernen geprägt. Der Versuch, die Rotationsübergänge in die Zustandsänderung mit einzubeziehen, gelingt dadurch, daß in der klassischen Betrachtung die Schwingungsfrequenz durch die doppelte Rotationsfrequenz ersetzt wird. Bei der Begründung dafür wird man anschaulich auf die Struktur der Polarisierbarkeit zurückgeführt, denn bei deren Abhängigkeit von Bilinearformen der Ortskoordinaten wird der Einfluß der Rotation bei Drehung um 2π genau zweimal wirksam.

Während die klassische Theorie keine Antwort auf die Frage nach dem Intensitätsverhältnis von STOKESscher- und anti-STOKESscher Emission und deren Abhängigkeit von der Temperatur erteilt, verhilft die Quantentheorie mit dem Hinweis auf die kanonische Verteilung von Zuständen (s.a. Abschn. XI.5.1, Gl. (XI.106)), die hier mit denjenigen des Oszillators identifiziert werden, durchaus zu einer befriedigenden Klärung. Dort ergibt das Verhältnis der mittleren Besetzungszahlen von benachbarten Oszillatorzuständen ($|n>, |n+1>$) den BOLTZMANN-Faktor ($< N(n+1) > / < N(n) > = \exp[-(E_{n+1} - E_n)/kT]$, wobei die Energiedifferenz die Schwingungsenergie $\hbar\omega_s$ bedeutet. Mit der Annahme, daß die gesamte makroskopische Intensität der emittierten RAMAN-Linien direkt der am Streuprozess beteiligten mittleren Anzahl von Oszillatoren proportional ist, findet man nach Gl. (XII.37) für das Verhältnis der Intensitäten von Anti-STOKES- und STOKES-Emission $R = I_{AS}/I_S$ den Wert

$$R = \text{const}\ \frac{(\omega + \omega_s)^4}{(\omega - \omega_s)^4} \cdot e^{-\hbar\omega_s/kT} \,. \tag{XII.46}$$

Als Konsequenz daraus ergibt sich, in Übereinstimmung mit abnehmender Besetzungswahrscheinlichkeit höherer Schwingungszustände, eine Intensitätsverminderung der Anti-STOKES-Linien, deren Auftreten die Besetzung energiereicher Zustände voraussetzt, was durch die experimentelle Erfahrung bestätigt wird. Bleibt anzumerken, daß in Umkehrung der hier verfolgten Studienziele, nämlich bei Kenntnis der beteiligten Schwingungsfrequenzen die Messung des Intensitätsverhältnisses R eine Methode liefert, das PLANCKsche Wirkungsquantum aus der Temperaturabhängigkeit zu bestimmen.

XII.2.2 Experimentelles

Die zu untersuchende Probe, das flüssige Chloroform ($\mathbf{HClC_3}$), befindet sich in einer Quarzküvette, deren Ende zur Vermeidung von störenden Reflexionen gekrümmt verläuft ("WOODsches Horn"). Eine Quecksilberdampf-Niederdruck-Lampe (15 mWcm^{2}sr^{-1} bei $\lambda = 253.7$ nm) dient zur Anregung. Beide Komponenten befinden sich innerhalb eines innen verspiegelten Metallzylinders mit einer Ellipse als Schnittfigur, in dem sie längs der gemeinsamen Brennpunkte einander gegenüber angebracht sind. Die gesamte Einheit befindet sich auf einer optischen Bank, von der sie zum Auffüllen von Chloroform abgenommen werden kann. Als dispersives Element wird ein UV-Prismenspektralapparat benutzt, dessen Filmkassette am Austrittsspalt das Photographieren der Spektren mit einem Film ermöglicht. Die Kassette kann zur Aufnahme mehrerer Spektren übereinander in vertikaler Richtung verschoben werden (Fig. XII.13).

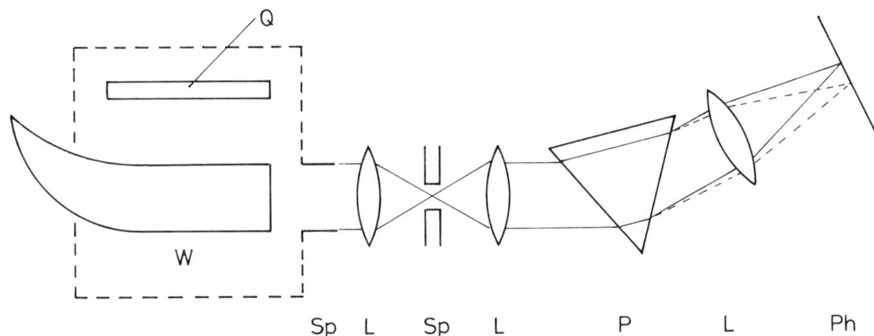

Fig. XII.13: Experimenteller Aufbau für die Beobachtung der RAMAN-Streuung; W: WOODsches Horn mit Chloroform, Q: Lichtquelle (**Hg**-Niederdruck-Lampe), Sp: Spalt, L: Linse, P: Quarzprisma, Ph: Photoplatte.

XII.2.3 Aufgabenstellung

Es soll die RAMAN-Streuung der 253.7 nm-Linie des Quecksilbers an Chloroform photographisch registriert werden. Um die RAMAN-Linien besser als solche erkennen zu können, wird daneben das Spektrum der Quecksilber-Niederdruck-Lampe photographiert. Aus dem Abstand der zusätzlichen Linien im Bereich zwischen 253.7 nm und 313.0 nm zur Erregerlinie werden bei bekannter Dispersionskurve des Spektralapparates die Wellenzahldifferenzen der RAMAN-Linien und damit die RAMAN-aktiven Schwingungsfrequenzen des Chloroformmoleküls ermittelt.

XII.2.4 Anleitung

Das Ausmessen der Abstände zur Erregerlinie erfolgt mit Hilfe eines Meßmikroskops. Zur Ermittlung der zugehörigen Wellenlänge muß die Dispersion berücksichtigt werden. Dies geschieht nach der Gleichung

$$\lambda[\mathrm{nm}] = c_1 + \frac{c_2}{c_3 - x} ,$$

worin x[cm] der Abstand zur Erregerlinie und c_i Apparatekonstanten bedeuten.

Mit fünf Atomen ($N = 5$) im Molekülverband berechnet sich die Zahl der insgesamt möglichen Schwingungen zu $3N = 15$. Das Interesse der experimentellen Untersuchungen zielt jedoch nur auf die sogenannten Normalschwingungen als jene Formen, die durch eine Änderung der Relativkoordinaten (Normalkoordinaten) zwischen den Kernen hervorgerufen werden und Rotationen resp. Translationen des gesamten Moleküls ausschließen. Demzufolge wird die Zahl der Normalschwingungen zu $3N - 6 = 9$ ermittelt. Betrachtet man die neun Normalschwingungen im Hinblick auf die den Symmetrieverhältnissen zu Grunde liegenden Basisfunktionen, so findet man je drei totalsymmetrische (gruppentheoretische Bezeichnung: A_1) und drei 2-fach entartete (E) Moden (Fig. XII.14), wobei mit Entartung hier das Auftreten von unterschiedlichen Schwingungsformen mit denselben Eigenfrequenzen in ihrer Rolle als Eigenwerte gemeint ist. Die zur Darstellung dieser Moden notwendigen Funktionen sind z und $(x^2 + y^2, z^2)$ im einen (A_1-Mode) sowie (x, y) und $(x^2 - y^2, xy; xz, yz)$ im anderen Fall (E-Mode). Daraus wird unmittelbar erkenntlich, daß alle Schwingungen die spektroskopischen Eigenschaften der Infrarot- und RAMAN-Aktivität besitzen und deshalb in Untersuchungen der direkten optischen Absorption sowohl wie in solchen der RAMAN-Streuung nachgewiesen werden können.

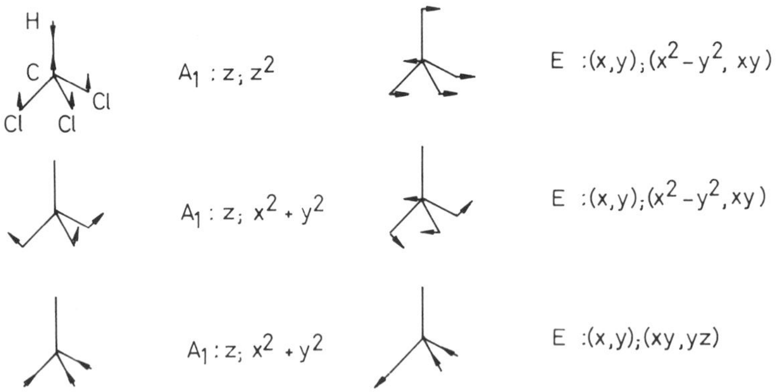

Fig. XII.14: Normalschwingungen ($3N - 6 = 9$) des Chloroformmoleküls (**HClC3**) mit den die Symmetrie darstellenden Basisfunktionen; A_1: totalsymmetrisch, einfach, E: zweifach entartet.

XII.3 Phosphoreszenz

XII.3.1 Grundlagen

Die Erscheinung der Phosphoreszenz gehört zu denen der Lumineszenz, unter der man die Emission von Licht nach vorangegangener Anregung vermittels z.B. Teilchen- oder kurzwelliger elektromagnetischer Strahlung versteht. Die verhältnismäßig langen Abklingzeiten ($\tau \geq 10^{-4}$ s) der Lichtemission sind charakteristisch für die Phosphoreszenz und erlauben eine Abgrenzung zu der sogenannten Fluoreszenz. Gleichwohl zwingt ein besseres Verständnis der beteiligten Vorgänge, die Einordnung dieser beiden Erscheinungen gemäß der zugrunde liegenden Mechanismen vorzunehmen.

Die Fluoreszenz wird immer dann beobachtet, wenn die Änderung des elektronisch angeregten Zustands direkt durch die Rückkehr in den Grundzustand erfolgt (Fig.

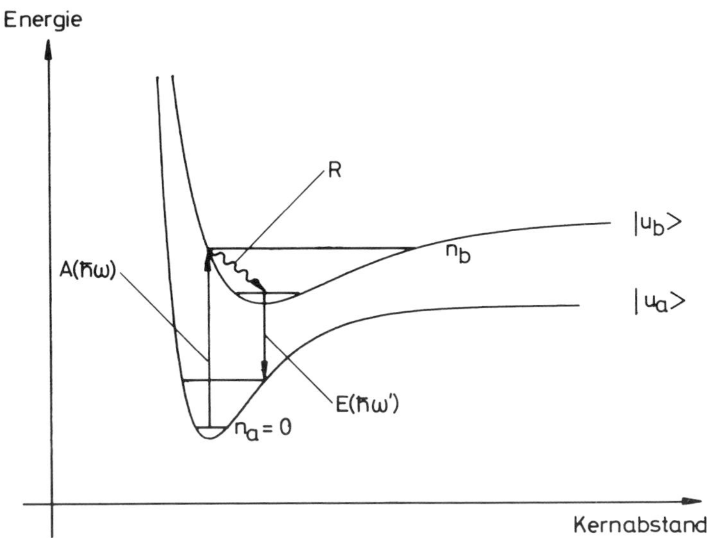

Fig. XII.15: Potentialkurven von Grund- und angeregtem Molekülzustand zur schematischen Darstellung der Fluoreszenz; A: Absorption, E: Emission ($\hbar\omega > \hbar\omega'$, STOKES-Verschiebung), R: Relaxation.

XII.15). Dabei lehren die spektroskopischen Studien, daß die Emission durchaus nicht spektral mit der Absorption übereinstimmt, sondern vielmehr im längerwelligen Spektralgebiet zu finden ist. Die STOKES-Verschiebung wird durch einen Relaxationsvorgang (R) verursacht, der sich auf Grund der Adiabasie, die die Trägheit der Kernbewegung berücksichtigt (s. Abschn. XII.1.1), erst nach der Anregung (A) von höheren Schwingungszuständen ($n_b > 0$) im elektronisch angeregten Zustand $|u_b>$ gemäß dem FRANCK-CONDON-Prinzip abspielt. In dem Bestreben, am Ende die energetisch günstigste Lage im Schwingungszustand $|n_b> = |0>$ anzunehmen, wird dabei zum einen der Abstand der Kerne untereinander vergrößert, wodurch der Forderung nach Bindungslockerung im angeregten Zustand Folge geleistet wird, zum anderen Energie an das Molekül strahlungslos abgegeben.

Nach dem Relaxationsvorgang, der in Zeiten abläuft (10^{-12} bis 10^{-14} s), die um Größenordnungen kürzer sind als die Lebensdauer des angeregten Zustands $|u_b>$ (10^{-7} bis 10^{-8} s), erfolgt die Zustandsänderung zurück in den elektronischen Grundzustand $|u_a>$. Die Auswahlregel für elektrische Dipolstrahlung wird auch hierbei durch das FRANCK-CONDON-Prinzip beherrscht, dessen Einhaltung die Emission (E) von längerwelligem Fluoreszenzlicht vorschreibt. An diesen Übergang anschließend beginnt ein Relaxationsvorgang (R) mit dem Ziel, die Besetzung der Schwingungszustände im Grundzustand nach der Vorschrift der kanonischen Verteilung vorzunehmen. Eine solche allgemein skizzierte Vorstellung der Fluoreszenz vermag nicht nur deren spektrale Merk-

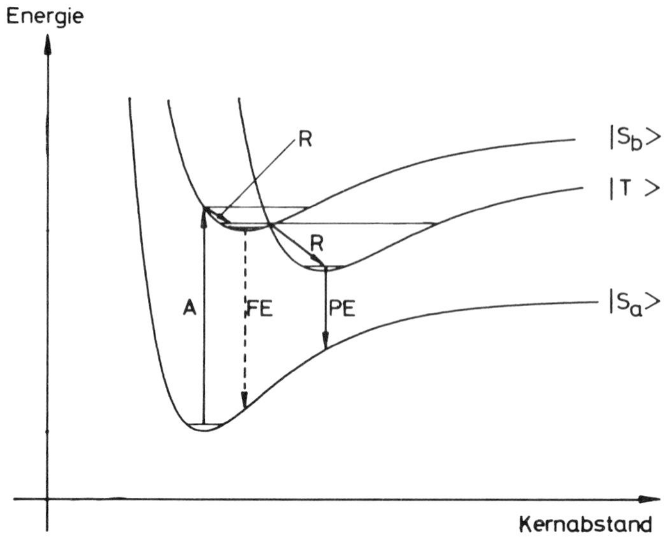

Fig. XII.16: Potentialkurven des Grundzustands $|S_a>$ sowie des angeregte Singulett- und Triplettzustands $|S_b>, |T>$ zur schematischen Darstellung der Phosphoreszenz; A: Absorption, FE: Fluoreszenzemission, PE: Phosphoreszenzemission, R: Relaxation.

male zu erklären, sondern darüber hinaus auch ein Verständnis für die dort beobachteten kurzen Abklingzeiten zu wecken.

Die um Größenordnungen längeren Abklingzeiten der Lichtemission bei der Phosphoreszenz sprechen für die Annahme der Beteiligung metastabiler elektronischer Zustände $|T>$ (Fig. XII.16), die energetisch unterhalb des elektronisch angeregten Zustands vermutet werden. Neben der Erklärung für die langen Abklingzeiten, die auf der Vorstellung einer geringen Übergangswahrscheinlichkeit zum Grundzustand basiert, liefert dieses Modell auch die Deutung für eine Verschiebung der spektralen Phosphoreszenzemission (PE) in den langwelligen Bereich ($E_{PE} < E_{FE}$).

Ergebnisse experimenteller Untersuchungen, insbesondere der paramagnetischen Elektronenspinresonanzspektroskopie (s. Abschn. XI.5), geben Auskunft über die elektronische Struktur dieses metastabilen Zustands. Danach ist es ein Triplettzustand $|T>$, der in Analogie zu Atomzuständen (s. Fig. XI.1) energetisch tiefer liegt als der nächste optisch anregbare Zustand mit gleicher Bahndrehimpulszahl und abgesättigtem Gesamtspin. Die theoretische Begründung dazu liefert das Austauschintegral bei der Berücksichtigung der Elektronenwechselwirkung, das in gleicher Weise für die größtmögliche Multiplizität bei Atomgrundzuständen verantwortlich ist (HUNDsche Regel; s. Abschn. XI.1.1). Beim Übergang vom Triplettzustand $|T>$ in den Singulettzustand $|S_a>$ muß der Gesamtdrehimpuls erhalten bleiben, so daß unter der Voraussetzung der Emission von Licht oder, nach der Quantisierung des Strahlungsfeldes, von Photonen mit der

Drehimpulskomponente $1 \cdot \hbar$, diese Forderung nur durch eine Richtungsumkehr des Spins eines der beiden Valenzelektronen erfüllt werden kann. Im Falle der LS-Kopplung, bei der die Operatoren des resultierenden Bahndrehimpulses $\hat{\vec{L}}$ und Eigendrehimpulses $\hat{\vec{S}}$ mit dem HAMILTON-Operator vertauschbar sind, wird ein solches Verhalten verboten, wodurch sich die Übergangswahrscheinlichkeit drastisch vermindert. In dem Maße, wie die LS-Kopplung an Bedeutung verliert und gleichzeitig mit zunehmender Kernladungszahl die Spin-Bahn-Wechselwirkung und damit die Wirkung der jj-Kopplung anwächst, wird das strenge Verbot gelockert, was experimentell in der Beobachtung einer Abnahme der Abklingzeiten bei Molekülen mit schweren Atomen seinen Niederschlag findet (s.a. Abschn. XI.1.1).

Der Übergang in den Triplettzustand $|T>$ nach optischer Anregung geschieht über Vorgänge der Relaxation (R) unter Beteiligung von Schwingungszuständen (Fig. XII.16). Sie verlaufen innerhalb extrem kurzer Zeitabstände (10^{-12} bis 10^{-14} s) und konkurrieren mit den strahlenden Übergängen in den Grundzustand $|S_a>$, deren Wahrscheinlichkeit durch die reziproke Lebensdauer gekennzeichnet ist. Nachdem die Relaxation einen Schwingungszustand zu besetzen erlaubt, der isoenergetisch mit einem Schwingungszustand des Triplettsystems ist, kann der Übergang erfolgen, um schließlich über weitere Relaxationsvorgänge im Zustand mit verschwindender Quantenzahl $|n_T> = |0>$ zu enden. Die Umkehrung dieser Vorgänge, die eine Anregung des Moleküls aus dem Triplettzustand $|T>$ in den elektronisch angeregten Singulettzustand $|S_b>$ bedeutet, ist gleichermaßen denkbar. Dabei wird die für die strahlungslosen Relaxationsvorgänge notwendige Energie vermittels Wärme in einem thermischen Aktivierungsprozeß aufgebracht. Diese Vorstellung liefert zwanglos eine Erklärung für die bei der Hochtemperaturphosphoreszenz beobachteten spektralen Intensität, die mit jener der Fluoreszenz identisch ist.

In der Absicht, die Schwierigkeiten bei der atomistischen Beschreibung der zeitabhängigen Vorgänge zu umgehen, versucht man in phänomenologischer Weise, auf einer nächst höheren Ebene die kinetische Bilanz zu studieren. Dazu werden neben den Besetzungszahlen p noch Übergangskoeffizienten als Parameter eingeführt und die zeitlichen Änderungen im Sinn einer Master-Gleichung diskutiert (s.a. Abschn. XIII.4.1). Die Bilanz der kinetischen Abläufe unter Berücksichtigung aller Übergänge (Fig. XII.17) liefern dann die Differentialgleichungen

$$\dot{p}_{S_b} = -(\delta + \tilde{\delta} + \beta)\, p_{S_b} + \alpha p_T + A p_{S_a} \qquad \text{(XII.47)}$$

$$\dot{p}_T = -(\gamma + \tilde{\gamma} + \alpha)\, p_T + \beta p_{S_b}\,. \qquad \text{(XII.48)}$$

Bei der Suche nach der Phosphoreszenzintensität I_{PE} genügt es, wegen der Proportionalität $I_{PE} \sim p_T$, den zeitlichen Verlauf der Besetzungszahl p_T aus (XII.48) zu ermitteln. Eine Vereinfachung zur Integration gelingt durch die Erfüllung zweier Bedingungen. Zum einen darf keine Anregung mehr stattfinden: $A = 0$. Zum weiteren wird gefordert, daß die Beobachtung der Phosphoreszenz erst nach dem Abklingen der kurzlebigen Fluoreszenz erfolgt, so daß jener Vorgang bereits als stationär angesehen werden kann: $\dot{p}_{S_b} = 0$.

Damit kann die Besetzungszahl p_{S_b} in Gl. (XII.48) aus Gl. (XII.47) eliminiert werden und man erhält

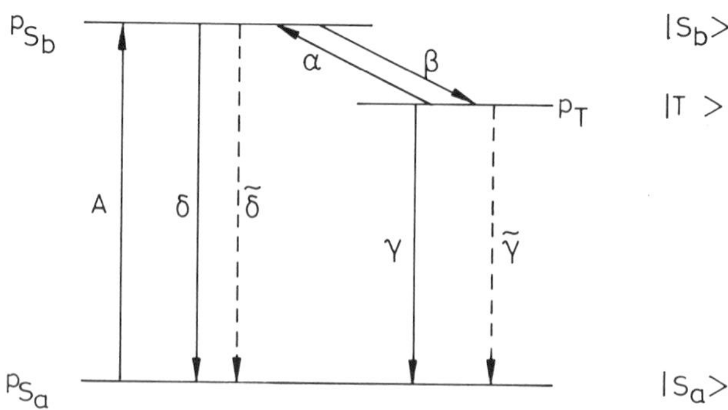

Fig. XII.17: Schematische Darstellung zur Demonstration der kinetischen Abläufe in einem phänomenologischen Modell für die Phosphoresezenz; p: Besetzungszahlen; A: Anregungskoeffizient; $\delta, \tilde{\delta}$: Koeffizient für den strahlenden (Fluoreszenz) bzw. strahlungslosen Übergang vom Singulettzustand; $\gamma, \tilde{\gamma}$: Koeffizient für den strahlenden (Phosphoreszenz) bzw. strahlungslosen Übergang vom Triplettzustand; α, β: Koeffizienten für die strahlungslosen Übergänge zwischen den Singulett- und Triplettzuständen.

$$\dot{p}_T = -\left(\gamma + \tilde{\gamma} + \alpha \cdot \frac{\delta + \tilde{\delta}}{\delta + \tilde{\delta} + \beta}\right) p_T \,. \tag{XII.49}$$

Die Integration liefert für p_T und damit für die Phosphoreszenzintensität ein exponentielles Abklingen mit der charakteristischen Abklingzeit

$$\tau_{PE} = \left(\gamma + \tilde{\gamma} + \alpha \cdot \frac{\delta + \tilde{\delta}}{\delta + \tilde{\delta} + \beta}\right)^{-1} \,. \tag{XII.50}$$

Bei der Diskussion dieser Verweildauer spielt die Temperaturabhängigkeit der Übergangskoeffizienten eine nicht unwesentliche Rolle. Betrachtet man zunächst den Übergang (α) vom Triplett- zum angeregten Singulettzustand, so gelingt diese Zustandsänderung nur durch die Anregung einer Vielzahl von Schwingungszuständen in strahlungsloser Weise. Die Beschreibung solcher Vorgänge zwingt zur Berücksichtigung von Fluktuationen im statistischen Mittel, woraus eine thermische Aktivierungsbarriere E_α resultiert, deren Überwindung die Besetzung höherer Zustände gestattet. Der Übergangskoeffizient wird demzufolge durch den Ansatz

$$\alpha = \text{const} \cdot e^{-E_\alpha/kT} \tag{XII.51}$$

befriedigt. Als Konsequenz findet man dann eine Verkürzung der Lebensdauer mit steigender Temperatur, was den Ergebnissen der Hochtemperaturphosphoreszenz gerecht wird (s.o.). Daneben kann auch der strahlungslose Übergang vom Triplett- zum Grundzustand in der Vorstellung eines Aktivierungsprozesses beschrieben werden, so daß der zugehörige Koeffizient durch einen Ansatz der Form (XII.51) berücksichtigt wird. Seine

Temperaturabhängigkeit vermag die oft beobachtete Abnahme der Intensität mit wachsender Temperatur phänomenologisch zu erklären ("Phosphoreszenzlöschung"). Die dafür verantwortlichen Mechanismen sind in der Energieabgabe durch Wechselwirkung mit der Umgebung zu sehen, deren Wahrscheinlichkeit mit zunehmender Beweglichkeit der Moleküle ansteigt.

XII.3.2 Experimentelles

Der Hauptteil der Apparatur besteht aus einem einfachen Stickstoffkryostat, der Abklingzeiten und relative Intensitäten der Phosphoreszenz von einigen organischen Verbindungen in alkoholischen Lösungen ($10^{-4} - 10^{-5}$ mol·Liter^{-1}) in Abhängigkeit von der Temperatur zu messen erlaubt (Fig. XII.18). Die Probe befindet sich in einer Quarzküvette, die in einem kleinen Kupferzylinder im Probenhalter eingefaßt werden kann. Mit Hilfe eines Schraubdeckels und eines Gummirings wird die Probe vakuumdicht abgeschlossen. Der Probenhalter, bestehend aus einem Kupferblock mit angelötetem Neusilberrohr, ist konzentrisch im Probentopf angebracht. Dieser besitzt ein Quarzfenster, um die Anregung der Probe sowie die Beobachtung der Phosphoreszenzemission zu gewährleisten.

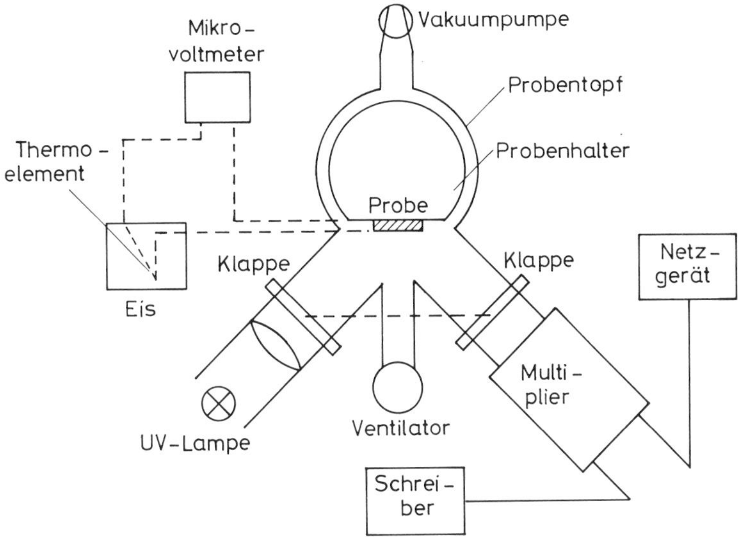

Fig. XII.18: Experimentelle Anordnung zur Messung der Phosphoreszenz in Abhängigkeit von der Temperatur.

Mit Hilfe von Gegentaktklappen wird die Öffnung nur jeweils eines Strahlenganges erlaubt, während der andere geschlossen bleibt. Auf diese Weise kann entweder die Probe mit ungefiltertem UV-Licht angeregt oder die emittierte Intensität mit einem Photomultiplier gemessen werden. Ein Schreiber verhilft zur Registrierung der gemessenen Werte.

Um Eisbildung auf dem Quarzfenster sowie auf der Küvette zu vermeiden, wird der Probentopf mittels einer Vorvakuumpumpe evakuiert. Außerdem sorgt ein außerhalb angebrachter Ventilator für einen Luftstrom über dem Quarzfenster. Die Temperatur wird mit Hilfe eines Kupfer-Konstantan-Thermoelements bestimmt, dessen eine Lötstelle in Eiswasser getaucht die Referenzspannung liefert.

XII.3.3 Aufgabenstellung

Man messe die Abklingzeiten und Intensitäten der Systeme Chrysen in Heptan und Chrysen in Butanol in Abhängigkeit von der Temperatur. Für das System Chrysen in Butanol/Heptan messe man nur die Intensitäten.

XII.3.4 Anleitung

Die Abklingzeiten sind im Bereich zwischen 4 s und 800 ms zu erwarten. Sowohl die Abklingzeiten wie die Intensitäten selbst werden im Temperaturintervall zwischen 90 K und 200 K gemessen. Die Kühlung wird durch Einfüllen von flüssiger Luft resp. Stickstoff ermöglicht. Die Aufheizung erfolgt ohne zusätzliche elektrische Leistungszufuhr mit einer Geschwindigkeit von ca. $4 \text{ K} \cdot \text{min}^{-1}$.

Um vergleichbare Ergebnisse der relativen Intensitäten zu erhalten, muß die phosphoreszierende Substanz bis in den Abklingsättigungsbereich mit der unteren Grenze von 10 s bis 60 s belichtet werden. Der bei der Messung der Anfangsintensität nach Schließen der Bestrahlungsklappe auftretende Fehler beträgt etwa 3 % .

Die Diskussion der Ergebnisse zwingt zur Berücksichtigung der Phasenumwandlungen der Lösungsmittel. Verschiedene Alkohole lassen sich weit unter ihren Erstarrungspunkt unterkühlen, um dann schließlich in einem glasigen Zustand zu erstarren. Beim Erwärmen wird dieser glasige Zustand langsam zähflüssig, bis er bei Bildung der ersten Kristallisationskeime rasch in den kristallinen Zustand übergeht. Bei Butanol z.B. wird durch Abkühlen die glasige Erstarrung bei ca. 120 K erreicht. Während des Aufheizens wird die Substanz zuerst zähflüssig und kristallisiert dann bei ca. 184 K aus. Heptan zeigt nur die kristalline Form. Im glasigen Zustand des Lösungsmittels sind die lumineszenzfähigen Moleküle eingefroren und können ohne Störung am Lumineszenzprozeß teilnehmen. Erst im Übergangsgebiet des Glases, das beim Erwärmen erreicht wird, kommt es zu einer Wechselwirkung mit der Umgebung, die sowohl die Intensität wie die Abklingzeit vermindern. Der nachfolgende Kristallisationsvorgang sorgt erneut für den starren Einbau der Moleküle, so daß ein Anwachsen der Phosphoreszenzintensität zu erwarten ist. Beim weiteren Aufheizen bis über den Schmelzpunkt des Lösungsmittels hinaus zerfällt das Kristallgefüge, womit die Möglichkeit der strahlungslosen Energieabgabe rasch anwächst.

XII.4 Literatur

1. G. **HERZBERG** *Spectra of Diatomic Molecules*
van Nostrand, Reinhold Company, New York **1950**

2. **G. HERZBERG** *Einführung in die Molekülspektroskopie*
   Steinkopff, Darmstadt **1973**

3. **K.W.F. KOHLRAUSCH** *Der SMEKAL-RAMAN-Effekt*
   Springer, Berlin **1938**

4. **M. BORN** *Optik*
   Springer, Berlin, Heidelberg, New York, Tokyo **1985**

5. **G.J. LJUBARSKI** *Anwendungen der Gruppentheorie in der Physik*
   VEB Verlag der Wissenschaften, Berlin **1962**

6. **L.H. HALL** *Group Theory and Symmetry in Chemistry*
   McGraw-Hill, New York **1969**

7. **H.A. STUART** *Molekülstruktur*
   Springer, Heidelberg **1967**

8. **J. WEIDLEIN, U. MÜLLER, K. DEHNICKE** *Schwingungsspektroskopie*
   G. Thieme, Stuttgart, New York **1982**

9. **K. HENSEN** *Molekülbau und Spektren*
   Steinkopff, Darmstadt **1983**

10. **J. SLATER** *Quantum Theory of Molecules and Solids, Vol. 1: Electronic Structure of Molecules* McGraw-Hill, New York **1963**

11. **T. FÖRSTER** *Fluoreszenz organischer Verbindungen*
    Vandenhoeck u. Ruprecht, Göttingen **1951**

12. **N. RIEHL** (Hrsg.) *Einführung in die Lumineszenz*
    K. Thiemig, München **1971**

13. **K. BETHGE, G. GRUBER** *Physik der Atome und Moleküle*
    VCH, Weinheim **1990**

XIII. Festkörperspektroskopie

Die Bedeutung der Festkörperspektroskopie bedarf allein angesichts des beschleunigten Zuwachses an Ergebnissen in den letzten Jahrzehnten keiner besonderen Hervorhebung. Sie erwächst insbesondere aus der Verflechtung der Festkörperphysik mit anderen naturwissenschaftlichen Bereichen, wie der Chemie oder Biologie, wodurch eine interdisziplinäre Zusammenarbeit fruchtbar aktiviert wird. Daneben ist es das hohe Verdienst der Festkörperspektroskopie, eine Entwicklung der Technologie eingeleitet zu haben, deren Ausmaß und Ende heute noch nicht vorhersehbar ist.

Es ist das Vielteilchensystem des Festkörpers, das die Mannigfaltigkeit von charakteristischen Quantitäten und Prozessen ermöglicht, deren Beobachtung und Beschreibung die Aufgabe der Spektroskopie sein muß. Darüber hinaus erlauben zahlreiche Parameter genügend Variationen, wie etwa den Ersatz oder das Weglassen von Teilchen jeder Art, die alle im Sinne einer Störung wirken und so die Zahl der Effekte unverhältnismäßig anwachsen lassen. Die Diskussion der experimentellen Tatsachen hingegen wird in Umkehrung dieser Konsequenz nicht selten an unüberwindbaren Schwierigkeiten bei der Suche nach eindeutigen Aussagen scheitern.

Die Basis der theoretischen Erklärung bildet wie bei der Diskussion von Ergebnissen der Atom- und Molekülspektroskopie die Quantenmechanik. Während man bei Atomen und Molekülen hauptsächlich an den Elektronenzuständen interessiert ist, wird im festen Körper auf Grund der Translationssymmetrie darüber hinaus die Dispersion als die Abhängigkeit der Energie vom Impuls bzw. Wellenzahlvektor verfolgt. Die Quantisierung von Feldern führt zur Konzeption von Quasiteilchen, wie z.B. den Phononen des quantisierten Feldes der Gitterschwingung, die gleichermaßen zu Dispersionsrelationen Anlaß geben. Erst Vereinfachungen durch Näherungen und die Reduktion des Vielteilchenproblems erlauben brauchbare Ergebnisse, die mit denen der umfangreichen spektroskopischen Methoden korreliert werden können.

Die ungenaue Kenntnis mikroskopischer Parameter, wie die des Potentials, verwehrt mitunter den Einblick in die quantenmechanische Darstellung. Dies zwingt nicht selten dazu, die atomistische Basis zu verlassen und auf einer gröberen Ebene unter Einbeziehung der statistischen Thermodynamik die Probleme zu behandeln. Ein Beispiel hierzu bietet die BOLTZMANN-Gleichung, bei der die Relaxationszeit im Stoßterm die Unkenntnis der detaillierten mikroskopischen Verhältnisse offenbart. Gleichwohl ist diese Art der theoretischen Anstrengungen durchaus sinnvoll, wenn man daran denkt, daß manche Untersuchungen eine makroskopische Observable spektroskopieren, deren Berechnung das statistische Scharmittel bemüht.

XIII.1 Röntgenbeugung

XIII.1.1 Grundlagen

Die Diskussion der Bedeutung der Röntgenbeugung für die Strukturanalyse sowie der Schwierigkeiten, die dabei auftreten, kann erst dann mit Erfolg geführt werden, wenn zuvor die Vorgänge bei der Streuung kurzwelliger elektromagnetischer Strahlung an den Gitteratomen eines Festkörpers hinreichend verstanden sind. Das klassische Modell, das dieser Streuung zu Grunde liegt, bedient sich der Vorstellung einer erzwungenen Schwingung von Elektronen, die ihrerseits mit einem zeitlich veränderlichen elektrischen Dipolmoment zur Emission und so zur Streuung der Strahlung Anlaß geben (THOMAS-Streuung; s.a. Abschn. XII.2.1 u. Abschn. IX.1.3). Damit können die Streuzentren als Ursprung von Elementarwellen betrachtet werden, deren Überlagerung die bekannten Interferenzerscheinungen erwarten lassen. Eine übersichtliche theoretische Betrachtung gelingt durch die Zurückführung des Problems auf die Frage nach der Lage der maximalen Intensität (Interferenzbedingungen) und deren Größe. Voraussetzung dabei ist die Konstanz der Energie der gestreuten Welle, die keine Frequenzänderung erlaubt ($\omega = \omega'; |\vec{k}'| = |\vec{k}|$). Außerdem wird die FRAUNHOFERsche auslaufende Kugelwelle der elektrischen Feldstärke durch eine ebene Welle der Form

$$\vec{E}(\vec{r}) = \vec{E}_0 e^{i(\vec{k}\vec{r}-\omega t+\varphi)} \tag{XIII.1}$$

ersetzt, was in großen Entfernungen gerechtfertigt ist.

Zur Herleitung der Interferenzbedingung genügt es, geometrisch den Phasenunterschied der sich überlagernden Wellen zu berechnen. Für zwei Elementarwellen, deren Ausgangspunkte benachbarte Gitterpunkte (A, B) sind (Fig. XIII.1), erhält man dafür

$$\Delta\varphi = |\vec{k}| \cdot (\vec{e} - \vec{e}\,') \cdot \vec{g} \tag{XIII.2}$$

($\vec{e}, \vec{e}\,'$: Einheitsvektoren in der Richtung der ein- und auslaufenden Welle) oder

$$\Delta\varphi = \Delta\vec{k} \cdot \vec{g}\,, \tag{XIII.3}$$

wenn $\Delta\vec{k} = \vec{k} - \vec{k}'$ die Differenz der Wellenzahlvektoren bedeutet. Mit dem Gittervektor

$$\vec{g} = m\vec{a} + n\vec{b} + p\vec{c} \tag{XIII.4}$$

($\vec{a}, \vec{b}, \vec{c}$: Basisvektoren) errechnet sich die gesamte Feldamplitude nach Gl. (XIII.1) zu

$$\vec{E}(\vec{r}) = \vec{E}_0 e^{i\vec{k}\vec{r}} \cdot \sum_m e^{im\Delta\vec{k}\vec{a}} \cdot \sum_n e^{in\Delta\vec{k}\vec{b}} \cdot \sum_p e^{ip\Delta\vec{k}\vec{c}}\,. \tag{XIII.5}$$

Die Zeitabhängigkeit ist dabei nicht berücksichtigt, da sie ohnehin bei der Mittelwertbildung zur Intensitätsberechnung den Faktor 1 liefert. Maximale Feldstärke ist demnach nur dann zu erwarten, wenn das Produkt der drei Summen, das als resultierende Streuamplitude bezeichnet wird, einen maximalen Wert annimmt. Die aus dieser Forderung abgeleiteten Interferenzbedingungen

$$\begin{aligned} \Delta\vec{k} \cdot \vec{a} &= 2\pi\tilde{h} \\ \Delta\vec{k} \cdot \vec{b} &= 2\pi\tilde{k} \\ \Delta\vec{k} \cdot \vec{c} &= 2\pi\tilde{l}\,, \end{aligned} \tag{XIII.6}$$

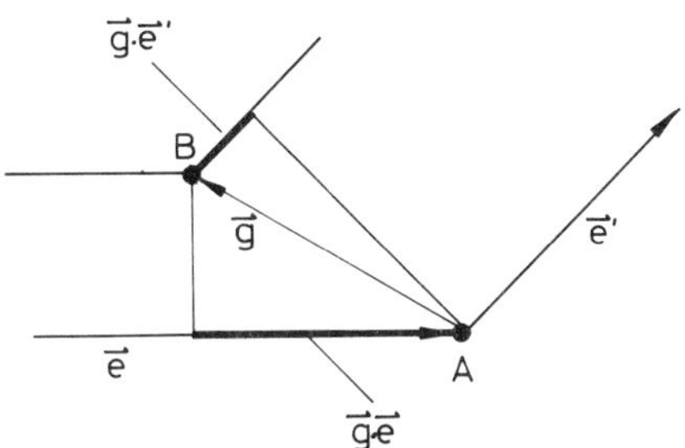

Fig. XIII.1: Streuung zweier ebener Wellen an den Zentren A und B, die durch den Gittervektor $\vec{g}$ verbunden sind; die Ausbreitungsrichtung vor und nach der Streuung wird durch die Einheitsvektoren $\vec{e}$ und $\vec{e}'$ festgelegt.

die alle gleichzeitig erfüllt sein müssen, sind als LAUE-Gleichungen bekannt ($\tilde{h}, \tilde{k}, \tilde{l}$: LAUEsche Indizes). Nach Einführung von Winkeln, die die Richtung der ebenen Wellen gegen die Basisvektoren kennzeichnen, kann mit Hilfe der Richtungskosinuswerte auf die vektorielle Schreibweise von Gl. (XIII.6) verzichtet werden.

Eine wesentliche Erleichterung in der Diskussion der Interferenzbedingungen gewährt das Modell des reziproken Gitters, das durch den Gittervektor (Translationsoperation)

$$\vec{g}^* = \tilde{h}\vec{a}^* + \tilde{k}\vec{b}^* + \tilde{l}\vec{c}^* \tag{XIII.7}$$

mit den Basisvektoren

$$\vec{a}^* = 2\pi \frac{\vec{b} \times \vec{c}}{\vec{a}(\vec{b} \times \vec{c})}, \ldots \tag{XIII.8}$$

(und zyklische Vertauschung) definiert ist. Die Orthogonalität zum normalen Gitter kommt in den daraus abgeleiteten Beziehungen

$$\begin{array}{lll} \vec{a}\vec{a}^* = 2\pi, & \vec{a}\vec{b}^* = 0, & \vec{a}\vec{c}^* = 0 \\ \vec{b}\vec{a}^* = 0, & \vec{b}\vec{b}^* = 2\pi, & \vec{b}\vec{c}^* = 0 \\ \vec{c}\vec{a}^* = 0, & \vec{c}\vec{b}^* = 0, & \vec{c}\vec{c}^* = 2\pi \end{array} \tag{XIII.9}$$

zum Ausdruck. Betrachtet man einen beliebigen Gittervektor $\vec{g}^*$ der Form (XIII.7) im reziproken Gitter und identifiziert ihn mit der Änderung des Wellenzahlvektors

$$\vec{g}^* = \Delta\vec{k}\,, \tag{XIII.10}$$

dann werden unter Beachtung von Gl. (XIII.9) die Interferenzbedingungen (XIII.6) erfüllt. Demnach erhält man nur dann konstruktive Interferenz, wenn die $\Delta\vec{k}$-Vektoren zwei Punkte im reziproken Gitter verbinden. Im Ergebnis können so die als Reflexe bezeichneten Intensitätsmaxima der Beugung als Abbild des reziproken Gitters verstanden werden, das die Bestimmung der normalen Gitterstruktur erlaubt.

Bei Kenntnis der Quantisierung des Wellenfeldes, das das Quasiteilchen Photon mit dem Impuls $\hbar\vec{k}$ zum Ergebnis hat, kann die Interferenzbedingung (XIII.10) als Impulserhaltung gedeutet werden. Die bei der elastischen Reflexion eines Photons auftretende Impulsänderung $\hbar\Delta\vec{k}$ wird in Richtung der Flächennormalen der Netzebene vom Kristall kompensiert (Fig. XIII.2). Als Netzebene bezeichnet man jede Ebene durch drei nicht auf einer Geraden liegenden Punkte des direkten Gitters.

Das Quadrieren von Gl. (XIII.10) unter Beachtung der Energiekonstanz ($|\vec{k}| = |\vec{k}'|$) führt zu einer Beziehung

$$2\vec{k} \cdot \vec{g}^{\,*} + \vec{g}^{\,*2} = 0 \,, \tag{XIII.11}$$

die die Forderungen der drei LAUE-Gleichungen in sich vereinigt. Nach Einführung des Winkels θ (Fig. XIII.2) zwischen der Richtung der einlaufenden Welle und der Netzebene erhält man

$$2k \sin\theta = |\vec{g}^{\,*}| \,. \tag{XIII.12}$$

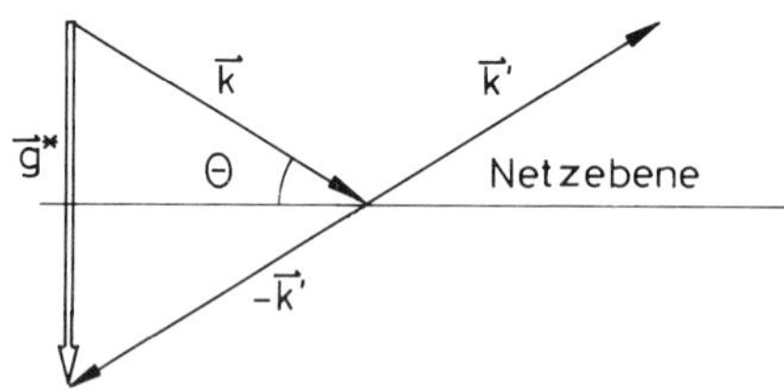

Fig. XIII.2: Elastische Reflexion eines Photons an einer Netzebene.

Die Substitution des Betrages des reziproken Gittervektors $|\vec{g}^*|$ gelingt mit Hilfe des Abstandes d äquivalenter Ebenen, die durch die sogenannten MILLERschen Indizes (h, k, l) gekennzeichnet sind

$$d(h,k,l) = \frac{2\pi}{|\vec{g}^*(h,k,l)|} \,. \tag{XIII.13}$$

Berücksichtigt man dazu die Möglichkeit, daß die LAUEschen Indizes ein ganzes Vielfaches der MILLERschen Indizes sind ($(\tilde{h}, \tilde{k}, \tilde{l}) = z \cdot (h, k, l)$), um letztere teilerfremd machen zu können, so liefert Gl. (XIII.12) eine Interferenzbedingung

$$2d(h,k,l) \sin\theta = z \cdot \lambda \tag{XIII.14}$$

(z: Ordnung der Interferenz), die als BRAGGsche Gleichung bekannt ist. Die Interpretation dieser Beziehung gelingt in der Vorstellung einer Tiefenreflexion von ebenen Wellen an zwei Ebenen, die mit der Netzebenenschar (h, k, l) als die Menge paralleler Netzebenen identifiziert werden kann (θ: Glanzwinkel). Die Streuung der Wellen an Atomen innerhalb einer Ebene, die der Herleitung der LAUE-Gleichungen zu Grunde liegt, wird dabei nicht beachtet. Gleichwohl ist die Aussage beider Forderungen identisch.

Die andere Hälfte des Problems besteht in der Suche nach den Reflexen, wobei das Zeitmittel über den POYNTING-Vektor als die dafür maßgebende Beziehung zugrunde gelegt wird (Abschn. IX.1.3). Die Berechnung muß den Einfluß einiger Faktoren berücksichtigen, die nicht unmittelbar aus der resultierenden Feldstärke (XIII.5) nach Überlagerung aller Elementarwellen ersichtlich werden. Da gibt es einmal die Anisotropie der emittierten Strahlung nach dem Modell des HERTZschen Dipols in der Fernzone, die die Intensität nicht unabhängig von der Beobachtungsrichtung werden läßt. Ferner sind die geometrischen Verhältnisse, die durch die Aufnahmetechnik gegeben sind, sicher nicht ohne Einfluß auf die Intensität. Darüber hinaus werden bei speziellen Techniken von manchen Netzebenen identische Abstände erwartet, so daß deren Reflexe örtlich zusammenfallen, was im Flächenhäufigkeitsfaktor berücksichtigt wird. Schließlich beobachtet man eine Absorption der Strahlung innerhalb der Probe, der durch einen weiteren Faktor Rechnung getragen werden muß.

Die nähere Betrachtung des Streuzentrums selbst, das bisher durch die Einheitszelle repräsentiert wurde, offenbart eine Struktur, die durch wohl definierte Positionen der Gitteratome charakterisiert ist. Nachdem die Streuung tatsächlich durch die Wechselwirkung mit den Atomen verursacht wird, muß man das Auftreten weiterer Elementarwellen innerhalb der Einheitszelle sowie deren Interferenzfähigkeit erwarten. Die Berücksichtigung z.B. des j-ten Basisatoms von insgesamt N Teilchen in der Einheitszelle zwingt zur Darstellung des Gittervektors in der Form

$$\vec{g} = \vec{g}_0 + \vec{g}_j = (m + h_j)\vec{a} + (n + k_j)\vec{b} + (p + l_j)\vec{c} \qquad \text{(XIII.15)}$$

$(1 \leq j \leq N)$. Damit ergibt die Berechnung der gesamten Feldamplitude, die eine Summierung über die Zahl der Teilchen innerhalb der Einheitszelle verlangt, nach Gl. (XIII.1) und (XIII.3):

$$E(\vec{r}) = E_0 e^{i\vec{k}\vec{r}} \sum_{m,n,p} e^{i\Delta\vec{k}\vec{g}_0} \sum_{j}^{N} f_j e^{i\Delta\vec{k}\vec{g}_j} \ . \qquad \text{(XIII.16)}$$

Der letzte Faktor, der die Mitwirkung der einzelnen Atome bei der Interferenzerscheinung berücksichtigt, wird als Strukturfaktor

$$S = \sum_{j}^{N} f_j e^{i\Delta\vec{k}(h_j\vec{a} + k_j\vec{b} + l_j\vec{c})} \qquad \text{(XIII.17)}$$

die Intensität beeinflussen. Ein Vergleich mit Gl. (XIII.5) zeigt seine modulierende Wirkung, die zu einer Intensitätsverminderung oder gar Auslöschung der nach den LAUE-Gleichungen zu erwartenden Maxima der Reflexe Anlaß geben kann (s.a. Abschn. XIII.1.4).

Die Stärke der Wechselwirkung der elektromagnetischen Strahlung mit der Elektronenhülle der Atome wird als das Streuvermögen bezeichnet und durch den Atomformfaktor f_j wiedergegeben. In Erinnerung an die allgemeine Diskussion des Streuprozesses, bei dem die auslaufende ungestörte ebene Welle durch eine Kugelwelle mit dem Streufaktor als Amplitude überlagert wird, kann auch bei der Röntgenbeugung der atomare Streufaktor als die FOURIER-Transformierte des Störpotentials, das der Elektronendichte $n(\vec{\rho})$ proportional ist (Gl. (XI.53)), ermittelt werden (s. Abschn. XI.2.1)

$$f_j = f_0 \int d^3\rho\, n(\vec{\rho}) e^{i\Delta\vec{k}\vec{\rho}} \tag{XIII.18}$$

(f_0: Streuvermögen eines punktförmig gedachten einzelnen Elektrons am Ort des Kerns, $\vec{\rho}$: Radiusvektor innerhalb der Elektronenhülle). Die Abhängigkeit des Streufaktors von der räumlichen Ladungsverteilung wird bei der Berücksichtigung der Überlagerung von Streuwellen innerhalb der Elektronenhülle einen nicht unwesentlichen Einfluß auf die Intensität der Interferenzerscheinung ausüben, der um so stärker erwartet wird, je kleiner die verwendete Wellenlänge ist.

Wie bei den meisten festkörperphysikalischen Vorgängen ist auch bei der Röntgenstreuung die Bewegung der Gitterteilchen, deren Quantisierung das Quasiteilchen Phonon zum Ergebnis hat, als Störung zu betrachten. Ihr Einfluß nimmt mit wachsender Temperatur zu und wird selbst beim absoluten Nullpunkt wegen der endlichen Schwingung nicht verschwinden. Die Photon-Phonon-Wechselwirkung ermöglicht eine Zustandsänderung des Gitters, die durch die Aufnahme resp. Abgabe der Phononenenergie begleitet ist. Der daraus sich ergebende Beitrag zur unelastischen Streuung bedeutet einen Verlust an Photonen, der zu einer Intensitätsverminderung führt. Die Berechnung der Intensität wird demnach nur die elastischen Streuvorgänge zulassen, deren relative Anzahl durch den DEBYE-WALLER-Faktor f_D angegeben wird. Sein Wert ergibt sich direkt aus der Wahrscheinlichkeit w_{GG} dafür, daß der Gitterzustand

$$|G> = \prod_s^{3N} |n_s>$$

nach Einwirkung des Störpotentials H_1 unverändert bleibt unter Berücksichtigung der Besetzungsverhältnisse, was einer thermischen Mittelwertbildung gleichkommt (s. Abschn. XIV.3.1)

$$f_D = \overline{|<G|\hat{H}_1|G>|^2}^{thermisch} \quad . \tag{XIII.19}$$

Die Summation über alle möglichen Frequenzen setzt die Kenntnis der spektralen Zustandsdichte voraus, wie sie sich z.B. nach dem EINSTEIN- oder DEBYE-Modell angenähert berechnen lässt. Letzteres führt bei seiner Anwendung zur Abhängigkeit des D.W.-Faktors von der DEBYE-Temperatur als jene Temperatur, der die höchste Grenzfrequenz ω_{gr} im DEBYEschen Zustandsspektrum entspricht ($k\theta = \hbar\omega_{gr}$). Eine Erhöhung dieser Temperatur θ, die für eine betrachtete Substanz spezifisch ist, impliziert eine Verfestigung der atomaren Bindung, wodurch ein Anwachsen der Zahl kohärenter Streuvorgänge verständlich erscheint. Die Abnahme des D.W.-Faktors hingegen ist dann zu erwarten, wenn die Besetzungswahrscheinlichkeit höherer Schwingungszustände mit steigender Temperatur anwächst. Schließlich findet man eine exponentielle Abhängigkeit von der Photonenenergie, die die Intensität der Reflexe bei kleinen Wellenlängen merklich erniedrigt.

XIII.1.2 Experimentelles

Zur Erfüllung der BRAGGschen Bedingung (XII.14) bei der experimentellen Durchführung der Röntgenbeugung muß entweder die Wellenlänge λ der einfallenden

Strahlung oder der Streuwinkel θ variiert werden. Als Konsequenz dieser Forderung haben sich drei verschiedene Techniken entwickelt.

Beim LAUE-Verfahren wird die Röntgenbeugung an einem Einkristall mit festliegenden Kristallachsen (θ = const.) in Abhängigkeit von der Wellenlänge unter Verwendung eines kontinuierlichen Röntgenbremsspektrums untersucht. Das Drehkristallverfahren verändert den Beugungswinkel, während der Kristall der Einwirkung einer monoenergetischen Röntgenstrahlung (λ = const.) ausgesetzt wird. Schließlich gelingt die Variation des Streuwinkels auch beim DEBYE-SCHERRER-Verfahren, bei der die Benutzung einer fein pulverisierten Probe eine kontinuierliche Verteilung der Orientierungen ermöglicht.

Das Pulververfahren, das hier angewandt wird, erzielt einen Effekt, der auch bei Rotation eines Einkristalls um einen Punkt in seinem Innern nach allen Richtungen erwartet wird. Gemäß der BRAGGschen Bedingung (XIII.14) findet man die von den Netzebenen gebeugten Strahlen und mithin die Reflexe auf koaxialen Kreiskegeln mit dem Öffnungswinkel 4θ (Fig. XIII.3). Die fein gepulverte Substanz wird mittels einer

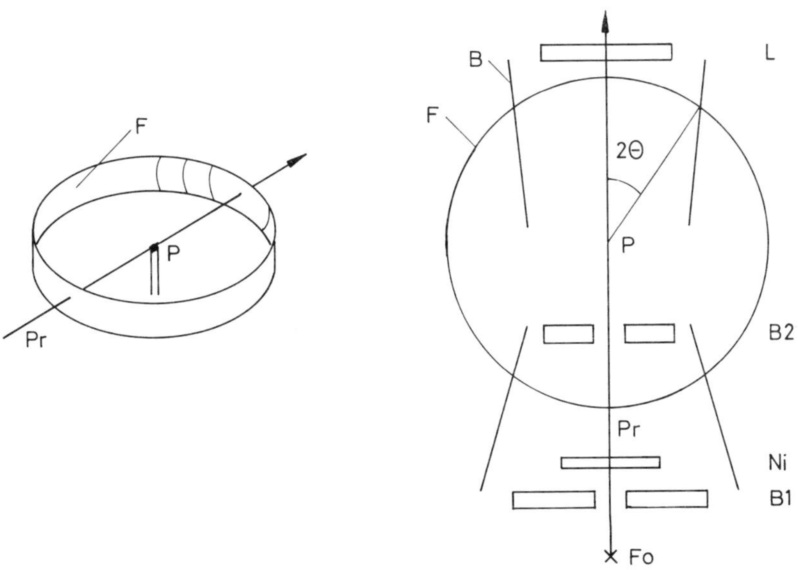

Fig. XIII.3: Experimentelle Anordnung beim Pulver (DEBYE-SCHERRER)-Verfahren; Pr: Primärstrahl, P: Pulverprobe auf **Cu**-Draht, F: Film, L: Leuchtschirm, B: Blenden, Ni: Nickelfilter, Fo: Brennfleck.

Kittmasse an einen Kupferdraht aufgebracht. Dieser befindet sich auf der Achse einer zylindrischen Kamera, deren Innenmantelfläche den passend geschnittenen Röntgenfilm aufnimmt. Zwei diametral einander gegenüberliegende Öffnungen erlauben den Eintritt der Röntgenstrahlung in die Kamera sowie die Zentrierung des Drahtes. Die in koaxialen Kegelmänteln abgebeugten Röntgenstrahlen konstruktiver Interferenz ergeben Schnittkurven mit dem Zylinderfilm, die konzentrische Kreise als Kurven 4. Ordnung bilden. Um zu vermeiden, daß der Primärstrahl auf den Film fällt, wird der Eintrittsöffnung gegenüber in den Film ein Loch gestanzt. Eine gleichmäßige Schwärzung der Ringe kann durch Drehen der Probe während der ein- bis zweistündigen Belichtung erreicht werden.

Als Strahlenquelle wird eine Röntgenröhre mit einer **Cu**-Antikathode (max. 50 kV) verwendet, die die Untersuchung mit der K_α- und K_β-Linie von Kupfer ermöglicht. Die Intensitätsabschwächung der ohnehin schwächeren K_β-Strahlung ($\lambda_\beta = 1.539 \cdot 10^{-10}$ m) gelingt durch einen Selektivfilter aus Nickel ($\lambda_{Kante} = 1.4880 \cdot 10^{-10}$ m). In der Absicht, einen nur schwach divergierenden Röntgenstrahl zu erhalten, werden Rundblenden ($\phi =$ 0.5 bis 1 mm) verwendet.

XIII.1.3 Aufgabenstellung

Mit monochromatischer Röntgenstrahlung wird nach dem DEBYE-SCHERRER-Verfahren die Gitterkonstante von Kupfer und einer unbekannten Substanz kubischer Struktur ermittelt. Dabei werden die photographisch aufgenommenen Linien mit der Reflexion an besonderen Netzebenen korreliert, was die Bestimmung der Gitterkonstanten und des Strukturtyps ermöglicht.

XIII.1.4 Anleitung

Mit der BRAGGschen Gl. (XIII.14) erhält man durch Differentiation ($z = 1$)

$$\frac{\lambda}{d\lambda} = \frac{\tan\theta}{d\theta} ,$$

wonach zu erkennen ist, daß das Auflösungsvermögen mit wachsendem Streuwinkel θ gesteigert wird. Demzufolge wird eine Aufspaltung der K_α-Linie in die aus Spin-Bahn-Wechselwirkung entstehenden Feinstrukturkomponenten K_{α_1} ($\lambda = 1.5374 \cdot 10^{-10}$ m) und K_{α_2} ($\lambda = 1.5412 \cdot 10^{-10}$ m) zu erwarten sein.

Um die Diskrepanz zwischen dem Filmdurchmesser und dem Kameradurchmesser auszuschalten, bedient man sich der Auswertemethode nach STRAUMANIS. Danach wird der Röntgenfilm asymmetrisch in die Kammer eingelegt, so daß die Enden des Films mit dem Primärstrahl einen Winkel von etwa $\pi/2$ bilden (Fig. XIII.4). Die Entfernung der Mittelpunkte M_1, M_2 zwischen zwei zusammengehörenden Linien entspricht genau einem Winkel von π.

Zur Bestimmung der Gitterkonstanten ist eine Indizierung der beobachteten Interferenzlinien erforderlich. Dabei gibt es eine Reihe von Hilfsmitteln, die das Vorgehen erleichtern können. Mit der für einfach kubische Systeme gültigen Beziehung $|\vec{a}| = |\vec{b}| = |\vec{c}| = a_0$ erhält man nach Gl. (XIII.7) und (XIII.8) bezüglich des Abstands äquivalenter Netzebenen

$$d = \frac{a_0}{\sqrt{h^2 + k^2 + l^2}} ,$$

so daß die BRAGGsche Bedingung (XIII.14) die Form ($z = 1$)

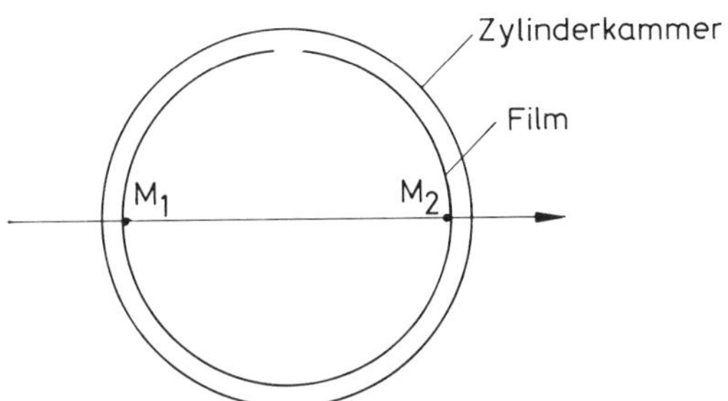

Fig. XIII.4: Filmanordnung nach STRAUMANIS.

$$\sin^2\theta = \left(\frac{\lambda}{2a_0}\right)^2 \cdot (h^2 + k^2 + l^2)$$

annimmt. Der Logarithmus der linken Seite ergibt dann eine lineare Abhängigkeit vom Logarithmus natürlicher Zahlen

$$\log\sin^2\theta = \log\left(\frac{\lambda}{2a_0}\right)^2 + \log(h^2 + k^2 + l^2) \,,$$

die die Ermittlung der MILLERschen Indizes erleichtert. Vergleicht man eine logarithmische Skala gemessener $\sin^2\theta$-Werte mit einer logarithmischen Zahlenskala dergestalt, daß ganze Zahlen gegenüberstehen, dann findet man außer der Quadratsumme der Indizes auch den Wert $4a_0^2/\lambda^2$ als die dem Betrag 1 ($\log\,(h^2+k^2+l^2) = 0$) gegenüberliegende Zahl. Dabei empfiehlt sich der Gebrauch eines Rechenschiebers, wo die Logarithmen von ganzen Zahlen und Sinus-Werten unmittelbar zur Verfügung stehen. Die Bestimmung des Strukturtyps entscheidet darüber, ob kubisch raumzentriertes (*bcc*) oder flächenzentriertes (*fcc*) Gitter vorliegt. Nachdem der Strukturfaktor S den Einfluß der Elementarwellen innerhalb der Einheitszelle auf die Interferenz beschreibt, ist dessen Analyse wohl geeignet, die nötigen Informationen zu liefern.

Betrachtet man zunächst den kubisch raumzentrierten Strukturtyp, bestehend aus zwei identischen Atomen (**A**$_2$-Verbindungen) mit dem Atomformfaktor f_0, dann wird die Einheitszelle aus den Teilchen an den Orten $(0,0,0)$ und $(1/2,1/2,1/2)$ aufgebaut. Der Strukturfaktor S errechnet sich dann nach Gl. (XIII.17) unter Berücksichtigung der Gl.en (XIII.10) und (XIII.7) mit $z = 1$ zu

$$S(h,k,l) = f_0\left[1 + e^{i\pi(h+k+l)}\right] \,.$$

Die Forderung nach maximaler Intensität der Reflexe, die der Forderung nach maximaler Strukturamplitude gleichkommt, bedeutet demnach, daß die Summe der MILLERschen Indizes eine gerade ganze Zahl ergibt ($h + k + l = 2s$). Umgekehrt findet man immer dann eine Intensitätsauslöschung, wenn der Strukturfaktor verschwindet, was für eine ungeradzahlige Summe der Indizes erwartet wird ($h + k + l = 2(s + 1)$). Für den Fall, daß nicht identische Atome mit demnach voneinander verschiedenen Atomformfaktoren ($f_1 \neq f_2$) die Einheitszelle aufbauen (**AB**-Verbindungen), erhält man für den Strukturfaktor

$$S(h,k,l) = f_1 + f_2 e^{i\pi(h+k+l)} \, .$$

Gemäß der oben genannten Bedingung der ungeradzahligen Summe von Indizes gibt er zu einer Intensitätsverminderung ($I \sim (f_1 - f_2)^2$) Anlaß, die um so stärker ist, als die Streufaktoren sich in ihrem Wert annähern.

Die Betrachtung des kubisch flächenzentrierten Strukturtyps mit vier identischen Atomen an den Plätzen $(0,0,0)$, $(0,1/2,1/2)$, $(1/2,0,1/2)$ und $(1/2,1/2,0)$ in der Einheitszelle führt auf Grund ähnlicher Überlegungen zu

$$S(h,k,l) = f_0 \left[1 + e^{i\pi(k+l)} + e^{i\pi(h+l)} + e^{i\pi(h+k)}\right] \, .$$

Als Konsequenz daraus findet man ein Verschwinden des Strukturfaktors und mithin ein Fehlen der Reflexe bei teilweise geraden und ungeraden Indizes. Hingegen werden Intensitätsmaxima immer dort erwartet, wo alle drei Indizes gerade bzw. ungerade sind.

XIII.2 Elektronenemission

XIII.2.1 Grundlagen

Die Behandlung der Elektronen im Festkörper ohne Rücksicht auf die Wechselwirkung mit anderen Teilchen oder Quasiteilchen, insbesondere mit den Gitterteilchen, bedeutet die Diskussion freier Elektronen. Die dabei zu Grunde liegende zeitunabhängige SCHRÖDINGER-Gleichung

$$-\frac{\hbar^2}{2m}\Delta\psi = E\psi \tag{XIII.20}$$

beinhaltet ausschließlich den kinetischen Anteil der Energie und wird durch den Ansatz einer ebenen Welle

$$\psi \sim e^{i\vec{k}\vec{r}} \tag{XIII.21}$$

befriedigt. In Erweiterung dieses Modells kann eine Wechselwirkung mit dem periodischen Potential der Gitterteilchen durch die Einführung einer im allgemeinen energieabhängigen effektiven Masse ($m^* = m^*(E)$) berücksichtigt werden, wodurch das Quasiteilchen Kristallelektron geschaffen wird. Eine solche Umwandlung des freien Elektrons in das Kristallelektron erlaubt dann erneut das obige Modell der freien Teilchen zu verwenden, was als freie Elektronennäherung bezeichnet wird (s. Abschn. XIII.4.1).

Die Periodizität der Gitterstruktur ermöglicht die Beschränkung des Elektronengases auf ein festes Grundgebiet V_G, dessen Seitenbegrenzungen etwa im Falle einer quaderförmigen Ausdehnung ($V_G = L_x L_y L_z$) durch die doppelten Gitterkonstanten ($L_x = 2a, L_y = 2b, L_z = 2c$) gegeben sind. Im Modell des Potentialtopfes mit unendlich hohen Wänden am Rand des Grundgebietes ergeben sich die BORN- v. KARMANschen Randbedingungen für den Ansatz (XIII.21), die der Forderung nach gleicher Amplitude der ebenen Wellen Rechnung tragen:

$$\psi(x + L_x, y, z) = (x, y + L_y, z) = (x, y, z + L_z)\,. \tag{XIII.22}$$

Als Konsequenz daraus können nur solche ebenen Wellen existieren, die die Bedingung

$$\frac{1}{2\pi}\hat{k} \cdot \hat{L} = \hat{n} \tag{XIII.23}$$

mit

$$\hat{k} = \begin{pmatrix} k_x & 0 & 0 \\ 0 & k_y & 0 \\ 0 & 0 & k_z \end{pmatrix}, \hat{L} = \begin{pmatrix} L_x & 0 & 0 \\ 0 & L_y & 0 \\ 0 & 0 & L_z \end{pmatrix} \quad \text{und} \quad \hat{n} = \begin{pmatrix} n_x & 0 & 0 \\ 0 & n_y & 0 \\ 0 & 0 & k_z \end{pmatrix}$$

erfüllen. Sie stellen stehende Wellen im Grundgebiet dar und liefern mit Gl. (XIII.20) ein diskretes Eigenwertspektrum

$$E_{\vec{k}} = \frac{\hbar^2}{2m}k^2\,. \tag{XIII.24}$$

Betrachtet man die daraus resultierenden Elektronenzustände, z.B. im $\vec{k}$-Raum, so wird dieses Spektrum durch ein einfach kubisches Gitter von Punkten dargestellt, deren Abstände $2\pi/L_x, 2\pi/L_y$ und $2\pi/L_z$ betragen (Fig. XIII.5). Bei der Besetzung dieser Zustände mit der vorgegebenen Konzentration N von Elektronen, die mit kleinen

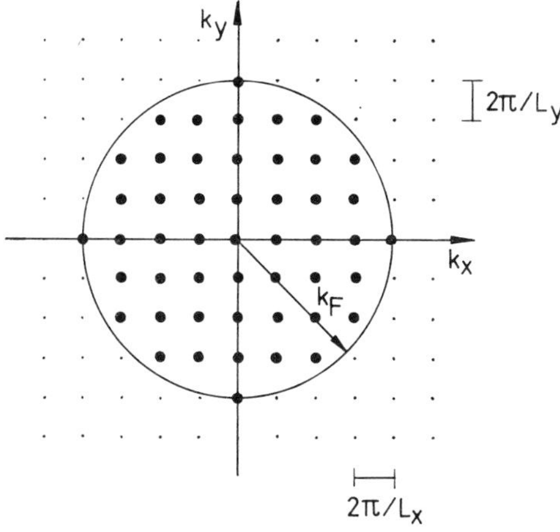

Fig. XIII.5: Gitterspektrum in der $k_x - k_y$-Ebene; k_F: FERMI-Grenze.

$\vec{k}$-Werten beginnend gemäß dem PAULI-Prinzip maximal zwei Elektronen mit entgegengerichteter Spineinstellung in einem Zustand erlaubt, zwingt die Forderung nach einem Minimum der gesamten Energie zu einer kugelförmigen Ausdehnung im Grundzustand (FERMI-Kugel). Die Besetzung eines möglichen Zustands außerhalb der FERMI-Kugel hinterläßt ein "Loch" (Defektelektron), das zusammen mit dem Elektron als Paargebilde einen angeregten Zustand charakterisiert.

Um den Grenzradius der FERMI-Kugel k_F bzw. die maximale Energie im Grundzustand $E_F (= \hbar^2/2m \cdot k_F^2)$ zu ermitteln, interessiert die Zustandsdichte $z(k)\,dk$ als die Anzahl der Zustände pro Grundvolumen V_G, die sich in der Kugelschale zwischen den Radien k und $k + dk$ befinden

$$\begin{aligned} z(k)\,dk &= \frac{1}{V_G} \cdot 2 \cdot \frac{1}{\text{Einheitsvolumen im } \vec{k}\text{-Gitter}} \cdot d\left(\frac{4\pi}{3} k^3\right) \\ &= \frac{2}{(2\pi)^3} \cdot 4\pi k^2\,dk \;, \end{aligned} \qquad \text{(XIII.25)}$$

wobei die doppelte Besetzungsmöglichkeit der Spinkompensation zufolge durch den Faktor Zwei berücksichtigt wird (s.a. Abschn. X.1.3). Eine gleichwertige Betrachtung benutzt den Energieraum, dessen Zustandsdichte $z(E)\,dE$ mit Hilfe der Gl. (XIII.24) aus (XIII.25) abgeleitet werden kann (Fig. XIII.5). Die Summation über alle besetzten Zustände muß der vorgegebenen Gesamtkonzentration N gleich sein

$$\int_0^{E_F} z(E)\,dE = N \;, \qquad \text{(XIII.26)}$$

woraus sich die maximale Energiedichte E_F bzw. mit Gl. (XIII.24) der Radius der FERMI-Kugel k_F ableitet. Damit gelingt es, die gesamte Energiedichte E_{ges} des FERMI-Gases im Grundzustand zu berechnen. Sie ergibt sich aus der Summation aller besetzten Energiezustände, die mit der Zustandsdichte gewichtet werden

$$E_{ges} = \int_0^{E_F} E \cdot z(E)\,dE \;. \qquad \text{(XIII.27)}$$

Die Berücksichtigung der endlichen Temperatur ($T > O$), die eine energetische Anregung erwarten läßt, fordert die Erweiterung des Modells auf der Grundlage thermodynamisch-statistischer Überlegungen. Der aus den N Fermionen (oder Teilchengruppen) des Vielteilchensystems erwachsende Gesamtzustand $|\phi>$ kann bei Vernachlässigung der Wechselwirkung untereinander durch eine antimetrische SLATER-Determinante

$$|\phi> = \frac{1}{\sqrt{N!}} \sum_{p_1,p_2,\ldots,p_N} (-1)^{[p_1,\ldots p_N]} \varphi_{p_1}(1) \cdot \varphi_{p_2}(2) \cdots \varphi_{p_N}(N) \qquad \text{(XIII.28)}$$

($p_1, p_2, \ldots, p_N$: Permutationen) dargestellt werden. Dabei besteht die Möglichkeit, unter den insgesamt z_l entarteten Eigenvektoren $|\varphi_l>$, die zum l-ten Zustand entartet sind, n_l Stück zur Bildung des Gesamtzustandes auszuwählen. Im Unterschied zur klassischen Betrachtung eines Ensembles von z.B. Gasteilchen, in dem jedes Teilchen eine beliebige Energie anzunehmen vermag, wirkt hier die Zahl der Eigenvektoren z_l zum Eigenwert E_l als Beschränkung. Während also die klassischen Zustände eine gleich große Besetzungswahrscheinlichkeit erfahren, wird quantenmechanisch die Besetzung der Zustände durch den Grad der Entartung z_l beherrscht. In der Absicht, die Verteilung im thermodynamischen Gleichgewicht, nämlich die wahrscheinlichste Verteilung $n_l = n_l(E_l)$ zu finden, muß nach der maximalen Zahl an Möglichkeiten gesucht werden, unter den z_l vorhandenen Eigenfunktionen n_l Stück auszuwählen

$$w = \prod_l \binom{z_l}{n_l} \;, \qquad \text{(XIII.29)}$$

und zwar dergestalt, daß der Gesamtzustand $|\phi>$ nach Gl. (XIII.28) unter Garantie der Abgeschlossenheit des Systems,

$$\sum_l n_l = N \quad \text{und} \quad \sum_l n_l E_l = E_{ges} \,, \tag{XIII.30}$$

dargestellt wird. Dahinter verbirgt sich die Forderung des 2. Hauptsatzes der Thermodynamik nach maximaler Entropie im Gleichgewichtszustand.

Die Frage nach der wahrscheinlichsten Verteilung ist gleichbedeutend mit der Frage nach der mittleren Besetzungszahl $< f_l >$. Im Teilchenbild der Quantenmechanik erhält die Besetzungszahl die Bedeutung des Eigenwertes des Besetzungszahloperators $\hat{N}_l = \hat{a}_l^+ \hat{a}_l$ für Fermionen im antisymmetrischen HILBERT-Raum. Die Zulassung sowohl von Wärmeaustausch wie von Teilchenaustausch der Teilsysteme untereinander, die durch die Zustände $|\varphi_l>$ charakterisiert werden, bedingt eine großkanonische Gesamtheit, so daß die Wahrscheinlichkeit, bei einer Messung am Teilsystem n_l Teilchen mit der Energie E_l vorzufinden, durch

$$w(n_l) = \frac{e^{-n_l(E_l-g)/kT}}{\sum_{n_l} e^{-n_l(E_l-g)/kT}} \tag{XIII.31}$$

(g: chemisches Potential als jene Energieänderung, die bei der Abnahme oder Zunahme des Teilsystems um ein Teilchen ($\Delta n_l = \pm 1$) auftritt) gegeben ist. Die mittlere Teilchenzahl $< f_l >$ errechnet sich dann nach der Vorschrift

$$< f_l >= \sum_{n_l} n_l w(n_l) \tag{XIII.32}$$

unter Benutzung der zugelassenen Anzahl von Fermionen $n_l = 0$ oder 1 (Bosonen: $0 < n_l < \infty$) zu

$$< f_l >= \frac{1}{e^{(E_l-E_F)/kT} + 1} \tag{XIII.33}$$

(FERMI-Energie $E_F = g$). Da die Anwendung des Besetzungszahloperators nur die Eigenwerte 0 oder 1 ergibt, kann diese mittlere Teilchenzahl auch als Besetzungswahrscheinlichkeit des l-ten Zustands angesehen werden. Die Lösung obiger Variationsaufgabe zur Ermittlung der wahrscheinlichsten Verteilung, die als FERMI-Verteilung bekannt ist, liefert dasselbe Ergebnis, falls die Besetzungszahl n_l pro Entartungsgrad z_l mit der Besetzungswahrscheinlichkeit $< f_l >$ identifiziert wird

$$< f_l >= \frac{n_l}{z_l} \,. \tag{XIII.34}$$

Bei einer kontinuierlichen Energieverteilung kann die diskrete Einteilung in einzelne Zustände oder Gruppen von Zuständen erweitert werden, woraus mit Gl. (XIII.33) eine kontinuierliche FERMI-Verteilung $f(E)$ resultiert. Die Faltung mit der Zustandsdichte Gl. (XIII.25) ergibt nach (XIII.34) die Zahl der besetzten Zustände $n(E)\,dE$ im Energieintervall zwischen E und $E + dE$ (Fig. XIII.6)

$$n(E)\,dE = f(E)z(E)\,dE \,. \tag{XIII.35}$$

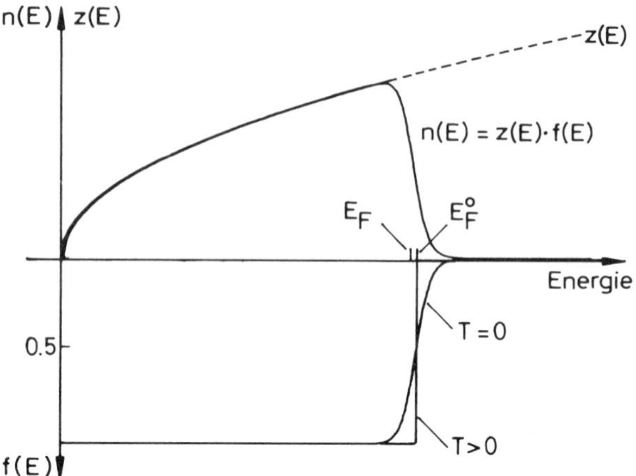

Fig. XIII.6: Besetzungswahrscheinlichkeit (Verteilungsfunktion) f, Zustandsdichte z und Teilchenzahldichte von Fermionen im dreidimensionalen Potentialkasten; E_F: FERMI-Energie.

Eine Temperaturerhöhung verursacht in zunehmendem Maße eine Verschmierung der Kontur der FERMI-Kugel sowie eine – wenngleich geringfügige – Abnahme der FERMI-Energie $E_F(< E_F^0)$ als jener Energie, bei der die halbe Besetzungszahl erreicht ist.

Die Substitution der Energie durch den Impuls $\hbar\vec{k}$ nach Gl. (XIII.24) bzw. durch die Geschwindigkeit $\vec{v}$ liefert dann für die Konzentration der Teilchen mit den einzelnen Geschwindigkeitskomponenten (v_x, v_y, v_z) im Intervall d^3v

$$n(\vec{v})\,d^3v = 2\left(\frac{m}{h}\right)^3 \frac{1}{\exp\{[\frac{m}{2}(v_x^2+v_y^2+v_z^2) - E_F]/kT\}+1}\ . \tag{XIII.36}$$

Setzt man voraus, daß alle emittierten Elektronen abgesaugt werden, um den Aufbau einer Raumladung und mithin eine Abweichung von der Linearität der Strom-Spannungskennlinie zu vermeiden, dann läßt sich die Stromdichte j_x in Richtung der Normalen der Festkörperoberfläche nach

$$j = e\int v_x n(\vec{v})\,d^3v \tag{XIII.37}$$

berechnen. Die Integration über alle Geschwindigkeitskomponenten v_y, v_z, die vertikal zu v_x gerichtet sind, ergibt unter Verwendung von Zylinderkoordinaten r, α (mit $v_y^2+v_z^2 = r^2$ und $dv_y dv_z = r\,dr d\alpha$) und der Substitution $E' = m/2 \cdot v^2$

$$j = e\frac{4\pi mkT}{h^3}\int_{E'_{min}}^{\infty} dE' \ln\left[1 + e^{-(E'-E_F)/kT}\right]\ . \tag{XIII.38}$$

Die untere Integrationsgrenze bedeutet dabei die minimale Energie, die die Elektronen zur Befreiung von der Festkörperoberfläche aufbringen müssen. Unter Einbeziehung des lichtelektrischen Effektes (Photo-Effekt), bei dem die eingestrahlte Photonenenergie $h\nu$ vollständig auf das freie Elektron übertragen wird, ergibt sich diese Mindestenergie aus der Energiebilanz (Fig. XIII.7) zu

$$E'_{min} \geq E_0 - h\nu \tag{XIII.39}$$

mit dem Vakuumpotential

$$E_0 = \phi + E_F \tag{XIII.40}$$

(ϕ: thermische Austrittsarbeit). Zur Integration von Gl. (XIII.38) wird zunächst die Substitution $\exp[-(E' - E_F)/kT] = p$ benutzt, um in der Diskussion der daraus entstehenden Gleichung

$$j = e\frac{4\pi m k^2 T^2}{h^3} \int_0^{p_0} \ln(1+p)\frac{dp}{p} \tag{XIII.41}$$

zwei Fälle unterscheiden zu können.

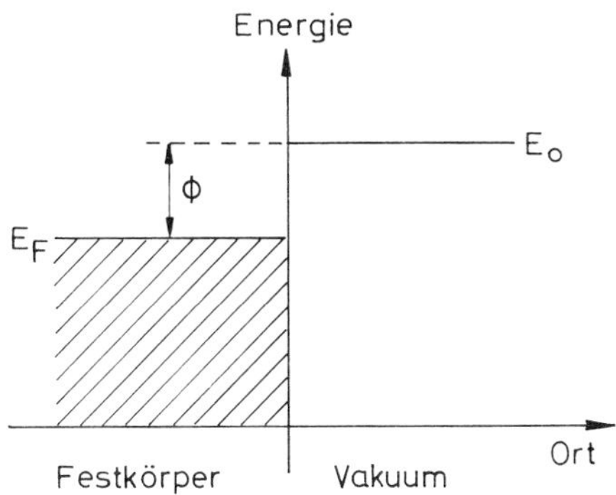

Fig. XIII.7: Schematische Darstellung der potentiellen Verhältnise an der Oberfläche eines Festkörpers; E_F: FERMI-Energie, ϕ: Austrittsarbeit, E_0: Vakuumpotential.

Im ersten Fall ist die Photonenenergie kleiner als diejenige Energie ϕ, die einem Elektron an der FERMI-Kante mindestens zugeführt werden muß, damit es den Festkörper verlassen kann ($h\nu < \phi$ bzw. $p, p_0 < 1$). Hier führt eine Reihenentwicklung des Integranden und anschließende Integration unter Vernachlässigung höherer Potenzen der Exponentialfunktion zu

$$j = e\frac{4\pi m k^2 T^2}{h^3} e^{-(\phi - h\nu)/kT} . \tag{XIII.42}$$

Beim Abschalten des eingestrahlten Lichtes ($h\nu = 0$) wird die Emission der Elektronen allein durch die thermische Anregung induziert (Glühemission) und die damit verbundene Stromdichte nach obiger RICHARDSON-Gleichung neben der Temperatur durch die Austrittsarbeit ϕ bestimmt.

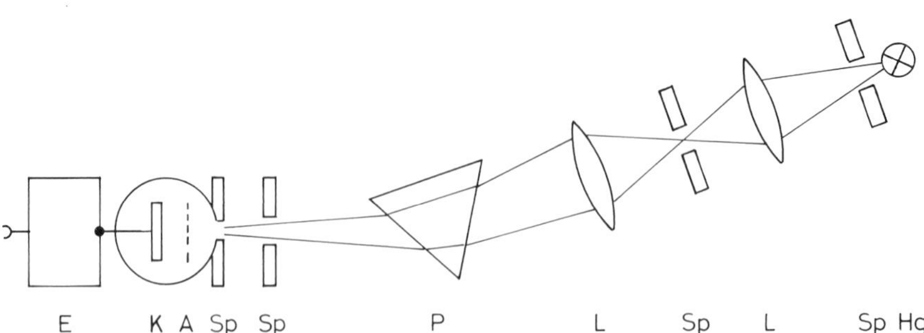

Fig. XIII.8: Experimentelle Anordnung zur Messung des lichtelektrischen Effekts; E: Elektrometer, K: Kathode, A: Anode, Sp: Spalt, P: Quarzprisma, L: Linse, Hg: Quecksilberspektrallampe.

Der zweite Fall ist gekennzeichnet durch die Annahme, daß die Photonenenergie größer ist als die Austrittsarbeit ($h\nu > \phi$, HALLWACHS-Effekt). Die daraus abgeleitete Bedingung für die obere Grenze des Integrals in Gl. (XIII.41), nämlich $p_0 > 1$ erfordert die additive Zerlegung des Integrals in einen Anteil mit der oberen Grenze $p_0 = 1$ und einen weiteren mit den Grenzen $1 \leq p \leq p_0$. Während für den ersten Anteil obige Näherung verwendet wird, erlaubt die Näherung $\ln(1+p) \approx \ln p$ für den zweiten Anteil eine partielle Integration, so daß insgesamt die Stromdichte

$$j = e\frac{4\pi m k^2 T^2}{h^3}\left\{\frac{\pi^2}{6} + \frac{1}{2}\left[\frac{(h\nu - \phi)}{kT}\right]^2\right\} \qquad \text{(XIII.43)}$$

erhalten wird. Das Anlegen eines äußeren Gegenpotentials eU läßt demnach die Messung einer quadratischen Strom-Spannungskennlinie erwarten, deren Verschwinden ($T \approx 0$) bei einen maximalen Wert $eU_m = h\nu - \phi$ erreicht wird.

XIII.2.2 Experimentelles

Die Messung des Photostromes in Abhängigkeit von der Gegenspannung geschieht mit Hilfe einer UV-empfindlichen Photozelle, deren Quarzfenster und dahinter angebrachte Netzanode das Auftreffen des Lichts auf der dazu parallelen **Na**-Kathode ermöglicht. Um die Photonenenergie als Parameter einsetzen zu können, wird eine **Hg**-Spektrallampe zusammen mit einem offenen Prismenspektralapparat verwendet (Fig. XIII.8). Dabei wird der Lichtbogen der Spektrallampe über eine Kondensorlinse auf den Eingangsspalt des Spektralapparats abgebildet. Das Quarzprisma wird mit Hilfe eines Verschiebereiters über dem Drehpunkt des schwenkbaren Armes der optischen Bank angebracht. Um die Intensitätsverluste der Spektrallinien möglichst klein und den benutzten Spektralbereich breit zu machen, sollte versucht werden, beim Aufbau des Spektralapparates mit nur einer Linse auszukommen.

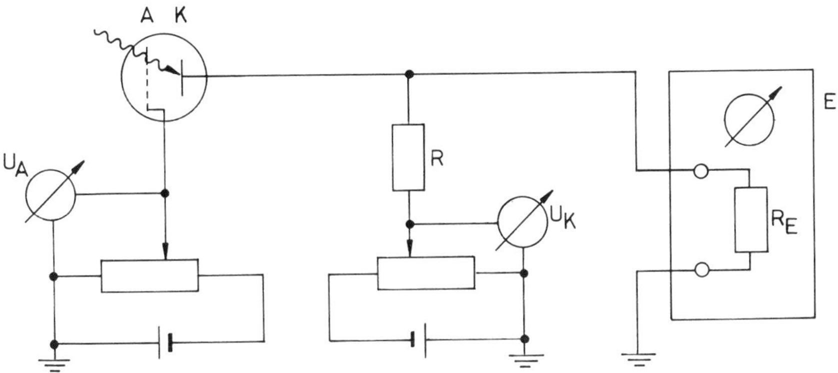

Fig. XIII.9: Prinzipschaltskizze zur Messung des lichtelektrischen Stromes; A: Anode, K: Kathode, U_A: Anodenspannung, R: Arbeitswiderstand, U_K: Kompensationsspannung, E: Elektrometer, R_E: Eingangswiderstand.

Zur Messung der maximalen Gegenspannung, die die Stromdichte zum Verschwinden bringt, wird die Strom-Spannungskennlinie bei variabler Gegenspannung und konstant eingestrahlter Frequenz aufgenommen (LENARDsche Gegenfeldmethode). Der Photostrom I_{ph} kann dabei als Spannungsabfall ΔU an einem hochohmigen Arbeitswiderstand R (ca. 10 GΩ) von einem Elektrometer gemessen werden ($\Delta U = I_{ph} \cdot R$). Es ist jedoch darauf zu achten, daß dann die an der Photozelle anliegende Anodenspannung U_A um denselben Spannungsabfall ΔU erniedrigt wird, was eine Veränderung des Arbeitspunktes und mithin eine Verfälschung des tatsächlichen Photostromes impliziert. Eine weitaus genauere Methode, die diesen Nachteil auszuschalten vermag, beruht auf einer Spannungskompensation U_k des Spannungsabfalls ($\Delta U = U_k$), die mit dem Elektrometer als Nullinstrument kontrolliert wird (Fig. XIII.9). Die Kompensationsspannung U_k dient als Maß für den Photostrom und übt keinen Einfluß auf den Arbeitspunkt der Photozelle aus.

XIII.2.3 Aufgabenstellung

Man bestimme das PLANCKsche Wirkungsquantum h aus dem äußeren lichtelektrischen Effekt nach der LENARDschen Gegenfeldmethode. Dabei werden die Strom-Spannungskennlinien einer Photozelle mit der eingestrahlten Frequenz als Parameter im Gegenfeld vermessen und im Hinblick auf einen lichtelektrischen Effekt an der Anode korrigiert.

XIII.2.4 Anleitung

Die Diskussion der Strom-Spannungskennlinie bei der Gegenfeldmethode erfordert die Erweiterung der Bedingung für den Elektronenaustritt von Gl. (XIII.39) zu

$$E'_{min} > E_0 - h\nu + eU \; ,$$

wobei U die Gegenspannung bedeutet. Mit dieser unteren Integrationsgrenze von Gl. (XIII.38) lassen sich erneut infolge der näherungsweisen Integration zwei Fälle unterscheiden, die mit der weiteren Voraussetzung des absoluten Temperaturnullpunkts ($T = 0$) diskutiert werden sollen.

Im ersten Fall ($h\nu < \phi + eU$), bei dem das Gegenpotential höher liegt als die maximale, kinetische Energie der Elektronen $eU > E'_{max}$ mit

$$E'_{max} = h\nu - \phi$$

ergibt die Integration in Analogie zu Gl. (XIII.42)

$$j(T = 0) = 0 \; . \qquad \text{(XIII.44)}$$

Bei endlichen Temperaturen dagegen ($T \neq 0$) ist mit einer, wenngleich geringen Anzahl von Elektronen zu rechnen, die die Gegenspannung zu überwinden vermögen und so zu einem Stromfluß Anlaß geben.

Für den Fall $eU \leq E_{max}$, bei dem die maximale kinetische Energie der Elektronen selbst bei $T = 0$ ausreicht, um gegen das äußere Potential anlaufen zu können, liefert die Integration

$$j(T = 0) = \frac{2\pi e^3 m}{h^3}(U_{max} - U)^2 \qquad \text{(XIII.45)}$$

mit

$$U_{max} = \frac{(h\nu - \phi)}{e} \; . \qquad \text{(XIII.46)}$$

Die Aufnahme der Strom-Spannungskennlinie nach Gl. (XIII.44) und (XIII.45) erlaubt so die Ermittlung des maximalen Potentials, wobei die Abweichung vom quadratischen Gesetz auf Grund der endlichen Temperatur berücksichtigt wird. Zusätzliche Berücksichtigung muß jene Erscheinung erfahren, die bei Steigerung der Gegenspannung ($U > U_{max}$), ungeachtet der Forderung (XIII.44), zu einem entgegengerichteten elektrischen Strom Anlaß gibt. Ihre Ursache liegt in einem lichtelektrischen Effekt an der Anode, dessen Rückstrom durch Differenzbildung auszuschließen ist.

In Erweiterung der theoretischen Überlegungen, die sich ausschließlich auf den Elektronenaustritt ins Vakuum beziehen, zwingen die realen Verhältnisse, neben der Austrittsarbeit der Kathode ϕ_K auch die der Anode ϕ_A zu berücksichtigen, so daß in Gl. (XIII.46) zusätzlich das Kontaktpotential $\phi_{KP} = \phi_A - \phi_K$ auftritt. Damit erhält man

$$U_{max} = \frac{(h\nu - \phi_A)}{e} \; ,$$

wonach sich das PLANCKsche Wirkungsquantum bei Verwendung von Photonen unterschiedlicher Energie als Parameter ermitteln läßt.

XIII.3 HALL-Effekt

XIII.3.1 Grundlagen

Ein äußerst einfaches und grobes Modell zur Beschreibung des Ladungs- und Energietransports in Festkörpern ist das des Elektronengases, wobei die Bewegung der freien Ladungsträger in einem reibenden Medium erfolgt. Beim Anlegen von elektrischen und magnetischen Feldern berechnet sich demnach der kinetische Ablauf gemäß

$$\dot{\vec{v}} + \frac{1}{\tau}\vec{v} = \frac{e}{m}(\vec{E} + \vec{v} \times \vec{B}) \tag{XIII.47}$$

mit der Relaxationszeit τ, deren reziproker Wert als Folge der Wechselwirkung mit anderen Teilchen die Dämpfung repräsentiert. Im stationären Fall ($\dot{\vec{v}} = 0$) wird näherungsweise jedem Teilchen dieselbe konstante Driftgeschwindigkeit $\vec{v}_D$ zugeordnet, die sich nach Gl. (XIII.47) als Lösung der inhomogenen Gleichung

$$\vec{v}_D = \tau \frac{e}{m}\left(\vec{E} + \vec{v}_D \times \vec{B}\right) \tag{XIII.48}$$

zu

$$\vec{v}_D = \hat{\mu}(\vec{B})\,\vec{E} \tag{XIII.49}$$

ergibt. Der Beweglichkeitstensor, der bei einer magnetischen Flußdichte in z-Richtung $\vec{B} = (0, 0, B_z)$ die Form

$$\hat{\mu} = \frac{\mu}{1 + \mu^2 B_z^2} \begin{pmatrix} 1 & \mu B_z & 0 \\ -\mu B_z & 1 & 0 \\ 0 & 0 & 1 + \mu^2 B_z^2 \end{pmatrix} \tag{XIII.50}$$

annimmt, berücksichtigt die Tatsache, daß die Bewegungsrichtung der Ladungsträger, und mit

$$\vec{j} = ne\vec{v}_D \tag{XIII.51}$$

(n: Ladungsträgerkonzentration), die Richtung der Stromdichte $\vec{j}$, nicht mit der Feldrichtung $\vec{E}$ zusammenfällt. Die Abweichung davon, die durch den HALL-Winkel gekennzeichnet ist, wird um so geringer, je schwächer die Flußdichte ist, um schließlich für den Fall $B_z = 0$ völlig zu verschwinden und mit $\sigma = ne\mu$ (σ: elektrische Leitfähigkeit) und den Gl.en (XIII.49), (XIII.51) das OHMsche Gesetz in der Form $\vec{j} = \sigma \cdot \vec{E}$ zu ergeben.

Die räumliche Begrenzung der realen Probe bedingt für den konkreten Fall eines äußeren elektrischen Feldes in x-Richtung $\vec{E} = (E_x, 0, 0)$ den Aufbau eines HALL-Feldes in y-Richtung $E_y(B)$, dessen COULOMB-Kraft im stationären Gleichgewicht die LORENTZ-Kraft auszugleichen sucht (Fig. XIII.10)

$$eE_y(B) + e\left(\vec{v}_D \times \vec{B}\right)_y = 0 \tag{XIII.52}$$

oder mit Gl. (XIII.51)

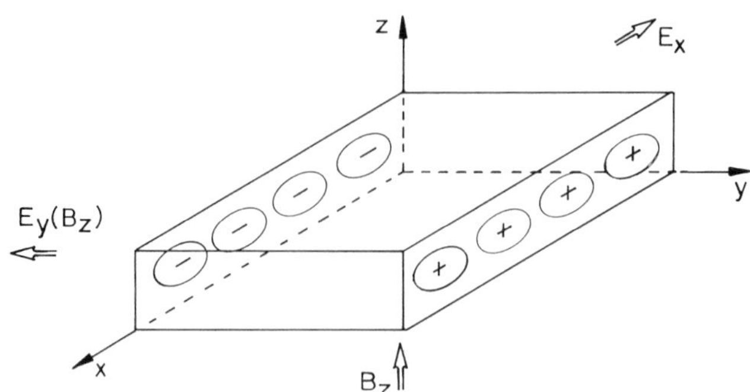

Fig. XIII.10: HALL-Feld $\vec{E}_y(B_z)$ im stationären Zustand ($j_x = 0$) bei Anwesenheit eines äußeren elektrischen und magnetischen Feldes (E_x, B_z).

$$E_y(B) = -\frac{1}{ne} \cdot \left(\vec{j} \times \vec{B}\right)_y . \tag{XIII.53}$$

Der Endzustand, der eine Bewegung der Ladungsträger in y-Richtung verhindert ($v_{D,y} = 0$) und mithin den Beweglichkeitstensor diagonal werden läßt, wird durch das HALL-Feld geprägt, das über die HALL-Konstante

$$R_H = -\frac{1}{ne} \tag{XIII.54}$$

in charakteristischer Weise von der Festkörperprobe abhängt. Während das Vorzeichen über die Art der Ladungsträger entscheidet, beeinflußt die Ladungsträgerkonzentration die Stärke des HALL-Feldes. Mit der Annahme einer zweiten Art von Ladungsträgern entgegengesetzten Vorzeichens und entgegengesetzter Bewegungsrichtung, was häufig in Halbleitern beobachtet wird, folgt die Tatsache, daß beide Arten in dieselbe Richtung abgelenkt werden. Die Suche nach der HALL-Feldstärke E_y, die die Querstromdichte j_y als Summe der Stromdichten beider Ladungsträger zum Verschwinden bringt ($j_y = 0$), ermöglicht die Berechnung einer HALL-Konstanten von der Form (XIII.66).

Eine weitaus gründlichere Auseinandersetzung mit den Fragen des Ladungstransports mündet in der Suche nach der Verteilung f von Ladungsträgern im Phasenraum, um damit schließlich die Stromdichte j nach

$$\vec{j} = e \int \vec{v}(\vec{k}) \cdot z(\vec{k}) \cdot f(\vec{k})\, d^3k \tag{XIII.55}$$

($z(\vec{k})$: Zustandsdichte) ermitteln zu können. Dabei ist zu beachten, daß im Gleichgewichtsfall, der für Elektronen bzw. Defektelektronen durch die FERMI-DIRAC-Statistik erfaßt wird (s. Abschn. XIII.2.1), auf Grund der Symmetrie der Verteilungsfunktion ($f_0(\vec{k}) = f_0(-\vec{k})$) der Integrand insgesamt ungerade ist und dieser deshalb die Stromdichte zum Verschwinden bringt. Erst eine Abweichung vom Gleichgewicht, infolge der Einwirkung äußerer Felder, wird eine endliche Stromdichte erwarten lassen.

Ausgehend von dem allgemein gültigen Prinzip bzgl. einer beliebigen Größe $f(\vec{p},\vec{r},t)$ im Phasenraum, das für deren zeitliche Änderung die POISSON-Klammer sowie im Falle einer expliziten Zeitabhängigkeit eine lokale Änderung vorschreibt

$$\frac{df}{dt} = \{H,f\} + \frac{\partial f}{\partial t} = \frac{\partial H}{\partial \vec{p}} \cdot \frac{\partial f}{\partial \vec{r}} - \frac{\partial H}{\partial \vec{r}} \cdot \frac{\partial f}{\partial \vec{p}} + \frac{\partial f}{\partial t}, \tag{XIII.56}$$

ergibt die Forderung nach Konstanz der Dichte im Phasenraum ($\partial f/\partial t = 0$; LIOUVILLEscher Satz) zusammen mit der Berücksichtigung der HAMILTON-Gleichungen ($\partial H/\partial \vec{p} = \dot{\vec{r}}, \partial H/\partial \vec{r} = -\dot{\vec{p}}$) und der Substitution $\hbar\vec{k} = \vec{p}$ die Beziehung

$$\frac{df}{dt} = \dot{\vec{k}}\mathrm{grad}_{\vec{k}} f + \dot{\vec{r}}\mathrm{grad}_{\vec{r}} f\,. \tag{XIII.57}$$

Die Anwesenheit äußerer elektrischer und magnetischer Felder zwingt die COULOMB- und LORENTZ-Kraft

$$\hbar\dot{\vec{k}} = -e\left(\vec{E} + \vec{v} \times \vec{B}\right) \tag{XIII.58}$$

zu berücksichtigen, woraus die Gleichung

$$\frac{df}{dt} = -\frac{e}{\hbar}\left(\vec{E} + \vec{v} \times \vec{B}\right) \mathrm{grad}_{\vec{k}} f + \dot{\vec{r}}\,\mathrm{grad}_{\vec{r}} f \tag{XIII.59a}$$

folgt. Die BOLTZMANN-Gleichung

$$\frac{df}{dt} = \left(\frac{\partial f}{\partial t}\right)_{WW} \tag{XIII.59b}$$

behauptet schließlich die Gleichheit von deterministischen Vorgängen, für deren Ursache die Wirkung äußerer Felder verantwortlich ist, mit wahrscheinlichen Vorgängen, die bei der Wechselwirkung mit anderen Teilchen ablaufen und somit als zeitunsymmetrische Quantitäten die Irreversibilität einführen. Eine Aufschlüsselung des Wechselwirkungsterms $(\partial f/\partial t)_{WW}$ gelingt durch die allgemeine Diskussion der Bilanz von Vorgängen, die bei der zeitlichen Änderung von Zuständen im Phasenraum auftreten. Grundlage hierfür bildet eine Master-Gleichung (s.a. Abschn. XIII.4.1) in der Form

$$\begin{aligned}\left(\frac{\partial f}{\partial t}\right)_{WW} &\sim \int d^3k \left\{ w_{\vec{k}\vec{k}'} f(\vec{k}') \left[1 - f(\vec{k})\right] - \right. \\ &- \left. w_{\vec{k}'\vec{k}} f(\vec{k}) \left[1 - f(\vec{k}')\right] \right\}\end{aligned} \tag{XIII.60}$$

mit $w_{\vec{k}\vec{k}'}$: Übergangswahrscheinlichkeit vom Zustand $\vec{k}'$ zum Zustand $\vec{k}$, $f(\vec{k})$: Anzahl der besetzten Zustände (Besetzungswahrscheinlichkeit für den Zustand $\vec{k}$), $1 - f(\vec{k})$: Anzahl der nicht besetzten Zustände $\vec{k}$.

Zur Lösung der BOLTZMANN-Gl. (XIII.59) empfehlen sich zwei wesentliche Näherungen, deren Voraussetzungen in vielen Fällen als erfüllt betrachtet werden können. Um die Schwierigkeiten bei der Berechnung des Wechselwirkungsterms zu umgehen, die sich aus der Unkenntnis über die atomaren potentiellen Beiträge ergeben, wird man gezwungen, die Ebene der SCHRÖDINGER-Gleichung zu verlassen, um auf einer höheren Ebene eine phänomenologische Betrachtungsweise anzuwenden. Diese läuft auf die Einführung einer Relaxationszeit τ hinaus, womit auch der Irreversibilität bzw. dem Zeitpfeil Rechnung getragen wird. Solches Vorgehen setzt allerdings voraus, daß die Relaxationszeit nicht von jenen Feldern ($\vec{E}_D, \vec{B}$ oder Temperaturgradient) abhängig ist, die den Wechselwirkungsterm mit der BOLTZMANN-Gleichung verbinden. Dann gilt für die Abweichung $f_1 = f - f_0$ vom Gleichgewichtswert f_0

$$\left(\frac{df}{dt}\right)_{WW} = -\frac{f_1}{\tau} . \tag{XIII.61}$$

Die Lösung

$$f_1 = f_1(0)e^{-t/\tau} \tag{XIII.62}$$

beinhaltet ein exponentielles Annähern der vorgegebenen Verteilung f an das Gleichgewicht, wobei die Geschwindigkeit der Annäherung durch die Relaxationszeit und implizit durch die Streumechanismen beherrscht wird.

Eine weitere Näherung geschieht durch die Linearisierung, die sich auf die Annahme einer geringen Abweichung f_1 vom Gleichgewicht gründet ($f_1 \approx f_0$). Aus der BOLTZMANN-Gleichung wird dann unter Berücksichtigung der Relaxationszeitnäherung (XIII.61) und der FERMI-Verteilung als Gleichgewichtsverteilung (s. Gl. (XIII.33))

$$f_1 = \tau\vec{v}\left(-\frac{\partial f_0}{\partial E}\right)\left(-e\vec{E} - \frac{E-E_F}{T}\text{grad}_{\vec{r}}T - \text{grad}_{\vec{r}}E_F\right) . \tag{XIII.63}$$

Dabei wird die allgemeine Annahme eines Temperaturgradienten ($T = T(\vec{r})$) sowie eines Konzentrationsgradienten ($E_F = E_F(\vec{r})$) zugelassen, so daß der erste Term für den Driftstrom und die beiden anderen für den Diffusionsstrom verantwortlich sind. Die Linearisierung reicht jedoch nicht aus, um den Einfluß des äußeren Magnetfeldes zu erfassen. Der Grund hierfür ergibt sich aus der Tatsache, daß die LORENTZ-Kraft orthogonal zur Geschwindigkeit wirkt und somit keinen Beitrag zur Energie liefert.

Eine anschauliche Demonstration der Verhältnisse zeigt die Bewegung der FERMI-Kugel (s. Abschn. XIII.2.1) im $\vec{k}$-Raum (Fig. XIII.11). Mit der Annahme einer magnetischen Flußdichte $\vec{B}$ in z-Richtung wird die Orthogonalität von $\Delta\vec{k}$ zu $\vec{k}$ und $\vec{B}$ eine Änderung der Gleichgewichtsverteilung $f(\vec{k}) - f_0(\vec{k}) = \Delta\vec{k}\cdot \text{grad}_{\vec{k}} f_0$ bewirken, wie sie durch eine Drehung der FERMI-Kugel um die k_z-Achse zu erwarten ist. Die Rotation endet in einer zur Gleichgewichtslage identischen Lage, ohne neue Zustände zu besetzen, so daß die Symmetrie im $\vec{k}$-Raum erhalten bleibt und nach Gl. (XIII.55) ein Ladungstransport ausgeschlossen werden kann. Völlig verschieden dagegen sind die Verhältnisse in jenen Fällen, wo das Magnetfeld bereits eine Störung des Gleichgewichts vorfindet, etwa infolge der Wirkung eines äußeren elektrischen Feldes (Fig. XIII.11b). Die Rotation um den Winkel $\delta = eB\tau/m$ wird die FERMI-Kugel nun in eine Lage überführen, deren Abweichung in k_y-Richtung den Aufbau eines elektrischen Feldes bewirkt, so daß nach Gl. (XIII.55) ein Stromfluß j_y ermöglicht wird (Fig. XIII.11c). Dieser wird so lange aufrechterhalten, bis das Querfeld E_y abgebaut ist. Danach findet man die

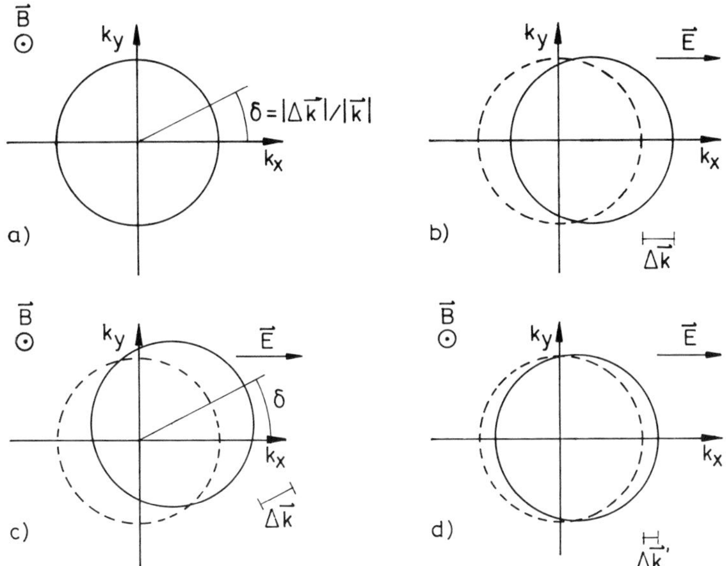

Fig. XIII.11: Bewegung der FERMI-Kugel unter dem Einfluß äußerer elektrischer und magnetischer Felder $(\vec{E}, \vec{B})$
a) $\vec{E} = 0, \vec{B} = (0, 0, B_z)$; Rotation um den Winkel $\delta = |\Delta\vec{k}|/|\vec{k}| = eB_z\tau/m$ mit der k_z-Rotationsachse; $f = f_0 + \Delta\vec{k}\mathrm{grad}_{\vec{k}} f_0$.
b) $\vec{E} = (E_x, 0, 0)$, $\vec{B} = 0$; Translation um die Strecke $|\Delta\vec{k}| = eE_x\tau/\hbar$. $f = f_0 + \Delta\vec{k}\mathrm{grad}_{\vec{k}'} f_0$.
c) $\vec{E} = (E_x, 0, 0)$, $\vec{B} = (0, 0, B_z)$; Translation in k_x-Richtung und Rotation um die k_z-Achse.
d) $\vec{E} = (E_x, 0, 0)$, $\vec{B} = (0, 0, B_z)$ nach Kompensation des Querfeldes $E_y = E_{\mathrm{HALL}}$ $(j_y = 0)$; $f = f_0 + \Delta\vec{k}'\mathrm{grad}_{\vec{k}'} f_0$ mit $\Delta\vec{k}' < \Delta\vec{k}$.

FERMI-Kugel näherungsweise erneut in der ursprünglichen Position, wenngleich sich bei einer genaueren Betrachtung eine geringere Störung $\Delta\vec{k}'$ ergibt, die die Erscheinung des Magnetowiderstandes in Richtung dieser Störung zu erklären vermag (Fig. XIII.11d).

Die Berücksichtigung der magnetischen Flußdichte gelingt demnach nicht mit dem Ansatz einer Gleichgewichtsverteilung, sondern muß vielmehr erst eine Störung voraussetzen (Fig. XIII.11b), so daß der Ansatz $f = f_0 + f_1$ für den magnetfeldabhängigen Ausdruck in der BOLTZMANN-Gleichung eine nur teilweise Linearisierung erlaubt. Unter vereinfachten Bedingungen konstanter Temperatur im Innern der Probe und homogener Ladungsträgerkonzentration $(\nabla_{\vec{r}} T = \nabla_{\vec{r}} E_F = 0)$ ergibt sich die Näherung

$$f_1 = \tau \left[e\vec{v}\vec{E} \left(\frac{\partial f_0}{\partial E} \right) + \frac{e}{\hbar} \left(\vec{v} \times \vec{B} \right) \nabla_{\vec{k}} f_1 \right] . \qquad \text{(XIII.64)}$$

Eine weitere Vereinfachung, nämlich die Annahme quadratischer Dispersion $E = \hbar^2\vec{k}^2/2m$, wie sie bei freien Teilchen oder quasifreien Teilchen mit der effektiven Masse m^* (s. Abschn. XIII.2.1 u. XIII.4.1) vorliegt, erlaubt dann im transversalen Fall $\vec{B} = (0, 0, B_z)$ die Lösung in der Form

$$f_1 = -e\tau \left(-\frac{\partial f_0}{\partial E}\right) \frac{1}{1+\omega^2\tau^2} [(E_x - E_y\omega\tau)v_x + (E_y + E_x\omega\tau)v_y] \qquad \text{(XIII.65)}$$

($\omega = e/m \cdot B_z$), womit gemäß Gl. (XIII.52) die Berechnung der Stromdichten j_x, j_y sowie der HALL-Konstanten im Falle $j_y = 0$ erfolgen kann. Die Schwierigkeiten bei der Auswertung von Integralen der Art

$$C = \int_0^\infty dE \left(-\frac{\partial f_0}{\partial E}\right) z(E) \cdot \frac{\tau(E) \text{ bzw. } \tau^2(E)}{1+\omega^2\tau^2(E)}$$

können im Fall der Entartung beim Elektronengas der Metalle, wo die FERMI-Energie infolge der hohen Ladungsträgerdichten weit über der thermischen Energie liegt, näherungsweise leicht umgangen werden. Die dort gültige FERMI-Verteilung zeigt nur im Bereich der FERMI-Energie eine endliche Änderung $\partial f_0/\partial E$, so daß nach Gl. (XIII.55) nur jene Ladungsträger am Ladungstransport teilnehmen, die sich am Rand der FERMI-Kugel aufhalten. Die HALL-Konstante errechnet sich dann wie in der klassischen Theorie des Elektronengases nach Gl. (XIII.54).

Bei Halbleitern dagegen zwingt die geringe Konzentration freier Ladungsträger zur Anwendung der kanonischen (BOLTZMANN-)Verteilung, die zusammen mit komplizierten Abhängigkeiten der Relaxationszeit von der Energie auf Grund der Streuung mit Phononen und darüber hinaus mit Störstellen die Auswertung der Integrale erheblich erschwert. Daneben wird die Voraussetzung für die Näherung quasi-freier Elektronen infolge Abweichungen von kugelförmigen Energieflächen oft ungenügend erfüllt. Dennoch vermag eine ungefähre Abschätzung die Integration von Gl. (XIII.55) zu erleichtern. Dabei wird die angenäherte Beziehung $1+\omega^2\tau^2 \approx 1$ verwendet, deren Gültigkeit bei den üblichen Relaxationszeiten (10^{-12} s) und magnetische Flußdichten (1 T: $\omega = 8.8 \cdot 10^{10}$ s^{-1}) häufig gewährleistet ist. Die nachfolgende Rechnung liefert schließlich eine HALL-Konstante in der Form (XIII.54), die durch einen Faktor A modifiziert ist. Abhängig von der Art des Streumechanismus, wird dieser Faktor im Bereich $1 < A < 3$ zu finden sein. Bei Beteiligung von zwei verschiedenen Arten von Ladungsträgern mit den Konzentrationen n_1, n_2 erhält man im Rahmen dieser Näherung

$$R_H = \frac{A_1 e_1 n_1 \mu_1^2 + A_2 e_2 n_2 \mu_2^2}{(e_1 n_1 \mu_1 + e_2 n_2 \mu_2)^2}, \qquad \text{(XIII.66)}$$

wonach die Fälle für bipolare Leitung ($A_1 = A_2$) für Eigenleitung ($n_1 = n_2$) und für Störstellenleitung ($n_1 \neq 0$, $n_2 = 0$ bzw. $n_1 = 0$, $n_2 \neq 0$) diskutiert werden können. Die Bedingung $\omega^2\tau^2 > 1$,die im Fall hoher Flußdichten erfüllt wird, gestattet die Berechnung einer HALL-Konstanten, die wie bei den Metallen Gl. (XIII.54) wiedergibt und die mithin unabhängig von der Art der Streumechanismen ist.

Die Anwendung starker Magnetfelder kann zusammen mit weiteren Voraussetzungen zum Quanten-HALL-Effekt (v. KLITZING-Effekt) führen, bei dem die HALL-Konstante in rationalen Bruchteilen von h/e^2 auftritt. Dabei wird die Stärke des Magnetfeldes durch die Forderung bestimmt, daß die Umlaufzeit eines auf einer Zyklotronbahn kreisenden Teilchens klein sein muß gegen die Relaxationszeit als jene mittlere Zeitspanne, die zwischen dem Auftreten von Wechselwirkungen vergeht ($\omega\tau \gg 1$). Die daraus erwachsende Garantie für wenigstens einen ungestörten Umlauf und somit für eine periodische Bewegung in der Ebene senkrecht zur Richtung des Magnetfeldes impliziert in der quantenmechanischen Betrachtung die Existenz von diskreten Oszillatorenergien. Ausgehend vom HAMILTON-Operator für freie Elektronen ohne Berücksichtigung des Spins

$$\hat{H} = \frac{1}{2m}\left(\frac{\hbar}{i}\vec{\nabla} - e\vec{A}\right)^2 \tag{XIII.67}$$

mit der speziellen Eichung $\vec{A} = (0, B \cdot x, 0)$, führt die Lösung der zeitunabhängigen SCHRÖDINGER-Gleichung unter Zuhilfenahme der Eigenfunktionen

$$\psi(x,y,z) = u(x) \cdot e^{i(k_y y + k_z z)} \tag{XIII.68}$$

zum Eigenwertspektrum

$$E = (v + \frac{1}{2})\hbar\omega + \frac{\hbar^2}{2m}k_z^2 \,. \tag{XIII.69}$$

Die Diskussion dieses Ergebnisses hat zwei Arten von Bewegungen zum Thema: einmal den quasikontinuierlichen Anteil als die Bewegung in Richtung des Magnetfeldes wie beim freien Teilchen; zum anderen die eindimensionale Oszillatorbewegung in der $x-y$-Ebene, deren Quantisierung die LANDAU-Niveaus mit der Schwingungsquantenzahl $v = 0, 1, \ldots$ zum Ergebnis hat (Fig. XIII.12). Das ursprüngliche Quantisierungsschema mit den Quantenzahlen k_x, k_y, k_z ist offensichtlich aufgehoben, um nur zwei "gute" Quantenzahlen, nämlich k_z und v zuzulassen, wodurch eine Entartung bzgl. k_y zu erwarten ist. Der Grad der Entartung n_y ist gemäß dem Korrespondenzprinzip identisch mit der Anzahl der Einheitszellen h (h: Wirkungsquantum), die das "Volumen" im Phasenraum des eindimensionalen Oszillators umfaßt. Demnach gilt

$$n_y \cdot h = \text{ Phasenintegral } (= \textstyle\int p\,dq \text{ oder } \int p_\varphi d\varphi)$$

bzw.

$$n_y \cdot h = \int_0^{2\pi} d\varphi \cdot e \cdot B \cdot A \,. \tag{XIII.70}$$

Die wirksame Fläche A im Grundgebiet $L_x L_y$ (s. Abschn. XIII.2.1) eines Oszillators mit einem Freiheitsgrad in x-Richtung errechnet sich zu

$$A = L_x \cdot \frac{L_y}{2\pi}$$

($L_x = x_{max}; L_y/2\pi = y_{max}$, wegen $\lambda_{max} = L_y$ s. Gl. (XIII.23)), so daß die Entartung

$$n_y = \frac{eBL_xL_y}{h} = \frac{m\omega L_xL_y}{h} \tag{XIII.71}$$

beträgt.

Die formale Aufrechterhaltung der beiden Quantenzahlen k_x, k_y impliziert nach Gl. (XIII.69) die Identität

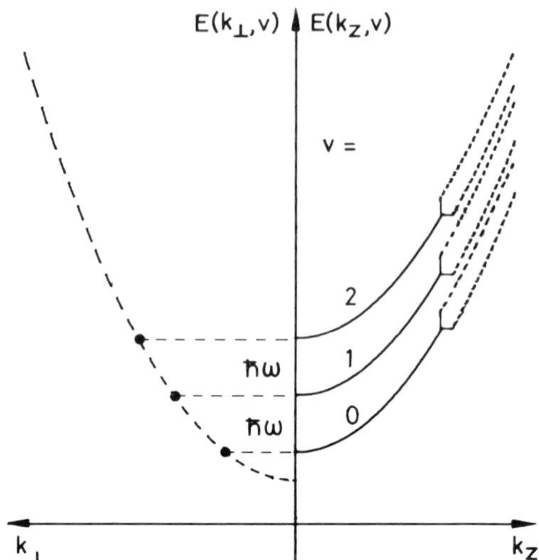

Fig. XIII.12: Energiezustände (LANDAU-Niveaus) nach Quantisierung freier Ladungsträger in starken Magnetfeldern ($\omega = e/m \cdot B$); (...........): mit Berücksichtigung des Spins.

$$|\vec{k}_{\perp,v}| = \sqrt{\frac{2m\omega}{\hbar}(v+1/2)} \qquad \text{(XIII.72a)}$$

mit

$$\vec{k}^2_{\perp,v} = \vec{k}_x^{\,2} + \vec{k}_y^{\,2}\,, \qquad \text{(XIII.72b)}$$

wonach die erlaubten Energiezustände des Oszillators als Kreise in der $k_x - k_y$-Ebene dargestellt werden können (Fig. XIII.13). Der Grad der Entartung (XIII.71) bedeutet in diesem Bild die Zahl der möglichen Zustände, die ein solcher Kreis zu fassen vermag. Zustände mit benachbarten k_z-Werten liegen auf benachbarten Kreisen gleicher Radien, deren Achsen durch $\vec{k} = 0$ und parallel zur Richtung des Magnetfeldes verlaufen, wodurch Zylinderflächen als gesamte Energiezustände im $\vec{k}$-Raum entstehen.

Eine weitere wesentliche Voraussetzung zur Beobachtung des Quanten-HALL-Effekts ist die Existenz eines zweidimensionalen Elektronengases, was in Halbleitern mit Inversionsschichten von 2 bis 10 nm Dicke realisierbar ist. Analog zum dreidimensionalen Fall (s. Gl. (XIII.23)) formieren sich die möglichen Zustände entsprechend der Bedingung für stehende Wellen im Grundgebiet $L_x \cdot L_y$, nämlich

$$\frac{1}{2\pi}\hat{k}_{\perp,v} \cdot \hat{L} = \hat{n} \qquad \text{(XIII.73)}$$

mit

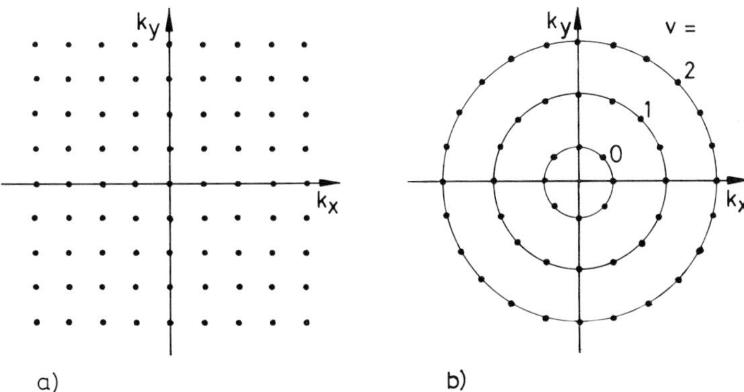

Fig. XIII.13: Zustände des zweidimensionalen Elektronengases in der $k_x - k_y$-Ebene; a) ohne Magnetfeld, b) mit starkem Magnetfeld $B = (0, 0, B_z)$.

$$\hat{k}_{\perp,v} = \begin{pmatrix} k_x & 0 \\ 0 & k_y \end{pmatrix}, \quad \hat{L} = \begin{pmatrix} L_x & 0 \\ 0 & L_y \end{pmatrix} \quad \text{und} \quad \hat{n} = \begin{pmatrix} n_x & 0 \\ 0 & n_y \end{pmatrix}$$

zu einem Punktgitter in der $k_\perp$-Ebene (Fig. XIII.13a). Die Zahl der Zustände im Intervall zwischen $k_\perp$ und $k_\perp + dk_\perp$ errechnet sich dann zu (s. Abschn. XIII.2.1, Gl. (XIII.25))

$$Z(k_\perp)dk_\perp = \frac{L_x}{2\pi} \cdot \frac{L_y}{2\pi} \cdot d(\pi k_\perp^2) = \frac{L_x L_y}{2\pi} k_\perp dk_\perp \,. \tag{XIII.74}$$

Diese Größe stellt sich nach Substitution des transversalen Wellenvektors $\vec{k}_\perp$ durch die LANDAU-Energie (s. Gl. (XIII.72)) als unabhängig von der Energie heraus. Mit dem Energieintervall dE_v als dem Abstand zweier LANDAU-Niveaus $\hbar\omega$ bekommt man die Zahl der Zustände zwischen zwei Kreisen in der $\vec{k}_\perp$-Ebene zu

$$Z(E_v)\, dE_v = \frac{L_x L_y m\omega}{h} \,. \tag{XIII.75}$$

Die Identität mit dem Entartungsgrad (XIII.71) läßt unter der Wirkung eines starken Magnetfeldes auf eine Kondensation der Zustände in den LANDAU-Niveaus schließen (Fig. XIII.13b), so daß dort die Zustandsdichte $z = Z/L_x L_y$ annähernd einer δ-Funktion gehorcht (Fig. XIII.14). Ein solches ideales Verhalten wird um so eher erreicht, als die Temperatur niedrig ($kT < \hbar\omega$) und das Magnetfeld genügend stark ($\hbar\omega >$ Niveaubreite) gewählt wird. Die Konzentration der beteiligten Ladungsträger n ergibt sich dann nach Gl. (XIII.75) zu

$$n = \frac{v}{L_x L_y} Z(E)\, dE = v \cdot \frac{m}{h} \cdot \omega \,, \tag{XIII.76}$$

wenn v die Zahl der besetzten LANDAU-Niveaus bedeutet.

Analog zu Gl. (XIII.53) wird das HALL-Feld im starken Magnetfeld zu

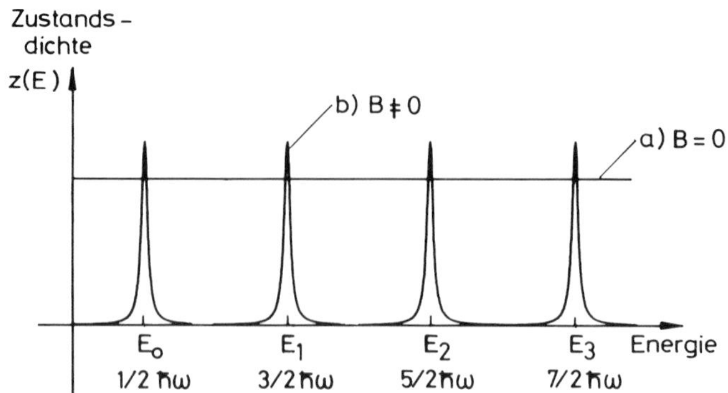

Fig. XIII.14: Zustandsdichte $z(E)$ eines zweidimensionalen Elektronengases als Funktion der Energie; a) $B = 0$: $z(E) = m/2\pi\hbar^2 = \text{const}$ b) $B \neq 0$: $z(E) = m/h \cdot \omega \cdot \delta(E - E_0)$.

$$E_y = -\frac{1}{ne} j_x \cdot B_z + K(\sigma_x) \qquad \text{(XIII.77)}$$

ermittelt, wobei der Korrekturterm K der endlichen Leitfähigkeit σ_x in Richtung des äußeren Feldes Rechnung trägt. Bei Vernachlässigung dieses Beitrages, der ohnehin bei der Angleichung des FERMI-Niveaus an ein LANDAU-Niveau beinahe völlig verschwindet und so für das Minimum im Magnetowiderstand verantwortlich ist, ergibt die Substitution von n nach Gl. (XIII.76)

$$E_y = \frac{h}{e^2} \cdot \frac{1}{v} \cdot j_x \qquad \text{(XIII.78)}$$

(hier: $\vec{j}$ = Stromstärke/Länge), wonach für die HALL-Konstante

$$R_H = \frac{h}{e^2} \cdot \frac{1}{v} \qquad \text{(XIII.79)}$$

ermittelt wird (Fig. XIII.15). Demzufolge erwartet man eine quantisierte HALL-Leitfähigkeit $\sigma_H = j_x/E_y$ in Einheiten von e^2/h, deren Beobachtung eine hohe Genauigkeit verspricht (ca. 10^{-7}) und darüber hinaus keine explizite Abhängigkeit sowohl von den Abmessungen der Probe wie von der Stärke der magnetischen Flußdichte zeigt. Die stufenförmige Abnahme der HALL-Feldstärke E_y mit der Erhöhung der Ladungsträgerdichte (Fig. XIII.15) kann idealisiert durch einen Teilchenaustausch mit der Umgebung erklärt werden. Nach dieser Vorstellung wird die FERMI-Energie als das chemische Potential erhöht, wodurch sich der "FERMI-Kreis" in der $k_x - k_y$-Ebene aufweitet. Dies geschieht so lange, bis ein LANDAU-Niveau erreicht ist, so daß mit dem Auffüllen der Zustände gemäß des Entartungsgrades (s. Gl. (XIII.71)) begonnen werden kann. Erst nach vollständiger Besetzung wird das FERMI-Niveau bei weiterer Steigerung der Ladungsträgerdichte zum nächsten LANDAU-Niveau sprunghaft anwachsen. Bleibt zu bemerken, daß die bisher unerwähnt gebliebene Spinentartung sowie eine mögliche Entartung bzgl. k_z eine Aufspaltung der Zustände einschließt (s. Abschn. XI.4.1), die letztlich eine verfeinerte Strukturierung der experimentellen Kurven zur Folge hat.

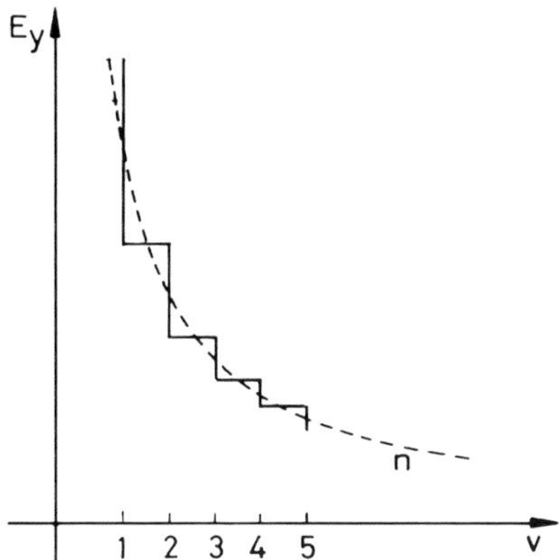

Fig. XIII.15: HALL-Feldstärke E_y als Funktion der Ladungsträgerkonzentration n resp. der Zahl der besetzten LANDAU-Niveaus v ("Füllfaktor"); (- - - -) klassischer HALL-Effekt, (—) Quanten-HALL-Effekt.

XIII.3.2 Experimentelles

Die geringe Abweichung f_1 der FERMI-Verteilung vom Gleichgewichtswert f_0, als Voraussetzung zur Linearisierung der BOLTZMANN-Gleichung sowie die Abschätzung bzgl. deren Änderungen $|\text{grad}_{\vec{k}} f_1| \ll |\text{grad}_{\vec{k}} f_0|$ lassen nach Gl. (XIII.64) ein starkes Magnetfeld fordern. Dieses wird hier durch einen Elektromagnet mit Eisenkern erzeugt und erreicht Flußdichten von maximal 1 T. Die Messung der Magnetfeldstärke geschieht induktiv, wobei das berechenbare Feld einer langen Spule als Vergleichsgröße dient (s. Abschn. XI.4.2).

Um sowohl den normalen wie den anomalen HALL-Effekt untersuchen zu können, werden die Metalle Kupfer, Gold und Zink als Proben verwendet. Sie nehmen eine rechteckige Fläche von ca. 75 × 20 mm ein und haben eine Dicke von ca. 10^{-5} bis 10^{-6} m. Der Steuerstrom beträgt maximal 10 A. Zur Messung der HALL-Spannung wird ein spannungsempfindliches Galvanometer (Spannungsempfindlichkeit $C_u = 10^{-6}$ mm/m$\cdot$V^{-1}) benutzt.

XIII.3.3 Aufgabenstellung

Die Metalle Kupfer, Gold und Zink sind auf ihre HALL-Konstanten zu untersuchen. Man bestimme bei bekannter Dicke die HALL-Konstante von Zink oder bei bekannter HALL-Konstante die Dicke der Kupfer- und Goldprobe. Außerdem werden die Beweglichkeiten berechnet.

XIII.3.4 Anleitung

Die Messung der HALL-Spannung mit dem Galvanometer erfordert die Kenntnis der Spannungsempfindlichkeit C_u und des Innenwiderstandes R_G. Beide Größen können nach dem Verfahren von Abschn. II.3 ermittelt werden. Die unvermeidliche Asymmetrie der punktförmig angebrachten HALL-Kontakte in bezug auf das äußere Feld, die ihre Lage auf Äquipotentialflächen verhindert, lassen bereits im magnetfeldfreien Fall eine Querspannung erwarten, die es mittels einer Spannungsteilerschaltung zu kompensieren gilt (Fig. XIII.16). Die Variation des Steuerstromes geschieht im Bereich von 1 A bis 10 A. Die Beweglichkeit μ errechnet sich nach Gl. (XIII.49), (XIII.51) und (XIII.53) zu

$$\mu = R_H \frac{j_x}{E_y} \; .$$

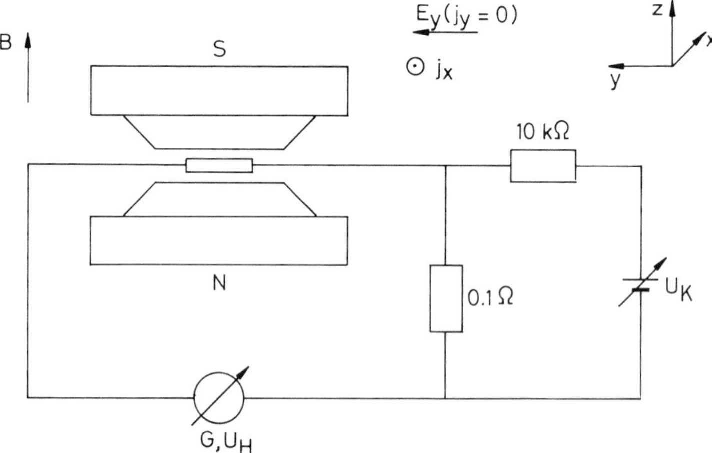

Fig. XIII.16: Schematische Anordnung zur Messung des HALL-Effekts; G: Galvanometer, U_H: HALL-Spannung, U_k: Kompensationsspannung.

XIII.4 Lumineszenz

XIII.4.1 Grundlagen

Die Erscheinung der Lumineszenz in einem Vielteilchensystem beruht auf der Emission elektromagnetischer Strahlung, die durch Energiezufuhr verursacht wird. Im Gegensatz zur Temperaturstrahlung wird die anregende Energie nicht dem Wärmevorrat des Körpers zugeführt, sondern sie dient der elektronischen Anregung. Die Emissionsspektroskopie, mit dem vorrangigen Ziel der Klärung energetischer Verhältnisse sowie zeitlicher Abläufe, hat demnach hier eine ähnliche Bedeutung wie bei einzelnen atomaren

Systemen. Während die Diskussion beim Atom auf Grund der Rotationssymmetrie keiner ausgezeichneten Richtung Rechnung tragen muß, wird die Symmetrieerniedrigung beim Vielteilchensystem eine Impulsabhängigkeit der energetischen Betrachtung erwarten lassen, so daß die Untersuchung die Aufstellung einer Dispersion $E = E(\text{Impuls})$ zum Ziel haben muß. Grundlage dafür bildet das Energiebändermodell des Festkörpers.

Voraussetzung für die angenäherte Beschreibung der Elektronen im Festkörper ist, daß sowohl ihre Wechselwirkung mit Phononen wie die untereinander vernachlässsigt wird. Die auf diese Weise erreichte Reduzierung auf das Einteilchenproblem mündet in der für jedes Elektron gültigen SCHRÖDINGER-Gleichung

$$\left[-\frac{\hbar^2}{2m}\Delta + V_G(\vec{r})\right]\psi(\vec{r}) = E\psi(\vec{r})\ , \tag{XIII.80a}$$

wobei das Gitterpotential V_G, das sich aus dem Potential der Kerne und aus dem gemittelten Potential der übrigen Elektronen zusammensetzt, die Eigenschaft der Gitterperiodizität

$$V_G(\vec{r}) = V_G(\vec{r} + \vec{g}) \tag{XIII.80b}$$

($\vec{g}$: Gittervektor; s. Gl. (XIII.4)) besitzt. Bereits die Ausnutzung der Translationssymmetrie, die den Festkörper nach Verschiebung um einen Gittervektor $\vec{g}$ in eine identische Lage versetzt

$$\hat{T}_{\vec{g}}\psi(\vec{r}) = \psi(\vec{r} + \vec{g}) \tag{XIII.81}$$

($\hat{T}_{\vec{g}}$: Translationsoperator), liefert qualitative Ergebnisse des Eigenwertproblems. Aufgrund der Periodizität des Gitterpotentials (Gl. (XIII.80b)) ist der HAMILTON-Operator mit dem Translationsoperator vertauschbar, so daß die Eigenfunktionen von $\hat{H}$ auch Eigenfunktionen des Translationsoperators sind

$$\hat{T}_{\vec{g}}\psi(\vec{r}) = \lambda_{\vec{g}}\psi(\vec{r})\ . \tag{XIII.82}$$

Diese Eigenwertgleichung ist für beliebige Gittervektoren gültig und bedingt deshalb die Forderung der Funktionalgleichung

$$\lambda_{\vec{g}_1+\vec{g}_2} = \lambda_{\vec{g}_1} \cdot \lambda_{\vec{g}_2}\ , \tag{XIII.83}$$

die die Unabhängigkeit des Ergebnisses von der Durchführung der Operation als Ganzes oder in Teilschritten nacheinander demonstriert. Außerdem gilt die Vertauschbarkeit der Operatoren $\hat{T}_{\vec{g}}$ untereinander, was die zugehörige Symmetriegruppe als abelsch und die Eigenwerte $\lambda_{\vec{g}}$ als nicht entartet charakterisiert. In der Folge wählt man als Ansatz für den Eigenwert

$$\lambda_{\vec{g}} = e^{i\vec{k}\vec{g}}\ , \tag{XIII.84}$$

womit das Eigenwertproblem (XIII.82) in der Gestalt

$$\psi(\vec{r} + \vec{g}) = e^{i\vec{k}\vec{g}}\psi(\vec{r}) \tag{XIII.85}$$

zum Ausdruck kommt. Die Erfüllung dieser Relation leistet das BLOCH-Theorem, das die Eigenfunktionen der SCHRÖDINGER-Gl. (XIII.80) als amplitudenmodulierte ebene Welle mit der reziproken Gitterperiode als Modulationsfrequenz ansetzt

$$\psi(\vec{r}) = e^{i\vec{k}\vec{r}} u(\vec{r}) \tag{XIII.86a}$$

mit

$$u(\vec{r}) = u(\vec{r} + \vec{g}) \; , \tag{XIII.86b}$$

und dessen Bestätigung durch die Substitution in Gl. (XIII.85) erfolgt. Eine solche BLOCH-Welle, die das Verhalten von quasifreien Elektronen ("Kristallelektronen") beschreibt, ist dem Verhalten einer ebenen Welle freier Elektronen um so ähnlicher, als der Einfluß der Modulation abnimmt. Da diese gitterperiodische Funktion durch das Störpotential $V_G(\vec{r})$ geprägt wird, kann man an den Rändern der BRILLOUIN-Zone, wo die Gitteratome sitzen, mit einem wachsenden Einfluß der Amplitudenmodulation rechnen. Dabei ist die BRILLOUIN-Zone im reziproken Gitter dadurch charakterisiert, daß die Projektionen des Ausbreitungsvektors $\vec{k}$ auf die Basisvektoren $\vec{a}, \vec{b}$ und $\vec{c}$ den kleinsten möglichen Bereich überdecken:

$$0 \le k_x a \le 2\pi \tag{XIII.87a}$$

bzw. nach Symmetrisierung

$$-\pi \le k_x a \le +\pi \tag{XIII.87b}$$

(analog für k_y, k_z).

Eine derartige Beschränkung auf die BRILLOUIN-Zone garantiert die Eindeutigkeit des reziproken Gittervektors, der sonst nach Gl. (XIII.85) nur bis auf einen Vektor $\vec{g}^*$ des reziproken Gitters definiert ist.

Die Lösung des ursprünglichen Problems (XIII.80) wird dann durch das BLOCH-Theorem verstanden als Suche nach der Modulationsfunktion $u(\vec{r})$, die Lösung einer Pseudo-SCHRÖDINGER-Gleichung ist. Diese erhält man aus Gl. (XIII.80) mit dem Ansatz (XIII.86)

$$\begin{aligned} -\frac{\hbar^2}{2m}\Delta u(\vec{r}) \quad + \quad & \left[V_G(\vec{r}) + i\frac{\hbar^2}{m}\vec{k}\,\mathrm{grad}\right] u(\vec{r}) = \\ = \quad & (E - \frac{\hbar^2}{2m}k^2) u(\vec{r}) \; . \end{aligned} \tag{XIII.88}$$

Diese Eigenwertgleichung, die den Ausbreitungsvektor $\vec{k}$ als Parameter benutzt, besitzt ein effektives Potential, das infolge seiner Impulsabhängigkeit ($i\hbar^2/m \cdot \vec{k}\mathrm{grad}$) eine Symmetrieerniedrigung der orthogonalen Rotationsgruppe O(3) des freien Atoms bewirkt. Die verbleibende Invarianz des Pseudo-HAMILTON-Operators gegenüber Symmetrieoperationen, die den Impuls $\hbar\vec{k}$ in sich überführen, bedeutet eine Änderung der Modulationsfunktion $u(\vec{r})$ während der Variation von $\vec{k}$ innerhalb der BRILLOUIN-Zone, beginnend bei $\vec{k} = 0$. In der Konsequenz kann man eine dazu korrelierte Änderung des

Eigenwertes verfolgen, die sowohl eine Abweichung der Energiefläche von der Kugelgestalt bei freien Elektronen wie eine Aufhebung der Entartung an verschiedenen Orten des reziproken Gitters impliziert (Fig. XIII.17). Daneben gibt es analog zum freien Atom auch bei festem $\vec{k}$ eine Reihe von Eigenwerten $E_j(\vec{k})$, deren Spezifizierung mit der Quantenzahl j erfolgt.

Die Frage nach der möglichen Anzahl der als Parameter wirkenden Ausbreitungsvektoren $\vec{k}$ und der daraus resultierenden Eigenwerte $E_j(\vec{k})$ kann mit Hilfe der Bedingung für stehende Wellen (s.a. Abschn. XIII.2.1, Gl. (XIII.23))

$$\frac{1}{2\pi}\hat{k}\hat{L} = \hat{n} \tag{XIII.89}$$

mit

$$\hat{k} = \begin{pmatrix} k_x & 0 & 0 \\ 0 & k_y & 0 \\ 0 & 0 & k_z \end{pmatrix}, \quad \hat{L} = \begin{pmatrix} L_x & 0 & 0 \\ 0 & L_y & 0 \\ 0 & 0 & L_z \end{pmatrix} \quad \text{und} \quad \hat{n} = \begin{pmatrix} n_x & 0 & 0 \\ 0 & n_y & 0 \\ 0 & 0 & n_z \end{pmatrix}$$

in einem beschränkten Grundgebiet $L_xL_yL_z$ des Festkörpers geklärt werden. Unter der Voraussetzung der Homogenität, die nur eine Sorte von Atomen zuläßt, erhält man mit

$$\hat{N}\hat{g} = \hat{L} \tag{XIII.90}$$

$$\left(\hat{N} = \begin{pmatrix} N_x & 0 & 0 \\ 0 & N_y & 0 \\ 0 & 0 & N_z \end{pmatrix}\right.; \; N\text{: Anzahl der Atome) und Gl. (XIII.89)}$$

$$\frac{1}{2\pi}\hat{k}\hat{N}\hat{g} = \hat{n}\ . \tag{XIII.91}$$

Berücksichtigt man im reziproken Gitterraum nur die 1. BRILLOUIN-Zone, die bei beliebigen Ausbreitungsvektoren durch Hinzufügen eines reziproken Gittervektors $\vec{g}^*$ erreicht wird, dann findet man als mögliche Parameter $\vec{k}$ nach Gl. (XIII.87a) den Bereich

$$0 \leq k_i \leq N_i \quad (i = x, y, z)\ , \tag{XIII.92}$$

der bei der hohen Anzahl von Atomen eine quasikontinuierliche Verteilung von Ausbreitungsvektoren und mithin von Eigenwerten erwarten läßt (Fig. XIII.17).

Ein weiteres wesentliches Merkmal der Dispersion läßt sich aus der folgenden Eigenschaft des Pseudo-HAMILTON-Operators $\hat{\hat{H}}$ von Gl. (XIII.88) gewinnen

$$\hat{\hat{H}}^*(\vec{k}) = \hat{\hat{H}}(-\vec{k})\ . \tag{XIII.93}$$

Das impliziert die Beziehung

$$E^*(\vec{k}) = E(-\vec{k}) \tag{XIII.94}$$

bzgl. entsprechender Eigenwerte. Deshalb wird unter Berücksichtigung der Forderung nach reellen Eigenwerten als Folge der Hermizität des HAMILTON-Operators eine gerade Dispersion

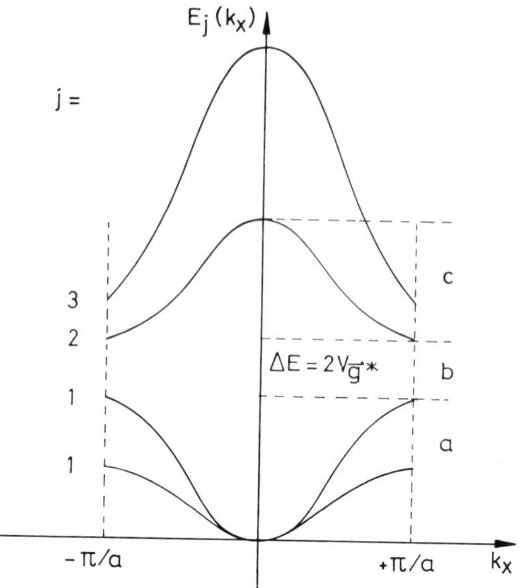

Fig. XIII.17: Qualitativer Verlauf der Dispersion $E_j(k_x)$ in der 1. BRILLOUIN-Zone für Elektronen im idealen eindimensionalen Festkörper; a) mit Entartung, b) mit verbotener Zone $\Delta E = 2V_{\vec{g}^*}$, c) mit Überlappung.

$$E(\vec{k}) = E(-\vec{k}) \tag{XIII.95}$$

zu erwarten sein (Fig. XIII.17).

Die zusätzliche Forderung schließlich nach der Konstanz der Amplitude der Eigenfunktion $|\psi|$ bei unbeschränkter Anwendung des Translationsoperators $\hat{T}_{\vec{g}}$ bedeutet nach Gl. (XIII.81) und (XIII.82) $|\lambda| = 1$, so daß nur reelle Werte für den Ausbreitungsvektor erlaubt sind. Gleichwohl ist die Pseudo-SCHRÖDINGER-Gl. (XIII.88) auch für komplexe Werte definiert, deren Eigenwerte demnach auszugrenzen sind und die somit in ihrer Gesamtheit das Spektrum der verbotenen Energiebereiche repräsentieren (Fig. XIII.17).

Der oben beschriebene Weg, der vom freien Elektron ausgeht und das periodische Gitterpotential als Störung betrachtet, mündet in der sogenannten "freien Näherung". Übernimmt man die Ergebnisse der einfachen zeitunabhängigen Störungsrechnung, ungeachtet der Entartung von Zuständen $|\psi_{\vec{k}}>$ mit Ausbreitungsvektoren unterschiedlicher Richtungen ($\vec{k}_i \neq \vec{k}_j$), aber gleichen Betrages ($|\vec{k}_i| = |\vec{k}_j|$), dann erhält man erst bei Berücksichtigung von Gliedern 2. Ordnung einen endlichen Beitrag zur Energie der freien Elektronen $E^{(0)}(\vec{k})$, so daß sich die Gesamtenergie $E^{(2)}(\vec{k})$ zusammensetzt aus

$$E^{(2)}(\vec{k}) = E^{(0)}(\vec{k}) + \sum_{\vec{k}'} \frac{|V_{\vec{k}\vec{k}'}|^2}{E^{(0)}(\vec{k}) - E^{(0)}(\vec{k}')} \tag{XIII.96}$$

mit dem Matrixelement $V_{\vec{k}\vec{k}'} =< \psi_{\vec{k}}^{(0)}|\hat{V}_G - \hat{V}_A|\psi_{\vec{k}'}^{(0)} >$, das mit den Eigenvektoren $|\psi_{\vec{k}}^{(0)} >$ des ungestörten Problems, nämlich den ebenen Wellen in der Ortsdarstellung, gebildet wird (V_A: Potential des isolierten Atoms). Eine FOURIER-Zerlegung des mit dem Gittervektor $\vec{g}$ periodischen Gitterpotentials

$$V_G(\vec{r}) = V_A + \sum_{\vec{g}^* \neq 0} V_{\vec{g}^*} e^{-i\vec{g}^*\vec{r}} \tag{XIII.97}$$

verhilft dazu, die Matrixelemente in der Form

$$V_{\vec{k}\vec{k}'} = \sum_{\vec{g}^* \neq 0} V_{\vec{g}^*} < \psi_{\vec{k}}^{(0)}|\psi_{\vec{k}'-\vec{g}^*}^{(0)} >= V_{\vec{g}^*} \delta_{\vec{k}',\vec{k}+\vec{g}^*} \tag{XIII.98}$$

anzugeben. Damit ergibt sich die Gesamtenergie nach Gl. (XIII.96) zu

$$E^{(2)}(\vec{k}) = E^{(0)}(\vec{k}) + \frac{|V_{\vec{g}^*}|^2}{\hbar^2/2m \cdot \left[\vec{k}^2 - (\vec{k} + \vec{g}^*)^2\right]} . \tag{XIII.99}$$

Sie weicht um so mehr vom Eigenwert der freien Elektronen ab, als der Nenner des Störungsanteils klein wird. Die stärkste Abweichung wird man demnach für den Fall

$$2\vec{k}\vec{g}^* + \vec{g}^{*2} = 0 \tag{XIII.100}$$

erwarten, der mit der LAUE-Bedingung für die konstruktive Interferenz bei der Beugung einer Welle des Ausbreitungsvektors $\vec{k}$ identisch ist (s. Abschn. XIII.1.1, Gl. (XIII.11)). Die Vorstellung einer BRAGG-Reflexion von Elektronenwellen an den Rändern des reduzierten Zonenschemas ($\vec{k} = \vec{g}^*/2$) auf Grund der störenden Potentiale der dort sitzenden Atome, mag in Analogie zur Röntenbeugung als einsichtige Interpretation dienen. Demzufolge ist dann die Überlagerung von zwei Wellen zu stehenden Wellen denkbar, die eine stationäre Lösung der SCHRÖDINGER-Gleichung bilden.

Das Auftreten zweier verschiedener Zustände $|\vec{k} >, | -\vec{k} >$ am Zonenrand bedeutet zunächst eine zweifache Entartung, die jedoch wegen des endlichen Matrixelementes $V_{\vec{k}\vec{k}'} = V_{\vec{g}^*} \neq 0$ (Gl. (XIII.98)) im Ergebnis einer Störungsrechnung aufgehoben wird. Nach der nun gültigen entarteten Störungstheorie 1. Ordnung errechnen sich die Eigenwerte aus der Bedingung

$$\det \begin{vmatrix} V_{\vec{k}\vec{k}} - E & V_{\vec{k}\vec{k}'} \\ V_{\vec{k}'\vec{k}} & V_{\vec{k}'\vec{k}'} - E \end{vmatrix} = 0 . \tag{XIII.101}$$

Unter Berücksichtigung von Gl. (XIII.98) und der Identität $V_{\vec{k}\vec{k}'} = V^*_{\vec{k}'\vec{k}}$ vereinfacht sich diese Beziehung zu

$$\det \begin{vmatrix} -E & V_{\vec{g}^*} \\ V_{\vec{g}^*} & -E \end{vmatrix} = 0 , \tag{XIII.102}$$

so daß die Energie $E^{(0)}(\vec{k})$ in $E_{1,2} = \pm V_{\vec{g}^*}$ aufspaltet (Fig. XIII.17b). Die Energieaufspaltung, die der FOURIER-Komponente des Potentials proportional ist, vermag so das Auftreten einer Energiezone zu erklären, deren Zustände nicht besetzt werden dürfen.

Ein ganz anderer Weg zur Ermittlung der Dispersion eröffnet sich bei der gebundenen Näherung, bei der, ausgehend von den Zuständen $|\psi_n^A >$ des freien Atoms gemäß der SCHRÖDINGER-Gleichung

$$\left[-\frac{\hbar^2}{2m}\Delta + V_A(\vec{r}-\vec{g})\right]\psi_n^A = E_A\psi_n^A \tag{XIII.103}$$

($\vec{g}$: Ruhelage der Atome), eine Annäherung der Atome betrieben wird, so daß am Ende die SCHRÖDINGER-Gleichung (XIII.80) mit dem periodischen Gitterpotential V_G ihre Gültigkeit erhält. Der Lösungsansatz für die Gl. (XIII.80) geschieht demnach mit Hilfe einer Linearkombination von Atomzuständen unter Berücksichtigung der Translationssymmetrie (XIII.85)

$$\psi(\vec{r}) = \text{const} \cdot \sum_{\vec{g}} e^{i\vec{k}\vec{g}}\psi^A(\vec{r}-\vec{g}) \,. \tag{XIII.104}$$

Der Näherungscharakter zeigt sich in dem Umstand, daß die Atomzustände $|\psi^A>$ – im Gegensatz zu den WANNIER-Zuständen – beim Annähern der Atome keine exakte Lösung mehr darstellen und so auch die Orthogonalität verlieren.

Mit diesem Ansatz zur Lösung der Gl. (XIII.80) erhält man unter Berücksichtigung von Gl. (XIII.104)

$$\begin{aligned}&\left[-\frac{\hbar^2}{2m}\Delta + V_G(\vec{r})\right]\sum_{\vec{g}} e^{i\vec{k}\vec{g}}\psi_n^A(\vec{r}-\vec{g}) = \\ &= \sum_{\vec{g}} e^{i\vec{k}\vec{g}}\left[V_G(\vec{r}) - V_A(\vec{r}-\vec{g}) + E_A\right]\psi_n^A(\vec{r}-\vec{g}) \,.\end{aligned} \tag{XIII.105}$$

Die Multiplikation mit ψ_n^A und nachfolgende Integration über den gesamten Raum – wobei $\vec{r}$ durch $(\vec{r}+\vec{g})$ ersetzt und die Periodizität von Gl. (XIII.80b) ausgenutzt wird – liefert schließlich eine Beziehung, die die Energieänderung unter dem Einfluß des Gitters mit dem Potential des freien Atoms verknüpft

$$\begin{aligned}&\left[E_n(\vec{k}) - E_A\right]\sum_{\vec{g}} e^{i\vec{k}\vec{g}} d^3r\ \psi_n^A(\vec{r}+\vec{g})\psi_n^A(\vec{r}) = \\ &= \sum_{\vec{g}} e^{i\vec{k}\vec{g}}\int d^3r\ \psi_n^A(\vec{r}+\vec{g})[V_G(\vec{r}) - V_A(\vec{r})]\psi_n^A(\vec{r}) \,.\end{aligned} \tag{XIII.106}$$

Nach Abkürzung der Integrale durch

$$B_n(\vec{g}) = \int d^3r\ \psi_n^A(\vec{r}+\vec{g})\,\psi_n^A(\vec{r})$$

(Überlappungsintegral, $\vec{g} \neq 0$),

$$C_n = \int d^3r\ \psi_n^A(\vec{r})[V_G - V_A]\psi_n^A(\vec{r})$$

(COULOMB-Integral),

$$A_n = \int d^3r\ \psi_n^A(\vec{r}+\vec{g})[V_G - V_A]\psi_n^A(\vec{r})$$

(Austauschintegral, $\vec{g} \neq 0$), kann die Dispersion in der Form

$$E_n(\vec{k}) = E_A + \frac{C_n + \sum_{\vec{g}\neq 0} e^{i\vec{k}\vec{g}} A_n(\vec{g})}{1 + \sum_{\vec{g}\neq 0} e^{i\vec{k}\vec{g}} B_n(\vec{g})} \tag{XIII.107}$$

geschrieben werden ($\int |\psi_n^A|^2 d^3r = 1$).

Daraus erkennt man zunächst unmittelbar eine Verschiebung der Energie des freien Atoms um den Beitrag des COULOMB-Terms C_n, der den Mittelwert des Störpotentials darstellt. Unter der Annahme der räumlich exponentiellen Abnahme von Atomfunktionen kann das Überlappungsintegral B_n vernachlässigt werden, was ohnehin beim Gebrauch von orthogonalen WANNIER-Funktionen an Stelle der Atomfunktionen wegfiele, so daß man zu

$$E_n(\vec{k}) = E_A + C_n + \sum_{\vec{g}\neq 0} e^{i\vec{k}\vec{g}} A_n(\vec{g}) \tag{XIII.108}$$

gelangt. Die Auswahl der Werte des Ausbreitungsvektors $\vec{k}$ im Bereich von Gl. (XIII.92) gibt Anlaß zum Auftreten zusätzlicher N_i Energieniveaus, was im letzten Term berücksichtigt wird. Sie bilden bei quasi-kontinuierlicher Verteilung das erlaubte Energieband, dessen Breite durch das Austauschintegral A_n mit der im wesentlichen zu berücksichtigenden Überlappung der nächsten Nachbarn beherrscht wird. Eine Steigerung der Überlappung etwa infolge der Verkürzung des Gitterabstands $|\vec{g}|$ oder der Zunahme des Störpotentials V_G ist demnach für die Verbreiterung der erlaubten Energiezone verantwortlich. Dabei ist der Gleichgewichtszustand durch ein Minimum der Summe aller besetzten Energien bei einer charakteristischen Entfernung der Atome, nämlich der Gitterkonstanten $|\vec{g}|$, ausgezeichnet (Fig. XIII.18). So sind es die äußeren Elektronen, die durch die zunehmende Abschirmung des Atompotentials Zustände besetzen, deren Gesamtheit in breiten Energiebereichen liegt. Umgekehrt wird bei einem abnehmenden Einfluß des Gitterpotentials, wie ihn die inneren Elektronen erleiden, der Wert des Austauschintegrals geringer zu erwarten sein (Fig. XIII.19). Die oberste mit Elektronen besetzte Energiezone ist das Valenzband. Die nächste erlaubte Zone, das sogenannte Leitungsband, folgt dann im Anschluß an die Bandlücke ΔE unterschiedlichster Energiebreite (Halbleiter- 1 eV $< \Delta E <$ 10 eV-Isolatoren) und wird bei Isolatoren im Grundzustand nicht besetzt.

Die Beschäftigung mit dem realen Festkörper zwingt zur Beachtung der Abweichungen von der Periodizität des Gitters. Diese nicht unwesentlichen Störfaktoren können grob in drei Kategorien eingeteilt werden. Zum einen kann die endliche Ausdehnung selbst eine Störung darstellen. Sie kommt außer an den Oberflächen auch bei Korngrenzen oder Stapelfehlern zum Tragen und lässt sich als zweidimensionale Fehlordnung einstufen. Ferner findet man eindimensionale Fehlordnungen, wie sie unter Stufen- und Schraubenversetzungen zu verstehen sind. Schließlich gibt es die Punktdefekte oder nulldimensionalen Fehlordnungen, deren Strukturfehler sich nur über wenige Gitterparameter erstrecken. Für diese Art von Defekten, die in ihrer Beteiligung am Luminesszenzvorgang eine bedeutende Rolle spielen, kommen substitutionelle Isotope, Fremdatome, Leerstellen und Zwischengitteratome in Frage. Auch jene Defekte, die infolge der von ihnen induzierten Absorption im vorwiegend sichtbaren und nahen ultravioletten Spektralbereich als Farbzentren bezeichnet werden, gehören in diese Einteilung.

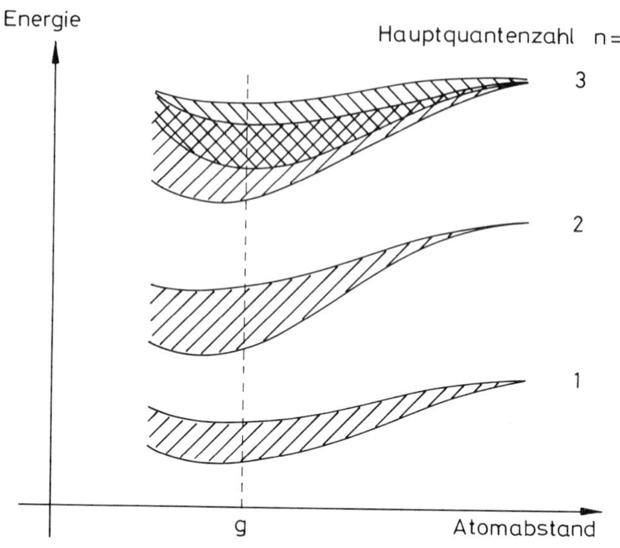

Fig. XIII.18: Schematische Darstellung der Verbreiterung (= Aufspaltung) der Energiezustände der sich einander nähernden freien Atome zu Energiebändern.

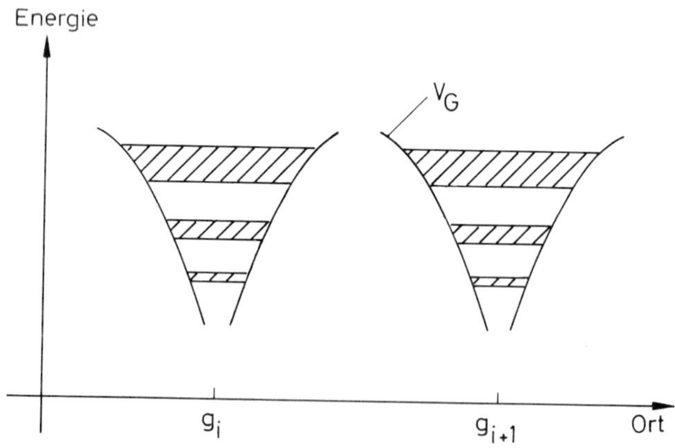

Fig. XIII.19: Schematische Darstellung der Energiebänder von erlaubten Elektronenzuständen im periodischen Gitterpotential V_G.

Die Bedeutung dieser Gitterstörungen im Hinblick auf die Energiedispersion erwächst aus der Verletzung der Translationssymmetrie durch das lokale Störpotential $V' \neq V_G$. Ungeachtet der lokal beschränkten Unterbrechung der Gitterperiodizität kann weiterhin mit Hilfe periodischer BLOCH-Zustände (XIII.86) bei reellen Ausbreitungsvektoren $\vec{k}$ die störungsfreie Dispersion ermittelt werden. Daneben zwingt die Berücksichtigung der Gitterstörung zur Beteiligung von nicht periodischen Zuständen, deren lokale Gültigkeit die Abnahme der Amplitude mit wachsender Entfernung bedingt. Als Folge davon sind auch Ausbreitungsvektoren mit komplexen Werten erlaubt. Die damit verbundenen Zustände geben gemäß der Pseudo-SCHRÖDINGER-Gleichung (XIII.88) gerade zum Auftreten solcher Energieterme Anlaß, die bislang ausgegrenzt wurden und in der verbotenen Energiezone liegen. Die Darstellung solcher lokalisierter Zwischenbandniveaus geschieht im schematischen Bändermodell durch einen Strich, dessen Länge ein Maß für jene räumliche Ausdehnung bedeutet, bei der die Aufenthaltswahrscheinlichkeit auf den e-ten Teil abgesunken ist (Fig. XIII.20).

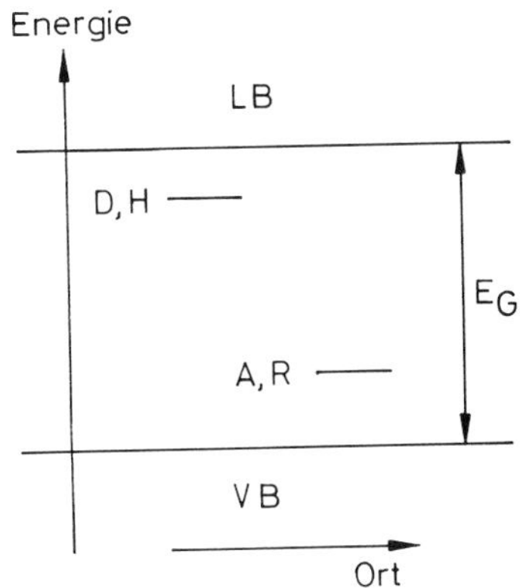

Fig. XIII.20: Schematische Darstellung des Energiebändermodells eines Halbleiters bzw. Isolators mit Störstellen; D, H: Donatoren, Haftterme; A, R: Aktivatoren, Rekombinationsterme; E_G: Bandlücke; VB: Valenzband; LB: Leitungsband.

Während solche Zwischenbandniveaus bei Halbleitern mit einer engen Energielücke zwischen dem Valenzband und Leitungsband als Donatoren (D) resp. Akzeptoren (A) bekannt sind, benennt man sie bei Isolatoren gemäß ihrer Beteiligung am Lumineszenzvorgang. So spricht man von Hafttermen (H) für Elektronen als jene metastabile Übergangsniveaus, die wenig unterhalb des Leitungsbandes lokalisiert sind. Die andere Art von Störstellen, deren Grundzustand oft in den strahlenden Übergang einbezogen ist, werden als Rekombinationszentren (R) bezeichnet (Fig. XIII.20). Die Besetzung der Störstellen mit Elektronen wird durch die Wahrscheinlichkeitsverteilung der FERMI-Statistik geregelt (Gl. (XIII.33)), deren obere Grenze im thermodynamischen Gleichgewicht innerhalb der verbotenen Energiezone liegt.

Voraussetzung für die Lumineszenz als Folge der strahlenden Rekombination ist die

Störung dieses Gleichgewichts, etwa durch Anregung mit energiereicher elektromagnetischer oder Teilchen-Strahlung. Sieht man von der lokalen Anregung der Störstellen ab, deren Beschreibung den Einfluß des Gitters nicht direkt erfordert, dann vermag eine solche externe Anregung sowohl Übergänge von besetzten Störtermen (Ex2) wie vom Valenzband (Ex1) in erlaubte Zustände energetisch höher gelegener Energiebereiche zu induzieren (Fig. XIII.21). Um die Frage nach der Bedingung für nachfolgende Rekombination unter Emission elektrischer Dipolstrahlung klären zu können, muß an die Erhaltung von Energie und Impuls unter Einbeziehung des Photons erinnert werden. Setzt man den Impuls des Photons als vernachlässigbar voraus ($h/\lambda \ll h/g$), so ergibt sich aus der Impulserhaltung

$$\hbar k - \hbar k' = 0 \tag{XIII.109a}$$

die k-Auswahlregel

$$\Delta k = 0\ . \tag{XIII.109b}$$

Diese Forderung verbietet die direkte Rekombination unter Einbeziehung der bei der Anregung gleichermaßen beteiligten Zustände, da eine nachfolgende, während der Lebensdauer des angeregten Zustandes (ca. 10^{-8} s) sehr rasche strahlungslose Wechselwirkung mit den Gitterschwingungen (Relaxation ca. 10^{-15} s) die Ausbreitungsvektoren von Anfangs- und Endzustand verändert. Erst durch die Mitwirkung von Störtermen und deren Impuls vermag die Auswahlregel (XIII.109) erfüllt zu werden, so daß der strahlende Übergang (γ) oft im Grundzustand der Rekombinationszentren endet. Daneben können auch Haftterme strahlungslos besetzt werden (β), um in einer nachfolgenden Zustandsänderung (α) über Zustände des Leitungsbandes am Lumineszenzprozeß teilzunehmen (Phosphoreszenz) (Fig. XIII.21).

Der Verzicht auf die Erklärung atomarer Vorgänge, die die Lösung der SCHRÖDINGER-Gleichung für das Vielteilchensystem sowie die Kenntnis der schwierigen Wechselwirkungen notwendig macht, zwingt zu einer Beschreibung, die wegen ihrer thermodynamischen Grundlage auf einer Ebene mit einer gröberen Zeitskala angesiedelt ist. Ihr Erfolg erwächst aus der Möglichkeit einer phänomenologischen Analyse, die im Sinne einer kinetischen Master-Gleichung (s. Abschn. VII.3.1) durch Aufstellen der Bilanz von Raten für die beiden Richtungen einer Reaktion erbracht wird. Nach Beendigung der Anregung (Ex = 0) und Einführung von Konzentrationen sowie von Übergangskoeffizienten, deren atomare Abhängigkeiten unbeachtet bleiben, erhält man dann etwa für den k-ten Haftterm Gleichungen der Art

$$\frac{dn_k}{dt} = -\text{"Befreiungsrate"} + \text{"Einfangrate"} - \text{"Rekombinationsrate"}\ ,$$

also

$$\dot{n}_k = \alpha_k h_k - \sum_i \beta_i n_k (H_i - h_i) - \sum_j \gamma_j n_k f_j \tag{XIII.110a}$$

und

$$\dot{h}_k = -\alpha_k h_k + \sum_i \beta_i n_k (H_i - h_i) \tag{XIII.110b}$$

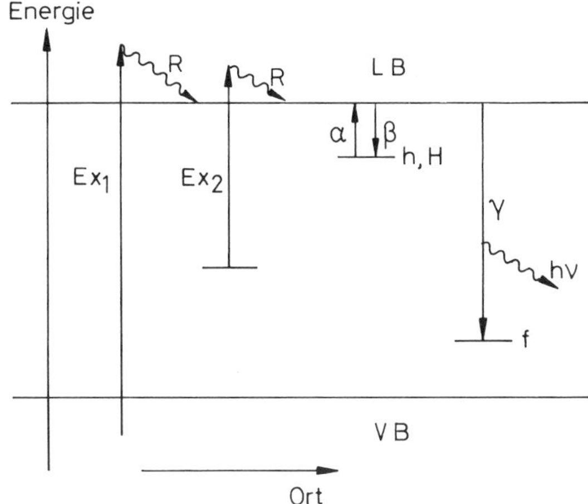

Fig. XIII.21: Energieschema eines Isolators zur phänomenlogischen Analyse der Anregung (Ex), der strahlungslosen Relaxation (R), der Befreiung aus Hafttermen (α), des Überganges in Haftterme (β) sowie der strahlenden Rekombination an Aktivatoren (γ) (Erläuterungen im Text).

mit h: Konzentration der besetzten Haftterme, H: Konzentration der Haftterme, n: Konzentration der freien Ladungsträger, f: Konzentration der Rekombinationszentren, α: Übergangswahrscheinlichkeit aus dem Haftterm, β: Einfangkoeffizient, γ: Rekombinationskoeffizient.

In dem Bemühen, nach Gl. (XIII.110) die Zeitabhängigkeit der Ladungsträgerkonzentrationen n, h und f zu ermitteln, gelingt es, die Intensität der Lumineszenz

$$I = \text{const} \cdot \gamma \cdot n(t) \cdot f(t) \qquad \text{(XIII.111)}$$

und die der elektrischen Leitfähigkeit

$$\sigma = e\mu \cdot n(t) \qquad \text{(XIII.112)}$$

(μ: Beweglichkeit) unter dem Einfluß der Parameter zu beschreiben. Die reziproke Lebensdauer des metastabilen Zwischenbandniveaus, die mit der thermischen Anregungswahrscheinlichkeit α identisch ist, spielt dabei eine dominierende Rolle. Ihre Herleitung auf thermodynamischer sowie quantenmechanischer Grundlage, unter Berücksichtigung der Elektron-Gitter-Wechselwirkung führt zu der Form

$$\alpha = \alpha_0 e^{-E_H/kT} \qquad \text{(XIII.113)}$$

mit α_0: prä-exponentieller Faktor, E_H: thermische Hafttermtiefe (Aktivierungsenergie). Eine Erhöhung der Temperatur läßt nach Gl. (XIII.110) sowohl die Befreiungsrate wie die Rekombinationsrate anwachsen, so daß die thermische Stimulation während des Aufheizens einen Relaxationsvorgang auszulösen und zu beschleunigen vermag. Im Ergebnis wird man zunächst eine Zunahme der Intensitäten von Lumineszenz und Leitfähigkeit mit der Temperatursteigerung beobachten, die nach Erreichen eines Maximums absinkt und damit das Ende der Befreiung von Ladungsträgern aus Hafttermen ankündigt. Die resultierende Intensitätskurve stellt das Bild einer Ausheizkurve (Glowkurve) der Thermolumineszenz (TL) bzw. der thermisch stimulierten Leitfähigkeit (TSC) dar. Das Studium beider Erscheinungen zielt auf die Klärung von Fragen nach der Stuktur der beteiligten Defekte sowie dem Maß der Effekte von Ligandenfeldern und Phononen. Daneben vermittelt die thermisch stimulierte Spektroskopie der Haftterme wertvolle Aussagen über Aktivierungsenergien und Vorgänge des Ladungstransports. Bleibt noch anzumerken, daß die für Elektronen als Ladungsträger angeführten Vorstellungen bezüglich der Vorgänge und Quantitäten auch auf Defektelektronen übertragen werden können.

XIII.4.2 Experimentelles

Zur Aufnahme der Spektren der Thermolumineszenz (TL) und thermisch stimulierten Leitfähigkeit (TSC) dient ein Stickstoffkryostat mit drei Beobachtungsfenstern aus Quarz. Der Probenhalter, bestehend aus einem Kupferblock und daran anschließendem Rohr aus Edelstahl, taucht dabei in einen Topf, der mittels einer Vorvakuumpumpe evakuiert werden kann (ca. 10^{-1} Pa). Die Temperatur wird mit einem Thermoelement (**Cu** - Konstantan) gemessen, dessen eine Lötstelle im Kupferblock befestigt ist. Als Heizung wird direkt die Wärmewirkung eines Stromes in Heizdrähten des Kupferblockes verwendet. Zur Messung der elektrischen Leitfähigkeit dienen dünne Kupferdrähte als Spannungszuführungen, die zum einen in Goldfolien als Kontaktmaterial enden, zum anderen isoliert aus dem Topf geführt werden. Das Bindemittel bei der Kontaktherstellung ist Leitsilber. Der Strom wird mit einem Schwingkondensatorelektrometer (10^{-10} A $> I >$ 10^{-14} A) gemessen und von einem Zweikanalschreiber aufgezeichnet. Ein Photomultiplier ermöglicht die Beobachtung der Lumineszenz durch eines der Quarzfenster und deren Registrierung auf dem Schreiber. Die elektronische Anregung geschieht mit einer Xenon-Höchstdrucklampe durch ein weiteres Quarzfenster. Zum Schutz des Kristalls vor intensiver Infrarotstrahlung wird ein Wasserfilter in den Strahlengang gebracht (Fig. XIII.22).

Die Proben sind **ZnS**-Kristalle mit verschiedenen Dotierungen, wie etwa **Pb** ($5 \cdot 10^{-4}$) oder **Mn** (10^{-4}) und haben die Ausdehnung von ca. $7 \times 5 \times 1$ mm^3. Sie werden mit Leitsilber und einer Isolationsfolie (Glimmer) auf dem Kupferblock angebracht. Zur Bandanregung wird die Selektion mit Hilfe eines Interferenzfilters bei einem Transmissionsmaximum von 365 nm vorgenommen. Die äußeren Feldstärken bei der Strommessung betragen etwa 10^3 bis 10^4 Vm^{-1}.

XIII.4.3 Aufgabenstellung

a) Es wird die Thermolumineszenz (TL) und thermisch stimulierte Leitfähigkeit (TSC) nach Anregung mit UV-Strahlung bei der Temperatur des flüssigen Stickstoffs von dotierten Zinksulfid-Kristallen simultan aufgenommen und deren Korrelation diskutiert. Die Aufheizgeschwindigkeit sollte 4 K·min^{-1} nicht überschreiten. Der beobachtete Temperaturbereich endet bei Raumtemperatur.

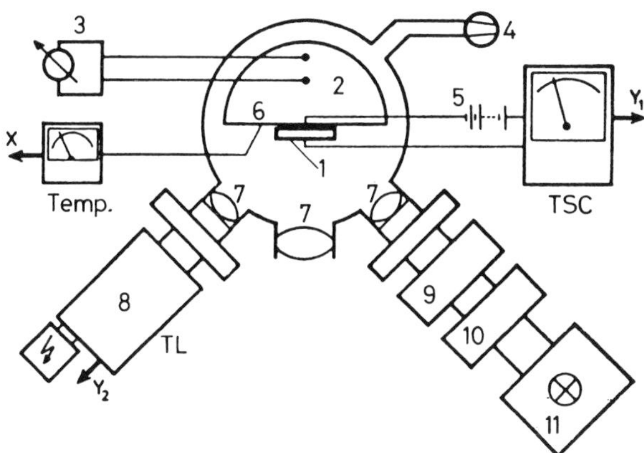

Fig. XIII.22: Experimenteller Aufbau zur Messung der Thermolumineszenz (TL) und thermisch stimulierten Leitfähigkeit (TSC); 1: Kristall, 2: Kupferblock, 3: Heizung, 4: Pumpe, 5: Spannungszuführung, 6: Thermoelement, 7: Quarzfenster, 8: Photomultiplier, 9: Wasserfilter, 10: Interferenzfilter, 11: Xenon-Höchstdrucklampe.

b) Es werden die Glowkurven der TL alleine mit der Aufheizgeschwindigkeit q als Parameter aufgenommen und diskutiert. Dabei sind Werte von $q = 4$, 10 und 20 K·min^{-1} zu empfehlen, deren Variation die Bestimmung der Hafttermtiefe E_H sowie des präexponentiellen Faktors α_0 erlaubt.

c) Die mehrfach wiederholte Messung des Anstiegs eines Glowmaximums der TL-Intensität, ohne dieses vollständig auszuheizen, bietet eine weitere Möglichkeit der direkten Messung der Hafttermtiefe. Ein Vergleich der verschiedenen Bestimmungsmethoden und die Diskussion der daraus gewonnenen Ergebnisse wird empfohlen.

XIII.4.4 Anleitung

Für den einfachen Fall, daß nur eine Art von Störstellen im Hinblick sowohl auf den Haftterm wie den Rekombinationsterm vorliegt und der Einfangprozeß unberücksichtigt bleibt ($\beta = 0$), reduzieren sich die kinetischen Bilanzgleichungen (XIII.110) auf

$$\dot{n} = \alpha h - \gamma n f \,, \qquad \text{(XIII.114a)}$$

$$\dot{h} = -\alpha h \,. \qquad \text{(XIII.114b)}$$

Mit der Näherung $\dot{n} \ll \dot{h}$, die quasi-stationäre Verhältnisse der Ladungsträger im Leitungsband zum Ausdruck bringt, erhält man dann für die Intensität der Lumineszenz nach Gl. (XIII.111)

$$I = \text{const} \cdot \alpha h \,. \qquad \text{(XIII.115)}$$

Die Konzentration der eingefangenen Ladungsträger h berechnet sich nach Gl. (XIII.114 b) durch Integration, wobei als neue Variable die Temperatur T über die lineare Aufheizrate q

$$T = T_0 + q \cdot t$$

(T_0: Anfangstemperatur) eingeführt wird:

$$h(T) = h_0 e^{-f(T)} \tag{XIII.116}$$

(h_0: Anfangskonzentration) mit (s. Gl. (XIII.113))

$$f(T) = \frac{\alpha_0}{q} \int_{T_0}^{T} e^{-E_H/kT'} dT' . \tag{XIII.117}$$

Nach Gl. (XIII.115) erhält man so für die Lumineszenzintensität mit (XIII.113) und (XIII.116)

$$I(T) = \text{const} \cdot \alpha_0 h_0 \cdot e^{-E_H/kT} \cdot e^{-f(T)} , \tag{XIII.118}$$

deren explizite Temperaturabhängigkeit vermittels Annäherung des Integrals in Gl. (XIII.117) durch eine semikonvergente Reihe

$$\int_0^T e^{-E_H/kT'} dT' = \frac{T^2}{E_H/kT} e^{-E_H/kT} \cdot \sum_{n=2}^{\infty} (-1)^n \frac{(n-1)!}{(E_H/kT)^{n-2}} \tag{XIII.119}$$

erreicht wird (Fig. XIII.23).

Die Maximumlage T_m der Intensitätskurve, die sich durch Differentiation von Gl. (XIII.118) ermitteln läßt, liefert unter Verwendung nur des ersten Gliedes der Reihe (XIII.119) die Beziehung

$$\frac{E_H}{kT_m^2} = \frac{\alpha_0}{q} e^{-E_H/kT} .$$

Das Logarithmieren auf beiden Seiten führt zu

$$\ln\left(\frac{T_m^2}{q}\right) = \frac{E_H}{kT_m} + \ln\left(\frac{\alpha_0 k}{E_H}\right) ,$$

wonach die Variation der Aufheizrate q und Ermittlung der Maximumlage T_m als Methode zur Bestimmung der Hafttermtiefe sowie des prä-exponentiellen Faktors offenbar wird. Auch die Aufnahme der Anfangsintensität, die nach Gl. (XIII.118) nahezu allein vom ersten Exponentialterm beherrscht wird ($\exp[-f(T = T_0)] = 1$) eignet sich durch logarithmisches Auftragen über der reziproken Temperatur

$$\ln\left(\frac{I}{I_0}\right) = -\frac{E}{kT} + \text{const}$$

zur Bestimmung der Hafttermtiefe.

Die Näherung des vorgestellten einfachsten kinetischen Modells verbietet es, eine vernünftige Lösung für die thermisch stimulierte Leitfähigkeit gemäß Gl. (XIII.112) zu finden. Dennoch vermag eine qualitative Analyse die Leitfähigkeit in Korrelation zur Lumineszenz zu setzen. Ausgehend von Gl. (XIII.111) und (XIII.112), die das Verhältnis der Observablen

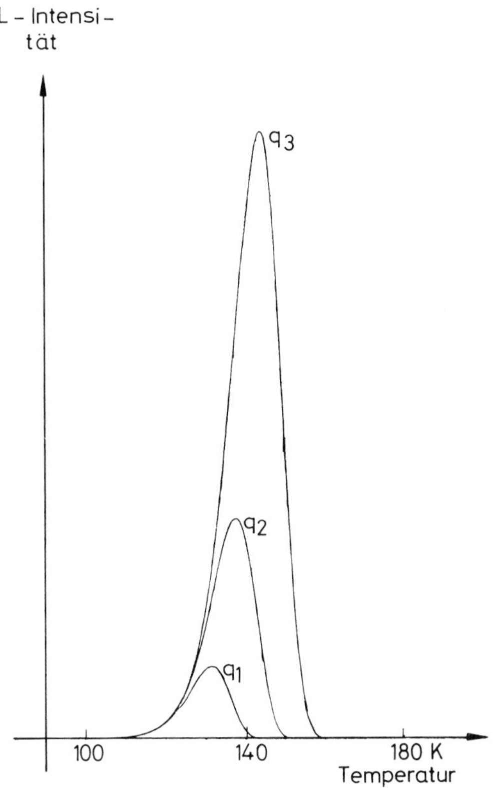

Fig. XIII.23: Theoretische Glowkurven der Thermolumineszenz nach einem kinetischen Modell 1. Ordnung mit nur einer Sorte von Störstellenniveaus; $E_H = 0.28$ eV, $\alpha_0 = 3 \cdot 10^{10}$ s^{-1}; Aufheizrate q als Parameter: $q_1 = 3$ K $\cdot$ min^{-1}, $q_2 = 10$ K $\cdot$ min^{-1}, $q_3 = 30$ K $\cdot$ min^{-1}.

$$\frac{I}{\sigma} = cf$$

(c =const$\cdot\gamma/(e\mu)$) liefern, ergibt die Differentiation nach der Zeit

$$\frac{dI}{dt} = c\left(\sigma\frac{df}{dt} + f\frac{d\sigma}{dt}\right)$$

($c \neq c(t)$), so daß das Maximum der Lumineszenzintensität ($dI/dt|_{t=t_M} = 0$) die Identität

$$\left.\frac{d\sigma}{dt}\right|_{t_m} = -\left.\frac{\sigma}{f}\frac{df}{dt}\right|_{t_m} \tag{XIII.120}$$

notwendig macht. Daraus können zwei Grenzfälle abgeleitet und diskutiert werden, die sich durch die anfängliche Konzentration der Rekombinationszentren f unterscheiden. Für den Fall einer extrem hohen Konzentration, die sich demnach während der thermischen Stimulation kaum ändert ($df/dt = 0$), wird nach Gl. (XIII.120) das Maximum der Leitfähigkeit $(d\sigma/dt|_{t_m} = 0)$ mit jenem der Lumnineszenz simultan zu beobachten sein, so daß beide Glowkurven nahezu identisch sind. Im anderen, weitaus häufiger auftretenden Fall, der die elektrische Ladungsneutralität $f = n + h$ fordert, erhält man mit Gl. (XIII.120) und bei Abnahme der Konzentration freier Rekombinationszentren $df/dt|_{t_m} < 0$ sowie der Voraussetzung positiver Größen $\sigma, f > 0$

$$\frac{d\sigma}{dt} > 0 \quad \text{für} \quad t = t_m \, .$$

Dies bedeutet einen Anstieg der Leitfähigkeit, noch zu einem Zeitpunkt, an dem die Lumineszenz bereits das Maximum erreicht hat, so daß das Maximum der TSC erst zu einem späteren Zeitpunkt oder, nach Einführung der Aufheizrate q, bei einer höheren Temperatur zu erwarten ist.

XIII.5 AUGER-Effekt

XIII.5.1 Grundlagen

Unter dem AUGER-Effekt versteht man allgemein die Übertragung von Energie eines Elektrons auf ein anderes Elektron während einer strahlungslosen Zustandsänderung. Die diesem Prozeß zugrundeliegende Elektron-Elektronwechselwirkung mit dem COULOMB-Potential zwischen beiden Elektronen steht bei Festkörpern in Konkurrenz zur Elektron-Gitterwechselwirkung.

Setzt man etwa beim Atom eine Anregung oder Ionisation eines gebundenen Elektrons vermittels eines Primärelektrons voraus, so daß der ursprünglich besetzte Zustand frei wird, dann ermöglicht die nachfolgende Zustandsänderung eines Elektronens des Zustands $|a>$ nach diesem unbesetzten tiefer liegenden Zustand $|a'>$ die strahlungslose Energieübertragung an ein weiteres Elektron in einem höher liegenden Zustand $|b>$, um dieses ins Kontinuum $|b'>$ anzuregen (Fig. XIII.24a). Die Energie des so befreiten AUGER-Elektrons errechnet sich nach der Bilanz

$$E_{b'} = E_{a'} - E_a - E_b \, . \tag{XIII.121}$$

Auch beim Festkörper erlaubt die Änderung zwischen zwei Zuständen $|\vec{k}_1>$ und $|\vec{k}'_1>$, von denen der eine als freier Zustand im Valenzband lokalisiert ist, eine strahlungslose Energieübertragung, so daß ein weiteres Elektron im Zustand $|\vec{k}_2>$ die Festkörperoberfläche als AUGER-Elektron verlassen kann (Fig. XIII.24b). Der dazu inverse AUGER-Vorgang, bei dem ein von außen einfallendes Primärelektron mit ausreichend hoher Energie E_P durch COULOMB-Wechselwirkung ein gebundenes Elektron $|\vec{k}'_1>$ nach $|\vec{k}_1>$ anzuregen vermag, spielt eine maßgebende Rolle bei der Frage nach der Intensität der emittierten AUGER-Elektronen während der sogenannten Schwellwertspektroskopie (Fig. XIII.24c).

Die Intensität beider Vorgänge wird durch die Übergangswahrscheinlichkeit geprägt. Betrachtet man etwa die Anregung A, so liefert die zeitunabhängige Störungsrechnung dafür ("goldene Regel")

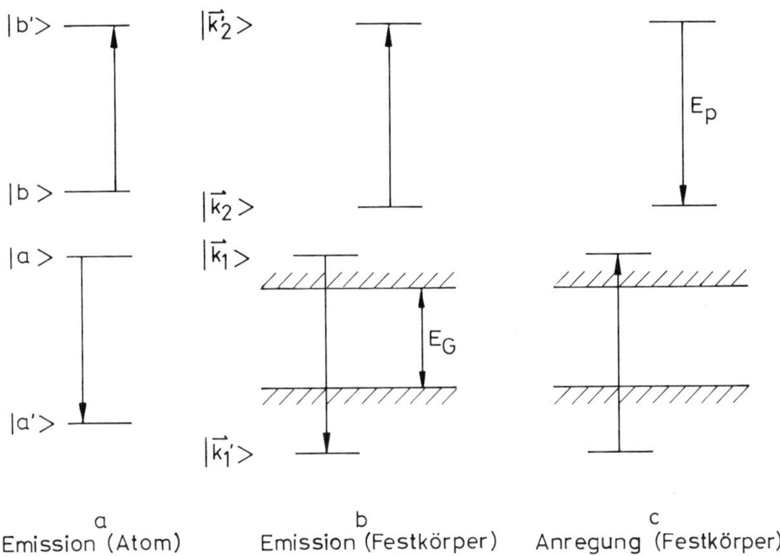

Fig. XIII.24: Schematische Darstellung des AUGER-Effekts als strahlungslose Energieübertragung durch Elektron-Elektron-Wechselwirkung; a) Emission eines AUGER-Elektrons infolge der Zustandsänderung eines Primärelektrons von $|a>$ nach $|a'>$ beim Atom, b) Emission eines AUGER-Elektrons infolge der Zustandsänderung eines Primärelektrons vom Leitungsband $|\vec{k}_1>$ zum Valenzband $|\vec{k}_1'>$ beim Festkörper, c) Anregung eines Sekundär-Elektrons vom Valenzband $|\vec{k}_1'>$ zum Leitungsband $|\vec{k}_1>$ infolge der Zustandsänderung eines Primärelektrons, das in den Festkörper eintritt.

$$w_A = w_{\vec{k}_1\vec{k}_2,\vec{k}_1'\vec{k}_2'} = \frac{2\pi}{\hbar}|H'_{\vec{k}_1\vec{k}_2,\vec{k}_1'\vec{k}_2'}|^2 \cdot \delta(E) , \tag{XIII.122}$$

wobei das Matrixelement des Störoperators $\hat{H}'$ sowohl einen COULOMB- wie einen Austausch-Term enthält

$$H'_{\vec{k}_1\vec{k}_2,\vec{k}_1'\vec{k}_2'} =< \vec{k}_1| < \vec{k}_2|\frac{e^2}{r_{12}}|\vec{k}_1' > |\vec{k}_2' > \tag{XIII.123}$$

($|\vec{k}>$: BLOCH-Zustand; s. Gl. (XIII.86)), und die δ-Funktion

$$\delta(E) = \delta(E_{\vec{k}_1} + E_{\vec{k}_2} - E_{\vec{k}_1'} - E_{\vec{k}_2'}) \tag{XIII.124}$$

der Energieerhaltung Rechnung trägt. Um die Gesamtheit aller möglichen Übergänge über den Einzelvorgang hinaus zu erfassen, muß man alle Zustände in den erlaubten Energiebereichen summieren mit Rücksicht auf die Zahl der vorhandenen Zustände, die als das Produkt von Zustandsdichte $z(E)$ und Verteilungsfunktion resp. Besetzungswahrscheinlichkeit $f(E)$ darstellbar ist (s. Gl. (XIII.35)):

$$\begin{aligned} w_A = \frac{2\pi}{\hbar} \sum_{\vec{k}_1\vec{k}_2} \sum_{\vec{k}'_1\vec{k}'_2} |H'_{\vec{k}_1\vec{k}_2,\vec{k}'_1\vec{k}'_2}|^2 \cdot f(E_{\vec{k}'_1}) \cdot z(E_{\vec{k}'_1}) \cdot \\ \cdot \left[1 - f(E_{\vec{k}_1})\right] z(E_{\vec{k}_1}) \cdot \\ \cdot f(E_{\vec{k}'_2}) z(E_{\vec{k}'_2}) \left[1 - f(E_{\vec{k}_2})\right] z(E_{\vec{k}_2}) \delta(E) \,. \end{aligned} \qquad \text{(XIII.125)}$$

Ausgehend von Zuständen, die alle eingenommen werden ($f(E_{\vec{k}'_1}) = f(E_{\vec{k}'_2}) = 1$), erreicht die Änderung nur solche Zustände oberhalb der FERMI-Grenze E_F, deren Besetzungswahrscheinlichkeit verschwindet ($1 - f(E_{\vec{k}_2}) = 1 - f(E_{\vec{k}_2}) = 1$). Eine Vereinfachung erlaubt die Forderung nach monoenergetischer Verteilung der einfallenden Primärelektronen, die eine Faltung der Zustandsdichte mit der Besetzungswahrscheinlichkeit hinfällig macht ($\sum_{\vec{k}'_2} f(E_{\vec{k}'_2}) z(E_{\vec{k}'_2}) = c_1$). Ein ähnliches Argument kann für die Betrachtung der Elektronen in besetzten Rumpfniveaus geltend gemacht werden, wo wegen der scharfen Zustandsdichte eine analoge Faltung sich durch eine weitere Konstante annähern läßt ($\sum_{\vec{k}'_1} f(E_{\vec{k}'_1}) z(E_{\vec{k}'_1}) = c_2$) (Fig. XIII.25). Im vereinfachten Ergebnis bleibt dann nach Gl. (XIII.125)

$$w_A = \text{const} \cdot \frac{2\pi}{\hbar} \sum_{\vec{k}_1\vec{k}_2} \sum_{\vec{k}'_1\vec{k}'_2} |H'_{\vec{k}_1\vec{k}_2,\vec{k}'_1\vec{k}'_2}|^2 \cdot z(E_{\vec{k}_1}) \cdot z(E_{\vec{k}_2}) \delta(E) \,. \qquad \text{(XIII.126)}$$

Demnach wird die Übergangswahrscheinlichkeit von der Faltung der Zustandsdichte oberhalb des FERMI-Niveaus mit sich selbst beherrscht. Dies hat zur Konsequenz, daß alle meßbaren Vorgänge, wie die nach etwa 10^{-15} s folgenden AUGER-Emissionen, die in ihrer Intensität der Übergangswahrscheinlichkeit proportional sind, als potentielle Informationsquelle über die Zustandsdichte angesehen werden können. Sowohl das Primärelektron wie das Rumpfelektron spielen beim Anregungsvorgang die Rolle einer Sonde mit der Aufgabe, die Zustandsdichte des unbesetzten Energiebereichs abzutasten, so daß die nachfolgende AUGER-Emission Auskunft über die Selbstfaltung der Zustandsdichte zu geben vermag.

Die Variation der Primärenergie E_p des einfallenden Elektrons, die das Abtasten der Zustandsdichte ermöglicht, bildet ein wesentliches Merkmal der sogenannten Schwellwertspektroskopie. Bei einer Kathoden-Anoden-Anordnung mit einem von außen anliegenden Potential eU, einer Austrittsarbeit der Kathode ϕ_K und einer thermischen Energie kT, findet man für die Energiebilanz (Fig. XIII.25)

$$E_p = eU + \phi_K + kT \,. \qquad \text{(XIII.127)}$$

Die Mindestenergie $E_{p,min}$ zur Anregung in freie Zustände oberhalb des FERMI-Niveaus E_F als Energienullpunkt ist identisch mit der Bindungsenergie E_B

$$E_{p,min} = E_B \,. \qquad \text{(XIII.128)}$$

Die Variation der Primärenergie ermöglicht beim Erreichen der Bindungsenergie (Schwellwert) eine Änderung sowohl der Intensität des anregenden Elektronenstrahls

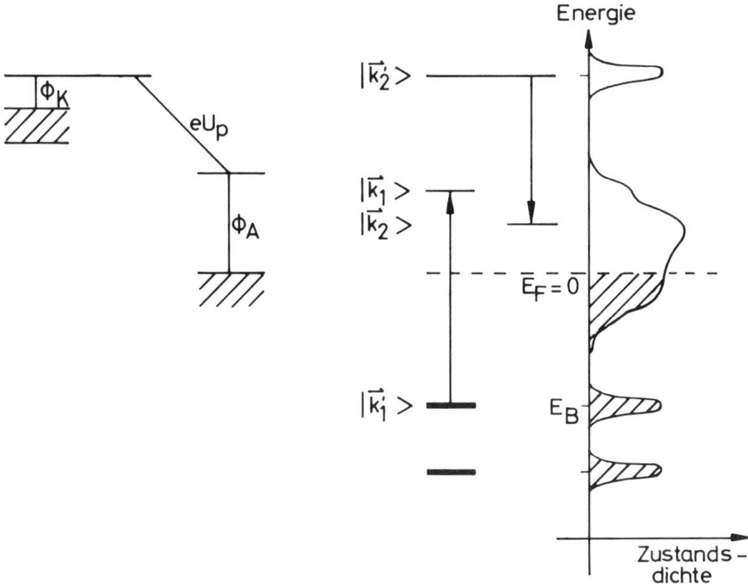

Fig. XIII.25: Potentialdiagramm mit Zustandsdichte $z(E)$ für die AUGER-Anregung im Festkörper bei der Schwellwertspektroskopie.

wie der Sekundäremission infolge des AUGER-Effektes. Beide Vorgänge, nämlich die Anregung selbst wie die AUGER-Emission, geben Anlaß zu Signalen einer Schwellwertspektroskopie, die die Bestimmung der Bindungsenergie erlauben. In einem Fall wird der Anregungsstrahl analysiert (*D*is-*A*ppearance *P*otential *S*pectroscopy, DAPS); im anderen Fall beobachtet man die in einem sekundären AUGER-Prozeß emittierten Elektronen oder die in einem strahlenden Konkurrenzprozeß emittierten Röntgenphotonen (*A*uger *E*lectron *A*ppearance *P*otential *S*pectroscopy, AEAPS). Dabei gilt für die Intensität I der AUGER-Emission

$$I = \text{const} \cdot N_P \cdot (1 - \omega) w_A \tag{XIII.129}$$

wenn N_P die Anzahl der Primärelektronen und ω die Röntgenfluoreszenzausbeute bedeuten. Beim Erreichen der Schwellwertbedingung (XIII.128) wird man eine Abnahme der quasi-elastischen reflektierten Elektronen verbunden mit einem Absinken der Strom-Spannungs-Kennlinie der Diode beobachten. Die Ursache dafür ist das Auftreten eines wahren sekundären Elektronenstroms i_s infolge der dann einsetzenden AUGER-Emission aus der Anode, der gemäß der Forderung nach der Konstanz des Glühelektronenstromes i

$$i = i_A + i_s \tag{XIII.130}$$

den Anodenstrom i_A vermindert. Diese Änderung in der Strom-Spannungs-Kennlinie wird als Signal in der AUGER-Spektroskopie verwendet. Die Breite des Signals wird – abgesehen von experimentellen Einflüssen – von der Lebensdauer resp. Energieunschärfe des unbesetzten Zustands $|\vec{k}_1' >$ bestimmt (Fig. XIII.24a, b). Eine Verkürzung der Relaxationszeit und mithin eine Verbreiterung in der Energie ist immer dann zu erwarten, wenn die nachfolgende Zustandsänderung unter Beibehaltung der Hauptquantenzahl mit einer ausschließlichen Änderung der Bahndrehimpulsquantenzahl vonstatten geht (COSTER-KRONIG-Übergang).

Eine Abschätzung der Bindungsenergien nimmt ihren Ausgang beim **H**-Atom. Die Ausdehnung auf exakt wasserstoffähnliche Systeme der Kernladungszahl Z, die $(Z-1)$-fach ionisiert sind, ergibt als Eigenwert der SCHRÖDINGER-Gleichung

$$E_n = -R_\infty Z^2 \frac{1}{n^2}, \tag{XIII.131}$$

wobei $R_\infty = \mu_0^2 m e^4 c^3 / 8h^3$ die RYDBERG-Konstante bedeutet. Die Erfassung jener Systeme, die nicht exakt wasserstoffähnlich sind, gelingt durch die Berücksichtigung von Elektronen in Zuständen, deren Hauptquantenzahl n_i der Bedingung $n_i \leq n$ genügt. Ihre abschirmende Eigenschaft mit der Wirkung, die Kernladung zu verkleinern, zwingt dazu, eine effektive Kernladungszahl

$$Z_{eff} = Z - \sigma_n \tag{XIII.132}$$

einzuführen, deren Abschirmzahl σ_n von der Hauptquantenzahl abhängig ist. Aber auch Zustände mit unterschiedlichem Bahndrehimpuls $\vec{l}$ bei gleicher Hauptquantenzahl können wegen der mit ihnen verbundenen identischen Aufenthaltswahrscheinlichkeit, dem Abschirmeffekt nicht in gleicher Weise Rechnung tragen. Deshalb muß die Abschirmzahl von der Bahndrehimpulsquantenzahl abhängig gemacht werden.

$$Z_{eff} = Z - \sigma_{n,l} \quad (l \leq n-1) \,. \tag{XIII.133}$$

Im Ergebnis erhält man eine Aufhebung der Bahnentartung und mithin eine Aufspaltung der Energie $E_{n,l}$ in $(n-1)$ Terme (Fig. XIII.26).

Die Einbeziehung des Elektronenspins schließlich verlangt die Berücksichtigung seiner Wechselwirkung mit dem Bahndrehimpuls $\vec{l}$. Sie beruht zum einen auf der Bewegung des mit dem Spin verbundenen magnetischen Moments im elektrischen Feld des Kerns und zum anderen auf der Änderung der Spinrichtung während des Bahnumlaufs (THOMAS-Präzession) als Folge einer relativistischen Kinematik und muß deshalb in der DIRAC-Gleichung nicht zusätzlich aufgeführt werden. Das Ergebnis für das **H**-Atom, das von dem nichtrelativistischen Wert um einen Betrag der Größenordnung v/c abweicht, lautet

$$E_{n,l,s} = |E_n| \begin{cases} \dfrac{\alpha^2}{2n(l+1/2)(l+1)} & \text{für} \quad j = l + 1/2\,; \quad l = 0,1,2\ldots(n-1) \\ \dfrac{-\alpha^2}{2nl(l+1/2)} & \text{für} \quad j = l - 1/2\,; \quad l = 1,2,\ldots(n-1) \end{cases} \tag{XIII.134}$$

mit der Feinstrukturkonstante $\alpha = \mu_0 c e^2 / 2h$. Eine weitere Korrektur, die nach der Beziehung

$$E = mc^2 \left(1 + \frac{p^2}{m^2c^2}\right)^{1/2} \approx mc^2 \left(1 + \frac{p^2}{2m^2c^2} - \frac{1}{8}\frac{p^2}{m^2c^2}\right)$$

die relativistische Geschwindigkeitsabhängigkeit der Elektronenmasse bis zur Entwicklung 2. Ordnung beachtet, liefert

$$E_{n;rel} = |E_n| \left(-\frac{Z^2\alpha^2}{4n^2}\right) \left(\frac{4n}{l+1/2} - 3\right) , \qquad \text{(XIII.135)}$$

so daß die Energiebilanz mit Gl. (XIII.134) den Wert

$$E_{n;j} = |E_n| \left(-\frac{Z^2\alpha^2}{4n^2}\right) \left(\frac{4n}{j+1/2} - 3\right) \qquad \text{(XIII.136)}$$

ergibt. Der Einfluß des Elektronenspins offenbart sich, abgesehen von den Zuständen mit $l = 0$, in der Aufhebung seiner Energieentartung, was das Auftreten von Spindubletts zur Folge hat (Fig. XIII.26). Die Erweiterung auf exakt wasserstoffähnliche Systeme durch Substitution der Ladung mit Hilfe von Ze und darüber hinaus auf nicht exakt wasserstoffähnliche Systeme durch Abschirmung der Kernladung in der Form (XIII.133) mündet in der Beziehung für die resultierende Bindungsenergie $E_B = E_n + E_{n;l,s} + E_{n;rel}$

$$E_B = R_\infty \left[\frac{(Z - \sigma_{n,l})^2}{n^2} - \frac{(Z - \sigma_{n,j})^4\alpha^2}{4n^4} \cdot \left(\frac{4n}{j+1/2} - 3\right)\right] . \qquad \text{(XIII.137)}$$

XIII.5.2 Experimentelles

Das Kernstück des experimentellen Aufbaus ist eine Triode mit einer **BaO**-Glühkathode, wie sie etwa mit einer FRANCK-HERTZ-Röhre vorliegt (Abschn. XI.1.2). Diese enthält alle erforderlichen Komponenten einer Ultrahochvakuumapparatur zur Oberflächenanalyse: eine Elektronenkanone (Glühkathode), ein Gitter und eine zu untersuchende Festkörperoberfläche (mit **Ba** bedampfte Anode). Um eine Gasentladung zu vermeiden, wird die Röhre bei Raumtemperatur mit ausgefrorenem Quecksilber betrieben.

An die indirekt geheizte **BaO**-Kathode wird eine negative, die Glühelektronen beschleunigende Spannung angelegt, die stetig von 0 V bis 1400 V verändert werden kann. Die Anode liegt auf Masse. Der Glühelektronenstrom, der nach Durchlaufen des Beschleunigungspotentials eU_B auf die Anode trifft, fließt zum Teil als Anodenstrom i_A gegen Masse ab. Ein anderer Teil jedoch induziert eine Sekundärelektronenemission i_s, die sich sowohl aus elastischen Streuvorgängen wie wirklichen Emissionsvorgängen mittels Kaskadenmechanismen zusammensetzt. Um eine daraus erwachsende Raumladung vor der Anode zu verhindern, wird das Gitter der Triode um etwa 40 V positiv gegen die Anode gepolt (Fig. XIII.27).

Beim Erreichen eines Beschleunigungspotentials, das mit der Bindungsenergie identisch ist, wird eine Erhöhung des Sekundärelektronenstroms und, damit verbunden, eine Absenkung des Anodenstromes erwartet (Gl. (XIII.130)). Die Geringfügigkeit dieser Stromänderung in der ohnehin schwankenden Strom-Spannungs-Charakteristik empfiehlt den Einsatz einer Modulationstechnik. Dabei wird der Beschleunigungsspannung

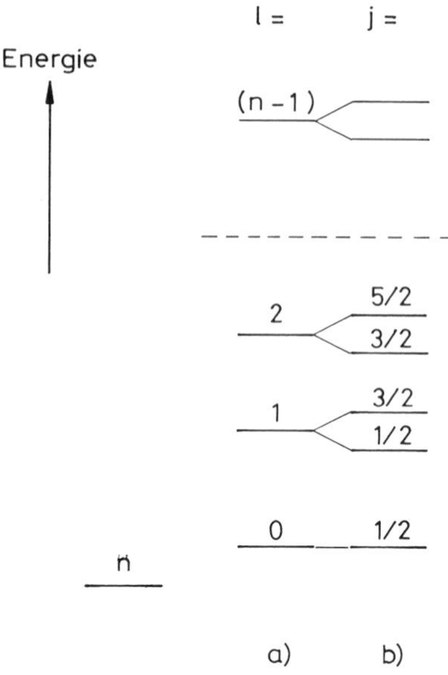

Fig. XIII.26: Energieschema von Röntgenzuständen nicht exakt wasserstoffähnlicher Systeme im COULOMB-Potential a) mit Berücksichtigung der effektiven Kernladung b) mit Berücksichtigung der Spin-Bahn-Wechselwirkung und einer relativistischen Massenkorrektur.

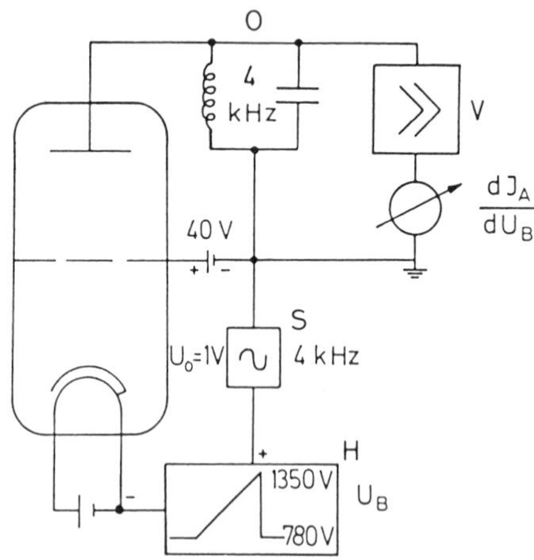

Fig. XIII.27: Schematischer Versuchsaufbau zur Schwellwertspektroskopie mit Hilfe des AUGER-Effekts; H: Hochspannungsversorgung und Sägezahngenerator, S: Sinusgenerator, O: Oszillator,V: Wechselspannungsverstärker oder Lock-In-Verstärker.

U additiv eine Wechselspannung $\Delta U = U_0 \sin \omega t$ mit geringer Amplitude U_0 (ca. 1 V) im Hörfrequenzbereich ($\omega = 2\pi \cdot 4$ kHz) überlagert. Ein auf die Modulationsfrequenz abgestimmter Schwingkreis wirkt als frequenzselektiver Arbeitswiderstand und filtert den interessierenden Wechselstromanteil des Signals aus dem Anodenstrom heraus (Fig. XIII.27).

Die hohe Intensität der Signale der M_{IV}- und M_V-Unterschale von Barium erlaubt die direkte Beobachtung auf einem Oszillograph. Zur Registrierung der Bindungsenergien der M_{III}-, M_{II}- und M_I-Unterschale empfiehlt sich das Vorschalten eines Wechselspannungsverstärkers (ca. 10^3-fache Verstärkung). Eine gründliche Erfassung der Schwellwertspektroskopie ermöglicht erst die Anwendung der Lock-In-Technik (phasenempfindliche Meßverstärkung) mit nachfolgender Schreiberaufzeichnung.

XIII.3.2 Aufgabenstellung

Man ermittle die Bindungsenergien der M-Schalen von Barium (M_I, M_{II}, M_{III}, M_{IV}, M_V bzw. mit $n = 3; l = 0, 1, 2$) aus der Strom-Spannungskennlinie (AEAPS s.o.) einer Triode. Dabei werden mit einem phasenempfindlichen Gleichrichter sowohl die einfach wie zweifach differenzierten Spektren aufgenommen. Daneben wird das Intensititätsverhältnis des Spindubletts M_{IV}, M_V sowie der Einfluß des Modulationshubs untersucht.

XIII.3.3 Anleitung

Die Wirkungsweise der Modulationstechnik kann unter Vernachlässigung der endlichen Resonanzschärfe des Schwingkreises analytisch verfolgt werden. Dazu wird eine TAYLOR-Entwicklung des Glühelektronenstromes i als Meßgröße um die Beschleunigungsspannung U vorgenommen

$$i(U + \Delta U) = i(U) + \frac{di}{dU} \cdot \Delta U + \frac{1}{2!} \frac{d^2 i}{dU^2} \cdot (\Delta U)^2 + \cdots ,$$

wobei

$$\Delta U = U_0 \cdot \sin \omega t$$

die Modulationsspannung bedeutet. Mit der trigonometrischen Umformung $\sin^2 \alpha = 1/2(1 - \cos 2\alpha)$ erhält man

$$\begin{aligned} i(U + \Delta U) &= i(U) + \frac{1}{2!} \cdot \frac{U_0^2}{2} \frac{d^2 i}{dU^2} + \cdots \\ &+ \left(U_0 \frac{di}{dU} + \frac{1}{3!} \frac{3}{4} U_0^3 \frac{d^3 i}{dU^3} + \cdots \right) \sin \omega t - \\ &- \left(\frac{1}{2!} \frac{U_0^2}{2} \frac{d^2 i}{dU^2} + \frac{1}{4!} \left(\frac{1}{2} \right)^2 2 U_0^4 \frac{d^4 i}{dU^4} + \cdots \right) \cos 2\omega t \pm \cdots \end{aligned} \qquad \text{(XIII.138)}$$

Bei Beobachtung jenes verstärkten Signals i, das mit der Frequenz ω oszilliert, wird man demnach für hinreichend kleine Modulationsamplituden U_0 im wesentlichen die

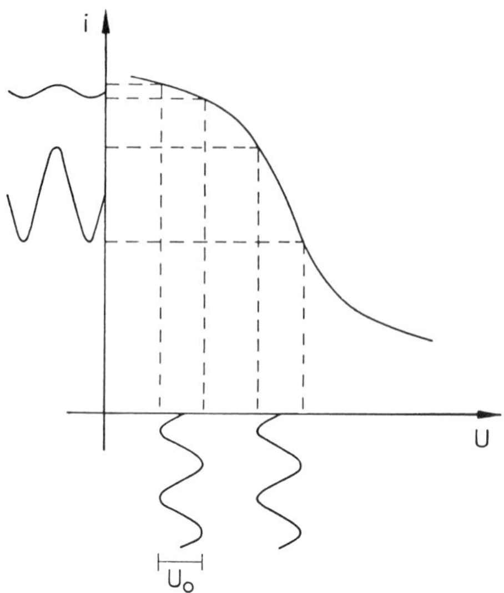

Fig. XIII.28: Darstellung der Modulationstechnik bei der Messung einer Strom-Spannungs-Charakteristik; U_0: Modulationshub.

erste Ableitung der Strom-Spannungs-Charakteristik di/dU registrieren. Zudem erkennt man eine annähernd lineare Abhängigkeit der Signalintensität vom Modulationshub (Fig. XIII.28). Eine Herabsetzung der Modulationsfrequenz des Sinusgenerators auf die Hälfte $\omega' = \omega/2$ bei unveränderter Abstimmung des frequenzselektiven Schwingkreises auf die Grundfrequenz ω bedeutet die Beobachtung der Oberwelle mit einer Frequenz von $2\omega'$, dessen Signalintensität nach Gl. (XIII.138) im wesentlichen von der zweiten Ableitung der Strom-Spannungs-Charakteristik d^2i/dU^2 geprägt wird.

Die zu erwartenden Linien des AUGER-Spektrums der Barium M-Schale liegen in einem Bereich der Beschleunigungsspannung von 780 V und 1350 V. Die Aufspaltung des Spindubletts errechnet sich nach Gl. (XIII.137) zu

$$\Delta E = E_{n=3;l+1/2} - E_{n=3;l-1/2} = R_\infty(Z - \sigma_{3,j})\frac{\alpha^2}{3^3 l(l+1)} \,.$$

Mit den Abschirmzahlen $\sigma_{3,3/2} = 8.5$ und $\sigma_{3,5/2} = 13.0$ erhält man daraus $\Delta E = 68.3$ eV und $\Delta E = 15.3$ eV für das M_{II}-M_{III}-Dublett resp. M_{IV}-M_V-Dublett.

Eine quantitative Auswertung der Linienintensität, die eine Zunahme mit wachsender Drehimpulsquantenzahl l deutlich erkennen läßt, ist wegen der Unkenntnis über die Energieabhängigkeit von Wegstrecken und Übergangswahrscheinlichkeiten nicht durchführbar. Dennoch kann das Verhältnis von Intensitäten energetisch dicht zusammenliegender Linien benutzt werden, um den Einfluß der Zustandsdichte zu verfolgen. Die in solchen Rumpfzuständen sonst annähernd gleich scharfen Zustandsdichten unterscheiden sich im Hinblick auf das statistische Gewicht $g_j = (2j+1)$, das der unterschiedlichen Entartung der Zustände Rechnung trägt. Demnach wird man für das Verhältnis der Intensitäten innerhalb des M_{IV}-M_V-Dubletts den Wert 6/4 erwarten.

XIII.6 Literatur

1. C. **KITTEL** *Einführung in die Festkörperphysik*
   R. Oldenbourg, München, Wien **1988**

2. K.H. **HELLWEGE** *Einführung in die Festkörperphysik*
   Springer, Berlin, Heidelberg, New York **1981**

3. H. **IBACH, H. LÜTH** *Festkörperphysik*
   Springer, Berlin, Heidelberg, New York **1981**

4. G. **BUSCH, H. SCHADE** *Vorlesungen über Festkörperphysik*
   Birkhäuser, Basel, Stuttgart **1973**

5. C. **WEISSMANTEL, C. HAMAN** *Grundlagen der Festkörperphysik*
   Springer, Berlin, Heidelberg **1979**

6. F.C. **BROWN** *The Physics of Solids*
   W.A. Benjamin, New York, Amsterdam **1967**

7. A. **HAUG** *Theoretische Festkörperphysik, Bd. I u. II*
   F. Deuticke, Wien **1964**

8. W. **LUDWIG** *Festkörperphysik, Bd. I u. II*
   Akad. Verlagsgesellschaft, Frankfurt **1970**

9. H. **HAKEN** *Quantenfeldtheorie des Festkörpers*
   B.G. TEUBNER, Stuttgart **1973**

10. J.M. **ZIMAN** *Prinzipien der Festkörpertheorie*
    Harri Deutsch, Zürich, Frankfurt **1975**

11. O. **MADELUNG** *Introduction to Solid State Theory*
    Springer, Berlin, Heidelberg, New York **1978**

12. C. **KITTEL, C.Y. FONG** *Quantentheorie der Festkörper*
    R. Oldenbourg, München, Wien **1988**

13. R. **BECKER, R. SAUTER** *Theorie der Elektrizität, Bd. III: Elektrodynamik der Materie* B.G. Teubner, Stuttgart **1969**

14. K. **KOPITZKI** *Einführung in die Festkörperphysik*
    B.G. Teubner, Stuttgart **1986**

15. H. **NEFF** *Grundlagen und Anwendung der Röntgenstrukturanalyse*
    R. Oldenbourg, München **1959**

16. O. MADELUNG *Grundlagen der Halbleiterphysik*
Springer, Berlin, Heidelberg, New York **1970**

17. W. BRAUER, H.W. STREITWOLF *Theoretische Grundlagen der Halbleiterphysik* Vieweg, Braunschweig **1977**

18. R.E. PRANGE, S.M. GIRVIN (Eds.) *The Quantum HALL-Effect*
Springer, New York, Berlin, Heidelberg **1987**

19. P. GOLDBERG *Luminescence of Inorganic Solids*
Academic Press, New York, London **1966**

20 N. RIEHL (Hrsg.) *Einführung in die Lumineszenz*
K. Thiemig, München **1970**

21. B.I. STEPANOV, V.P. GRIBKOVSKII *Theory of Luminescence*
Iliffe books Ltd., London **1968**

22. J.H. CRAWFORD, Jr., L.M. SLIFKIN *Point Defects in Solids*
Plenum Press, New York, London **1972**

23. H. IBACH (Ed.) *Electron Spectroscopy for Surface Analysis* in: *Topics in Current Physics* Springer, Berlin, Heidelberg, New York **1977**

XIV. Kernspektroskopie

Im weitesten Sinne beschäftigt sich die Kernspektroskopie mit den Eigenschaften von Atomkernen und den dort vorherrschenden Prozessen. Das Ziel der Untersuchungen ist demnach die Ermittlung charakteristischer Quantitäten wie Kernladung, Kernmasse, Kernradius, Kernspin, Parität, elektrische und magnetische Momente, Lebensdauern und Energien. Daneben interessieren z.B. Zerfallsprozesse und Kernreaktionen. Die hohen Energien von Teilchen verhelfen dabei oft zu Methoden, durch deren Einsatz ein Elementarprozeß direkt beobachtet werden kann, und die so die bislang bekannten Techniken, die die Observable nur im statistischen Mittel zu studieren gestatten, ergänzen.

Für die grundsätzliche Verschiedenheit der elementaren Kernphysik zu den bisher betrachteten Erscheinungen und Vorgängen ist eine neue Art von Wechselwirkung verantwortlich. Während bei der Physik der Atomhülle die elektromagnetische Wechselwirkung als grundlegender Ansatz zur Diskussion der Beobachtungen genügt, gilt beim Kern die Forderung nach einer um etwa einen Faktor 200 stärkeren, wenngleich auch mit kürzerer Reichweite ausgestatteten Wechselwirkung. In beiden Fällen jedoch bildet die Quantenmechanik die Basis für die theoretische Beschreibung und wird durch keine umfassende Theorie zu einer Näherung verurteilt. So mag die Vorstellung der elektromagnetischen Wechselwirkung im Modell der Quantenelektrodynamik unter Einbeziehung eines Photonenaustausches zwischen Leptonen auf die Verhältnisse des Kerns übertragen werden, wonach im Rahmen der Quantenchromodynamik die Vermittlung der starken Wechselwirkung durch den Austausch von Gluonen zwischen den Quarks erfolgt.

Ein weiteres Vordringen in die elementare Kernmaterie, das auch zukünftig grundlegende Erkenntnisse verspricht, erfordert den Einsatz von Sonden, deren Energien mit der Energie der zu untersuchenden Wechselwirkung vergleichbar sind. Die daraus erwachsende "Spektroskopie" im Hochenergiebereich, die um die Aufklärung der Physik der Elementarteilchen bemüht ist, kann deshalb nur mit Hilfe gigantischer Apparaturen, wie sie Beschleuniger darstellen, bewältigt werden. Nachdem es gelungen ist, die schwache Wechselwirkung, die bei Prozessen mit Beteiligung von vier FERMI-Teilchen vorherrscht, mit der elektromagnetischen Wechselwirkung zu vereinigen - durch direkte Produktbildung zweier unitärer Gruppen $SU(2) \times U(1)$ und Berücksichtigung einer spontanen lokalen Symmetriebrechnung -, bleibt eines der vorrangigen Ziele der experimentellen wie auch theoretischen Bemühungen, die starke Wechselwirkung, die in der Quantenchromodynamik durch die exakte Eichgruppe $SU_c(3)$ (c: colour) erklärt wird, im Rahmen der Idee einer Vereinheitlichung einzuordnen (s. Abschn. VIII.1.2).

XIV.1 Kernspinresonanz

XIV.1.1 Grundlagen

Die Bedeutung der Kernspinresonanz (KSR) ist heute weniger an ihren ursprünglichen Erfolgen als spektroskopische Methode zur Ermittlung von Kernmomenten und Relaxationszeiten zu messen. Vielmehr erwächst sie aus ihrem Einsatz als angewandte Technik in den Naturwissenschaften und der Medizin. Die KSR vermittelt einen tiefen Einblick in die Natur der Wechselwirkungen von Kernspins untereinander und mit der umgebenden Matrix und befähigt zu einer differenzierten Erfassung von Diffusionsvorgängen mit räumlicher und zeitlicher Auflösung.

Die theoretische Behandlung der KSR erfolgt in Analogie zu jener, die bei der Elektronenspinresonanz bemüht wird (s. Abschn. XI.5.1), so daß auch hier der durch das Magnetfeld bedingte Störoperator die Aufhebung der Spinentartung veranlaßt (Gl. (XI.104)). Die Verknüpfung zwischen dem magnetischen Moment $\vec{\mu}$ und dem Kernspin $\vec{I}$ nach

$$\vec{\mu} = \gamma \cdot \vec{I} \tag{XIV.1}$$

geschieht durch das gyromagnetische Verhältnis γ, das sich formal zu

$$\gamma = \frac{\mu_K \, g_I}{\hbar} \tag{XIV.2}$$

ergibt. Dabei ist g_I der Kern-g-Faktor und μ_K das Kernmagneton, das aus dem BOHRschen Magneton vermittels Substitution der Elektronenmasse durch die Protonenruhemasse hervorgeht.

Verfolgt man die Dynamik des magnetischen Moments eines Kernspins, so verlangt die klassische Behandlung die Lösung der Bewegungsgleichung, die für die zeitliche Änderung des Drehimpulses I eines Masseteilchens die äußeren Drehmomente verantwortlich macht. Bei Anwesenheit eines äußeren Magnetfeldes erhält man deshalb

$$\frac{d\vec{I}}{dt} = \vec{\mu} \times \vec{B} \, , \tag{XIV.3}$$

wonach mit Gl. (XIV.1) die Bewegungsgleichung

$$\frac{d\vec{\mu}}{dt} = \gamma \, (\vec{\mu} \times \vec{B}) \tag{XIV.4}$$

resultiert. Nach Wahl eines homogenen Magnetfeldes in z-Richtung ($\vec{B} = (0, 0, B)$), weist die Lösung neben einer konstanten Komponente μ_z zwei zeitabhängige Querkomponenten μ_x, μ_y auf, die sich periodisch mit der LARMOR-Frequenz $\omega_L = \gamma B$ ändern (s.a. Abschn. XI.5.1). Eine Transformation des raumfesten Koordinatensystems (x, y, z) in ein mit der Winkelgeschwindigkeit $\vec{\omega}$ rotierendes System (x', y', z') ergibt nach der allgemeinen Beziehung für die Zeitableitung einer Vektorfunktion $d\vec{A}/dt = d\vec{A}/dt|_{rot} + \vec{\omega} \times \vec{A}$ ($d\vec{A}/dt|_{rot}$: Zeitableitung im rotierenden System) und mit Gl. (XIV.4) die Beziehung

$$\left.\frac{d\vec{\mu}}{dt}\right|_{rot} = \gamma \, \vec{\mu} \times \left(\vec{B} + \frac{\vec{\omega}}{\gamma} \right) \, , \tag{XIV.5}$$

die bei Substitution der magnetischen Flußdichte $\vec{B}$ durch eine effektive magnetische Flußdichte

$$\vec{B}_{eff} = \vec{B} + \frac{\vec{\omega}}{\gamma} \qquad \text{(XIV.6)}$$

aus der Bewegungsgleichung (XIV.4) im ortsfesten Koordinatensystem hervorgeht. Die Lösung von (XIV.5) ist verknüpft mit der Forderung, daß der mitbewegte Beobachter keine Änderung des Kernmoments $\vec{\mu}$ feststellt, was mit der stationären Bedingung $d\vec{\mu}/dt|_{rot} = 0$ bzw.

$$\vec{B} + \frac{\vec{\omega}}{\gamma} = 0 \qquad \text{(XIV.7)}$$

identisch ist. Daraus ergibt sich die Präzessionsbewegung des Kernmomentes um die Richtung der magnetischen Flußdichte $\vec{B}$ mit der LARMOR-Frequenz ω_L (Fig. XIV.1).

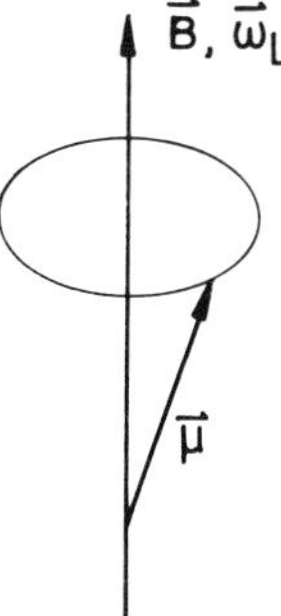

Fig. XIV.1: Klassisches Modell der Präzession eines magnetischen Dipols $\vec{\mu}$ im statischen, homogenen Magnetfeld $\vec{B}$ mit der LARMOR-Frequenz ω_L.

Ein flüchtiger Blick auf die quantenmechanische Behandlung lehrt keine grundsätzlich neuen Erkenntnisse. Dort wird die Suche nach der zeitlichen Änderung des magnetischen Moments $\vec{\mu}$ als Observable durch die Grundgleichung der Dynamik ermöglicht, die im SCHRÖDINGER-Bild die Anwendung des LIOUVILLE-Operators verlangt

$$\frac{d\hat{\vec{\mu}}}{dt} = \hat{\hat{L}}\hat{\vec{\mu}} \qquad \text{(XIV.8)}$$

($\hat{\hat{L}}$: LIOUVILLE-Operator, s.a. Abschn. XI.7.1), falls eine explizite Zeitabhängigkeit ($\partial\hat{\vec{\mu}}/\partial t = 0$) ausgeschlossen werden kann, was die Erfüllung der stationären Bedingung bedeutet. Zur weiteren Berechnung werden nach der Verknüpfung mit dem Kernspin gemäß Gl. (XIV.1) die Vertauschungsrelationen der Spinobservablen untereinander benutzt.

Der experimentelle Nachweis der quantenmechanischen ZEEMAN-Zustände oder der klassischen Präzessionsbewegung gelingt nur durch die Anwendung eines magnetischen Wechselfeldes $\vec{B}_1$ mit endlichen Komponenten senkrecht zum statischen ZEEMAN-Feld $\vec{B}$. Im Ergebnis beobachtet man bei resonanter Einstrahlung eine Phasenkonstanz der Magnetisierung von Kernmomenten untereinander, was einen magnetischen Dipolübergang zwischen den ZEEMAN-Zuständen auslöst. Die dafür geltende Bewegungsgleichung im ortsfesten Koordinatensystem kann nach Gl. (XIV.4) abgelesen werden, sofern das resultierende Magnetfeld $(\vec{B} + \vec{B}_1)$ berücksichtigt wird. Mit der Annahme eines Feldes der Form

$$\vec{B} = B_1 \cos\omega t \cdot \vec{e}_x + B_1 \sin\omega t \cdot \vec{e}_y + B \cdot \vec{e}_z \ , \tag{XIV.9}$$

das ein in der $x - y$-Ebene linksdrehendes Wechselfeld einschließt, erhält man als Bewegungsgleichung in einem mit der Winkelgeschwindigkeit $\vec{\omega}$ um die z-Achse rotierenden Koordinatensystem $(x', y', z = z')$

$$\frac{d\vec{\mu}}{dt} = \gamma\, \vec{\mu} \times \vec{B}_{eff} \tag{XIV.10}$$

mit dem effektiven Magnetfeld

$$\vec{B}_{eff} = \left(B - \frac{\omega}{\gamma}\right) \vec{e}_{z'} + B_1 \vec{e}_{x'} \ , \tag{XIV.11}$$

das sich vektoriell aus dem ZEEMAN-Feld $\vec{B}$ und dem Wechselfeld $\vec{B}_1$ zusammensetzt. Die Interpretation der Bewegungsgleichung zwingt zur Annahme einer Präzession des Kernmoments um die Achse des effektiven Magnetfeldes mit der Kreisfrequenz $\omega_{eff} = \gamma B_{eff}$ (Fig. XIV.2). Eine solche Nutation gibt Anlaß zu einer Änderung der Komponente μ_z, die den experimentellen Nachweis der ZEEMAN-Zustände gestattet. Im speziellen Fall der Resonanz nach Gl. (XIV.7), bei dem die Kreisfrequenz des Wechselfeldes mit der LARMOR-Frequenz ω_L identisch ist, übt das im rotierenden System noch (nach Gl. (XIV.11)) verbleibende konstante Feld $\vec{B}_1$ ein Drehmoment auf das dort ebenfalls unveränderte Kernmoment $\vec{\mu}$ aus, so daß der mitbewegte Beobachter eine Präzession um die rotierende x'-Achse mit der Kreisfrequenz $\omega_1 = \gamma \cdot B_1$ $(\ll \omega_L)$ erfährt. Dem im ortsfesten System ruhenden Beobachter hingegen scheint die Spitze des Kernmoments auf einer Rosettenbahn zu verlaufen. Beide Betrachtungsweisen erlauben in diesem Fall die größtmögliche Änderung der Komponente μ_z, was im quantenmechanischen Sinne mit dem Umklappen des Kernspins identifiziert werden kann.

Die Beobachtung der Magnetisierung $\vec{M}$ als makroskopische Observable zwingt zur vektoriellen Addition aller Kernmomente $\vec{\mu}_i$ pro Volumeneinheit

$$\vec{M} = \frac{1}{V} \sum_i \vec{\mu}_i \ . \tag{XIV.12}$$

Schließt man eine Wechselwirkung der Momente untereinander aus, dann bleibt die Gültigkeit der bisherigen Bewegungsgleichungen nach Substitution des einzelnen Moments durch den makroskopischen Wert bestehen.

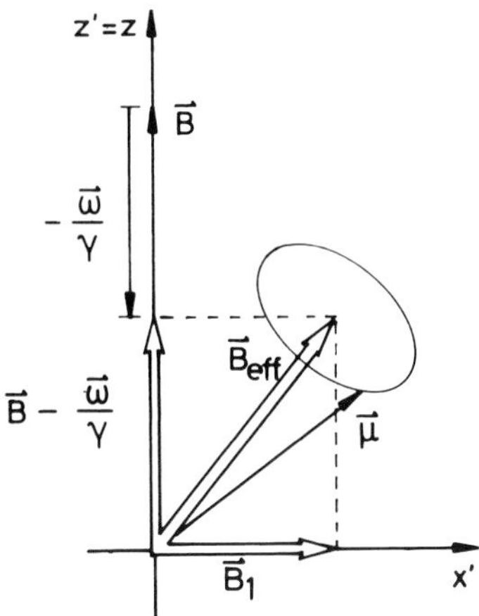

Fig. XIV.2: Präzessionsbewegung eines magnetischen Dipols um die Richtung der effektiven Flußdichte $\vec{B}_{eff}$ im rotierenden Koordinatensystem; $\vec{B}$: statisches Feld; $\vec{B}_1$: Wechselfeld.

Die vollständige Diskussion der Dynamik verlangt die Berücksichtigung von Vorgängen, die dem äußeren Eingriff entgegenwirken und nach dessen Abschaltung das Maß jener Geschwindigkeit beherrschen, mit dem das System das thermodynamische Gleichgewicht als Situation minimalster Energie anzustreben sucht. Ursache solcher Relaxationsvorgänge ist die Kopplung der Kernmomente sowohl mit der umgebenden Matrix als auch untereinander, woraus zwei wesensverschiedene Mechanismen resultieren: a) die Spin-Gitter-Wechselwirkung, b) die Spin-Spin-Wechselwirkung. Beide Erscheinungen können phänomenologisch durch lineare Relaxationsterme mit charakteristischen Relaxationszeiten T_1, T_2 erfaßt werden, so daß die vollständige Bewegungsgleichung (BLOCHsche Gleichung) die Form

$$\frac{d\vec{M}}{dt} = \gamma(\vec{M} \times \vec{B}) - \frac{M_x}{T_2}\vec{e}_x - \frac{M_y}{T_2}\vec{e}_y - \frac{M_0 - M_z}{T_1}\vec{e}_z \tag{XIV.13}$$

annimmt. Dabei ist die longitudinale Relaxationszeit T_1, die durch die Spin-Gitter-Wechselwirkung geprägt wird, ein Maß für jene Dauer, innerhalb derer eine Änderung der Längsmagnetisierung M_z nach Ein- oder Ausschalten des äußeren ZEEMAN-Feldes in z-Richtung zu beobachten ist. Der Gleichgewichtswert der Längsmagnetisierung M_0 erweist sich als linear proportional zur äußeren Flußdichte

$$M_0 = \chi_0 \frac{B}{\mu_0} \tag{XIV.14}$$

mit einer statischen magnetischen Suszeptibilität χ_0, die aus dem Vergleich mit der Beziehung

$$M_0 = N < \mu > \tag{XIV.15}$$

(N: Konzentration der Kerne, $< \mu >$: mittleres Kernmoment) gewonnen werden kann. Bei der Suche nach dem mittleren Moment $< \mu >$, das sich unter der orientierenden Wirkung des Magnetfeldes sowie der desorientierenden Wärmebewegung bei endlichen Temperaturen einstellt, benutzt man zur Scharmittelbildung die kanonische (BOLTZMANN-) Verteilung im Phasenraum. Unter der Annahme beliebiger Orientierbarkeit der Momente sowie von Feldstärken mit ZEEMAN-Aufspaltungen, die klein gegen die thermische Energie sind ($\vec{\mu}\vec{B} \ll kT$), erhält man die Näherung (s. Abschn. VII.1)

$$< \mu > = \gamma^2 \frac{I(I+1)\hbar^2}{3kT} \cdot B \,. \tag{XIV.16}$$

Eine weitere Möglichkeit zur Ermittlung der Gleichgewichtsmagnetisierung M_0 ergibt sich aus der Betrachtung der Besetzungszahlen einzelner ZEEMAN-Zustände, deren mittlerer Wert durch die kanonische Verteilung als die Grundlage solcher statistischer Überlegungen (s.o.) bestimmt wird. Auf diesem Weg bestimmt man dann die Differenz der Besetzungszahlen, um mit der Gesamtbilanz und dem Moment eines Kerns die resultierende Magnetisierung berechnen zu können.

Im Unterschied zu T_1 stellt die transversale Relaxationszeit T_2 die charakteristische Größe für die Änderung der Quermagnetisierung (M_x, M_y) dar und beschreibt phänomenologisch die Spin-Spin-Wechselwirkung. Daneben kann sie als Maß für den Verlust der Phasenkohärenz einzelner Momente betrachtet werden. Ausgehend von der Anwendung des statischen ZEEMAN-Feldes alleine, findet man als dessen makroskopische Wirkung eine endliche Längsmagnetisierung M_0, die aus quantenmechanischer Sicht auf die Unterschiede der Besetzungszahlen der beteiligten ZEEMAN-Zustände zurückzuführen ist. Die zeitlich sich ändernden Phasenbeziehungen der Kerne untereinander verhindern dagegen den Aufbau einer makroskopischen Quermagnetisierung, so daß deren Verhalten als inkohärent bezeichnet werden kann. Erst die zusätzliche Anwendung eines magnetischen Wechselfeldes $\vec{B}_1(t)$ senkrecht zum ZEEMAN-Feld $\vec{B}$ vermag die Phasenlage zueinander mehr oder minder konstant zu halten, wodurch eine teilweise kohärente Anregung ausgezeichnet wird (s.u.). Die Folge davon ist die Ausbildung einer mit der Anregungsfrequenz sich ändernden Quermagnetisierung, deren Betrag um so mehr anwächst als die Frequenz des Wechselfeldes sich der Resonanzfrequenz ω_L nähert, um dort ihren maximalen Wert zu erreichen. Nach Abschalten des Wechselfeldes verschwindet die Phasenkohärenz in einer Zeitspanne, die von der Spin-Spin-Wechselwirkung beeinflußt und mithin durch die transversale Relaxationszeit T_2 charakterisiert wird.

Die Zerlegung des linearen Wechselfeldes

$$\vec{B}_1(t) = 2B_1 \cos\omega t \cdot \vec{e}_x \tag{XIV.17}$$

in zwei gegensinnig rotierende Felder zwingt dazu, nur das im Sinne der LARMOR-Präzession drehende Feld als die für die Nutation bzw. Spinumkehr wirksame Komponente zu betrachten, so daß sich das gesamte Magnetfeld in der Form (XIV.9) darstellen läßt. Bei der Diskussion der BLOCHschen Gleichung (XIV.13) wird zu jedem Zeitpunkt das thermische Gleichgewicht vorausgesetzt, was die Forderung nach stationärer Bedingung $\dot{M}_z = 0$ resp. im bewegten Koordinatensystem $M_{z'} = M_{y'} = M_{x'} = 0$ impliziert.

Die Variation der Frequenz des Wechselfeldes beim Aufsuchen der Resonanzstelle muß demnach genügend langsam erfolgen, um die vom homogenen System beschriebenen gedämpften Bewegungen, die den Einfluß der Relaxationszeiten widerspiegeln, abklingen zu lassen. Mit dem Ansatz einer alternierenden Quermagnetisierung

$$M_x = m\cos(\omega t + \varphi) \qquad \text{(XIV.18a)}$$

$$M_y = m\sin(\omega t - \varphi)\,, \qquad \text{(XIV.18b)}$$

die gegenüber dem anregenden Wechselfeld $\vec{B}_1(t)$ um den Phasenwinkel φ verschoben ist, erhält man nach (XIV.13)

$$M_x = \frac{1}{N}\gamma M_0 B_1 T_2\left[(\omega_L - \omega)\,T_2\cos\omega t + \sin\omega t)\right] \qquad \text{(XIV.19a)}$$

$$M_y = \frac{1}{N}\gamma M_0 B_1 T_2\left[\cos\omega t - (\omega_L - \omega)\,T_2\sin\omega t)\right] \qquad \text{(XIV.19b)}$$

$$M_z = \frac{1}{N} M_0\left[1 + (\omega_L - \omega)^2\,T_2^2\right] \qquad \text{(XIV.19c)}$$

mit dem Resonanznenner

$$N = 1 + \gamma^2 B_1^2\,T_1 T_2 + (\omega_L - \omega)^2\,T_2^2\,. \qquad \text{(XIV.20)}$$

Die Transformation der Magnetisierung $\vec{M}$ in ein mit $\vec{\omega}$ in z-Richtung rotierendes Koordinatensystem geschieht nach der linearen Vektorfunktion

$$\vec{M}' = \hat{D}\cdot\vec{M} \qquad \text{(XIV.21)}$$

mit Hilfe der Transformationsmatrix

$$\hat{D} = \begin{pmatrix} \cos\omega t & -\sin\omega t & 0 \\ \sin\omega t & \cos\omega t & 0 \\ 0 & 0 & 1 \end{pmatrix}\,, \qquad \text{(XIV.22)}$$

woraus konstante Querkomponenten

$$M_{x'} = \frac{1}{N}\gamma M_0 B_1\,(\omega_L - \omega)\,T_2^2 \qquad \text{(XIV.23a)}$$

$$M_{y'} = \frac{1}{N}\gamma M_0 B_1\,T_2 \qquad \text{(XIV.23b)}$$

resultieren.

Die Unterscheidung der Quermagnetisierung in zwei Komponenten M_x, M_y, von denen die eine phasengleich und die andere um $\pi/2$ phasenverschoben zum anregenden Wechselfeld rotiert, legt es nahe, eine komplexe, dynamische Suszeptibilität einzuführen

$$\chi(\omega) = \chi'(\omega) - i\chi''(\omega)\,. \qquad \text{(XIV.24)}$$

Zur Ermittlung der beiden Anteile verwendet man die makroskopische Beziehung $\vec{M} = \chi\vec{B}/\mu_0$ und vergleicht Realteil M_x und Imaginärteil M_y bei komplexer Schreibweise des Wechselfeldes (XIV.17) $B_1(t) = 2B_1\cdot e^{+i\omega t}$ mit den Gl.en (XIV.19a) und (XIV.19b):

$$\chi' = \frac{1}{2N}\gamma\mu_0 M_0(\omega_L - \omega)\,T_2^2 \quad \left(= \mu_0\frac{M_{x'}}{2B_1}\right) \qquad \text{(XIV.25a)}$$

$$\chi'' = \frac{1}{2N}\gamma\mu_0 M_0\,T_2 \quad \left(= \mu_0\frac{M_{x'}}{2B_1}\right)\,. \qquad \text{(XIV.25b)}$$

Bei dem Versuch, die vom Spinsystem aus dem Wechselfeld absorbierte Leistung nach

$$P = \frac{1}{T} \int_0^T \mathrm{Re}(\vec{B}_1 \cdot d\vec{M}) \tag{XIV.26}$$

zu berechnen, wird mit der Substitution $d\vec{M} = \partial\vec{M}/\partial t \cdot dt$ offenkundig, daß nur die senkrecht zum Wechselfeld stehende Komponente der Quermagnetisierung einen Beitrag liefert. Die Auswertung des Integrals ergibt (in der Nähe der Resonanz $\omega \approx \omega_L$) die Absorption

$$P(\omega) = \frac{2}{\mu_0} B_1^2 \omega_L \chi''(\omega) \tag{XIV.27}$$

mit einer LORENTZ-Linienform und der Halbwertsbreite $\Delta\omega = 2S/T_2$, wobei $S = \sqrt{1 + \gamma^2 B_1^2 T_1 T_2}$ den Sättigungsfaktor darstellt (Fig. XIV.3).

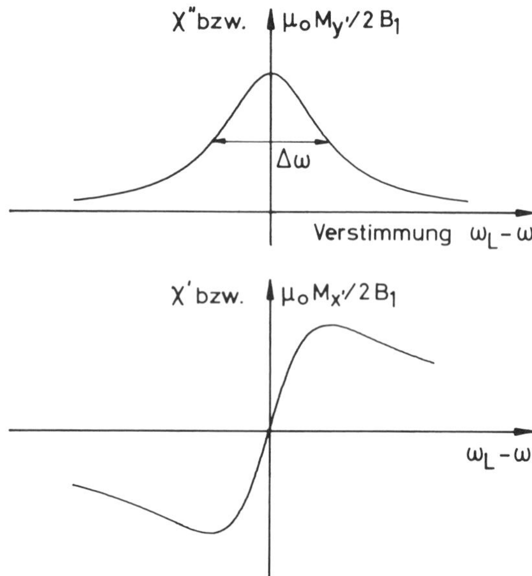

Fig. XIV.3: Darstellung des Realteils χ' und Imaginärteils χ'' der dynamischen Suszeptibilität resp. der konstanten Quermagnetisierung $M_{x'}, M_{y'}$ im rotierenden Koordinatensystem als Funktion der Verstimmung $(\omega_L - \omega)$ des Wechselfeldes $\vec{B}_1$ (ω_L: Resonanzfrequenz).

Für den häufig auftretenden Fall schwacher Felder, die der Bedingung $S \approx 1$ genügen, wird die Verbreiterung der Absorptionskurve ($\Delta\omega \approx 2/T_2$) nahezu ausschließlich durch die zeitabhängigen Wechselwirkungen der Spins untereinander bestimmt. Er eröffnet demnach die Möglichkeit, die transversale Relaxationszeit T_2 experimentell zu ermitteln. Eine weitere Ursache der Verbreiterung entsteht aus der dipolaren Wechselwirkung, deren theoretische Behandlung näherungsweise eine GAUSS-Linienform zum Ergebnis hat. Die Verknüpfung mit der Dispersion χ' geschieht durch die KRAMERS-KRONIG-Relation (s. Abschn. XI.5.1).

Ein ganz anderer Fall ergibt sich bei starken Wechselfeldern, der die Erscheinung der Sättigung repräsentiert ($S \gg 1$). Während die absorbierte Leistung um etwa den Faktor $(1 + \gamma^2 B_1^2 T_1 T_2)$ abnimmt, wächst die Verbreiterung der Resonanzkurve im gleichen Maße an. Die maximale Leistungsabsorption bei Resonanz ($P_{max} = \chi_0 B^2/\mu_0 T_1$) erweist sich hier als unabhängig vom Wechselfeld und erlaubt die experimentelle Ermittlung der longitudinalen Relaxationszeit. Der Fall wird durch den annähernden Ausgleich der Besetzungszahlen unterschiedlicher Zustände charakterisiert, so daß gemäß der kanonischen Verteilung von einer Aufheizung der Spintemperatur T_S als der Temperatur des abgeschlossenen Spinsystems gesprochen werden kann (s.a. Abschn. X.5.1).

Die Erscheinung der Kohärenz, die bei resonanter Anregung klassisch in den konstanten Phasenbeziehungen der rotierenden Kernmomente zum Ausdruck kommt, verbirgt sich aus quantenmechanischer Sicht hinter den endlichen Nichtdiagonalelementen des für diesen Fall zuständigen Dichteoperators $\hat{\rho}$. Dabei verlangt das Ensemble von Teilchen die Betrachtung des globalen Dichteoperators, der als Scharmittel der einzelnen Operatoren zu verstehen ist (s. Gl. (XI.135)). Im Falle eines Kernspins mit der Quantenzahl $I = 1/2$ und den ZEEMAN-Zuständen $|\frac{1}{2}>$ und $|\frac{-1}{2}>$ errechnet sich der Dichteoperators eines einzelnen Kerns mit dem Gesamtzustand

$$|\phi^j >= c_1|\frac{1}{2} > e^{-\frac{i}{\hbar}E_{1/2}t} + c_2| - \frac{1}{2} > e^{-\frac{i}{\hbar}E_{-1/2}t} \qquad \text{(XIV.28)}$$

zu

$$\hat{\rho}_j = |\phi^j >< \phi^j| = \begin{pmatrix} |c_1|^2 & c_1 c_2^* \, e^{-\frac{i}{\hbar}\Delta E\, t} \\ c_2 c_1^* \, e^{-\frac{i}{\hbar}\Delta E\, t} & |c_2|^2 \end{pmatrix} ; \qquad \text{(XIV.29)}$$

die Energiedifferenz ist dabei durch die ZEEMAN-Aufspaltung $\Delta E = g_I \mu_K B$ gegeben. Beim Übergang zum globalen Dichteoperator (XI.135) mit der Bedingung, daß die Nichtdiagonalelemente endlich bleiben, muß die Konstanz der Phasenbeziehungen gefordert werden. Dies gelingt durch eine resonante Anregung vermittels eines magnetischen Dipolüberganges zwischen den ZEEMAN-Zuständen, woraus ein globaler Dichteoperator der Form (XIV.29) erwächst. Die Kohärenz zwischen den Zuständen ist nur eine der Voraussetzungen zur makroskopischen Beobachtung der Resonanzerscheinung. Eine zweite betrifft die Observable selbst. Ihr Erwartungswert errechnet sich nach der Spurbildung des Produkts aus dem zugehörigen Operator und des globalen Dichteoperators (s. Gl. (XI.134)). Betrachtet man eine Observable mit verschwindenden Nichtdiagonalelementen wie etwa die Längsmagnetisierung, deren zugehöriger Operator sich durch

$$\hat{M}_z = \gamma \frac{\hbar}{2} \begin{pmatrix} 1 & 0 \\ 0 & -1 \end{pmatrix} \qquad \text{(XIV.30)}$$

darstellen läßt, dann wird die Spurbildung nach Gl. (XI.134) mit einem globalen Dichteoperator der Form (XIV.29) nur einen zeitlich konstanten Erwartungswert liefern. Anders dagegen verhält es sich mit den Quermagnetisierungen als Observable, deren zugehörige Operatoren endliche Nichtdiagonalelemente aufweisen, was ihre Vertauschbarkeit mit dem HAMILTON-Operator verhindert

$$\hat{M}_{x(y)} = \gamma\frac{\hbar}{2}\begin{pmatrix} 0 & 1(-i) \\ 1(i) & 0 \end{pmatrix} . \qquad \text{(XIV.31)}$$

Der errechnete Erwartungswert als Ergebnis der Spurbildung nach Gl. (XI.134) demonstriert eine periodische Zeitabhängigkeit, die das Studium der Resonanzerscheinung erlaubt. Im Ergebnis sind die Forderungen nach Kohärenz zwischen den ZEEMAN-Zuständen sowie nach Nichtvertauschbarkeit der Observablen mit dem HAMILTON-Operator die notwendigen Voraussetzungen für die Beobachtbarkeit der KSR.

XIV.1.2 Experimentelles

Das statische ZEEMAN-Feld, das bis zu einer Flußdichte von 0.8 T variiert werden kann, wird durch zwei Magnetspulen erzeugt (Fig. XIV.4). Senkrecht dazu wirkt das Wechselfeld $\vec{B}_1$ im Frequenzbereich zwischen 10 MHz und 15 MHz. Es entsteht innerhalb einer

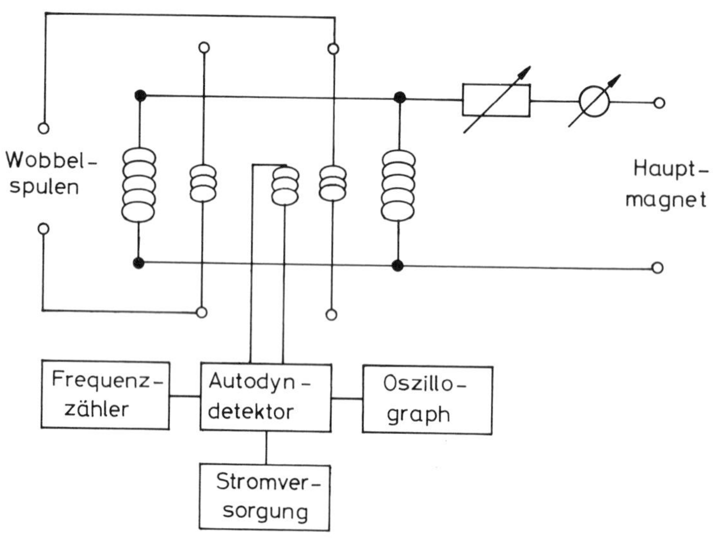

Fig. XIV.4: Schematischer Versuchsaufbau zum Nachweis der Kernspinresonanz (Erläuterungen im Text).

Spule, die die Probe umfaßt. Diese Spule gehört zu einem Schwingkreis, der das wesentlichste Bauteil des zum Nachweis der Resonanz verwendeten Autodyndetektors darstellt (Fig. XIV.5). Eine Röhrenschaltung ermöglicht die Anregung des Schwingkreises, wobei eine Dreipunktschaltung mit kapazitiver Spannungsteilung für die Entdämpfung sorgt. Zur Ermittlung der Resonanz variiert man das statische Magnetfeld $\vec{B}$ bei fester Hochfrequenz, die mittels des Drehkondensators eingestellt wird. Der Resonanzfall zeichnet sich durch eine Suszeptibilitätsänderung aus. Dies hat einen unmittelbaren Einfluß auf

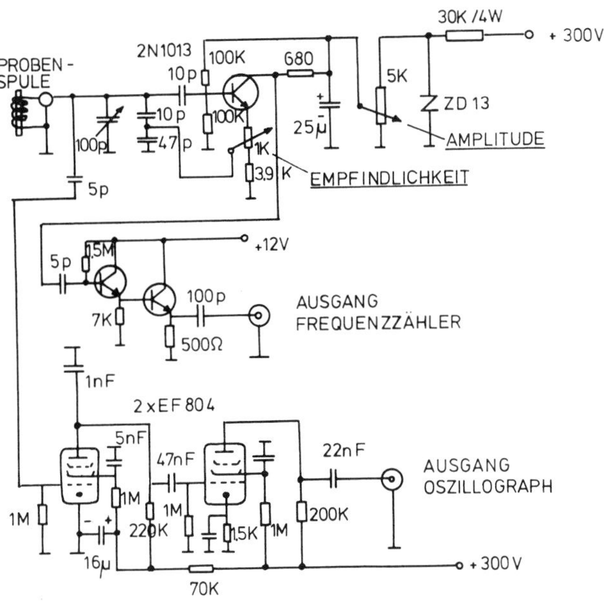

Fig. XIV.5: Schematisches Schaltbild zum Autodyndetektor.

die Induktivität bzw. den ohmschen Widerstand der Spule, so daß die Änderung der Schwingungsamplitude zum Nachweis der Resonanz verwendet wird. Die Messung der Frequenz geschieht mit einem Frequenzzähler.

Im Gegensatz zur Nachrichtentechnik, wo ein schwacher Träger relativ stark moduliert wird, werden hier intensitätsarme Modulationen auf einem starken Hochfrequenzträger nachgewiesen. Da der Verstärkung des Trägers Grenzen gesetzt sind, muß die Hauptverstärkung nach der Demodulation direkt an der Signalspannung vorgenommen werden. Ein langsamer Durchgang der Resonanzstelle (s.o.) erfordert demnach eine sehr schwierige Gleichspannungsverstärkung. Weitaus vorteilhafter ist die Technik der Effektmodulation, die hier die Modulation des ZEEMAN-Feldes durch ein überlagerndes, schwaches Wobbelfeld mit etwa der Netzfrequenz bedeutet. Das periodische Abtasten der Resonanzstelle liefert so nach der Demodulation eine periodische Signalspannung, die über einen Niederfrequenz-Verstärker auf dem Oszillograph sichtbar gemacht werden kann.

Untersucht werden zum einen die Kerne von Wasserstoff in Wasser bzw. Glyzerin und zum anderen die Kerne von Fluor in Trifluoressigsäure. Zur Herabsetzung der Spin-Gitter-Relaxationszeit werden geringe Konzentrationen von paramagnetischen Übergangsmetallionen (z.B. $\mathbf{Fe}^{3+}$) zugesetzt.

XIV.1.3 Aufgabenstellung

a) Mit Hilfe des bekannten Kernmagnetrons von Protonen in Wasser ($\mu_P = 2.793\,\mu_K$) ist das Magnetfeld zu kalibrieren.
b) Es soll das magnetische Kernmoment von Fluor in Einheiten des Kernmagnetons bestimmt werden.

XIV.1.4 Anleitung

Der Nachweis der rotierenden Quermagnetisierung im Falle der Resonanz kann mit Hilfe einer Spule, die in der Rotationsebene gewunden ist, erbracht werden (Kerninduktionsmethode). Die dort induzierte Spannung $U_{ind} = Z \cdot I$ errechnet sich mit dem komplexen Widerstand $Z = R_0 + i\omega L$ und der Induktivität $L = (1 + \chi)L_0$ (L_0: reelle Vakuum-Induktivität zu

$$U_{ind} = [(R_0 + \omega\chi'' L_0) + i\omega\,(1 + \chi')\,L_0]\;,$$

wobei die dynamische Suszeptibilität $\chi(\omega)$ nach Gl. (XIV.24) ersetzt wird. Daraus wird ersichtlich, daß Realteil und Imaginärteil der Suszeptibilität, χ' und χ'', die effektiven Quantitäten von Induktivität resp. ohmschen Widerstand prägen.

Eine andere Nachweismethode, die hier zur Anwendung kommt, benutzt die Erscheinung der Kernresonanzabsorption. Die Anwesenheit der Probe vermindert die ursprüngliche Amplitude der Wechselspannung $U_0 = I \cdot R_0$, was auf die Energieabsorption im Resonanzfall zurückzuführen ist. Der Versuch, eine theoretische Darstellung zu finden, muß einen durch die komplexe Suszeptibilität verursachten Widerstand berücksichtigen, dessen Beitrag in Parallelschaltung zum ursprünglichen Widerstand R_0 berechnet wird. Betrachtet man an Stelle des Widerstandes den Leitwert bei Resonanz

$$G_r = \frac{1}{R_0} + i\left(\omega_L C_0 - \frac{1}{\omega_L(1+\chi)\,L_0}\right)\,,$$

dann liefert die Näherung $1/\omega_L(1 + \chi)\,L_0 \approx (1 - \chi)/\omega_L\,L_0$ und die Resonanzbedingung $\omega_L C_0 = 1/\omega_L L_0$ die Beziehung

$$G_r = \frac{1}{R_0}(1 + iQ\chi)$$

mit der Spulengüte $Q = R_0/\omega_L L_0$. Unter Verwendung der komplexen Suszeptibilität (XIV.24) und der Näherung $Q\chi''$, $Q\chi' \ll 1$ erwartet man für die Spannungsamplitude

$$U_r \approx IR(1 - Q\chi'' - iQ\chi')\,,$$

also eine Abnahme, die im wesentlichen durch den Imaginärteil der Suszeptibilität χ'' vorgegeben wird.

Die geringfügige Abweichung der am Oszillograph sichtbar gemachten Absorption von der LORENTZ-Kurvenform (XIV.25b) ist auf die Verletzung des thermodynamischen Gleichgewichts in jedem Zeitpunkt beim Durchfahren der Resonanzstelle zurückzuführen. Infolge der Modulationstechnik geschieht das Aufsuchen der Resonanz nicht langsam genug, um den Einfluß von Einschwing- und Abklingvorgängen, die die Absorption überlagern, auszuschalten.

XIV.2 γ-Strahlung

XIV.2.1 Grundlagen

γ-Strahlung ist elektromagnetische Strahlung, die bei Änderungen gebundener Kernzustände emittiert wird. Während die energetischen Übergänge von Elektronen in der Atomhülle mit einer Änderung der dipolaren Ladungsverteilung korreliert sind, erwartet man im Kernbereich wegen der Abweichung vom Schalenmodell eine Änderung sowohl von elektrischen wie magnetischen Momenten, die – im Vergleich zur Atomhülle – komplizierter strukturiert sein können. Die dafür verantwortliche Veränderung in der Ladungs- resp. Stromverteilung prägt den "Charakter" der emittierten Strahlung, der nach der Multipolordnung J eingestuft werden kann. So beobachtet man etwa bei einer elektrischen oder magnetischen Dipolstrahlung (E($J = 1$) resp. M($J = 1$)) eine harmonische Schwingung der Ladungs- oder Stromverteilung, die die Änderung des elektrischen bzw. magnetischen Dipolmomentes zu leisten vermag. Unter Einbeziehung weiterer Momente mit höherer Ordnung ($J > 1$) erreicht man in Erweiterung dieses klassischen Modells eine Erklärung für die elektrische (EJ) bzw. magnetische (MJ) Multipolstrahlung.

Die theoretische Grundlage zur klassischen Beschreibung des elektromagnetischen Feldes im quellenfreien Raum ($\mathrm{div}\vec{E} = \mathrm{div}\vec{B} = 0$) bildet das Vektorpotential $\vec{A}$, das der Wellengleichung

$$\Delta\vec{A} - \frac{1}{c^2}\ddot{\vec{A}} = 0 \tag{XIV.32a}$$

sowie der COULOMB-Bedingung

$$\mathrm{div}\vec{A} = 0 \tag{XIV.32b}$$

als Garantie für die Transversalität des Feldes genügt. Die elektrische Feldstärke $\vec{E}$ und magnetische Flußdichte $\vec{B}$ kann daraus nach

$$\vec{E} = -\dot{\vec{A}} \quad \text{bzw.} \quad \vec{B} = \mathrm{rot}\vec{A} \tag{XIV.33}$$

ermittelt werden. Eine mögliche Lösung dieser Gleichungen gewährt der Ansatz von ebenen Wellen, wonach das elektromagnetische Feld außer durch die Energie noch durch den Impuls und die Polarisation als Observable charakterisiert wird. Diese Vorstellung erlaubt jedoch keine Korrelation zu jenen Zuständen der Kerne, deren Änderung zum Auftreten des elektromagnetischen Feldes führt. Es ist vielmehr geboten, eine Lösung zu suchen, die das Feld mit den charakteristischen Erhaltungsgrößen des Kernzustands beschreibt, nämlich der Energie, dem Drehimpuls und der Parität. Daran anschließend vermag die Quantisierung des Feldes unter Einführung des Teilchenzahloperators diese Observablen auf das Quasiteilchen Photon zu übertragen.

Die Vertauschbarkeit des Drehimpulsoperators mit den Operatoren von Gl. (XIV.33) berechtigt zu der Annahme, die Potentiale des elektromagnetischen Feldes durch das vollständige System von Eigenfunktionen des Operators

$$\hat{\vec{J}} = \hat{\vec{L}} + \hat{\vec{S}} \tag{XIV.34}$$

darzustellen. Dabei erscheint neben dem Bahndrehimpuls $\vec{L}$ eine weitere Observable, die als Eigendrehimpuls $\vec{S}$ des quantisierten Feldes mit verschwindender Ruhemasse nicht vorstellbar ist. Gleichwohl ist die Einführung des Spins als der kleinste mögliche Wert des Drehimpulses sinnvoll, wenn man an die Drehung eines allgemeinen Vektorfeldes erinnert. Eine solche Operation erfordert neben der Drehung des Ortsvektors, wie man es von der Diskussion des skalaren Feldes her kennt, auch die Drehung jenes Vektors selbst, der das Feld kennzeichnet. Im Ergebnis kann die gesamte Drehung durch die additive Anwendung eines Bahndrehimpuls - sowie eines inneren Drehimpulsoperators (Spinoperator) dargestellt werden. Die Frage nach dem Betrag der Spinkomponente wird mit der Substitution der Observablen durch hermitesche Operatoren im Rahmen der Quantisierung geklärt. Danach ergibt sich der Wert 1 $\hbar$, so daß allgemein Vektorfelder, wie sie zur Beschreibung von Photonen und Vektormesonen dienen, mit Bosonen identifiziert werden können.

Bei der Suche nach den Eigenfunktionen des Gesamtdrehimpulsoperators (XIV.34) bedient man sich der Verträglichkeit von Bahndrehimpuls und Spin ($[\hat{\vec{L}}, \hat{\vec{S}}] = 0$), die die Teilsysteme der beiden Observablen bzw. deren HILBERT-Räume unabhängig voneinander macht. Die Vereinheitlichung zu einem System gelingt deshalb durch direkte Produktbildung, woraus die anschauliche Kopplung der den Operatoren entsprechenden Drehimpulsen mittels Vektoraddition resultiert. Dabei werden Kugelfunktionen $Y_L^{m_L}$ (s. Gl. (XI.79)) als Eigenfunktionen des Quadrats vom Bahndrehimpulsoperator $\hat{\vec{L}}^2$ und dessen Projektion $\hat{L}_z$ sowie Spinfunktionen $\chi_S^{m_S}$ für den Operator mit der Quantenzahl $S = 1$ verwendet. Berücksichtigt man die lineare Unabhängigkeit der drei Spinfunktionen, die den Einheitsvektoren resp. deren Linearkombinationen entsprechen, dann erhält man als Eigenfunktionen des Quadrats vom Gesamtdrehimpuls $\hat{\vec{J}}^2$ sowie dessen Projektion $\hat{J}_z$ die sogenannten Vektorkugelfunktionen der Form

$$\vec{Y}_{L,S}^{m_J} = \sum_{m_s=-1}^{+1} C^{m_S} \cdot Y_L^{m_J - m_S} \cdot \vec{\chi}_{S=1}^{m_S} \qquad \text{(XIV.35)}$$

mit den CLEBSCH-GORDAN (WIGNER)-Koeffizienten (s.a. Gl. (XI.84))

$$C^{m_S} = < S = 1, L; m_S, m_J - m_S | J, m_J > \ . \qquad \text{(XIV.36)}$$

Wegen deren Nichtverschwinden ($C^{m_S} \neq 0$) müssen die möglichen Quantenzahlen J, m_J im Bereich $|L - 1| \leq J \leq L + 1$ und $-J \leq m_J \leq +J$ liegen. Bevor man versucht, das Vektorpotential $\vec{A}$ mit Hilfe dieser Eigenfunktionen darzustellen, was die Vollständigkeit des Systems nahelegt, wird man eine Einteilung der hier interessierenden transversalen Funktionen ($\vec{r} \cdot \vec{Y} = 0$) in zwei zueinander senkrecht stehende Formen vornehmen. Zum einen gibt es den magnetischen Typ, der sich für den Fall $L = J$ aus den gewöhnlichen Kugelfunktionen durch Anwendung des Drehimpulsoperators $\hat{\vec{L}} = \hat{\vec{r}} \times \hat{\vec{p}}$ erzeugen läßt

$$\vec{Y}_J^{m_J}(\mathrm{M}) = \vec{Y}_{J,J}^{m_J} = \frac{\hat{\vec{L}}}{\sqrt{J(J+1)}\,\hbar} Y_J^{m_J} \ . \qquad \text{(XIV.37)}$$

Zum anderen kann man den dazu senkrechten elektrischen Typ aus der Linearkombination zweier Vektorkugelfunktionen mit den Quantenzahlen $L = J + 1$ bzw. $L = J - 1$ konstruieren und erhält

$$\vec{Y}_J^{m_J}(\mathrm{E}) = c_1 \vec{Y}_{J,J+1}^{m_J} + c_2 \vec{Y}_{J,J-1}^{m_J} , \tag{XIV.38}$$

wodurch der Drehimpuls des so beschriebenen Photons unbestimmt bleibt. Die Parität Π als Eigenwert des Spiegelungsoperators am Ursprung beträgt dann wegen der geraden Parität des Drehimpulsoperators ($\Pi(\hat{\vec{r}}) \cdot \Pi(\hat{\vec{p}}) = +1$)

$$\Pi(\mathrm{M}) = (-1)^J \tag{XIV.39a}$$

beim magnetischen Typ und

$$\Pi(\mathrm{E}) = (-1)^{J+1} \tag{XIV.39b}$$

beim elektrischen Typ. Die angestrebte Entwicklung des Vektorpotentials $\vec{A}$ nach Eigenfunktionen der beiden Typen gelingt in der Multipolform

$$\vec{A} = \sum_{J=1}^{\infty} \sum_{m_J=-J}^{+J} \left[a_J^{m_J}(\mathrm{M}) \vec{A}_J^{m_J}(\mathrm{M}) \pm i a_J^{m_J}(\mathrm{E}) \vec{A}_J^{m_J}(\mathrm{E}) \right] , \tag{XIV.40}$$

wobei die Multipolpotentiale mit den Vektorkugelfunktionen und den sphärischen BESSEL-Funktionen $j_J(kr)$ als Lösung der separierten abstandsabhängigen Wellengleichung verknüpft sind:

$$\vec{A}_J^{m_J}(\mathrm{M}) = c(\mathrm{M}) j_J(kr) \cdot \vec{Y}_{J,J}^{m_J} \tag{XIV.41a}$$

$$\vec{A}_J^{m_J}(\mathrm{E}) = c_1(\mathrm{E}) j_{J+1}(kr) \cdot \vec{Y}_{J,J+1}^{m_J} + c_2(\mathrm{E}) j_{J-1}(kr) \cdot \vec{Y}_{J,J-1}^{m_J} . \tag{XIV.41b}$$

Eine weitere Auswertung geschieht mit Hilfe von Gl. (XIV.33), die die Berechnung der elektrischen und magnetischen Feldstärken als Multipolentwicklung der zwei verschiedenen Typen erlaubt.

Als Ziel der theoretischen Untersuchungen gilt die Analyse des Übergangs vom Kernzustand $|a>$ nach $|b>$ unter der Emission von γ-Strahlung. Zu diesem Zweck wird die Übergangswahrscheinlichkeit w_{ba} als das Quadrat des gestörten Propagators benötigt. Setzt man eine explizit zeitunabhängige Störung voraus, dann liefert die störungstheoretische DIRACsche Näherung in 1. Ordnung dafür die sogenannte "goldene Regel"

$$w_{ba} = \frac{2\pi}{\hbar} | < b|\hat{H}'|a > |^2 \cdot \rho(E_b) \tag{XIV.42}$$

(für $E_a = E_b$; ρ: Zustandsdichte). Dort kann der Störoperator $\hat{H}'$, der die Wechselwirkung eines Spinteilchens der Ladung e und Masse m mit dem elektromagnetischen Feld umfaßt, in nichtrelativistischer Näherung durch

$$\hat{H}' = \hat{\vec{A}} \cdot \hat{\vec{j}} \tag{XIV.43}$$

ausgedrückt werden (s.a. Abschn. XI.4.1). Die Aufteilung des Stromoperators $\hat{\vec{j}}$ in einen Konvektionsanteil $\hat{\vec{j}}_l$ und einen Spinanteil $\hat{\vec{j}}_m$

$$\hat{\vec{j}} = \hat{\vec{j}}_l + \hat{\vec{j}}_m \tag{XIV.44}$$

geschieht im Hinblick auf die verschiedenen Ursachen der damit verknüpften Stromdichten, die einmal in Ladungsverschiebungen ($\hat{\vec{j}}_l = e\vec{p}/m$), zum anderen in den magnetischen Momenten $\vec{\mu}$ der Nukleonen ($\hat{\vec{j}}_m = \vec{\mu} \times \nabla$) zu suchen sind. Ohne auf die für die detaillierte Beschreibung des Kerns notwendigen Kernmodelle einzugehen, erlaubt bereits die Forderung nach einem endlichen Matrixelement – s. Gl. (XIV.42) – die Aufstellung von Auswahlregeln, die den Erhaltungssätzen über Drehimpuls und Parität gerecht werden. So ergibt sich mit Gl. (XIV.40) für die Quantenzahlen des Drehimpulses die Beziehung

$$|J_a - J_b| \leq J \leq J_a + J_b \tag{XIV.45a}$$

und

$$m_J = m_J^a - m_J^b \,, \tag{XIV.45b}$$

wobei das Verschwinden einer Multipolstrahlung für $J = 0$ den speziellen Übergang von $J_a = 0$ nach $J_b = 0$ verbietet. In Kenntnis der genauen Übergangswahrscheinlichkeit, die nach dem Schalenmodell bei Einteilchen-Übergängen mit wachsender Multipolordnung J um den Faktor $(2\pi R/\lambda)^{2J}$ abnimmt (R: Kernradius), wird man in vielen Fällen mit einer reduzierten Auswahlregel ($J = |J_a - J_b|$) rechnen können.

Betrachtet man die Parität $\Pi(\hat{H}')$ des Störoperators $\hat{H}'$ nach Gl. (XIV.43), die mit jener des elektromagnetischen Feldes gleichgesetzt wird, so findet man unter Berücksichtigung der ungeraden Parität des Stromoperators $\hat{\vec{j}}$ und der Gl.en (XIV.41), (XIV.40) und (XIV.39)

$$\Pi(\hat{\vec{A}}) \cdot \Pi(\hat{\vec{j}}) = \begin{cases} (-1)^{J+1} & \text{für M}J\text{-Strahlung} \\ (-1)^{J} & \text{für E}J\text{-Strahlung.} \end{cases} \tag{XIV.46}$$

Die Forderung nach Paritäterhaltung des gesamten Systems

$$\Pi_b = \Pi(\hat{H}') \cdot \Pi_a \tag{XIV.47}$$

impliziert, demnach eine Änderung der Parität bei dem betrachteten Multipolübergang vom elektrischen bzw. magnetischen Typ um eben diese Werte. Als Konsequenz ergibt sich das Verbot der simultanen Emission elektrischer und magnetischer Strahlung der gleichen Multipolordnung.

Theoretische Bemühungen, die über die vereinfachte Annahme des Einteilchenzustands innerhalb des Schalenmodells hinausgehen, basieren auf der Vorstellung kollektiver Zustandsänderungen. Die im Rahmen etwa des Tröpfchenmodells möglichen Schwingungen höherer Multipole geben Anlaß zu einer Intensitätssteigerung von Strahlung höherer Multipolordnung, was manchen experimentellen Beobachtungen gerecht wird.

XIV.2.2 Experimentelles

Zur Spektroskopie der γ-Strahlung wird ein Szintillationszähler verwendet (Fig. XIV.6). Der Szintillator als der wesentliche Bestandteil des Spektrometers ist ein mit Thallium dotierter **NaJ**-Einkristall ($l = 5$ cm, $\phi = 5.5$ cm). Die dort ausgelöste Lumineszenz wird in der nachfolgenden optisch angekoppelten Einheit des Photomultipliers elektronisch registriert. Nach der Verstärkung der am Arbeitswiderstand auftretenden Spannungsimpulse erfolgt deren Sortierung in einem Ein- resp. Vielkanalanalysator. Dabei ist wahlweise die integrale oder differentielle Technik anwendbar.

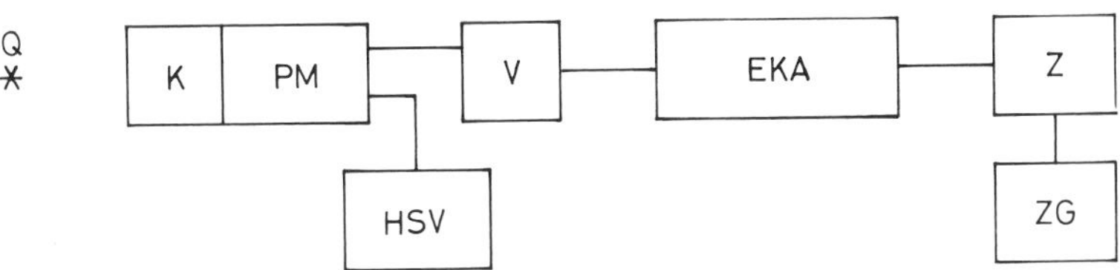

Fig. XIV.6: Schematischer Aufbau eines γ-Spektrometers; Q: γ-Quelle, K: Szintillationskristall, PM: Photomultiplier, V: Verstärker, EKA: Einkanalanalysator, Z: Zähler, HSV: Hochspannungsversorgung, ZG: Zeitgeber.

Ein elektronischer Zähler sowie ein Zeitgeber sorgen für die Aufnahme der Zählrate, die mittels eines Anzeigegerätes oder eines Schreibers erfaßt werden kann. In Ermangelung eines Vielkanalanalysators kann man durch eine kontinuierlich gesteuerte Anhebung der Impulsgrundschwelle zusammen mit einer simultan gesteuerten X-Ablenkung eines X-Y-Schreibers die automatische Aufnahme der γ-Spektren erreichen. Beispiele geeigneter Proben sind die Isotope ^{22}**Na**, ^{54}**Mn**, ^{60}**Co** und ^{137}**Cs**. Fig. XIV.7 zeigt deren Termschemata im Hinblick auf Kernzustände, wie sie in der hier betriebenen Spektroskopie von Interesse sind.

XIV.2.3 Aufgabenstellung

Es werden die Impulshöhenspektren verschiedener γ-Strahler aufgenommen und dabei die Wirkungsweise und der Einfluß der Impulsverstärkung, der Multiplierhochspannung sowie der Breite des Energiefensters studiert. Ferner werden die COMPTON-Kanten, die Rückstreupeaks und die Auflösung ermittelt und mit den theoretischen Werten verglichen. Anhand einer Kalibrierkurve, wo die Impulshöhe des Photopeaks auf die γ-Energie bezogen wird, kann die Linearität des Spektrometers überprüft werden.

XIV.2.4 Anleitung

Die hohen Energien der γ-Strahlen verbieten die Anwendung jener klassischen Methoden der Spektroskopie, die sich der Dispersionseffekte bedienen. Man ist deshalb gezwungen, die bei der Wechselwirkung mit fester oder flüssiger Materie auftretenden Effekte

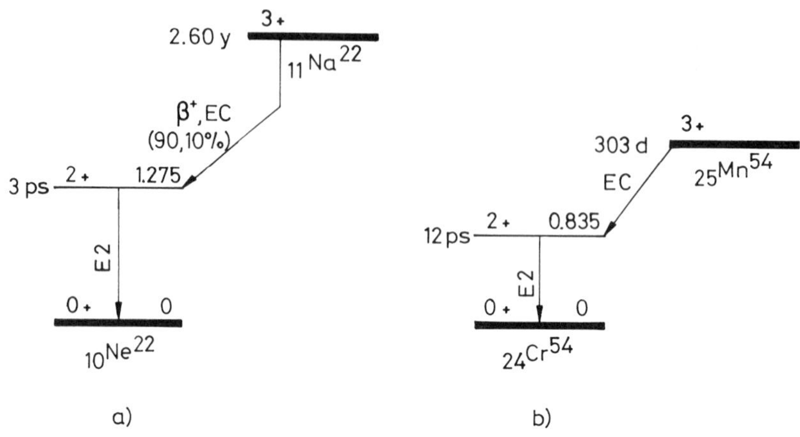

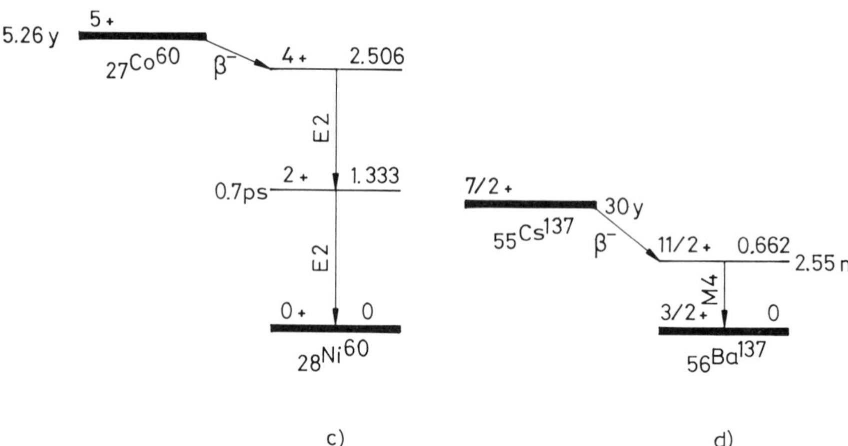

Fig. XIV.7: Kernniveauschemata (Energiewerte in MeV) mit Angaben über Lebensdauer, Kernspin und Multipolordnung der radioaktiven Isotope a) ^{22}**Na**, b) ^{54}**Mn**, c) ^{60}**Co**, d) ^{137}**Cs** (EC: Elektroneneinfang).

als Informationsquelle zu zitieren, um schließlich nach einer Energietransformation die indirekte Spektroskopie in der Art einer elektrischen Impulshöhenanalyse vornehmen zu können.

Eine allgemeine Einteilung der Vorgänge, die beim Auftreffen von γ-Strahlung auf Materie möglich sind, bezieht sich auf die Erscheinungen der Absorption, der inkohärenten sowie der kohärenten Streuung. Wegen der vollständigen Energieübertragung bei der Absorption bietet dieser Prozeß zusammen mit den nachfolgenden Vorgängen der Umwandlung in elektrische Signale die Möglichkeit der linearen Energiespektroskopie. Ein Beispiel dafür findet man bei der Anregung resp. Ionisation von Atomelektronen auf Grund des Photoeffekts. Dort wird die Energiebilanz entscheidend von der Bindungsenergie der Elektronen geprägt. In Erinnerung an deren Abhängigkeit von der Kernladungszahl sowie der Haupt- und Bahndrehimpulsquantenzahl, wird der Absorptionsquerschnitt ein dadurch strukturiertes Profil erwarten lassen (s. Abschn. XIII.5.1).

Hinzu kommt eine allgemeine Abnahme des Wirkungsquerschnitts τ beim Anwachsen der γ-Energie, deren Erklärung die Forderung nach Impulserhaltung zu leisten vermag. Diese Forderung ist umso weniger erfüllt, je schwächer das Elektron an das betrachtete Atom gebunden ist, so daß mit wachsender γ-Energie und mithin relativ abnehmender Bindung der Atomelektronen sich die Wahrscheinlichkeit des Absorptionsvorganges vermindert (Fig. XIV.8). Die Abhängigkeit des Wirkungsquerschnitts von der Kernladungszahl ist überproportional; $\tau \sim Z^n$ mit einem Exponenten $n \approx 4$ bis 5.

Ein weiteres Beispiel für vollständige Energieabsorption mit nicht geringem Einfluß auf das Impulshöhenspektrum bietet die Erzeugung eines Elektron-Loch-Paares. Die mit der doppelten Ruhemasse eines Teilchens verknüpfte Energie ($2mc^2 = 1.02$ MeV) bildet diesmal den Schwellwert, oberhalb dessen der Wirkungsquerschnitt κ rasch anwächst (Fig. XIV.8). Eine relativistische Betrachtung, wobei die Energie des Teilchenpaars durch

$$E_{e^+,e^-} = 2\,\frac{mc^2}{\sqrt{1-\beta^2}} \qquad (\beta = v/c)$$

ausgedrückt wird, führt mittels der Energieerhaltung

$$h\nu = E_{e^+,e^-}$$

mit dem Impuls des Photons $p = h\nu/c$ und dem des Teilchenpaars $p_{e^+,e^-} = mv/\sqrt{1-\beta^2}$ zu einer Impulsbilanz

$$p_{e^+,e^-} = \beta p \; ,$$

die der Forderung nach Impulserhaltung nicht gerecht wird. Als Konsequenz daraus muß die Anwesenheit eines Kerns oder Elektrons als Stoßpartner zur Bedingung erhoben werden, um den Impulsüberschuß des Photons übertragen zu können. Die Abhängigkeit von der Kernladungszahl ist quadratisch ($\kappa \sim Z^2$). Paarvernichtung, die nach der Wahrscheinlichkeitsinterpretation als Rekombination beider Teilchen aufgefaßt werden kann, geschieht in diesem Fall vorwiegend durch Übergänge vom unteren Rand des positiven Kontinuums zum oberen des negativen. Dabei werden zwei Photonen mit jeweils 511 keV in entgegengesetzter Ausbreitungsrichtung emittiert.

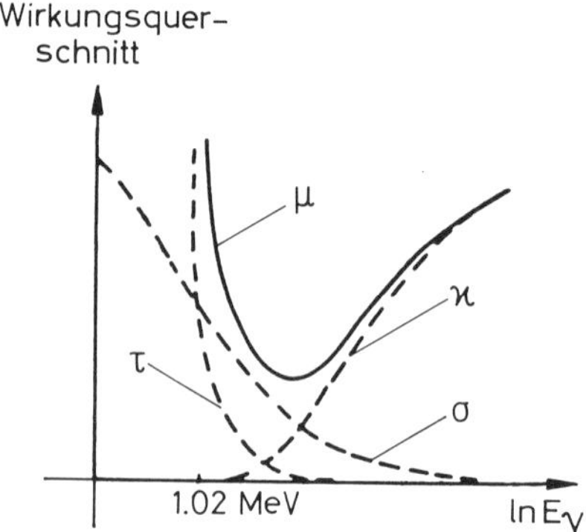

Fig. XIV.8: Schematische Darstellung der Wirkungsquerschnitte für Photoeffekt (τ), COMPTON-Effekt (σ) und Paarbildung (κ) sowie des totalen Wirkungsquerschnitts $\mu = \tau + \sigma + \kappa$ als Funktion der γ-Energie.

Ein nicht selten bei der γ-Spektroskopie auftretender unerwünschter Vorgang ist der COMPTON-Effekt, der als inelastische Streuung des Quasiteilchens Photon am Elektron nur eine partielle Energieübertragung ermöglicht. In einem einfachen Modell, nach dem die Streuung als Stoß des einfallenden Photons mit dem Impuls $\hbar\vec{k}$ am ruhenden, freien Elektron ($\vec{p} = 0$) in einer Ebene aufgefaßt wird, ergibt die Energieerhaltung

$$h\nu + mc^2 = h\nu' + c\sqrt{m^2c^2 + p'^2}$$

und die Impulserhaltung

$$\hbar\vec{k} = \hbar\vec{k}' + \vec{p}'$$

des gesamten Systems (Fig. XIV.9) eine Wellenlängenänderung des Photons

$$\lambda' - \lambda = \lambda_C \cdot \sin^2 \frac{\theta}{2}$$

(COMPTON-Wellenlänge $\lambda_C = 2h/mc^2$), die nicht von der γ-Energie abhängig ist. Während im Grenzfall kleiner Streuwinkel ($\theta \approx 0$) elastische Streuung in Vorwärtsrichtung stattfindet, wird im Fall der Rückstreuung ($\theta \approx \pi$) maximale Wellenlängenänderung und demnach die maximale Energieübertragung E_{max} beobachtet. Man erwartet deshalb eine kontinuierliche Energieverteilung der Rückstoßelektronen bis zur Grenzenergie E_{max}, deren Impulshöhe im γ-Spektrum die COMPTON-Kante festlegt. Die Abhängigkeit des zuständigen Wirkungsquerschnitts σ von der Kernladungszahl ist in etwa linear ($\sigma \sim Z$).

Die Auswahl der zur Spektroskopie verwendeten Materie wird durch die Ziele und Rahmenbedingungen des Experiments entschieden. So bietet ein Halbleiter infolge der Ladungserzeugung beim Photoeffekt und nachfolgenden Ladungstrennung unter dem

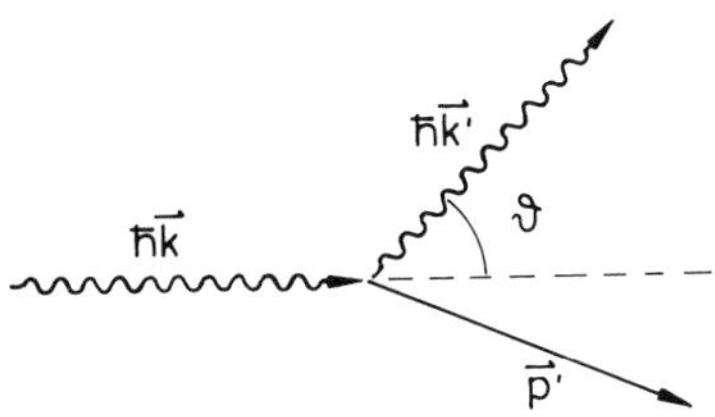

Fig. XIV.9: Schematische Darstellung des COMPTON-Effekts als Stoß zwischen einem Photon mit dem Impuls $\hbar\vec{k}$ und einem Elektron mit dem Impuls $\vec{p} = 0$ vor dem und $\vec{p}'$ nach dem Stoß.

Einfluß der Sperrschicht die Möglichkeit der direkten Beobachtung eines Spannungsimpulses. Der angeschlossene Zähler verfügt über den Vorteil hoher Energieauflösung, der auf den geringen Energieaufwand bei der Ladungsträgererzeugung zurückzuführen ist. Eine Steigerung der γ-Empfindlichkeit dagegen verlangt nach Materie mit höherer Kernladungszahl. Die Verwendung von Szintillatoren kompensiert den Verlust der Halbleitereigenschaften durch die Fähigkeit der strahlenden Rekombination nach Anregung mit γ-Strahlung. Es gilt dann, mit Hilfe eines Photomultipliers die Lumineszenz (s. Abschn. XIII.4.1) zu beobachten, um auch in diesem Fall mittels eines Impulshöhenspektrums eine Analyse durchführen zu können. Dabei wird die lineare Abhängigkeit der Lumineszenzemission von der Anregungsenergie der Elektronen im Festkörper darüber entscheiden, ob der Szintillationszähler als lineares Spektrometer verwendbar ist.

Betrachtet man die Vorgänge der totalen Energieabsorption bei einer γ-Strahlung des Energiewertes E_γ wie etwa beim Photoeffekt, so wird die damit verbundene Lumineszenz zu statistisch aufeinanderfolgenden Impulsen mehr oder minder einheitlicher Höhe Anlaß geben (Fig. XIV.10). Bei Linearität des Spektrometers sind diese Impulse deshalb die Träger der Information über die γ-Energie. Weitere Impulse mit einem Spektrum unterschiedlicher und geringerer Höhe werden durch die Lumineszenzemission jener Ladungsträger verursacht, die bei inelastischen Streuvorgängen nur einen Teil der γ-Energie für die Anregung beanspruchen. Entscheidend für das Auftreten solcher meist unerwünschter Impulse ist jedoch der Verlust des gestreuten Photons in der Energiebilanz, wodurch ein Informationsabbau impliziert wird. Neben dem COMPTON-Effekt, der für eine kontinuierliche Impulshöhenverteilung verantwortlich ist (s.o.), kann die der Paarbildung nachfolgende Annihilation beim Entweichen eines der Photonen oder gar beider mit je 511 keV Energie zu Impulsen führen, deren Höhe um eben jenen der verlorengegangenen Energie entsprechenden Wert geringer ist als die Impulshöhe des Photoeffekts ("Escape-Linien"). Eine Energiespektroskopie verlangt dann das Abzählen von Impulsen verschiedener Höhe in einem vorgegebenen Zeitintervall Δt (Fig. XIV.10). Dabei kann entweder die integrale Methode – Registrierung jener Impulse, die einen vorgegebenen Schwellwert ("Baseline") überragen – oder die differentielle Methode – Registrierung jener Impulse, die in ihrer Höhe zwischen einem minimalen und einem

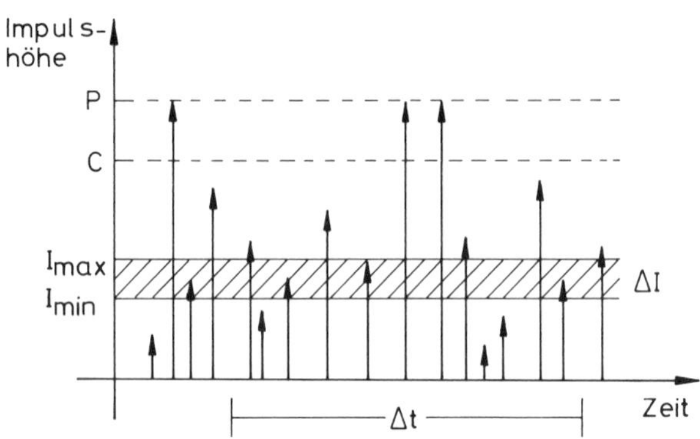

Fig. XIV.10: Schematische Darstellung des Impulsspektrums eines Szintillationszählers; P: Photoeffekt, C: COMPTON-Kante, I_{min}, I_{max}: minimaler, maximaler Schwellwert, ΔI: "window".

maximalen Wert ("Window") einzuordnen sind – angewandt werden. Die Abhängigkeit der Zählrate von der Impulshöhe beinhaltet so die Information über die Vorgänge, die bei der Wechselwirkung von γ-Strahlung mit der Materie in Erscheinung treten (Fig. XIV.11). Nachdem beim Photoeffekt die γ-Energie vollständig in der Energiebilanz der Anregungsenergie der Ladungsträger erscheint, dient der im differentiellen Impulshöhenspektrum auftretende Photopeak zur Charakterisierung des betreffenden γ-Zerfalls.

XIV.3 MÖSSBAUER-Effekt

XIV.3.1 Grundlagen

Der Mößbauereffekt, eine resonante Kernzustandsänderung, gewinnt über seine wichtige Funktion bei der Bestimmung kernphysikalischer Größen hinaus zunehmend Bedeutung in anderen Zweigen der Physik sowie in vielen sonstigen naturwissenschaftlichen Bereichen. Zudem vermittelt er ein weiteres wichtiges Beispiel doppler-freier Spektroskopie, die die direkte Beobachtung der natürlichen Energiebreite erlaubt (s.a. Abschn. XI.7.1). Voraussetzung für das Auftreten der Resonanz zwischen gleichen Kernzuständen von Quelle und Absorber ist die Überlappung der Intensitäten von Emission und Absorption in bezug auf die Energie (Fig. XIV.12). Berücksichtigt man die aus Impuls- und Energieerhaltung folgende Rückstoßenergie bei Beteiligung eines Kerns

$$E_R = \frac{E_0^2}{2Mc^2} \qquad \text{(XIV.48)}$$

(M: Kernmasse), die einerseits beim Emissionsakt verlorengeht und andererseits beim Absorptionsakt aufgebracht werden muß, so resultiert daraus eine Verschiebung der Intensitätskurven, die eine Resonanz grundsätzlich erschwert oder ganz verhindert, zumal

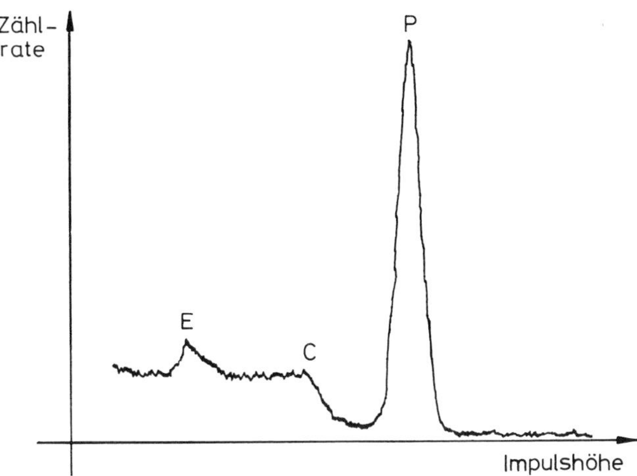

Fig. XIV.11: Impulshöhenspektrum bei monoenergetischer γ-Strahlung mit Photopeak (P), COMPTON-Kante (C) und Escapepeak (E).

das Ausmaß der Verschiebung quadratisch mit der ohnehin hohen γ-Energie anwächst. Geringe Hoffnungen erwachsen aus dem DOPPLER-Effekt, der insbesondere bei freien Atomen unter Bedingungen bei Raumtemperatur zu einer enormen Energieverbreiterung Anlaß gibt. Dennoch reicht die so gesteigerte, aber noch immer geringe Überlappung der Intensitätskurven nicht aus, den Resonanzeffekt deutlich zu beobachten, und mühsame experimentelle Verfahren, durch Erhöhung der Temperatur oder Kompensation der Rückstoßenergie unter Ausnutzung des DOPPLER-Effekts mit instrumentellen Mitteln eine bessere Überlappung zu erzwingen, stoßen rasch an die Grenzen der Experimentiertechnik.

Bei der Betrachung eines Moleküls als Quelle bzw. Absorber, wird man in der Energiebilanz neben der hier geringeren Rückstoßenergie noch jenem Beitrag ΔE_m Rechnung tragen müssen, der als Folge der zusätzlichen Freiheitsgrade mit den Änderungen der Schwingungs- und Rotationszustände verbunden ist (s. Abschn. XII.1.1). Die Energie der emittierten bzw. absorbierten Photonen errechnet sich ohne Berücksichtigung der DOPPLER-Verbreiterung deshalb zu

$$E_\gamma = E_0 - \frac{E_0^2}{2mc^2} - \Delta E_m(J,n) \qquad \text{(XIV.49)}$$

(m: Molekülmasse; J, n: Rotations - bzw. Schwingungsquantenzahl), so daß - energetisch von der Hauptlinie der Emission bzw. Absorption verschoben, bei der die Änderung der Molekülenergie verschwindet ($\Delta E_m = 0$) - noch weitere Intensitäten, die sogenannten Nebenlinien, erwartet werden. Während die Nebenlinien bei geringerer Energie auf den Energieverlust des Photons durch Molekülanregung ($\Delta E_m > 0$) zurückzuführen

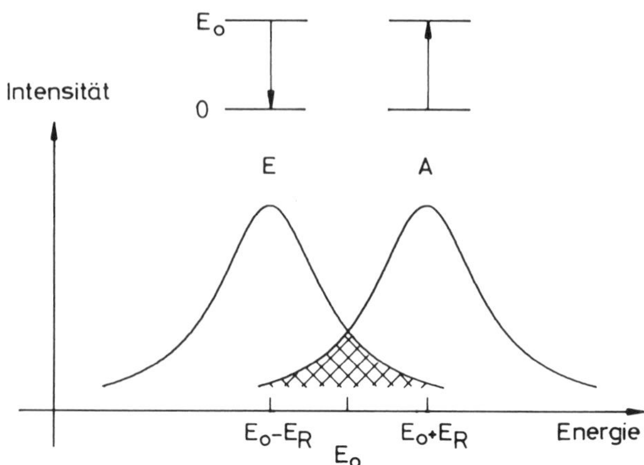

Fig. XIV.12: Intensitätsspektrum eines γ-Übergangs an freien Kernen in Emission (E) und Absorption (A); E_R: Rückstoßenergie.

sind, werden die Nebenlinien bei höherer Energie von einer Energieabnahme des Molekülzustands ($\Delta E_m < 0$) verursacht. Letzterer Vorgang geht mit Rücksicht auf die kanonische Verteilung der Molekülzustände mit geringerer Wahrscheinlichkeit vonstatten, so daß er von einer intensitätsschwächeren Emission begleitet wird (Fig. XIV.13). Hinzu kommt die DOPPLER-Verbreiterung in additiver Überlagerung, wie sie vom Atom her bekannt ist.

Die Erweiterung dieser Überlegungen auf die Verhältnisse des festen Körpers, bei dem sowohl der DOPPLER-Effekt ($\vec{v} = 0$) wie die Rückstoßenergie auf Grund der großen Masse vernachlässigt werden darf, lassen dort eine Energiebilanz erwarten, die allein durch die Änderung der Gitterenergie E_G beherrscht wird

$$E_\gamma = E_0 - \Delta E_G \ . \tag{XIV.50}$$

Nach Quantisierung der $3N$ Oszillatoren mit der einzelnen Energie $E_s = (n_s + 1/2)\,\hbar\omega$ ($1 \leq s \leq 3N$) und dem Aufbau des Gesamtzustands $|G>$ im Produktraum aus den Phononenzuständen $|n_s>$

$$|G> = \prod_{s=1}^{3N} |n_s> \ , \tag{XIV.51}$$

erhält man für die Änderung der Gitterenergie

$$\Delta E_G = \sum_{s=1}^{3N} (n'_s - n_s)\,\hbar\omega_s \ . \tag{XIV.52}$$

Für den Fall endlicher Änderung ($\Delta E_G \neq 0$) ist auch hier mit Nebenlinien zu rechnen, deren Intensität durch die Übergangswahrscheinlichkeit $w_{n'_s,n_s}$ bestimmt wird. Ungeachtet der einzelnen diskreten Energien wird eine quasikontinuierliche spektrale Verteilung

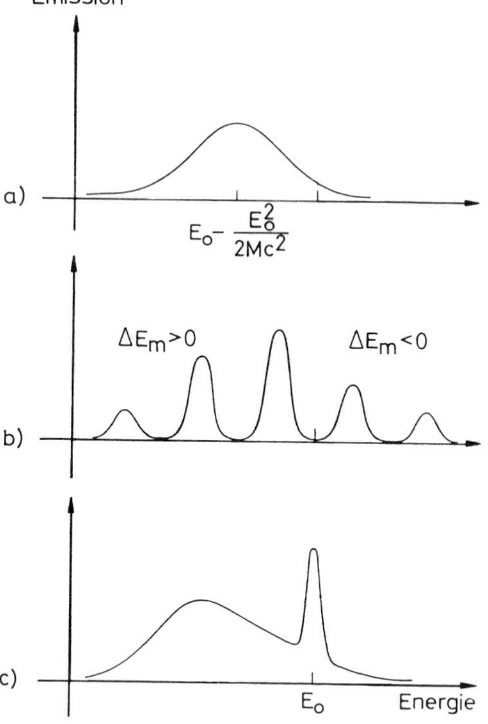

Fig. XIV.13: Spektrale Emission von γ-Strahlung mit der Übergangsenergie E_0 beim freien Atom (a) und Molekül (b) ohne Berücksichtigung der DOPPLER-Verbreiterung (E_m: Molekülenergie) sowie beim Kristall (c).

der Emission wie der Absorption beobachtet, was auf die geringen Phononenenergien zurückzuführen ist (Fig. XIV.13). Die Emission der Hauptlinie, deren Energie E_0 allein durch die Kernzustandsänderung gegeben ist, setzt demnach keine Änderung des einzelnen Phonenenzustands $|n_s >$ voraus, so daß deren Intensität durch die Wahrscheinlichkeit w_{n_s,n_s} geprägt wird. Die Berechnung der gesamten Intensität verlangt die Summierung über alle Zustände unter Berücksichtigung von deren temperaturabhängiger Besetzung $g(n_s; T)$, so daß sich

$$f_{DW} = \sum_{n_s} w_{n_s,n_s} \cdot g(n_s; T) \qquad \text{(XIV.53)}$$

ergibt, was als DEBYE-WALLER-Faktor (D.W.-Faktor) bezeichnet wird. Er gibt den Bruchteil jener Zustandsänderungen an, deren nachfolgende Photonenemission ohne Wechselwirkung mit der Gitterdynamik erfolgt, und kann so mit jener Quantität identifiziert werden, die im Falle der Röntgen- bzw. Neutronenstreuung die Anzahl der elastisch gestreuten Teilchen erfaßt.

Der Versuch, den D.W.-Faktor zu berechnen, gelingt zunächst in einem einfachen, klassischen Modell. Dort wird der emittierende Kern am Ort $\vec{r}$ als Quelle einer entsprechend der Lebensdauer ($\tau = 1/\Gamma$) gedämpften elektromagnetischen Welle mit dem Feld

$$\vec{E}(t) = \vec{E}_0 \, e^{-i(\omega_0 t + \vec{k}\vec{r})} \cdot e^{-\Gamma t/2} \tag{XIV.54}$$

behandelt. Setzt man vereinfachend die Existenz nur einer der insgesamt $3N$ möglichen Gitterschwingungen mit der Frequenz ω_s und der konstanten Amplitude $\vec{r}_{0,s}$ voraus

$$\vec{r} = \vec{r}_{0,s} \cdot \sin(\omega_s t + \alpha_s) \, , \tag{XIV.55}$$

so erfährt die Phasenlage des elektrischen Feldes eine Modulation gemäß der Beziehung

$$\vec{E}(t) = \vec{E}_0 \, e^{-i(\vec{k}\vec{r}_{0,s} \cdot \sin(\omega_s t + \alpha_s))} \cdot e^{-i(\omega_0 - i\Gamma/2)t} \, . \tag{XIV.56}$$

Nach der Entwicklung des ersten Faktors ($i \sin x = 1/2(e^{ix} - e^{-ix})$)

$$\begin{aligned} e^{-i\vec{k}\vec{r}_{0,s} \cdot \sin(\omega_s t + \alpha_s)} &= 1 - \frac{1}{4}(\vec{k}\vec{r}_{0,s})^2 - \\ &- \frac{1}{2}\vec{k}\vec{r}_{0,s} e^{i(\omega_s t + \alpha_s)} + \frac{1}{2}\vec{k}\vec{r}_{0,s} e^{-i(\omega_s t + \alpha_s)} + \\ &+ \frac{1}{8}(\vec{k}\vec{r}_{0,s})^2 e^{i(2\omega_s t + \alpha_s)} + \frac{1}{8}(\vec{k}\vec{r}_{0,s})^2 e^{-i(2\omega_s t + \alpha_s)} \end{aligned} \tag{XIV.57}$$

errechnet sich die elektrische Feldstärke des Strahlungsfeldes zu

$$\begin{aligned} \vec{E}(t) &= \vec{E}_0 \left[1 - \frac{1}{4}(\vec{k}\vec{r}_{0,s})^2 \cdot e^{-i(\omega_0 - i\Gamma/2)t} + \right. \\ &+ \vec{E}_0 \left[\frac{1}{2}\vec{k}\vec{r}_{0,s} e^{-i(\omega_0 + \omega_s)t} - \frac{1}{2}\vec{k}\vec{r}_{0,s} e^{-i(\omega_0 - \omega_s)t} + \right. \\ &\left. + \frac{1}{8}(\vec{k}\vec{r}_{0,s})^2 e^{-i(\omega_0 + 2\omega_s)t} + \frac{1}{8}(\vec{k}\vec{r}_{0,s})^2 e^{-i(\omega_0 - 2\omega_s)t} + \ldots \right] e^{i(\alpha_s + i\Gamma t/2)} \, . \end{aligned} \tag{XIV.58}$$

Die Extrapolation auf die spektrale Intensität als das zeitliche Mittel des POYNTING-Vektors ergibt danach symmetrisch zur Grundemission bei der Frequenz ω_0 noch Nebenlinien mit Abständen, die einem Vielfachen der Schwingungsfrequenz ω_s entsprechen, was von einer phasenmodulierten Schwingung nach Gl. (XIV.56) nicht anders zu erwarten ist (Fig. XIV.14 (a)). Der D.W.-Faktor f_{DW}, der in diesem klassischen Modell durch die relative Intensität der Hauptlinie mit der charakteristischen Amplitude

$$A(\omega_0) = 1 - \frac{1}{4}(\vec{k}\vec{r}_{0,s})^2 \tag{XIV.59}$$

vertreten wird, ergibt sich so zu

$$f_{DW} = |A(\omega_0)|^2 \approx \exp\left[-\frac{1}{2}(\vec{k}\vec{r}_{0,s})^2\right] \, . \tag{XIV.60}$$

In Erweiterung des Modells, die auf die Erfassung der insgesamt $3N$ möglichen Gitterschwingungen abzielt, muß der doppelte Exponent durch sein zeitliches Mittel ersetzt werden

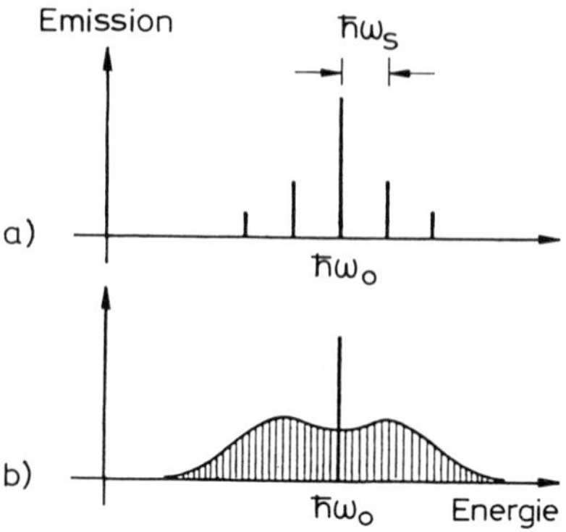

Fig. XIV.14: Emissionsspektrum von γ-Strahlung im Kristallgitter nach dem klassischen Modell; a) Anregung einer elastischen Gitterschwingung der Energie $\hbar\omega_s$, b) Anregung aller möglichen $3N$ Gitterschwingungen.

$$f_{DW} = e^{-\overline{(\vec{k}\vec{r}_{0,s})^2}^{t}} . \qquad \text{(XIV.61)}$$

Mit Rücksicht auf die energetische Verteilung der Schwingungen findet man dann ein Quasikontinuum an spektralen Nebenlinien, die entgegen der Erfahrung symmetrisch um die Hauptlinie angeordnet sind (Fig. XIV.14 (b)). Eingedenk der Voraussetzungen des Modells, nach dem die kanonische Besetzung und mithin die Temperaturabhängigkeit der Schwingungszustände nicht beachtet werden, ist diese Symmetrie als konsequentes Ergebnis leicht verständlich. Darüber hinaus geht die Nullpunktschwingung als typischer Quanteneffekt verloren, so daß am absoluten Temperaturnullpunkt der D.W.-Faktor hier den Wert Eins erreicht.

Die quantenmechanische Diskussion des D.W.-Faktors basiert nach Gl. (XIV.53) auf der Berechnung des thermischen Mittels der Wahrscheinlichkeit ($f_{DW} = \bar{w}_{GG}^{therm.}$), daß der gesamte Gitterzustand $|G>$ (Gl. (XIV.51)) eines Gitters mit einatomigen Elementarzellen während der Emission unverändert bleibt. Dabei wird die Übergangswahrscheinlichkeit nach der Störungstheorie, die das Vektorpotential $\vec{A}$ durch ebene Wellen darstellt, angegeben durch

$$w_{G'G} = | < G'|e^{-i(\vec{k}\vec{r}_0)}|G > |^2 , \qquad \text{(XIV.62)}$$

so daß im Ergebnis der D.W.-Faktor durch

$$f_{DW} = \overline{| < G|e^{-i(\vec{k}\vec{r}_0)}|G > |^2}^{therm.} \qquad \text{(XIV.63)}$$

ausgedrückt werden kann. Nach der Entwicklung der Exponentialfunktion bis zum quadratischen Glied und der Substitution der Ortsauslenkung des Kernschwerpunkts $\vec{r}_0$ durch eine lineare Kombination von Erzeugungs- und Vernichtungsoperatoren ($\vec{r}_0 \sim \sum_s \vec{r}_{0,s}/\sqrt{\omega_s} \cdot (\hat{a}_s + \hat{a}_s^+)$) im Rahmen der 2. Quantisierung, erhält man mit Gl. (XIV.51)

$$f_{DW} = \overline{\prod_{s=1}^{3N} | < n_s|1 - \frac{(\vec{k}\vec{r}_{0,s})^2}{4MN\omega_s}\, \hbar(\hat{a}_s + \hat{a}_s^+)|n_s > |^2}^{\,therm.} \tag{XIV.64}$$

(N: Teilchenzahl). Unter Beachtung der Vertauschungsrelation $[\hat{a}_s, \hat{a}_{s'}^+]_- = \delta_{ss'}$ und der Tatsache, daß die Operatoren $(\hat{a}_s^+)^2$ und $\hat{a}_s^2$ kompensierend wirken, findet man

$$(\hat{a}_s + \hat{a}_s^+)^2 = 2\hat{N}_s + 1 \tag{XIV.65}$$

($\hat{N}_s = \hat{a}_s^+ \hat{a}_s$: Besetzungszahloperator des Einteilchenzustands), womit der D.W.-Faktor nach Anwendung der Operatoren und Substitution der Summe durch eine Exponentialfunktion sich zu

$$f_{DW} = \exp\left[-\frac{\hbar}{MN}\sum_{s=1} 3N\, \frac{(\vec{k}\vec{r}_{0,s})^2}{\omega_s}\left(\bar{n}_s + \frac{1}{2}\right)\right] \tag{XIV.66}$$

ergibt. Im Unterschied zum klassischen Modell, wo nach Gl. (XIV.61) das Zeitmittel gefordert wird, erscheint hier als Exponent das thermische Mittel des quantenmechanischen Erwartungswerts der Observablen $(\vec{k}\vec{r}_0)^2$, das das Auftreten der mittleren Besetzungszahl $\bar{n}_s$ eines Schwingungszustands $|n_s>$ zur Folge hat. Während der Ausbreitungsvektor $\vec{k}$ das γ-Photon charakterisiert und die Rückstoßenergie beinhaltet, liefert die Auslenkung des Kerns $\vec{r}_{0,s}$ Information über die Gitterdynamik der festen Matrix.

Die Summation über alle möglichen Schwingungsfrequenzen kann durch eine Integration ersetzt werden, wobei noch eine Gewichtung gemäß der Zustandsdichte $z(\omega)$hinzukommt. Für den Fall kubischer Kristalle, deren räumliche Isotropie die thermische Mittelung

$$\begin{aligned}\overline{(\vec{k}\vec{r}_{0,s})^2}^{\,therm.} &= \sum_{i=1}^{3} \overline{k_i^2 r_{i;0,s}^2}^{\,therm.} + \sum\sum_{i\neq j} \overline{k_i k_j x_{i;0,s} x_{j;0,s}}^{\,therm.} = \\ &= \frac{1}{3}k^2 r_{0,s}^2 + 0\end{aligned}$$

bzw. $1/3 \cdot k^2 \cdot 1$ ($\vec{r}_{0,s}$: Einheitsvektor der Schwingungspolarisation) ergibt, bekommt man nach Gl. (XIV.64) den D.W.-Faktor

$$f_{DW} = \exp\left[-\frac{\hbar^2 k^2}{3MN}\int_0^\infty \frac{z(\omega)}{\omega}\left(\overline{n(\omega)} + \frac{1}{2}\right) d\omega\right] . \tag{XIV.67}$$

Das gleiche Ergebnis liefert das klassische Modell, wenn dort (Gl. (XIV.61)) die Energie eines Oszillators ($E_{kl.} = M\omega_s^2 \overline{\vec{r}_{0,s}^2}^{\,Zeit}$) durch die des quantenmechanischen Systems ($E_{q.m.} = \overline{(n_s + 1/2)\,\hbar\omega_s}^{\,therm.}$) ersetzt wird.

Die mittlere Besetzungszahl $\bar{n}_s$ des Phononenzustands $|n_s>$, der mit einem Boson identifiziert werden kann, errechnet sich in Analogie zu jener von Fermionen (s. Abschn. XIII.2.1). Mit der Wahrscheinlichkeit, den zu $|n_s>$ gehörigen Energiewert zu beobachten, die der kanonischen Verteilung gehorcht

$$g(n_s;T) = \frac{e^{-(n_s+1/2)\hbar\omega/kT}}{\sum\limits_{n_s=0}^{\infty} e^{-(n_s+1/2)\hbar\omega/kT}} , \tag{XIV.68}$$

liefert die statistische Vorschrift für die mittlere Besetzungszahl

$$\bar{n}_s = \sum_{n_s} n_s \, g(n_s; T) \, . \qquad \text{(XIV.69)}$$

Im Gegensatz zu Fermionen ist für Bosonen die Besetzungszahl n_s als Eigenwert des Teilchenzahloperators eines Zustands im symmetrischen HILBERT-Raum beliebig, woraus sich

$$\bar{n}_s = \frac{1}{e^{-(n_s+1/2)\hbar\omega/kT} - 1} \qquad \text{(XIV.70)}$$

(s.a. Gl. (XIII.33)) ergibt.

Die explizite Angabe des D.W.-Faktors zwingt zu einer Aussage über die Zustandsdichte $z(\omega)$, deren Zuverlässigkeit nur auf experimentellen Daten beruht. Dennoch erlauben zwei einfache theoretische Modelle eine Annäherung an die realen Verhältnisse. Das EINSTEIN-Modell, das im Fall optischer Schwingungsmoden bevorzugt wird, behauptet für alle Gitterbausteine die Existenz nur einer elastischen Schwingung mit der Frequenz ω_E, so daß die Zustandsdichte durch eine δ-Funktion ausgedrückt werden kann

$$z(\omega) d\omega = 3N \, \delta(\omega - \omega_E) \, d\omega \, . \qquad \text{(XIV.71)}$$

Das verfeinerte DEBYE-Modell demonstriert ein kontinuierliches Frequenzspektrum von akustischen Schwingungen, ausgehend von niedrigen Energien mit linearer Dispersion ($\omega = ck$) bis hin zu einer oberen Grenzfrequenz ω_{Gr}, deren Wert durch die Forderung nach einer endlichen Zahl von Schwingungszuständen

$$\int_0^{\omega_{Gr}} z(\omega) \, d\omega = 3N \qquad \text{(XIV.72)}$$

und vermittels

$$\hbar\omega_{Gr} = k\theta \qquad \text{(XIV.73)}$$

durch die DEBYE-Temperatur θ ausgedrückt werden kann. Die Ermittlung der Zustandsdichte geschieht in Analogie zu jenem Abzählverfahren, das bei der Suche nach der Dichte der freien Elektronenzustände benutzt wird (s. Abschn. XIII.2.1.1; Gl. (XIII.25)). Dieser Vorstellung liegt die Annahme zugrunde, daß die elastischen, mit der Gitterstruktur periodischen Wellen als Ansatz der dynamischen Gittertheorie an den Begrenzungen des festen Körpers reflektiert werden, so daß die nachfolgende Überlagerung von hin- und rücklaufenden Wellen zu stehenden Wellen mit Knoten an der Oberfläche Anlaß gibt. Das Volumen des betrachteten Grundgebiets V_G beträgt demnach in Würfelanordnung

$$V_G = N a^3 \qquad \text{(XIV.74)}$$

(a: Gitterkonstante). Zudem muß die Existenz dreier akustischer Frequenzmoden betont werden. Während der longitudinale Zweig durch die Schallgeschwindigkeit c_{long} charakterisiert wird, können die beiden transversalen Zweige in isotropen Medien wegen der dort auftretenden Entartung zusammengefaßt und durch eine Schallgeschwindigkeit c_{trans} beschrieben werden

$$z(\omega)\,d\omega = z_{long}\,d\omega + z_{trans}\,d\omega \ . \qquad \text{(XIV.75)}$$

Die Abzählung der diskreten Schwingungszustände im Frequenzbereich zwischen ω und $\omega + d\omega$ bezogen auf das Grundgebiet V_G ergibt dann wie im Fall freier Elektronen, deren Spin unberücksichtigt bleibt, eine Dichte von

$$z(\omega)\,d\omega = \frac{1}{2\pi^2}\left(\frac{1}{c_{long}^3} + \frac{2}{c_{trans}^3}\right)\omega^2\,d\omega \ , \qquad \text{(XIV.76)}$$

die mit Hilfe von Gl. (XIV.72) u. (XIV.73) durch

$$z(\omega)\,d\omega = 9N\left(\frac{\hbar}{k\theta}\right)\omega^2\,d\omega \ , \qquad \text{(XIV.77)}$$

ausgedrückt werden kann.

Der Versuch, den D.W.-Faktor auf der Grundlage des DEBYE-Modells zu berechnen, führt mit den Gl.en (XIV.67), (XIV.70) und (XIV.77) sowie unter Verlegung der oberen Integrationsgrenze ins Unendliche

$$\int_0^\infty e^x(e^x-1)^{-1}dx = \frac{\pi^2}{6} \quad (x = \frac{\hbar\omega}{kT})$$

zu

$$f_{DW} = \exp\left\{-\frac{3E_R}{2k\theta}\left[1 + \frac{2\pi^2}{3}\left(\frac{T}{\theta}\right)^2\right]\right\} \ . \qquad \text{(XIV.78)}$$

Die exponentielle Abhängigkeit von der Rückstoßenergie E_R, die ihrerseits nach Gl. (XIV.48) quadratisch durch die γ-Energie bestimmt wird, ist bereits nach Kenntnis der klassischen Vorstellung (Gl. (XIV.60)) zu erwarten. Neue Erkenntnisse dagegen vermittelt die Diskussion des Temperatureinflusses, der zudem vom Verhältnis der Temperatur zur DEBYE-Temperatur geprägt wird (Fig. XIV.15). Die Anregung höherer Schwingungszustände mit wachsender Temperatur begünstigt die Wechselwirkung mit dem Gitter während der Kernzustandsänderung, die eine Abnahme der elastischen Vorgänge zur Folge hat. Daneben wird die Rolle der Bindungsstärke offenkundig, wenn man die DEBYE-Temperatur als deren repräsentatives Maß betrachtet. Eine Zunahme der DEBYE-Temperatur erschwert demnach die Anregung des Gitters, so daß ein Anwachsen des D.W.-Faktors nicht verwundert (Fig. XIV.15).

Die doppler-freie Spektroskopie, die die Beobachtung der natürlichen Linienbreite erlaubt, ebnet somit den Weg zur Untersuchung geringer Änderungen der Energiezustände. Solche Änderungen sind auf den Einfluß verschiedener Wechselwirkungen von Strom- und Ladungsdichten der Nukleonen und umgebenden Elektronen zurückzuführen.

Eine davon ist als der Kern-ZEEMAN-Effekt bekannt. Die Wechselwirkung zwischen dem resultierenden magnetischen Moment aller beteiligten Nukleonen und einem inneren Magnetfeld mit der Flußdichte $\vec{B}$ gibt erwartungsgemäß Anlaß zur Aufhebung der $(2I+1)$-fachen Entartung des Kernzustands, so daß die Energien

$$E = E_0 - m_I g_I \mu_K B \quad (|m_I| \le I) \qquad \text{(XIV.79)}$$

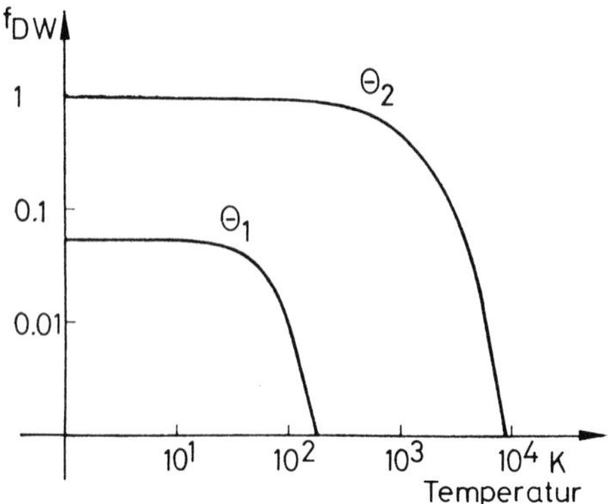

Fig. XIV.15: Schematische Darstellung des DEBYE-WALLER-Faktors f_{DW} in Abhängigkeit von der Temperatur mit der DEBYE-Temperatur θ als Parameter ($\theta_1 < \theta_2$).

beobachtbar werden (s. Abschn. XI.4.1 u. XI.5.1). Die Frage nach der Ursache der starken inneren Magnetfelder findet mehrere Antworten. Gleichwohl wird der wesentliche Beitrag von der sogenannten "core-polarisation" geleistet. Zu deren Verständnis betrachtet man jenes Magnetfeld, das infolge der FERMI-Kontaktwechselwirkung von s-Elektronen mit endlicher Aufenthaltswahrscheinlichkeit am Kernort $|\psi_s(0)|^2$ induziert wird

$$B = \text{const}\, \mu_B(|\psi_s^{m_s=1/2}(0)|^2 - |\psi_s^{m_s=-1/2}(0)|^2)\,. \qquad \text{(XIV.80)}$$

Demnach erwartet man für den gewöhnlichen Fall gleicher Aufenthaltswahrscheinlichkeiten unterschiedlicher Spineinstellungen einen kompensierenden Effekt, der das resultierende Magnetfeld zum Verschwinden bringt. Unter Einwirkung von Polarisationseffekten dagegen, worunter man die ungleiche Wechselwirkung etwa zwischen s- und 3d-Elektronen bei Übergangsmetallen mit gleich- und entgegengerichteter Spineinstellung versteht, kann dieses Gleichgewicht erheblich gestört werden. In der Folge erwartet man eine höhere Aufenthaltsdichte für eine Art von s-Elektronen, was nach Gl. (XIV.80) das Auftreten eines endlichen Magnetfeldes am Kernort verständlich macht.

Neben der magnetischen Wechselwirkung ist eine elektrostatische Wechselwirkung

$$V = \int \rho(\vec{r})\phi(\vec{r})\, d^3r \qquad \text{(XIV.81)}$$

($\rho(\vec{r})$: Ladungsdichte des Kerns) beobachtbar, deren theoretische Diskussion die Entwicklung des elektrischen Pontentials $\phi(\vec{r})$ der Hüllenelektronen sowie der Ladungen der übrigen Gitteratome am Kernort notwendig macht. Nachdem das erste Glied der Reihenentwicklung nur eine relative Verschiebung des Energienullpunktes bewirkt und das zweite Glied ($\sim \int \rho\, d^3r$) auf Grund des fehlenden elektrischen Dipolmoments verschwindet, erwächst ein entscheidender Beitrag aus dem dritten Glied, der sich additiv aus der Quadrupolaufspaltung $V(Q)$ und der Isomerieverschiebung $V(I)$ zusammensetzt

$$V = V(Q) + V(I)\,. \tag{XIV.82}$$

Setzt man ein endliches elektrisches Quadrupolmoment Q des Kerns voraus, dann findet man eine Energieaufspaltung

$$V(Q) = \frac{1}{4} eQ \cdot \frac{\partial^2 V}{\partial z^2} \cdot \frac{3m_I^2 - I(I+1)}{3I^2 - I(I+1)} \tag{XIV.83}$$

($I \geq 1$), die außer vom elektrischen Feldgradient $\partial^2 V/\partial z^2$ der Nachbaratome und Hüllenelektronen am Kernort – abzüglich des Beitrags der s-Elektronen – auch noch quadratisch von der magnetischen Quantenzahl m_I abhängt. Demnach ist die elektrische Hyperfeinstruktur zweifach entartet als Folge der polaren Symmetrie, die im Gegensatz zur axialen Rotationssymmetrie beim ZEEMAN-Effekt die Unterscheidung des Kernspins bezüglich seiner Orientierung aufhebt (s.a. Abschn. XII.1.1).

Die Isomerieverschiebung errechnet sich zu

$$V(I) = \text{const} \cdot e\,|\psi(0)|^2 \cdot \int \rho(\vec{r})\, r^2\, d^3r\,. \tag{XIV.84}$$

Sie erfaßt die Wechselwirkung zwischen der Ladungsdichte $e\,|\psi(0)|^2$ der Hüllenelektronen am Kernort und einem Potential, für das die Verteilung der Kernladung $\rho(\vec{r})$ verantwortlich ist. Nach Einführung eines mittleren quadratischen Kernradius $< r^2 >$, dessen Wert von den Kernzuständen abhängt, und Integration über die gesamte Kernladung ($\int \rho\, d^3r = Ze$), gelangt man zur resultierenden Isomerieverschiebung als der Bilanz zwischen Anfangs- und Endzustand

$$V_a(I) - V_e(I) = \text{const} \cdot Ze^2\,|\psi(0)|^2 \left(< r_a^2 > - < r_e^2 >\right)\,. \tag{XIV.85}$$

Darin offenbart sich die Möglichkeit, wertvolle Informationen über Kernradien zu erhalten. Zudem erlaubt die Elektronendichte am Kernort die experimentelle Untersuchung der chemischen Bindungsverhältnisse, weshalb diese Art der Wechselwirkung auch "chemical shift" genannt wird.

XIV.3.2 Experimentelles

Zum experimentellen Nachweis der MÖSSBAUER-Linie wird der DOPPLER-Effekt benutzt. Dabei wird in Absorption die von einer ^{57}**Co**-Quelle (ca. $3 \cdot 10^7$ Bq) emittierte γ-Strahlung nach Wechselwirkung mit dem Absorber bei der Resonanzenergie beobachtet (Fig. XIV.16). Auf Grund der Bewegung der Quelle mit der Geschwindigkeit $\vec{v}$ in Richtung auf den Absorber erleidet die γ-Emission eine DOPPLER-Verschiebung, so daß das Photon die resultierende Energie

$$E = \hbar\omega_0 \left(1 + \frac{v}{c}\right) \tag{XIV.86}$$

davonträgt. Eine Abschätzung des Verhältnisses von natürlicher Linienbreite (ca. 10^{-8} bis 10^{-5} eV bei Lebensdauern von ca. 10^{-7} bis 10^{-10} s) zu γ-Energien mit typischen Werten von 10 bis 100 keV macht deutlich, daß bereits kleine Geschwindigkeiten im

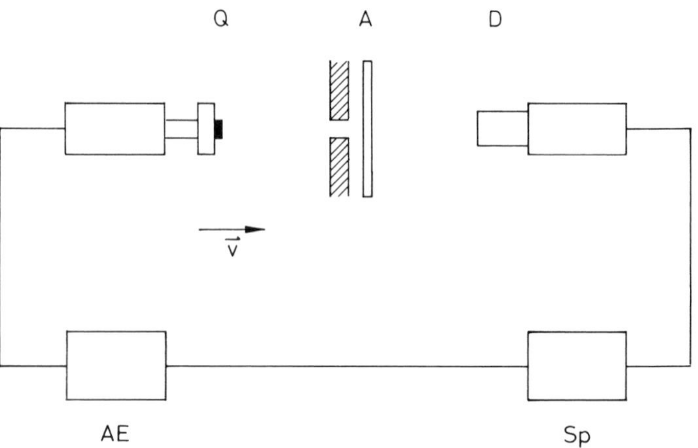

Fig. XIV.16: Schematischer Versuchsaufbau zum MÖSSBAUER-Effekt; Q: Quelle, A: Absorber, D: Detektor (**NaJ**-Szintillationskristall, Photomultiplier), Sp: Spektrometer, AE: Antriebseinheit.

Bereich von 10^{-3} bis 10 cm s^{-1} genügen, um eine Verstimmung des Resonanzeffekts herbeizuführen.

Die Beobachtung der γ-Strahlung geschieht mit einem Szintillationszähler bei konstanten Spannungswerten der Grundschwelle (baseline) und des Energiefensters (window). Als Szintillator wird ein **NaJ**-Kristall ($l = 0.2$ cm; $\phi = 5.5$ cm) verwendet, der mit Thallium dotiert ist (s. Abschn. XIV.2.2).

Die Geschwindigkeitsvariation erfolgt mit Hilfe eines Antriebsmechanismus, dessen wesentlicher Bestandteil zwei mechanisch gekoppelte Lautsprechersysteme bilden (Fig. XIV.17). Die lineare Bewegung des Stempels, der die γ-Quelle trägt und auf einem Aluminiumrohr sitzt, ist korreliert mit der Bewegung zweier Spulen im Luftspalt eines Permanentmagnets. Für die Anregung sorgt ein Wechselstrom in der Tauchspule Sp_I.Die durch die Bewegung der Tauchspule Sp_{II} induzierte Spannung wird zur Geschwindigkeitskontrolle verwendet. Kleine Luftspalte und lange Spulen garantieren für eine hohe Linearität. Eine Solarzelle, die auf der Grundplatte angebracht ist, sorgt in Verbindung mit einer in der Nähe montierten Lichtquelle und einem Verschluß am beweglichen Teil des Aluminiumrohres für die Erfassung der jeweiligen Position des Stempels.

Das Spektrometer arbeitet mit der Technik konstanter Geschwindigkeit, die zur Aufnahme der Zählrate mit einem Einkanalanalysator auskommt. Dabei bewegt sich die Tauchspule des Lautsprechersystems mit einer zur Eingangsspannung proportionalen Geschwindigkeit. Nach Erreichen der maximalen Auslenkung des Stempels, die variabel gewählt werden kann, wird die Bewegungsrichtung umgekehrt und beschleunigt die Ausgangslage besetzt, um von dort mit einer neuen Geschwindigkeit die Bewegung aufzunehmen. Eine Automatisierung der Geschwindigkeitsvariation bei simultaner Datenausgabe bezüglich der Zählrate und Geschwindigkeit für einen angeschlossenen $X - Y$-Schreiber

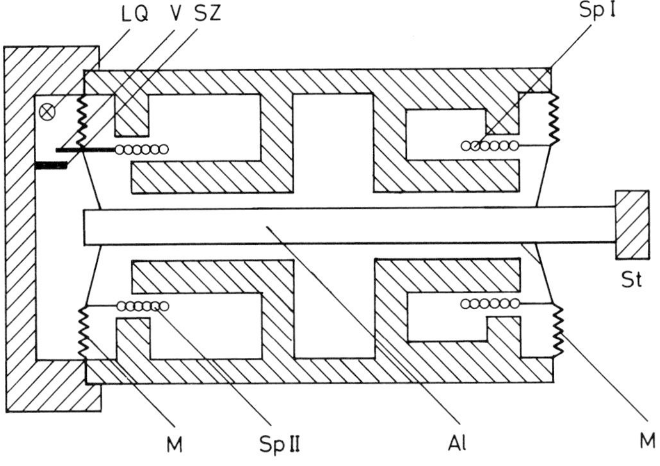

Fig. XIV.17: Antriebssystem; St: Stempel, Sp_I, Sp_{II}: Tauchspulen, M: Lautsprechermembran, Al: Aluminiumrohr, SZ: Solarzelle, V: Verschluß, LQ: Lichtquelle (Erläuterung im Text).

ermöglicht die Aufnahme des MÖSSBAUER-Spektrums mit einem Einkanalanalysator. Dabei wird die Erfassung der Zählrate so lange unterbrochen, wie der Stempel sich von der maximalen Position zur Ausgangslage zurückbewegt. Die Zeitintervalle während der schrittweisen Variation der linearen Geschwindigkeit sind zwischen 0.1 und 100 s wählbar. Im Ergebnis werden Spektren erhalten, deren Auflösung dem eines Vielkanalanalysators mit 1000 Kanälen gleichkommt.

XIV.3.3 Aufgabenstellung

Mit einer ^{57}**Co**-Quelle sind für den γ-Übergang bei $E_0 = 14.4$ keV die MÖSSBAUER-Spektren der folgenden vier Proben in Absorption aufzunehmen:

a) Eisen (magnetisch)

b) Stahl (unmagnetisch)

c) Natriumnitrosylprussiat ($\mathbf{Na_2\,[Fe\,(CN)_5NO]} \times \mathbf{2H_2O}$)

d) Eisenoxyd ($\mathbf{Fe_2O_3}$)

Nach Kalibrierung der Geschwindigkeitsachse des magnetischen Hyperfeinstrukturspektrums (**Fe** magnetisch) mittels des bekannten inneren Magnetfeldes ((33.3 $\pm$ 1) T) wird das magnetische Moment im angeregten Kernzustand berechnet ($\mu_g = 0.0903\ \mu_K$). Ferner werden die natürliche Linienbreite bzw. Lebensdauer des angeregten Kernzustands, die elektrische Quadrupolaufspaltung sowie bei der kombinierten magnetischen und elektrischen Hyperfeinwechselwirkung das innere Magnetfeld und die Quadrupolaufspaltung bestimmt.

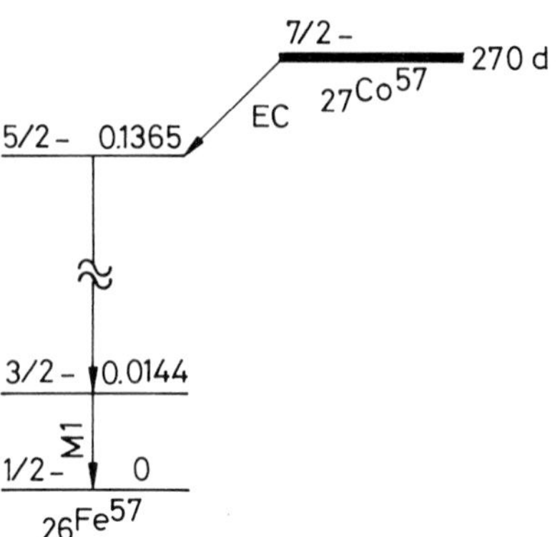

Fig. XIV.18: Zerfallsschema (Energiewerte in MeV) des ^{57}Co-Nuklids.

XIV.3.4 Anleitung

Allen MÖSSBAUER-Untersuchungen voran geht die Spektroskopie der γ-Strahlung, die die 14.4 keV γ-Emission von der Röntgenstrahlung bei 6.8 keV mittels einer dünnen Aluminiumfolie deutlich zu unterscheiden vermag (Fig. XIV.18). Dabei beträgt der Abstand zwischen Nuklid und Detektor etwa 50 cm. Bei der nachfolgenden Absorptionsmessung wird der Abstand, bei dessen Hälfte der Absorber an einem Bleikollimator befestigt ist, auf etwa 5 cm verringert. Das Energiefenster des Differentialdiskriminators, das fest auf die Resonanzlinie eingestellt bleibt, soll eine Breite von 150 mV nicht überschreiten. Die Zählzeit für jede lineare Geschwindigkeitsstufe ist mit 1 s optimal gewählt.

Die relative Kalibrierung der Geschwindigkeitsachse basiert auf der Beobachtung der Kern-ZEEMAN-Aufspaltung des Absorbers, die durch Gl. (XIV.79) ausgedrückt wird (Fig. XIV.19). Dabei muß die Forderung der Auswahlregel für magnetische Dipolstrahlung $\Delta m_I = 0, \pm 1$ während der Kernzustandsänderung beachtet werden. Daraus resultieren sechs energetisch unterschiedliche Übergänge, deren Energien durch Differenzbildung von Gl. (XIV.79) zu

$$\Delta E^A = \Delta E_0^A - \left(\frac{m_a \mu_a}{I_a} - \frac{m_g \mu_g}{I_g} \right) B$$

($\Delta E_0^A = E_{0,a}^A - E_{0,g}^A$: Energiedifferenz von Grundzustand und angeregtem Zustand der Absorberkerne) ermittelt werden können. Setzt man eine Einlinienquelle voraus, die keine Hyperfeinstruktur besitzt ($\Delta E^Q = \Delta E_0^Q$), dann bedeutet die Forderung nach Resonanz

$$\Delta E^Q = \Delta E^A \, .$$

Bei einer linearen Bewegung der Quelle erhält man demnach mit Gl. (XIV.86) Resonanzabsorption bei jenen sechs Geschwindigkeiten v, die die Beziehung

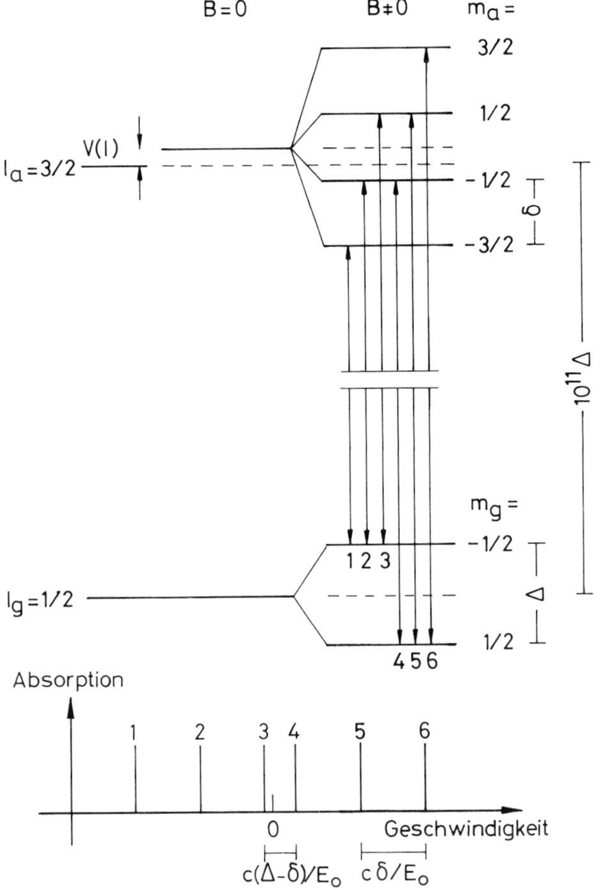

Fig. XIV.19: Magnetische Hyperfeinstrukturaufspaltung (Kern-ZEEMAN-Effekt) des Grundzustands (g) und angeregten Zustands (a) von ^{57}**Fe**-Kernen und schematisches MÖSS-BAUER-Spektrum.

$$E_0^Q \cdot \frac{v}{c} = E_0^A - E_0^Q - \left(\frac{m_a \mu_a}{I_a} - \frac{m_g \mu_g}{I_g} \right) B$$

($E_0^Q - E_0^A$: Isomerieverschiebung) erfüllen (Fig. XIV.19). In Unkenntnis des magnetischen Moments μ_a bietet sich die paarweise Analyse jener Übergänge an, die von gleichen ZEEMAN-Niveaus im angeregten Kernzustand ausgehen und in unterschiedlichen ZEEMAN-Niveaus im Grundzustand enden. Dabei kann die Differenz solcher Resonanzübergänge bzgl. der Geschwindigkeit

$$\Delta v = \frac{c}{E_0^Q} \cdot 2\mu_g B$$

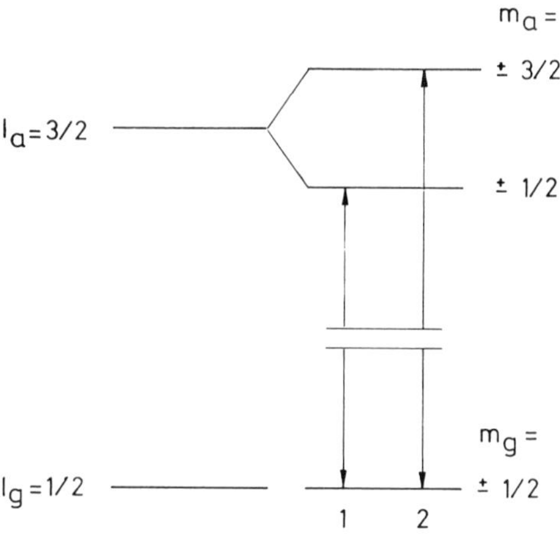

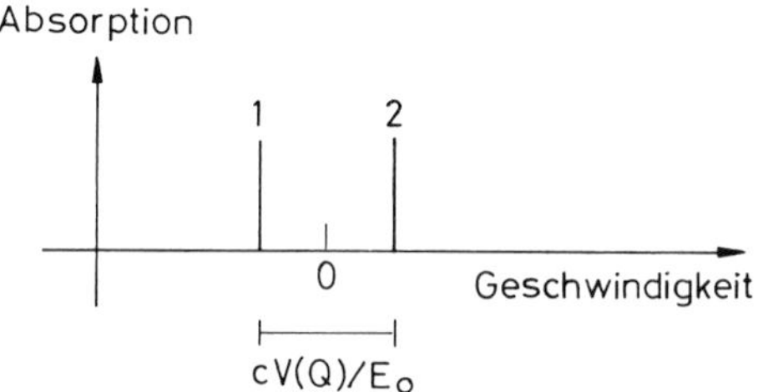

Fig. XIV.20: Elektrische Hyperfeinstrukturaufspaltung des angeregten Kernzustands von ^{57}**Fe** und schematisches MÖSSBAUER-Spektrum.

(mit $\Delta v = v_2 - v_4$ oder $v_3 - v_5$; s. Fig. XIV.19) mit der ZEEMAN-Aufspaltung im Grundzustand korreliert und so als Maßstab bei der Kalibrierung verwendet werden.

Die Betrachtung weiterer Paare von Übergängen (etwa $\Delta v = v_1 - v_6$) erlaubt gemäß der Differenzbildung im Geschwindigkeitsspektrum die Ermittlung des magnetischen Moments μ_a im angeregten Kernzustand sowie die natürliche Linienbreite Γ, die im Experiment auf Grund der beiden Ereignisse – Emission und Absorption – verdoppelt beobachtet wird. Auch die elektrische Hyperfeinwechselwirkung, die gemäß Gl. (XIV.83) zu einer Aufhebung der Entartung nur des angeregten Kernzustands und mithin zur Beobachtung von zwei Übergängen Anlaß gibt (Fig. XIV.20), induziert im MÖSSBAUER-Spektrum das Auftreten zweier Resonanzgeschwindigkeiten, deren Differenz nach Gl. (XIV.83)

$$\Delta v = \frac{ec}{2E_0^Q} \cdot Q \cdot \frac{\partial^2 V}{\partial z^2}$$

die Aufspaltung zu ermitteln gestattet.

Die Kombination von magnetischer und elektrischer Hyperfeinstruktur wird im HAMILTON-Operator additiv behandelt, so daß sich die Eigenwerte im angeregten Zustand ($I = 3/2$) mit Gl. (XIV.79) und (XIV.83) zu

$$E = E_0 - m_I g_I \mu_K \cdot B + \frac{eQ}{4} \frac{\partial^2 V}{\partial z^2}$$

ergeben. Unter Beachtung der Auswahlregel sind erneut sechs Resonanzübergänge zu erwarten, deren MÖSSBAUER-Spektrum jedoch wegen der Entartung bezüglich der Spineinstellung bei der elektrischen Wechselwirkung die Symmetrie auf der Geschwindigkeitsachse vermissen läßt (Fig. XIV.21). Mit Hilfe der relativen Abstände der Absorptionen gelingt es auch hier zusammen mit Gl. (XIV.86) das innere Magnetfeld sowie die Quadrupolaufspaltung als Unbekannte zu eliminieren und zu berechnen.

XIV.4 Literatur

1. **A.S. DAWYDOW** *Theorie des Atomkerns*
   VEB Deutscher Verlag der Wissenschaften, Berlin **1963**

2. **T. MAYER-KUCKUK** *Physik der Atomkerne*
   B.G. Teubner, Stuttgart **1984**

3. **E. WERNER** *Einführung in die Kernphysik*
   Akad. Verlagsgesellsch., Frankfurt/M. **1972**

4. **A. BOHR, B. R. MOTTELSON** *Struktur der Atomkerne*, Bd. I u. Bd. II
   Akademie Verlag, Berlin **1975** u. **1980**

5. **E. LOHRMANN** *Hochenergiephysik*
   B.G. Teubner, Stuttgart **1981**

6. **E. LOHRMANN** *Einführung in die Elementarteilchenphysik*
   B.G. Teubner, Stuttgart **1983**

7. **H. FRAUNFELDER** *Teilchen und Kerne*
   R. Oldenbourg, München **1987**

8. **G. MUSIOL, J. RANFT, R. REIF, D. SELIGER** *Kern- und Elementarteilchenphysik* VCH Weinheim **1988**

9. **A. LÖSCHE** *Kerninduktion*
   VEB Deutscher Verlag der Wissenschaften, Berlin **1957**

10. **H. SILLESCU** *Kernmagnetische Resonanz*
    Springer, Berlin, Heidelberg, New York **1966**

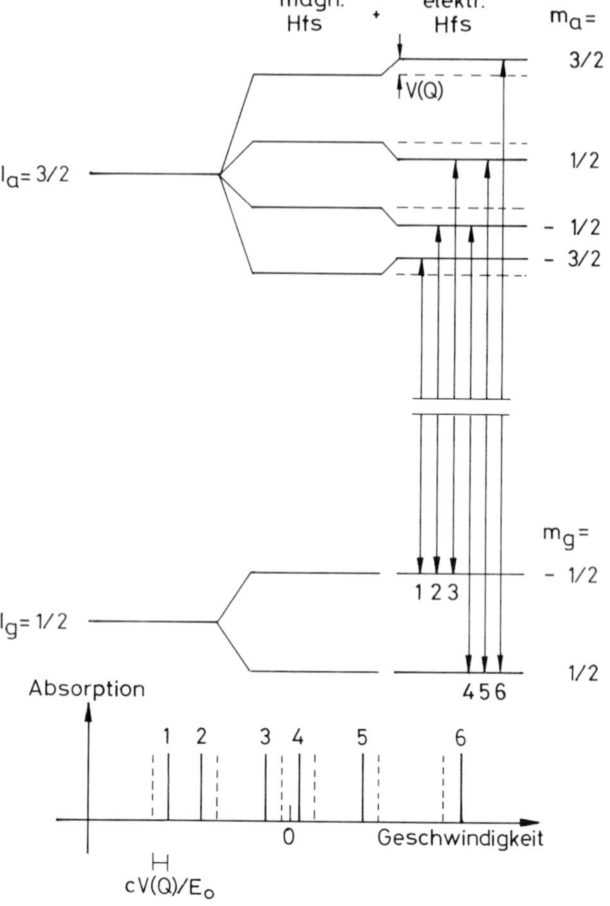

Fig. XIV.21: Kombinierte magnetische und elektrische Hyperfeinstrukturaufspaltung (Hfs) des Grundzustands (g) und angeregten Zustands (a) von ^{57}**Fe**-Kernen sowie schematisches MÖSSBAUER-Spektrum (gestrichelte Linie: magnetische Hyperfeinstruktur alleine).

11. I. EBERT *Kernresonanz im Festkörper*
Akademische Verlagsgesellschaft, Leipzig **1966**

12. I.W. ALEXANDROW *Theorie der kernmagnetischen Resonanz*
B.G. Teubner, Leipzig **1966**

13. C.D. SLICHTER *Principles of Magnetic Resonance*
Springer Series of Solid-State Sciences, Springer, Berlin, Heidelberg, New York **1989**

14. P. STOLL *Experimentelle Methoden der Kernphysik*

Springer, Berlin, Heidelberg, New York **1966**

15. **H. ENGE** *Introduction to Nuclear Physics*
Addison-Wesley, Reading Mas. (USA) **1966**

16. **G. BAUMGÄRTNER, P. SCHUCK** *Kernmodelle*
Bibliographisches Institut, Mannheim, Zürich **1968**

17. **H. FRAUENFELDER** *The MÖSSBAUER-Effect*
W.A. Benjamin Inc., New York **1962**

18. **G.K. WERTHEIM** *MÖSSBAUER-Effect-Principles and Applications*
Academic Press, New York **1964**

19. **U. GONSER** (Ed.) *MÖSSBAUER-Spectroscopy*
Springer, Berlin, Heidelberg, New York **1975**

20. **D. BARB** *Grundlagen und Anwendungen der MÖSSBAUER-Spektroskopie*
Akademie-Verlag, Berlin **1980**

Anhang

Die Genauigkeit der experimentellen Arbeit wird zu einem nicht unerheblichen Teil durch das Maß an Wissen über die Möglichkeiten und Grenzen der apparativen Komponenten bestimmt. Daneben zwingt das Bemühen um eine sorgfältige Analyse von experimentellen Ergebnissen zu einer genauen Kenntnis der physikalischen und mitunter chemischen Eigenschaften der am Experiment beteiligten Materie. Schließlich bilden die Umrechnungsfaktoren und Konstanten zusätzliche Parameter, die bei der quantitativen Auswertung als wohldefinierte Faktoren zu berücksichtigen sind. In der Absicht, sowohl die Planung wie die Ausarbeitung von Experimenten in diesem Sinne zu erleichtern, soll deshalb mit der folgenden, wenngleich kleinen Auswahl von Skizzen und Tabellen versucht werden, die wichtigsten Daten zu vermitteln.

A.1 Relative spektrale Strahldichteverteilung verschiedener Lampen

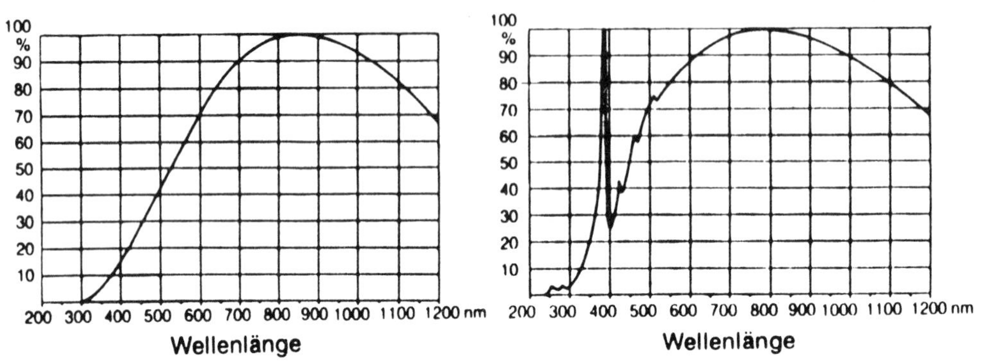

Halogen-Glühlampe

Kohlen-Bogenlampe

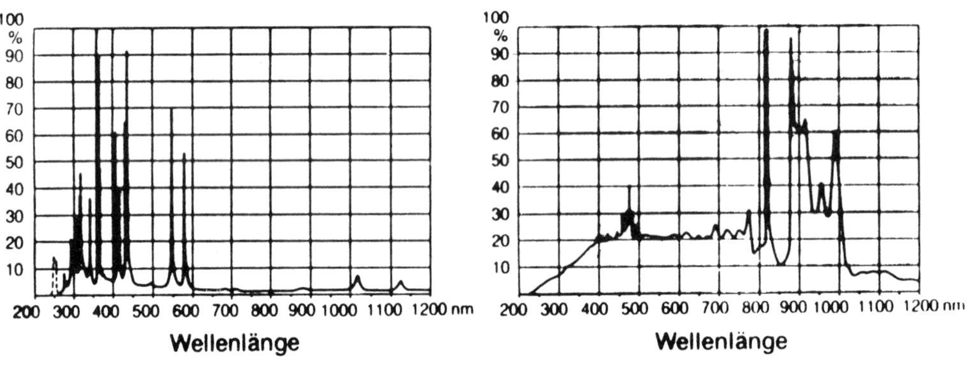

Quecksilberdampf-Höchstdrucklampe

Xenon-Hochdrucklampe

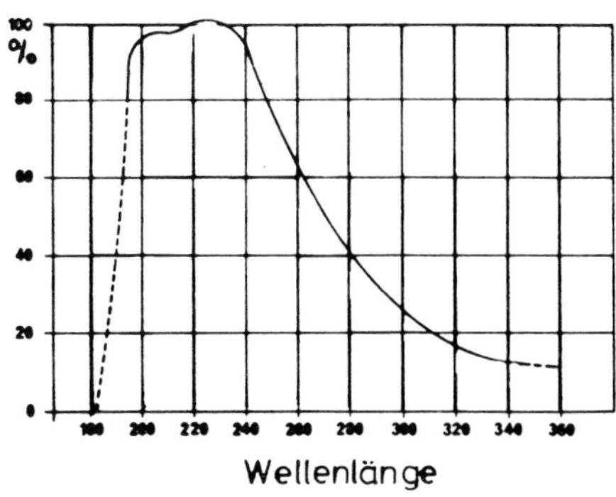

Halogenmetalldampf-Hochdrucklampe

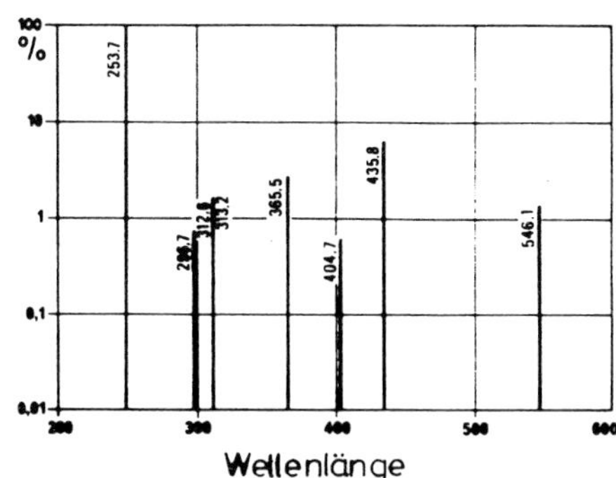

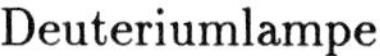
Deuteriumlampe

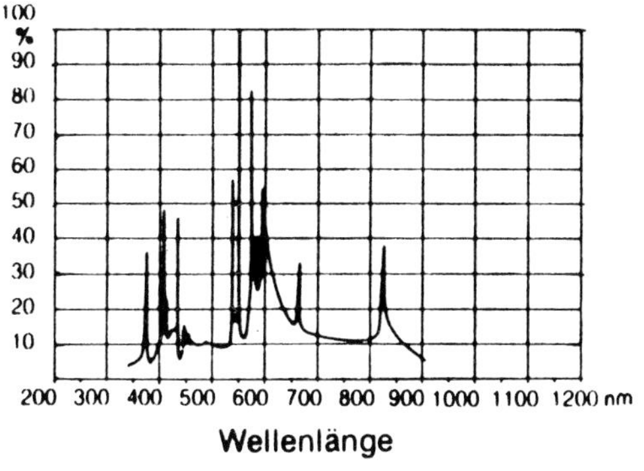

Quecksilber-Niederdrucklampe

A.2 Spektren verschiedener Spektrallampen

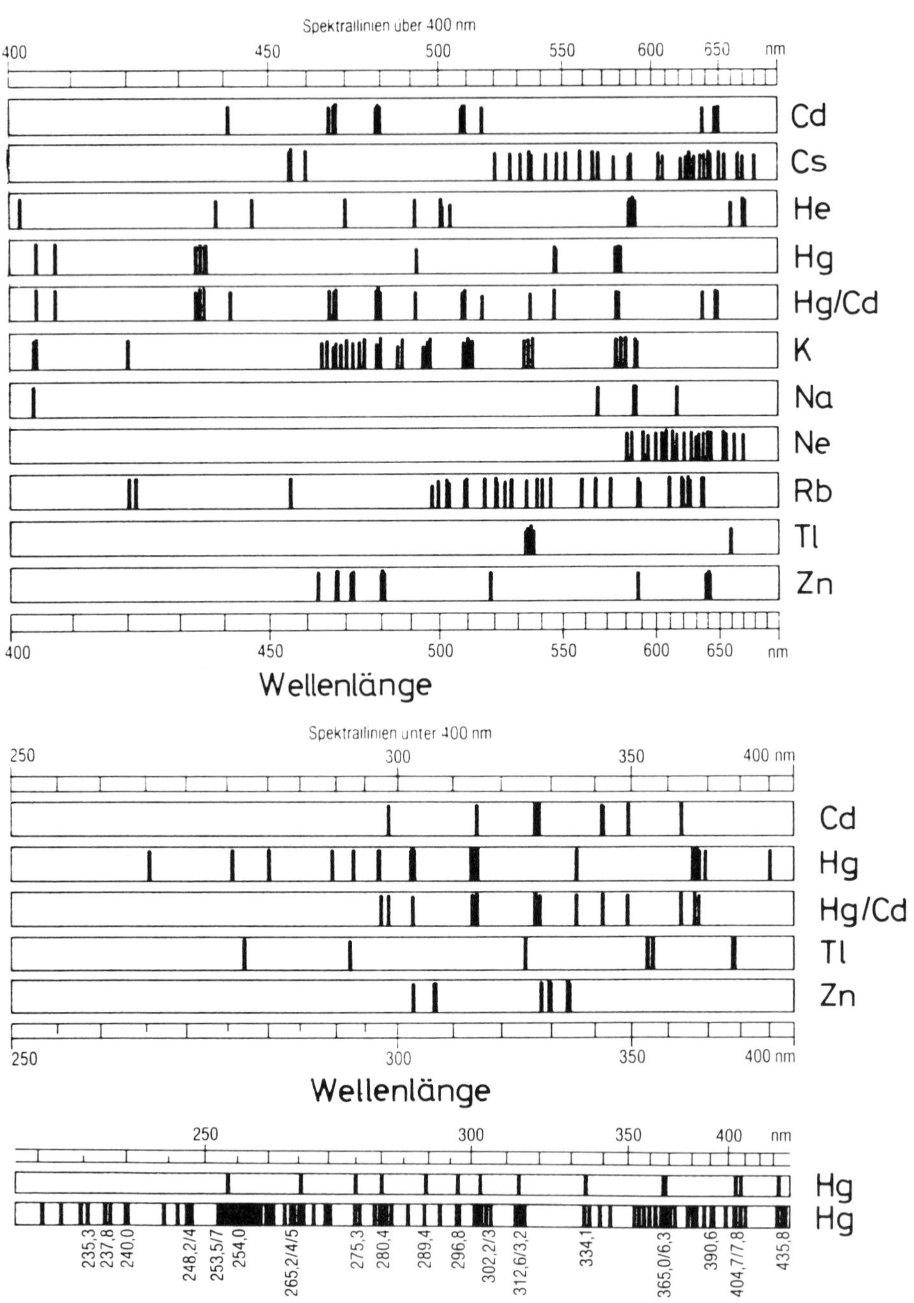

A.3 Tabellen

A.3.1 Brechzahlen bei $\lambda = 589.3$ nm (Na-D-Linie)

Substanz	n	$n_{ord.}$	$n_{ao.}$
Kanadabalsam	1.542		
Methylalkohol	1.329		
Plexiglas	1.491		
Eiswasser (0°C)		1.309	1.311
Rutil (TiO_2		2.903	2.616
Korund (Al_2O_3	1.501		
Flußspat (CaF_2)	1.434		
Kalkspat ($CaCO_3$)		1.655	1.486
Lithiumfluorid (LiF)	1.392		
Quarzglas (SiO_2)	1.458		
Steinsalz	1.544		
Glas FK 54	1.437		
Glas F3	1.613		
Glas SF 59	1.952		

(n. K.J. ROSENBRUCH in: F. KOHLRAUSCH "*Praktische Physik*" Bd. 3 B.G. Teubner, Stuttgart 1986)

A.3.2 Thermische Eigenschaften von Festkörpern

Substanz	Temperaturkoeffizient $\alpha/10^{-6}K^{-1}$	Wärmeleitfähigkeit λ/W $(Km)^{-1}$	spez. Wärmekapazität c_w/J(kgK)
Aluminium	23.9	210	910
Beton	10 - 14	0.8 - 1.3	880
Eisen	11 - 13	40 - 60	460
Glas	7 - 10	0.8	500 - 840
Kupfer	16.9	380	386
Messing	18.7	117	380
Silber	19.3	408	237
Zink	30	113	390

(n. D. MENDE, G. SIMON *Physik-Gleichungen und Tabellen* Fachbuchverlag, Leipzig 1981)

A.3.3 Kristallsysteme und Punktsymmetrie

Kristallsystem	Achsen, Achsenwinkel	BRAVAIS-Gitter (N = 14)	Punktsymmetrieklassen (N = 32) H-M /	SCH
triklin	$a \neq b \neq c$,	P	1	C_1
	$\alpha \neq \beta \neq \gamma \neq \pi/2$		$\bar{1}$	$C_i(S_2)$
monoklin	$a \neq b \neq c$	P	2	C_2
	$\alpha = \gamma = \pi/2 \neq \beta$	C	m	C_2 (C_{1h})
			2/m	C_{2h}
rhombisch	$a \neq b \neq c$	P	222	C_2
	$\alpha = \beta = \gamma = \frac{\pi}{2}$	C	mm2	C_{2v}
		I	$2/m\,2/m\,2/m$	D_{2h}
		F		
tetragonal	$a = b \neq c$	P	4	C_4
	$\alpha = \beta = \gamma = \frac{\pi}{2}$	I	$\bar{4}$	S_4
			4/m	C_{4h}
			422	D_4
			4mm	C_{4v}
			$\bar{4}$2m	D_{2d}
			4/m 2/m 2/m	D_{4h}
rhomboedrisch	$a = b = c$	R	3	C_3
(trigonal)	$\alpha = \beta = \gamma \neq \frac{\pi}{2}$		$\bar{3}$	$C_{3i}(S_6)$
	$\alpha = \beta = \gamma < \frac{2\cdot\pi}{3}$		32	D_3
			3m	C_{3v}
			$\bar{3}$2/m	D_{3d}
hexagonal	$a = b \neq c$	P	6	C_6
	$\alpha = \beta = \gamma = \frac{\pi}{2}$		$\bar{6}$	C_{3h}
	$\gamma = \frac{2\pi}{3}$		6/m	C_{6h}
			622	D_6
			6mm	C_{6v}
			$\bar{6}$m2	D_{3h}
			6/m 2/m 2m	
			2/m	D_{6h}
kubisch	$a = b = c$	P	23	T
	$\alpha = \beta = \gamma = \frac{\pi}{2}$	I	2/m$\bar{3}$	T_h
		F	432	O
			$\bar{4}$3m	T_d
			4/m $\bar{3}$ 2/m	O_h

BRAVAIS-Gittertyp: einfach primitiv (P), raumzentriert (I), flächenzentriert (F), basisflächenzentriert (C), rhomboedrisch (R). SCHÖNFLIESS-Symbolik (SCH); C_n: n-zählige Drehachse, S_n: n-zählige Drehspiegelachse, D_n: n zwei-zählige Drehachsen senkrecht zu einer Hauptdrehachse, $C_i(S_i)$: Inversionszentrum, T: 4 drei-zählige und 3 zwei-zählige Drehachsen in Tetraederanordnung, O: 4 drei-zählige und 3 vier-zählige Drehachsen in Oktaederanordnung, h: horizontal ($\perp$ zur Drehachse), v: vertikal (|| parallel zur Drehachse), d: diagonal. HERMANN-MAUGUIN-Symbolik (H-M); n: n-zählige Drehachse, $\bar{n}$: n-zählige Drehspiegelachse, m ($\equiv \bar{2}$): Spiegelebene, $\bar{1}$: Inversionszentrum, n/m: n-zählige Drehachse und dazu normale Spiegelebene, nm: n-zählige Drehachse und dazu parallele Spiegelebene, n2: n-zählige Hauptdrehachse und dazu normale zwei-zählige Drehachsen.

A.3.4 Gesamtemissionsgrad ε von Oberflächen

Oberfläche	$T/°C$	ϵ
Gold (poliert)	130	0.018
Kupfer (poliert)	20	0.03
Aluminium (poliert)	20	0.04
Messing (blank)	20	0.05
Stahl (poliert)	20	0.28
Zinn (poliert)	100	0.07
Gußeisen (blank)	100	0.21
Eisen (poliert)	20	0.06
Eisen (gerostet)	20	0.6
Asbestpappe	20	0.93
Holz	70	0.85
Gips	20	0.91
Lampenruß	20	0.95

(n. H.J. JUNG in: F. KOHLRAUSCH *"Praktische Physik"* Bd.3 B.G. Teubner, Stuttgart 1986)

A.3.5 Spezifischer elektrischer Widerstand (20°C)

Material	$\rho/\Omega\ mm^2 m^{-1}$ *)
Al	0.027
Fe	0.086
Au	0.022
Cu	0.017
Pt	0.105
Hg	0.96
Ag	0.016
Zn	0.059
Konstantan	0.50
Neusilber	0.3
Bogenlampenkohle	60...80
Salzsäure	$1.5 \cdot 10^{-4}$
Natronlauge	$3.1 \cdot 10^{-4}$
Natriumchloridlösung	$7.9 \cdot 10^{-4}$
Kupfersulfatlösung	$3.0 \cdot 10^{-3}$
Benzol	$10^9 \ldots 10^{10}$
Glas	$10^5 \ldots 10^6$
Glimmer	$10^7 \ldots 10^9$
Hartgummi	$10^7 \ldots 10^{10}$
Paraffin	$10^8 \ldots 10^{10}$
Polyäthylen	$10^4 \ldots 10^7$
Porzellan	$5 \cdot 10^6$
Quarz	$10^5 \ldots 10^6$
Silikonöl	$10^{12} \ldots 10^{13}$
Wasser	10^{-2}

(n. D. MENDE, G. SIMON *Physik – Gleichungen und Tabellen* Fachbuchverlag, Leipzig 1981)

*) $1\Omega \cdot mm^2 \cdot m^{-1} = 10^{-6} \Omega \cdot m$

A.3.6 Temperaturmeßgeräte

Gerät	Bereich /°C	Prinzip
Flüssigkeits-Gas-Thermometer	- 200 bis 800	
Flüssigkeits-Feder-Thermometer	- 20 bis 600	mechanisch - - Berührung
Dampfdruck Th.	- 200 bis 380	
Metallausdehnungsth.	- 20 bis 1000	
Segerkegel	600 bis 2000	
Widerstandsth.	- 200 bis 800	elektrisch -
Thermoelement	- 250 bis 1800	- Berührung
Gesamtstrahlungspyrometer	ab - 70	optisch
Farbpyrometer	ab 800	

A.3.7 Thermospannungen

	U/mV			
ϑ/°C	Cu-Konstantan	Fe-Konstantan	NiCr-Ni	PtRh-Pt
-200	-5.70	-8.15		
-100	-3.40	-4.75		
+100	4.25	5.37	4.10	0.643
+200	9.20	10.95	8.13	1.436
+300	14.90	16.56	12.21	2.316
+400	21.00	22.16	16.40	3.251
+500	27.41	27.85	20.65	4.221

(Bezugstemp.: 0°C; n. E. BRAUN in: F. KOHLRAUSCH *"Praktische Physik"* Bd.3 B.G. Teubner, Stuttgart 1986)

A.3.8 Dielektrische Eigenschaften von Isolatoren

Material	ϵ_r (20°C)	Durchschlagsfestigkeit $E_{\text{eff}}/\text{kVmm}^{-1}$
Benzol	2.3	30
Glas	5...16	15...45
Glimmer	4.8...9.3	25...100
Gummi	2.5...3.5	30...50
Luft (Normalbed.)	1.000 593	3.2
Paraffin	2.0...2.3	20...30
Polyäthylen	2.3	30...50
Porzellan	5...6.5	10...20
Quarz	3.8...4.7	25...40
Silikonöl	2.2...2.8	10...30
Titandioxid	40...80	10...20
Wasser	80.8	-

(n. D. MENDE, G. SIMON *Physik-Gleichungen und Tabellen* Fachbuchverlag, Leipzig 1981)

A.3.9 Spezifische magnetische Suszeptibilität paramagnetischer Substanzen

Material	$\vartheta/°\text{C}$	$\xi/10^{-9}\text{m}^3\text{kg}^{-1}$
Al	20	7.7
Ba	20	1.9
Fe	800	18900
Co	1200	3800
Mg	20	10
Mn	20	121
Ni	400	2400
Pt	20	12
O_2	20	1300
Ti	20	40
HCl	20	9500
FeS	20	180
NO	20	60

(n. D. MENDE, G. SIMON *Physik-Gleichungen und Tabellen* Fachbuchverlag, Leipzig 1981)

A.3.10 Spezifische magnetische Suszeptibilität diamagnetischer Substanzen

Material (20°C)	$\xi/10^{-9}\text{m}^3\text{kg}^{-1}$
Ar	-6.1
B	-7.8
He	-5.9
Cu	-1.08
Si	-1.2
N_2	-5.4
H_2	-25.0
Bi	-16.0
Zn	-1.9
Al_2O_3	-3.5
$CaSO_4$	-4.8
CO_2	-6.0
Cu_2O	-2.5
H_2O	-9.05
NH_3	-12.3
Benzol	-8.9
Petroleum	-11.4

(n. D. MENDE, G. SIMON *Physik-Gleichungen und Tabellen* Fachbuchverlag, Leipzig 1981)

A.3.11 Halbleitereigenschaften

Material	ϵ_r	$\frac{E_G}{\text{eV}}$	$\frac{\mu_n}{\text{m}^2(\text{Vs})^{-1}}$	$\frac{\mu_p}{\text{m}^2(\text{Vs})^{-1}}$
Ge	16.2	0.66	0.38	0.18
Si	11.9	1.11	0.15	0.05
Se	8.5	1.8	-	10^{-4}
Te	30	0.34	0.17	0.11
GaP	11.1	2.27	0.018	0.012
GaAs	12.9	1.43	0.79	0.04
InSb	16.8	0.18	7	0.085
ZnS	8.9	3.58	0.02	-
ZnSe	7.1	2.7	0.05	0.003
CdS	9	2.50	0.037	0.002
HgTe	21	0.15	3.5	0.01
PbS	17.6	0.37	0.06	0.06
PbTe	30	0.30	0.16	0.075
Cu_2O	2.0	7	-	0.01

(D. MENDE, G. SIMON *"Physik-Gleichungen und Tabellen"*, Fachbuchverlag, Leipzig 1981)

A.3.12 Elektronische Eigenschaften von Atomen

Element	Kernladungszahl	Elektronenkonfiguration	Grundzustand	Ionisierungsenergie/eV
H	1	1s	$^2S_{1/2}$	13.6
He	2	$(1s)^2$	$^1S_0$	24.6
Li	3	He 2s	$^2S_{1/2}$	5.4
Be	4	- $(2s)^2$	$^1S_0$	9.3
B	5	- $(2s)^2 2p$	$^2P_{1/2}$	8.3
C	6	- $(2s)^2(2p)^2$	$^3P_0$	11.3
N	7	- $(2s)^2(2p)^3$	$^4S_{3/2}$	14.5
O	8	- $(2s)^2(2p)^4$	$^3P_2$	13.6
F	9	- $(2s)^2(2p)^5$	$^3P_{3/2}$	17.4
Ne	10	- $(2s)^2(2p)^6$	$^1S_0$	21.6
Na	11	Ne 3s	$^2S_{1/2}$	5.14
Mg	12	- $(3s)^2$	$^1S_0$	7.65
Al	13	- $(3s)^2$ 3p	$^2P_{1/2}$	5.99
Si	14	- $(3s)^2(3p)^2$	$^3P_6$	8.15
P	15	- $(3s)^2(3p)^3$	$^4S_{3/2}$	10.49
S	16	- $(3s)^2(3p)^4$	$^3P_2$	10.36
Cl	17	- $(3s)^2(3p)^5$	$^2P_{3/2}$	12.97
Ar	18	- $(3s)^2(3p)^6$	$^1S_0$	15.76
K	19	Ar 4s	$^2S_{1/2}$	4.34
Ca	20	- $(4s)^2$	$^1S_0$	6.11
Se	21	- 3d $(4s)^2$	$^2D_{3/2}$	6.56
Ti	22	- $(3d)^2(4s)^2$	$^3F_2$	6.82
V	23	- $(3d)^3(4s)^2$	$^4F_{3/2}$	6.74
Cr	24	- $(3d)^5$ 4s	$^7S_3$	6.77
Mn	25	- $(3d)^5(4s)^2$	$^6S_{5/2}$	7.43
Fe	26	- $(3d)^6(4s)^2$	$^5D_4$	7.87
Co	27	- $(3d)^7(4s)^2$	$^4F_{9/2}$	7.86
Ni	28	- $(3d)^8(4s)^2$	$^3F_4$	7.63
Cu^+	29	- $(3d)^{10}$	$^1S_0$	20.29
Cu	29	Cu^+ 4s	$^2S_{1/2}$	7.72
Zn	30	- $(4s)^2$	$^1S_0$	9.39
Ga	31	- $(4s)^2$ 4p	$^3P_{1/2}$	6.00
Ge	32	- $(4s)^2(4p)^2$	$^3P_0$	7.88
As	33	- $(4s)^2(4p)^3$	$^4S_{3/2}$	9.81
Se	34	- $(4s)^2(4p)^4$	$^3P_2$	9.75
Br	35	- $(4s)^2(4p)^5$	$^2P_{3/2}$	11.84
Kr	36	- $(4s)^2(4p)^6$	$^1S_0$	14.00
Rb	37	Kr 5s	$^2S_{1/2}$	4.18
Sr	38	- $(5s)^2$	$^1S_0$	5.69
Y	39	- $4d(5s)^2$	$^2D_{3/2}$	6.38
Zr	40	- $(4d)^2(5s)^2$	$^3F_2$	6.84
Nb	41	- $(4d)^4$ 5s	$^6D_{1/2}$	6.88
Mo	42	- $(4d)^5$ 5s	$^7S_3$	7.10
Tc	43	- $(4d)^5(5s)^2$	$^6S_{5/2}$	7.28

Element	Kernla-dungszahl	Elektronen-konfiguration	Grundzustand	Ionisierungs-energie/eV
Ru	44	- $(4d)^7$ 5s	$^5F_5$	7.364
Rh	45	- $(4d)^8$ 5s	$^4F_{9/2}$	7.46
Pd	46	- $(4d)^{10}$	$^1S_0$	8.33
Ag	47	Pd 5s	$^2S_{1/2}$	7.57
Cd	48	- $(5s)^2$	$^1S_0$	8.99
In	49	- $(5s)^2$5p	$^2P_{1/2}$	5.79
Sn	50	- $(5s)^2(5p)^2$	$^3P_0$	7.34
Sb	51	- $(5s)^2(5p)^3$	$^4S_{3/2}$	8.64
Te	52	- $(5s)^2(5p)^4$	$^3P_2$	9.01
I	53	- $(5s)^2(5p)^5$	$^2P_{3/2}$	10.45
Xe	54	- $(5s)^2(5p)^6$	$^1S_0$	12.13
Cs	55	Xe 6s	$^2S_{1/2}$	3.89
Ba	56	- $(6s)^2$	$^1S_0$	5.21
La	57	- 5d$(6s)^2$	$^2D_{3/2}$	5.61
Ce	58	- $(4f)^2$ $(6s)^2$	$^1G_4$	5.60
Pr	59	- $(4f)^3$ $(6s)^2$	$^4I_{9/2}$	5.48
Nd	60	- $(4f)^4$ $(6s)^2$	$^5I_4$	5.51
Pm	61	- $(4f)^5$ $(6s)^2$	$^6H_{5/2}$	-
Sm	62	- $(4f)^6$ $(6s)^2$	$^7F_0$	5.6
Eu	63	- $(4f)^7$ $(6s)^2$	$^8S_{7/2}$	5.67
Gd	64	- $(4f)^7$ 5d $(6s)^2$	$^9D_2$	6.16
Tb	65	- $(4f)^8$ 5d $(6s)^2$	$^8G_{15/2}$	5.98
Dy	66	- $(4f)^{10}$ $(6s)^2$	$^5I_8$	6.8
Ho	67	- $(4f)^{11}$ $(6s)^2$	$^4I_{15/2}$	-
Er	68	- $(4f)^{12}$ $(6s)^2$	$^3H_6$	6.08
Tm	69	- $(4f)^{13}$ $(6s)^2$	$^2F_{7/2}$	12.05
Yb	70	- $(4f)^{14}$ $(6s)^2$	$^1S_0$	14
Lu^{3+}	71	- $(4f)^{14}$	$^1S_0$	-
Lu	71	Lu^{3+} 5d $(6s)^2$	$^2D_{3/2}$	6.15
Hf	72	- $(5d)^2$ $(6s)^2$	$^3F_2$	7
Ta	73	- $(5d)^3$ $(6s)^2$	$^4F_{3/2}$	7.88
W	74	- $(5d)^4$ $(6s)^2$	$^5D_0$	7.98
Re	75	- $(5d)^5$ $(6s)^2$	$^6S_{5/2}$	7.87
Os	76	- $(5d)^6$ $(6s)^2$	$^5D_4$	8.7
Ir	77	- $(5d)^7$ $(6s)^2$	$^4F_{9/2}$	9
Pt	78	- $(5d)^9$ 6s	$^3D_3$	9.0
Au^+	79	- $(5d)^{10}$	$^1S_0$	20.5
Au	79	Au^+ 6s	$^2S_{112}$	9.22
Hg	80	- $(6s)^2$	$^1S_0$	10.43
Tl	81	- $(6s)^2$ 6p	$^2P_{1/2}$	6.106
Rb	82	- $(6s)^2$ $(6p)^2$	$^3P_0$	7.415
Bi	83	- $(6s)^2$ $(6p)^3$	$^4S_{3/2}$	7.287
Po	84	- $(6s)^2$ $(6p)^4$	$^3P_2$	8.43
At	85	- $(6s)^2$ $(6p)^5$	$^2P_{3/2}$	-
Rn	86	- $(6s)^2$ $(6p)^6$	$^1S_0$	10.746

(n. K. GRÜTZMACHER in: F. KOHLRAUSCH *"Praktische Physik"* Bd. 3, B.G. Teubner, Stuttgart 1986)

A.3.13 Anregungsenergien von Atomen

Atom	angeregter Zustand	Energie/eV	Wellenlänge/nm
H	2s2p	10.198	121.567
	3s3d	12.087	
	4s4f	12.748	
	∞	13.595	
He	$2s^3S_1$	19.82	
	$2s^1S_0$	20.61	
	$2p^1P_1$	22.22	58.433
Na	$3p^2P_{1/2}$	2.102	589.592
	$3p^2P_{3/2}$	2.104	588.995
K	$4p^2P_{1/2}$	1.610	769.896
	$4p^2P_{3/2}$	1.617	766.490
Rb	$5p^2P_{1/2}$	1.56	794.764
	$5p^2P_{3/2}$	1.59	780.029
Cs	$6p^2P_{1/2}$	1.39	894.346
	$6p^2P_{3/2}$	1.45	852.112
Ca	$4p^3P_0$	1.879	
	$4p^3P_1$	1.886	657.278
	$4p^3P_2$	1.899	
Ne	3s $[3/2]_2$ *)	16.62	
	3s $[3/2]_1$	16.67	74.372
Ar	4s $[3/2]_2$ *)	11.55	
	4s $[3/2]_1$	11.62	106.666
Kr	5s $[3/2]_2$ *)	9.91	
	5s $[3/2]_1$	10.03	123.584
Xe	6s $[3/2]_2$ *)	8.31	
	6s $[3/2]_1$	8.43	146.961
Cd	$5p^3P_1$	3.80	326.106
Hg	$6p^3P_1$	4.88	253.652
Cu	$4p^2P_{1/2}$	3.79	327.396
	$4p^2P_{3/2}$	3.82	324.758

*) Jl (RACAH)-Kopplung.
(n. K. GRÜTZMACHER in: F. KOHLRAUSCH *"Praktische Physik"* Bd. 3 B.G. Teubner, Sutttgart 1986)

A.3.14 Eigenschaften von Atomkernen

Isotop	I	$\frac{\mu}{\mu_K}$	$\frac{Q}{10^{-24}\mathrm{cm}^2}$	$\frac{\nu}{\mathrm{MHz}}$	nat. Häufigkeit/%
n	1/2	-1.9130	-	29.1645	-
^{1}H	1/2	+2.7928	-	42.5771	100
^{7}Li	3/2	+3.2564	-0.041	16.5481	92.6
^{9}Be	3/2	-1.1775	+0.053	5.9836	100
^{14}N	1	+0.4038	+0.016	3.0777	99.6
^{17}O	5/2	-1.8938	-0.026	5.7742	4.10^{-2}
^{19}F	1/2	+2.6289	-	40.0772	100
^{23}Na	3/2	+2.2177	+0.101	11.2694	100
^{31}P	1/2	+1.1316	-	17.2513	100
^{35}Cl	3/2	+0.8219	-0.082	4.1765	75.5
^{39}K	3/2	+0.3915	+0.049	1.9893	93.1
^{55}Mn	5/2	+3.4687	+0.40	10.5762	100
^{59}Co	7/2	+4.627	+0.42	10.08	100
^{63}Cu	3/2	+2.2264	-0.209	11.314	69.1
^{85}Rb	5/2	+1.3554	+0.274	4.1264	72.2
^{93}Nb	9/2	+6.1705	-0.36	10.452	100
^{107}Ag	1/2	-0.1137	-	1.7330	51.8
^{111}Cd	1/2	-0.5955	-	9.0791	12.8
^{115}In	9/2	+5.5408	+0.861	9.3855	95.7
^{127}I	5/2	+2.8133	-0.789	8.5777	100
^{133}Cs	7/2	+2.5820	-0.003	5.6233	100
^{147}Sm	7/2	-0.8109	-0.18	1.7660	15.0
^{153}Eu	5/2	+1.5330	+2.85	4.6741	52.2
^{159}Tb	3/2	+2.014	+1.34	10.23	100
^{165}Ho	7/2	+4.173	+3.49	9.088	100
^{169}Tm	1/2	-0.2316	-	3.5308	100
^{181}Ta	7/2	+2.371	+3.9	5.164	100
^{197}Au	3/2	+0.1482	+0.547	0.7529	100
^{199}Hg	1/2	+0.5059	-	7.7123	17.0
^{207}Pb	1/2	+0.5926	-	9.0340	22.6
^{209}Bi	9/2	+4.1106	-0.37	6.9629	100

I: Kernspinquantenzahl, μ: magnetisches Kerndipolmoment, μ_K: Kernmagneton, Q: elektrisches Kernquadrupolmoment, ν: magnetische Kernresonanzfrequenz in einem Magnetfeld der Flußdichte 1 T (n. A. HOFSTAETTER in: F. KOHLRAUSCH *"Praktische Physik"* Bd. 3 B.G. Teubner, Stuttgart 1986)

A.3.15 Massenschwächungskoeffizient μ für γ-Strahlung

$\frac{E}{\text{MeV}}$			$\frac{\mu}{10^2\text{m}^{-1}}$		
	Blei	Wasser	Luft	Eisen	Polyethylen
0.05	7.94	0.262	0.207	1.94	0.208
0.1	5.52	0.171	0.154	0.37	0.172
0.5	0.16	0.097	0.087	0.084	0.099
1.0	0.070	0.070	0.064	0.060	0.073
1.5	0.052	0.058	0.052	0.049	0.060
2.0	0.046	0.049	0.045	0.043	0.051
3.0	0.070			0.034	
4.0	0.077			0.036	
5.0	0.081			0.038	
6.0	0.085			0.040	

(n. von SEGGERN in: F. KOHLRAUSCH *"Praktische Physik"* Bd. 3 B.G. Teubner, Stuttgart 1986)

A.3.16 Eigenschaften von Radionukliden

Nuklid	$T_{1/2}$	Tochter-nuklid	Energie/MeV E_β	E_γ
^{14}C	5730a	^{14}N	0.156	-
^{24}Na	14.96h	^{24}Mg	1.39	1.38; 2.75
^{32}P	14.29d	^{32}S	1.71	-
^{35}S	87.44d	^{35}Cl	0.167	-
^{36}Cl	$3.0 \cdot 10^5$a	^{36}Ar	0.709	-
^{45}Ca	163 d	^{45}Sc	0.257	-
^{46}Sc	83.8d	^{46}Ti	0.36	8.89; 1.12
^{51}Cr	27.70d	^{51}V	-	0.32; 0.57
^{57}Co	2.72d	^{57}Fe	-	0.014; 0.122; 0.137
^{60}Co	5.27a	^{60}Ni	0.318	1.173; 1.333
^{75}Se	119.8d	^{75}As	-	0.136; 0.265; 0.280
^{89}Sr	50.5d	^{89}Y	1.491	-
^{95}Zr	64.1d	^{95}Nb	0.37; 0.40;	0.72; 0.76
^{99}Tc	$2.13 \cdot 10^5$a	^{99}Ru	0.29	-
^{111}Ag	7.46d	^{111}Cd	0.69; 1.03	0.34
^{125}Sb	1007d	^{125}Te	-	0.43; 0.46; 0.6; 0.64
^{131}I	8.02d	^{131}Xe	0.34; 0.61	0.28; 0.37; 0.64
^{137}Cs	30.0a	^{137}Ba	0.514	0.662
^{147}Pm	2.62a	^{147}Sm	0.225	-
^{155}Eu	4.70a	^{155}Gd	0.14; 0.16; 0.25	0.087; 0.105
^{170}Tm	128.6d	^{170}Yb	0.88; 0.97	0.084
^{181}Hf	42.4d	^{181}Ta	0.4	0.133; 0.346; 0.482
^{182}Ta	114.4d	^{182}W	0.26; 0.52	0.06; 0.10; 1.1; 1.2
^{185}W	75.1d	^{185}Re	0.43	-
^{192}Ir	73.82d	^{192}Pt	0.26; 0.54; 0.67	0.30; 0.32; 0.47; 0.6
^{198}Au	2.69d	^{198}Hg	0.96	0.41
^{199}Au	3.14d	^{199}Hg	0.25; 0.3; 0.45	0.158; 0.208
^{204}Tl	3.78a	^{204}Pb	0.763	-

(n. K. DEBERTIN in: F. KOHLRAUSCH *"Praktische Physik"* Bd. 3 B.G. Teubner, Stuttgart 1986)

A.3.17 Quantenzahlen und Eigenschaften von Elementarteilchen

Eichbosonen	J^P	$\frac{m}{\text{MeV}}$	$\frac{Q}{e_0}$	$\frac{\tau}{\text{s}}$
γ	1^-	0	0	
$W^\pm$	1	81000	±1	$< 10^{-24}$
Z^0	-	92000	0	$< 10^{-24}$

Leptonen	J	$\frac{m}{\text{MeV}}$	$\frac{Q}{e_0}$	$\frac{\tau}{\text{s}}$
ν_e	1/2	0	0	∞
$e^\pm$	1/2	0.511	±1	∞
ν_μ	1/2	< 0.25	0	∞
$\mu^\pm$	1/2	105.7	±1	$2.2 \cdot 10^{-6}$
ν_τ	1/2	< 35	0	-
$\tau^\pm$	1/2	1784	±1	$3 \cdot 10^{-13}$

Baryonen		J^P	T	T_3	Y	S	B	C	$\frac{m}{\text{MeV}}$	$\frac{Q}{e_0}$	$\frac{\tau}{\text{s}}$	Quarkinhalt
Nukle-	p	$1/2^+$	1/2	+1/2	1	0	1	0	938	+1	∞	uud
onen	n	$1/2^+$	1/2	-1/2	1	0	1	0	940	0	925	udd
	Λ	$1/2^+$	0	0	0	-1	1	0	1116	0	$2.6 \cdot 10^{-10}$	uds
	Σ^+	$1/2^+$	1	+1	0	-1	1	0	1189	+1	$0.8 \cdot 10^{-10}$	uus
	Σ^0	$1/2^+$	1	0	0	-1	1	0	1192	0	$7.4 \cdot 10^{-20}$	uds
	Σ^-	$1/2^+$	1	-1	0	-1	1	0	1197	-1	$1.5 \cdot 10^{-10}$	uus
	Ξ^0	$1/2^+$	1/2	+1/2	-1	-2	1	0	1315	0	$2.9 \cdot 10^{-10}$	uss
	Ξ^-	$1/2^+$	1/2	-1/2	-1	-2	1	0	1321	-1	$1.6 \cdot 10^{-10}$	dss
	Ω^-	$3/2^+$	0	0	-2	-3	1	0	1672	-1	$0.8 \cdot 10^{-10}$	sss
	Λ_c^+	$1/2^+$	0	0	1	0	1	1	2285	+1	$1.8 \cdot 10^{-13}$	udc

Mesonen	J^P	T	T_3	Y	S	B	C	$\frac{m}{\text{MeV}}$	$\frac{Q}{e_0}$	$\frac{\tau}{\text{s}}$	Quarkinhalt
$\pi^\pm$	0^-	1	±1	0	0	0	0	139.6	±1	$2.6 \cdot 10^{-8}$	$\text{u}\bar{\text{d}};\bar{\text{u}}\text{d}$
π^0	0^-	1	0	0	0	0	0	135.0	0	$8.4 \cdot 10^{-17}$	$\text{u}\bar{\text{u}}, \text{d}\bar{\text{d}}$
η	0^-	0	0	0	0	0	0	548.8	0	$3.8 \cdot 10^{-18}$	$\text{u}\bar{\text{u}}, \text{d}\bar{\text{d}}, \text{s}\bar{\text{s}}$
J/ψ	1^-	0	0	0	0	0	0	3097	0	$6.1 \cdot 10^{-20}$	$\text{c}\bar{\text{c}}$
$K^\pm$	0^-	1/2	±1/2	±1	±1	0	0	493.7	±1	$1.2 \cdot 10^{-8}$	$\text{u}\bar{\text{s}}; \bar{\text{u}}\text{s}$
$K^0/\bar{K}^0$	0^-	1/2	∓1/2	±1	±1	0	0	497.7	0	$8.9 \cdot 10^{-11}$	$\bar{\text{s}}\text{d}/\bar{\text{d}}\text{s}$
K^0_S	0^-	1/2	-1/2	+1	+1	0	0	497.7	0	$8.9 \cdot 10^{-11}$	$\bar{\text{s}}\text{d}$
K^0_L	0^-	1/2	-1/2	+1	+1	0	0	497.7	0	$5.2 \cdot 10^{-8}$	$\bar{\text{s}}\text{d}$
$D^\pm$	0^-	1/2	±1/2	0	0	0	±1	1869	±1	$1.1 \cdot 10^{-12}$	$\bar{\text{d}}\text{c}; \text{d}\bar{\text{c}}$
$D^0/\bar{D}^0$	0^-	1/2	∓1/2	0	0	0	±1	1864	0	$4.3 \cdot 10^{-13}$	$\bar{\text{u}}\text{c}/\text{u}\bar{\text{c}}$
$D^\pm_S$	0^-	0	0	±1	+1	0	±1	1969	±1	$4.4 \cdot 10^{-13}$	$\bar{\text{s}}\text{c}; \text{s}\bar{\text{c}}$
$D^{*\pm}_S$	1^-	0	0	±1	+1	0	±1	2113	±1	$1.9 \cdot 10^{-22}$	$\bar{\text{s}}\text{c}; \text{s}\bar{\text{c}}$

A.3.18 Quantenzahlen und Eigenschaften von Quarks

Flavour	T	T_3	Y	B	S	C	$\frac{m}{\text{MeV}}$	$\frac{Q}{e_0}$
u (up)	1/2	+1/2	1/3	1/3	0	0	4	+2/3
d (down)	1/2	-1/2	1/3	1/3	0	0	7.5	-1/3
s (strange)	0	0	-2/3	1/3	-1	0	150	-1/3
c (charm)	0	0	1/3	1/3	0	1	1200	+2/3

Quantenzahlen: Spin (J), Raumparität (P), Isospin (T), Isospinkomponente (T_3), Hyperladung (Y), Strangeness (s), Baryonenzahl (B), Charm (C); m: Masse, Q: elektrische Ladung, τ: Lebensdauer. (Physics Letters B 204, **1988**)

A.4 Konstanten

Größe	Symbol	Wert	Einheiten
Vakuumlichtgeschwindigkeit *)	c	299 792 458	$m \cdot s^{-1}$
Magnetische Feldkonstante *)	μ_0	$4\pi \cdot 10^{-7} =$	
		$= 1.2566370614 \ldots 10^{-6}$	Hm^{-1}
Elektrische Feldkonstante *)	ϵ_0	$1/\mu_0 \cdot c^2 =$	
		$= 8.854187817 \ldots 10^{-12}$	Fm^{-1}
Gravitationskonstante	G	$6.67260 \cdot 10^{-11}$	Nm^2/kg^2
PLANCK-Konstante	h	$6.626076 \cdot 10^{-34}$	Js
$h/2\pi$	$\hbar$	$1.054573 \cdot 10^{-34}$	Js
Elementarladung	e	$1.602177 \cdot 10^{-19}$	C
Magnetisches Flußquant $h/2e$	ϕ_0	$2.067835 \cdot 10^{-15}$	Wb
Quantisierter HALL Widerstand			
$h/e^2 = \mu_0 \cdot c/2\alpha$	R_H	25812.806	Ω
BOHRsches Magneton $e\hbar/2m_e$	μ_B	$9.274015 \cdot 10^{-24}$	JT^{-1}
Kernmagneton $e\hbar/2m_p$	μ_K	$5.050787 \cdot 10^{-27}$	JT^{-1}
Feinstrukturkonstante $\mu_0 ce^2/2h$	α	$7.297353 \cdot 10^{-3}$	
RYDBERG-Konstante $m_e c\alpha^2/2h$	R_∞	$1.0973732 \cdot 10^{7}$	m^{-1}
BOHR-Radius $\alpha/4\pi R_\infty$	a_0	$0.529177 \cdot 10^{-10}$	m
Elektronenmasse	m_e	$9.109390 \cdot 10^{-31}$	kg
Spezifische Elektronenladung	e/m_e	$1.758820 \cdot 10^{11}$	Ckg^{-1}
Magnetisches Moment d. Elektrons	μ_e	$9.284770 \cdot 10^{-24}$	JT^{-1}
g-Faktor	g_e	2.002319	
Protonenmasse	m_p	$1.672623 \cdot 10^{-27}$	kg
Proton-Elektron-Massenverh.	m_p/m_e	1836.153	
Spezifische Protonenladung	e/m_p	$9.578830 \cdot 10^{7}$	Ckg^{-1}
Magnetisches Moment d. Protons	μ_p	$1.410608 \cdot 10^{-26}$	JT^{-1}
Neutronenmasse	m_n	$1.674929 \cdot 10^{-27}$	kg
Neutron-Proton-Massenverh.	m_n/m_p	1.001 378	
Magnetisches Moment d. Neutrons	μ_n	$0.966237 \cdot 10^{-26}$	JT^{-1}
AVOGADRO-Konstante	N_A	$6.022137 \cdot 10^{23}$	mol^{-1}
Atomare Masseneinheit m $(^{12}C)/12$	m_μ	$1.660540 \cdot 10^{-27}$	kg
FARADAY-Konstante	F	96485.31	$Cmol^{-1}$
Molare Gaskonstante	R	8.314 511	$Jmol^{-1}K^{-1}$
BOLTZMANN-Konstante R/N_A	k	$1.380658 \cdot 10^{-23}$	JK^{-1}
Molares Volumen des idealen			
Gases (273.15 K; 101325 Pa)	V_m	22414.10	cm^3mol^{-1}
STEFAN-BOLTZMANN-Konstante	σ	$5.67051 \cdot 10^{-8}$	$Wm^{-2}K^{-4}$

*) Definiert

(n. E.R. COHEN, B.N. TAYLOR, CODATA Bulletin 63, Pergamon, Elmsford, New York 1986)

Register

A

B

C

D

E

F

G

H

I

J

K

L

M

N

O

P

Q

R

S

T

U